2022 年 6 月 23 日，水利部党组书记、部长李国英主持召开南水北调后续工程高质量发展工作领导小组会（南水北调司　供稿）

2022 年 9 月 14 日，南水北调工程专家委员会副主任张野在引江补汉工程出口安乐河附近施工现场调研（陈阳　供稿）

2022 年 9 月 15 日，钮新强院士带队参观引江补汉工程南河定向钻施工工艺
（陈阳　供稿）

2022 年 7 月 7 日，南水北调后续工程中线引江补汉工程开工动员大会现场
（南水北调集团江汉水网公司　供稿）

2022 年 7 月 7 日，湖北省丹江口市引江补汉出口段工程安乐河工区（刘铁军供稿）

2022 年 5 月，工程巡查人员在中线陶岔渠首枢纽现场巡查（岳萌晨　供稿）

2022 年 5 月 18 日，中线水源公司在丹江口大坝右岸混凝土坝与土石坝结合部开展防汛演练（中线水源公司　供稿）

2022 年 7 月 13 日，水利部在湖北省丹江口市举办"关爱山川河流·守护国之重器"志愿服务活动（中线水源公司　供稿）

2022 年 11 月 18 日，中线水源公司在丹江口增殖放流平台开展放流活动
（中线水源公司　供稿）

2022 年 10 月，淄博市开展南水北调配套工程输水管道建设工作（山东
省水利厅　供稿）

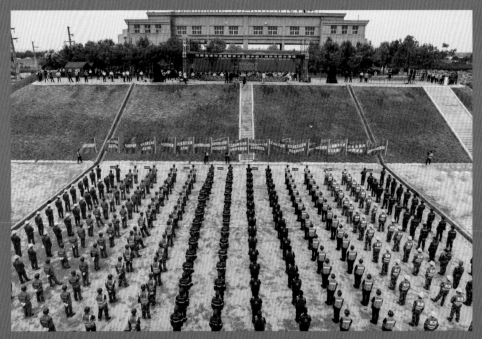

2022 年 6 月 10 日，淮河流域暨南水北调中线北汝河倒虹吸工程防汛抢险综合应急演练成功举办（杨媛　供稿）

2022 年 7 月，游船在京杭大运河京冀段航行（宣教中心　供稿）

中国南水北调年鉴

2023

China South-to-North Water Diversion Project Yearbook

中 华 人 民 共 和 国 水 利 部　主管

水利部南水北调工程管理司
水利部南水北调规划设计管理局　组编

中国水利水电出版社
www.waterpub.com.cn

·北京·

图书在版编目（CIP）数据

中国南水北调年鉴. 2023 / 水利部南水北调工程管理司，水利部南水北调规划设计管理局组编. -- 北京：中国水利水电出版社，2023.12
ISBN 978-7-5226-2060-2

Ⅰ. ①中… Ⅱ. ①水… ②水… Ⅲ. ①南水北调—水利工程—中国—2023—年鉴 Ⅳ. ①TV68-54

中国国家版本馆CIP数据核字(2024)第013910号

书　　名	中国南水北调年鉴 2023 ZHONGGUO NANSHUI BEIDIAO NIANJIAN 2023	
作　　者	中 华 人 民 共 和 国 水 利 部　主管 水 利 部 南 水 北 调 工 程 管 理 司 水 利 部 南 水 北 调 规 划 设 计 管 理 局　组编	
出版发行	中国水利水电出版社 （北京市海淀区玉渊潭南路 1 号 D 座　100038） 网址：www.waterpub.com.cn E-mail：sales@mwr.gov.cn 电话：(010) 68545888（营销中心）	
经　　售	北京科水图书销售有限公司 电话：(010) 68545874、63202643 全国各地新华书店和相关出版物销售网点	
排　　版	中国水利水电出版社微机排版中心	
印　　刷	北京印匠彩色印刷有限公司	
规　　格	184mm×260mm　16 开本　35.25 印张　688 千字　14 插页	
版　　次	2023 年 12 月第 1 版　2023 年 12 月第 1 次印刷	
定　　价	**380.00 元**	

《中国南水北调年鉴》
编纂委员会

主任委员：李国英　水利部部长

副主任委员：王道席　水利部副部长

　　　　　　谈绪祥　北京市人民政府副市长

　　　　　　谢　元　天津市人民政府副市长

　　　　　　马　欣　江苏省人民政府副省长

　　　　　　陈　平　山东省人民政府副省长

　　　　　　时清霜　河北省人民政府副省长

　　　　　　孙运锋　河南省人民政府副省长

　　　　　　盛阅春　湖北省人民政府副省长

　　　　　　蒋旭光　中国南水北调集团有限公司董事长

委　　　员：（按姓氏笔画排序）

　　　　　　马水山　王祖卿　户作亮　由国文　冯旭松

　　　　　　申季维　付　涛　安新代　刘伦华　刘　凯

　　　　　　许文海　李　刚　李　勇　李松柏　杨　锋

　　　　　　张宝生　金　海　郑在洲　姜延国　袁连冲

　　　　　　唐先奇　黄红光　蒋牧宸　程晓冰　廖志伟

　　　　　　谭　文　潘安君　鞠连义　魏小抗

主　　　编：李　勇　鞠连义

副　主　编：袁其田　尹宏伟　马爱梅

编 辑 说 明

一、《中国南水北调工程建设年鉴》创办于 2005 年，每年编印一卷，自 2021 卷起更名为《中国南水北调年鉴》。《中国南水北调年鉴》（以下简称《年鉴》）是逐年集中反映南水北调工程建设、运行管理、治污环保及征地移民等过程中的重要事件、技术资料、统计报表的资料性工具书。

二、《中国南水北调年鉴 2023》拟全面记载 2022 年南水北调工程前期工作、建设管理、运行管理、质量安全、征地移民、生态环保和重大技术攻关等方面的工作情况。《年鉴》编纂委员会对 2023 卷编写框架进行了调整，调整后的《年鉴》包括 11 个专栏：发展综述、特载、政策法规、综合管理、东线一期工程、中线一期工程、后续工程、数字孪生南水北调工程、配套工程、党建工作、大事记。另有重要活动剪影和索引。

三、《年鉴》所载内容实行文责自负。《年鉴》内容、技术数据及保密等问题均经撰稿人所在单位把关审定。

四、《年鉴》力求内容全面、资料准确、整体规范、文字简练，并注重实用性、可读性和连续性。

五、《年鉴》采用中国法定计量单位。技术术语、专业名词、符号等力求符合规范要求或约定俗成。

六、《年鉴》中中央国家机关和国务院机构名称、水利部相关司局和直属单位、有关省（直辖市）南水北调工程建设管理机构、各项目法人单位等可使用约定俗成的简称；中国南水北调集团有限公司简称南水北调集团。

七、《年鉴》中南水北调沿线各流域管理机构名称均使用简称，具体是：长江水利委员会简称长江委，黄河水利委员会简称黄委，淮河水利委员会简称淮委，海河水利委员会简称海委。

八、限于编辑水平和经验，《年鉴》难免存在缺点和错误。我们热忱希望广大读者和各级领导提出宝贵意见，以便改进工作。

专　　栏

目　　录

肆 综合管理

伍 东线一期工程

陆 中线一期工程

柒 后续工程

拾壹 大事记

拾贰 索引

Contents

8. The Digital Twin Project of the SNWDP

9. The Matching Project

10. CPC Party Building

11. Chronicle of Events

12. Index

壹　发展综述

2022 年中国南水北调发展综述

2022 年，水利部各有关司局、南水北调工程沿线各省（直辖市）水利（水务）厅（局）或南水北调办、南水北调集团、各项目法人单位和运行管理单位围绕推进南水北调工程高质量发展目标，在新冠疫情、重大汛情等多重考验下，迎难而上、担当作为，全面加强南水北调东、中线一期工程运行管理，积极推动一期工程扫尾验收，一期工程运行安全平稳、综合效益持续稳定发挥，后续工程建设积极推进，南水北调各项工作取得了重要突破性进展，为推动新阶段水利高质量发展、保障国家水安全提供了坚实的水资源支撑。

1. 强化工程运行管理，切实守牢"三个安全"底线

从守护生命线的政治高度做好工程管理，确保南水北调工程安全、供水安全、水质安全。

（1）多措并举确保工程安全。切实落实中线防洪安全及供水保障工作，全面提升中线京津冀段输水蓄水工程安全风险管控能力，组织完成"12＋1"项安全风险评估项目，推动构建中线工程风险综合防御体系。加强洪水灾害防御，完善并推广"视频飞检"等信息化监管，强化预报、预警、预演、预案"四预"措施，加强汛前、汛中、汛后全过程防汛安全监管力度，保障了工程度汛安全。针对 2022 年长江流域发生的特大旱情，各有关单位靠前指挥、统筹协调、科学调度、担当作为，有效应对险情，工程安全运行能力和管理水平得到全面检验。

（2）全力保障供水安全。认真组织做好首都地区安全风险隐患处置工作，首都供水安全保障水平进一步提升。科学组织制订年度水量调度计划，精心组织实施水量调度，落实东线和中线工程优化运用方案，有力地保障了供水安全。

（3）切实保障水质安全。加强水质监管，组织制订实施"十四五"时期南水北调东、中线一期工程水质重点工作实施方案，推进水质监测基础能力建设，构建水质监督管理体系，中线水质快速检测相关措施落地，水质监测系统信息化、自动化水平明显提高。成功应对 2022 年中线总干渠刚毛藻异常增殖突发事件。

全面通水以来，工程运行安全平稳，水质稳定达标，中线工程水质一直优于Ⅱ类，东线工程持续稳定保持于Ⅲ类水标准。

2. 实施精准精确调度，工程综合效益不断提升

加强工程调度管理的精准化、科学化，充分发挥东、中线一期工程的综合效益，中线工程调水量连续三年突破 90 亿 m^3（相应口门分水量连续三年超过

规划多年平均供水规模）。

（1）经济效益持续释放。按照 2021 年万元 GDP 用水量为 51.8 m^3 计算，工程累计调水量有力支撑了受水区超 11 万亿元 GDP 的增量，为沿线工业、农业、服务业等产业发展提供了有力的水资源支撑。与此同时，水费收取机制进一步健全。

（2）社会效益不断显现。工程直接受益人口突破 1.5 亿人，覆盖沿线 7 省（直辖市）42 座大中城市和 280 多个县（市、区）。工程水质优良，受水区群众的饮水安全得到保障，以河北黑龙港流域为例，500 多万居民告别了世代饮用高氟水、苦咸水的历史。

（3）生态效益充分发挥。截至 2022 年年底，工程累计实施生态补水 92.88 亿 m^3，包括白洋淀在内的河湖水量明显增加、水质明显提升，有效遏制了华北地区地下水水位下降、地面沉降等生态环境恶化趋势，永定河、滹沱河、白洋淀、子牙河等一大批河湖重现生机，助力大运河全线贯通，河湖生态环境持续复苏。

（4）安全效益不断凸显。工程已成为北京、天津、石家庄等多座北方大中城市的供水生命线，为保障供水安全发挥了关键作用。东线一期北延应急供水工程实现常态化供水，天津、河北等省（直辖市）供水安全保障系数得到提升。工程有力保障了雄安新区供水安全，同时也为保障京津冀协同发展、黄河流域生态保护和高质量发展等重大国家战略实施以及北京冬奥会、冬残奥会等重大国家活动提供了坚实的水资源保障。

3. 实现中线引江补汉工程开工，拉开后续工程建设帷幕

在有关各方的共同努力下，通过采取超常规措施，加强工作统筹协调，2022 年 7 月 7 日举办中线引江补汉工程开工动员大会，拉开了后续工程建设帷幕，未来将有效提升汉江流域水资源调配能力，增加南水北调中线工程北调水量，对保障北京、天津等沿线重要城市供水安全和改善汉江中下游生态环境具有重要作用。经过各方努力，2022 年度建设目标已全面完成，年度完成投资 15.25 亿元，土石方开挖 67.5 万 m^3。

4. 持续推进水利信息化建设，数字孪生南水北调工程建设取得初步成效

加强组织协调，组织编制并实施数字孪生南水北调总体建设方案和 5 个先行先试方案，启动编制 4 项技术标准，落实先行先试项目建设资金 9000 多万元，先行先试项目建设年度目标顺利完成。在水利部互联网信息办公室开展的数字孪生流域中期评估和优秀案例评审中，南水北调数字孪生先行先试项目被评为优秀，南水北调东线洪泽站大型泵站 AI 声纹监测系统被评为优秀案例，为持续推进下一步工作积累了宝贵经验，创造了良好条件。

5. 多措并举，完工验收全面完成

（1）按期保质完成完工验收。在水利部南水北调验收工作领导小组各部门协调推进下，沿线各省（直辖市）坚持高标准、高效率，协同推进完工验收各项工作，2022 年 8 月 25 日，随着中线穿黄工程顺利通过水利部组织的完工验收，东、中线一期工程 155 个设计单元工程全部通过完工验收。

（2）扎实做好竣工决算和验收准备。加紧组织东、中线一期工程竣工决算，2022 年年底竣工决算编制工作全部完成；编制了东、中线一期工程竣工验收组织方案，开展竣工验收各项前期准备工作，为按期完成东、中线一期工程竣工验收打下了坚实基础。

6. 强化统筹协调，加快推进后续工程高质量发展

在水利部党组推进南水北调后续工程高质量发展工作领导小组的领导推动下，各有关单位以高度的政治自觉、强烈的使命担当，大力抓好推进南水北调后续工程高质量发展各项工作，取得重要阶段性成果。

（1）全面落实南水北调工程河湖长制。南水北调工程河湖长制体系全面建立，构建了责任明确、协调有序、监管严格、保护有力的管理保护机制。

（2）优化东、中线一期工程运用方案。加强中线效益提升研究和东线水量消纳研究，为推动下一步工作提供重要参考。

（3）配合完成《南水北调工程总体规划》修编有关工作。开展南水北调工程建设运营体制等重大专题研究工作。

（4）全面落实深化改革任务。组建南水北调集团并于 2022 年年底顺利划转国务院国资委，工程市场化运作机制进一步完善。

7. 深化党建业务融合，综合服务保障水平不断提升

各有关部门、单位坚持以习近平新时代中国特色社会主义思想为指导，深入学习贯彻党的二十大精神，以党的政治建设为统领，扎实推进党建工作取得新成效，引领推动业务工作再创新局面。

（1）党的建设全面加强。水利部南水北调司党支部以及南水北调集团 6 个党支部获评中央和国家机关"四强"党支部，党组织的创造力、凝聚力、战斗力持续增强，干部队伍作风进一步优化，干事创业精神头更足，精神面貌焕然一新。

（2）法治建设不断深化。深入宣传贯彻《南水北调工程供用水管理条例》（以下简称《条例》），开展《条例》执行情况专题调研，《穿跨邻接南水北调中线干线工程项目管理和监督检查办法（试行）》等配套制度建设进一步健全，依法管理能力和水平得到新提升。

（3）专家委员会技术支撑有力。聚焦南水北调工程"三个安全"和高质量

发展，开展了技术咨询、研讨活动、专题研究和调研等一系列活动，充分发挥了专家委员会的技术优势和独特的权威作用。

（4）工程宣传力度加大，正面形象日益深入人心。围绕重大事项、重要节点，精心策划组织，创新宣传方式方法，提升宣传时效，营造了良好发展环境。加强舆情管控，积极回应、正面引导社会关切和舆论走向，工程"国之大者""国之重器"的形象地位有效确立。

（5）定点帮扶工作成效显著。南水北调司牵头的定点帮扶郧阳区工作扎实推进，在实现全区脱贫摘帽、16.3万建档立卡贫困人口全部脱贫的基础上，继续组织开展定点帮扶工作，助力郧阳区巩固提升脱贫攻坚成果与乡村振兴有效衔接。

贰　特载

领 导 视 察

韩正出席南水北调后续工程中线引江补汉工程开工动员大会并宣布工程开工

南水北调后续工程中线引江补汉工程开工动员大会 2022 年 7 月 7 日上午以视频连线方式在北京和湖北举行。中共中央政治局常委、国务院副总理、推进南水北调后续工程高质量发展领导小组组长韩正出席大会，并宣布工程开工。

中共中央政治局委员、国务院副总理胡春华主持大会。南水北调集团公司负责同志报告工程准备情况，湖北省、水利部、国家发展改革委负责同志致辞。上午 10 时 28 分，韩正下达工程开工令。

引江补汉工程是首个开工的南水北调后续工程重大项目。习近平总书记在推进南水北调后续工程高质量发展座谈会上发表重要讲话以来，有关方面认真贯彻落实党中央、国务院决策部署，对加快实施引江补汉工程开展了深入研究论证。该工程实施后，将把南水北调工程和三峡工程连接起来，进一步打通长江向北方输水通道，增加中线一期工程北调水量，提高中线工程供水保证率，加快构建国家水网主骨架和大动脉。同时，还将向汉江中下游补水，对提高汉江流域水资源调配能力、改善汉江中下游水生态环境具有重要作用。

推进南水北调后续工程高质量发展领导小组有关成员单位、中央有关部门单位和湖北省负责同志，以及南水北调后续工程专家咨询委员会有关专家、工程建设者代表等共 260 余人参加大会。　　　（来源：中国政府网）

胡春华强调坚持不懈推进华北地区地下水超采综合治理

中共中央政治局委员、国务院副总理胡春华 2022 年 7 月 19—20 日在山东、河北考察水利工作并在河北衡水出席华北地区地下水超采综合治理工作协调小组第四次会议时强调，要坚决贯彻落实习近平总书记重要讲话精神，坚持不懈加强华北地区地下水超采综合治理，持续努力改善水生态环境。

胡春华先来到山东德州潘庄引黄工程和聊城南水北调东线穿黄工程、位山引黄工程，现场考察南水北调东线工程情况；随后到河北衡水徐沙闸和滏阳河，现场考察华北地区地下水超采综合治理情况。

胡春华指出，按照党中央、国务院部署要求，在各方努力下，2018 年以来华北地区地下水超采综合治理行动成效显著，累计增加外调水 262.5 亿 m^3，回补地下水亏空近 80 亿 m^3，地下水位实现止跌回升。但是华北地区水安全形势依然严峻，必须坚持不懈深入抓下去。要坚定不移实施好调水补水，落实各项压采任务，确保今年完成本轮治理目标。要谋划制定实施新一轮治理方案，巩固提升治理成果。

胡春华强调，要坚决落实好党中央、国务院确定的南水北调东线后续工程"一干多支扩面"思路，抓紧做好前期工作，把布局思路细化实化为具体推进方案，加快一期工程水量消纳。

胡春华指出，目前已经进入"七下八上"防汛关键期，华北各地区务必克服松懈麻痹思想，全面落实责任，确保安全度汛。

（来源：中国政府网）

重 要 事 件

水 利 部

陆桂华出席"世界水日""中国水周""守护一库碧水永续北送"主题活动

2022 年 3 月 22 日，在第三十届"世界水日"、第三十五届"中国水周"到来之际，湖北省在十堰市丹江口举办"守护一库碧水永续北送"主题活动，水利部副部长陆桂华出席活动并讲话。

陆桂华指出，党的十八大以来，习近平总书记专门就保障国家水安全发表重要讲话，多次对南水北调水源保护作出重要指示批示，强调要把水源区的生态环境保护工作作为重中之重，守好这一库碧水。要深入学习贯彻习近平总书记在推进南水北调后续工程高质量发展座谈会上的重要讲话精神，强化使命担当，把加强南水北

调中线水源保护作为重大政治任务，深入贯彻实施长江保护法，持续强化库区水源保护，加强日常监管，加大执法力度，建立长效机制，确保一库碧水永续北送。要广泛开展普法宣传教育，提高全社会节水护水意识，共同抓好大保护，切实维护库区供水安全、水质安全。要立足新形势新要求，加快构建国家水网主骨架和大动脉，扎实推进南水北调后续工程高质量发展，为全面建设社会主义现代化国家提供有力的水安全保障。

陆桂华强调，2022 年是丹江口库区完成移民搬迁安置 10 周年，丹江口水库移民为确保一库碧水永续北送作出了重大贡献，充分展示了移民群众伟大的牺牲奉献精神、艰苦创业精神。要持续做好对口协作工作，通过科学规划引领、创新协作机制、加强人才交流、优化资金安排等方式，继续开展丹江口库区及上游地区对口协作，让库区人民过上更加幸福美好的生活。

当天还举行了南水北调博物馆项目奠基、南水北调中线工程纪念园开园仪式。

水利部政法司、水保司、南水北调司有关负责同志参加主题活动。

（来源：水利部网站，略有删改）

总投资 582.35 亿元 南水北调后续工程中线引江补汉工程开工

2022 年 7 月 7 日，南水北调后续

工程中线引江补汉工程开工动员大会在湖北十堰丹江口市举行，标志着南水北调后续工程建设正式拉开序幕。

作为南水北调后续工程首个开工项目，引江补汉工程是全面推进南水北调后续工程高质量发展、加快构建国家水网主骨架和大动脉的重要标志性工程。该工程静态总投资 582.35 亿元，设计施工总工期 108 个月，由中国南水北调集团负责建设运营。

据介绍，引江补汉工程从长江三峡库区引水入汉江，沿线由南向北依次穿越宜昌市夷陵区、襄阳市保康县、谷城县和十堰市丹江口市。输水线路总长 194.8km，为有压单洞自流输水，多年平均调水量为 39 亿 m^3，设计引水流量 170m^3/s。

据了解，该工程实施后，将增加中线一期工程北调水量，通过充分利用现有中线一期总干渠输水能力，中线北调水量可由一期工程规划的多年平均 95 亿 m^3 增加至 115.1 亿 m^3。

同时引江补汉工程实施后将向汉江中下游补水 6.1 亿 m^3，工程输水沿线补水 3 亿 m^3，有力推动汉江流域生态经济带建设。

该工程还可向引汉济渭工程及沿线补水，汉江上游引汉济渭工程年均引水量可由近期的 10 亿 m^3 增加至 15 亿 m^3，有效保障关中平原供水安全。

据介绍，引江补汉工程输水总干线采用有压单洞自流输水，沿线地质条件复杂，施工难度大，是我国调水工程建设极具挑战性的项目之一，该工程将促进我国重大基础设施技术创新能力的提升。

全国人大代表、中国工程院院士、长江设计集团董事长钮新强参加开工仪式后激动地表示，引江补汉工程将南水北调工程与三峡工程两大"国之重器"紧密相连，进一步打通长江向北方输水通道，促进中线工程效益发挥，提高中线工程供水保证率，缓解汉江流域水资源供需矛盾问题，改善汉江流域区域水资源调配能力减弱和汉江中下游水生态环境问题。

同时，引江补汉工程连通长江、汉江流域与华北地区，完善水网格局，对保障国家水安全、促进经济社会发展、服务构建新发展格局将发挥重要作用。

（来源：央广网，略有删改，责任编辑：朱娜）

水利部、河北省与南水北调集团联合组织开展 2022 年南水北调工程防汛抢险综合应急演练

为深入贯彻习近平总书记关于南水北调工程和防灾减灾重要指示批示精神以及李克强总理对防汛工作的批示要求，进一步落实党中央、国务院防汛抗旱工作部署，2022 年 6 月 24 日，水利部、河北省人民政府、南水北调集团联合组织在南水北调中线工程河北段沙河（北）倒虹吸工程开展防汛抢险综合应急演练。水利部总工

程师仲志余，河北省副省长时清霜，南水北调集团董事长蒋旭光出席演练并讲话。

本次演练所在地沙河（北）渠道倒虹吸工程是南水北调中线一期工程大型河渠交叉建筑物之一，演练针对工程沿线发生流域性洪水的可能性，模拟沿线周边山区洪水下泄，供电和通信中断；管身段下游出现冲坑，持续向管身靠近；倒虹吸进口上游左岸出现管涌等场景。在综合应急演练指挥机构的统一调度下，各参演单位先后进行了倒虹吸管身冲刷破坏抢险演练、河道疏通演练、人员撤离演练、裹头冲刷防护演练、无人机飞行巡查演练、管涌抢险演练、涝水抽排演练、水质监测演练、应急抢险设备操作演示。通过实战演练，增强了属地协同配合，提高了应急抢险队伍的快速反应能力、抢险处置能力，工程防汛抢险实战水平进一步提升。

南水北调工程自 2014 年全面建成通水以来，已累计调水 540 多亿 m³，受益人口超 1.4 亿人。确保工程安全度汛责任重于泰山。2022 年我国气象水文年景总体偏差，南水北调工程沿线已进入主汛期，海河流域子牙河、大清河、北三河预测发生流域性较大洪水。水利部、沿线地方政府、南水北调集团坚持人民至上、生命至上，立足于"防大汛、抗大洪、抢大险"，打好防汛主动仗，扛稳扛牢南水北调工程安全、供水安全、水质安全的政治责任，深刻认识做好 2022

年防汛工作的极端重要性，2022 年年初就对防汛工作做出动员部署，组织开展防汛检查和隐患排查，系统梳理出 21 类安全风险隐患，组织实施中线工程安全风险评估，协同管控左岸水库、交叉河道等外部风险，落实落细"四预"措施。汛前小型水库基本完成除险加固主体工程建设或空库运行，交叉河道清理整治工作基本完成，涉及 2022 年中线工程安全度汛的 21 个项目主体工程建设已全部完成，具备安全度汛条件。

水利部相关司局负责人，南水北调集团及相关部门负责人，石家庄工程沿线政府分管负责同志以及水利局、应急管理局主要负责同志参加演练。（来源：水利部网站，略有删改）

水利部开展丹江口 "守好一库碧水"专项 整治行动现场调研复核

2022 年 3 月 14—19 日，水利部组织开展专项整治行动现场复核工作。现场复核工作主要在丹江口库区管理范围湖北省境内开展，由水利部河湖司副司长李继昭带队，长江委河湖局局长王永忠、政法局局长滕建仁、湖北省水利厅副厅长焦泰文、十堰市副市长龚举海等陪同参加。

现场复核工作分别由水利部河湖司、政法司、河湖中心牵头组成 3 个工作组，赴武当山特区、丹江口市、郧阳区等 3 个区（市）的 20 多个乡镇，对前期内业排查的疑似问题点位进行现场复核，共完成120多个点位的复核。现场复核中，工作组通过查看现场、走访群众、查阅资料、座谈交流等方式，对相关点位逐一进行复核；坚持依法依规、实事求是、兼顾历史等原则，对问题性质及严重程度进行科学研判。

工作组充分肯定了地方在前期排查中做出的努力，并要求根据现场复核反馈的意见和要求，深入分析排查工作中存在的不足，举一反三，全面排查库区水域岸线管控有关问题，并将问题全部纳入"三个清单"进行整改；还要求地方进一步加大排查整治力度，确保按时依法完成相应的整治任务。工作组还强调，地方要进一步提高思想认识，从守护生命线的政治高度，坚决扛起"守好一库碧水"的政治责任，坚决管住丹江口库区管理范围内筑坝拦汊、非法养殖、违规建房、非法占用岸线、违规填库造地等违法违规行为，切实保护好每一方库容、每一寸岸线，确保南水北调工程安全、供水安全、水质安全。

（中线水源公司）

何华武院士一行调研南水北调东线工程

为科学推进南水北调后续工程高质量发展，2022年1月中旬，中国工程院副院长、南水北调后续工程专家咨询委员会主任何华武带队调研南水北调东线工程。中国工程院院士张建云、唐洪武，原国务院南水北调办公室副主任宁远等专家咨询委员会成员，以及国家发展改革委农村经济司副司长李明传、水利部规计司副司长乔建华、淮委副主任杨锋、南水北调集团公司副总经理耿六成等参加调研。

调研组一行从东线源头江都水利枢纽出发，一路向北查看了高邮湖、邵伯湖、京杭运河、徐洪河、韩庄运河、南四湖、梁济运河、东平湖等河湖，以及淮安四站、泗洪站、邳州站、台儿庄泵站、二级坝泵站等泵站。在工程现场，调研组一行深入了解东线后续工程输水线路布局，认真听取地方意见和建议，进行深入交流、讨论，为科学推进东线后续工程高质量发展出谋划策。

南水北调东线一期工程2013年年底建成通水以来，东线受水区江苏、安徽两省用水保障程度得到大幅提升，累计向山东调水52.88亿 m^3，受益人口超6900万人，东线工程供水、防洪、排涝、航运等综合功能凸显，有效发挥了优化水资源配置、保障群众饮水安全、复苏河湖生态环境、畅通南北经济循环的生命线作用。调研过程中，何华武院士充分肯定了东线一期工程的建设成效，强调南水北调东线工程是我国"四横三纵、南北调配、东西互济"水资源配置总体格局的重要组成部分，在下阶段工作中，有关各方要遵照习近平总书记在南水北调后续工程高质量发展座谈会上讲话等一系列重要指示批示精神，综合考虑工程投资、征地移民、运行成本、生态环境等因素，进一步研究论证东线后续工程输水线路布局，优化河道及泵站设计，科学推进南水北调东线工程高质量发展。

江苏和山东两省人民政府、发展改革委、水利厅，以及东线工程沿线有关地市负责同志陪同调研。

（来源：水利部网站，略有删改）

南水北调工程通水 8 年
向北方调水 586 亿 m³

2022 年 12 月 12 日，南水北调东、中线一期工程迎来全面通水 8 周年。记者从水利部获悉，8 年来工程累计向北方调水 586 亿 m³，直接受益人口超 1.5 亿，发挥了巨大的经济、社会和生态综合效益。

按照统筹发展和安全的要求，水利部强化底线思维、极限思维，全力做好汛期、冰期、冬奥会、冬残奥会等特殊重要时期安全输水工作，经受了极寒天气、河南郑州"7·20"特大暴雨、最大设计流量以及新冠疫情影响等风险和工况考验，保障了正常供水。目前，工程已连续安全平稳运行 2922 天，设备设施运转正常，中线水质持续保持或优于地表水 Ⅱ 类标准，东线水质持续稳定保持地表水 Ⅲ 类标准。

南水北调全面通水以来，通过实施科学调度，实现了年调水量从 20

多亿 m³ 持续攀升至近 100 亿 m³ 的突破性进展。中线一期工程 2021—2022 年度调水 92.12 亿 m³，再创新高，连续 3 年超过工程规划的多年平均供水规模。南水北调水已由规划的辅助水源成为受水区的主力水源，北京城区 7 成以上供水为南水北调水；天津市主城区供水几乎全部为南水北调水。南水北调东线北延应急供水工程发挥效益并将东线供水范围进一步扩展到河北、天津，进一步提高了受水区供水保障能力。

南水北调工程有力支持了国家重大战略。8 年来，累计向京津冀地区供水 335 亿 m³，其中，向雄安新区供水 9134 万 m³，为京津冀协同发展、雄安新区建设、黄河流域生态保护和高质量发展等国家重大战略实施提供了有力的水资源支撑和保障。按照万元 GDP（国内生产总值）用水 65.1 m³ 计算，南水北调工程累计调水 586 亿 m³，相当于有力支撑了北方地区 9 万多亿元 GDP 的持续增长。此外，通过水源置换、生态补水等综合措施，有效保障了沿线河湖生态安全。中线已累计向北方 50 余条河流进行生态补水 90 多亿 m³，推动了滹沱河、瀑河、南拒马河、大清河、白洋淀等一大批河湖重现生机，河湖生态环境显著改善，华北地区浅层地下水水位持续多年下降后实现止跌回升。2021 年 8 月—9 月，通过向永定河生态补水，助力永定河 865km 河道实现了 1996 年以来首次全线通水；

今年 3 月—5 月，东线北延应急供水工程向黄河以北供水 1.89 亿 m³，助力京杭大运河实现百年来首次全线贯通；6 月—7 月，中线补水达 2.13 亿 m³，助力华北地区河湖生态环境复苏 2022 年夏季行动顺利完成。

水利部将以党的二十大精神为引领，深入贯彻落实习近平总书记重要讲话和指示批示精神，踔厉奋发，勇毅前行，早日构建国家水网主骨架和大动脉，推动南水北调后续工程高质量发展，不断提升国家水安全保障能力，为全面建设社会主义现代化国家作出新的更大贡献。

（来源：《中国水利报》，略有删改，责任编辑：杨晶）

"南水"进京 8 周年，
84 亿 m³ 水源惠京城

2022 年 12 月 27 日，南水北调工程迎来水源进京 8 周年。8 年间，已有 84.08 亿 m³ 的"南水"自丹江口水库一路奔涌，跋涉 1276km 惠泽京城。"南水"为加强北京城市供水保障、提高水资源战略储备、涵养回补地下水源以及改善生态环境作出了重要贡献。

"南水"成为北京城市用水主力水源

北京市累计建成南水北调中线干线 80km、市内配套输水管线约 265km。重点建设完成了南干渠、东干渠、团城湖至第九水厂输水管线一期二期、南水北调来水向密云水库调

蓄工程、东水西调改造工程、通州支线、河西支线、大兴支线、大宁调蓄工程、团城湖调节池、亦庄调节池一期二期等重点配套项目。

同时，北京市还新建和改造自来水厂 11 座。目前，北京市内已有 13 座水厂接纳"南水"，处理能力达 468 万 m³/d，并在全市范围内开展自备井置换等重要民生工程。

经过多年持续建设，安全、优质的"南水"已经深入京城千家万户，约七成"南水"被用于北京城区自来水供水，成为保障北京城市用水的主力水源，北京水资源紧缺形势得到有效缓解，全市直接受益人口超 1500 万。

"多源共济"水资源保障体系基本建立

以"南水"为基，北京市全面实施水资源统筹调度、精细配置，"多源共济"的首都水资源保障体系基本建立起来。

以"节、喝、存、补"的用水原则为指导，在确保北京市自来水厂"喝饱水""喝好水"的前提下，市水务局积极研究谋划，采取多种措施向密云、怀柔、大宁等大中型水库存蓄南水北调水源，统筹多水源实施流域性生态补水，适时加大地下水源回补力度，逐渐补充多年来由于极度缺水导致地下水源超采的历史欠账。

水资源战略储备大幅增加

在"南水"的"助攻"下，北京市的水资源战略储备大幅增加，密云

水库蓄水量最高达 35.79 亿 m^3，创建库以来最高纪录，并持续稳定在 30 亿 m^3 左右高水位运行。全市平原区地下水位连续 7 年累计回升 10.11m、增加储量 51.8 亿 m^3。永定河连续两年全线通水，全市五大河流时隔 26 年全部重现"流动的河"并贯通入海。相比 2014 年同期，全市新增有水河道 44 条、有水河长 852km。

"南水"进京 8 年间，北京市河湖生态环境全面复苏，水生态功能大幅提升，健康水体比例从不足 60% 提升到 87.2%，很多河流、湖库成为鸟类迁徙驿站和栖息乐园，黑鹳、白鹭、桃花水母等珍稀物种成为常客，河湖水系清新明亮、生机勃勃。

"精打细算"用好每一滴水

北京市"精打细算"用好每一滴水，建设节水型社会。北京市全面实施水资源"取供用排"全过程统筹协同监管，《北京市节水条例》首创"大节水"立法，出台生产生活用水总量管控制度，推动建立水要素管控规划和区域水影响评价体系。同时，实施新一轮节水行动，完成百项节水标准规范提升工程，创建节水型载体 5000 余个。

在全市经济总量增长 44% 的情况下，全市生产生活用水总量严格控制在 28 亿 m^3 以内，万元地区生产总值用水量、万元工业增加值用水量均显著下降。

（来源：《新京报》，略有删改，责任编辑：吴婷婷）

南水北调东线北延工程首次启动冬季大规模调水

2022 年 12 月 9 日 10 时，随着山东段德州六五河节制闸缓缓开启，南水北调东线一期工程北延应急供水工程启动 2022—2023 年度向河北、天津调水工作，这是北延供水工程首次启动冬季调水。

北延供水工程运行通水是水利部和南水北调集团贯彻落实习近平总书记"节水优先、空间均衡、系统治理、两手发力"治水思路的具体实践，也是落实华北地区地下水超采综合治理行动和京杭大运河全线贯通补水的具体措施。自 2019 年应急试通水以来共开展了 3 次调水，累计向河北、天津调水 2.48 亿 m^3。本年度调水计划至 2023 年 5 月底结束，将不间断持续输水 6 个月，较往年大幅度延长。穿黄断面计划调水量为 2.72 亿 m^3，向河北、天津调水 2.16 亿 m^3，均创历史新高。此次调水将有力保障津冀地区明年春灌储备水源，确保粮食安全，巩固地下水压采成效。

水利部会同南水北调集团将把完成北延供水工程年度调水目标作为深刻领会习近平新时代中国特色社会主义思想、深入学习贯彻党的二十大精神、落实国家水网建设规划纲要的主责任务，精心组织安排，守牢"三个安全"，确保一渠清水北上，为沿线地方经济社会高质量发展贡献力量。

（来源：《中国水利报》，略有删改，责任编辑：杨晶　袁凯凯）

东线北延工程年度调水
任务圆满完成

南水北调东线北延应急供水工程向天津市 2021—2022 年度调水圆满完成，九宣闸累计收水 4891 万 m^3，超额完成调水任务，入境水质全部符合国家地表水Ⅲ类水体以上标准，为保障南部地区农业灌溉和生态用水发挥着重要作用。此次调水任务创下近年来天津市南部地区外调水补水水量之最的记录，有力支撑华北地区地下水超采综合治理，沿线滨海新区和静海区 8 个镇农业灌溉水源得到有效补充，累计实现农业灌溉面积 10.57 万亩。

（天津市水务局）

国家发展改革委、水利部组织
召开南水北调工程总体规划
修编推进会

2022 年 11 月 11 日，国家发展改革委、水利部组织召开《南水北调工程总体规划》修编推进会，山东省发展改革委、山东省水利厅以视频形式参加会议。　　（山东省水利厅）

南水北调中线一期工程
2021—2022 年度冰期输水结束

2022 年 2 月 23 日，南水北调中线一期工程 2021—2022 年度冰期输水结束。2021 年 12 月 1 日至 2022 年 2 月 23 日冰期输水期间，南水北调中线建管局首次通过科学预测增加了渠道冰期输水能力，突破了中线工程冰期输水瓶颈，中线工程输水 16.31 亿 m^3，较计划供水量增加 4.52 亿 m^3。在满足沿线省（直辖市）用水需求的基础上，冰期输水期间中线工程向河北生态补水 2.64 亿 m^3，向河南生态补水 1.14 亿 m^3。自 2021 年 10 月 1 日起，对安阳以北渠段全面加强不同断面水温、气温等指标的监测。根据监测数据和冰期综合指数，2021 年 12 月 1—20 日，中线工程动态调整调度模式，保持正常调水，供水量较计划增加 1.49 亿 m^3。

根据气象部门预报，2021 年我国北方地区气温可能比常年同期偏低，加之新冠疫情局部反弹、汛期多次强降雨等因素影响，冰期输水形势严峻。南水北调集团多次召开专题会议，部署冰期输水工作。中线建管局强化冰期输水调度机制和应急保障措施，编制了冰期输水工作手册，就预测预警、输水调度、设备设施、工程防护、巡查值守等 8 个模块提出应对措施。制定了冰期输水调度实施方案，明确了渠道结冰前、结冰后的调度方式，对冰期调度控制、数据监控与信息报送等日常调度提出具体要求。针对冰期典型突发事件提出应急调度策略，确保冰期输水平稳安全。

中线工程在工程沿线共布设拦冰设施 104 道，融冰、扰冰设备 295 套，排冰闸 15 座，液压耙冰机 4 套。在三个方面有改进和创新：一是对防冰冻设施设备实施了升级改造，提升了设施设备的防冰冻能力；二是灵活调整进场驻守时间，工程沿线建立 4 支应急抢险保障队伍，全线设置了 6 个冰期驻守点，当气温、水温等指标达到冰期输水模式时，应急抢险保障队伍进场驻守，有效节约了人力成本；三是采取保温措施强化工程保护，在唐县以北部分衬砌板表面覆盖工程保温被，对石家庄以北段 72 座左排倒虹吸和左排涵洞进出口采取挂帘保温措施。

（王乃卉　郭凤杰　卢明龙）

南水北调助力京杭大运河实现近百年来首次全线通水

记者从中国南水北调集团获悉，截至 2022 年 5 月 13 日，南水北调东中线一期工程累计调水 531 亿 m^3。东线一期北延工程自 3 月 25 日启动本年度供水以来，已累计向黄河以北供水 1.23 亿 m^3，全面助力京杭大运河实现近百年来首次全线通水。

据了解，水利部已于 4 月 14 日启动京杭大运河 2022 年全线贯通补水行动，4 月 28 日京杭大运河实现近百年来首次全线通水。此次补水行动将持续到 5 月底，预计可提供补水量 5.15 亿 m^3，其中入京杭大运河水量 4.66 亿 m^3。京杭大运河全线通水后，有水河长增加约 112km，水面面积预计增加 9.5km^2，补水河道周边地下水水位回升或保持稳定，水生态系统得到恢复改善。

2021 年 5 月 14 日，推进南水北调后续工程高质量发展座谈会在河南南阳召开。中国南水北调集团董事长蒋旭光表示，绿色是南水北调工程的底色，是推进南水北调后续工程高质量发展的必然要求。这一年来，中国南水北调集团牢固树立绿色发展理念，充分尊重自然、顺应自然、保护自然。着力发挥南水北调工程"优化水资源配置、保障群众饮水安全、复苏河湖生态环境、畅通南北经济循环"的生命线作用。

蒋旭光介绍，在建设绿色工程方面，一是积极探索治污工作新模式，强化水源区和工程沿线水资源保护，同时认真组织开展后续工程环境影响评价，处理好发展和保护、利用和修复的关系。二是加大生态补水力度，充分发挥工程生态效益，2021 年实施生态补水近 20 亿 m^3，是年度计划的 3 倍多，瀑河、南拒马河、大清河、永定河、白洋淀等一大批河湖重现生机，华北地区浅层地下水水位持续回升。今年东线北延应急供水工程计划供水 1.83 亿 m^3，为京杭大运河全线通水提供了有力支撑。

优化河湖生态系统离不开国家水网的构建。近日，中央财经委员会第十一次会议明确提出，要加强交通、能源、水利等网络型基础设施建设，把联网、补网、强链作为建设的重点，着力提升网络效益。加快构建国家水网主骨架和大动脉。

作为国家水网建设中的国家队、

主力军，一年来，中国南水北调集团主动加强与沿线地方合作，积极推动建设区域水网、地方水网，为建设"系统完备、安全可靠、集约高效、绿色智能、循环通畅、调控有序"的国家水网宏伟目标贡献国资央企力量。

"下一步，中国南水北调集团将更大激发企业活力和内生动力，围绕联网、补网、强链科学布局相关产业，坚持创新驱动，实现经济效益、社会效益、生态效益、安全效益相统一，服务国家重大战略、支持经济社会发展，为全面建设社会主义现代化国家做出新的更大贡献。"蒋旭光说。

（来源：人民网，略有删改，责任编辑：余璐）

圆满完成南水北调东线一期
工程北延应急供水工程
加大调水工作

为充分发挥北延工程效益，助力南水北调后续工程高质量发展，2022年3月初，水利部部长李国英提出北延应急供水工程加大调水的工作要求，南水北调集团董事长蒋旭光高度重视，马上召开专题会议传达并部署相关工作，在调水期间多次听取北延加大调水工作汇报，视频检查调水实施情况。东线公司在南水北调集团质量安全部的指导下，克服新冠疫情影响，科学谋划、细致部署、紧密跟进，在各有关单位的大力支持下，2021—2022年度北延应急加大调水工

作在5月31日顺利按时保质保量完成。通水期间工程运行安全平稳，未发生一起安全生产事故，水质稳定达标，缓解了受水区水资源短缺状况，助力大运河贯通补水，产生了良好的经济效益、社会效益和生态效益。

南水北调东线一期工程正式启动2022—2023年度调水工作。根据水利部水量调度计划安排，南水北调东线一期工程计划向山东调水 12.63 亿 m³，净供水量 9.25 亿 m³。11月13日，台儿庄泵站开机，2022—2023年度南水北调东线一期工程全线调水工作顺利启动。

南水北调东线一期工程北延应急供水工程启动 2022—2023 年度向河北、天津调水工作。2022—2023 年度北延调水是保障津冀地区下一年度春灌储备水源，确保粮食安全，巩固地下水压采效果，并助力京杭大运河持续贯通开展的调水工作。根据水利部水量调度计划，穿黄断面调水量 2.72 亿 m³，入冀第三店断面调水量 2.16 亿 m³。12月9日，六五河节制闸开启，正式启动本年度北延调水工作，将不间断持续输水至 2023 年 5 月底，调水量和调水时长均为历史之最，并且首次在冬季启动北延调水，开展冰期输水工作。

（刘婧）

南水北调中线工程累计
调水 500 亿 m³

截至 2022 年 7 月 22 日，南水北

调中线一期工程陶岔渠首入总干渠水量突破 500 亿 m³，相当于为北方地区调来黄河一年的水量，工程受益人口超过 8500 万人，为推进国家重大战略实施、推动经济社会高质量发展、加快构建新发展格局提供了坚实的水安全保障。

水资源配置格局持续优化。全面通水以来，通过实施科学调度，中线一期工程年调水量从 20 多亿 m³ 持续攀升至 90 亿 m³。在做好精准精确调度的基础上，充分利用汛前腾库容的有利时机，挖掘工程输水潜力，向北方多调水、增供水，2020 年、2021 年中线一期工程供水量连续两年超过规划多年平均供水规模。中线工程供水已成为沿线大中城市供水的生命线：北京城区七成以上供水为南水；天津市主城区供水几乎全部为南水；河南、河北两省的供水安全保障水平都得到了新提升。

有效保障群众饮水安全。通过长期持续加强水源区水质安全保护，丹江口水库和中线一期工程通水以来供水水质一直稳定在地表水水质 II 类标准及以上。北京自来水硬度由过去的 380mg/L 降至 120mg/L。河南省等 11 个省辖市用上南水，其中郑州中心城区 90% 以上居民生活用水为南水，基本告别饮用黄河水的历史。河北省沧州、衡水、邯郸等地区，500 多万群众告别了长期饮用高氟水和苦咸水的历史。中线工程供水已由规划时的补充水源跃升为多个重要城市的主力水源。同时，为巩固拓展脱贫攻坚成果与乡村振兴有效衔接，中线一期工程还通过不断完善的配套水网向农村地区供水。

生态效益显著发挥。中线一期工程通过向沿线 50 多条河流湖泊生态补水，串联起沿线的山水林田湖草，形成了一个良好的绿色生态系统。截至 7 月 22 日，已累计生态补水超过 89 亿 m³，受水区特别是华北地区，干涸的洼、淀、河、渠、湿地重现生机，河湖生态环境复苏效果明显。华北地区浅层地下水水位持续多年下降后实现连续两年回升，浅层地下水总体达到采补平衡。监测数据显示，2021 年年底京津冀治理区浅层地下水水位较 2018 年同期总体上升 1.89m，深层地下水水位平均回升 4.65m。通过向北京十三陵、怀柔、密云等水库存水，有效扩大了水域面积，2021 年 10 月 1 日，密云水库蓄水量达到 35.79 亿 m³，创造了新的纪录。2021 年 8—9 月，中线一期工程通过生态补水，助力永定河实现了 1996 年以来 865km 河道首次全线通水。河北省统筹南水、黄河水和水库水，向白洋淀生态补水，淀区面积由补水前的超过 170km² 扩大到 250km² 左右，有"华北之肾"美誉的生态湿地功能逐步恢复。

有力推动经济社会发展。中线一期工程贯穿北京、天津、河北、河南，形成了水系互联、互通、共济的供水格局，有力助力疏解北京非首都功能，推动京津冀协同发展以及黄河流域生态保护和高质量发展，推动河北雄安新区和北京城市副中心建设。截至 7 月 22 日，中线一期工程累计向雄安新区供水 7800 万 m³，为雄安新区建设，以及城市生活和工业用水提供了优质水资源保障。此外，沿线受水区置换出大量地下水和地表水，使农业、工业、生活及生态环境争水的局面得到缓解，显著增强了农业抵御干旱灾害的能力，沿线地区农田灌溉保证率和小麦、玉米、棉花等作物生产效益大大提高。

（来源：水利部网站，略有删改）

南水北调东、中线一期工程
通过完工验收

2022 年 8 月 25 日，南水北调中线穿黄工程通过水利部主持的设计单元完工验收。至此，南水北调东、中线一期工程全线 155 个设计单元工程全部通过水利部完工验收，其中东线一期工程 68 个、中线一期工程 87 个。这是南水北调东、中线一期工程继全线建成通水以来的又一个重大节点，标志着工程全线转入正式运行阶段，为完善工程建设程序，规范工程运行管理，顺利推进南水北调东、中线一期工程竣工验收及后续工程高质量发展奠定了基础。

南水北调东、中线一期工程建设规模大、时间跨度长、涉及行业地域多。水利部高度重视南水北调工程验收工作，成立了部领导任组长的南水北调工程验收工作领导小组，将完成完工验收

和竣工验收准备工作纳入推进南水北调后续工程高质量发展工作计划，坚持高标准、严把关、科学调度、高效协同，积极克服新冠疫情影响，创新工作方式，挂图作战，按月督导，强力协调破解验收难题。通过各方努力，按计划如期保质完成了验收任务。

此次通过验收的中线穿黄工程是南水北调的标志性、控制性工程，工程规模宏大，是我国首次运用大直径（9.0m）盾构施工穿越大江大河的工程，在黄河主河床下方（最小埋深 23m）穿越黄河，工程单洞长 4250m，设计流量为 265m³/s，加大流量为 320m³/s。工程于 2005 年开工，攻克了饱和砂土地层超深竖井建造、高水压下盾构机分体始发、复杂地质条件下长距离盾构掘进、薄壁预应力混凝土内衬施工等一系列技术难题。经过 9 年建设、8 年运行，累计输水超过 348 亿 m³，各项监测指标显示工程运行安全平稳。

2002 年 12 月南水北调工程开工建设，2014 年 12 月东、中线一期工程全面通水。通水以来工程运行安全平稳，水质持续达标，累计调水超过 560 亿 m³，受益人口超过 1.5 亿人，发挥了显著的经济、社会和生态效益。

（来源：水利部网站，略有删改）

南水北调中线一期工程超额完成
2021—2022 年度调水任务

2022 年 10 月 31 日，在水利部指

导下，南水北调集团圆满完成南水北调中线一期工程 2021—2022 年度调水任务，向河南、河北、北京、天津四省（直辖市）调水 92.12 亿 m³，为年度调水计划的 127.4%，年度调水量再创历史新高。

通水近 8 年来，中线一期工程累计调水超 523 亿 m³，已成为沿线许多大中城市的供水生命线。工程沿线 20 多座大中城市、200 多个县（市、区）用上了南水，受益人口连年攀升，直接受益人口达 8500 多万人。工程从根本上改变了受水区供水格局，改善了供水水质，提高了供水保证率，各受水城市的生活供水保证率由最低不足 75% 提高到 90% 以上，工业供水保证率达 90% 以上。南水北调水已占北京市城区供水的七成以上，天津主城区供水基本为南水北调水，河南省 11 个省辖市用上南水，其中郑州中心城区 90% 以上居民生活用水为南水。河北省沧州、衡水、邯郸等地区，500 多万群众告别了长期饮用高氟水和苦咸水的历史。

自 2017 年开始，中线一期工程利用丹江口水库汛前腾库和汛期洪水，向沿线 50 余条河道实施生态补水，补水量累计超 89 亿 m³，受水区特别是华北地区，干涸的洼、淀、河、渠、湿地重现生机，河湖生态环境复苏效果明显，工程生态效益显著。

（来源：中国南水北调集团有限公司网站，略有删改）

南水北调中线工程启动 2022—2023 年度冰期输水工作

2022 年 12 月 1 日，南水北调中线工程启动 2022—2023 年度冰期输水工作，预计到 2023 年 2 月底结束。

根据国家气候中心预测，2022—2023 年冬季气温变化的阶段性特征明显，2023 年 1 月下旬至 2 月，冷空气强度逐渐加强，华北北部、华中西部等地气温较常年同期偏低，南水北调中线工程冰期输水将面临大考。

面对冰期输水的严峻形势，南水北调集团高度重视，在 10 月下旬即召开专题会议，认真学习宣传贯彻党的二十大精神，全面贯彻习近平总书记关于南水北调系列重要讲话指示批示精神，全面落实党中央"疫情要防住、经济要稳住、发展要安全"的决策部署，按照水利部工作要求，提前谋划今冬明春冰期输水工作，以守护生命线的政治高度，坚决维护工程安全、供水安全、水质安全。南水北调集团党组书记、董事长蒋旭光强调，要以党的二十大精神为引领，进一步认清形势，提高政治站位，加强组织领导，强化信息化、智能化措施，把冰期输水工作提高到新的水平，确保冰期输水安全和工程效益充分发挥。南水北调集团党组副书记、总经理汪安南要求，要强化"四预"措施，建立定期会商机制，加强同地方防凌指挥部门联系，建立冰期输水调度模型，依法规范各项工作制度和方案，确保中线工程运行安全。党组成员、副总经理耿六成、李刚出席会议。

按照会议部署，南水北调集团各部门、各单位严格落实冰期输水责任，依托已建立的中线工程冰冻灾害应急组织体系，扎实开展冰期输水工作。冰冻灾害应急指挥部办公室设在南水北调集团中线有限公司，负责冰期输水运行工作归口管理及指挥部的日常工作，沿线各分公司和现地管理处依托已成立的突发事件应急指挥部和应急处置小组开展冰期输水相关工作。

南水北调集团统筹新冠疫情防控和冰期输水等各项工作，坚持底线思维，按最不利因素考虑，细化冰期输水工作安排，加强分析研判，优化完善应对处置措施，扎实做好应急抢险准备，坚决守住疫情防控和安全生产底线，保障冰期输水各项工作有序进行。

在总结冰期输水经验教训的基础上，进一步修订完善应急预案和突发事件现场处置方案，同时针对曾发生过险情的部位以及距离北京最近的输水渡槽等，制订专项处置方案。通过建立冰期气象、冰情监测制度、信息共享和预警会商等工作机制，不断提升风险分析预警能力。通过中线工程防洪信息管理系统、中线天气App等信息手段，实现对暴雪、冰冻、寒潮等天气的动态监测，同时设置4个冰情固定观测站，及时推送水温及冰情信息。进一步加强与沿线各级应急管理部门协调联动，充分发挥南水北调河湖长制作用，实现信息资源共享，

进一步提升突发事件应急处置能力。

工程沿线104道拦冰索维护布设已到位，180套融冰设备检修及调试完毕，111套扰冰设备检修及调试完成，15座排冰闸及4套液压耙冰机检修工作已全部完成。河北石家庄管理处以北渠段的65个左排倒虹吸（涵洞）进出口均已采取挂帘保温等措施。对可能发生的冰冻灾害险情，正组织开展冰冻灾害应急演练，检验预案、锻炼队伍。并在工程沿线配置应急抢险保障队伍，设置冰期驻守点，配备应急抢险车、移动发电车、高压热水枪、冰钻、电锯等抢险工具及备用拦冰索等应急抢险物资和设备，随时应对现场突发情况。现地管理处还与当地有关单位签订了热水供给协议，紧急情况下可保障融冰需要。

为做好冰期输水调度工作，南水北调集团专门制定了《南水北调中线干线工程2022—2023年度冰期输水运行工作方案》和《2022—2023年度冰期输水调度实施方案》，明确相关要求，输水过程中将密切关注气温、水温变化，根据实际气象、水情、工情及沿线用水需求，利用冰期输水调度模型采取动态优化调度方式，努力实现冰期多调水目标，促进工程效益充分发挥。　　（任秉枢　张存有）

南水北调工程全面推行河湖长制

为深入落实习近平总书记在推进南水北调后续工程高质量发展座谈会

上的重要指示精神，2022 年 1 月，水利部印发《在南水北调工程全面推行河湖长制的方案》（以下简称"《方案》"），以充分发挥河湖长制优势，及时协调解决南水北调工程安全管理中的突出问题，构建责任明确、协调有序、监管严格、保护有力的管理保护机制，切实维护好南水北调工程安全、供水安全、水质安全。

《方案》明确了河湖长制的组织体系，要求中线工程干线沿线的北京、天津、河北、河南 4 省（直辖市）全面建立省、市、县、乡四级河湖长体系，鼓励各地因地制宜设置村级河湖长；东线工程干线沿线的天津、河北、江苏、安徽、山东 5 省（直辖市）对已建立的河湖长制体系进行充实完善；鼓励各省（直辖市）结合实际在南水北调配套工程设置河湖长。《方案》还明确了河湖长的工作职责和主要任务。

（来源：水利部网站，略有删改）

南水北调中线工程超额完成第八个年度调水目标

2022 年 10 月 31 日，南水北调中线一期工程顺利完成 2021—2022 年度（2021 年 11 月 1 日至 2022 年 10 月 31 日）调水任务，年度调水 92.12 亿 m^3，调水量为年度计划的 127.4%，相应口门分水量为 90.02 亿 m^3，连续 3 年超过工程规划的多年平均供水规模 85.4 亿 m^3。

2022 年以来，水利部指导南水北调集团加强科学调度，强化安全监管，有效保障了工程安全平稳运行、供水正常有序、水质稳定达标。特别是在 7—9 月遭遇汉江丹江口水库来水偏少 6 成多的情况下，水利部统筹流域和跨流域水资源优化配置，兼顾受水区和调水区用水需求，通过科学精准调度，实施中线水量调度计划按旬批复并严格监管实施，有效保障北京、天津、河北、河南 4 省（直辖市）的正常供水。

南水北调东、中线一期工程自 2014 年全线通水以来，工程安全平稳运行，东线干线水质稳定达到地表水 Ⅲ 类标准，中线干线水质稳定在 Ⅱ 类标准及以上，累计调水总量已突破 576 亿 m^3，其中东线调水 52.88 亿 m^3、中线调水 523.29 亿 m^3，惠及沿线 7 个省份 42 座大中城市和 280 多个县，直接受益人口达到 1.5 亿人；工程累计向 50 多条（个）河流（河湖）生态补水 92.33 亿 m^3，有效改善沿线河湖生态环境。

（来源：水利部网站，略有删改）

南水北调中线一期工程调水总量突破 500 亿 m^3——累计输送 417 个武汉东湖水量直接受益人口超 8500 万人

截至 2022 年 7 月 22 日 10 时，南水北调中线一期工程正式通水以来陶岔渠首调水总量突破 500 亿 m^3，沿线直接受益人口超 8500 万人。按照武汉东湖最大容量 1.2 亿 m³ 计算，丹江口水库累计向北方调水约 417 个武汉东湖，为推动京津冀协同发展、雄安新区建设等国家重大战略实施提供了可靠水资源保障，发挥了巨大经济、社会、生态效益。

（中线水源公司）

各省（直辖市）

江苏省南水北调工程圆满完成
2022 年度北延应急调水任务

根据水利部下达的北延应急调水计划，在江苏省防汛抗旱指挥部统一调度下，2022 年 5 月 26 日 7 时，江苏省境内参与北延应急调水的 7 座工程全部停机，圆满实现调水出省 7000万 m³ 目标，调水历时 10 天，期间工程运行平稳有序，水质稳定达标。

本次调水主要有三个特点。一是江苏省南水北调工程首次参与北延应急调水，作为贯彻落实党中央、国务院决策部署，充分发挥东线工程综合效益，持续推进华北地区河湖生态环境复苏的重要举措，实现了京杭大运河近百年首次全线通水。二是南水北调江苏境内 40 个设计单元全部完工验收后首次联合运行，新建成的集控中心正式投入使用，南水北调江苏智能调度系统首次迎来实战检验。三是在运西线 7 座泵站紧锣密鼓投入北延应急调水的同时，运河线泗阳站、淮安四站、淮阴三站等 3 座泵站按照江

苏省防汛抗旱指挥部统一调度，先后投入省内抗旱运行，双线同时运行、同时发挥效益。

江苏水源公司坚决扛起责任担当，全力以赴保障供水任务，确保南水北调生命线效益充分发挥。一是数字赋能，"远程集控、智能管理"首战告捷。本次调水新建成的调度运行管理系统首次投入正式运行，运西线 6 座泵站 27 台机组全部通过远程开停机操作，工程数据互联互通、共享并用。南京调度中心、江都集控中心以及现地泵站各负其责、通力协作，在优化调度、远控操作、预报预警、风险管控等方面取得系列成果，检验了集中控制管理模式，提升了管理效能，不断提高泵站运行管理智能化水平。二是强化检查，确保工程运行安全。公司领导高度重视北延调水工作，调水期间分别带队赴一线开展全覆盖检查，要求现场进一步加强值班值守，加强巡视和隐患排查；多次在南京调度中心远程检查机组运行情况、水草打捞情况等，实时进行指挥调度，及时解决现场存在的问题，确保调水安全、水质安全。三是毫不松懈，实现防疫、调水双胜利。本次北延应急调水恰逢江苏省沿线地区新冠疫情防控关键阶段，公司坚持防疫、调水两手抓，建立完善运行期疫情防控专项方案，进一步加强组织保障、人员保障、后勤保障，调水期间各泵站严格实行封闭管理，严格做好人员健康状况监测，切实保障人员安全、防疫安全。

截至 2022 年 5 月，江苏省南水北调工程已经连续 9 年高质量完成向省外调水任务，累计调水出省超过 54 亿 m³，工程社会效益、经济效益、生态效益凸显。后续，江苏水源公司将深入贯彻习近平总书记重要指示精神，精益求精，狠抓工程运行管理，积极开展数字孪生建设试点，在工程管理信息化基础上探索推进智能化，推动江苏省南水北调事业高质量发展迈上新台阶。 （王晓森）

江苏省南水北调工程启动 2022—2023 年度向山东调水

根据水利部下达的年度调度计划和江苏省水利厅统一部署，2022 年 11 月 13 日，江苏省南水北调工程 2022—2023 年度向山东调水正式开启，江苏省水利厅厅长陈杰与江苏水源公司视频连线，宣布启动新一年度调水任务。沿线江都站、宝应站、金湖站、洪泽站、泗洪站、睢宁二站、邳州站、泗阳站、刘老涧二站、皂河二站等 10 座大型泵站投入调水运行任务。

2022—2023 年度是江苏省南水北调工程第 10 个调水年份，计划调水出省 12.63 亿 m³，调水规模达到工程规划能力的 70%，整个调水过程预计持续 139 天，到 2023 年 5 月底结束，出省水量、调水时间均创历史新高。

江苏水源公司上下高度重视年度调水工作，将保障年度调水运行作为首要政治任务，精心组织，全力做好各项准备工作。一是狠抓新冠疫情防控。建立完善疫情防控专项预案，做好防疫物资和生活物资准备，严格落实站所封闭管理等疫情防控措施，确保运行各环节安全可控。二是加强设备维修养护。全面排查整改投运工程安全隐患，加强机组设备、电气设备、金属结构和水工建筑物的维修养护，做好开机泵站远程集控联调联试，确保工程以良好状态投入运用。三是加强人员保障。加大人员和技术力量投入，现地泵站按照五班三运转、每班三人配置运行人员，强化业务培训和各类应急预案演练，专门成立应急机动组和技术专家组，提高突发情况应急应变能力，保障工程安全运行。四是科学优化调度。及时协商江苏省防汛抗旱指挥中心、江苏省南水北调办和东线公司，统筹省内抗旱和向省外调水需求，细化调度方案、优化调水路线、加强水质监测，确保调水计划有序执行。 （贾璐）

江苏省南水北调工程 2022—2023 年度北延应急供水正式启动

根据水利部下达的年度水量调度计划，按照江苏省水利厅统一部署，2022 年 12 月 23 日上午 10 时，江苏省南水北调工程 2022—2023 年度北延应急供水正式启动，将一江清水送往河北、天津等省（直辖市）。

2022—2023 年度北延应急供水计

划抽江 3.58 亿 m³，创历史新高，沿线 9 座泵站全部通过远程集控方式参与运行，其中不牢河线首次投入向省外调水运行，南水北调东线工程"优化水资源配置、保障群众饮水安全、复苏河湖生态环境、畅通南北经济循环"的生命线作用进一步发挥。

江苏水源公司深入贯彻落实习近平总书记关于南水北调工程重要指示精神，切实提高政治站位，强化安全底线思维，全力做好各项调水准备工作，在当前工程运行与新冠疫情防控双重压力下，力保本次供水任务万无一失。一是狠抓疫情防控。进一步完善疫情防控专项预案，做好防疫物资和生活物资准备，严格落实站所封闭管理等疫情防控措施，确保工程现场人员安全。二是加强设备维修养护。全面排查整改工程各类安全隐患，加强主辅机设备、金属结构和水工建筑物的维修养护工作，做好工程远程集控联调联试，确保工程以良好状态投入运用，实现工程安全。三是科学优化调度。及时协商江苏省防汛抗旱指挥中心、江苏省南水北调办和东线公司，根据受水区需求及时优化调度方案，加强水文水质监测，确保供水安全和水质安全。　　　　（贾璐）

江苏南水北调蔺家坝泵站、睢宁二站工程荣获 2019—2020 年度中国水利工程优质（大禹）奖

2021 年 12 月 27 日，经中国水利工程优质（大禹）奖评审委员会评定，江苏南水北调蔺家坝泵站、睢宁二站两项工程荣获 2019—2020 年度中国水利工程优质（大禹）奖。

蔺家坝泵站工程批复总投资 2.57 亿元。工程等别为Ⅰ等，设计流量 75m³/s，扬程 2.4m，安装后置式灯泡贯流泵 4 台，总装机容量 5000kW。工程于 2006 年 1 月开工，2009 年 7 月完工，2019 年 5 月通过设计单元工程完工验收。

睢宁二站工程批复总投资 2.69 亿元。工程等别为Ⅰ等，设计流量 60m³/s，扬程 8.3m，安装立轴导叶式混流泵 4 台，总装机容量 12600kW。工程于 2011 年 3 月开工，2014 年 4 月完工，2018 年 9 月通过设计单元工程完工验收。

（江苏省南水北调办）

民盟河南省委会调研南水北调移民安置后续工作高质量发展

为更好地发挥参政议政作用，推动南水北调移民安置工作高质量发展，8 月 17—19 日，河南省政协副主席、民盟河南省委会主委霍金花率领调研组一行，开展"南水北调移民现状调查与高质量发展路径研究"调研活动。

调研组一行先后到淅川县南水北调中线工程渠首、淅川县九重镇邹庄村、邓州市白牛镇周沟社区、新野县王庄镇张湾村进行实地考察，进村入

户同移民群众交流，并与南阳市移民局、淅川县移民局、移民安置村企业负责同志、移民代表进行座谈。座谈会上，相关部门负责同志详细介绍了南水北调中线工程丹江口库区移民和总干渠搬迁居民的生产、生活现状，移民后续帮扶主要措施及后期扶持监测评估情况，美好移民村建设及产业发展情况。调研组针对移民群众的社会适应性、幸福程度、对高质量发展的实际需求以及制约性因素等展开了讨论，并对下一步深入推进后移民时代移民群众高质量发展提出了针对性的意见和建议。

河南省水利厅安置处、河南省移民中心主要负责同志陪同调研。

（齐继贺）

山东省人民政府印发实施《山东现代水网建设规划》

2022 年 1 月 25 日，山东省人民政府以《关于印发山东现代水网建设规划的通知》（鲁政字〔2022〕22 号）印发实施《山东现代水网建设规划》，规划提出：南水北调东线二期工程山东省多年平均新增需调水量 23.88 亿 m^3，供水范围涉及除临沂外的 15 个市 89 个县（市、区），受水区主要集中在胶东半岛、鲁北和鲁中地区；山东境内工程分南北干线和东西干线两大部分；南北干线自苏鲁边界入省，黄河以南干线在一期工程基础上扩建，穿黄河后，一路扩建提升一期工程，自临清新辟运西渠出省，一路自小运河 8.3km 处右岸新辟位德线，沿大体与黄河平行方向输水至禹城东，折向北至德城区穿老减河出省；胶东输水干线自位德线禹城东分水口引水，新辟明渠至惠民县向南穿过黄河，接小清河分洪道至引黄济青上节制闸，利用小清河分洪道子槽输水至引黄济青下节制闸，出子槽后沿引黄济青干渠新辟输水线路至宋庄分水闸；宋庄分水闸以下分两路，一路新辟输水线路至青岛官路水库，一路沿胶东半岛中部采用"明渠＋管道＋隧洞"输水至烟台老岚水库、威海八河水库。

（山东省水利厅）

山东省水利厅开展南水北调东线二期山东省内输水线路布局方案深化论证工作

为提高南水北调东线二期山东省内输水线路方案论证比选的全局性、系统性，形成共识，为《南水北调工程总体规划》修编和为后续工程建设奠定基础，2022 年 10 月，山东省水利厅委托中水淮河规划设计研究有限公司、中水北方勘测设计研究有限责任公司、山东省水利勘测设计院有限公司三家技术单位，开展南水北调东线二期省内输水线路布局方案深化论证工作；11 月 2 日，组织召开深化南水北调东线二期山东省内输水线路布局方案论证工作启动会议。

（山东省水利厅）

南水北调集团、项目法人

汪安南到江苏水源公司开展工程安全加固检查

2022 年 9 月 22—23 日，南水北调集团党组副书记、总经理汪安南带队到江苏开展南水北调江苏段工程安全加固检查，强调要深入贯彻习近平总书记关于安全生产重要讲话和指示批示精神，以狠抓"认识、责任、措施、督导"四个到位为导向，抓好安全加固各项任务的贯彻落实，确保南水北调工程安全、供水安全、水质安全。江苏省副省长方伟会见汪安南一行，江苏省水利厅党组书记、厅长陈杰，党组成员、副厅长郑在洲，江苏水源公司党委书记、董事长荣迎春，党委副书记、总经理袁连冲陪同调研座谈。

汪安南一行先后来到南水北调蔺家坝站、淮安四站、洪泽站现场，实地检查了泵站主厂房、中控室、辅机层等处，现场听取了工程运行管理、防汛防台、信息化系统建设等情况汇报，重点询问了安全加固措施落实、风险化解防范、应急预案准备等工作情况。

在江苏水源公司，汪安南一行参观了南水北调江苏水情教育室，观看了南水北调东线江苏段工程专题片，询问了调度运行管理系统应用、数字孪生泵站试点建设情况，在随后的座谈交流会上详细听取了江苏水源公司在工程建设管理、安全生产、涉水经营、国企改革、科技创新等方面工作情况汇报。

会上，汪安南对江苏水源公司近年来统筹调水运营和涉水经营"双轮驱动"发展取得的成绩予以肯定，他指出，江苏水源公司思想认识到位，管理水平不断提高，发展形势持续向好，特别是江苏段工程安全加固工作推进快、抓得实，在维护南水北调工程"三个安全"、保障安全稳定态势上作出了表率。

汪安南强调，在现阶段，江苏水源公司要以"四个到位"为导向，切实抓好安全管理工作。一是抓认识到位。要深入学习贯彻落实习近平总书记关于安全生产重要论述和视察江苏南水北调工程重要指示批示精神，充分认识到当前安全生产形势的严峻复杂性，将坚定捍卫"两个确立"、坚决做到"两个维护"体现在推动安全加固工作落地见效的具体行动上。二是抓责任到位。要按照"三管三必须"原则，建立安全生产网格化管理体系，既要聚焦防范传统风险，又要注重防范新冠疫情防控、网络舆情等非传统风险，进一步明确职责分工、落实责任到人，做到知责于心、担责于身、履责于行。三是抓措施到位。要坚持预字当先、实字托底，把安全生产工作往前排、往前推，全面落实水利安全生产风险管控"六项机制"，不断强化预报、预警、预演、预案"四预"措施，下好风险管控"先手棋"，打好安全生产"主动仗"。四是抓督导到位。要加强对辖管工程安全生产工作的监督指导，坚决防范遏制各类安全事故发生，牢牢守住南水北调工程安全底线，确保安全生产形势持续稳定。

郑在洲就江苏省水利厅加强江苏南水北调工程安全生产监管工作情况作简要介绍，并表示，江苏省水利厅将锚定东线工程的"四条生命线"目标，继续做好业务指导、加强行业监管，持续助力一期工程效益发挥和深化后续工程论证，合力维护好东线江苏段工程安全、供水安全、水质安全，为南水北调东线工程高质量发展营造安全稳定的良好环境。

荣迎春表示，江苏水源公司将坚决落实好党中央关于"疫情要防住、经济要稳住、发展要安全"重大要求以及集团安全加固工作有关要求，坚持统筹发展和安全，从严、从实、从细抓好工程安全管理，创造更加过硬的高质量发展成果，为加快构建国家水网主骨架和大动脉作出新的更大贡献。

南水北调集团科技发展部、质量安全部负责同志，东线公司相关领导，江苏省南水北调办公室有关领导，江苏水源公司领导班子成员、高管及相关职能部门负责同志陪同检查或参加座谈。　　　　　（王馨舟）

南水北调东线一期江苏境内调度运行管理系统工程通过设计单元工程完工验收

2022 年 3 月 25 日，受水利部委托，江苏省南水北调办在南京组织召开南水北调东线一期江苏境内调度运行管理系统设计单元工程完工验收会议。江苏省水利厅党组成员、省南水北调办副主任郑在洲出席验收会议。江苏水源公司党委书记、董事长荣迎春，副总经理吴学春参加验收。根据江苏省和南京市新冠疫情最新管控要求，验收采用"线上线下相结合"的工作方式进行。

会议成立了完工验收委员会。验收委员会委员查看了工程现场，观看了系统演示，听取了工程建设管理、运行管理、质量监督及技术性初步验收工作报告，查阅了有关工程资料。经认真讨论，调度运行管理系统设计单元工程已按批准的设计内容完成，工程设计标准符合相关技术标准规定，应用系统开发已完成，系统试运行工作正常。同意调度运行管理系统通过设计单元工程完工验收。

郑在洲指出，调度运行管理系统工程是江苏省境内南水北调一期工程最后一个通过设计单元完工验收的工程，是一个综合性的水利信息化项目，建设过程中，江苏水源公司严格遵循基本建设程序，坚持需求牵引，注重应用至上，优化完善设计方案，圆满完成了工程建设任务，建设成果得到江苏省工信厅的充分肯定。对下一步工作，郑在洲强调，一是加强系统应用，根据使用情况，不断优化完善应用系统；二是加强系统维护，确保设备设施完好、系统运行可靠、数据准确无误；三是加强安全管理，做好网络及信息安全防护；四是加强制度建设，建立健全系统运维制度；五是加强探索创新，积极开展数字孪生试点，推动江苏省南水北调工程智能化建设；六是加强规划研究，积极谋划后续工程规划建设，为南水北调工程高质量发展提供支撑。

荣迎春指出，南水北调东线一期江苏段工程于 2002 年 12 月 27 日开工建设，到今天最后一个设计单元工程——调度运行管理系统通过完工验收，经过 20 个春秋的不懈努力，南水北调东线一期江苏段 40 个设计单元工程全部通过验收。工程建设管理过程中，江苏水源公司坚持"两个统筹"，突出"两个创新"，努力建设"四项工程"，在工程建设、工程管理、科技创新等方面取得丰硕成果。工程运行过程中，坚持统一调度、联合运行，通水以来，连续 8 年圆满完成向山东的调水任务，累计调水出省 54 亿 m³，发挥了显著工程效益。荣迎春代表江苏水源公司向一直关心、指导、支持南水北调工程建设的领导和专家，以及为工程建设作出贡献的各相关部门、参建单位表示感谢。对于后续工作，荣迎春表示，一要按照验收委员会提出的意见，逐条梳理，不折不扣落实，持续开展优化完善；二要组织做好尾工建设，明确尾工建设时间节点，着力抓好工程总结完善提升；三要用好调度运行管理系统，服务好江苏南水北调工程，充分发挥工程效益。

江苏省水利厅、南水北调集团东线有限公司、江苏省水旱灾害防御调度指挥中心、南水北调工程江苏质量监督站、江苏省水文水资源勘测局、江苏省水资源服务中心、完工验收技术检查专家代表及各参建单位的有关负责同志参加了验收会议。

南水北调东线一期江苏境内调度运行管理系统工程是南水北调东线一期江苏境内 40 个设计单元工程之一，主要建设内容包括信息采集系统、通信系统、计算机网络、工程监控与视频监视系统、数据中心、应用系统、实体运行环境和网络信息安全 8 个部分，主要任务是开发建设覆盖南水北调东线工程江苏段的业务应用系统、应用支撑平台和基础设施，为保证工程安全、稳定运行和科学调度管理提供技术支撑，实现南水北调与江水北调工程的"统一调度、联合运行"，充分发挥工程的综合效益。工程批复总投资 5.82 亿元。调度运行管理系统通信光缆线路工程荣获国际电信联盟"信息和通信基础设施奖"；南水北调江苏智能调度系统获评 2021 年智慧江苏重点工程和十大标志性工程。

（花培舒）

江媛、严登华带队来山东调研南水北调东线二期工程方案

2022 年 1 月 24—25 日，受南水北调后续工程高质量发展专家咨询委

员会主任何华武院士委托，中国工程院战略咨询中心高级经济师江媛、中国水科院教授严登华带队来山东调研南水北调东线二期工程方案，对山东现代水网规划及东线二期工程方案进行梳理，并研讨其他有价值的方案。

（山东省水利厅）

中国南水北调集团中线有限公司完成改制

根据国家有关中央企业公司制改制工作要求，经中国南水北调集团有限公司批准，南水北调中线干线工程建设管理局进行了公司制改制，并于2022年4月2日完成工商变更登记。

企业名称由"南水北调中线干线工程建设管理局"变更为"中国南水北调集团中线有限公司"。企业类型由全民所有制企业变更为依据《中华人民共和国公司法》登记注册的有限责任公司（法人独资）。注册资本10410389万元人民币保持不变。企业原有业务、资产、资质、债权债务等均由改制后的中国南水北调集团中线有限公司承继。 （孙子淇）

南水北调中线干线设计单元工程档案全部通过验收

2022年6月27日，南水北调中线干线工程最后两个设计单元——北京段工程管理专题、京石段自动化调度系统档案专项顺利通过水利部验收。至此，南水北调中线干线工程76个设计单元全部通过完工验收阶段档案专项验收。

验收组认为两个项目已经按照合同规定实施，符合档案验收标准，一致同意通过验收。中国南水北调中线有限公司副总经理程德虎表示，南水北调中线干线工程76个设计单元全部通过完工验收阶段档案专项验收，至此，南水北调中线干线档案进入了崭新的发展阶段。

南水北调中线干线工程档案管理工作于2005年正式启动。漕河渡槽工程于2010年8月通过档案项目法人验收，2011年2月通过原国务院南水北调工程建设委员会办公室组织的档案专项验收，从此拉开了南水北调中线干线工程档案专项验收的序幕。历经18年，中线干线工程共形成32万余卷（一套）工程项目档案，形成了完整的南水北调中线干线工程档案全宗。 （邵天爽）

南水北调中线京石段应急供水工程（北京段）工程管理专题设计单元工程顺利通过完工验收

2022年7月8日，南水北调中线京石段应急供水工程（北京段）工程管理专题设计单元工程（以下简称"北京段工程管理专题"）顺利通过完工验收。

此次验收采用线上与线下相结合的方式进行。验收委员会到工程现场检查工程实体，听取工程建设管理、运行管理、质量监督和技术性初步验收工作报告，查阅专业资料，与参建单位进行充分讨论，形成《南水北调中线京石段应急供水工程（北京段）工程管理专题设计单元工程完工验收鉴定书》。

验收委员会一致认为，北京段工程管理专题已按照批准的设计内容建设完成，工程质量合格，同意通过设计单元工程完工验收。　　（闫梦瑶）

南水北调中线工程助力
华北地区河湖生态环境复苏
2022 年夏季行动

华北地区河湖生态环境复苏 2022 年夏季行动，从 5 月 27 日开始实施，至 6 月 30 日圆满完成任务，累计补水 9.68 亿 m^3。其中，南水北调中线一期工程补水达 2.13 亿 m^3，超额完成了水利部下达的计划。南水北调中线一期工程充分发挥了国家水网主骨架的"脊梁"作用，助力唐河、沙河等常年干涸河流实现全线贯通，独流减河、子牙新河、漳卫新河实现贯通入海。

在中国南水北调集团的统一部署下，中线公司全力以赴做好华北地区河湖生态环境复苏 2022 年夏季行动的补水工作，快速编制生态补水方案，及时组织实施输水调度，全力保障生态补水流量。中线公司每日向水利部海委、水规总院报送生态补水信息，积极与河北省水利厅对接，建立顺畅的沟通协调机制，认真落实生态补水计划，做好过程把控和流量调整。同时与地方有关单位建立水量计量协商机制，不定期对夏季生态补水量进行计量确认，确保了生态补水计量更加精准。

通过生态补水，南水北调中线一期工程进一步发挥了经济、社会、生态效益，有效改善了华北地区河湖生态环境，唐河、沙河等 8 条白洋淀补水支线全部贯通，有效改善了大清河白洋淀水系连通及水质状况。大清河白洋淀水系、子牙河水系、漳卫河水系分别经独流减河、子牙新河、漳卫新河贯通入海，入海水量达 7842 万 m^3。（张存有）

东线一期苏鲁省际调度系统
工程通过水利部
组织的设计单元完工验收

2022 年 6 月 28 日，水利部通过视频会议在北京市、江苏省徐州市对南水北调东线一期苏鲁省际工程调度运行管理系统工程进行了设计单元工程完工验收。水利部南水北调工程管理司司长李勇主持会议，中国南水北调集团有限公司副总工程师李长春，中国南水北调集团东线有限公司副总经理曹雪玲出席会议。至此，南水北调东线一期工程 68 个设计单元工程全部通过了设计单元完工验收。

（兰晋慧）

水利部"关爱山川河流·守护
国之重器"志愿服务长江委
分会场活动在丹江口举行

2022 年 7 月 13 日，水利部"关爱山川河流·守护国之重器"志愿服务长江委分会场活动在南水北调中线一期工程水源地丹江口举行。长江委党组成员、副主任吴道喜出席活动并讲话。

吴道喜指出，要认真贯彻落实习近平总书记在推进南水北调后续工程高质量发展座谈会上的重要讲话精神，从守护生命线的政治高度，切实维护南水北调工程安全、供水安全、水质安全。保护好江河湖泊，事关人民群众福祉，事关中华民族的永续发展。此次志愿服务活动是贯彻落实习近平生态文明思想的生动实践，对进一步宣传和保护南水北调中线水源地、中线水源工程，激发长江委干部职工爱岗敬业、守护美丽长江、美丽汉江具有重要意义。

吴道喜强调，"关爱山川河流·守护国之重器"是我们义不容辞的责任，委属各单位要紧紧围绕生态文明建设的战略任务，广泛开展"关爱山川河流·守护国之重器"志愿服务各项活动；长江委广大志愿者要结合自身工作特点，发挥专业特长，发扬志愿服务精神，积极投身志愿服务活动，将活动打造成社会公益品牌；全委干部职工要以此次活动为契机，立足自身岗位，认真履职尽责，为治理保护好长江贡献智慧和力量。

（中线水源公司）

中线水源公司与丹江口市人民政府联合开展2022年库区鱼类增殖放流活动

2022年11月18日，中线水源公司与丹江口市人民政府联合主办"贯彻党的二十大，促进人与自然和谐共生，政企同心共护一库碧水"增殖放流活动。

2022年，中线水源公司计划放流鲢、鳙、草鱼、鲂、青鱼、鳊、银鲴、黄尾密鲴、鳜、中华倒刺鲃、花餶、黄颡鱼等鱼苗共计325万尾。在放流现场，20万尾鱼苗奔向丹江口库区。此次放流是2022年度第二次放流活动，在隆重而热烈的气氛中，本次放流取得圆满成功。丹江口公证处公证员全程见证放流活动，并宣读了公证书。　　（中线水源公司）

兴隆水利枢纽：精心组织水量调度　全力抗旱保安全

"兴隆坝上水位34.25m，坝下水位27.13m，入库流量430m³/s，出库流量426m³/s……"2022年8月16日一大早，兴隆局泄水闸管理所维护班值班长袁泽雄正在进行当天的水情测报工作。

2022年入汛以来，湖北省持续晴热高温少雨天气，省内长江、汉江、主要中小河流及五大湖泊水位较历史同期总体偏低，防旱抗旱形势严峻、任务紧迫。湖北省水利厅于8月12日14时起将水旱灾害防御抗旱Ⅳ级应急响应提升至Ⅲ级。

兴隆水利枢纽位于汉江中下游湖北省潜江、天门境内，开发任务以灌溉和航运为主，兼顾发电。作为汉江最下游的梯级枢纽，可谓汉江抗旱最后一个"大水缸"。兴隆水利枢纽管理局闻令而动，安排人员 24 小时在岗，精心组织抗旱水量调度，全力以赴保障水利枢纽工程安全，协调灌溉、航运、发电效益发挥。

"通过科学调度闸门启闭，壅高枢纽上游水位近 7m，目前上游水位在 34.2m 左右。兴隆、罗汉寺两大灌区引水闸不用通过抽水泵就能自然取水，两大灌区取水量合计近 200m³/s，320 余万亩农田灌溉用水得到保障，有效缓解潜江、天门居民生产生活用水压力。"泄水闸管理所所长吴铮介绍。

水量调度的基础是及时掌握准确的水文信息。"平常是一天一次，现在抗旱特殊时期，为了更精准地进行水量调度，我们一天做两次水情测报。"泄水闸管理所副所长江盛威介绍，泄水闸管理所还根据上游水文站水情数据、主要灌区取水情况等综合分析制作出 24 小时水位流量预测表，水位预测精确到厘米。

"下游的水位站属于气泡式水位站，水管埋在水下面，通过气泡的压力来计算水位。今年旱情严重，水位较低，气管甚至要露出水面了。"吴铮解释道，为了让水情数据准确有效，泄水闸管理所组织人员及时抢修延长气管，确保水位站正常工作。

全力做好抗旱工作，离不开各方的沟通配合。泄水闸管理所制作出水情报表和水位流量预测表后，及时上报兴隆水利枢纽管理局并转发给电站管理处、船闸所等单位，同时与地方应急局、水利局、航道等部门沟通来水情况。

电站管理处根据来水情况适时调整机组负荷，通过增减机组负荷控制流量，保证出入库水量基本平衡。"抗旱水量调度方案以我们发电泄水为主，平常我们每隔 5～6 个小时与泄水闸沟通了解水情趋势，现在旱情严峻，水情变化很快，1～2 个小时就会沟通交流，实时调整机组负荷，保证上下游发电水头不超过 7.15m，确保工程安全。"电站管理处处长李伟说道。

水利枢纽工程安全是发挥效益的前提，越是在干旱等极端工况条件下，越要重视枢纽工程的运行安全。"一些水工建筑物平时在水下，不容易发现其细微的破损，现在遇到枯水期，我们就抓紧时间组织人员进行巡查，及时维护。"吴铮表示，泄水闸管理所对工程现场的其他设备也加大了巡查频率，确保水利枢纽安全运行。电站管理处在自动监测基础上，同样加大人工巡查力度，一天三次查看电站尾水水位情况，保证机组运行安全。

截至 2022 年 8 月，兴隆水利枢纽工程已安全运行超 3200 天。在严峻的抗旱形势下，充分发挥了水利枢纽工程抗旱减灾的重要作用，在保障库区灌溉率、便利人民生产生活、提高

水资源利用效率等方面作出了应有的贡献。 　　　　　（饶茜　郑艳霞）

兴隆局电站发电量累计达 20 亿 kW·h

截至 2022 年 8 月 18 日，兴隆电站已安全运行 3205 天，累计生产清洁电能达 20 亿 kW·h，其中 2022 年度发电量已达 1.95 亿 kW·h，超过 2021 年同期水平 20%。

近期电站管理处将继续迎接"烤"验，逆势而上，科学调度、精准调节，充分发挥好枢纽的发电效益，为汉江平原地区抗旱及迎峰度夏做好保发电工作，将优质、绿色、清洁的电能源源不断送向千家万户，为江汉平原的抗旱工作送去兴隆电站的一丝清凉。

20 亿 kW·h 是崭新的起跑线，回首过去，自 2013 年 10 月 26 日兴隆电站首台机组正式并网发电以来，在兴隆局党委正确领导下，兴隆电站始终坚持"安全就是最大效益"理念，强化电站职工安全作业红线意识及责任意识，从以下几方面夯实基础，紧盯发电效益。

（1）强化责任，提供保障。严格落实"管生产必须管安全"要求，层层夯实安全生产责任，科学分工，充分发挥各部门作用。运行人员精心监盘、精准化调控，保证设备巡视检查频率，无论疫情、旱情，都坚守一线，24 小时值守保障机组安全高效运行；维护人员逐步规范检修流程、提高检修质量，强化现场设备维护保养，保障设备完好率，力保机组"调得动、顶得上、带得满"。同时，电站内部强化管理，通过成立自查自纠检查小组、红旗班组评比，按照标准化规范，定期对电站管理处全处范围内环境卫生、设备安全、综合管理等方面进行督查、考核，落实整改，加强人员培训，通过"每月一讲"的形式促进"比、学、赶、帮、超"，为电站培养了大批技术骨干，为电站机组安全运行提供全方位保障。

（2）多措并举，争抢电量。加强各单位间密切联系，提升水能资源利用效率；积极参与管理局标准化红黑榜创建、水利部安全生产一级达标创建等活动，推进设备、设施提档升级；定期开展机组进水口漂浮物治理，减少汛期洪水影响，有效降低水头损失，同时有效改善了库区水质，兴隆电站在"度电必争"的同时也不忘肩负的生态责任。

（3）创新增效，谋划新篇。近年来电站开展技术改造达 15 项，为保障机组的安全、可靠、高效、运行发挥巨大的作用，产生巨大的经济效益，同时电站自主研制新型水电站渗漏集水井油污治理装置，解决渗漏集水井油污治理难题，有效避免了对下游水质的污染；积极谋划机组增效扩容事宜，力争枢纽工程效益最大化，成立专题兴趣小组，深挖电站运行中实际技术需求，激发职工技术创新活力，为兴隆发展提供内生动力。

兴隆电站所取得的巨大效益，得益于兴隆局党委对电站工作的高度重视、正确领导及科学谋划，得益于管理局其他业务部门和科室的支持。在全国旱情严重，四川、重庆能源告急，兴隆枢纽输水及能源保障工作十分重要，电站管理处将切实做到守土有责、守土尽责，持之以恒抓好电站安全生产、运行管理标准化工作，高质量、高标准、高效率做好各项工作，为打赢当前的抗旱攻坚战，贡献兴隆力量。

（谭明虎　沈嫚）

兴隆电站2022年度机组检修任务圆满完成

2022年12月7日21时49分，兴隆电站3号机组顺利通过B修结束后的24小时试运行，这标志着电站2022年度机组检修工作已经全部完成。

兴隆电站2022年度机组检修主要包含1号、2号、4号机组C修、3号机组B修，检修过程中各部门分工协作，全方面细化并落实，克服了新冠疫情、江汉平原旱情、迎峰度夏保供电停修、二十大保安全停修等多重困难，按期完成了2022年的机组检修任务，并且还刷新投运以来年度发电量历史最高纪录。

这一良好成绩的取得主要得益于兴隆局党委对电站工作的高度重视和关心关怀。电站管理处严格落实局党

委指示，切实从以下几方面抓早抓小，做到未雨绸缪、有备无患。

（1）制订科学合理的检修计划，充分抓住冬修水利"黄金期"，利用近期天气晴好、降水少，水位偏低的有利条件，周密部署检修工作。严格遵循"有计划、有部署、有落实"的检修工作方针，从机组解列、拆卸、维修、回装各阶段充分考虑安全、时间、效益等因素，全身心投入"战斗"，保障电站检修工作有序推进。

（2）狠抓检修过程中的安全管理。电站管理处生产设备多，维修养护任务繁重，电站负责人要求全体职工要始终将安全放在第一位。要求在岗人员加强学习，强化技能，对每套设备系统的结构组成、原理、性能、操作规范烂熟于心，同时，严格"两票三制"及各项安全规章制度执行，开展"人人都是安全员""安全活动随手拍""自查自纠"整改等活动，从"自控、互控、他控"多方面加强监管，为检修过程安全及高效提供保障。

（3）多措并举保障检修质量。坚持"应修必修、修必修好"原则，管控备品备件质量，严把设备检修关键节点工艺和数据，落实检修工艺规程和检修标准，加强对检修单位的管控，提升检修的质量与水平。

（4）加强和电网调度沟通。抓住低尾水位检修黄金时期，进行工程养护和预防性试验任务，集中精力完成需全厂停机的维修保养和消缺任务，为后期机组高效运行，保障冬季用电

奠定基础。

此次检修任务的圆满完成，是对电站工作人员现场检修专业技能和实际动手能力的检验，提高了电站设备稳定性、安全性，为推动电站 2023 年生产形势稳定向好发展奠定了坚实基础，下一步，兴隆电站将对标兴隆局年度工作目标，盘点总结，严格落实进度执行的督办，大干最后一个月，为兴隆局 2022 年的目标完成交上一份满意的答卷。（谭明虎　沈嫚）

重 要 会 议

水　利　部

南水北调后续工程中线引江补汉工程开工动员大会举行

南水北调后续工程中线引江补汉工程开工动员大会 7 日上午以视频连线方式在北京和湖北举行。中共中央政治局常委、国务院副总理、推进南水北调后续工程高质量发展领导小组组长韩正出席大会，并宣布工程开工。

中共中央政治局委员、国务院副总理胡春华主持大会。南水北调集团公司负责同志报告工程准备情况，湖北省、水利部、国家发展改革委负责同志致辞。上午 10 时 28 分，韩正下达工程开工令。

引江补汉工程是首个开工的南水北调后续工程重大项目。习近平总书记在推进南水北调后续工程高质量发展座谈会上发表重要讲话以来，有关方面认真贯彻落实党中央、国务院决策部署，对加快实施引江补汉工程开展了深入研究论证。该工程实施后，将把南水北调工程和三峡工程连接起来，进一步打通长江向北方输水通道，增加中线一期工程北调水量，提高中线工程供水保证率，加快构建国家水网主骨架和大动脉。同时，还将向汉江中下游补水，对提高汉江流域水资源调配能力、改善汉江中下游水生态环境具有重要作用。

推进南水北调后续工程高质量发展领导小组有关成员单位、中央有关部门单位和湖北省负责同志，以及南水北调后续工程专家咨询委员会有关专家、工程建设者代表等共 260 余人参加大会。

（来源：新华网，2022 年 7 月 7 日；责任编辑：邱丽芳）

李国英召开专题会议研究南水北调东线一期工程北延应急供水工作

2022 年 3 月 28 日，水利部党组书记、部长李国英主持召开专题办公会议，研究南水北调东线一期工程北延应急供水工作。他强调，要认真对表对标习近平总书记"节水优先、空间均衡、系统治理、两手发力"治水思路和关于治水重要讲话指示批示精神，坚决贯彻落实党中央、国务院决策部署、锚定目标、加强统筹、实化措施，确保圆满完成南水北调东线一期工程北延 2022 年应急供水任务。水利部党组成员、副部长魏山忠、刘伟平，南水北调集团党组书记、董事长蒋旭光出席会议。

会议指出，习近平总书记高度重视华北地区地下水超采治理、河湖生态保护修复和大运河保护传承利用工作，多次作出重要指示批示，党中央、国务院专门作出重要部署。要心怀"国之大者"，坚持问题导向、目标导向、效用导向，按照置换沿线超采地下水、回补重点超采区地下水、复苏河湖生态环境、实现京杭大运河全线通水的目标，充分发挥南水北调东线工程优化水资源配置、保障群众饮水安全、复苏河湖生态环境、畅通南北经济循环的生命线作用，全力以赴做好南水北调东线一期工程北延应急供水工作。

会议要求，要优化调度方案，精准调度措施，统筹本地水、南水北调水、黄河水、再生水，逐水源算清水量账、路径账、过程账，逐河段落实调控措施。要加强通水前后地表水、地下水运动监测，动态跟踪分析径流演进和地下水变化情况。要做好河道清理整治工作，充分发挥河湖长制作用，畅通调水通道。要科学合理制定水价形成机制，根据多水源筹集调度实际，实事求是统筹制定差别化水价，建立良性运行机制。各有关地方和单位要严格落实责任，加强协调联动，

不折不扣完成应急供水目标任务。

水利部总工程师仲志余，有关司局和单位负责人参加会议。

（来源：水利部网站，略有删改）

李国英主持召开水利部推动新阶段水利高质量发展领导小组会议

2022 年 4 月 7 日，水利部党组书记、部长、部党组推动新阶段水利高质量发展领导小组组长李国英主持召开领导小组全体会议，听取完善流域防洪工程体系、实施国家水网重大工程、复苏河湖生态环境、推进智慧水利建设、建立健全节水制度政策、强化体制机制法治管理等六条实施路径工作进展情况汇报，研究推动落实相关工作。

会议指出，推动新阶段水利高质量发展六条实施路径，是水利部"三对标、一规划"专项行动取得的重要成果。2021 年，在各方面共同努力下，六条实施路径实现了"十四五"良好开局。

会议强调，要聚焦六条实施路径的指导意见和实施方案，分解细化 2022 年度工作任务，使目标更明确、着力更精准、措施更有效。要以流域为单元，聚焦构建防洪工程体系，加快建设控制性水库、河道堤防、蓄滞洪区。要将国家水网重大工程的"纲""目""结"项目化，逐项制定并实施建设方案。要细化实化母亲河

复苏行动计划，推进重点河湖生态环境复苏，让河流恢复生命、流域重现生机。要加大华北地区地下水超采综合治理力度，努力修复地下水生态。要加快推进数字孪生流域和数字孪生水利工程建设，确保实现预报、预警、预演、预案功能。要深入实施国家节水行动，研究制定节水产业支持政策，建设全国统一的用水权交易市场。要强化水利体制机制法治管理，深入研究水利建设投融资机制，加快推进涉水法律法规制修订工作，建立健全水行政执法与刑事司法衔接、与检察公益诉讼协作等机制。

会议要求，要根据确定的年度目标任务，建立工作台账，明确责任单位、责任人、完成时限，加强督促推进，确保圆满完成年度目标任务。

（来源：水利部网站，略有删改）

水利部召开深入推进南水北调后续工程高质量发展工作座谈会

2022年5月13日，水利部召开深入推进南水北调后续工程高质量发展工作座谈会。水利部党组书记、部长李国英出席会议并讲话，强调要深入学习贯彻习近平总书记2021年5月14日在推进南水北调后续工程高质量发展座谈会上的重要讲话精神，立足全面建设社会主义现代化国家新征程，锚定全面提升国家水安全保障能力的目标，继续扎实做好推进南水北调后续工程高质量发展各项水利工

作，充分发挥南水北调工程优化水资源配置、保障群众饮水安全、复苏河湖生态环境、畅通南北经济循环的生命线作用。水利部党组成员、副部长魏山忠主持会议。

李国英指出，水利部坚持把深入学习贯彻习近平总书记重要讲话精神作为重大政治任务，完整、准确、全面学习领会习近平总书记重要讲话的丰富内涵、精神实质、实践要求，会同有关部门、地方和单位，以高度的政治觉悟、强烈的使命担当，大力推进南水北调后续工程高质量发展工作，优化东、中线一期工程运用方案，构建中线工程风险防御体系，组织开展重大专题研究，深化后续工程规划设计，坚定不移、积极进取，将习近平总书记重要讲话精神转化为工作实践，取得了阶段性进展，实现了良好开局。

李国英强调，要科学推进南水北调后续工程高质量发展，加快构建"系统完备、安全可靠，集约高效、绿色智能，循环通畅、调控有序"的国家水网，实现水利基础设施网络经济效益、社会效益、生态效益、安全效益相统一。要深入分析致险要素、承险要素、防险要素，建立完善安全风险防控体系和快速反应防控机制，及时消除安全隐患，确保南水北调工程安全、供水安全、水质安全。要提升东中线一期工程供水效率和效益，优化水资源配置和调度，扩大东线一期工程北延供水范围和规模，置换超

39

采地下水，增加河湖生态补水；优化调度丹江口水库，增加中线工程可供水量，提高总干渠输水效率。要加快推进后续工程规划建设，重点推进中线引江补汉工程前期工作，深化东线后续工程可研论证，推进西线工程规划，积极配合总体规划修编工作。要完善项目法人治理结构，深化建设、运营、价格、投融资等体制机制改革，充分调动各方积极性。要建设数字孪生南水北调工程，建立覆盖引调水工程重要节点的数字化场景，提升南水北调工程调配运管的数字化、网络化、智能化水平。

（来源：水利部网站，略有删改）

刘伟平出席南水北调工程
专家委员会工作座谈会
并看望专家

为贯彻落实全国水利工作会议精神，充分发挥南水北调工程专家委员会在推动南水北调工程高质量发展中的作用，专家委员会于 2022 年 1 月 26 日在调水局以主会场加视频会议的形式组织召开了工作座谈会。水利部副部长刘伟平出席会议并讲话，专家委员会 50 余名专家，南水北调司、调水局、南水北调集团有关领导参加了会议。

刘伟平总结了南水北调工程所取得的成绩，分析了水利工作当前面临的形势，肯定了专家委员会的工作，并对专家委员会继续发挥重要作用提

出了几点希望：一是持续发挥专家的支撑作用，充分发挥专家委员会在水利工作和南水北调工程建设及运行管理方面的专业水平和工作经验，重点围绕南水北调东、中线一期工程安全稳定运行及后续工程规划论证等，聚焦"工程安全、运行安全、供水安全"，对关键技术问题进行咨询把关，为科学有序推进南水北调工程高质量发展提供技术支撑；二是充分利用专家委员会的技术优势，继续发挥专家委员会权威性强、影响力大的特点，为南水北调工程的规划设计论证、建设与运行管理、生态环境保护等方面把脉问诊、分析研判。在东、中线一期工程完工验收和竣工验收方面继续发挥重要作用，及时解决验收过程中的重大技术问题，对"数字孪生南水北调"建设相关重大问题、科技攻关方面提供技术咨询；三是继续发挥专家委员会桥梁和纽带作用，广泛征求社会各界不同领域、不同专业专家和学者的意见建议，不断优化工程规划设计论证，为南水北调工程高质量发展奠定良好的基础，组织专家建言献策、积极发声、引导舆论，为南水北调营造良好的氛围和环境。

刘伟平指出，要为专家委员会创造良好的工作条件，秘书处要做好支撑服务，南水北调司、调水局要积极协调，请南水北调集团积极支持专家委员会的工作。

专家委员会秘书长汇报了专家委员会 2021 年的工作完成情况，多名院

士委员先后在会上对南水北调工程建设及专家委员会下一步工作提出了建议，南水北调司、调水局、南水北调集团有关同志作了发言，中国工程院院士陈厚群主持会议并作了会议总结。

（来源：水利部网站，略有删改）

水利部召开南水北调东线北延应急供水工作启动会

2022年3月24日，水利部召开南水北调东线北延应急供水工作启动会，安排部署东线北延应急供水工作。魏山忠副部长主持会议并讲话，刘伟平副部长出席会议并讲话，总工程师仲志余、南水北调集团副总经理耿六成出席会议。

会议指出，南水北调工程是国家重大战略性基础设施，习近平总书记多次就南水北调工程运行管理作出重要讲话指示批示。目前，北方一些河湖需要生态补水，大运河要实现全线有水，地下水超采区需要压采回补，农业进入春灌期需要增加灌溉用水，对加大供水提出迫切需求。要深刻认识实施东线北延应急供水是贯彻落实党中央、国务院决策部署，持续推进华北地区地下水超采治理、河湖生态环境复苏的重要举措，进一步提高政治站位，切实做好东线北延应急供水各项工作。

会议强调，东线北延应急供水线路长、时间紧、任务重，各地各单位要切实按照责任分工和具体工作安排，主动做好工作。要加强协同配合，统筹供水、补水、防洪，确保如期完成应急供水任务。要加强统筹协调，跟踪掌握应急供水情况，及时协调解决应急供水过程中遇到的问题。要强化精细调度，加强输水线路巡查、河道清理整治和工程管理，确保输水安全，并做好动态监测评估工作。

根据水利部组织制定的应急供水实施方案，计划在5月底前通过东线一期工程和北延应急工程，向黄河以北供水2.42亿 m^3，其中向鲁北供水0.59亿 m^3，入河北1.45亿 m^3，入天津0.46亿 m^3。结合引黄水、当地水库水，实现穿黄工程出口至天津十一堡节制闸约500km河段全线贯通，与独流减河水面相接。后期根据工情、雨水情实际和用水需求，相机增加供水。

水利部有关司局、南水北调集团负责同志在主会场参会。黄委、海委、天津市水务局、河北省水利厅、山东省水利厅负责同志通过视频参会。

（来源：水利部网站，略有删改）

水利部专题调度引江补汉工程初步设计工作

2022年7月8日，水利部副部长魏山忠在武汉专题调度引江补汉工程初步设计工作，研究部署加快推进初步设计工作举措。水利部长江委主任马建华、部总工程师仲志余、南水北调集团副总经理耿六成出席会议。

会议听取了南水北调集团、长江设计集团有限公司关于初步设计工作方案、工作进展汇报，对有关事项进行了研究讨论。

魏山忠指出，要提高认识、高度重视。引江补汉工程是首个开工的南水北调后续工程重大项目，是加快构建国家水网主骨架和大动脉的标志性工程。开工建设引江补汉工程，是深入贯彻习近平总书记关于推进南水北调后续工程高质量发展重要讲话指示批示精神的重要举措，是落实全国稳住经济大盘电视电话会议部署及国务院关于扎实稳住经济的一揽子政策措施的具体实践。

魏山忠强调，要把工程质量特别是设计质量放在首位。引江补汉工程建设难度大，诸多指标创国内国际第一。要深入贯彻习近平总书记关于构建"系统完备、安全可靠，集约高效、绿色智能，循环通畅、调控有序"国家水网的重要指示精神，严把工程质量特别是设计质量关，建设精品工程。要同步建设数字孪生引江补汉工程，提升数字化、网络化、智能化水平。

魏山忠要求，要建立健全沟通协调机制，加快推进工程初步设计工作。水利部规计司要加强协调督导，及时协调解决重大问题；南水北调集团要发挥主体责任作用，制定详细工作安排，明确关键节点和进度目标；长江委要加强组织协调，长江设计集团有限公司要调集精兵强将，确保拿出高质量的设计成果；水利水电规划设计总院要提前介入，加强技术指导。参与各方要进一步提高政治站位，加强协同，在确保质量和安全的前提下，加快推进初步设计工作，推动主体工程尽早全面开工建设，尽早发挥工程效益。

水利部规计司、长江委、水利水电规划设计总院、南水北调集团等有关单位负责同志参加专题调度。

（来源：水利部网站，略有删改）

水利部南水北调司召开2022年定点帮扶郧阳区工作会

2022年6月14日，水利部南水北调司组织召开2022年水利部定点帮扶郧阳区工作会，南水北调司司长李勇出席会议并讲话。会上，南水北调司传达了2022年水利部定点帮扶工作会精神，郧阳区介绍了巩固拓展脱贫攻坚成果同乡村振兴有效衔接工作成效，帮扶组各成员单位交流了定点帮扶"八项重点工作"落实情况、做法及经验，水利部派驻郧阳区挂职干部作了交流发言。

李勇指出，水利部坚决贯彻落实党中央、国务院有关决策部署，落实"四个不摘"要求，充分发挥水利行业基础保障和经济发展支撑作用，继续组织对郧阳区等6个定点县（区）开展"组团帮扶"，助力巩固拓展脱贫攻坚成果、全面推进乡村振兴。郧阳区切实履行主体责任，严格落实"四个不摘"工作要求，聚力稳政策、强措施、促衔接，高质量推进巩固拓展脱贫攻坚成果同乡村振兴有效衔接各项工作，取得了很好的成效。帮扶组各单位切实提高政治站位，强化责任担当，面对新冠疫情挑战，结合任务分工和自身实际，研究细化并扎实推进年度帮扶工作，取得了阶段性成效。

李勇强调，2022年是党的二十大召开之年，也是巩固拓展脱贫攻坚成果同乡村振兴有效衔接的关键一年。2022年中央一号文件要求持续做好中央单位定点帮扶工作，坚决守住不发生规模性返贫底线。帮扶组各成员单位要坚决贯彻落实水利部定点帮扶工作会精神，继续按照2022年定点帮扶郧阳区工作计划安排，扎实做好各项工作。

李勇要求，一是继续提高认识，充分认识帮扶郧阳区的政治责任，各单位主要负责同志亲自抓好各项工作落实；二是创新工作形式，克服新冠疫情影响，运用多种手段加快完成帮扶任务；三是坚持实事求是，继续加强与郧阳区调研对接，根据地方实际需求细化优化帮扶措施，提高措施的精准性；四是加强统筹协调，提高调研帮扶工作质量与效率，增强帮扶力度与实效；五是巩固脱贫成果，杜绝发生规模性、系统性、碰底线的农村饮水安全问题，切实增强防止返贫监测和帮扶机制实效，牢牢守住不出现规模性返贫的底线；六是加强总结宣传，及时做好定点帮扶工作资料整理

与总结，充分利用媒体力量，宣传定点帮扶工作。

会议以视频形式召开，水利部南水北调司、防御司、调水司、移民司相关负责同志在主会场参加会议，水规总院、中国水科院、节水中心、河湖中心、长江委、淮委、水利工程协会、中水淮河公司、南水北调集团中线公司、南水北调中线水源公司、汉江集团、湖北省水利厅、郧阳区委区政府相关负责同志在分会场参加会议。（来源：水利部网站，略有删改）

各省（直辖市）

江苏省水利厅召开2022年江苏省南水北调工作视频会议

2022年3月11日，江苏南水北调工作视频会议在南京召开。会议强调，要紧紧锚定"争当表率、争做示范、走在前列"要求，抓落实，促提升，推动新阶段南水北调事业高质量发展。江苏省水利厅党组成员、省南水北调办副主任郑在洲，江苏水源公司党委书记、董事长荣迎春，党委副书记、总经理袁连冲出席会议。

会议充分肯定了2021年江苏南水北调工作成效。2021年，江苏向山东调水6.74亿 m^3，圆满完成国家下达的年度调水任务；南水北调新建泵站全力投入江苏抗洪排涝，为战胜流域洪水超强台风"烟花"袭扰作出积极贡献。"大型泵站水力系统高效运行与安全保障关键技术及应用"荣获

国家科学技术进步奖二等奖，实现江苏南水北调科技成果国家科技进步奖零的突破；蔺家坝站、睢宁二站获中国水利工程优质（大禹）奖，南水北调江苏智能调度系统同时入选2021年"智慧江苏重点工程"和"十大标志性工程"。

对2022年江苏南水北调工作，会议要求：①坚持统筹协调，确保工程效益充分发挥；②坚持严格要求，确保总体验收按时推进；③坚持创新驱动，确保管理水平再上台阶；④坚持底线思维，确保工程运行安全平稳；⑤坚持服务大局，确保各项研究更加深入；⑥坚持党建引领，确保从严治党落到实处。

徐州、淮安、扬州、宿迁市水利（务）局和江苏省骆运水利工程管理处、江苏水源公司徐州分公司作交流发言。
（江苏省南水北调办）

江苏省水利厅、省南水北调办组织召开 2022—2023 年度向省外调水协调会

2022年11月4日，为做好2022—2023年度向省外调水工作，江苏省水利厅、省南水北调办组织召开2022—2023年度向省外调水工作协调会。

会议通报了江苏省委、省政府领导关于年度调水工作的批示、水利部下达的年度水量调度计划、省内调水组织实施方案及工程水量调度初步方案，听取了江苏水源公司等有关部门单位关于工程运行准备等情况的汇报，并就做好年度向省外调水工作进行了讨论和部署。

江苏省生态环境厅、省交通运输厅、省农业农村厅、省电力公司、江苏水源公司、省水利厅有关处室、省南水北调办各处室等有关部门负责人参加会议。
（江苏省南水北调办）

山东省人民政府与南水北调集团举行座谈会并签署战略合作框架协议

2022年6月28日上午，山东省省委书记李干杰，山东省省委副书记、省长周乃翔，南水北调集团党组书记、董事长蒋旭光出席相关活动。根据协议，双方将在南水北调后续工程、区域水网、城乡供水一体化示范项目、清洁能源、生态文旅和产业综合开发等方面加强合作，助推山东经济实现高质量发展。
（山省水利厅）

山东省水利厅与水利部海委在北京举行座谈会

2022年8月8日，山东省水利厅厅长刘中会带队前往水利部海委，就东线一期工程效能提升、东线后续工程山东境内线路布局、海河流域防洪规划修编等相关事项进行座谈，海委主任王文生、一级巡视员户作亮，规划计划处、水资源节约与保护处、中水北方勘测设计研究有限公司等部门

和单位领导参加座谈。

（山东省水利厅）

江成一行与水利部淮河水利
委员会在北京举行座谈

2022年8月26日，山东省副省长江成带队前往水利部淮委，就东线一期工程效能提升、东线二期山东境内线路布局、南四湖综合治理水利相关工程等相关事项进行座谈，淮委主任刘冬顺、副主任伍海平，规划计划处、水资源管理处、中水淮河规划设计研究有限公司等部门和单位领导参加座谈。 （山东省水利厅）

江成一行与水利部水规总院
在北京座谈

2022年9月1日，山东省副省长江成带队前往水利部水规总院，就东线一期工程效能提升、东线二期山东境内线路布局、流域防洪规划修编等相关事项进行座谈，水规总院院长沈凤生、副院长温续余，总经济师、副总工程师，计划处、规划处、生态环境处、水战略研究处等部门领导参加了座谈。 （山东省水利厅）

范波主持召开南水北调后续
工程座谈会

2022年10月8日，在听取山东省水利厅、省发展改革委等单位发言后，副省长范波充分肯定了前期工作成效，要求进一步统一思想认识，形成工作合力，全力推进后续相关工作，继续配合做好南水北调东线二期工程的规划实施。进一步做好方案优化，广泛争取意见、科学比选论证，以优质的设计成果争取工作主动。进一步加大争取力度，抢抓《南水北调工程总体规划》修编的窗口期，全力配合修编工作，积极反映山东诉求。进一步做好一期水量消纳，细化分解消纳任务，多措并举推动水量消纳工作落实落地，为推动东线二期工程建设奠定坚实基础。 （山东省水利厅）

河南省南水北调工作会议召开

2022年9月7日，河南省水利厅召开2022年全省南水北调工作会议，总结2021年以来南水北调工作取得的成效，部署下阶段重点工作。水利厅党组书记刘正才出席会议并讲话，厅党组成员、副厅长李建顺主持会议。

刘正才指出，2021年，全省水利系统深入贯彻习近平总书记有关南水北调重要讲话和批示指示精神，认真落实省委《关于深入贯彻落实习近平总书记在推进南水北调后续工程高质量发展座谈会上重要讲话和视察河南重要指示的实施方案》和厅党组印发的任务分工及落实措施（台账），全面推动各项工作落地见效，从守护生命线的政治高度，以实际行动切实维护了南水北调工程安全、供水安全、水质安全。

刘正才强调，在肯定成绩的同时，更要正视差距和不足，准确把握当前面临的新形势，全面推进河南省南水北调后续工程高质量发展。一要理顺体制机制，提升南水北调配套工程运行管理水平。要以全省事业单位重塑性改革为契机，总结经验，转变观念，工作重心从工程建设管理向工程运行管理转移，进一步理顺、完善配套工程的管理体制机制，不断提升配套工程规范化、标准化、智能化管理水平。二要聚焦职能职责，突出抓好重点工作。持续做好工程防洪保安工作，加快推进配套工程验收，加大水费收缴力度，高质量推进后续工程建设。三要坚持党建引领，切实加强队伍建设。各地要提升政治站位，加强党的建设，创新思路，强化措施，打造一支作风过硬、管理严格、技术精湛、与南水北调高质量发展相适应的配套工程运行管理队伍。

会议以视频形式召开。河南省水利厅有关处室、厅属有关单位主要负责人在主会场参加会议，有关省辖市、航空港区水利局、南水北调办（运行保障中心）主要负责人在分会场参加会议。　　　　　　（蔡舒平）

熊春茂调研指导湖北省水利厅厅直（徐东片）水利经济及景区工作

2022年1月17日，湖北省水利厅总经济师（副厅长级）熊春茂带队赴鄂北局、兴隆局、引江济汉局及碾盘山局，调研指导湖北省水利厅厅直（徐东片）水利经济发展及水利风景区创建工作。鄂北局党委书记、局长李庆国，厅经济办主要负责人及相关单位负责人参加会议。

调研组详细了解徐东片各单位水利经济发展现状、主要成效、存在的困难以及水利风景区建设管理等工作情况，并就水利改革发展相关问题进行深入探讨。

熊春茂充分肯定4家厅直属单位在推动水利经济发展中取得的成绩和发挥的作用。他指出，湖北省水利厅厅直（徐东片）4家单位年度工作思路明、措施实、效果好，经济工作有目标、有质量、有特色。鄂北工程是湖北水利"一号工程"，兴隆水利枢纽、引江济汉工程、碾盘山水利水电枢纽均为南水北调工程重要补偿工程，在湖北水利工程中具有重要地位，对湖北水利发展具有重要作用。

熊春茂强调，水利经济发展是厅直属单位生存、发展的重要途径，发挥着保稳定、保运转、保发展的重要作用。要提高认识、统一思想，充分认识水利经济是水利事业高质量发展的重要组成部分，水利风景区是宝贵的绿色资源。要增强自觉性、主动性、紧迫性，把抓经济工作当成本职工作，当成保障民生、保障发展的重要抓手。

熊春茂要求，各单位要明确水利经济和景区工作的任务和措施。一要提前谋划、抢抓机遇，为水利经济后续发展争取有利政策，奠定坚实基础；二要创新发展体制，认识到体制创新是发展的动力源泉，齐心协力推动改革发展；三要完善价格机制，认真研究国家相关政策标准，争取价格优势；四要探索发展模式，将水利经济发展与当地经济发展相融合、互促进；五要健全管理制度，科学谨慎制定决策，加强对水利经济发展的监督；六要突出水利优势，结合现有人才优势、技术优势、水资源优势、工程建管优势选择经济项目，将水利优势转化为经济发展动能。

（湖北省水利厅经济办）

南水北调集团、项目法人

南水北调集团党组学习贯彻
习近平总书记重要讲话精神

2022 年 1 月 12 日，南水北调集团党组书记、董事长蒋旭光主持召开党组会，及时传达学习贯彻习近平总书记在省部级主要领导干部学习贯彻党的十九届六中全会精神专题研讨班开班式上的重要讲话精神和在中共中央政治局党史学习教育专题民主生活会上的重要讲话精神。

蒋旭光强调，要深刻领会习近平总书记重要讲话的核心要义和丰富内涵，积极主动作为，充分结合南水北调实际，继续把党史总结、学习、教育、宣传不断引向深入，更好把握和运用党的百年奋斗历史经验，弘扬伟大建党精神，增加历史自信，增进团结统一，增强斗争精神，在推动南水北调工程和南水北调集团高质量发展中不折不扣抓好贯彻落实。

会议指出，在迈向第二个百年奋斗目标的历史新征程中，要深入学习贯彻习近平总书记的重要讲话精神，深入学习贯彻习近平总书记关于南水北调重要指示批示、国有企业改革发展和党的建设重要论述精神，深刻领会精神实质和科学内涵，以党的创新理论武装头脑、指导实践；正确把握社会主要矛盾和中心任务内在要求，始终坚持以人民为中心的发展思想，积极顺应广大人民群众对优质水资源、健康水生态、宜居水环境日益增长的美好生活需要，充分发挥南水北调工程综合效益；正确把握重视战略策略问题，坚持服务京津冀协同发展、雄安新区建设、黄河流域生态保护和高质量发展等区域重大战略，积极响应国家"双碳"战略、乡村振兴战略等，科学谋划好集团发展战略和业务布局，坚决贯彻落实党中央决策部署，确保不偏向、不变通、不走样；正确把握永葆党的马克思主义政党本色内在要求，时刻保持斗争精神、增强斗争本领，一刻不停推进党风廉政建设和反腐败斗争，为南水北调工程和南水北调集团高质量发展提供坚强政治保障；正确把握党史学习教育常态化、长效化的内在要求，不断巩固党史学习教育成果，以党组理论学习中心组示范带头学党史、经常学党史，树立正确历史观，进一步做到学史明理、学史增信、学史崇德、学史力行，建立健全"我为群众办实事"实践活动形成的良好机制，持续推进党史学习教育走深走实，把党史学习教育激发出的巨大热情转化为加快推动南水北调工程和南水北调集团高质量发展的强大动力。

会议强调，要准确把握中央关于专题民主生活会的部署要求，驰而不息加强作风建设，持续推动全面从严治党向纵深发展。南水北调集团上下要把"严"的主基调长期坚持下去，持之以恒落实好中央八项规定及其实施细则精神，不断巩固"四风"整治成果，营造风清气正的良好环境。领导干部要充分发挥"关键少数"作用，团结带领广大干部员工认真履职尽责，扎实做好南水北调规划建设和企业改革发展各方面工作，以实际行动迎接党的二十大胜利召开。

（刘志豪）

南水北调集团 2022 年工作会议召开

2022 年 1 月 25 日，南水北调集团 2022 年工作会议在北京召开。国务院副总理胡春华、国务委员王勇作出重要批示。水利部副部长刘伟平出席会议并讲话。会议总结南水北调集团 2021 年工作，分析面临的形势，安排部署 2022 年工作。

南水北调集团党组书记、董事长蒋旭光作了题为"稳中求进深化改革抢抓机遇争创一流全面推进南水北调事业高质量发展"的讲话，南水北调集团党组副书记、总经理张宗言主持会议并作总结讲话。

水利部副部长刘伟平代表水利部党组和部长李国英对南水北调集团在启程之年取得的优异成绩给予充分肯定，就推进南水北调高质量发展提出五点要求：一要强化政治担当，深入学习贯彻习近平总书记"5·14"重要讲话精神；二要坚守"三个安全"，确保南水北调工程综合效益持续有效发挥；三要加快构建国家水网，推进南水北调后续工程高质量发展；四要完善现代企业制度，努力做强做优做大集团公司和国有资本；五要提高政治站位，把全面从严治党向纵深推进。

蒋旭光指出，在第一个百年奋斗征程中，南水北调从"如有可能"的科学探索成为"时代赋能"的大国重器；在第二个百年奋斗新征程中，在习近平总书记的亲自谋划、亲自部署、亲自推动下，南水北调后续工程和国家水网正在高质量推进。南水北调事业面临着难得的发展机遇和大好的发展环境。南水北调集团要以强烈的政治责任感、历史使命感和现实紧迫感，牢记习近平总书记"世纪工程"的殷切期望，切实履行好中央赋予的职责使命，解放思想、抢抓机遇、深化改革、开拓创新、勇毅前行，在推进南水北调事业高质量发展、构建国家水网的伟大事业中努力打造调水行业龙头企业、国家水网建设领军企业、水安全保障骨干企业。

蒋旭光强调，2022 年南水北调集团要坚持稳中求进工作总基调，以打造"一流工程、一流企业、一流品牌"为目标，围绕建设运营南水北调工程、构建国家水网、做强做优做大国有资本"三件大事"，着力提升"十个能力"，全面推进南水北调事业高质量发展。一是坚持提高政治站位，全面提升政治能力。加强政治对标，确保贯彻落实习近平总书记重要指示批示和党中央决策部署不偏向、不变通、不走样；深化战略研究，尽快明确集团公司推进后续工程高质量发展、构建国家水网的实施路径；强化精准施策，准确认识和把握主要矛盾和矛盾的主要方面，做好重点工作任务。二是坚持底线思维，全面提升重大风险防范化解能力。加强安全体系建设，提升企业安全运营水平，全面排查消除工程安全隐患，持之以恒抓好安全生产，确保工程安全、供水安全、水质安全，建立本质安全型企业。三是坚持服务大局，全面提升工程建设运营管理能力。加快推进工程前期工作，多渠道筹措资金，高质量开发建设后续工程，不断提升工程运营管理水平，充分发挥工程效益。四是坚持聚焦主业，全面提升价值创造能力。尽快盘活已建工程存量资产，围绕南水北调工程建设和国家水网构建积极拓展经营业务，加大市场开发力度，加快涉水产业布局，争当现代

水产业链的"链长"。五是坚持深化改革，全面提升精益管理能力。加快完成国企改革三年行动，完善法人治理结构，加大"三项制度"改革力度，建立健全基本制度体系、财务管控体系、投资管控体系、监督考核体系和综合管理体系，开展"管理实验室"活动，开展"去机关化"专项整治，不断提升企业精细化管理水平。六是坚持创新驱动，全面提升自主创新能力。面向南水北调工程高质量发展和国家水网构建，加快科研攻关和技术标准制定，积极推动协同创新，加快信息化建设，建设数字孪生南水北调，努力打造原创技术"策源地"。七是坚持绿色低碳，全面提升可持续发展能力。加大生态补水力度，充分发挥南水北调生态效益，高度重视生态环境保护；积极践行国家"双碳"战略，大力发展新能源产业，助力生态文明建设。八是坚持人才强企，全面提升科学选人用人能力。选优配强各级班子，加大优秀年轻干部培养选拔、干部交流、人才引进、教育培训力度，提升干部人才管理能力，建设人才高地。九是坚持精神传承，全面提升品牌建设能力。大力传承南水北调精神，实施品牌战略，强化品牌营销，加强品牌保护，擦亮中国南水北调名片，增强南水北调品牌影响力。十是坚持强根铸魂，全面提升党建保障能力。巩固拓展党史学习教育成果，全面加强政治建设、思想建设、组织建设、作风建设、纪律建设、制

度建设，强化政治监督，为南水北调事业高质量发展涵养风清气正的良好政治生态。

张宗言就贯彻落实此次会议精神强调，各部门各单位要贯彻高质量发展一条主线，坚持政府和市场两手发力，突出改革、创新、管理三大主题，抓好目标、责任、管控、考核四个环节，实现已建工程安全运营与后续工程高质量发展、南水北调工程建设与国家水网建设、主责主业与多元业务、人才队伍建设与企业文化建设、党建工作与生产经营等五个方面统筹推进，确保 2022 年各项工作落实落地。

中线建管局、东线公司、水务公司、新能源公司、江苏水源公司、山东干线公司分别在会上作了经验交流。

（王升芝）

南水北调集团召开全面深化改革领导小组 2022 年第一次会议

2022 年 2 月 23 日，南水北调集团召开全面深化改革领导小组 2022 年第一次会议，安排部署 2022 年深化改革重点任务，确保集团公司改革三年行动全面完成。南水北调集团党组书记、董事长蒋旭光出席会议并讲话，党组副书记、总经理张宗言主持会议。

蒋旭光强调，2022 年是国企改革三年行动的攻坚年、收官年，各部门、各单位务必以更大的力度和强度加快推动改革，有效破除各方面体制机制弊端，促进生产关系与生产力相协调，最大限度释放改革红利，决战决胜国企改革三年行动。

蒋旭光要求，要突出重点、精准施策，力争在关键改革领域取得突破。一是加强董事会建设，落实董事会职权。配齐建强子公司董事会，规范董事会运行，保障经理层依法行权履职，建立专职外部董事人才库，更多通过委派董事等方式表达股东意志。二是深化三项制度改革，提高效率，激发活力。积极推行经理层成员任期制和契约化管理，全面推行市场化用工，深化企业内部分配制度改革，灵活开展多种方式的中长期激励，探索备案制、审核制、周期制等分类施策的工资总额管理方式。三是以管资本为主，建立灵活高效的集团化管控体系。研究制定子企业功能分类标准，分类管理、分类授权、分类考核。四是强化对标提升，加快建设一流企业、一流工程、一流品牌。着力抓好对标世界一流管理提升行动、"总部去机关化"专项治理行动、"管理实验室"活动。五是提升自主创新能力，打造原创技术"策源地"。加强顶层设计，积极推动协同创新，探索科研项目"揭榜挂帅"、经费包干等新型管理模式，加强资源整合，制定覆盖全生命周期的引调水工程技术标准体系表，全面推进数字孪生南水北调建设和数字化转型。

蒋旭光要求，要狠抓改革实效，确保改革形神兼备，补齐短板弱项，全面覆盖穿透，强化督导评估，大力宣传推广，以"钉钉子"精神狠抓改革三年行动落地见效，努力形成一批"干得好、立得住、叫得响"的标志性改革成果，确保南水北调集团改革三年行动圆满收官。

张宗言强调，各部门、各单位要敢于向深层次和重难点问题发力攻关，坚决破除一切制约高质量发展的思想障碍和制度藩篱。务求工作实效，加大工作督导督办力度，确保各项改革举措落地见效。　　（张海军）

南水北调集团召开防汛与安全生产工作会议

2022 年 4 月 18 日，南水北调集团召开 2022 年防汛与安全生产工作会议。部署集团公司 2022 年防汛备汛工作，推动进一步抓实抓牢安全生产各项工作。水利部党组成员、副部长刘伟平出席会议并讲话，南水北调集团党组书记、董事长蒋旭光出席会议并讲话。

刘伟平指出，2022 年海河流域大部分水系、黄河中下游、淮河等可能发生较大洪水，南水北调集团要提高政治站位，强化底线思维，增强忧患意识，主动担当作为，全力做好南水北调工程防汛和供水工作。刘伟平对南水北调集团 2022 年防汛工作提出了五点意见。一是深刻认识工程沿线雨情水情的严峻形势。进一步提高对南水北调工程沿线雨情水情的认识，

立足防大汛、抢大险，以防御措施的确定性应对暴雨洪水灾害的不确定性，坚决打有准备之仗、有把握之仗。二是精准分析应对工程面临的外部风险隐患。东线工程沿线河网密布，中线工程交叉河流、左岸上游水库安全隐患多，要全面排查安全风险，协同地方共同做好风险隐患排查处置和防汛抢险工作。三是持续夯实防御暴雨洪水的工程基础。要远近结合，整体谋划，系统提升工程防御洪水能力。抓紧完成中线防洪加固工程涉及 2022 年安全度汛的项目，制定安全防范措施。四是细化实化"四预"措施提升防洪能力。切实压紧压实防汛责任，落实"四预"措施，贯通"四情"防御，编制工程安全度汛方案，备齐各类防汛抢险物资，组织开展防汛应急演练，把防汛工作纳入属地和流域防汛保障体系。各级领导干部要靠前指挥。五是科学精准调度确保汛期供水安全。统筹防汛、运行和新冠疫情防控工作，精准做好供水调度。中线工程既要统筹完成日常供水计划，也要努力实现洪水资源化利用。东线工程要在确保工程安全前提下，优化调度方案，为沿线超采地下水置换回补、河湖生态环境复苏、实现京杭大运河全线通水贡献力量。

蒋旭光指出，2022 年是党的二十大召开之年，要全力以赴确保南水北调工程安全度汛。一是提高政治站位，深刻认识 2022 年防汛工作的极端重要性。坚定不移落实南水北调工

程安全、供水安全、水质安全的各项保障措施，坚决守住安全底线，扎实组织开展好各项防汛工作，确保实现2022年安全度汛的目标。二是系统谋划部署，切实落实落细各项防汛措施。压实主体责任，不留死角盲区，加强区域沟通协作，协同落实防汛责任。充分利用河湖长制平台，建立对接联系机制，科学防汛，强化汛期巡查，及时响应险情。统筹好防汛和调水运行工作，有效发挥工程效益。三是强化责任担当，严明防汛工作纪律。牢固树立"一盘棋"思想，确保责任到岗、到人、到位。严格落实汛期24小时值班值守和重大汛情险情期间领导带班制度，严禁擅离职守。坚持党建引领。

蒋旭光强调，作为国资央企，必须坚决抓好安全生产各项工作。一要严格落实全员安全生产责任制。二要强化安全风险辨识防控。三要加强安全隐患排查治理。四要加快推进中线工程防汛安全风险隐患处置及供水保障工作。五要深入实施安全生产提升年行动。

（王子亚）

南水北调集团党组召开推进南水北调后续工程高质量发展工作领导小组（扩大）会议

在习近平总书记主持召开推进南水北调后续工程高质量发展座谈会并发表重要讲话一周年之际，2022年5月12日，南水北调集团党组召开推进南水北调后续工程高质量发展工作领导小组扩大会议，系统总结集团公司深入学习贯彻习近平总书记重要讲话精神工作成效，深入分析新形势新任务新要求，研究部署下一阶段重点工作任务。会议动员集团全体干部职工要始终遵循习近平总书记指引的方向笃定前行，在推进南水北调后续工程高质量发展、构建国家水网的伟大事业中勇挑重担、奋勇争先。南水北调集团党组书记、董事长蒋旭光出席会议并讲话，党组副书记、副总经理于合群主持会议，党组成员、副总经理孙志禹传达有关会议精神。南水北调集团党组成员余邦利、耿六成、张凯、李刚出席会议。

蒋旭光指出，习近平总书记"5·14"重要讲话高瞻远瞩、系统全面、博大精深，是习近平新时代中国特色社会主义思想的重要组成部分，是"节水优先、空间均衡、系统治理、两手发力"治水思路在南水北调的实践要求和具体体现，为做好南水北调各方面工作提供了根本遵循和行动指南。一年来，南水北调集团把学习贯彻习近平总书记"5·14"重要讲话精神作为首要政治任务，以实际行动坚决拥护"两个确立"、坚决做到"两个维护"。南水北调集团党组示范带头，围绕"三个事关""六条经验""三条线路""六项任务"开展多次专题研讨交流，心怀国之大者，不断提高政治判断力、政治领悟力、政治执行力，确立了"志建南水北调、构筑国家水网"

的战略使命，切实增强做好南水北调工作的政治责任感和历史使命感；通过对标对表，不断深化对推进南水北调后续工程高质量发展的规律性认识，明确了牢记"三个事关"、坚守"三个安全"、建设"三条线路"、扛起"三个责任"、打造"三个一流"的"五个三"总体发展思路；聚焦主责主业，重点围绕建设运营南水北调工程、构建国家水网、实现国有资产保值增值"三件大事"进行谋篇布局。一年来，取得了工程运行安全平稳、工程效益持续发挥、后续工程加速推进等积极进展，并在体制机制创新、多业态提升工程全生命周期综合效益上进行了有效探索和有益实践。

蒋旭光指出，一年来，在习近平总书记"5·14"重要讲话精神的科学指引下，南水北调集团以党的建设和改革发展新成效为推进南水北调后续工程高质量发展进一步夯实了基础、筑牢了根基。着力建设安全工程，成功应对了2021年历史罕见特大暴雨洪水袭击，全面排查消除各类风险隐患，确保"三个安全"；着力建设民生工程，东、中线一期工程调水量创历史新高，东线北延应急供水工程提前完工并发挥效益；着力建设战略工程，科学推进后续工程规划建设，组建江汉水网公司，引江补汉工程开工准备提速推进；着力建设绿色工程，2021年生态补水超过20亿 m³，永定河、白洋淀等一大批河湖重现生机，2022年全面助力京杭大运河实现近百年来首

次全线水流贯通；着力建设科技工程，加强科技攻关，全面推进数字化转型，努力建设"数字孪生南水北调"。

着力建设可持续发展工程，深入开展建设运营体制、筹融资机制、水价和水费收缴机制等重大专题研究，创新方式盘活存量资产、增加收入来源，拓展投融资渠道；着力建设廉洁工程，以政治建设为统领，全面加强党的思想、组织、纪律、作风建设，把制度建设贯穿其中。

蒋旭光强调，习近平总书记的关心关怀为南水北调后续工程高质量发展明确了方向、注入了无穷力量，党中央、国务院的坚强领导提供了强力组织保障，当前经济形势带动了工程需求，相关改革举措增加了政策支持力度，集团公司全体干部职工要牢牢把握时与势，清醒认识危与机，精准发力、快速突破，坚定不移地扛起推进南水北调后续工程高质量发展的政治责任和历史使命。一是严抓安全管理，牢固树立总体国家安全观，坚决把"三个安全"的政治责任扛在肩上。提高工程规范化、标准化管理水平，充分发挥南水北调河长制作用，完善管理体系。当前全力做好防汛准备，加快水毁工程修复，确保安全度汛，守住高质量发展的"生命线"。二是狠抓后续工程规划建设，全力配合做好《南水北调工程总体规划》修编和东中线后续工程规划设计，加快推进引江补汉等已达成共识的工程尽快开工建设，扎实开展西线前期论证

工作，做实高质量发展的"主阵地"。三是强抓体制机制创新，加快推进一期工程竣工决算和竣工验收，完善法人治理结构，推动水价水费政策调整，拓宽投融资渠道，做优高质量发展的"价值链"。四是深抓运营效益提升，充分挖掘一期工程供水潜力，加大水量消纳，健全完善水费收缴机制，围绕联网、补网、强链多业态提升工程综合效益，大力培育精益管理理念，做大高质量发展的"发展盘"。

会议强调，为完成高质量发展任务，南水北调集团上下要持续深入学习贯彻习近平总书记"5·14"重要讲话精神，牢记初心使命，强化党建引领，加强组织领导；强化作风建设，狠抓工作落实；加强协同配合，形成工作合力；坚持创新引领，实施人才强企；持续深入推进党风廉政建设。会议号召全体干部职工，要牢牢把握战略机遇期，奋力拼搏，担当作为，攻坚克难，以扎实推进南水北调后续工程高质量发展、加快构建国家水网的实际行动，迎接党的二十大胜利召开。　　　　　　　（张存有）

南水北调集团党组召开推进后续工程高质量发展领导小组会议

2022年8月18日，南水北调集团党组书记、董事长蒋旭光主持召开党组推进南水北调后续工程高质量发展领导小组会议，深入学习贯彻习近平总书记关于南水北调的重要讲话指示批示精神，研究部署下一步工作。南水北调集团党组副书记、总经理汪安南出席会议并传达中央有关文件精神。

会议指出，南水北调集团坚持把深入学习贯彻习近平总书记关于南水北调的重要讲话和重要指示批示精神作为首要政治任务，以高度的政治觉悟、强烈的使命担当，围绕《南水北调工程总体规划》修编、一期工程提质增效、引江补汉工程开工建设、东中线后续工程规划设计和西线前期研究等，开展了大量卓有成效的工作，取得了显著的成绩，为推进后续工程高质量发展打下了基础。

会议强调，要进一步提高政治站位，深入学习贯彻习近平总书记关于南水北调的重要讲话和指示批示精神，深刻领会核心要义、精神实质、丰富内涵、实践要求，始终在思想上、政治上、行动上同以习近平同志为核心的党中央保持高度一致。要牢记"三个事关"，心怀"国之大者"，切实增强推进南水北调后续工程高质量发展的政治责任感、历史使命感和现实紧迫感，细化工作举措、层层压实责任，按照中央明确的总体思路和水利部、南水北调集团有关工作方案，高质量、高标准、高效率完成各项既定工作任务。会同有关各方积极推进《南水北调工程总体规划》修编，东、中线后续工程规划建设和西线前期研究，加快完善南水北调"四横三纵"工程体系，加快构建国家水网主骨架和大动脉，为全面建设社会主义现代化国家提供有力的水安全保障。要锚定目标，全力以赴，高标准、高质量推进引江补汉工程建设。要统筹发展与安全，深入贯彻落实习近平总书记关于防汛抗旱的重要指示精神，坚决避免麻痹思想，强化底线思维，加大检查力度，确保安全度汛。要坚持党建引领，深入推进全面从严治党，以"奋战三季度、喜迎二十大"活动为抓手，促进党建与业务深度融合，努力创造经得起历史和实践检验的一流业绩，以实际行动迎接党的二十大胜利召开。 （赵家悦）

南水北调集团召开安全生产委员会 2022 年第三次会议

2022 年 9 月 13 日，南水北调集团召开安全生产委员会 2022 年第三次会议，围绕确保党的二十大胜利召开，安排部署下一步安全生产工作。集团党组书记、董事长蒋旭光出席会议并讲话，党组副书记、总经理汪安南主持会议。集团领导于合群、孙志禹、余邦利、耿六成、张凯、李刚出席会议。

会议传达学习了习近平总书记重要指示及有关文件精神，听取了质量安全部、环保移民部及中线公司、东线公司、江汉水网公司、水务投资公司、新能源投资公司近期安全生产工作情况及下一步安排的汇报，与会人员就近期安全生产相关工作进行了讨论。

蒋旭光指出，党的二十大即将于 10 月中旬召开，这是党和国家政治生活中的一件大事。南水北调工程事关战略全局、事关长远发展、事关人民福祉，是首都北京以及沿线 40 多座大中城市 1.5 亿多人的供水生命线。集团上下要提高政治站位，把安全生产作为当前最重要的政治任务，深入贯彻落实党中央关于"疫情要防住、经济要稳住、发展要安全"的决策部署，统筹发展与安全，保持"时时放心不下"的责任感，狠抓责任落实，勇于担当作为，确保安全稳定，以优异成绩迎接党的二十大胜利召开。

蒋旭光强调，一要以高度的责任感抓好二十大前后安全加固工作。各级领导要强化责任意识，分片包干、扎根现场、盯防盯守，落实全员安全生产责任制。细化加固措施，确保安全加固不留死角。进一步完善应急流程与措施，及时发现、妥善应对突发事件。二要因企制宜抓好安全生产双重预防机制落地。关口前移、源头治理，科学控制风险，及时治理隐患，持续深化落实。针对重大风险统一制定管控措施，对重大隐患挂牌督办，不断提升安全生产水平。三要聚焦重点抓好重大安全风险管控。加强统筹协调组织，确保按期完成中线工程安全风险评估和防洪加固工程尾工项目，推动交叉建筑物过流能力提升改造。有效管控工程施工重大安全风险，系统贯彻落实水利安全生产标准化建设要求，确保安全投入到位，做细做实各项安全措施。四要慎终如始抓好工程防汛安全。杜绝麻痹思想和松劲心态，做实备防措施，严密监测预警，完善防汛信息互通、资源共享、联动抢险等工作机制，加强汛末风险防范，避免出现人员伤亡。五要多措并举抓好工程水质安全。加强顶层设计，系统谋划南水北调工程水质安全保障工作，高质量完成集团"十四五"水质安全保障专项规划编制。开展突发水污染事件应急演练，提升应急处置能力。加大水体巡查力度，增强水质监测能力，做好预警预测，及时开展应急处置。

汪安南要求，各部门各单位要迅速传达本次会议精神。各级单位主要负责同志要亲自部署、亲自组织，深入贯彻习近平总书记关于安全生产重要讲话和指示批示精神，抓好安全加固各项任务的贯彻落实。细化实化工作举措，分阶段突出安全加固工作重点，确保工作实效。各单位要落实主体责任，加强值班值守和查险除险，建立调度会商机制，分析研判安全风险，及时采取补强措施，确保南水北调工程安全、供水安全、水质安全。

（王乃卉）

中线水源公司组织开展丹江口水库库周污染源调查及对水环境影响分析研究成果审查验收

2022年2月15日，中线水源公司在丹江口市组织召开"丹江口水库库周污染源调查及对水环境影响分析研究"项目成果审查会。会议邀请长江委水资源节约与保护局、长江流域生态环境监督管理局、十堰市生态环境局、南阳市生态环境局等单位的领导或代表组成专家组，听取了承担单位长江水资源保护科学研究所的项目成果介绍，进行了质询和讨论，一致同意项目通过验收。

（中线水源公司）

丹江口水库2022年汛期调度研讨会顺利召开

2022年7月28日，水利部南水北调规划设计管理局在湖北省丹江口市召开丹江口水库2022年汛期调度研讨会。

会议听取了长江委水资源局《南水北调中线一期工程2021—2022年度水量调度计划执行情况及后续调水调度分析》，以及南水北调集团中线有限公司、中国水科院水资源所、长江委水文局关于中线工程2021—2022年度供水情况、丹江口水库2022年汛期来水情况预测汇报，并就2022年汛期及下一年供水形势进行了仔细分析和深入研讨。水利部南水北调规划设计管理局副局长姚建文总结讲话时指出，要加强预测预警，做到精准调度，切实保障供水安全，务必确保2022年度调水计划完成。

（倪雪峰）

中线水源公司参加 2022 年鄂豫陕三省地震应急联动演练暨联席会议

2022 年 11 月 15 日，湖北省地震局牵头组织 2022 年鄂豫陕三省地震应急联通演练暨联席会议，中线水源公司应邀参加。

演练模拟十堰市郧阳区发生 4.9 级地震，湖北省地震局通过地震应急指挥技术系统与河南省地震局、陕西省地震局和各省现场工作队视频联通，成立地震应急指挥中心，进行联合研判，报告流动监测和现场调查情况。在地震现场，三省分别设立地震应急联动指挥部，召开现场指挥部会议，开展现场应急处置等工作。各参演单位紧密配合，完成了各项应急处置工作，圆满完成演练任务。本次演练提升了湖北、河南、陕西三省地震系统和水源公司应急协同配合能力，为做好丹江口库区地震监测处置提供了有力支撑。　　　（中线水源公司）

南水北调江苏水源公司召开安全生产领导小组暨网络安全和信息化领导小组会议

2022 年 3 月 31 日下午，南水北调江苏水源公司召开安全生产领导小组暨网络安全和信息化领导小组会议，深入学习习近平总书记关于安全生产的重要论述，传达贯彻全国、全省和省属企业安全生产工作会议及全省网络安全工作会议精神，总结公司一季度安全生产工作和 2021 年网络安全工作，分析当前安全形势，部署当前和今后一个阶段重点工作任务。江苏水源公司党委副书记、总经理袁连冲出席会议并讲话，副总经理刘军主持会议，公司安全生产领导小组、网络安全和信息化领导小组全体成员参加会议。

袁连冲全面总结了一季度公司安全生产工作成效，并指出，在江苏省委、省政府的正确领导下，公司上下认真落实安全生产主体责任，系统谋划全年安全工作，统筹抓好发展和安全两件大事，制定并分解全年安全生产目标，编制领导班子成员年度安全重点工作清单，落实全员责任制，组织重大节日活动期间专项督查，开展小水电安全检查，完成试点单位安全风险评估，全面组织推进安全文化宣传活动，保持了公司安全发展良好态势。

袁连冲系统分析了当前安全生产工作面临的形势，指出公司当前存在的子公司安全体系有待进一步健全、工程安全信息系统有待进一步推广、隐患排查治理机制有待进一步完善等问题，并就做好当前和下一阶段安全生产工作提出三点要求。一是增强底线思维，着力提升本质安全水平。公司上下要切实提高政治站位，树牢安全发展理念，坚守安全发展底线，审时度势、居安思危、理直气壮、心有敬畏推进安全工作不断由"重视"向"重实"转变。要以专项整治三年行动的总目标为引领，以安全标准化体系和双重预防机制构建为抓手，多措并举，不断提升公司本质安全水平，确保收官之年取得收官之效。二是加强风险防范，着力构建双重预防机制。各责任单位要提升站位、自我加压，利用专项整治三年行动契机，加强隐患问题整治，从严从紧做好小水电站安全工作管理。要持续完善双重预防机制，全面推广试点成果，结合风险清单继续做好事故隐患排查相关成果的编制与整理，保证体系良好运行。三是抓好重点专项，筑牢安全工作屏障。要确保新冠疫情防控安全。严格落实管控要求，从严加强会议和活动管理，特别要关心一线和异地员工工作生活和身体状况，引导、教育员工坚决服从、配合属地疫情防控要求。要确保防汛防台安全。要在前一阶段汛前检查基础上，科学修订各级防汛预案，做好防汛抢险培训工作抢险实操演练，查漏补缺防汛物资，完善防汛物资代储机制，切实做好各项防汛防台准备。要确保信访维稳安全。紧抓"五一"等重要时间节点，加强信访形势研判分析，发现于早、防控于小、处置于先，确保信访稳定。

就做好全年的网络安全工作，袁连冲提出三点要求。一是严格落实网络安全主体责任。严格贯彻落实省委《党委（党组）网络安全工作责任制》，坚持"谁主管谁负责、谁运行谁负责、谁使用谁负责""涉密不上网，上网不涉密"的原则，层层压实

工作责任。二是抓紧抓严确保措施落实到位。要加强风险研判、值班值守，要以更高警党做好重要会议、重要活动期间的网络安全保障工作。加强与上级主管部门的沟通协调，完善日常安全监测、应急处置、漏洞通报工作机制。三是强化实战演练及应急处置。要及时修订完善网络安全应急预案，定期组织开展网络安全应急演练，以练代防，推动自查漏洞和整改问题能力提升。要对漏洞问题迅速处置、正确处理，达到以演促整、以演促建和以演促改。

江苏水源公司副总经理吴学春领学习近平总书记关于安全生产重要论述，并传达2022年全国安全生产电视电话会议、全省安全生产视频会议、省属企业安全生产工作专题会精神；公司副总经理徐向红传达2022年全省网络安全工作会议精神，并领学《数据安全法》。会议组织观看了警示片"《生命线》特别节目《应急时刻》——2021年全国安全事故十大典型案例"。江苏水源公司安全生产领导小组办公室汇报了2022年第一季度安全生产开展情况及第二季度重点工作安排安排，网络安全和信息化领导小组办公室汇报了2021年度网络安全工作总结及2022年度网络安全工作安排，调度运行部、扬州分公司、项目公司分别就小水电运行整改、汛前准备工作、双重预防机制推进情况作了交流发言。

会议以视频形式召开，设主、分

会场。江苏水源公司安全生产领导小组办公室成员、网络安全和信息化领导小组成员、在南京子公司相关负责人等在公司主会场参加会议，各分公司、泵站公司负责人和安全管理人员及在各分会场参加会议。　　（游旭晨）

江苏水源公司召开 2022 年度防汛暨工程管理工作会议

2022 年 4 月 22 日，江苏水源公司召开 2022 年度防汛暨工程管理工作会议，深入学习习近平总书记关于防灾减灾重要指示精神，传达贯彻国务院总理李克强关于防汛抗旱工作及吴政隆书记关于江苏省防汛抗旱工作的重要批示精神，落实全国、全省防汛抗旱工作电视电话会议、水利部及全省水旱灾害防御工作视频会议、南水北调集团 2022 年防汛与安全生产工作会议要求，通报河南郑州"7·20"特大暴雨灾害调查报告、江苏省 2022 年汛期气候及水雨情预测情况以及公司防汛和工程管理情况。江苏水源公司党委书记、董事长荣迎春出席会议并讲话，党委副书记、总经理袁连冲主持会议并作会议小结。

荣迎春充分肯定了公司 2021 年度防汛防台、工程管理、安全生产和新冠疫情防控工作，深入分析了当前公司面临的形势，细致剖析了目前存在的短板弱项，并对做好 2022 年相关工作作出部署。一是全力保障工程安全度汛。要认真总结提升往年防汛工作中积累的经验，结合 2022 年的水雨情形势和汛前检查暴露的问题，着重围绕强化防汛责任落实、把握防汛重点难点、强化问题和隐患整改、加强防汛能力建设、加强信息化应用等 5 个方面，狠抓管理、落实措施，确保安全度汛万无一失。二是切实提升工程管理水平。要坚持更高追求，重点围绕加快推进补短板工作、全面落实 10S 标准化成果应用、积极开展达标创建、进一步规范维修养护管理、全面实现工程运行管理信息化、提升科技创新能力等 6 个方面，对标找差、精准施策，持续提升江苏省南水北调工程管理水平，树立水利工程管理行业标杆地位。三是全力以赴保障安全生产。要强化底线思维，牢牢守住不发生重特大事故的底线，聚焦各类风险，重点开展安全生产大检查，深化提升专项整治三年行动，细化安全生产十五条硬措施，继续加强小水电运行监管。四是坚决打赢疫情防控攻坚战。要认清形势、保持定力，认真落实中央、省委和公司决策部署，从严从紧抓好防控各项工作。公司各级管理单位要提高政治站位，扛起新冠疫情防控责任担当，进一步压实工作责任，确保疫情防控措施落地，强化激励引导，在疫情防控中发挥基层党组织战斗堡垒作用和党员先锋模范作用。

袁连冲传达了江苏省防汛抗旱指挥部下达给公司的 2022 年度防汛抗旱工作任务清单，并就落实会议精神提出三点要求。一是压实工作责任。要充分认识做好2022年防汛、工程管理、安全生产以及新冠疫情防控工作的极端重要性，绷紧思想之弦，坚决杜绝侥幸心理，把责任和措施落到每个环节。二是筑牢安全根基。要抢抓主汛期到来前的宝贵时间，对照汛前检查发现的问题，进行深入细致的再排查，再落实，狠抓问题整改，加快隐患消缺，夯实工程安全、防汛安全的基础。三是推进工程管理升级。以国家级标准化单位创建、安全生产十五条实施、数字孪生试点推进为抓手，推动江苏水源公司10S标准化、安全生产标准化以及信息化建设的不断深入，推进工程管理能力提档升级。

会议以视频形式举行，设主会场、分会场。江苏水源公司领导及高管、副总工、公司各部门（中心）主要负责同志、调度运行部全体同志、建设管理部（安办）和疫情防控专班有关同志、分公司领导班子成员及有关同志、相关子公司主要负责同志及有关同志、委托管理单位后方分管领导及有关同志、现场管理单位全体同志等共计240余人参加会议。宿迁分公司、科技信息中心、泵站公司、宝应站管理所及刘山站工程管理项目部作交流发言。

（王晓森）

江苏水源公司召开庆祝中国共产党成立101周年座谈会

2022年7月1日上午，江苏水源公司召开庆祝中国共产党成立101周年座谈会，重温党的光辉历史，回顾党的奋斗历程，用党的伟大成就鼓舞斗志，用党的优良作风坚定信念，用党的历史经验砥砺品格，表彰公司年度优秀共产党员、优秀党务工作者、先进基层党组织和星级党支部，激励动员公司各级党组织和广大党员干部职工进一步胸怀"国之大者"，牢记"三个事关"，积极投身南水北调事业、投身公司改革发展，为切实扛起"强富美高"新江苏现代化建设和南水北调事业高质量发展的水源担当作出新的贡献，以优异成绩迎接党的二十大胜利召开。江苏水源公司党委书记、董事长荣迎春出席会议并讲话，党委副书记李松柏主持会议，公司领导班子成员出席会议。

荣迎春在简要回顾党的101周年光辉历程后指出，中国共产党能够从小到大、从弱到强，发展成为世界上最大的马克思主义政党并长期执政，团结带领中国人民创造了无与伦比的中国奇迹，这是因为中国共产党始终以使命担当为引领、始终以理想信念为灵魂、始终以组织体系为保障、始终以执政能力为支撑、始终以自我革命为前提。江苏水源公司作为省属唯一涉水国有企业，要用党的奋斗历程和伟大成就鼓舞斗志、明确方向，用党的光荣传统和优良作风坚定信念、凝聚力量，用党的实践创造和历史经验启迪智慧、砥砺品格，以实实在在的工作成效，努力为"强富美高"新江苏现代化建设和南水北调事业高质量发展贡献水源智慧、水源力量。

荣迎春指出，上半年，公司党委突出引领，凝聚合力，以守正创新的党建工作赋能公司高质量发展。一是坚持举旗铸魂，政治引领坚强有力。坚持把政治建设放在首位，在喜迎党的二十大中捍卫"两个确立"、在全面深化国企改革三年行动中落地见效、在谱写水源发展新篇章中强化政治担当、在弘扬时代主旋律中抓牢意识形态、在"源远流长"企业文化体系下凝聚力量，不断提升捍卫"两个确立"、做到"两个维护"的思想自觉和行动自觉。二是坚持强基固本，基层组织全面进步。牢固树立大抓基层的鲜明导向，抓制度建设强保障、抓标准规范强基础、抓深度融合强引领，在全面完成"五聚焦五落实"三年行动的基础上，按照"六个有机统一"要求，深化提升基层党建质量。三是坚持选育管用，干部人才活力焕发。积极实施人才强企战略，加大"三项制度"改革力度，稳步推进管理人员竞争上岗、末等调整和不胜任退出工作，创新干部选拔方式、统筹使用形成合力、培育提升工作能力，营造公开、公平、公正的良好选人用人环境，努力打造政治过硬、本领过硬、作风过硬的干部人才队伍。四是坚持一体推进，政治生态持续向好。始终坚持严的主基调，聚焦一体推进战略部署，大力培育"不想腐"的自觉、全力拧紧"不能腐"的开关、着

力巩固"不敢腐"的态势，强化政治担当，扛起政治责任，纵深推进全面从严治党。五是坚持党带群团，精神文明建设成绩显著。以提升政治能力为重点、以培育团队精神为目标、以优化内部氛围为着眼点，积极履行国企责任、切实造福职工群众、全面提升群团工作水平，持续巩固深化党史学习教育成果，公司干部职工的凝聚力和向心力不断增强。

荣迎春强调，要解放思想，迎难而上，在把握时代机遇中再创江苏水源新辉煌。2022年是党的二十大召开之年，是全面落实江苏省第十四次党代会精神的开局之年，也是南水北调工程开工建设20周年。江苏水源公司正处于改革发展的关键时期，迎来了前所未有的利好形势，习近平总书记的重要讲话指示精神为南水北调事业擘画了发展蓝图，新阶段江苏水利现代化建设为水源公司提供了广阔的平台，新时期国资国企改革为公司高质量发展注入了强劲动力。从面临的挑战看，体制机制仍未落地，人才培养仍需加强，创业劲头仍需激发。这就要求江苏水源公司服从服务南水北调国家战略全局和"强富美高"新江苏现代化发展大局，把握大势、顺应形势、积蓄优势，在顺应时代大势中御势而为，再创公司新的辉煌。

对抓好下半年党建工作，荣迎春作出几点要求。一要坚定不移抓深政治建设，把加强党的政治建设，作为管方向、管灵魂、管根本的必然要

求，切实强化理论武装，切实抓好迎接和宣传贯彻党的二十大精神，切实提升公司治理能力。二要矢志不渝抓实组织建设，全方位增强公司各级党组织政治功能和组织力、战斗力，持之以恒夯实基层基础，张弛有度抓好制度建设，守正创新开展党建工作。三要分层分类抓强队伍建设，始终把干部人才作为第一资源，注重强化领导班子建设，深入实施人才培养工程，切实加强党务人员培养。四要从严从实抓好党风廉政建设，把全面从严治党作为党的建设的永恒课题，重抓政治引领，重抓廉洁教育，重抓执纪问责。五要灵活多样抓活企业文化，将企业文化建设融入公司发展全过程，积极宣传贯彻企业文化，加强精神文明创建工作，强化党建带工建、带团建，促进企业增效、员工增收、全面发展。

会上播放了《我们是光》微视频，组织新党员进行了入党宣誓，表彰了优秀共产党员、优秀党务工作者、先进基层党组织、星级党支部和"学习强国"学习先锋。优秀共产党员、优秀党务工作者和先进基层党组织代表作了交流发言。

会议以视频形式召开，江苏水源公司本级及在南京的分（子）公司全体党员，各党总支、直属支部书记，"两优一先"获奖代表，新党员在主会场参加会议。各分公司、泵站公司全体党员在分会场参加会议。

（王山甫　张谦颖　尹子茜）

南水北调中线河南段防洪影响处理工程建设协调推进视频会议

2022年7月21日，河南省发展改革委与河南省水利厅联合召开南水北调中线河南段防洪影响处理工程建设协调推进视频会议。

会议介绍了南水北调中线河南段防洪影响处理工程项目的背景、建设必要性和前期工作开展情况，对下步工作进行了统一的安排部署。主要有：①要求各省辖市抓紧组建项目法人，加快开展相关工作；②明确项目审批时间节点及审批权限；③严格控制投资规模，资金来源以国家中央预算内资金为主，各市配套资金要纳入本级年度预算安排。

河南省发展改革委农村经济处，河南省水利厅有关处室，工程沿线各省辖市水利局、发展改革委和南水北调运行保障中心，河南省水利设计公司，河南省水利勘测公司等有关单位负责人参加了会议。

（李泽平）

兴隆局召开运行管理标准化工作会议

为深入贯彻落实水利部关于水利工程标准化管理的指导意见，稳固运行管理标准化工作成果，打开运行管理标准化工作新格局，2022年4月14日下午，兴隆局组织召开运行管理标准化工作会议。

会议认真学习研读了水利部《关

于推进水利工程标准化管理的指导意见》《水利工程标准化管理评价办法》以及《大中型水闸工程标准化管理评价标准》等文件内容，通过逐行逐句解读与对标对表的方式，查找了当前运行管理标准化工作仍存在的不足，厘清了下阶段运行管理标准化推行重点，明确了持续强化监管，不断完善奖惩等多项举措。随后，听取了各单位一季度运行管理标准化工作情况汇报。

会议强调，推行运行管理标准化工作是落实枢纽安全运行的重要途径，也是兴隆局立足新发展阶段、贯彻新发展理念、构建新发展格局，推动高质量发展的重要举措，各单位要深入贯彻落实水利部指导意见，强力推进运行管理标准化各项工作。

会议要求：①要有"一举成名"的渴望谋划标准化，水利工程标准化管理已成为全国水利系统重点工作，兴隆局已于2019年率先开始推行标准化，如今更要以时不我待的紧迫感，抢抓发展机遇，以心怀"国之大者"的战略眼光，认真谋划好运行管理标准化各项工作，打造"兴隆名片"；②要有"一心一意"的执着强推标准化，推行标准化工作不是一蹴而就，各单位要发挥"钉钉子"精神，以强化工程安全管理、规范人员管理行为、丰富业务培训形式以及完善奖惩措施为切入点，不断健全运行管理长效机制，不断提升运行管理水平；③要有"一往无前"的勇气狠抓

标准化，各单位要拿出刀刃向内的决心，持续强化日常监督检查，细化岗位考核细则，落实监督管理责任，严肃追责问责慢作为、不作为、假作为等问题，确保实现全过程标准化管理，全力冲刺运行管理标准化年度目标。

（朱乔航）

兴隆局召开 2022 年网络安全和信息化工作会议

2022年9月26日，兴隆局召开2022年网络安全和信息化工作会议，研究部署网络安全和信息化工作，全体干部职工参加会议。

会议传达学习了湖北省水利厅网络安全和信息化工作会议和有关文件精神，听取了网络安全与信息化工作报告，分析了当前的新形势和新要求，研究部署了下阶段重点工作。会议充分肯定了相关部门在网络基础设施建设、信息系统建设、日常运行保障和数字孪生汉江兴隆水利枢纽工程建设等方面所做的工作和取得的成效。

会议指出，没有网络安全就没有国家安全，要深刻认识加强网络安全和信息化工作的极端重要性和现实紧迫性，深入贯彻落实习近平总书记关于网络强国的重要思想，守正创新、担当作为，从全局和战略高度统筹推进各方面工作，全面提高网络安全和信息化工作水平，切实为兴隆水利事业高质量发展提供可靠的网络安全保

障和有力的信息化支撑。

会议强调，2022年是党的二十大召开之年，要以习近平总书记关于网络安全工作"四个坚持"的重要指示精神为指导，认真贯彻相关工作要求，全面落实网络安全法等法律法规规定，强化风险意识和底线思维，聚焦重点项目和关键环节，全面提升网络安全保护能力和水平。

会议还对2022年度网络安全知识竞赛成绩优异人员进行了表彰。

（姜晓曦）

重 要 文 件

水利部重要文件一览表

序号	文 件 名 称	文 号	发布时间
1	水利部办公厅关于做好南水北调东线一期工程北延应急供水工程加大调水工作的通知	办南调〔2022〕74号	2022年3月23日
2	水利部办公厅关于南水北调东线一期工程山东省2021—2022年度水量调度有关工作的通知	办南调函〔2022〕344号	2022年4月8日
3	水利部办公厅关于开展南水北调中线一期工程加大流量输水工作的函	办南调函〔2022〕424号	2022年4月29日
4	水利部办公厅关于印发南水北调东线一期工程北延应急供水工程加大调水后续水源利用工作方案的通知	办南调函〔2022〕426号	2022年4月29日
5	水利部办公厅关于开展学习习近平总书记"5·14"重要讲话知识网络答题活动的通知	办南调函〔2022〕436号	2022年5月9日
6	水利部办公厅关于印发《南水北调东线一期工程水量消纳工作方案》的通知	办南调〔2022〕228号	2022年8月3日
7	水利部办公厅关于做好南水北调东线一期工程2022—2023年度水量调度计划编制和2021—2022年度水量调度工作总结的通知	办南调〔2022〕236号	2022年8月15日
8	水利部办公厅关于同意调整山东省南水北调东线一期工程2021—2022年度用水计划的通知	办南调〔2022〕249号	2022年8月31日
9	水利部办公厅关于做好南水北调中线一期工程2022—2023年度水量调度计划编制和2021—2022年度水量调度总结工作的通知	办南调〔2022〕255号	2022年9月19日
10	水利部关于印发南水北调东线一期工程2022—2023年度水量调度计划的通知	水南调函〔2022〕109号	2022年9月29日

续表

序号	文 件 名 称	文　号	发布时间
11	水利部办公厅关于做好南水北调东线一期工程北延应急供水工程2022—2023年度水量调度计划编制工作的通知	办南调〔2022〕270号	2022年9月30日
12	水利部关于印发南水北调中线一期工程2022—2023年度水量调度计划的通知	水南调函〔2022〕116号	2022年10月24日
13	水利部关于印发南水北调东线一期工程北延应急供水工程2022—2023年度水量调度计划的通知	水南调函〔2022〕132号	2022年12月5日
14	水利部办公厅关于印发〈调水工程标准化管理评价标准〉的通知	办调管〔2022〕294号	
15	水利部办公厅关于推进调水工程标准化管理工作的函	办调管函〔2022〕1165号	
16	关于报送南水北调中线一期工程总干渠黄河北—羑河北焦作1段设计单元工程完工验收技术性初步验收工作报告的报告	调水建设〔2022〕15号	
17	关于报送南水北调中线一期穿黄工程设计单元工程完工验收技术性初步验收工作报告的报告	调水建设〔2022〕17号	
18	关于报送南水北调中线干线工程自动化调度与运行管理决策支持系统（京石应急段）设计单元工程完工验收技术性初步验收工作报告的报告	调水建设〔2022〕26号	
19	关于报送南水北调中线京石段应急供水工程（北京段）工程管理专题设计单元工程完工验收技术性初步验收工作报告的报告	调水建设〔2022〕29号	
20	调水局关于报送南水北调东线一期工程2022—2023年度水量调度计划审查意见的报告	调水调度〔2022〕41号	
21	调水局关于报送南水北调中线一期工程2022—2023年度水量调度计划审查意见的报告	调水调度〔2022〕44号	
22	调水局关于报送南水北调东线一期工程北延应急供水工程2022—2023年度水量调度计划审查意见的报告	调水调度〔2022〕55号	
23	调水局关于报送南水北调中线工程安全风险综合评估报告审查意见的报告	调水建设〔2022〕58号	

（南水北调司　调水司）

沿线各省（直辖市）重要文件

序号	文 件 名 称	文 号	发布时间
1	关于印发《天津市在南水北调工程全面推行河湖长制的实施方案》的通知	津河长〔2022〕1号	2022年8月14日
2	省水利厅关于印发南水北调东线一期金宝航道大汕子枢纽水闸安全鉴定报告书的通知	苏水南调〔2022〕1号	2022年1月26日
3	省南水北调办公室关于做好江苏南水北调工程北延应急调水工作的通知	苏调办〔2022〕2号	2022年5月10日
4	省南水北调办公室关于印发南水北调东线一期江苏境内调度运行管理系统设计单元工程完工验收鉴定书的通知	苏调办〔2022〕3号	2022年6月14日
5	江苏省水利厅关于报送《江苏省南水北调东线一期工程2021—2022年度水量调度计划实施总结报告》的函	苏水南调〔2022〕4号	2022年8月31日
6	省南水北调办公室关于做好2022—2023年度江苏南水北调工程向省外供水工作的通知	苏调办〔2022〕6号	2022年11月8日
7	关于印发山东现代水网建设规划的通知	鲁政字〔2022〕22号	2022年1月25日
8	山东省水利厅水资源调度管理实施办法（试行）	鲁水调管函字〔2022〕37号	2022年10月9日
9	河南省南水北调配套工程防汛应急预案	豫调建建〔2022〕9号	2022年5月3日
10	关于开展南水北调中线干线工程档案清查和移交工作的通知	豫调建综〔2022〕2号	2022年2月28日
11	河南省南水北调中线工程建设管理局关于印发《河南省南水北调受水区供水配套工程调度中心防洪度汛应急预案》的通知	豫调建综〔2022〕4号	2022年4月13日
12	关于印发《河南省南水北调中线工程建设管理局关于事业单位重塑性改革资产清查与划转实施方案》的通知	豫调建综〔2022〕7号	2022年6月29日
13	关于印发《河南省南水北调受水区郑州市供水配套工程档案预验收意见》的通知	豫调建综〔2022〕11号	2022年9月26日

续表

序号	文 件 名 称	文 号	发布时间
14	关于项城、沈丘南水北调供水工程连接河南省南水北调受水区周口供水配套工程10号口门输水主管线专题设计报告及安全评价报告的批复	豫调建投〔2022〕70号	2022年11月16日
15	河南省南水北调中线工程建设管理局关于划定南水北调受水区安阳供水配套工程管理与保护范围的请示	豫调建建〔2022〕2号	2022年3月5日
16	关于印发《河南省南水北调配套工程病害分类分级技术指南》的通知	豫调建建〔2022〕3号	2022年3月23日
17	关于切实做好我省南水北调配套工程2022年防汛工作的通知	豫调建建〔2022〕6号	2022年4月18日

（天津市水务局　江苏省南水北调办　山东省水利厅　河南省水利厅）

项目法人单位和运行管理单位重要文件

序号	文 件 名 称	文 号	发布时间
1	中线水源公司关于印发《南水北调中线水源有限责任公司"十四五"发展规划》的通知	中水源计〔2022〕59号	2022年4月29日
2	中线水源公司关于印发丹江口水库藻类异常应急监测预案的通知	中水源供〔2022〕90号	2022年6月24日
3	中线水源公司关于印发《丹江口库区水质监测站网水质自动监测站运行与维护作业指导书（试行）》的通知	中水源供〔2022〕97号	2022年6月30日
4	中线水源公司关于印发《丹江口库区水质监测站网中心实验室运行与维护作业指导书（试行）》的通知	中水源供〔2022〕98号	2022年6月30日
5	中线水源公司关于印发2022年汛期锑浓度升高应急监测预案的通知	中水源供〔2022〕103号	2022年7月1日
6	中线水源公司关于印发2022年汛期丹江口库区水质加密监测实施方案的通知	中水源供〔2022〕111号	2022年7月14日
7	中线水源公司关于印发《南水北调中线水源工程运行管理重大科技问题研究顶层设计（2022—2025年）》的通知	中水源计〔2022〕158号	2022年9月22日
8	中线水源公司供水管理部关于印发2022年10月丹江口库区水质加密监测方案的通知	源供发〔2022〕14号	2022年9月28日

序号	文 件 名 称	文 号	发布时间
9	汉江集团公司　中线水源公司关于报送丹江口水库2021—2022年度水量调度工作总结的报告	司联合〔2022〕259 号	2022 年 11 月 7 日
10	南水北调江苏水源公司关于印发 2022 年度南水北调江苏段工程度汛方案及防汛抗旱防台应急预案的通知	苏水源调〔2022〕34 号	2022 年 5 月 20 日
11	南水北调江苏水源公司关于印发工程运行管理维护项目管理办法（2022 年修订）的通知	苏水源调〔2022〕44 号	2022 年 8 月 25 日
12	南水北调江苏水源公司关于印发《南水北调江苏水源公司工程调度管理办法（2022 年修订）》的通知	苏水源调〔2022〕45 号	2022 年 8 月 26 日
13	南水北调江苏水源公司关于印发《南水北调江苏水源公司水文测站管理办法（试行）》的通知	苏水源调〔2022〕46 号	2022 年 8 月 26 日
14	南水北调江苏水源公司关于印发水质监测管理办法（试行）的通知	苏水源调〔2022〕48 号	2022 年 9 月 7 日
15	南水北调江苏水源公司关于印发环境保护与资源节约管理办法（试行）的通知	苏水源调〔2022〕49 号	2022 年 9 月 9 日
16	南水北调江苏水源公司关于印发南水北调东线江苏段工程远程在线检查标准的通知	苏水源调〔2022〕51 号	2022 年 9 月 19 日
17	南水北调江苏水源公司关于印发南水北调东线一期工程江苏段 2022—2023 年度向山东供水调度方案的通知	苏水源调〔2022〕69 号	2022 年 11 月 14 日
18	南水北调江苏水源公司关于印发《南水北调东线江苏境内调水工程标准化达标创建实施方案》的通知	苏水源调〔2022〕71 号	2022 年 11 月 30 日
19	南水北调江苏水源公司关于印发河长管理办法（试行）的通知	苏水源调〔2022〕72 号	2022 年 12 月 25 日
20	关于印发《湖北省汉江兴隆水利枢纽管理局 2022 年工作要点》的通知	鄂汉兴局〔2022〕9 号	2022 年 3 月 7 日
21	关于 2022 年度兴隆水利枢纽防汛工作信息的报告	鄂汉兴局〔2022〕16 号	2022 年 4 月 7 日
22	关于兴隆水利枢纽水旱灾害防御汛前准备工作情况的报告	鄂汉兴局〔2022〕17 号	2022 年 4 月 12 日
23	关于印发《湖北省汉江兴隆水利枢纽管理局应急预案汇编》的通知	鄂汉兴局〔2022〕19 号	2022 年 4 月 20 日

续表

序号	文 件 名 称	文 号	发布时间
24	关于 2021 年度工程通水效益情况的报告	鄂汉兴局〔2022〕20 号	2022 年 4 月 27 日
25	关于报请审批《兴隆水利枢纽 2022 年汛期调度运用计划》的请示	鄂汉兴局〔2022〕22 号	2022 年 4 月 28 日
26	关于报请审批《兴隆水利枢纽 2022 年防汛抢险应急预案》的请示	鄂汉兴局〔2022〕23 号	2022 年 4 月 28 日
27	关于 2022 年度汛期安全隐患排查情况的报告	鄂汉兴局〔2022〕32 号	2022 年 7 月 18 日
28	关于对《数字孪生汉江兴隆水利枢纽工程建设先行先试实施方案》进行批复的请示	鄂汉兴局〔2022〕39 号	2022 年 9 月 20 日
29	关于申报大中型水闸省级标准化管理工程的报告	鄂汉兴局〔2022〕47 号	2022 年 11 月 18 日
30	关于组建数字孪生汉江兴隆水利枢纽工程建设先行先试项目项目法人的请示	鄂汉兴局〔2022〕48 号	2022 年 11 月 18 日
31	关于呈送《湖北省汉江兴隆水利枢纽"十四五"发展规划（审定本）》的报告	鄂汉兴局〔2022〕49 号	2022 年 12 月 8 日
32	关于汉江兴隆水利枢纽工程 2022 年度取水总结和 2023 年度取水计划的报告	鄂汉兴局〔2022〕50 号	2022 年 12 月 20 日
33	关于印发《兴隆枢纽枯水期通航联合调度专项方案（试行）》的通知	鄂汉兴局〔2022〕51 号	2022 年 12 月 26 日
34	中国南水北调集团有限公司关于印发《中国南水北调集团有限公司工程建设安全生产管理规定（试行）》的通知	南水北调质安〔2022〕6 号	2022 年 1 月 11 日
35	中国南水北调集团有限公司关于印发《中国南水北调集团有限公司科技创新管理办法（试行）》的通知	南水北调科技〔2022〕8 号	2022 年 1 月 12 日
36	中国南水北调集团有限公司关于印发《中国南水北调集团有限公司工程运行安全生产管理规定（试行）》的通知	南水北调质安〔2022〕12 号	2022 年 1 月 13 日
37	中国南水北调集团有限公司关于中国南水北调集团江汉水网建设开发有限公司章程和组建方案的批复	南水北调企管〔2022〕18 号	2022 年 1 月 20 日
38	中国南水北调集团有限公司关于印发《中国南水北调集团有限公司 2022 年安全生产和应急管理工作要点》的通知	南水北调质安〔2022〕42 号	2022 年 3 月 7 日

续表

序号	文 件 名 称	文 号	发布时间
39	中国南水北调集团有限公司关于报送南水北调中线干线工程剩余设计单元完工验收建议计划的报告	南水北调质安〔2022〕46号	2022年3月10日
40	中国南水北调集团有限公司关于南水北调东线一期工程北延应急供水工程邱屯枢纽隔坝拆除工作有关情况的报告	南水北调质安〔2022〕51号	2022年3月16日
41	中国南水北调集团有限公司关于印发贯彻落实东线北延应急供水水利部部长专题办公会议要求工作方案的通知	南水北调质安〔2022〕62号	2022年4月7日
42	中国南水北调集团有限公司关于引江补汉工程项目法人信息变更的批复	南水北调企管〔2022〕64号	2022年4月11日
43	中国南水北调集团有限公司关于印发《中国南水北调集团有限公司生产安全事故报告和调查处理规定（暂行）》的通知	南水北调质安〔2022〕68号	2022年4月22日
44	中国南水北调集团有限公司关于报送数字孪生南水北调工程建设先行先试实施方案的报告	南水北调科技〔2022〕80号	2022年4月29日
45	中国南水北调集团有限公司关于南水北调中线工程安全风险评估工作经费审核意见的报告	南水北调质安〔2022〕87号	2022年5月12日
46	中国南水北调集团有限公司关于报送数字孪生南水北调工程建设方案的报告	南水北调科技〔2022〕88号	2022年5月16日
47	中国南水北调集团有限公司关于印发《中国南水北调集团有限公司生产安全事故应急预案（试行）》的通知	南水北调质安〔2022〕92号	2022年5月26日
48	中国南水北调集团有限公司关于南水北调中线工程安全风险评估项目工作大纲的报告	南水北调质安〔2022〕93号	2022年5月27日
49	中国南水北调集团有限公司关于印发《中国南水北调集团有限公司自然灾害应急预案（试行）》的通知	南水北调质安〔2022〕95号	2022年5月30日
50	中国南水北调集团有限公司关于印发《中国南水北调集团有限公司关于贯彻落实推进南水北调后续工程高质量发展有关会议精神的工作方案》的通知	南水北调办〔2022〕96号	2022年6月2日
51	中国南水北调集团有限公司关于印发《中国南水北调集团有限公司工程建设质量管理规定》的通知	南水北调质安〔2022〕108号	2022年6月21日

续表

序号	文件名称	文号	发布时间
52	中国南水北调集团有限公司关于印发《中国南水北调集团有限公司工程建设施工图设计文件审查实施细则》的通知	南水北调质安〔2022〕109号	2022年6月21日
53	中国南水北调集团有限公司关于报送南水北调东线一期工程北延应急供水工程加大调水工作总结的报告	南水北调质安〔2022〕117号	2022年6月27日
54	中国南水北调集团有限公司关于印发贯彻落实推进南水北调后续工程高质量发展有关会议精神重点任务专项督办事项的通知	南水北调办〔2022〕134号	2022年7月6日
55	中国南水北调集团有限公司关于印发《中国南水北调集团有限公司工程建设质量缺陷备案和质量事故调查处理实施细则》的通知	南水北调质安〔2022〕144号	2022年7月28日
56	中国南水北调集团有限公司关于报送引江补汉工程初步设计工作方案的报告	南水北调战略〔2022〕149号	2022年8月8日

（赵伽　倪雪峰　顾会）

考察调研

水利部

刘伟平赴引江补汉工程调研

2022年11月4日，水利部副部长刘伟平赴湖北十堰南水北调后续工程中线引江补汉工程现场调研指导工作。湖北省副省长杨云彦、南水北调集团党组副书记、总经理汪安南参加调研。

引江补汉工程全长194.8km，施工总工期9年，静态总投资582.35亿元。工程自7月开工以来进展顺利，出口段工程已进入全面建设阶段，累计完成土石方开挖44.5万m³，累计完成投资5.88亿元。

刘伟平一行实地察看了引江补汉工程输水总干线出口段安乐河和桐木沟施工区，了解工程建设进展以及质量与安全控制、征地移民等情况，现场听取项目法人、设计和施工单位工程建设进展情况以及工程总体设计方案情况的汇报。他充分肯定引江补汉工程开工以来取得的成绩，对地方政府的大力支持和通力协作表示感谢。

刘伟平指出，引江补汉工程是南水北调后续工程首个开工项目，是全面推进南水北调后续工程高质量发展、加快构建国家水网主骨架和大动脉的重要标志性工程，党中央、国务院高度重视。刘伟平强调，工程建设单位要认真学习贯彻党的二十大精神，进一步提高政治站位，全面深入贯彻落实习近平总书记关于南水北调工程的重要指示批示精神，高质量高标准推进引江补汉工程建设。项目法人要全面统筹协调参建各方力量，深入研究工程建设面临的关键性技术难题，加快出口段以外工程初步设计工作进度，力争早开多开施工关键线路上的作业面，要强化质量安全控制，坚持"确保质量、确保安全、科学施工、能快尽快"的原则，努力把引江补汉工程建设成经得起历史和实践检验的精品工程。

水利部有关司局、湖北省水利厅、湖北省十堰市人民政府及南水北调集团有关部门参加调研。

（来源：水利部网站，略有删改）

刘伟平赴重庆市、湖北省调研定点帮扶工作

2022年11月1—5日，水利部副部长、部乡村振兴领导小组副组长、部乡村振兴办主任刘伟平赴湖北省、重庆市调研指导水利部定点帮扶县（区）巩固脱贫攻坚成果同乡村振兴有效衔接工作。

刘伟平一行先后来到重庆市武隆区、丰都县，湖北省十堰市郧阳区，深入脱贫乡村及农户家中，与基层干部群众深入交流，看望并慰问水利部挂职干部，详细了解群众增收、巩固脱贫攻坚成果、脱贫不稳定人口和边缘易致贫人口动态监测情况，考察产业帮扶、乡村建设和乡村治理等水利定点帮扶工作情况，实地调研供水工

程、水源工程、水资源配置工程、水生态保护治理工程、在建水利工程和"我为群众办实事"等项目建设及运行管理情况，就持续做好水利建设相关工作和水利定点帮扶工作提出要求。

在对各县（区）水利事业发展成效、水利定点帮扶工作成果予以充分肯定的同时，刘伟平指出要深入学习贯彻党的二十大精神和习近平总书记关于乡村振兴工作的重要论述，深入践行"节水优先、空间均衡、系统治理、两手发力"治水思路，扎实推进完善农村水利基础设施建设，坚持"绿水青山就是金山银山"的生态理念，全面加强水生态保护治理工作，牢牢守住农村饮水安全底线，强化水利定点帮扶举措，通过深化水利改革促进地方产业发展，为有效巩固拓展脱贫攻坚成果与乡村振兴有效衔接以及经济社会高质量发展提供坚强水利支撑和保障。

水利部相关司局、长江委，湖北省水利厅、重庆市水利局及地方政府和部门有关负责人分别参加调研。

（来源：水利部网站）

水利部南水北调司调研指导数字孪生中线工程建设工作

2022年3月8日，水利部南水北调司一级巡视员李勇、南水北调集团副总经理孙志禹到南水北调集团中线有限公司（以下简称"中线公司"）调研指导数字孪生中线工程建设工

作，中线公司总经理曹洪波、副总经理田勇参加座谈。

李勇、孙志禹听取了中线公司关于数字孪生中线工程建设工作背景、开展工作情况、下一步工作计划及有关建议的工作汇报，对中线公司提前谋划智慧中线建设给予充分肯定。

李勇对下一步工作提出三点要求：一是面对数字化建设的形势，要提高认识，将数字孪生中线工程建设作为中线高质量发展的主要路径之一，确保取得实效；二是统筹协调好内外部资源，挂图作战，按照时间节点要求，推进各项工作落实；三是拓宽资金筹措渠道，为数字孪生中线工程建设提供资金保障。

孙志禹强调，数字孪生中线工程建设是落实水利部和中国南水北调集团关于推进智慧水利建设和数字孪生南水北调工程建设有关工作要求的重大任务，要加强学习，按照水利部总体工作部署，统筹谋划，在摸清家底基础上充分利用现有资源、平台、系统，加快推进落实，在数字孪生中线工程建设工作中逐步掌握关键核心技术，力争将数字孪生中线工程打造成数字孪生水利工程的标杆。

曹洪波指出，中线公司高度重视数字孪生中线工程建设工作，将进一步完善统筹协调机制，整体推进数字孪生中线工程建设工作，基于中线已有信息化基础，协调好各方面工作关系，进一步加快推动各项工作落实，确保取得实效，按照时间节点高质量完成各项任务。

（任学良）

南水北调后续工程专家咨询委员会到江苏调研

2022年1月13—14日，中国工程院副院长、南水北调后续工程专家咨询委员会主任何华武院士带队到江苏调研南水北调东线工程后续规划，中国工程院院士张建云、唐洪武参加调研。

调研组一行先后来到江都水利枢纽、邵伯湖、高邮湖、金宝航道、泗洪泵站、徐洪河等地，听取了江苏南水北调东线一期工程运行管理、后续工程规划建设情况汇报。何华武充分肯定了江苏在南水北调东线一期工程建设、工程运行管理方面的工作成效，并高度评价了江苏向北方调水作出的贡献。何华武指出，江苏作为南水北调东线工程的源头，要扎实做好后续工程规划设计，重点加强调水线路布局比选，优化河道及泵站工程设计，节省工程建设投资，深化管理体制研究，牢固树立节约土地资源、保护生态环境意识，充分发挥工程综合效益，为推动经济社会高质量发展提供有力的水安全保障。

（江苏省南水北调办）

水利部南水北调司到江苏省调研南水北调东线一期工程水量消纳情况

2022年7月19—22日，水利部

南水北调司司长李勇，南水北调工程专家委员会副主任宁远、汪易森，水利部南水北调规划设计管理局副局长李志竑，水利部淮委副主任杨锋一行到江苏调研南水北调东线一期工程水量消纳情况。

调研组一行听取了江苏关于南水北调东线一期工程江苏工程运行及综合效益情况汇报，就水量消纳有关问题进行了广泛深入的座谈交流，实地察看了江苏南水北调新建泵站洪泽站、邳州站等工程。江苏省水利厅厅长陈杰会见了调研组一行，厅一级巡视员张劲松、副厅长郑在洲、省南水北调办二级巡视员葛书龙、江苏水源公司董事长荣迎春、总经理袁连冲陪同调研。

（江苏省南水北调办）

水利部规计司考察南水北调东线一期穿黄工程

2022 年 6 月 29 日，水利部规计司一级巡视员（正司级）高敏凤一行赴南水北调东线一期穿黄工程考察，听取了穿黄工程有关情况的汇报，并对有关工作进行安排部署，南水北调集团战略投资部主任刘远书，东线公司副总经理张元教陪同。 （王乃卉）

水利部南水北调司组织赴郧阳区调研定点帮扶工作

2022 年 7 月 14—15 日，水利部南水北调司司长李勇带队赴湖北省郧阳区调研定点帮扶有关工作。

李勇一行先后深入郧阳区城关镇、南化塘镇、柳陂镇、谭家湾镇、杨溪铺镇等 5 个乡镇，实地察看滔河南化塘集镇段水系连通及水美乡村建设试点、马场关段库滨带治理一期工程、谭家湾水库除险加固、子胥水厂等水利工程项目建设情况；现场调研谭家湾镇食用菌循环经济产业园、玉皇山村袜业车间、杨溪铺镇香菇小镇、东方橄榄园等乡村振兴产业发展及定点帮扶成效情况；详细了解同心广场、龙韵村、玉皇山村红色教育基地等项目建设情况。另外，还看望了水利部派驻郧阳区挂职干部，听取基层干部群众的意见建议。

李勇指出，2022 年是党的二十大召开之年，也是巩固拓展脱贫攻坚成果同乡村振兴有效衔接的关键一年，水利部定点帮扶郧阳区工作组将继续按照部党组工作部署及水利部定点帮扶工作会精神，积极落实定点帮扶郧阳区"八项重点工作"相关工作任务，助力郧阳区巩固脱贫攻坚成果同乡村振兴有效衔接。郧阳区要切实扛稳乡村振兴主体责任，坚定工作目标，加大工作力度，更好统筹各方面帮扶力量，继续巩固脱贫成果，守牢不发生规模性返贫的底线，全面推进郧阳区乡村振兴和经济社会高质量发展。

南水北调司、长江委、湖北省水利厅、南水北调中线水源公司有关负责人，十堰市有关负责人，郧阳区主要负责人及有关负责人参加调研。

（来源：水利部网站，略有删改）

水利部南水北调司调研检查
南水北调北京干线段工程
安全加固工作

2022 年 9 月 28 日，水利部南水北调司司长李勇带队调研检查南水北调中线北京干线段工程安全加固工作。北京市水务局副局长刘光明、南水北调集团有关部门负责同志陪同调研。

李勇一行先后实地察看了新开渠分水口、卢沟桥 1 号排气井、大宁调压池运行安全加固、视频监控、通气孔封闭设施、围网加固等有关情况，详细了解运行值班值守、生物预警系统水质保障设备运行情况。

李勇指出，国庆节临近，党的二十大即将在京召开，确保南水北调工程安全、供水安全和水质安全，服务保障党的二十大胜利召开是近期水利系统首要政治任务。一是要认真贯彻落实水利部"防风险保稳定为党的二十大胜利召开营造良好氛围"安全生产专题会议部署精神，进一步压实责任，扎实做好国庆节及党的二十大召开前后南水北调工程安全管理工作；二是要迅速开展"防风险　保稳定"专项行动，深入排查整改风险隐患，加强值班值守；三是南水北调集团中线公司与北京干线管理处要进一步完善协同机制，加强信息共享，充分利用河湖长制有力抓手，强化水质

监测预警，全面提升突发事件应急处置能力。

（来源：水利部网站，略有删改）

调水管理司赴永定河
北京段调研

为扎实推进永定河水量调度工作，实地考察永定河生态补水情况，2022 年 6 月 10 日，调水管理司司长朱程清带队赴永定河北京段进行调研，全面系统考察了小红门再生水补水口、卢沟桥拦河闸、南水北调中线引江水补水口、平原南段一期工程等永定河水量调度及生态治理关键节点。

（调水司）

水利部规计司到山东省调研
南水北调东线后续工程
高质量发展

2022 年 6 月 29 日，水利部规计司副司长高敏凤带队来山东省调研南水北调东线后续工程高质量发展。调研组现场查看潘庄灌区引黄闸、南水北调东线一期工程位山穿黄隧洞出口；山东省汇报了东线一期工程水量消纳、东线二期受水区范围及线路布局、"一干多支扩面"、潘庄灌区和位山灌区情况等事项。（山东省水利厅）

水利部南水北调司调研山东省
南水北调东线一期工程
水量消纳有关情况

2022 年 8 月 3 日，水利部南水北

调司调研组调研山东省南水北调东线一期工程水量消纳有关情况。山东省汇报了2013—2022年9个年度的工程运用及水量消纳情况等事项。

（山东省水利厅）

水利部南水北调司调研中线水源工程竣工财务决算编制工作

2022年7月13日，水利部南水北调司司长李勇率队到中线水源公司围绕南水北调中线水源工程竣工财务决算编制工作进行调研并召开座谈会，公司相关领导及有关部门负责人参加调研和座谈。

会上，中线水源公司总经理马水山汇报了公司工程建设概况和运行管理体系等基本情况，副总经理付建军汇报了中线水源工程竣工财务决算编制工作具体开展情况、阶段性成果、存在的问题以及下一阶段工作计划，并对决算编制工作中需水利部协调解决的有关问题进行了详细说明。

李勇在听取了公司情况汇报及与会人员现场发言后，对中线水源公司的工作成效给予肯定。他指出，南水北调工程竣工财务决算的复杂程度和难度是有目共睹的，竣工财务决算是南水北调工程建设阶段的重要收尾工作，也是对工程建设的全面总结。做好南水北调工程竣工财务决算，核实工程资产价值，是项目法人规范化运行管理的基础，也是推动南水北调后续工程高质量发展的重要前提。各单

位要提高政治站位，切实增强使命感、责任感和紧迫感，克服一切困难，真抓实干，确保12月底按期完成竣工财务决算编报任务。

（中线水源公司）

水利部人事司到中线水源公司调研指导

2022年8月5日，水利部人事司司长侯京民率队到中线水源公司调研指导，围绕公司运行管理体制建设工作举行座谈。长江委党组成员、副主任胡甲均主持座谈会。侯京民在听取了中线水源公司关于丹江口水库综合管理信息平台建设、工程建设和运行管理、2022年重点工作开展情况及与会人员现场发言后，对中线水源公司的工作成效和发展进步给予充分肯定。他说："中线水源公司是'国之重器'的守护者，是南水北调中线工程管理的关键一环，公司历经18年的工程建设及运行管理，成绩是巨大的。"他指出，全面进入运行管理新阶段，水源公司要充分落实公司内部管理体制建设，明确职责划分，协调工作进度，建立科学高效的管理模式。

胡甲均表示，水利部人事司调研组一行专程到中线水源公司调研指导工作，充分体现了水利部党组对中线水源工程运行管理的高度重视。中线水源公司是长江委治江事业的重要支撑单位，公司要坚持在水利部和长江委的领导下，维护好中线水源工程安

全、供水安全、水质安全，始终扛牢
"守好一库碧水"的政治责任，为保
障一库清水北送作出应有的贡献。

（中线水源公司）

水利部南水北调司到江苏省调研
南水北调东线一期工程
水量消纳情况

2022年7月19—22日，水利部
南水北调司司长李勇，南水北调工程
专家委员会副主任宁远、汪易森一行
到江苏省调研南水北调东线一期工程
水量消纳情况。江苏省水利厅厅长陈
杰，一级巡视员张劲松，副厅长郑在
洲，江苏水源公司党委书记、董事长
荣迎春，党委副书记、总经理袁连冲
陪同调研。

座谈会上，调研组听取了南水北
调东线一期江苏段工程运行管理、供
水特点、效益发挥等情况的汇报，并
就水量消纳有关问题进行了深入交
流。会议指出，江苏南水北调东线一
期工程自2002年12月率先开工，
2013年5月率先通水，实现"工程率
先建成通水、水质率先稳定达标"的
建设目标。工程建成投运9年以来，
累计调水出省55亿 m³，受水区供水
保障能力明显提升，工程综合效益得
到显著发挥，以实际行动践行了"守
护一泓清水北上"的职责使命。

调研组参观了江苏水源公司水情教
育室、调度中心，实地察看了南水北调
洪泽站、邳州站等泵站工程。调研组对

江苏多年来在打造优质工程、标准化创
建、科技创新发展等方面取得的成绩表
示充分肯定，并指出，要进一步完善联
络机制，加强信息沟通，全面、客观地
梳理东线一期工程通水以来的运营情
况、水量消纳情况以及存在的问题不
足，切实提高工程运行管理水平，促进
工程效益得到充分发挥，扎实推进南水
北调工程高质量发展。

荣迎春表示，江苏水源公司将按
照调研组有关工作要求，细化梳理江
苏境内南水北调东线一期工程通水以
来运用情况，认真研究东线一期工程
水量利用方式方法，建立相关问题分
析研究的工作机制，进一步管理好、
运营好工程，切实发挥工程综合效益，
保障东线"生命线"安全稳定畅通。

水利部、淮委、海委、南水北调
集团、水规总院、中水淮河规划设计
研究公司等有关负责人，江苏省水利
厅、省南水北调办有关处室负责人，
江苏水源公司高管、相关职能部门及
分公司负责人参加调研。 （卞新盛）

水利部南水北调司一行到江苏
水源公司调研指导

2022年7月28日，水利部南水
北调司副司长、一级巡视员袁其田一
行到江苏水源公司调研指导数字孪生
建设工作进展。公司副总经理吴学春
陪同调研。

调研组一行参观了江苏水源公司
水情教育室，在调度中心听取了数字

孪生建设试点情况汇报，查看了大型立式、卧式机组的数字建模初步成果，详细询问了数字孪生洪泽站试点的建设需求、应用场景及预期效益等情况。

袁其田充分肯定了江苏水源公司在数字孪生先行先试方面的探索与实践。他指出，水利部党组高度重视数字孪生流域和数字孪生工程建设，将其作为推进智慧水利建设的核心和关键，要准确把握"需求牵引、应用至上、数字赋能、提升能力"的总体要求，确保"三个安全"，守护好"四条生命线"。对于下一步工作，他要求，一是要进一步加强需求分析，做好应用场景定位，分目标分阶段推进数字孪生建设，把洪泽站试点建成好用、管用、实用的数字孪生工程；二是要严格对照先行先试的进度目标，倒排工期、挂图作战，确保数字孪生洪泽站2022年年底初见成效；三是要继续发挥好数字孪生技术创新联盟平台作用，整合技术资源、激发创新活力，积极探索各类数字孪生前沿技术，更好地支撑数字孪生建设。

（夏臣智　王希晨）

杨锋带队到山东调研淮河流域除洪规划修编

2022年8月3—5日，淮河水利委员会副主任杨锋带队到山东调研淮河流域除洪规划修编。8月4日，在青岛组织召开座谈会，山东省水利厅

就有关防洪规划修编和南水北调东线后续工程等工作进行座谈。

（山东省水利厅）

刘冬顺一行考察山东沂沭泗水系及大型水库

2022年10月13日，水利部淮委主任刘冬顺一行考察山东沂沭泗水系及大型水库，山东省水利厅向刘冬顺主任汇报介绍南水北调东线二期工程山东境内线路布局方案等相关事项。

（山东省水利厅）

各省（直辖市）

时清霜到南水北调中线公司河北分公司辖区开展防汛检查及巡河调研

2022年5月23日，河北省副省长、南水北调中线干线工程河北省级河长时清霜到河北分公司辖区开展防汛检查及巡河调研。

时清霜先后来到定州管理处孟良河倒虹吸工程、新乐管理处沙河北倒虹吸工程和黄家庄坡水区倒虹吸工程，实地检查防汛设施运行、值班值守、应急措施落实等防汛工作开展情况，并调研了解工程运行管理情况。他指出，汛期在即，各级各有关部门要牢牢压实扣紧防汛工作责任链条，强化风险意识，针对可能发生的洪水和其他险情，完善各项应急预案，强化物资储备管理，加强抢险队伍建设，提升应急

反应能力，以周密务实的举措，全力保障南水北调中线工程平稳度汛、安全供水，有效维护沿线人民群众生命安全、财产安全。

时清霜强调，南水北调工程是国家重大战略性基础设施，承担着向北京、天津和沿线数千万群众供水的重任，各级各地要充分认识保障中线安全运行的重要性，严格履行河长制职责，明确分段包联措施，严格落实日常巡河、执法监管等工作制度，抓紧抓实风险隐患排查治理，对乱倒乱排、乱采乱挖、乱围乱堵、乱占乱建等突出问题进行全面排查治理，共同维护南水北调工程"三个安全"。

河北省省直属有关部门负责人，河北分公司主要负责人陪同调研。

（马志广）

全国人民代表大会调研山东现代水网规划建设情况

第十三届全国人民代表大会五次会议山东代表团提出的《关于支持建设省级现代水网的建议》（第 3763 号）被列为人民代表大会重点督办建议，2022 年 6 月 16—17 日，由水利部水规总院副院长李原园带队来山东开展现场调研，向山东代表团汇报建议办理情况。山东省水利厅汇报了关于山东现代水网建设规划有关情况，南水北调东线工程是山东现代水网的主骨架和大动脉，详细汇报了南水北调东线后续工程山东境内干线布局方案及山东省委、省政府意见。

（山东省水利厅）

湖北省水利厅调研兴隆枢纽汛前准备及重点工作

2022 年 3 月 31 日，湖北省水利厅党组成员刘文平率厅南水北调处有关负责人赴兴隆枢纽现场调研工程汛前准备及当前重点工作开展情况。

按照年度工作特点，近期，水利部和湖北省水利厅、省防汛抗旱指挥部办公室相继发来通知，要求对水利工程安全运行和在建工程安全度汛风险隐患进行排查整治，切实做好 2022 年堤防水闸安全度汛工作。兴隆局高度重视，认真落实上级指示精神，按照兴隆工程标准化工作标准，迅速行动、精心部署，全力抓好汛前准备工作。

兴隆局负责人向刘文平汇报了兴隆枢纽防汛体制机制完善、汛期调度运用计划和防汛预案修编、隐患排查水毁修复、防汛物料准备等方面的情况。刘文平强调，防汛责任大于天，兴隆局要提高站位，压实责任，要增强底线意识、忧患意识和担当意识，把兴隆枢纽安全度汛作为一项重要的政治任务来抓。要尽快完善汛期调度运用计划和防汛预案，按时上报审批后尽快下发；要全面开展汛前检查，查漏补缺，发现问题及时处理，不留隐患；要严格执行领导带班制度，严守防汛值班纪律，保障现场应急指挥能力；要坚持预防为主，落实预报、预警、预演、预案"四预"措施，不断提升兴隆枢纽安全度汛工作能力。

刘文平还听取了兴隆水利枢纽、闸站改造和航道整治"三项工程"竣工财务决算、枢纽运行管理工作和数字孪生兴隆工程建设先行先试等方面工作情况汇报，与兴隆管理局班子成员进行了深入讨论和交流。他指出，2022年是政治年，是湖北省水利改革的关键之年，兴隆管理局要加强领导、准确定位、改进作风，积极顺应改革发展新形势，圆满完成年度目标任务。

（郑艳霞）

湖北省交通运输厅港航管理局调研兴隆船闸

2022年5月25日上午，湖北省交通运输厅港航管理局一级巡视员王阳红一行赴汉江兴隆水利枢纽船闸考察调研。兴隆局、潜江市港航管理局主要负责人陪同调研。

调研组一行深入船闸一线，参观了船闸现场的设备设施，察看了兴隆船闸运行和船舶过闸通行情况。兴隆局主要负责人就船闸安全通航、通航调度管理系统使用、双层浮式系船柱投入运行、日常设备维修养护、"我为船民办实事"以及开通夜航等情况进行了介绍。

听闻兴隆船闸自投运以来，连续9年保持无间断安全通航，助力汉江水运畅通，王阳红对兴隆船闸的工作成绩表示肯定，对船闸所运管职工多年来的辛勤工作表示感谢。同时，他希望兴隆船闸能着眼未来，持续抓好运行调度，不断提升为民服务能力，以"和谐兴隆　阳光水路"党建品牌为抓手，想船民之所想，急船民之所急，持续优化通航条件，提升功能定位，为服务经济社会发展发挥更大作用。

调研组一行还就兴隆二线船闸的建设进行了探讨。

（兴隆局）

南水北调集团、项目法人

蒋旭光视频调研检查东线北延应急供水工程并主持召开专题会议研究部署加大供水工作

水利部召开"3·28"东线北延应急供水工程（以下简称"北延工程"）加大供水专题办公会后，南水北调集团高度重视，认真贯彻落实会议要求。集团党组书记、董事长蒋旭光以视频方式调研检查北延工程加大供水运行情况，慰问现场工作人员，并主持召开专题会议研究部署相关工作。集团党组成员、副总经理耿六成、李刚参加。

蒋旭光在听取各单位视频汇报后，对北延工程现场运行管理人员展现出的良好精神面貌给予肯定，向全体参与工程运行的干部职工表示衷心感谢。他指出，各单位对本次北延工程加大供水工作高度重视、认真负责、作风过硬、管理严格，取得了阶段性成果。

蒋旭光强调，建设北延工程是党中央、国务院作出的重大决策部署，是贯彻落实习近平总书记"节水优先、空间均衡、系统治理、两手发力"治水思路的具体实践，是充分发挥南水北调工程效益的有效探索。水利部、南水北调集团高度重视北延工程加大供水，多次召开专题会议安排部署相关工作。各有关部门和单位要切实提高政治站位，充分认识做好东线北延供水工作的重大意义，立足生态文明建设，从推进华北地区地下水超采综合治理、复苏河湖生态环境和保护大运河遗产的高度出发，统筹谋划加大北延供水，充分发挥东线工程作用。要认真贯彻落实水利部工作要求，锚定目标，加强统筹，进一步优化调度方案，加快推动解决影响北延工程加大供水能力"瓶颈"问题，确保高效有序完成北延工程年度调水任务。要加强运行管理系统安排，提升工程现代化管理能力和水平，总结东线一期工程运行调度经验，充分发挥东线一期工程供水潜力，加强联合调度研究，进一步提升北延工程调水能力和效率。要切实加强水质保护工作，加强沿线水质监测，提升预警能力，确保供水安全。要加强研究，统筹考虑，深入研究东线北延水价在内的东线工程水价形成机制。要持续深入开展工程运行管理规范化、标准化建设，努力打造数字南水北调、智慧南水北调，进一步提高工程现代化调度水平。

蒋旭光要求，南水北调集团各相关部门、单位要认真做好北延工程加大供水实施工作，狠抓工作落实，加强领导、强化责任、精心组织、广泛协调，全力实现加大北延调水、扩大供水效益的工作目标，助力南水北调事业高质量发展，以优异成绩迎接党的二十大胜利召开。

（来源：南水北调集团网站，略有删改）

蒋旭光调研江苏南水北调工程

2022年7月7日，南水北调集团董事长蒋旭光来南京，就南水北调东线工程高质量发展对江苏南水北调工程开展调研。江苏省委书记吴政隆、省长许昆林会见蒋旭光一行。

吴政隆说，南水北调是国之大事、世纪工程、民心工程，功在当代、利在千秋。江苏地处南水北调东线工程源头，江苏将坚决贯彻习近平总书记重要指示精神和党中央决策部署，胸怀"两个大局"、牢记"国之大者"，立足新发展阶段、贯彻新发展理念、构建新发展格局，坚持"节水优先、空间均衡、系统治理、两手发力"治水思路，扎实抓好源头治理保护，统筹做好调水、排涝、泄洪、通航、农业灌溉、改善生态环境等工作，切实维护南水北调工程安全、供水安全、水质安全，着力提升工程效益，全力确保一泓清水永续北送，更好造福沿线人民群众。双方表示，将携手并进共同落实好党中央决策部署，共同推动南水北调后续工程高质量发展。

江苏省水利厅厅长陈杰、一级巡视员张劲松、副厅长郑在洲，江苏水源公司董事长荣迎春、总经理袁连冲等参加调研。 （江苏省南水北调办）

蒋旭光一行调研推进中线引江补汉工程建设

2022年7月29—31日，南水北调集团党组书记、董事长蒋旭光一行赴湖北调研引江补汉工程，督导推进工程建设。集团党组成员、副总经理孙志禹，党组成员、副总经理耿六成参加。

在十堰，蒋旭光一行检查了引江补汉工程隧洞出口建设情况、查勘了石花控制闸工程现场，并与十堰市委、市政府召开推进引江补汉工程建设座谈会。十堰市委书记胡亚波，市委副书记、市长黄剑雄以及相关部门负责同志参加座谈。蒋旭光高度评价了十堰在南水北调中线一期工程移民、工程建设、水质保护工作，特别是在引江补汉工程开工准备工作中作出的突出贡献。蒋旭光强调，引江补汉是南水北调后续工程首个开工项目，是全面推进南水北调后续工程高质量发展、加快构建国家水网主骨架和大动脉的重要标志性工程。希望与十堰市共同努力，全力推进工程建设、移民征迁、建设环境等工作，完成好建设任务。十堰市委书记胡亚波

表示，南水北调是国之大事，引江补汉工程是国家重大建设项目，也是汉江流域水资源配置的重要工程，十堰各级党委政府把支持服务引江补汉工程建设作为重要政治任务，全力抓好征地拆迁和服务保障工作，为工程建设创造良好环境。在此期间，江汉水网公司与丹江口市签订了出口段工程建设移民安置任务与投资包干协议，为工程建设创造了良好条件。

在宜昌，蒋旭光一行查勘了引江补汉工程进水口现场，与宜昌市领导、设计单位等就引江补汉工程建设进行交流，要求把进水口建筑物建设成为与"国之大者"相匹配的优质工程、典范工程。宜昌市市长马泽江表示，将全力支持引江补汉工程建设，共同完成好建设任务。

蒋旭光一行到长江委，就南水北调中线一期工程水量调度、引江补汉工程初步设计工作、中线水源工程运行管理与竣工验收等事项，与长江委党组书记、主任马建华等座谈交流。蒋旭光指出，南水北调集团正按照中央要求和水利部部署，加快构建国家水网主骨架和大动脉，当前重点是推进中线引江补汉工程建设。希望与长江委加强合作，在加快工程初步设计、优化中线工程供水调度等方面，共同做好工作。马建华表示，长江委将一如既往地为南水北调提供最优质的支撑服务，希望与南水北调集团深化务实合作，建立定期工作交流制度和重点问题协调机制，深化南水北调

工程前期工作、工程建设、运行维护等合作，协调开展重大问题科技攻关、调水方案深化论证、水源水质保护等研究工作，共同为南水北调事业作出新贡献。其间，江汉水网公司与长江设计集团有限公司就初步设计具体工作进行了深入对接。

（来源：南水北调集团网站，略有删改）

蒋旭光现场检查南水北调东线工程济南段运行管理和"三个安全"工作

2022年11月7—8日，南水北调集团党组书记、董事长蒋旭光带队赴济南现场调研检查东线工程运行管理和"三个安全"工作。集团党组成员、副总经理孙志禹，山东省水利厅党组书记、厅长刘中会参加调研。

蒋旭光一行先后前往东湖水库、小清河枢纽、济平干渠入口段调研检查。他指出，在全国上下深入贯彻落实党的二十大精神之际，正值习近平总书记视察南水北调东线工程两周年，即将开启东线一期工程2022—2023年度调水任务，东线二期工程可行性研究论证也正加速推进，一定要切实提高政治站位，深刻认识做好东线调水和确保"三个安全"工作的极端重要性，以党的二十大精神为引领，加快补齐水资源供应保障能力的短板，为服务构建新发展格局、推动高质量发展，全力服务和助力山东深

化新旧动能转化等作出积极贡献。

蒋旭光强调，东线一期工程通水9年来，已累计向山东调水近53亿m^3，发挥了显著的社会效益、生态效益和经济效益，2022—2023年度计划调水入山东12.63亿m^3，将创历史新高。运管单位要清醒认识完成年度调水任务的重要性、艰巨性和复杂性，加大力度，加强组织领导，精心组织实施，确保高标准高质量完成年度调水任务。一要牢固树立总体国家安全观，落实落细安全生产责任和措施，从守护生命线的政治高度切实维护工程安全、供水安全、水质安全；二要加强调度运行管理，优化调度运行方案，精确精准调度，努力实现多供水目标；三要与东线北延工程统筹实施，建立常态化运营机制，促进一期工程水量消纳和效益发挥，为二期工程建设创造条件；四要与沿线地方和有关部门加强协作，充分发挥南水北调河湖长制平台作用，及时协调解决有关重大问题；五要继续加强调度运行规范化、标准化、智能化建设，努力打造调水工程标杆和样板；六要围绕工程和水网建设运营，积极探索，多业态提升工程综合效益。

（来源：南水北调集团网站，略有删改）

蒋旭光带队视频检查东线工程调水工作准备情况

2022年11月4日，南水北调集

团东线有限公司组织召开南水北调东线一期工程全线调水暨北延工程年度调水推进会，南水北调集团董事长蒋旭光带队视频检查东线工程调水工作准备情况。会议由南水北调集团副总经理耿六成主持，水利部南水北调司领导，南水北调集团副总经理李刚、办公室、财务资产部、科技发展部、质量安全部、环保移民部主要负责人出席会议。南水北调集团东线有限公司、江苏水源公司、山东干线公司领导班子主要成员及有关部门负责人参会。　　（冯伯宁　于茜）

蒋旭光到江苏水源公司调研指导

2022年7月8日上午，南水北调集团党组书记、董事长蒋旭光率队赴南水北调江苏水源公司调研指导工作。江苏省水利厅党组书记、厅长陈杰，江苏水源公司党委书记、董事长荣迎春等参加调研。

蒋旭光一行参观了公司水情教育室，观看了企业宣传片，在调度中心观摩了调度运行系统演示，并召开座谈会听取了江苏水源公司工作情况汇报。

蒋旭光在座谈会上指出，江苏水源公司深入学习贯彻落实习近平总书记在推进南水北调后续工程高质量发展座谈会上的重要讲话和视察江苏南水北调工程重要指示要求，在江苏省委、省政府的坚强领导下，在江苏省

水利厅的关心指导下，深刻领会"南水北调是国之大事"的重要内涵，牢记"三个事关"，守牢"三个安全"，坚持以高质量党建引领保障高质量发展，在调水运营、工程管理、信息化建设、涉水产业拓展、国企改革攻坚、国有资产保值增值等方面做了大量且卓有成效的工作，呈现出"运营质量高""创新成果多""务实效益好""精细管理优""发展活力强"等五方面优势，为南水北调系统内企业提供了有益的借鉴和参考。

蒋旭光强调，南水北调事业进入高质量发展的新阶段，江苏水源公司要以新形势、新任务、新理念、新目标为牵引，积极投身加快推动南水北调东线后续工程建设以及构建国家水网大动脉和主骨架的具体实践。要确保"三个安全"，坚决守好南水北调事业发展的"立身之本"；要抓好防汛工作，压紧压实各级防汛责任，不断提高防汛精细化作业水平；要推进东线后续工程高质量发展，积极协调各方力量，扎实做好各项基础工作；要实现国有资产保值增值，多业态提升涉水经营综合效益，争当江苏现代水产业链的"链长"；要坚持加强党的建设，把党的全面领导贯穿到公司工作各领域全过程，以实际行动和优异成绩向党的二十大献礼，向党和人民交出无愧于时代的答卷。

荣迎春在汇报中表示，时隔不到1年时间，南水北调集团再次到江苏水源公司调研指导，这是对水源公司

上下极大的关怀和鼓舞。一年来，江苏水源公司始终将运营南水北调优质工程、保障一江清水北送作为重要职责使命，坚决守好"三个安全"，强化责任落实，抓好安全生产，精准扎实做好防汛抗旱工作，慎终如始抓好新冠疫情防控措施落实；强化管理提质增效，完善远程集控模式，深入推进数字孪生建设，持续放大标准化精细化效益；坚持双轮驱动发展，优化配置内部资源，积极拓展外部市场，公司稳步做强做优做大；着力深化改革攻坚，业务发展布局更加优化，自主创新能力不断提高，市场化经营机制成效初步显现；加强后续工程方案研究论证，关键技术攻关取得新进展，为后续工程高质量发展提供有力保障。下一步，江苏水源公司将继续从守护"生命线"的政治高度，扛起职责使命，聚力担当作为，为南水北调后续工程高质量发展作出新的更大贡献。

南水北调集团党组成员、副总经理孙志禹，党组成员、总会计师余邦利，集团总部相关职能部门、分（子）公司等主要负责人随同调研。

江苏省水利厅一级巡视员张劲松，厅党组成员、副厅长郑在洲，公司党委副书记、总经理袁连冲，江苏省南水北调办相关负责人，江苏水源公司领导班子成员、高管及各部门相关负责人陪同调研或参加座谈。

（王馨冉）

于合群检查东线防汛备汛工作

2022年5月6日，南水北调集团党组副书记、副总经理于合群带队到东线公司，视频检查东线工程山东段、省际和北延工程防汛备汛工作。

检查组听取了东线公司、山东干线公司防汛备汛工作情况汇报，视频检查了台儿庄泵站、穿黄河工程、北延应急工程、双王城水库等4个管理处现场，重点查看了台儿庄泵站主厂房电机层、清污机桥，穿黄河工程出湖闸、穿玉斑堤段，北延应急工程油坊节制闸、小运河衬砌工程，双王城水库大坝、防汛仓库等防汛重点部位，细致问询了工程防汛目标、防汛任务、防汛能力，可能发生的风险隐患及应对措施等，详细检查了工程现场联防机制建设、防汛物资配备、应急预案编制等汛前准备情况。于合群对东线公司、山东干线公司当前防汛工作给予肯定。

于合群指出，习近平总书记非常关心南水北调工程，2020年考察东线时提出了"四条生命线"，2021年考察中线并主持召开推进南水北调后续工程高质量发展座谈会。当前，党的二十大即将召开，新冠疫情防控任务十分艰巨，做好防汛工作至关重要，必须高度重视、如履薄冰，要从守护生命线的政治高度切实维护"三个安全"。

于合群指出，根据气象预测，

2022年海河流域和黄河下游发生大洪水的可能性极大，防汛形势不容乐观。他要求：①切实结合工程自身情况分析防汛风险隐患，东线工程种类繁多，必须厘清工程与相关河湖、所属地市防汛关系，织牢防汛一张网；②明确防汛目标任务，东线不仅要确保工程安全、供水安全、水质安全、防汛安全，汛期还具有行洪排涝任务，要确保沿线百姓生命财产安全；③密切关注雨水情，同气象、水文部门建立联动机制，第一时间掌握工程沿线关键部位雨情、水情信息，落实"四预"措施；④备足防汛人员、防汛设备、防汛物料，防汛重点部位人机料必须确保到位；⑤建立防汛应急响应机制，明确各方责任，汛期在确保工程自身安全的同时，全力配合地方做好防洪排涝工作；⑥加强值班值守，各级单位汛期要严格落实24小时值班值守和领导带班制度，规范汛情报送，及时有效开展防汛应急响应与抢险处置。

（来源：南水北调集团网站，略有删改）

汪安南检查督导南水北调中线京石段工程防汛度汛工作

2022年7月27—29日，南水北调集团党组副书记、总经理汪安南检查督导南水北调集团中线公司北京、天津、河北分公司相关工程防汛准备和强降雨防御工作，并在河北分公司

召开座谈会进一步安排部署相关工作。

汪安南一行检查了北拒马河中支、南拒马河、漕河渡槽等重点防洪加固项目实施情况，实地察看了坟庄河倒虹吸、枣园沟排水倒虹吸、曲逆北支排洪涵洞、唐河倒虹吸、沙河北倒虹吸、定州高地下水渠段等防汛风险部位和各项防汛措施落实情况，调研了解了西黑山节制闸、岗头隧洞进口节制闸、河北分调度中心等重要节点设备设施运行情况，现场考察了垒子水库等外部风险。每到一处，汪安南详细询问现场防汛备防情况及相关应急抢险措施准备情况，并就深入研究分析防汛风险、谋细做实超标准洪水防御措施、做好重点部位预警监管等方面提出了具体工作要求。29日上午，汪安南在河北分公司召开视频会议，听取中线公司及北京、天津、河北分公司防汛工作汇报，对"七下八上"防汛关键期防汛度汛工作进行安排部署。

汪安南指出，要认真学习贯彻习近平总书记关于南水北调工程和防汛救灾工作重要讲话指示批示精神，牢记嘱托，扛稳扛好"三个安全"政治责任。2022年将召开党的二十大，确保南水北调工程防汛安全和供水安全具有特殊意义。当前已经进入"七下八上"防汛关键期，从主汛期降雨预报看，中线工程沿线防汛形势不容乐观，要以如履薄冰、如临深渊的心态，从守护生命线的政治高度，切实

维护南水北调工程安全、供水安全、水质安全；要始终牢记确保"三个安全"的职责使命，坚决锚定"四不"目标，提高做好防汛安全工作的思想自觉，并落实到实际行动和具体成效上。

汪安南强调，要全力以赴，绷紧压实防汛度汛工作责任链条。坚持人民至上、生命至上，依法依规科学安排部署暴雨洪水防御工作；夯实责任体系，把防汛责任落实到各渠段、到各岗位、到具体人；强化履责担当，防汛抢险关键时刻，各级负责人要依法依规下沉一线、靠前指挥；要充分发挥防汛行政首长负责制作用，积极与属地政府建立对接机制，形成抗洪抢险工作合力；要强化值班值守、加强信息报送的及时性、准确性。要立足防大汛、抗大险、救大灾，以结果为导向，把应急准备做得更细、责任措施落得更实，全面提高暴雨洪水防御能力，确保南水北调工程安全度汛。

汪安南要求，要坚守底线，有力有序科学应对安全风险。要加强隐患排查，对高填方、高地下水、渡槽基础、穿河暗涵、倒虹吸等防汛重点险点落实管控方案，预置抢险人员和物资，确保工程安全；要加强预报工作，及时分析研判，准确预报预警，牢牢把握防汛主动权；要加强巡堤查险，做到险情查早查小查准、抢小抢早抢住；要坚持精准调度，综合考虑渠段特性，全线联调统筹做好防汛和供水安全。

汪安南提出，要担当使命，谋深谋细高质量发展举措。深入贯彻落实习近平总书记关于南水北调后续工程高质量发展重要讲话精神，紧紧围绕南水北调工程战略定位，统筹发展和安全，推动南水北调工程和南水北调集团高质量发展。要高质量推进中线工程安全风险评估，全面识别评估中线工程面临的内外部、近远期、传统与非传统风险，研究提出应对措施并全力落实，切实增强南水北调"三个安全"保障能力；要高质量推进《南水北调工程总体规划》修编，按照中线"增源挖潜扩能"思路，积极主动配合有关方面做好规划修编；要优化中线一期运用方案，加强工程运行维护，提升工程综合效益，为重大国家战略的实施提供可靠的水资源保障。

（来源：南水北调集团网站，略有删改）

汪安南调研督导引江补汉工程建设工作

2022年11月3—4日，南水北调集团党组副书记、总经理汪安南调研督导引江补汉工程输水总干线出口段工程建设情况，并召开现场办公会议研究部署推进工程建设及初步设计等相关工作。

11月3日下午，汪安南一行先后来到引江补汉工程输水总干线出口段安乐河、桐木沟施工区域实地检查了工程建设情况，详细询问了施工线路比选、关键地质问题研究、施工组织设计、质量安全管控措施落实、施工弃渣处理、征地拆迁移民等重点工作开展情况，对确保工程施工质量安全等提出要求。4日上午，汪安南在丹江口建设管理部主持召开现场办公会议。听取江汉水网公司和长江设计集团关于工程建设进展和初步设计等工作汇报，围绕前期工作中地质勘探揭示的重点风险隐患、工程规模与地方补水工程的关系、重要节点建筑物设计布局、施工组织设计中 TBM 优化选型等重大问题进行了深入研究讨论，并对初步设计报告、相关专题研究报告编制和报批，2022 年建设和征地移民重点任务落实，以及后续工程开工等作出部署。

汪安南指出，引江补汉工程是南水北调后续工程首个开工项目，是全面推进南水北调后续工程高质量发展的重要标志性工程，党中央、国务院十分关心，水利部和南水北调集团高度重视。项目法人和各参建单位要进一步提高政治站位，强化责任担当，充分认识到引江补汉工程的重大意义，高质量高标准推进工程建设。

汪安南强调，开工动员大会后江汉水网公司会同长江设计集团有限公司等参建各方开展了大量工作，取得了明显成效，值得肯定。下一步，要深入学习贯彻落实党的二十大精神和习近平总书记系列重要讲话精神，本着对党和人民高度负责的态度，充分发挥项目法人主体作用，聚焦重点问题，加强政策研究，提高管理水平，形成工作合力，不断优化施工组织设计，在依法依规、科学安全的前提下，加快推进工程建设各项工作。一要加强与水利部有关司局、水规总院等部门单位沟通协调，开展相关专题咨询工作，压茬推进初步设计编报工作，确保初步设计质量和进度；二要聚焦工程复杂地质问题和安全可靠施工方案，联合勘察设计、施工、监理、科研等单位扎实开展工程重大关键技术研究和科研攻关，深入精细把握施工难点和风险点，最大限度降低施工风险；三要提前谋划下一年施工准备工作，加快推进移民征地和临时工程建设，力争主体工程尽早全面开工，为稳增长多作贡献；四要严格落实项目法人和参建各方主体责任，坚持"以人为本，安全第一"的原则，不断提高机械化施工能力和智能化检测水平，加强现场安全生产管理，落实落地落细各项管控措施，守牢安全底线，在确保质量安全的前提下，加快工程建设进度。

（来源：南水北调集团网站，略有删改）

蒋旭光到济南参加
"第五届中国企业论坛"

2022 年 11 月 6—8 日，南水北调集团公司董事长蒋旭光到济南参加"第五届中国企业论坛"，并调研南水北调工程活动方案，现场调研了东线一期工程济南市区段工程情况，并听取东线二期工程山东段方案论证情况汇报。

（山东省水利厅）

水利部中国科学院水工程生态研究所与中线水源公司座谈交流

2022年1月11日，水利部中国科学院水工程生态研究所（以下简称"水生态所"）李键庸一行到访中线水源公司，双方就丹江口库区生态保护工作进行了深入座谈交流。

李键庸对中线水源公司长期以来对水生态所发展和工作开展给予的大力支持表示感谢，希望双方进一步加大合作力度，共护一库碧水。水生态所介绍了承担的鱼类增殖放流站运行管理、库区鱼类资源调查与保护研究、消落区管理与保护指导意见编制等项目的实施情况，并结合丹江口库区管理的新形势新要求，深入分析当前存在的问题，编制了《丹江口库区生态保护与修复科研需求顶层设计》，提出了水生态状况监测与评价、消落区保护与修复、藻类水华防控与预警、基于水质保护的生态调控、水生态安全管理等方面的科研项目建议。

（中线水源公司）

中线水源公司配合开展丹江口库区专项监督检查工作现场调研

2022年4月27—29日，湖北省水利厅总经济师熊春茂、长江委政法局二级巡视员袁宏全率队组成联合调研组，对丹江口库区（湖北区片）2021年专项监督检查发现问题查处整改工作进行现场调研。

调研组现场检查了武当山特区和郧阳区有关整改项目，并在郧阳区召开交流座谈会，听取了十堰市及相关区、县两级水行政主管部门负责人关于2021年长江委专项监督检查发现问题查处整改情况汇报，听取了郧阳区人民政府负责人关于库区存在的问题及有关建议。调研组对问题查处整改工作取得的效果表示认可，认为2021年专项监督检查发现的34个问题绝大部分已整改到位，剩余问题整改工作必须抓紧抓实，实行"一案一策"和销号管理。调研组指出，守好一库碧水是贯彻落实习近平法制思想的重要体现，库区相关政府和部门要加强与水库管理单位的合作，发挥政企合力，形成长效机制。

（中线水源公司）

江苏省国资委一行到江苏水源公司调研指导

2022年8月9日，江苏省国资委主任、党委书记谢正义到江苏水源公司调研指导。公司党委书记、董事长荣迎春，党委副书记、总经理袁连冲陪同调研。

谢正义一行参观了南水北调江苏水情教育室，观看了工程专题片，在调度中心观摩了调度运行系统运行使用状态，详细询问了工程建设规模、泵站运行管理、综合效益发挥等情况。

座谈会上，谢正义听取了江苏水源公司工程建设、运营管理、涉水经营、科技创新、国企改革、党的建设等方面工作情况汇报，他指出，江苏水源公司统筹调水运营和涉水经营双轮驱动发展，站位全局、经营有方、管理得当，取得了良好的经济和社会效益，圆满完成了江苏省委、省政府和南水北调集团交予的任务，为江苏高质量发展和省属国有企业增光添彩，成绩值得充分肯定。

关于下一步工作，谢正义强调，要从五个方面抓好推进落实，一是牢记领袖嘱托，心系国之大者。要切实提高政治站位，深入贯彻落实习近平总书记"节水优先、空间均衡、系统治理、两手发力"治水思路、视察江苏南水北调工程以及在推进南水北调后续工程高质量发展座谈会上的重要讲话指示精神，认真学习领会总书记关于国有企业改革发展的系列重要论述，切实扛起"争当表率、争做示范、走在前列"光荣使命，为谱写"强富美高"新江苏现代化建设新篇章贡献更多力量。二是扛起职责使命，致力打造标杆。着眼于将水源公司打造为南水北调系统内标杆和江苏国企改革发展的典范，要立足实际，加强谋划，在管理、业务、经营等方面争

创最佳，在优化水资源配置、服务经济社会发展大局的工作实践中树标杆、当典范。三是坚持创新引领，再期大有作为。江苏水源公司有条件、有基础、有责任在创新驱动发展上有所作为，要认真学习贯彻江苏省数字经济发展推进会议精神，围绕智能控制、生态建设和运用运筹学系统谋划调水运营等方面做好文章，全面推进科技创新、信息化建设等工作，以数字化手段更好地赋能高质量发展。四是抓住重大机遇，深化改革发展。要抓住南水北调后续工程建设和江苏省重大水利工程建设等历史机遇期，选好"参照系"，主动对标对表，强化学习借鉴，不断汲取同类型企业先进经验做法，全力推动水源公司做强做优做大。五是加强党建引领，提升工作质效。充分发挥党建引领保障作用，把党的领导贯穿工作全过程、各方面，加快推动江苏省国资委党员教育实境课堂建设，集中展示好水源公司党的建设新进展新成效。

荣迎春对江苏省国资委长期以来的关心和支持表示衷心感谢，他表示，江苏水源公司将认真贯彻落实省委工作会议精神和省国资委此次调研提出的工作要求，牢记初心、不负重托，自提标杆、事争一流，切实履行省属国有企业的职责使命，在推动南水北调后续工程高质量发展上勇担责任、挑起大梁，为"强富美高"新江苏现代化建设做出新

的更大贡献。

江苏省国资委办公室、财务监管处、发展改革处负责同志,江苏水源公司领导班子成员、高管、相关部门负责人参加调研座谈。 （王馨冉）

南水北调集团东线有限公司一行调研江苏南水北调工程

2022年6月30日至7月1日,南水北调集团东线公司党委书记、董事长李孝振一行到江苏就东线江苏段工程高质量发展进行调研。江苏省水利厅厅长陈杰,一级巡视员张劲松,厅党组成员、副厅长郑在洲,东线公司董事、党委副书记胡周汉,江苏水源公司党委书记、董事长荣迎春,党委副书记、总经理袁连冲及公司领导班子成员、高管出席座谈会或陪同调研。

荣迎春对李孝振一行的到来表示热烈欢迎,介绍了东线江苏段工程的基本情况以及公司发展历程、组织架构设置、经营市场拓展、人才队伍建设等情况,重点介绍了公司在推进工程运行管理信息化、数字化、智能化建设等方面取得的新进展和新成效。双方就南水北调东线一期工程效能提升、江苏段管理体制、后续工程建设等方面进行了沟通交流,一致认为,集团东线公司与江苏水源公司目标一致、相向而行,共同肩负着建设好、管理好、运营好南水北调东线工程的重任,要积极服务和融入国家新发展

格局,持续发挥工程综合效益,巩固提升供水保障能力,更好地促进沿线地区经济文化发展和生态文明建设,探索出一条推动南水北调事业高质量发展、保障东线"生命线"安全高效畅通的行之有效的共赢之路。

李孝振一行参观了江苏水源公司水情教育室,在调度中心听取了调度运行系统建设和数字孪生建设试点情况介绍,并赴东线源头江都水利枢纽、南水北调江苏集中控制中心、南水北调洪泽站和解台站实地调研,详细了解了公司泵站群远程集控管理模式、现地泵站运行管理及效益发挥等情况。

东线公司有关职能部门负责人,江苏省南水北调办建管处相关人员,江苏水源公司办公室、调度运行部及扬州、淮安、徐州分公司有关负责人等一同参加调研。 （王馨冉）

南水北调山东干线公司到江苏水源公司调研

2022年8月16—17日,南水北调山东干线公司党委副书记、总经理姜延国率队到江苏水源公司考察调研。公司党委副书记、总经理袁连冲陪同调研。

姜延国一行先后考察了淮安水利枢纽、洪泽站工程、江苏南水北调集中控制中心、南水北调泵站技能学院,了解了南水北调东线一期江苏段工程运行管理维护及综合效益发挥等情况,听取了工程集中控制管理模式

运行情况，交流了工程管理、人才队伍建设等方面做法。

座谈会上，双方就竣工财务决算、财务资产管理、工程运行管理、安全生产、防汛抗旱、国企改革发展等方面工作进行了深入探讨。姜延国对江苏水源公司各方面工作成效予以赞许，他表示，江苏水源公司队伍年轻精干、充满活力，创新成果多，发展态势好，多年来，与山东干线公司相互配合、同向发力，圆满完成了历年调水任务，结下了真挚深厚的友谊。

袁连冲对山东干线公司一行的到访和一直以来的支持表示欢迎和感谢，他表示，两家公司深入学习贯彻落实习近平总书记视察江苏南水北调工程以及在推进南水北调后续工程高质量发展座谈会上的重要讲话指示精神，从守护东线"生命线"的政治高度，加强工程运营管理，保障工程效益发挥，为东线工程高质量发展合力前行。

2022年适逢南水北调工程开工建设20周年，双方表示，要以更强烈的政治自觉深入学习贯彻习近平总书记重要讲话指示精神，交流借鉴双方在管理水平提升、科技创新与数字化建设、国有企业改革发展等方面的做法经验，合力在推动管理体制落地、工程效益充分发挥、后续工程规划建设等方面发挥积极作用，在相通有无中升华友谊、推动工作，在常来常往中深化合作、拓展业务，在携手并进

中创造效益、实现共赢，共同履行好推动南水北调后续工程高质量发展职责，以实际行动迎接党的二十大胜利召开。

（王馨冉）

江苏水源公司一行赴南水北调集团东线公司交流座谈

2022年7月13日，南水北调东线江苏水源公司党委书记、董事长荣迎春，党委副书记李松柏，总工程师王亦斌一行到南水北调集团东线公司访问座谈。东线公司董事长、党委书记李孝振，党委副书记、董事胡周汉，副总经理曹雪玲，纪委书记倪鹏，副总经理张元教出席。

李孝振对荣迎春一行表示欢迎，并介绍了东线公司坚持目标引领与问题导向相结合、抓重点工作与谋划长远相结合、清单式管理与迭代升级相结合的工作思路，以及公司各项重点工作开展情况。李孝振指出，东线公司存在的目的是服务沿线经济社会发展，希望与江苏水源公司形成合力、相向而行。

荣迎春表示，江苏水源公司会始终从守护"生命线"的政治高度担当作为，坚守"三个安全"，强化责任落实，精准扎实抓好安全生产。以发展的眼光看问题、找增量，力争成为行业标杆，为南水北调后续工程高质量发展作出新的更大贡献。

江苏水源公司、东线公司有关部门负责人参加会议。

（黄卫东）

南水北调集团中线有限公司与长江设计集团有限公司到河南省调研中线调蓄体系规划前期工作

2022 年 8 月 15 日，南水北调集团中线有限公司与长江委长江设计集团有限公司一行赴河南省水利厅就中线调蓄体系规划前期工作进行调研，并召开座谈会听取河南省工作汇报。河南省水利厅副厅长李建顺，水利厅相关处室、中线沿线 11 个受水区省辖市水利局负责人等参加了座谈会并进行讨论。

中国南水北调集团中线有限公司副总经理孙卫军通报了中线调蓄体系规划的背景及此次调研工作的必要性和调研内容，提出为加快推进中线工程调蓄体系前期工作，请河南省水利厅协助提供南水北调受水区各城市供水的地下水水源压采实施方案、统计资料以及中线总干渠沿线已建水库等相关资料，并就相关工作要求做出说明。

李建顺要求，一是省辖市水利局要高度重视此次调研工作，吃透需要提供材料的要求和现行的有关政策，积极配合做好相关资料收集、统计工作，按时提交相关材料；二是河南省水利厅有关处室和省水利勘测设计研究公司抓紧提供河南省南水北调水资源利用专项规划，以及观音寺、鱼泉、沙陀湖等 9 座新建调蓄水库的有关资料，并建议新增供水城市和规划调蓄工程纳入中线工程后续规划和调蓄体系。

（李泽平）

讲话、文章与专访

推进南水北调后续工程高质量发展加快构建国家水网主骨架和大动脉
——《中国水利》专访水利部党组书记、部长李国英

水是经济社会发展的基础性、先导性、控制性要素，水资源格局影响和决定着经济社会发展布局。南水北调作为破解我国水资源分布"北缺南丰"问题的重大水利工程，以习近平同志为核心的党中央对此始终高度重视。2021 年 5 月 14 日，习近平总书记主持召开座谈会，亲自擘画、亲自部署推进南水北调后续工程高质量发展。如今，推进南水北调后续工程高质量发展的标志性工程中线引江补汉工程已正式开工。为更好理解这项工程的重大意义，全面了解推进南水北调后续工程高质量发展有关工作，日前，水利部党组书记、部长李国英接受了专访。

中国水利： 2021 年 5 月 14 日，习近平总书记主持召开推进南水北调后续工程高质量发展座谈会并发表重要讲话。请问一年多来水利部围绕推进南水北调后续工程高质量发展，开展了哪些工作？

李国英： 习近平总书记一直十分

关心南水北调工作，先后多次视察南水北调工程，作出一系列重要指示批示。习近平总书记在推进南水北调后续工程高质量发展座谈会上的重要讲话，从党和国家事业战略全局和长远发展的高度，充分肯定了南水北调工程的战略地位和重大意义，深刻总结了实施重大跨流域调水工程的宝贵经验，明确提出了继续科学推进实施调水工程的总体要求，全面部署了南水北调后续工程的重点任务，为推进南水北调后续工程高质量发展指明了前进方向、提供了根本遵循。水利部深入贯彻落实习近平总书记重要讲话精神，会同有关地方、部门和单位，以高度的政治自觉、强烈的使命担当，扎实做好推进南水北调后续工程高质量发展各项工作，取得了重要阶段性进展。

一是深入学习贯彻习近平总书记重要讲话精神。水利部党组印发实施学习贯彻方案，通过部党组会、部务会、党组理论学习中心组学习会、部长专题办公会等多种形式，完整、准确、全面学习领会习近平总书记重要讲话精神，切实增强贯彻落实的思想自觉、政治自觉和行动自觉。成立水利部党组推进南水北调后续工程高质量发展工作领导小组，加强组织领导和统筹协调，深学细悟、对表对标习近平总书记重要讲话精神，细化明确44项工作任务，逐项制定落实方案，不折不扣将习近平总书记重要讲话精神转化为具体工作举措和工作

成效。

二是充分发挥东、中线一期工程综合效益。全面建立南水北调工程河湖长制体系，构建责任明确、协调有序、监管严格、保护有力的管理保护机制。东、中线一期工程连续安全运行7年多来，截至目前，已累计调水超过565亿 m³，直接受益人口超过1.5亿人，发挥了巨大的经济、社会和生态效益。特别是中线水已成为北京、天津城区的主力水源，北京城区供水70%以上为中线水，天津城区全部靠中线供水。利用中线一期工程和东线一期北延工程实施生态补水，改善了华北地区水资源条件，促进了河湖生态环境复苏。受水区水资源保障水平显著提高，北京、天津等城市地下水水位止跌回升，永定河、滹沱河、大清河、潮白河等多年断流河道实现全线贯通，白洋淀重现生机，京杭大运河实现近一个世纪以来首次全线贯通。

三是推动构建中线工程风险防御体系。守牢南水北调工程安全、供水安全、水质安全"三个安全"底线，把保障南水北调中线工程等重要基础设施不受冲击作为防汛主要目标之一，加强洪水灾害防御，保障了工程安全和供水安全。2021年汛后迅速组织开展查漏补缺，及时修复水毁工程，涉及2022年度汛安全的21项，已于2022年6月15日前按期全部完成主体施工。科学制定中线工程安全风险评估工作实施大纲，深入分析、

科学评估新形势下面临的各类安全风险，建立台账，清单管理，分类整改，狠抓进度，加快消除安全隐患。已完成 12 项专项评估中间成果技术评审，2022 年年底前将完成全部评估工作。

四是组织开展重大专题研究。牵头完成了黄淮海流域节水潜力评价和需水预测、雨洪资源利用潜力和关键技术、气候变化对流域水资源条件的中长期影响、重点流域区域合理生态需水量、南水北调重要受水城市供水安全保障、南水北调工程建设运营体制等重大专题研究工作，基本摸清了未来黄淮海流域水资源供需变化和缺水情况，科学研判了气候变化条件下黄淮海流域中长期水资源演变趋势，优化完善了工程功能定位、线路布局以及管理体制机制等，为后续工程规划设计提供了重要支撑。

五是深化后续工程规划设计。准确把握东、中、西线三条线路的各自特点，加强顶层设计，优化战略安排，统筹推进后续工程建设。优化东中线工程总体布局，全面检视和修改完善南水北调东线二期工程、中线引江补汉工程等建设方案。经过前期深入研究论证，在各有关方面的共同努力下，引江补汉工程已于 2022 年 7 月 7 日正式开工建设。根据国务院工作部署，已开展《南水北调工程总体规划》修编和东线、西线后续工程规划设计工作。

中国水利：引江补汉工程已经开工，请问如何理解和认识这项工程的重要意义？目前推进南水北调后续工程高质量发展还面临哪些新形势新任务？

李国英：引江补汉工程开工建设，标志着推进南水北调后续工程高质量发展正式拉开帷幕，对加快构建国家水网主骨架和大动脉、完善我国水资源配置战略格局、促进南北方协调发展具有十分重要的意义。引江补汉工程是南水北调中线"补源"工程，从需求侧看，近年京津冀协同发展、雄安新区建设、黄河流域生态保护和高质量发展等区域重大战略持续推进，北方受水区对中线北调水量需求进一步增长；从供给侧看，中线工程成为沿线受水区城市主力水源，供水地位由"辅"变"主"，而水源区汉江流域水资源供需矛盾愈加突出，工程供水稳定性成为影响北方受水区经济社会发展的重要变量。引江补汉工程建成后，将有效提升汉江流域水资源调配能力，增加南水北调中线工程北调水量，提高受水区供水保证率，对保障北京、天津等沿线重要城市供水安全和改善汉江中下游生态环境具有重要作用。

进入新发展阶段、贯彻新发展理念、构建新发展格局，形成全国统一大市场和畅通的国内大循环，促进南北方协调发展，需要水资源的有力支撑。我们要立足全面建设社会主义现代化国家新征程，准确把握当前经济社会发展形势，深入贯彻落实党中央、国务院决策部署，锚定全面提升国家水安全保障能力的目标，加快推进南水北调后续工程规划建设，构建国家水网主骨架和大动脉，充分发挥南水北调工程优化水资源配置、保障群众饮水安全、复苏河湖生态环境、畅通南北经济循环的生命线作用。

从统筹发展和安全看。黄淮海流域是多项重大国家战略的集中承载地，也是重要的农产品生产基地和能源基地，在确保国家经济安全、粮食安全、能源安全、生态安全等方面具有不可替代的重要作用。但黄淮海流域水资源供需矛盾十分突出，水安全保障能力不足，河道干涸、湖泊萎缩、地下水超采等水生态环境问题尚未根本解决。南水北调工程作为缓解黄淮海流域水资源紧缺问题的重大基础设施，必须继续科学推进后续工程建设，完善长江流域向北方战略性输水通道，完善我国水资源优化配置格局，增强我国水资源统筹调配能力、供水保障能力和战略储备能力，为经济社会高质量发展提供更加坚实的水安全保障。

从建设现代化基础设施体系看。中央财经委员会第十一次会议要求，要优化基础设施布局、结构、功能和发展模式，构建现代化基础设施体系，为全面建设社会主义现代化国家打下坚实基础；要加强水利等网络型基础设施建设，把联网、补网、强链作为建设的重点，着力提升网络效益。南水北调工程是国家

水网的主骨架和大动脉。必须继续科学推进实施后续工程，加快构建"系统完备、安全可靠，集约高效、绿色智能，循环通畅、调控有序"的国家水网，实现水利基础设施网络经济效益、社会效益、生态效益、安全效益相统一。

从稳定宏观经济大盘看。当前，我国经济发展环境的复杂性、严峻性、不确定性上升。中央经济工作会议、中央政治局会议、中央财经委员会会议、全国稳住经济大盘电视电话会议、国务院常务会议等，均对扩大国内需求、发挥有效投资的关键作用作出安排部署，将水利作为突出重点。必须坚决贯彻落实党中央、国务院决策部署，全面准确把握当前经济形势，进一步增强责任感和紧迫感，全力推进南水北调后续工程建设，发挥重大水利工程吸纳投资大、产业链条长、创造就业机会多等重要作用，为做好"六稳""六保"工作、稳定宏观经济大盘贡献水利力量。

中国水利：下一步关于推进南水北调后续工程高质量发展，有何考虑和计划？

李国英：南水北调工程是党中央、国务院决策建设的重大战略性基础设施，事关战略全局、事关长远发展、事关人民福祉，是国之大事、国之重器。水利部将以中线引江补汉工程开工建设为新的起点，深入贯彻落实习近平总书记"节水优先、空间均衡、系统治理、两手发力"治水思路

和关于治水重要讲话指示批示精神，完整、准确、全面贯彻新发展理念，扎实做好推进南水北调后续工程高质量发展各项工作。

一是高标准、高质量建设好引江补汉工程。以高度的政治责任感和对历史极端负责的精神，统筹发展和安全，建立健全沟通协调机制，及时解决重大问题，加快推进主体工程全面建设，尽早发挥工程效益。树立"千年大计、质量第一"意识，指导参建各方精心组织施工，强化质量和安全控制，高标准、高质量推进工程建设，努力把引江补汉工程建设成为经得起历史和实践检验的精品工程、安全工程。

二是确保工程安全、供水安全、水质安全。进一步增强风险意识、忧患意识和底线思维、极限思维，深入分析致险要素、承险要素、防险要素，建立完善南水北调工程安全风险防控体系，健全风险查找、研判、预警、防范、处置、责任等全链条管控机制，落实落细工程常态化检查监测和维修养护措施，确保2022年年底前完成中线工程防洪安全风险评估。强化水源区和工程沿线水质保护，充分发挥河湖长制作用，强化水行政执法与刑事司法衔接、水行政执法与检察公益诉讼协作机制，严厉打击影响工程安全、供水安全、水质安全的违法行为。

三是进一步提升东中线一期工程效益。优化水量配置和调度，最大限度满足沿线受水区合理用水需求，发挥"四条生命线"作用。东线一期工程制定水量消纳方案，明确水量消纳的任务措施和时间表，扩大北延供水范围和规模，置换农业超采地下水，增加大运河、白洋淀等河湖生态用水。中线一期工程优化丹江口水库调度，提高水资源利用效率，完善总干渠加大流量输水试验方案，提高总干渠利用效率。

四是加快推进后续工程规划和建设。东线后续工程要发挥水源充足、调蓄能力强、可利用现有河湖渠道等优势，在解决沿线城镇生活和工业供水的基础上，增加农业和生态供水，深化东线二期工程可行性研究论证，完善技术方案，适时开工建设。中线后续工程要发挥水质优良、覆盖范围广、可自流输水等优势，重点解决沿线城镇生活和工业供水问题，置换被挤占的生态和农业用水。抓紧推进中线防洪安全保障工程、调蓄工程建设。西线工程要重点研究发挥调水入黄河上游、覆盖面广等优势，重点保障黄河上中游地区用水需求，推进西线工程规划。

五是完善南水北调工程建管体制机制。充分调动各方积极性，推动完善项目法人治理结构，深化建设、运营、价格、投融资等体制机制改革。根据多水源筹集调度实际，实事求是统筹制定差别化水价，修订相关政策规定，建立良性运行机制。统筹工程规模、水量分配、管理体制等因素，深化投融资体制改革，拓宽资金筹措渠道，保障后续工程资金需求。

六是建设数字孪生南水北调工程。编制数字孪生南水北调工程建设方案，建立覆盖水资源来源区、主要用水对象、水量调控工程、重点河道河段、重要水文大断面、主要分水口门等引调水工程重要节点的数字化场景，融合水资源调配、工程调度等水利专业模型，整合水资源总量、用水权分配、取用水量、省界断面监测以及经济社会等数据，构建数字孪生南水北调工程，提升南水北调工程调配运管的数字化、网络化、智能化水平。

中国水利：2022年以来，包括引江补汉在内的一批重大水利工程开工建设，实施国家水网重大工程建设取得重要进展，请问下一步将如何继续推进国家水网建设？

李国英：实施国家水网重大工程，是以习近平同志为核心的党中央从实现中华民族永续发展的战略高度作出的一项重大决策部署。2022年长江流域发生严重旱情，大旱之年凸显加快水利基础设施建设特别是水网建设的极端重要性。要以全面提升水安全保障能力为目标，以优化水资源配置体系、完善流域防洪减灾体系为重点，统筹存量和增量，加强互联互通，加快推进国家水网重大工程建设。

一是做好国家水网顶层设计。明确全国及重点区域水网建设布局，切实谋划和实施好国家骨干网、区域水网和省级、市级、县级水网建设任务，提升各级水网协同建设水平。以大江大河大湖自然水系、重大引调水工程和骨干输配水通道为"纲"、以区域河湖水系连通工程和供水渠道为"目"、以控制性调蓄工程为"结"，构建"系统完备、安全可靠，集约高效、绿色智能，循环通畅、调控有序"的国家水网。

二是构建国家水网之"纲"。加快构建国家水网主骨架和大动脉，准确把握南水北调东线、中线、西线三条线路的各自特点，加强顶层设计，优化战略安排，抓紧做好后续工程规划设计，统筹指导和推进后续工程建设。加快实施一批跨流域跨区域重大引调水工程，优化水资源宏观配置格局，增强流域间、区域间水资源调配能力。

三是织密国家水网之"目"。根据区域水资源条件和经济社会发展布局，统筹考虑需求与可能，加快构建配套衔接的区域水资源配置工程体系，因地制宜完善农村供水工程网络，加强现有大中型灌区续建配套和改造，新建一批现代化灌区，形成区域水网和省、市、县水网体系，提升水资源配置保障能力和水旱灾害防御能力。

四是打牢国家水网之"结"。综合考虑防洪、供水、灌溉、航运、发电、生态等功能，加快推进列入流域及区域规划、符合国家区域发展战略的控制性调蓄工程和重点水源工程建设，提升水资源调控能力。

五是同步建设数字孪生水网。始终把握"需求牵引、应用至上、数字赋能、提升能力"要求，对物理水网全要素和建设运行全过程进行数字映射、智能模拟、前瞻预演，与物理水网同步仿真运行、虚实交互、迭代优化，实现国家水网调控运行管理的预报、预警、预演、预案功能。

六是提高建设运行管理水平。深化水利投融资机制改革，用足用好财政、金融支持政策，拓宽资金筹措渠道。指导督促规范项目法人组建，完善项目建设管理监管机制，保障工程质量、进度和安全。深化工程建设重大问题研究和关键技术攻关，推进新技术新装备应用，增强科技支撑能力。实施流域主要涉水工程联合统一调度，提高调度运行水平。建立健全水价形成机制，完善运行管护机制，推动工程运行管理精细化、科学化、规范化。

（来源：《中国水利》杂志2022年第18期 记者：赵洪涛 轩玮 李卢祎，略有删改）

扎实推进南水北调后续工程
高质量发展 加快构建国家水网
——南水北调集团董事长蒋旭光

2021年5月14日，习近平总书记主持召开推进南水北调后续工程高质量发展座谈会并发表重要讲话，为做好南水北调各项工作提供了根本遵循和行动指南。中国南水北调集团深刻领会"两个确立"的决定性意义，增强"四个意识"、坚定"四个自信"、做到"两个维护"，把学习贯彻习近平总书记重要讲话作为首要政治任务，时刻牢记"南水北调工程事关战略全局、事关长远发展、事关人民福祉"的殷殷嘱托，完整准确全面贯彻新发展理念，不断深化对推进南水北调后续工程高质量发展的规律性认识，着力发挥其"优化水资源配置、保障群众饮水安全、复苏河湖生态环境、畅通南北经济循环"的生命线作用。

建设安全工程。安全是推进南水北调后续工程高质量发展的基础和前提。2014年全面建成通水的东、中线一期工程，已成为北京、天津等40多座大中城市280多个县（市、区）1.4亿多人不可或缺的主力水源，容不得丝毫闪失。中国南水北调集团坚定不移把"工程安全、供水安全、水质安全"的政治责任扛在肩上，牢固树立总体国家安全观，建立健全安全生产体系，全力做好汛期、冰期、冬奥会、冬残奥会等特殊重要时期安全输水工作，成功战胜了2021年特大暴雨洪水袭击，保障了正常供水。汛后，及时采取安全加固措施，积极推动发挥南水北调河湖长制作用，加快构建系统完备的安全防御体系，坚决确保生命线安全。

建设民生工程。满足人民群众对

优质水资源、健康水生态、宜居水环境的美好生活需要，是推进南水北调后续工程高质量发展的根本出发点和落脚点。中国南水北调集团牢固树立以人民为中心的发展思想，加强调度运行管理，实现从水源到用户的精确精准调度。中线一期工程供水连续 2 年超规划规模，2021 年调水突破 90 亿 m³，创历史新高。截至 2022 年，南水已占北京市城区供水 75％以上、天津市城区供水近 100％、郑州市中心城区供水 90％以上，河北省黑龙港流域 500 多万人告别了世代饮用高氟水、苦咸水的历史。东线一期工程2021 年调水入山东 6.74 亿 m³，东线北延应急供水工程提前完工并发挥效益。南水北调工程效益不断彰显，沿线人民群众的获得感、幸福感、安全感显著增强。

建设战略工程。 主动服务和融入新发展格局，为京津冀协同发展、黄河流域生态保护和高质量发展等国家重大战略实施提供有力的水资源支撑和保障，是推进南水北调后续工程高质量发展的重要使命。中国南水北调集团在推进南水北调后续工程高质量发展领导小组的统一部署下，积极协调推动并参与总体规划评估、后续工程规划设计和有关重大专题研究，根据国家战略发展需求，科学有序推进工程规划建设，当前全面做好引江补汉工程开工建设准备，确保年内开工。同时，加强体制机制创新，重点围绕多业

态提升工程综合效益、建设运营体制、水价和水费收缴机制等问题及时研究提出科学方案。

建设绿色工程。 绿色是南水北调工程的底色，是推进南水北调后续工程高质量发展的必然要求。中国南水北调集团牢固树立绿色发展理念，充分尊重自然、顺应自然、保护自然，一方面积极探索治污工作新模式，强化水源区和工程沿线水资源保护，同时认真组织开展后续工程环境影响评价，处理好发展和保护、利用和修复的关系；一方面加大生态补水力度，充分发挥工程生态效益，2021 年实施生态补水近 20 亿 m³，是年度计划的 3 倍多，瀑河、南拒马河、大清河、永定河、白洋淀等一大批河湖重现生机，华北地区浅层地下水水位持续回升。2022 年东线北延应急供水工程计划供水 1.83 亿 m³，全面助力京杭大运河近百年来首次全线水流贯通。

建设科技工程。 坚持科技创新是推进南水北调后续工程高质量发展的强大动力。东、中线一期工程建设过程中，始终坚持创新引领，破解了新老混凝土结合、"膨胀土"施工等一系列世界级技术难关，取得了工程建设领域举世瞩目的成就。在南水北调后续工程规划建设中，中国南水北调集团自觉履行高水平科技自立自强的使命担当，坚持"四个面向"，不断完善科技创新体系，加大核心关键技术研发，全面推进数字化转型，加快

建设数字孪生南水北调，把关键核心技术牢牢掌握在自己手里。

习近平总书记指出："水网建设起来，会是中华民族在治水历程中又一个世纪画卷，会载入千秋史册。"近日召开的中央财经委员会第十一次会议强调，要加强交通、能源、水利等网络型基础设施建设，把联网、补网、强链作为建设的重点，着力提升网络效益。中国南水北调集团将牢记初心使命，充分发挥市场主体作用，推动加快构建国家水网主骨架、大动脉，切实履行好国资央企的政治责任、经济责任、社会责任，以实际行动迎接党的二十大胜利召开。

一是联网扩能。我国基本水情一直是夏汛冬枯、北缺南丰，水资源时空分布极不均衡。中国南水北调集团将积极推进南水北调后续工程规划建设，进一步打通南北输水通道，筑牢国家水网主骨架、大动脉，促进加快实现"四横三纵、南北调配、东西互济"规划目标，全面增强国家水资源宏观配置调度的能力和水平。

二是补网增效。在国家水网主骨架、大动脉基础上，拓展水网覆盖范围，有利于提升网络效益。中国南水北调集团作为国资央企，将切实发挥在国家水网建设中的国家队、主力军作用，主动加强与沿线地方合作，积极推动建设区域水网、地方水网，为建设"系统完备、安全可靠、集约高效、绿色智能、循环通畅、调控有序"的国家水网宏伟目标贡献国资央企力量。

三是依网强链。依托于国家水网，可以带动一系列涉水相关产业的发展，充分发挥各地的区域比较优势，为经济高质量发展、畅通经济大循环增加动力。中国南水北调集团将围绕南水北调工程和国家水网建设，加强与沿线地方和有关单位合作，不断延长涉水链条，多业态提升工程综合效益，为经济社会可持续发展做出更大贡献。

四是网链协同。水网和水链条是不可分割的有机整体，既要算经济账，又要算综合账，既要通过联网、补网发挥其战略性、基础性、公益性功能作用，又要通过强链不断提高基础设施全生命周期综合效益。中国南水北调集团将更大激发企业活力和内生动力，围绕联网、补网、强链科学布局相关产业，坚持创新驱动，实现经济效益、社会效益、生态效益、安全效益相统一，服务国家重大战略、支持经济社会发展，为全面建设社会主义现代化国家做出新的更大贡献。

（来源：《人民日报》2022年5月13日第10版，略有删改）

推进后续工程建设
构筑国家水网主骨架和大动脉
——南水北调集团董事长蒋旭光

"南水北调是跨流域跨区域配置水资源的骨干工程，是国家水网的主骨架和大动脉。"南水北调集团党组书记、董事长蒋旭光在做客"对话新国企·共好新时代"融媒体访谈时表示，在完善主骨架、大动脉的前提下，区域水网、地方水网才能更好发挥作用，才能真正实现国家水网"系统完备、安全可靠、集约高效、绿色智能、循环通畅、调控有序"的目标。

聚力新征程，扬帆再出发。在复杂多变的环境下，如何推动南水北调高质量发展？如何更好发挥企业优势服务国家战略？怎样推进南水北调后续工程建设，加快构建国家水网？

"五个三"推动工程高质量发展

新时代新阶段的发展必须贯彻新发展理念，必须是高质量发展。

"坚持以人民为中心、坚持服务国家战略、坚持安全发展、坚持统筹调水节水、坚持绿色发展和坚持创新驱动发展，这'六个坚持'是南水北调高质量发展的时代特征。"蒋旭光强调。

谈及如何推动南水北调高质量发展，蒋旭光表示，集团正重点围绕"五个三"推动南水北调工程高质量发展。

——牢记"三个事关"，办好"国之大事"。深刻认识南水北调在国家发展大局和战略全局中的重大作用和重要意义，完整准确全面贯彻新发展理念，把握服务和融入新发展格局的目标要求，全面服务于京津冀协同发展、雄安新区建设、黄河流域生态保护和高质量发展、长江经济带建设等国家重大战略实施，统筹推进工程建设运营，充分发挥工程战略性、基础性、公益性作用。

——建设"三条线路"，构筑"国家水网"。南水北调集团正在积极推动南水北调后续工程规划建设，加快形成我国"四横三纵、南北调配、东西互济"的水资源配置格局，同时充分利用自身优势，不断延展水网布局，发挥好国家水网建设国家队、主力军作用，积极参与区域水网、地方水网建设，助力形成国家水网。

——坚守"三个安全"，筑牢"四条生命线"。安全是高质量发展的基础和前提，要坚定不移把维护南水北调工程安全、供水安全、水质安全的责任扛在肩上，坚决守住安全底线，通过建立本质安全型企业，确保"优化水资源配置、保障群众饮水安全、复苏河湖生态环境、畅通南北经济循环"四条生命线作用得到充分发挥。

——扛起"三个责任"，打造"涉水航母"。南水北调集团围绕推进南水北调后续工程高质量发展、构建国家水网，着力延长水产业链条，确保国有资产保值增值，不断做强做优做大国有资本，切实履行好国资央企的政治责任、经济责任、社会责任。

——争创"三个一流"，服务"新发展格局"。全面提升企业竞争力、创新力、控制力、影响力和抗风险能力，锻造一流工程、一流企业、一流品牌，充分展现南水北调集团在国家水资源宏观配置中的中国智慧、中国速度和中国力量。

"四方面"服务好国家战略实施

"南水北调东、中线一期工程自 2014 年 12 月 12 日全面通水以来，累计向北方调水超过 500 亿 m³，已惠及河南、河北、北京、天津、江苏、安徽、山东 7 省（直辖市）沿线 40 多座大中城市和 280 多个县（市、区），受益人口超过 1.4 亿，发挥了巨大的社会、经济、生态效益，为全面建成小康社会、落实'江河战略'、支撑重大国家战略实施、建设美丽中国等作出了积极贡献。"蒋旭光介绍。

南水北调集团成立以来，心怀国之大者，统筹发展和安全，在国家防总和水利部的统一指挥下，在 2021 年"7·20"特大暴雨洪水袭击中，经受住了严峻考验，取得了防汛保安全的重大胜利。此外，还圆满完成了冰期输水任务，为冬奥会、冬残奥会成功举办提供了有力的水安全保障。

蒋旭光指出，南水北调集团作为国家水网建设的国家队、主力军，要从四个方面服务好国家战略实施：一是要确保南水北调工程安全平稳运行，不断提质增效。在坚决守住南水北调工程安全、供水安全、水质安全的基础上，不断挖掘工程输水潜力，建立健全统一高效的水资源配置和调度运行机制，尽可能多调水、调好水，充分发挥工程社会、经济、生态效益。

二是推动东中线后续工程建设，深化西线工程方案比选论证。国家"十四五"规划纲要明确提出实施国家水网重大工程，蒋旭光表示，要加快推进南水北调后续工程实施，以优化水资源配置体系、完善流域防洪减灾体系为重点，加快构建国家水网主骨架和大动脉，同时积极延伸水网支动脉和毛细血管，大力服务乡村振兴和城乡一体化建设。

三是围绕南水北调和国家水网建设，多业态提升南水北调综合效益，积极拓展沿线涉水主业，不断延长水产业链条，争做现代水产业链的"链长"。

四是积极践行国家"双碳"战略，推动生态文明建设。以"助力绿色调水、奉献绿色能源"为使命，按照"自发自用、余电上网"的思路进行开发，努力实现绿色调水，助力实现碳达峰碳中和目标。

多措并举　推进后续工程建设

水是生命之源、生产之要、生态之基。南水北调东、中线一期工程综合效益的充分发挥，给国家水网建设提供了重要理论基础和实践依据。

目前，水利部正在组织编制《国家水网规划纲要》，国家水网是以江河湖泊水系为基础、输排水工程为通道、节点控制工程为枢纽、智慧化调控为手段，集防洪、水资源调配等功能为一体的水流网络体系，是将河湖水系与水利基础设施有机结合形成的综合体系。

蒋旭光介绍，国家水网由国家骨干水网、区域水网和地方水网构成。

国家水网有"纲、目、结"三要素，"纲"，就是自然河道和重大引调水工程，也是国家水网的主骨架和大动脉；"目"，是指河湖连通工程和输配水工程；"结"，是指调蓄能力比较强的水利枢纽工程。

"南水北调工程就是国家水网的'纲'，推进南水北调后续工程建设就是推进南水北调东、中、西三条国家水网主骨架和大动脉建设，构筑我国'四横三纵、南北调配、东西互济'的水网格局。"蒋旭光强调，在完善主骨架、大动脉的前提下，区域水网、地方水网才能更好发挥作用，才能真正实现全国水资源"一盘棋"。

目前，在推进南水北调后续工程高质量发展领导小组的领导下，按照水利部和国家发展改革委工作部署，南水北调集团正积极促进开展南水北调总体规划评估、有关重大专题研究和东、中线后续工程规划设计，积极推动东、中线后续工程进度，扎实做好中线引江补汉工程开工建设准备，同时深化西线有关重大专题研究和多方案比选论证，科学推进后续工程规划建设，确保经得起历史和实践检验。

（来源：人民网，略有删改）

**深入贯彻落实党的二十大精神
持续推进南水北调工程高质量发展
——《中国水利》专访水利部
南水北调司司长李勇**

2022年是极不平凡、极不寻常的一年。在党中央、国务院的坚强领导和部党组的高度重视与统一部署下，水利部南水北调工程管理司以深入学习宣传和贯彻落实党的二十大精神为主轴主线，履职尽责、担当作为，南水北调工程管理各项工作取得新突破，为继续深入推进南水北调工程高质量发展、加快构建国家水网主骨架和大动脉、保障国家水安全创造了新的条件奠定了坚实基础。日前，本刊记者专访了水利部南水北调工程管理司司长李勇。

中国水利： 2022年，南水北调司在推进南水北调后续工程高质量发展上都开展了哪些工作？

李勇： 2022年，我们深入贯彻落实习近平总书记重要讲话精神，按照全国水利工作会议部署，以高度的政治自觉、强烈的使命担当，扎实推进南水北调后续工程高质量发展，取得了重要阶段性进展。

一是深入学习贯彻习近平总书记重要讲话精神。我们通过党建业务联席会、工作例会、"三会一课"、主题党日等多种形式，在巩固上一阶段学习成效的基础上，持续深入学习领会习近平总书记重要讲话精神，进一步强化不折不扣贯彻落实的思想自觉、政治自觉和行动自觉。

二是参与开展重大专题研究。牵头完成了南水北调重要受水城市供水安全保障、南水北调工程建设运营体制、东线工程水量消纳等重大专题研究工作，配合开展多水源用户组合水价形成机制、坚持两部制水价制度、推进区域综合水价改革、农业生态用水补贴、大运河贯通综合水价等研究，为后续工程规划设计提供了重要支撑。

三是推动构建中线工程风险防御体系。全面总结成功应对郑州"7·20"特大暴雨及历年安全度汛的经验教训，迅速查漏补缺，及时修复水毁工程，确保 2022 年度汛安全。组织实施中线工程安全风险评估，为后续工作创造良好条件。

四是全力推进引江补汉工程开工建设。引江补汉工程作为南水北调后续工程建设标志性项目，是落实习近平总书记重要讲话精神的具体举措。在各有关方面的共同努力下，我们采取超常规的协调措施推动引江补汉工程按计划开工。目前工程进展顺利，有序推进。

中国水利： 2022 年，南水北调工程运行管理方面开展了哪些工作来保障工程安全、供水安全、水质安全？

李勇： 2022 年以来，我们统筹发展和安全，严格落实"四预"措施，加强安全监管，深入排查安全隐患，持续推进问题整改，守住了安全底线，相关工作取得新的进展。

一是顺利实现工程安全度汛。认真贯彻落实中央领导关于防汛工作重要指示批示精神，全力协调督导中线防洪加固项目加快实施，26 项中线防洪加固项目已完成 23 项，其中 21 项需在主汛期前完成的加固项目按计划完成，确保工程安全度汛。按照中线

工程防汛安全风险隐患处置工作分工，建立协调会议机制和动态台账，牵头协调有关司局加快实施左岸水库除险加固、交叉河道问题排查整治、雨水情信息互联互通等工作。通过防汛检查和现场防汛实操演练，及时发现和消除工程安全度汛隐患。

二是强化工程运行安全监督管理。强化对南水北调集团公司和工程运管单位的监管指导和督导检查，落实国家和水利部安全生产各项工作要求。克服新冠疫情影响，通过现场和视频方式开展专项检查，及时发现问题隐患，督促整改落实。加强穿跨邻接项目管理，会同国家能源局起草制定中线干线与石油天然气长输管道交汇工程保护管理办法。完善突发事件信息报送流程，与南水北调集团公司协商进一步细化和规范 4 类突发事件信息报送流程。有序推进首都地区安全风险隐患处置专项工作。

三是妥善处置中线刚毛藻异常增殖事件。迅速协调处置中线总干渠刚毛藻异常增殖事件，及时分析成因、研判趋势，采取果断措施，保证了中线沿线城市特别是首都正常供水。同时加强中线水质安全重点工作督导，开展多元生物预警技术、水质监测、藻类等方面水质调研检查 5 次。全面通水以来，东线水质一直稳定在地表水Ⅲ类标准，中线水质一直稳定在Ⅱ类标准及以上。

四是全力组织推进中线"12＋1"项安全风险评估。建立月度协调会议

和信息月报机制，按节点目标进行督导。目前12项单项评估和安全风险综合评估成果已按计划完成。

五是组织实施党的二十大期间安全加固措施。超前谋划部署党的二十大前后运行安全管理加固工作。结合首都地区安全风险隐患处置专项工作，多次组织现场检查，组织运管单位有序开展反恐怖、地震灾害、突发公共卫生兼社会舆情、水质污染等事件应急演练和桌面推演。及时传达和部署落实水利部"防风险保稳定"专项行动，确保党的二十大召开前后南水北调工程的调度运行安全。

中国水利： 2022年，南水北调东中线一期工程运行情况如何，效益怎样？

李勇： 面对2022年疫情反复、长江流域发生极端干旱天气等风险挑战，我们沉着应对、科学调度，妥善将风险挑战带来的影响降到最低，既守住了"底线"，又拉出了"高线"。截至2022年12月12日，工程全面通水8年，累计调水586亿 m^3，其中中线调水532亿 m^3，东线调水入山东54.2亿 m^3，发挥了巨大的经济、社会、生态综合效益。

水资源配置格局不断优化。南水北调中线一期工程2021—2022年度调水92.12亿 m^3，再创新高，相应口门分水量为90.02亿 m^3，连续3年超过工程规划多年平均供水规模。南水北调水已由规划的辅助水源成为受水区的主力水源。东线北延应急供水工程发挥效益并将东线供水范围进一步扩展到河北、天津，进一步提高了受水区供水保障水平。

群众饮水安全得到保障。北京市自来水硬度由过去的380mg/L降至120mg/L；河北省黑龙港流域500多万人告别了世代饮用高氟水、苦咸水的历史。东线一期工程累计调水入山东54.2亿 m^3，已成为胶东地区城市供水生命线。

河湖生态环境有力复苏。全面通水以来，中线已累计向北方50余条河流生态补水90多亿 m^3，一大批河湖重现生机，华北地区浅层地下水水位持续多年下降后实现止跌回升。2022年3—5月，东线北延应急供水工程向黄河以北供水1.89亿 m^3，助力京杭大运河实现近百年来首次全线水流贯通；6—7月，中线11个退水闸、分水口参与调度，补水达2.13亿 m^3，助力华北地区河湖生态环境复苏2022年夏季行动顺利完成。

南北经济循环有效畅通。南水北调工程将南方地区水资源优势转化为北方地区的发展优势，促进了各类生产要素在南北方优化配置，为保障国家重大战略实施、推进经济社会高质量发展提供了坚实的水资源支撑。

中国水利： 请谈谈当前南水北调工程验收和决算工作情况。

李勇： 2022年8月25日，南水北调中线穿黄工程通过水利部主持的设计单元完工验收。至此南水北调东、中线一期工程全线155个设计单元工程全部通过完工验收，其中东线一期工程 68 个，中线一期工程 87 个。这是南水北调东、中线一期工程继全线建成通水以来又一个重大节点，为完善工程建设程序、规范工程运行管理、顺利推进南水北调东中线一期工程竣工验收及后续工程高质量发展奠定了基础。涉及东、中线一期主体工程的全部 177 个完工决算已全部经水利部核准，在此基础上，已组织各有关单位完成竣工决算编制汇总。下一步，我们将加快推进工程竣工验收各项工作，为早日完成东、中线一期工程竣工验收，迎接国家竣工决算审计打下坚实基础。

中国水利：请谈谈 2023 年南水北调工作的思路。

李勇：一是深入学习贯彻党的二十大精神。把学习贯彻党的二十大精神作为当前和今后一个时期首要政治任务，结合贯彻落实党中央决策部署和推进南水北调工程高质量发展各项工作安排，紧密联系南水北调工作实际，切实做好学习领会和贯彻落实，确保党的二十大精神在南水北调工作中落地生根。

二是持续提升"三个安全"水平。督导落实中央有关安全生产工作部署，加固特殊时点、重大活动期间安全监管措施。研究提出南水北调工程水量调度应急预案工作方案，抓紧编制水量调度应急预案。扎实做好冰期输水和工程度汛工作。不断完善中线工程风险防御体系。督导组织运管单位明确 2023 年水质安全保障重点工作并加强落实。

三是科学精准实施水量调度。加强科学管理、精准调度，组织完成 2022—2023 年度水量调度计划和东线北延应急供水工程年度调水计划目标。配合做好 2023 年度华北地区生态环境复苏生态补水及大运河全线贯通补水工作。

四是扎实推进后续工程高质量发展。认真落实推进南水北调后续工程高质量发展下一步工作思路明确的工作分工任务。持续推动加快引江补汉工程建设。组织开展体制机制、水价水费水权等专项问题研究。协调推进中线在线调蓄工程规划，积极配合总体规划修编和后续工程前期工作。

五是持续推进"数字孪生南水北调工程"建设。加强协调和督导，按计划完成 5 个先行先试项目建设任务，不断提升工程运行管理的数字化、信息化水平。

六是全力推动启动东、中线一期工程竣工验收。做好竣工验收的组织协调工作，推进验收各事项有序开展。全力协调配合，做好东中线一期工程竣工决算审计工作。

七是继续做好定点帮扶郧阳区工作。根据国家和部关于定点帮扶工作安排，研究持续做好定点帮扶郧阳区有关工作。

八是全面加强党的建设等工作。持续加强党建工作，着力打造政治过硬、作风优良、业务精湛、敢于担当的团队，努力营造干事创业、风清气正的氛围环境。加强与有关部门单位沟通协作，充分发挥南水北调工程专家委作用，完善南水北调业务支撑体系。继续组织做好南水北调宣传工作，讲好讲活南水北调故事，传承南水北调精神，打造南水北调品牌。

（来源：《中国水利》杂志 2022年第 24 期　记者：王慧，略有删改）

全力建好南水北调东线
生命线工程
——江苏省水利厅厅长陈杰

习近平总书记 2020 年 11 月 13 日视察江都水利枢纽，听取南水北调东线工程建设与运行情况汇报，指出党和国家实施南水北调工程建设，就是要对水资源进行科学调剂，促进南北方均衡发展、可持续发展，要求继续推动南水北调东线工程建设，完善规划和建设方案，确保南水北调东线工程成为优化水资源配置、保障群众饮水安全、复苏河湖生态环境、畅通南北经济循环的生命线。2021 年 5 月 14日，习近平总书记主持召开推进南水北调后续工程高质量发展座谈会，对南水北调工程建设、运行和高质量发展进行全面部署，为南水北调把脉定向、擘画未来。

江苏省委、省政府把深入学习贯彻习近平总书记重要讲话指示精神作为重大政治任务，召开省委常委会、省政府常务会专题研究部署，全力抓

好推进南水北调后续工程高质量发展各项工作。坚持"南水北调工程事关战略全局、事关长远发展、事关人民福祉"的战略视野，牢记嘱托，奋勇前行，管好工程、用好工程，努力在推进南水北调东线工程高质量发展上走在前列。

科学精准管好调水工程，全心守护生命线

习近平总书记强调，继续科学推进实施调水工程，要在全面加强节水、强化水资源刚性约束的前提下，统筹加强需求和供给管理。要坚持系统观念，坚持遵循规律，坚持节水优先，坚持经济合理，加强生态环境保护，加快构建国家水网。对标对表习近平总书记的重要讲话指示，围绕东线工程的"生命线"目标，我们着力管理好、运行好南水北调东线江苏境内工程，充分发挥防洪、排涝、供水、生态、航运等综合效益，为经济社会高质量发展提供坚实水安全保障。

强化精细运行管理。优化工程调度，细化运行管理，按照国家下达的调水任务，累计向山东送水 54 亿 m³；充分蓄用雨洪资源，科学应对江淮沂沭泗区域旱涝急转的不确定性风险，全力保证农业灌溉高峰期供水，支撑粮食增产增收；配合做好东线工程北延供水，助力大运河百年来首次全线通水；建成"一江、两线、三湖、九梯级"的智能化调度运行系统，具备了远程集控、智能管理的运力，为工

程效益最大化提供支撑。

确保水质稳定达标。为确保一泓清水永续北上，调水沿线各级党委政府和省级各部门携手联动，持续强力推进水污染治理和河湖生态修复，全面落实尾水导流工程运行管理单位，建立水质达标"断面长制"，从严防控入河污染物排放，加强水质动态监测，强化水质风险突发事件应急处置，使调水水质稳定达到国家考核的Ⅲ类水标准，水环境质量显著改善。

探索水乡节水路径。牢记"坚持调水、节水两手都要硬"的嘱托，颁布江苏省节约用水条例，将节水指标纳入全省高质量发展综合考核；实现非农用水和大型、重点中型灌区用水计量全覆盖，调水沿线国家级县域达标和全省涉农县省级示范区实现全覆盖；2021年全省万元 GDP 用水量下降 6.8%，最严格水资源管理考核连续名列前茅，受到国务院通报表扬。

遵循重大水利工程论证原则，精心规划江苏水网

习近平总书记强调，要深入分析南水北调工程面临的新形势新任务，统筹发展和安全，遵循确有需要、生态安全、可以持续的重大水利工程论证原则，立足流域整体和水资源空间均衡配置，科学推进工程规划建设，提高水资源集约节约利用水平。我们发扬江都站"三易其址"的科学精神，高标准规划和建设江苏现代水网。

深化后续工程论证。总结江苏南

水北调一期工程建设运行、水价执行、机制构建等方面的成效经验与不足，配合国家相关部门完成一期工程实施和水价执行情况评估，深入分析一期工程的运行实况，研究满足省内省外既有用水需求下向北方增加调水的潜力，完善南水北调东线后续工程江苏境内布局方案，主动服务国家水资源配置战略。

优化江苏水网布局。以"功能综合、空间融合、循环畅通、调控自如"为目标，完善江苏水利现代化规划体系，突出南水北调沿线和苏南现代化先行区，确立以水利现代化为目标、以幸福河湖建设为重点、以高质量发展为基调、以重大水利工程为支撑的总体思路，布局打造"九路入海、八河归江、三纵调度、五湖调蓄"为纲、"百湖、千库、万河、兆塘"为目的江苏现代水网。

加快重大工程建设。发挥重大水利工程稳投资、促增长作用，实化项目推进，落实要素保障，以淮河入海水道二期工程、吴淞江整治等重大水利项目为牵引，以大中型灌区更新改造、中小河流治理、数字孪生流域建设为重点，提升防洪减灾和供水保障能力，不断提高全省水安全保障水平。

坚守造福人民的价值追求，倾心增进民生福祉

习近平总书记视察江苏时要求，使运河永远造福人民；在看望南水北调移民时指出，我们党的百年奋斗史就是为人民谋幸福的历史。我们深刻领悟习近平总书记的为民情怀，以为民造福的实际行动倾心增进民生福祉。

开启幸福河建设新实践。把握全省河湖面貌发生转折性变化的大势，以河湖长制为抓手，全域推进幸福河湖建设，重点加强南水北调工程沿线水生态环境保护，全力守护好悠悠运河千年文脉，打造更通畅的流域河道、更优美的城市河湖、更生态的农村河塘。江苏河长制工作被纳入"新时代治国理政案例精选"在北京向全世界发布。

完善水资源供给强保障。依托"江水北调、江水东引、引江济太"三大调水系统，推动全省水资源配置更优化。推进城市集中式供水水源地达标建设和规范化管理，完善城乡一体化供水体系，巩固提升农村供水保障能力，推动洪水资源化利用，在用水高峰期拦蓄湖库雨洪资源优先用于农业灌溉，为保障经济社会发展供好水、用好水。

守住水灾害防御硬底线。建设符合省情、分工明确、坚强有力的防汛指挥体系，坚持人民至上、生命至上，全省连续成功抗御洪涝、台旱袭击，实现无人员伤亡、无重大险情、无重大损失。大力推进防汛抢险能力建设，努力实现江苏水安全保障水平持续提升，为经济社会的安全发展、可持续发展、高质量发展提供基本保障。

新的景象需要我们去创造，新的使命呼唤我们去担当。江苏水利系统将深入贯彻习近平总书记的重要讲话指示精神，在全力推进南水北调和水利事业高质量发展的新征程上，积极推动国家战略和决策部署的落实落地，全面开启新一轮淮河、长江、太湖治理，精心打造与江苏水情特点相匹配、与省域现代化进程相适应的水旱灾害防御体系，积极建设"河安湖晏、水清岸绿、鱼翔浅底、文昌人和"的幸福河湖，为"强富美高"新江苏现代化建设作出水利新贡献，以优异成绩迎接党的二十大胜利召开。

（来源：江苏省委《群众》杂志2022年第12期，作者：江苏省水利厅厅长陈杰，责任编辑：霍宏光）

叁　政策法规

南水北调法治建设

【相关法规】 全面建立南水北调工程河长制体系。经与南水北调工程干线沿线省（直辖市）以及长江委、黄委、淮委、海委、南水北调集团协商一致后，于2022年1月20日印发了《在南水北调工程全面推行河湖长制的方案》，截至2022年2月20日，相关省（直辖市）已建立了河湖长制组织体系，明确了南水北调工程各级河湖长名录，共设立省、市、县、乡四级河湖长1150人，其中省级河湖长16人，各地因地制宜设立村级河湖长2638人。

加强《南水北调工程供用水管理条例》配套制度建设。组织做好与国家能源局联合研究出台《南水北调中线干线与石油天然气长输管道交汇工程保护管理办法》各项工作，提升油气管线穿越项目、跨渠桥梁等重点穿跨邻接项目安全管理的法治化能力和水平。

（连嘉欣　袁凯凯）

【法治宣传】 2022年，南水北调司深入学习贯彻习近平法治思想，结合水利和南水北调工程管理工作实际，认真组织做好法治宣传，持续营造良好的治理环境。

深入推进习近平法治思想学习宣传。把深入学习宣传贯彻习近平法治思想作为重要政治任务，结合深入贯彻落实党的二十大精神，结合宪法、系列涉水法规，组织开展系统学习宣传，推动习近平法治思想入脑入心，不断提高党员干部法治思维和法治能力。

深化《南水北调工程供用水管理条例》宣传工作。组织南水北调工程项目法人在"世界水日""中国水周"等节点持续深入开展条例宣传工作，增进社会对南水北调工程管理和保护工作的认同与支持。

（连嘉欣　袁凯凯）

南水北调政策研究

【概况】 南水北调工程是功在当代、利在千秋的重大战略性基础设施，也是国家水网的重要主骨架和大动脉，是重大战略性基础设施，事关战略全局、事关长远发展、事关人民福祉。

为落实习近平总书记重要指示及中央有关会议精神，根据国务院推进南水北调后续工程高质量发展领导小组办公室第二次会议要求，南水北调集团以更好地发挥南水北调工程综合效益、做大做强做优国有资本为目标，系统开展东中线线路方案布置、水资源成网互济调配，中线挖潜扩能以及南水北调工程多业态开发等方面的研究，并形成相关成果报告，充分发挥南水北调工程成为优化水资源配置、保障群众饮水安全、复苏河湖生态环境、畅通南北经济大循环"四条生命线"，保障国家经济安全、粮食

安全、能源安全、生态安全具有重要意义。　　　　　　　　　（王乃卉）

【重大课题】 2022年，南水北调集团验收了3项南水北调重大课题研究，即南水北调后续工程东、中线多方案比选研究，南水北调工程东、中线成网互济调配及中线扩容总体潜力评估研究，多业态提升南水北调工程综合效益研究。江苏开展东线后续工程相关研究，取得阶段性进展。

1. 开展后续工程研究　开展后续工程江苏境内工程建设管理方案、江苏省东线一期工程水量消纳方案等专题研究；组织开展高邮湖邵伯湖及其供水区水量保障与生态影响研究。

2. 着力在研课题研究　推进"南水北调东线二期工程对苏北地区水资源调配格局影响分析及苏北地区供水工程体系完善对策研究""南水北调东线后续工程与苏北水安全保障关系研究""南水北调调水与南四湖江苏既有水权益保障影响及协调对策研究""南水北调东线后续工程与江苏水安全影响""南水北调东线后续工程徐洪河扩挖与区域防洪排涝影响"等5项课题研究，"南水北调东线工程江苏境内新增供水计价方式及水费结算机制研究"课题完成验收。

　　　　　　　　　　（宋佳祺）

【主要成果】

1. 南水北调后续工程东、中线多方案比选报告　华北地区地下水超采治理补源、京杭大运河有水、重要河湖湿地生态补水等新形势，对合理布局南水北调东、中线黄河以北线路提出了新的更高要求。在东线四个方案、中线三个方案的基础上，统筹东、中线总体布局，形成四个组合方案。组合方案一由"东干、西支线方案（东干线经九宣闸进京）＋引江补汉"两方案组成；组合方案二由"东西双干线（西干线经白洋淀进京）＋引江补汉"两方案组成；组合方案三由"原《南水北调工程总体规划》优化方案（东线不进京）＋中线扩能挖潜"方案组成；组合方案四由"短东线方案＋中线扩建方案"组成。

统筹成本和效益，以工程效益和投入产出为最优目标，考虑调水规模、覆盖范围、供水水质、河湖生态复苏、环境容量、地下水压采回补、全口径投资、调水成本、运行费用、供水价格、不利影响等因素，"东干、西支线方案（东干线经九宣闸进京）＋引江补汉"方案整体最优。

2. 南水北调工程东、中线成网互济调配及中线扩容总体潜力评估研究　受区域水资源持续衰减影响，未来北京、天津、河北、山东、河南等省（直辖市）水资源短缺形势依然严峻。在地表水衰减与地下水压采双重限制下，用水长期受到抑制。南水北调一期工程生效后，尽管外调水在当地供水体系中的比重呈逐步增长趋势，但考虑水资源衰减、保障生态基流和地下水不超采治理等要求，预期未来规划受水区可供水量仍将进一步减少，亟待外调水源解决。

采取必要工程措施，可将中线一期总干渠输水能力提升到 115 亿 m³。引江补汉工程实施后渠首可调水量在 64.7 亿～125.6 亿 m³ 之间，多年平均调水量从 95 亿 m³ 增加到 115 亿 m³，渠首大于设计流量运行几率由 20% 提高到 62%。经综合分析，对局部建筑物采取改善过流条件、改建扩建和加固等措施，可实现渠首多年平均调水 115 亿 m³。

东线后续工程扩大向北供水是解决黄河以北缺水问题的必要途径。加快推进东线后续工程向北京、天津、河北及山东 4 省（直辖市）等地区延伸，扩大覆盖范围向北增加供水，发挥东线水源稳定、水量充沛的优势，是解决华北缺水的必要途径。

构建东、中线互联互通成网互济的供水格局有利于提高供水保障能力。黄河以北的北京、天津、河北、山东、河南等地具有较好成网互济的基础条件，充分发挥东、中线工程特点和优势，以南水北调东、中线工程为主骨架，以邢清干渠、石津干渠、保沧干渠、天津干线、廊涿干渠、北京南干线等输配水工程为补充，发挥黄河以北引黄工程非灌溉期间相机输水作用，借助徒骇马颊河、漳卫河、黑龙港、子牙河、大清河、永定河等天然河道实施生态补水，构建系统完备、安全可靠的东中线成网互济总体布局，有利于实现多源互补、丰枯调剂，降低供水安全风险，提高黄河以

北供水安全保障能力。

3. 多业态提升南水北调工程综合效益研究　多业态提升工程综合效益是必要的。根据国务院批复的《中国南水北调集团有限公司组建方案》和《中国南水北调集团有限公司章程》，南水北调集团作为中央管理的唯一跨流域、超大型供水企业，充分利用市场化机制，依法开展多业态经营，实现国有资本保值增值、做强做优做大，是国企改革发展的应有之义。南水北调后续工程建设投资巨大，通过多业态发展获取经营收益，有利于落实"两手发力"的要求，可以适当减轻国家财政的投资压力。

南水北调集团开展多业态提升是可行的。南水北调工程沿线具有一定的水、土资源，同时串起了丰富多样的自然资源、水利设施、文化旅游资源，开发潜力巨大，为多业态发展创造了条件。借鉴铁路、城市轨道交通等行业多业态经营的成功经验，南水北调集团采取股份合作等形式调动政府和市场两个方面的积极性，发挥各自的优势，引入更多市场化资源，通过业态整合形成综合优势，实现多业态发展是可行的。

要守住安全底线，系统谋划、统筹推进多业态发展。围绕南水北调东中线工程、西线工程以及国家水网构建，充分发挥南水北调集团"以水为基"的独特优势，统筹考虑片区综合开发、区域协同联动和产业融合发展，努力开拓水务、新能

源、文化旅游、数字信息、生态环保、工程总成等多业态产业，实现工程综合效益最大化。

（冷东升　杨睿）

【建立机制】　中线水源公司高度重视法治建设工作，成立了法治企业建设工作组，建立了"主要领导负总责、分管领导主要抓、业务部门具体落实"的工作机制，通过党委会、总经理办公会等重要会议对有关工作进行安排部署。结合公司"十四五"规划，研究编制了《公司法治企业建设专项规划》，明确了2021—2025年的各年度法治建设工作目标，并将法治建设相关要求纳入公司"十四五"能力建设规划。公司领导、各部门党员干部在年终述职述廉、民主生活会等会议上报告学法及有无违法违规情况，个人违法违规情况作为"一票否决"事项，已列入各部门及个人年度绩效考核指标中，进一步树牢全体干部职工的遵纪守法意识。　（陈正友）

【强化宣传】　中线水源公司充分利用板报、橱窗、内网等，在办公区域策划制作宣传展板、标语等，组织普法答题活动4次。在"世界水日"、"中国水周"、国家宪法宣传日等重要节点创新活动形式，制定相应工作方案，对内加大法律知识普及宣传，对外结合库区管理、供水管理等业务工作进行法规宣贯。通过组织节水主题宣传、水源地水环境保护宣讲、库区普法等活动，以节水进机关、进一线的方式深入开展以"推进地下水超采综合治理　复苏河湖生态环境"为主题的系列宣传活动。　（陈正友）

【学法用法】　中线水源公司采取"自学＋集中学＋专家授课"的模式，结合党委中心组学习、支部主题党日活动等，深入学习宣传贯彻习近平法治思想，开展《中华人民共和国宪法》《中华人民共和国监察法》《中华人民共和国民法典》等法律法规学习。　（陈正友）

肆　综合管理

概　述

【运行管理】　2022 年，南水北调东、中线一期工程已全面通水、安全运行 8 周年，南水北调司深入学习贯彻党的二十大精神、习近平总书记治水重要论述和关于南水北调工程重要讲话指示批示精神，认真推动落实全国水利工作会议部署，落实关于推动新阶段水利高质量发展和做好南水北调工作的相关要求，以推动南水北调工程高质量发展、建设"四条生命线"和"世界一流工程"为重点，总结近年来南水北调工作成绩和经验，认真做好水量调度、工程安全、防洪安全保障、水质安全保障、专项核查等工作，坚持和完善科学调度工作机制，2022 年年初印发年度工作要点、运行管理督办事项和重点工作等有关工作安排，明确责任分工，细化工作任务、建立目标清单，规定时间节点；全年创新工作方式方法，实施水量调度精准化管理，强化安全运行管理监管力度，建立水质安全保障各项制度，及时加强调研会商，新冠疫情防控与工作成效两手抓；年末组织做好工作总结，总结经验教训、查找弱项短板、研提改进措施，提升管理效能。通过提前谋划、狠抓落实、充分总结，实现了运行管理工作忙中有序、有效推进。

1. 开展东线一期工程效益提升研究　根据水利部关于推进南水北调后续工程高质量发展下一步工作思路中有关制定东线一期工程水量消纳方案有关任务要求，南水北调司研究制定并印发了《南水北调东线一期工程水量消纳工作方案》（办南调〔2022〕228 号），开展了 3 次现场调研工作，分别与淮委、海委、黄委、江苏省水利厅、山东省水利厅等有关单位座谈，针对东线水量消纳工作的重点难点问题展开深入交流。组织召开 3 次专家咨询会，5 次协调推进会，督导推进各有关单位落实各项工作任务，截至 2022 年 12 月底，已形成《东线一期工程运行现状研究总报告》《东线一期工程水量消纳方案总报告》《东线一期工程供水能力挖潜分析报告》，并在此基础上研究提出《东线一期工程水量消纳研究及效益提升建议报告》。

2. 多措并举确保工程安全　2022 年，南水北调司深刻领会习近平总书记关于安全生产重要论述的精神实质及核心要义，全面贯彻落实国务院安全生产委员会和水利部安全生产领导小组全体会议及直属单位安全生产视频会议精神，统筹发展和安全两件大事，组织南水北调工程运管单位，进一步完善和落实水利安全生产责任制，严格落实各项安全生产加固措施，健全安全风险分级管控和隐患排查治理双重预防机制，强化基础能力、提高监管水平、消除事故隐患、化解重大风险，坚决防范和遏制各类安全运行事故发生，确保工程安全、运行安全和供水安全。

（1）高度重视日常监管。在新冠疫情不断反复的不利情况下，以长江委、黄委、淮委、海委四大流域管理机构为主力，依托南水北调工程安全运行督查人员库和专家库的监管力量，对运管单位开展"清单式"全方位安全运行及防汛检查，通过加大加密联合检查和自查、专题专项检查、整改问题复查等措施，进一步督导完善和落实安全生产责任制，健全安全风险分级管控和隐患排查治理双重预防机制，指导运管单位强化基础能力、提高监管水平、消除事故隐患、化解重大风险，防范和遏制各类安全事故发生。2022年共开展检查23次。

（2）加固"二十大"期间运行安全管理。为确保党的二十大召开前后南水北调工程安全、供水安全和水质安全，严防重特大安全事故发生，南水北调司先后4次印发通知，就加固期间有关疫情防控、冰期输水、值班值守、应急处置等工作进行再布置。开展2次现场检查、2次视频检查，督促各运管单位认真贯彻落实水利部"防风险 保稳定 为党的二十大胜利召开营造良好氛围"安全生产专题会议部署精神，扎实做好国庆节及党的二十大召开期间南水北调工程安全管理工作。加固期间，组织运管单位有序开展涉及反恐怖、地震灾害、突发公共卫生兼社会舆情、群体事件、穿越工程突发事件、土建工程安全事故、水质污染事件、自动化失效、视

频监控系统服务器故障、融扰冰设备故障、网络安全、供电线路停电故障等相关主题应急演练、桌面推演共计约30余次。

（3）开展中线工程防汛安全风险隐患专项处置。按照习近平总书记重要批示精神和中央领导关于南水北调中线工程防汛安全风险隐患处置批示要求，南水北调司牵头制定了南水北调中线工程防汛安全风险隐患处置21项工作任务及分工方案，南水北调司负责总牵头并具体牵头负责10项任务，其余11项任务由相关职能司局牵头负责。南水北调司会同有关司局认真落实分工方案，建立工作联络、信息报送、台账动态管理等机制，召开4次协调会议，更新动态台账11期，参加调度会向李国英部长汇报6次、向魏山忠副部长汇报4次，向驻部纪检监察组汇报3次，并按照中央办公厅和国务院办公厅有关要求，及时报送3次工作进展及台账，各项工作正在有序开展。安全评估方面，针对21项安全风险组织开展"12＋1"项风险评估工作，按计划完成12项单项风险评估和综合评估工作。左岸52座小型水库除险加固方面，已全部完成初步设计批复并开工，其中51座已完成主体工程施工；左岸28座大中型病险水库，要求2022年年内完成除险加固初步设计批复，除河南昭平台水库改扩建（方案已批复）外，其余全部完成初步设计批复，其中已开工19座中完成主体工程建设

11座；交叉河道方面，排查出的62
项问题，已全部完成整改。防洪加固
项目方面，南水北调中线防洪加固项
目总计26项，已完成23项，2022年
下达的13.26亿元投资完成13.10亿
元。其中涉及中线工程安全度汛的21
项防洪加固项目，已全部于2022年6
月13日按期完成主体工程，具备安
全度汛条件，有效加固了涉及安全度
汛的薄弱环节，有力提升了中线工程
防洪保障能力。剩余3项计划于2023
年年底前完成。

（4）继续推进保障首都供水安全
工作。按照《南水北调工程安全防范
要求》，组织完成京津冀段工程升级
改造和验收；督导完成总干渠水质快
速检测方案研究，具备特殊物质检测
能力；督导完成中线工程应急指挥系
统升级改造，实现与公安系统间的信
息化共享试运行；指导开展调蓄工程
和备用水源前期论证工作等。推动南
水北调中线干线与石油天然气长输管
道交汇工程管理办法出台。

3. 强化监督检查和问题整改

（1）持续强化南水北调工程运行
安全监管工作。对运行管理单位开展
全方位安全运行及防汛检查，实施
"清单式"防汛监管，发挥层级化安
全监管工作体系监管作用。通过推广
并不断完善"视频飞检"等信息化监
管方式，持续推进安全监管方式创新
和技术进步的广泛应用，丰富信息化
监管手段；加强南水北调工程汛前、
汛中、汛后全过程防汛安全监管力

度，督促指导运管单位强化预报、预
警、预演、预案"四预"措施，确保
工程度汛安全；截至2022年年底，
南水北调司组织调水局及相关流域管
理机构，分别对东、中线一期工程累
计开展各项检查23次。

（2）狠抓问题隐患整改落实。持
续坚持"以问题为导向、以整改为目
标、以问责为抓手"，对工程安全运
行监管发现的各类问题，印发整改通
知，督促举一反三整改落实，加大整
改力度，坚持"整改不完成绝不放
过、整改不达标绝不放过"，确保监
管工作见实效。 （杨乐乐　张晶）

4. 调度运行持续规范　召开多次
专题会议，研究部署中东线年度调水
工作，加强同水利部、各流域机构和
沿线地方政府的沟通协调，强化各方
协同配合，推动明确用水需求，落实
供水合同签订。编制东线北延加大调
水实施方案和中线水量调度方案，加
强关键技术研究，优化调度运行，深
挖工程潜力，超额完成调水计划。中
线实现连续8个年度供水量持续攀
升，调水量再创新高，入渠水量超92
亿 m³，为年度计划的127%，口门供
水量首次突破90亿 m³，生态补水量
达19.70亿 m³，中线水质稳定达到或
优于地表水Ⅱ类标准；东线完成北延
加大调水，向黄河以北补水1.89亿
m³，为年度计划的215%，助力华北
地区地下水超采综合治理和京杭大运
河全线贯通，工程综合效益不断
提升。

5. 汛期冰期平稳有序 召开8次党组会、应急管理领导小组会、防汛专题会等会议，部署23项防汛度汛重点任务。完善防汛责任体系，集团领导15次深入工程一线检查指导，督促落实各级防汛责任和度汛措施；组织编制防汛"三案"，严格落实"四预"措施，多次举行防汛演练，全面排查风险隐患。建设集团防汛会商系统，搭建水雨情监测预报多方协作机制，及时会商研判雨水工情，南水北调集团总部和中线公司、东线公司共启动Ⅳ响应9次，发布预警通知11次，未发生重大险情灾情，取得了防汛保安全、保供水的双胜利。召开专题会议提前部署冰期输水工作，印发2份文件明确各项措施要求，集团领导带队3次视频检查设施运行情况，并在西黑山进口闸举行冰冻灾害应急演练，保障冰期输水平稳安全。加快推进中线防洪加固项目建设，建立月报制度，定期督导调度，开展6次监督检查，及时协调解决因新冠疫情管控、环保要求带来的各类问题，21个涉汛项目主体工程提前完成，保障安全度汛。

6. 安全基础更加牢固 召开4次安全生产委员会会议、4次安全生产专题会议，印发16份文件，系统部署安全生产各项工作。组织开展安全生产提升年、冬奥供水保障、安全风险排查整治、"防风险、保安全、迎党的二十大"安全加固、冬季安全生产大检查、穿跨临接工程专项排查等专项行动，持续消除风险隐患。指导开展危险源辨识和风险评价，做好安全风险管控，开展7次检查，发现14293项问题全部落实整改。逐级签订责任书，压实安全生产责任。做好安全生产教育培训，不断夯实安全生产基础，全年未发生安全生产事故。

(南水北调集团质量安全部)

【综合效益】 南水北调东、中线一期工程综合效益充分展现。截至2022年12月31日，南水北调东、中线一期工程累计调水总量已突破590亿m³，其中生态补水92.88亿m³，直接受益人口超1.5亿人。中线一期工程2021—2022调水年度调水量达92.12m³（含生态补水19.70亿m³），为年度计划的130%，口门供水量90.02亿m³，连续三年超过工程规划的多年平均供水规模（85.4亿m³）。东线一期工程虽未实施跨省调水，但利用南水北调山东境内工程就近调配水资源，年度从东平湖调水3.68亿m³，向受水区各市供水3.15亿m³。东线北延应急供水工程完成调水1.89亿m³（穿黄断面），圆满完成年度调水任务。东中线一期工程惠及42座大中城市280多个县（市、区），直接受益人口超过1.5亿人，人民的幸福感、获得感和安全感得到有效提升。

(杨乐乐)

(1) 改变广大北方地区供水格局，水资源配置格局持续优化。南水北调东、中线一期工程全面建成通水，沟通了长江、黄河、淮河、海河四大流域，初步构筑我国南北调配、东西互济的水网格局。在做好精准精确调度的基础上，充分利用汛前腾库容的有利时机，充分利用工程输水能力，实时优化调度，实现了供水量持续攀升，2020—2022年连续3年超工程规划多年平均供水规模。南水北调水已成为不少北方城市供水新的生命线：北京城区7成以上供水为南水北调水；天津市主城区供水几乎全部为南水。随着南水北调东线北延应急供水工程正式通水，天津、河北等地的水安全保障能力进一步增强，我国北方地区水资源短缺局面从根本上得到缓解。

（2）改善水质，提高供水保障率，群众饮水安全有效保障。南水北调工程已成为奔涌不息的绿色生命线，守护着工程沿线亿万人民群众的饮用水安全。通过推进铁腕治污和持续强化监督管理，南水北调工程水质长期持续稳定达标，东线一期工程输水干线水质全部达标，并持续稳定保持在地表水水质Ⅲ类以上；丹江口水库和中线干线供水水质稳定在地表水水质Ⅱ类以上。由于水质优良、供水保障率高，受水区对南水北调水依赖度越来越高。在北京，自来水硬度由过去的380mg/L降至120mg/L；在河南，郑州中心城区90%以上居民生活用水为南水北调水，基本告别饮用黄河水的历史；河北省黑龙港流域500多万人彻底告别了世代饮用高氟

水、苦咸水的历史；东线工程在齐鲁大地上形成了"T"字形"动脉"，不仅为沿线居民提供了生活保障水和生产必需水，也成为应对旱灾等极端天气的"救命水"。

（南水北调集团质量安全部）

（3）东、中线一期工程在提高城乡供水安全保障的同时，还统筹考虑丹江口水库水情及华北地区地下水超采综合治理补水需求，充分利用富裕输水能力，组织有关单位，利用丹江口水库汛前消落有利时机，加大生态补水流量和补水范围，积极助力滹沱河、子牙河等河流生态补水，复苏沿线河湖生态环境。2021—2022年调水年度，东中线一期工程累计向河湖实施生态补水19.70亿m³（天津市1.01亿m³、河北省11.70亿m³、河南省6.99亿m³），沿线地区特别是华北地区（年度补水12.71亿m³），干涸的洼、淀、河、渠、湿地重现生机，初步形成了河畅、水清、岸绿、景美的靓丽风景线。东线工程输水期间，补充了沿线各湖泊的蒸发渗漏水量，确保了各湖泊蓄水稳定，改善了各湖泊的水生态环境；中线工程沿线受水区尤其是河北省实施引江生态补水以来，水生态环境得到有效改善，主要补水河道形成了持续稳定的生态基流，河道面貌焕然一新，逐渐恢复了水绿、草旺、鱼游、蛙鸣的生态美景。

（杨乐乐）

（4）倒逼产业结构优化调整，推动受水区高质量发展。水资源格局影

响和决定着经济社会发展格局，作为人类生产活动不可或缺的重要生产资料，水资源的有效配置在保障其他要素市场化配置、畅通经济循环中发挥着不可或缺的重要作用。南水北调工程在加快培育国内完整的内需体系中充分发挥水资源保障供给作用，打通水资源调配互济的堵点，解决北方地区水资源短缺的痛点，通过构建国家水网将南方地区的水资源优势转化为北方地区的经济优势，北方重要经济发展区、粮食主产区、能源基地生产的商品、粮食、能源等产品再通过交通网、电网等运输到全国各地，畅通南北经济大循环，促进各类生产要素在南北方更加优化配置，实现生产效率效益最大化。

（南水北调集团质量安全部）

【水质安全】

1. 加强水质监管　印发工作要点，明确年度重点工作，推进水质监测基础能力建设，构建水质监督管理体系，中线水质快速检测相关措施落地，水质监测系统信息化、自动化水平明显提高。加强中线水质安全重点工作督导，多次开展多元生物预警技术、水质监测、藻类等水质调研检查。2022 年 6—7 月，迅速妥处中线总干渠刚毛藻异常增殖问题，保证了中线沿线城市特别是首都正常供水，工程水质安全应急能力经受检验。全面通水以来，东线水质一直稳定在地表水Ⅲ类标准，中线水质一直稳定在Ⅱ类标准及以上。

2. 完善水质监测信息共享机制　指导南水北调集团与生态环境部签署《推进南水北调后续高质量发展　助力深入打好污染防治攻坚战　战略合作框架协议》，构建新型政企合作机制。充分利用河湖长制，联合地方政府开展水源区、输水沿线保护区范围污染源治理，南水北调集团中线公司充分参与中线工程水源区水生态环境保护联席会议，与成员单位合力推动水源区信息共享机制建设和联防联控工作。指导南水北调集团与中国环境监测总站共享南水北调工程沿线及水源区 106 个水质自动监测站数据。中线公司每月向沿线 4 省（直辖市）水利厅（水务集团）共享 6 个断面水质监测数据，2022 年度已共享 1440 个水质数据，同时，中线公司与北京自来水集团有限责任公司、天津市水务局实现水质自动监测站实时共享。东线公司与生态环境部，水利部海委，江苏、山东两省相关部门等建立了水质监测信息共享渠道和沿线水质基础数据库。

3. 推进水质实验室建设　南水北调中线公司组织实施了水质监测网络优化工作，逐步提升实验室监测能力。南水北调东线公司完成北延应急供水工程 2 座水质自动监测站、2 套水质移动监测实验室和水质监测管理软件平台的验收工作，水质移动实验室投入使用，组织实施沿线 4 个水质自动监测站 34 台设备国产化升级替

换工作。　　　　　　　　（杨乐乐）

4. 认真落实水质安全保障年度任务　认真落实南水北调集团水质安全保障年度重点工作清单中的 15 项任务，与南水北调集团东线有限公司、南水北调集团中线有限公司对接，紧盯重要节点，加强督导检查，圆满完成各项工作。编制印发南水北调集团首个业务专项规划《中国南水北调集团有限公司"十四五"水质安全保障专项规划》，重点解决现阶段水质安全保障存在的高标准水质要求与低水平水质风险防控之间的矛盾。逐步更新东、中线老旧水质监测设备，协调生态环境部共享水源区及沿线水质监测数据。完成南水北调集团突发环境事件应急预案备案，组织开展突发水污染事件应急演练桌面推演，总结经验，补齐短板。扎实推进国有资本经营预算项目实施，指导推进"水质监测网络优化"项目，选择优质团队参与南水北调工程生态效益评估，系统谋划水质管理平台建设。系统梳理南水北调工程生态调控难点问题，逐步形成工作思路，制订工作方案，推动项目研究不断深入。　　　　　（苏莹）

【移民安置】

1. 全力保障引江补汉工程顺利开工建设　主动沟通协调有关部委和单位，确保引江补汉工程征地移民类前期要件顺利办理完成。2022 年 5 月 5 日，取得自然资源部用地预审批复文件，文号为自然资办函〔2022〕768 号，用地预审要件办理完成。5 月 11 日，取得《水利部　湖北省人民政府关于引江补汉工程建设征地移民安置规划大纲的批复》（水规计〔2022〕202 号），移民安置规划大纲要件办理完成。5 月 20 日，取得《水利部关于报送引江补汉工程建设征地移民安置规划报告审核意见的函》（水规计〔2022〕212 号），移民安置规划要件办理完成。6 月 10 日，取得《自然资源部办公厅关于南水北调中线引江补汉工程压覆重要矿产资源的函》（自然资办函〔2022〕1043 号），压覆矿要件办理完成。

压茬推进引江补汉工程出口段开工要件办理工作，为加快推进出口段工程建设提供有力保障。7 月 5 日，取得国家林草局批复的《使用林地审核同意书》〔林资许准（鄂）〔2022〕010 号〕，使用林地要件办理完成。8 月 30 日，取得自然资源部先行用地批复文件，文号为自然资办函〔2022〕1973 号，建设用地要件办理完成。

2. 稳妥推进征地移民各项工作

（1）按照年度目标，以中线干线工程河北保定段为试点，推进不动产权证办理工作。7 月 31 日，完成保定段 3.7 万亩土地组卷界址点资料的提档和整理；完成保定段全部 244km 的航测作业和线划图制作。8 月 30 日，补办定州段建设用地划拨手续所需要件并取得划拨决定书；完成定州段首批次 886 亩建设用地不动产登记，取得不动产权证。12 月 31 日，完成涿州段和唐县段建设用地划拨手续办理；协调自然资源部门，就曲阳段、徐水段、易县段建设用地划拨手续办理达成共识，相关资料基本整理完毕；初步对接自然资源部门，按要求开展涞水段建设用地划拨申请资料的收集整理工作。

（2）研究制定《中国南水北调集团有限公司办公室关于规范建设项目移民安置协议签订有关事项的通知》（办环移〔2022〕278号），明确建设项目移民安置协议签订要求，维护企业合法权益。

（3）协调推动竣工财务决算有关工作，梳理中线一期工程征地移民资金支出情况，研提征迁资金超概问题解决方案。

3. 打造业务管理"四梁八柱"　印发《中国南水北调集团有限公司建设项目征地移民管理办法》和《中国南水北调集团有限公司建设用地使用权登记管理规定》，规范建设项目用地管理，促进土地节约集约合理利用。编制完成《中国南水北调集团有限公司"十四五"环保移民专项规划》，谋划环保移民工作长远发展。

（徐志超　苏莹）

【收尾及配套工程】　南水北调中线干线工程共划分为9个单项，77个设计单元工程，均已按照批准的初步设计及设计变更完成建设内容，各设计单元工程均已顺利通过设计单元工程完工验收。如期完成设计单元工程竣工财务决算、工程竣工财务总决算编报。全力推进不动产权证办理，完成定州段首批次建设用地不动产登记工作，完成涿州段、唐县段建设用地划拨手续。

（张吉康）

【东、中线一期工程水量调度】　2021—2022年度，水利部向南水北调中线工程下达年度供水计划79.57亿 m^3，其中口门供水量69.09亿 m^3，生态补水量10.48亿 m^3。本年度累计入渠水量92.12亿 m^3，再创历史新高。向4省（直辖市）供水90.02亿 m^3，供水量首次突破90亿 m^3，占总计划的113.1%，占多年平均规划供水量的105.4%。其中，口门供水70.32亿 m^3，占年度下达口门供水计划的101.8%；生态补水19.70亿 m^3（华北生态补水12.71亿 m^3）。根据水利部统一安排部署，为充分发挥南水北调工程效益，结合丹江口水库上游来水情况和地方需求，充分利用丹江口水库汛前腾库的有利时机，中线工程于2022年4月13日实施陶岔渠首按照设计流量350 m^3/s 输水，并于5月1日至6月底实施渠首超350 m^3/s 流量输水，5月27日至6月底同步实施2022年夏季华北地区河湖生态补水工作。期间，陶岔渠首入渠流量350 m^3/s 及以上运行工况持续79天，400 m^3/s 运行工况持续35天。南水北调司不断完善常态水量调度月会商、特殊时段周会商、调度计划旬批复等工作机制，优化冰期输水调度和丹江

125

口水库汛前水位消落方案，抓住上半年丹江口水库蓄水充足的有利时机及时启动加大流量输水；在 2022 年 7—9 月期间丹江口水库来水偏少 6 成多的不利情况下，统筹流域内外和上下游用水需求，实施动态调度，汛期按旬批复，汛末严格执行月度计划，加强工程优化运用，充分发挥中线总干渠供水能力，有效保障了北京、天津、河北、河南 4 省（直辖市）的正常供水与河湖生态补水计划的实施。

2022 年 7 月，长江流域遭遇大范围严重干旱，丹江口水库来水持续减少，供水压力极大。因旱情严重，河南申请加大中线供水流量。南水北调集团中线公司高度重视，主动与长江委密切沟通，科学实施调度，在入渠流量有限的情况下充分挖掘渠道输水效率的潜力，全力协调配合河南做好抗旱保秋收工作。5—8 月，中线工程向河南供水 13.86 亿 m³，占水利部同期下达计划供水量的 153.2%，地方旱情得到有效缓解，秋粮丰收得到有力保障。

2021 年山东省遭遇有水文记录以来第二丰水年，受水区各地水库、湖泊蓄水量达到历史高位，当地水源充足。南水北调司从 2021 年 12 月起始终保持与山东省水利厅密切联系，多次协调，要求山东省审慎研判水情，优化多水源调度，充分发挥省内南水北调工程供水能力。2022 年 4 月，根据山东省用水形势，同意其先行利用南水北调工程调度当地水资源满足用水需求，年度调度计划调整事宜视后续用水情况再行研究。2022 年 8 月，根据山东省本调水年度后续用水仍可就近利用当地水源无需启动跨省调水的实际情况，经请示水利部领导同意，南水北调司依据有关程序实事求是调整了山东省年度调水计划。

（杨乐乐）

南水北调东线一期工程 2021—2022 年度计划向山东省调水 8.84 亿 m³，净供水 5.73 亿 m³。受 2021 年秋汛影响，经水利部批准，山东省年度用水由抽引江淮水调整为就近利用省内水资源，利用南水北调工程从东平湖调水 3.68 亿 m³。

2022 年 3—5 月，在南水北调东线一期工程北延应急供水工程加大调水工作中，东平湖出湖闸累计调水 1.89 亿 m³，计划完成率为 103.0%；油坊节制闸累计调水 1.75 亿 m³，计划完成率为 100.6%；六五河节制闸累计调水 1.61 亿 m³，计划完成率为 103.4%；穿漳卫新河倒虹吸累计调水量 1.59 亿 m³，计划完成率为 103.3%；南运河第三店（入河北）累计调水量 1.58 亿 m³，计划完成率为 109.2%；九宣闸（出河北入天津）累计收水量 5037 万 m³，计划完成率为 108.7%。

（刘帅杰　刘婧）

1. 2022—2023 年度水量调度计划制定情况　2022 年，南水北调司深入调研南水北调工程受水区各省（直辖市）用水需求情况，加强与长江委、黄委、淮委、海委、调水局、南水北调集团、中线有限公司、东线有限公司等单位,以及江苏、山东、北京、天津、河北、河南、湖北等省(直辖市)的沟通交流,组织编制了《水利部关于印发南水北调东线一期工程 2022—2023 年度水量调度计划的通知》(水南调函〔2022〕109 号)、《水利部关于印发南水北调中线一期工程 2022—2023 年度水量调度计划的通知》(水南调函〔2022〕116 号)、《水利部关于印发南水北调东线一期工程北延应急供水工程 2022—2023 年度水量调度计划的通知》(水南调函〔2022〕132 号),并按规定及时印发实施。

(1)东线一期工程。2022 年 8 月 15 日,水利部办公厅发文要求各有关单位开展南水北调东线一期工程 2022—2023 年度水量调度计划编制工作。

8 月 31 日,江苏省水利厅报送了江苏省南水北调东线一期工程 2022—2023 年度水量调度计划建议;8 月 31 日,黄委水资源管理与调度局报送了南水北调东线一期工程 2022—2023 年度利用东平湖调水的意见;9 月 5 日,山东省水利厅报送了山东省南水北调东线一期工程 2022—2023 年度水量调度计划建议;9 月 5 日,南水北调集团报送了南水北调东线一期工程运行情况及 2022—2023 年度工程运行总体安排建议。9 月 7 日,淮委依据南水北调集团报送的东线一期工程运行管理情况及江苏、山东两省的年度用水

计划建议和《南水北调东线一期工程水量调度方案(试行)》,编制完成了《南水北调东线一期工程 2022—2023 年度水量调度计划(送审稿)》。

9 月 16 日,水利部调水局组织专家对年度水量调度计划进行了审查,会后会同淮委等有关单位,根据专家意见修改完善了年度水量调度计划,并于 9 月 19 日将审查意见和修改后的年度水量调度计划报水利部。水利部于 9 月 29 日批复下达了东线一期工程 2022—2023 年度水量调度计划。

(2)东线一期工程北延应急供水工程。2022 年 9 月 30 日,水利部办公厅发文要求各有关单位开展南水北调东线一期工程北延应急供水工程 2022—2023 年度水量调度计划编制工作。

9 月 19 日,天津市水务局报送了南水北调东线一期工程北延应急供水工程用水需求建议;9 月 20 日,河北省水利厅报送了南水北调东线一期工程北延应急供水工程 2022—2023 年度用水需求;9 月 21 日,河北省水利厅报送了 2022—2023 年度河北省引黄入冀用水建议计划;10 月 20 日,南水北调集团报送了南水北调东线一期工程北延应急供水工程运行情况及 2022—2023 年度工程运行总体安排建议;10 月 21 日,黄委报送了南水北调东线一期工程北延应急供水工程 2022—2023 年度利用东平湖调水有关情况;10 月 21 日,淮委报送了 2022—2023 年度南水北调东线一期工程穿黄

工程出口断面可调水量及过程；10月24日，山东省水利厅报送了涉及东线一期北延应急供水工程2022—2023年度调水计划编制有关市引黄输水计划的报告；10月28日，河北省水利厅报送了南水北调东线一期工程北延应急供水工程2022—2023年度水量调度计划有关情况。11月2日，海委依据《南水北调东线一期工程北延应急供水工程水量调度方案（试行）》规定，结合相关各省（直辖市）报送的用水计划建议、东线一期工程北延应急供水调水有关情况、东线一期北延应急供水水量调度相关引黄输水计划，编制完成了《南水北调东线一期工程北延应急供水工程2022—2023年度水量调度计划（送审稿）》。

11月10日，水利部调水局组织专家对年度水量调度计划进行了审查。根据审查会意见，11月10日，南水北调司印发关于协调山东省德州市骨干河道引调水工程施工有关问题的通知；11月18日，南水北调集团将更新的北延应急供水工程运行情况及2022—2023年度总体运行安排建议报送海委；11月21日，海委将修改后的《南水北调东线一期工程北延应急供水工程2022—2023年度水量调度计划》报水利部；11月22日，水利部调水局将审查意见和修改后的年度水量调度计划报水利部。水利部于12月5日批复下达了东线一期工程北延应急供水工程2022—2023年度水量调度计划。

（3）中线一期工程。2022年9月19日，水利部办公厅发文要求有关单位开展南水北调中线一期工程2022—2023年度水量调度计划编制工作。

9月16日，海委报送了南水北调中线一期工程海河流域受水区雨水情分析和来水预测情况；9月22日，湖北省水利厅报送了湖北省用水计划建议；9月22日，南水北调集团报送了南水北调中线一期工程运行状况及下年度运行调度建议；9月26日，汉江水利水电（集团）有限责任公司和南水北调中线水源公司报送了丹江口水库运行状况及2022—2023年度运行调度建议；9月30日，长江委报送了南水北调中线一期工程2022—2023年度可调水量。

9月19—25日，北京、天津、河南、河北4省（直辖市）水利（水务）厅（局）分别报送了2022—2023年度用水计划建议。

10月11日，长江委依据各省（直辖市）报送的用水计划建议、丹江口水库可调水量、中线一期工程运行管理情况、丹江口水库运行管理情况和《南水北调中线一期工程水量调度方案（试行）》（水资源〔2014〕377号），编制完成了《南水北调中线一期工程2022—2023年度水量调度计划（送审稿）》。

10月13日，水利部调水局组织专家对年度水量调度计划进行了审查，会后会同南水北调司与长江委，根据专家意见修改完善了年度水量调度计划，并于 10 月 14 日将审查意见和修改后的年度调度计划报水利部。水利部于 10 月 24 日批复下达了中线一期工程 2022—2023 年度水量调度计划。

2. 2021—2022 年度水量调度计划执行情况　2021 年，在南水北调司的领导下，各相关单位克服新冠疫情的不利形势，坚持疫情防控和水量调度工作两手抓，积极谋划工作安排，创新工作方式，确保水量调度计划顺利实施。2021—2022 年度东、中线一期工程和北延应急供水工程运行安全平稳，东线一期工程累计向山东省各受水市供水 3.15 亿 m^3；北延应急供水工程过穿黄工程出口 1.83 亿 m^3；中线一期工程向受水区调水 92.12 亿 m^3，圆满完成正常供水和生态补水任务。

（1）东线一期工程。2021—2022 年度，南水北调东线一期工程计划向山东省供水的抽江水量为 10.16 亿 m^3，入山东省的水量为 8.84 亿 m^3，入鲁北干线 1.51 亿 m^3，入胶东干线 5.37 亿 m^3，调水时间为 2021 年 11 月至 2022 年 5 月。

由于水情发生较大变化，2022 年山东省水利厅两次申请调整、变更东线一期工程 2021—2022 年度水量调度计划并经水利部批复同意，山东省 2021—2022 年度就近调用水资源，未实施跨省调水。

山东省 2021—2022 年度利用东线一期山东境内工程就近调用了东平湖水资源 3.68 亿 m^3。其中，鲁北干线工程自 2021 年 12 月 20 日启动，至 2022 年 6 月 6 日结束，累计从东平湖调水 0.87 亿 m^3；胶东干线工程自 2021 年 11 月 22 日启动，至 2022 年 5 月 16 日结束，累计从东平湖调水 2.81 亿 m^3。2021—2022 年度累计向山东省各受水地市供水 3.15 亿 m^3，其中聊城 4912 万 m^3、德州 2617 万 m^3、济南 4152 万 m^3、滨州 2302 万 m^3、淄博 3130 万 m^3、东营 3714 万 m^3、胶东（青岛、潍坊）10682 万 m^3；向大屯、东湖、双王城三座调蓄水库充库水量分别为 3927 万 m^3、1802 万 m^3、3167 万 m^3。

（2）东线一期工程北延应急供水工程。2021—2022 年度，南水北调东线一期工程北延应急供水工程计划向河北省、天津市受水区供水的抽江水量为 1.19 亿 m^3，台儿庄泵站抽水量为 1.02 亿 m^3，穿黄工程出口抽水量 8841 万 m^3，南运河第三店抽水量 6896 万 m^3，天津市九宣闸抽水量 2200 万 m^3。

为充分发挥北延应急工程效益，持续推进华北地区地下水压采，2022 年 3 月 23 日，水利部印发通知，明确在北延应急工程 2021—2022 年度水量调度计划的基础上加大调水量，明确各关键断面的调水量为：穿黄工程出口 1.83 亿 m^3，南运河第三店 1.45 亿 m^3，天津市九宣闸 4600 万 m^3。

南水北调东线一期工程北延应急工程于 2022 年 3 月 25 日启动从东平

湖调水，于5月31日完成加大调水任务。工程2021—2022年度各关键断面实际调水量为：抽江水量8054万m³，台儿庄泵站抽水量7006万m³，入南四湖下级湖6811万m³，入南四湖上级湖6599万m³，出南四湖上级湖1.32亿m³，入东平湖1.35亿m³，穿黄工程出口1.88亿m³，南运河第三店1.58亿m³，天津市九宣闸4883万m³。

（3）中线一期工程。南水北调中线一期工程2021—2022年度计划向受水区各省（直辖市）正常供水69.09亿m³，其中北京市10.50亿m³、天津市10.97亿m³、河北省24.02亿m³、河南省23.60亿m³。按照2022年度华北地区地下水超采综合治理河湖生态补水方案，中线一期工程计划向受水区生态补水10.48亿m³。

中线一期工程2021—2022年度陶岔渠首实际供水量为92.12亿m³。向受水区各省（直辖市）正常供水量为70.32亿m³，完成年度正常供水计划69.09亿m³的101.8%。其中北京10.62亿m³、天津11.23亿m³、河北24.13亿m³、河南24.34亿m³，分别完成年度计划供水量的101.1%、102.4%、100.5%、103.1%。向受水区生态补水19.70亿m³。

3. 年度水量调度计划执行情况调研及监督检查　2022年，南水北调司、调水局会同有关单位采用现场调研和多次电话调研的方式，多次对

《南水北调东线一期工程2021—2022年度水量调度计划》《南水北调中线一期工程2021—2022年度水量调度计划》和《南水北调东线一期工程北延应急供水工程加大调水实施方案》的执行情况进行了监督检查，及时掌握水源区、受水区水量调度情况，监督水量调度计划执行情况，对检查中发现的问题及时向有关单位反映并协商解决办法，保证了年度调水工作的顺利开展。

（丁鹏齐　张爱静　陈悦云　陈奕冰）

【东、中线一期工程受水区地下水采压评估考核】　水利部会同国家发展改革委、财政部、自然资源部，坚持以习近平生态文明思想为指导，认真贯彻落实《国务院关于南水北调东中线一期工程受水区地下水压采总体方案的批复》（国函〔2013〕49号）（以下简称"《总体方案》"）要求，持续推进受水区地下水压采，按要求对2021年度受水区有关省（直辖市）落实《南水北调东中线一期工程受水区地下水压采总体方案》情况进行了评估，重点评估非城区地下水压采情况以及城区压采成效巩固情况，评估结果纳入最严格水资源管理制度考核。

根据评估，截至2021年年底，受水区累计压采地下水68.02亿m³，其中城区31.48亿m³、非城区36.54亿m³。受水区削减超采量占《总体方案》提出的现状超采量的89.58%。

受水区"节水优先"进一步落地

落细，持续推进节水型社会建设。非城区水资源配置进一步优化，南水北调水、引黄水等水源置换工程进一步向城市近郊区乡镇延伸。地下水保护利用管理进一步规范，落实地下水取水总量控制和地下水水位控制要求，强化地下水禁采区、限采区监管，进一步规范地下水机井管理，2021年度，受水区关停机井21750眼，其中城镇自备井10019眼、农灌井11731眼，此外，河北省季节性关停农业灌溉机井74776眼。更加注重发挥经济手段作用，积极推进农业水价综合改革。

水利部持续推进河湖生态修复与地下水超采治理。2021年度，北京、天津、河北地区统筹利用南水北调水、当地水库水、引黄水、再生水等水源，实施生态补水84.68亿 m^3 ，有效回补了地下水，北京秦城泉、潭峪泉等多处泉眼在断流20～30年后复涌。2022年开展京杭大运河全线贯通补水行动，实现百年来首次全线通水。

根据国家地下水监测工程2018—2021年监测资料，受降水偏丰、地下水压采及生态补水等多重因素影响，受水区浅层、深层地下水平均水位均有大幅上升。2021年年底，受水区浅层地下水水位平均较2020年年底上升1.81m，深层地下水水位平均较2020年年底上升4.09m。

在评估基础上，评估工作组编写完成了《水利部等4部门关于2021年度南水北调东中线一期工程受水区地下水压采情况的报告》，以水资管〔2022〕441号文联合上报国务院。

（高媛媛　李佳　袁浩瀚　王仲鹏）

【东线一期北延应急供水工程】　自2021年10月下达2021—2022年度北延工程年度水量调度计划后，按照水利部关于京杭大运河2022年全线贯通补水行动工作安排，南水北调司及时制定并印发了《南水北调东线一期工程北延应急供水工程加大调水实施方案》，明确了穿黄断面调水量1.83亿 m^3（比原计划多供水约9500万 m^3），最终调水1.89亿 m^3 超额完成任务；同时，根据东平湖蓄水量动态变化，及时组织研究后续水源利用方案，从长江及南四湖共调水1.34亿 m^3 ；为加强新冠疫情防控期间的输水安全，协调沿线各级地方政府及相关部门协助做好调水实施过程中的安全管理工作。

（杨乐乐）

2022年，北延应急供水工程处于新增变更项目建设和工程调水运行叠加阶段。针对周公河影响处理工程、油坊节制闸场区西侧布置、六五河节制闸下游局部渠段衬砌等新增变更项目建设，东线公司严格落实项目法人职责，加强工程建设技术方案审查和施工组织设计管理，持续强化建设过程质量、安全生产和进度管理，保证工程建设顺利实施。

东线公司紧紧围绕北延应急供水工程建设和调度运行，圆满完成工程建设及调水各项工作。

尾工及新增项目建设方面，为克服新冠疫情等不利因素影响，东线公司紧盯年度建设目标，采取优化设计方案、使用当地劳务人员、指派专员现场督导工程实施等多项举措，有效保障了尾工及新增项目建设任务如期完成。

调度运行方面，为切实做好2021—2022年度北延工程加大调水工作，东线公司制定了详细的调水工作分工方案，编制20余项运行管理制度，组织进行了调水前运行安全专项检查，开展应急预案演练、现场处置方案培训及桌面推演20余次，严格落实安全技术交底，圆满完成2021—2022年度调水工作，累计向黄河以北调水1.89亿 m³，超计划3.3%。

（郝清华　詹力）

【东线二期工程】　东线二期工程利用一期工程，扩大规模，向北延伸，从江苏省扬州市附近的长江干流取水，利用京杭大运河以及与其平行的河道输水，连通洪泽湖、骆马湖、南四湖、东平湖，经泵站逐级提水入东平湖后，向北穿黄河后经位临渠、临吴渠、小运河、七一·六五河、南运河至九宣闸，再通过管道向北京供水，干线终点为采育镇。总供水范围涉及北京市、天津市等2个直辖市，雄安新区，安徽省、江苏省、山东省、河北省等4省28个地级市的181个县（区、市）。

东线二期工程的任务是以城乡生活、工业、白洋淀和大运河补水为主，兼顾农业灌溉、地下水超采治理补源和航运，并为其他河湖、湿地补水及黄河水量优化调整创造条件。

工程建成后可进一步完善我国水资源配置格局，提高南水北调供水保障能力，缓解华北地区和山东半岛水资源供需矛盾，保障北京、天津等重要区域的供水安全，改善区域生态环境，成为优化水资源配置、保障群众饮水安全、复苏河湖生态环境、畅通南北经济循环的生命线。

2022年，东线二期工程按照"一干多支扩面"的思路完善工程规划方案，加快推进前期工作。　　（何珊）

【引江补汉工程】　2022年是引江补汉工程开工建设年，主要分为两个阶段，上半年处于引江补汉工程可行性研究阶段，下半年处于初步设计阶段，主要工作任务为前期要件办理、可行性报告批复、初步设计报告编制、出口段工程开工建设等。7月7日召开南水北调后续工程中线引江补汉工程开工动员大会，国务院副总理、推进南水北调后续工程高质量发展领导小组组长韩正出席大会并宣布工程开工，国务院副总理胡春华主持大会。引江补汉工程成功入选国务院国资委2022年度央企十大超级工程。

截至2022年年底，引江补汉出口段工程顺利完成年度投资目标和进度目标。全年完成投资15.25亿元，占投资目标的 100.7%。出口段工程已进入主体工程建设，主洞具备进洞施工条件，桐木沟检修交通洞进洞施工 50m，累计完成土石方开挖 68.7 万 m³，锚杆施工 2628 根，喷射混凝土 1624m³。

（赵发）

引江补汉工程作为南水北调中线工程的后续水源工程，从长江三峡库区引水入汉江，提高汉江流域的水资源调配能力，增加南水北调中线工程北调水量，提升中线工程供水保障能力，加快构建国家水网主骨架和大动脉。同时，对提高汉江流域水资源调配能力、改善汉江中下游水生态环境具有重要作用。

引江补汉工程输水线路采用坝下方案，从长江三峡水库库区左岸龙潭溪自流引水至丹江口坝下汉江，建设项目包括输水总干线工程和环境影响河段综合整治工程两部分，并在输水总干线预留向湖北汉江右岸丘陵区补水的分水口门。工程供水范围为南水北调中线一期工程受水区、汉江中下游（含清泉沟供水区）、引汉济渭工程受水区及工程输水线路沿线补水区。

2022 年，引江补汉工程可行性研究报告经国务院批复后，工程于 7 月 7 日正式开工建设。工程多年平均调水量为 39.0 亿 m³。其中，向南水北调中线一期工程总干渠补水 24.9 亿 m³（中线北调水量由一期工程规划的多年平均 95.0 亿 m³ 增加至 115.1 亿 m³），向汉江中下游补水 6.1 亿 m³，补充引汉济渭工程 5.0 亿 m³，向工程输水线路沿线补水 3.0 亿 m³。设计施工总工期为 9 年，批复静态总投资为 582.35 亿元。

（何珊）

【西线工程】　西线工程重点围绕国家粮食安全、生态安全、能源安全和西部地区高质量发展等，保障黄河上中游等地区用水需求。其工程任务以城乡生活和工业供水为主，兼顾农业灌溉和生态环境用水。

2022 年，西线工程启动了工程规划任务书有关工作。

（何珊）

投 资 计 划 管 理

【投资控制管理】　2022 年，根据水利部工作安排，水利部调水局组织开展了南水北调东、中线一期工程投资控制分析（审批环节）工作。依据东、中线一期工程初步设计概算、项目管理预算、重大设计变更、待运行期管理维护费、建设期价差、建设期贷款利息等政策性管理文件和审批文件，梳理审批环节投资控制体系和管理体系，分析初步设计批复投资与国家核定工程投资规模之间的投资变化情况，以及变化的主要原因，形成《南水北调东中线一期工程投资控制分析报告（审批环节）》，为南水北调东、中线一期工程竣工验收阶段的投资执行情况分析奠定基础。

（李楠楠　田野　张颜）

【专题专项】 2022 年，根据水利部工作安排，水利部调水局组织开展了南水北调东、中线一期工程典型设计单元或征迁项目竣工财务决算审核工作。5—7 月，配合南水北调司开展决算调研，对相关项目法人和征地移民机构决算前的专项清理、决算编制及决算汇总等情况进行检查和指导。8—12 月，根据相关项目法人和征地移民机构竣工财务决算编制情况，陆续完成 20 个典型项目的竣工财务决算审核工作，向相关项目法人和水利厅印发审核意见 24 份，指导决算整改，为规范竣工财务决算编制、提高竣工财务决算质量提供了技术支撑。

（田野 李楠楠 张颜）

【技术审查及概算评审】 2022 年，水利部调水局组织开展了南水北调东、中线一期工程概算评审成果分析工作。通过梳理原南水北调工程设计管理中心组织完成的南水北调东、中线一期工程 106 个项目初步设计概算评审成果，归纳总结概算评审的主要依据文件及评审原则，分析概算评审投资与审定投资的变化情况及主要原因，形成《南水北调东中线一期工程概算评审成果分析报告》，为南水北调东、中线一期工程竣工财务决算审计和竣工验收做好基础准备。

（田野 李楠楠 张颜）

【南水北调工程通水效益统计分析】
2022 年，南水北调规划设计管理局按照水利部有关工作安排，扎实开展南水北调工程通水效益统计分析工作。在组织联系 15 家单位填报通水效益数据的基础上，编制完成了 2021 年度通水效益统计分析报告，并上报水利部南水北调司。通过南水北调工程通水效益统计分析，直观地展现了南水北调工程发挥的社会效益、经济效益和生态效益，提高了南水北调工程社会关注度，扩大了南水北调工程的影响力。

（张健峰 王声扬）

资金筹措与使用管理

【水价水费落实】 江苏南水北调工程省内抗旱排涝运行维护费用标准从 0.01 元/m³ 调整为 0.03 元/m³。自 2013 年江苏南水北调新建工程通水以来，在省内抗旱排涝方面发挥积极作用。2014 年起，江苏省财政另支付南水北调新建工程抗旱排涝运行维护费用补助 0.01 元/m³。为保障南水北调工程综合效益的正常发挥，江苏省水利厅商省财政厅、省发展改革委并经江苏省政府同意，自 2022 年起，适当提高南水北调工程抗旱排涝运行维护补贴标准，翻水量 10 亿 m³ 以内按 0.03 元/m³ 补贴，超过部分仍按 0.03 元/m³ 计算补贴。（宋佳祺 卢振园）

【工程财务决算】 2022 年是南水北调东、中线一期工程竣工财务决算编制工作的决胜之年。水利部南水北调司协调指导南水北调集团组织有关项目法人和省级征地移民机构，多措并举，克服时间紧、任务重、人员少、新冠疫情影响等诸多困难，于2022年年底按期完成竣工财务决算编制工作。

1. 完成竣工决算编制汇总　协调指导南水北调集团组织有关项目法人和省级征地移民机构编制完成了东、中线一期工程全部164个设计单元工程或征地移民项目竣工决算，分别汇总编制了东、中线工程竣工总决算，为迎接审计署竣工决算审计奠定了坚实基础。

（1）制定工作计划。各项目法人、征地移民机构根据南水北调集团印发的《南水北调东中线一期工程竣工财务决算工作方案》，梳理决算项目清单，细化制定本单位竣工决算工作计划。

（2）加强决算清理。各项目法人及征地移民机构完成竣工决算投资批复、合同结算、债权债务、专项费用、尾工预留、资产管理等各项基础清理工作。水利部明确南水北调东、中线一期工程尾工及预留费用、基本预备费使用、征地补偿和移民安置竣工财务决算报送程序等备案事项，以及设计单元工程节余投资调剂使用管理的处理意见。南水北调集团明确了初步设计审查等专题项目投资分摊处理意见。

（3）加快决算编制。南水北调集团会同调水局在设计单元工程竣工决算范本的基础上，研究编制项目法人汇总竣工决算范本。南水北调司通过开展视频调研座谈等方式，指导有关单位修改完善先期编制的设计单元工程或县级征地移民决算，为后续决算编制提供参考。

（4）加强决算审核。南水北调集团研究制定竣工决算审核工作方案，组织对江苏调度系统等10个竣工决算进行审核，提高有关决算工作质量。调水局组织对有关项目法人和征地移民机构编制的20个典型项目竣工决算进行审核，以点带面提出审核意见，指导帮助各单位提高决算质量。

2. 配合审计署开展竣工决算审计有关准备工作　2022年，南水北调司、财务司，以及南水北调集团配合审计署开展了东、中线一期工程竣工决算审计相关调研，按审计署要求协调督促地方负责组织实施项目竣工决算编制，配合审计署开展了竣工决算试点审计，研究建立了审计配合工作机制，为2023年2月开展竣工决算审计创造条件。

（1）配合调研竣工决算进展。配合审计署调研东、中线一期工程竣工决算进展情况，提供相关材料。

（2）协调督促地方实施项目决算报送。11—12月，按照审计署要求，多措并举，督促协调山东、江苏、河北、河南、湖北、陕西6省编制提供地方负责实施项目的竣工决算。

（3）配合开展竣工决算试点审计。11—12月，配合审计署开展中线工程3个决算试点审计，组织南水北调工程有关情况审计培训，按审计署要求提供工程投资批复、投资计划、资金预算、管理体制、运行管理情况等资料。

（4）研究建立审计配合工作机制。研究提出东、中线一期工程审计配合工作方案，拟定组织机构、责任分工及工作原则、工作措施。同时，督促有关项目法人、征地移民机构、事业单位、流域机构建立审计配合机制。

（5）筹备审计进点会。加强与审计署沟通，初步拟定2023年2月召开的南水北调东、中线一期工程竣工决算审计进点会有关事项。　　（沈子恒）

【南水北调工程经济问题研究】　2022年，南水北调司等有关部门单位根据工作需要和有关任务分工，继续组织做好南水北调工程经济问题研究有关工作，取得了显著成效。

1. 开展南水北调工程经济问题研究　南水北调司组织开展3个课题研究，为后续工程规划论证、建设管理工作提供支撑。①开展南水北调工程农业用水及生态补水价格补贴分析研究，分析南水北调受水区农业和生态用水采取价格补贴政策的必要性、可行性和补贴方式等；②开展南水北调工程水权管理问题分析，梳理南水北调工程水权管理的现状与问题，剖析了面临的形式和需求，提出加强南水北调工程水权管理的思路、重点内容及相关建议；③开展南水北调工程畅

通南北经济循环路径探索研究，揭示南水北调工程畅通南北经济循环的路径，提出更好发挥南水北调工程畅通南北经济循环生命线作用的建议。水利部调水局组织开展了2个课题研究：①南水北调后续工程水价机制研究，提出引江补汉工程定价方式，为后续工程水价政策的制定提供技术支撑和重要参考；②南水北调东、中线一期工程建设财务经济后评价工程效益评价方法研究，提出了工程经济效益、社会效益和生态效益方面的具体后评价方法，构建东、中线一期工程财务经济后评价工程效益评价方法体系。

2. 开展后续工程水价机制研究　按照水利部党组关于贯彻落实南水北调后续工程高质量发展有关任务分工，开展南水北调工程水价相关问题研究。

（1）水利部财务司、南水北调司、南水北调集团等部门单位配合开展《南水北调工程总体规划》修编，结合国家发展改革委新修订的《水利工程供水价格管理办法》，就水价水费部分研提相关意见。

（2）水利部财务司、南水北调司组织水利部发研中心、淮委、海委、南水北调集团、调水局、中国水科院、中国国际工程咨询有限公司等单位开展南水北调水价机制研究，包括多水源多用户组合的水价形成机制、坚持两部制水价制度合理制定并动态调整价格、受水区因地制宜推行区域

综合水价机制、农业用水及生态补水补贴等相关保障机制、京杭大运河贯通补水综合水价有关问题等 5 个课题，并按计划形成了相关课题成果。

（沈子恒）

建 设 与 管 理

【工程进度管理】

1. 配套工程建设

（1）北京市配套工程建设。北京市 2022 年在建配套工程共 3 项。包括南水北调大兴支线工程、南水北调河西支线工程、团城湖至第九水厂输水工程（二期）。其中，大兴支线工程连通北京南干渠与河北廊涿干渠，主要为首都新机场区域及南部地区供水。工程于 2017 年 3 月开工建设，2021 年年底主干线主体完工，具备通水条件。2021 年年底新机场水厂连接线开工建设，截至 2022 年 12 月底，总体形象进度完成 50%。河西支线工程自房山大宁调蓄水库取水，新建 3 座加压泵站，输水管线终点为门头沟区三家店，规划主要为丰台河西第三水厂、首钢水厂、门城水厂供水。2022 年 4 月，河西支线工程中堤至园博段输水管道完成水压试验，截至 2022 年 12 月底，输水管线全线贯通，中堤泵站、园博泵站已完工，中门泵站完成形象进度的 50%。团城湖至第九水厂输水工程（二期）承担着向第

九水厂、第八水厂、东水西调工程沿线水厂供水的任务。隧洞从团城湖调节池环线分水口末端取水，终点与团城湖至第九水厂输水工程一期龙背村闸站预留的接口连接。2021 年 9 月，团城湖至第九水厂输水二期工程输水管线实现一衬隧洞贯通，2022 年 12 月，输水管线全线贯通。2022 年 12 月 30 日完成通水验收。

（2）天津市配套工程建设。引江通水后，天津市以完善城乡供水体系为重点，全力推进引江配套工程建设，建成并投入运行北塘水库完善工程、王庆坨水库工程 2 座水库工程，作为南水北调天津干线和天津市配套工程的"在线"调节水库，有效调蓄库容 6100 万 m³。2017 年天津市建成并投入使用引江向尔王庄水库供水联通工程，将引江水向北输送至尔王庄水库，通过尔王庄枢纽覆盖除蓟州区以外的引滦供水区，实现引江或引滦供水工程发生突发事件被迫停水情况下，互为应急切换水源的双水源互通。之后又陆续建成宁汉供水工程、武清供水工程等配套工程，逐步扩大了天津市南水北调工程的输水范围，截至 2022 年年底，天津市南水北调配套工程建设已接近尾声，已有 16 项工程建成并投入使用，累计完成配套工程建设投资 125.4 亿元，逐步形成引江、引滦输水工程为骨架，于桥、尔王庄、北大港、王庆坨、北塘五座水库互联互通、互为补充、统筹运用的供水新格局，城市供水"依赖

性、单一性、脆弱性"的矛盾得到有效化解。

2. 超常规推动引江补汉工程开工建设，助力南水北调后续工程高质量发展　按照水利部推进南水北调后续工程高质量发展工作部署及任务分工，加紧组织抓好南水北调中线引江补汉工程建设相关工作，采取超常规措施，组织协调引江补汉工程在可行性研究报告批复后第一时间实现施工准备工程开工。对接国务院办公厅和协调湖北省，扎实组织做好工程开工动员准备工作，制定开工动员大会工作方案，协调做好开工准备，赴现场督导协调，7月7日工程开工动员大会成功举办，拉开了后续工程建设帷幕。组织研究建立工程建设协调机制，召开协调会议，及时协调解决工程建设中存在的问题。督促南水北调集团报送工程建设月报，跟踪工程招标及建设工作进度，参与工程初步设计协调，推动工程多消纳投资、多形成实物工作量。强化科技攻关，针对工程面临的大直径输水隧洞挖掘设备研究和长距离高水头输水控制及分析等现实问题，推动"复杂地质条件下超大直径 TBM 选型优化及智能掘进系统"和"高水头超长有压隧洞水动力特性及水力控制关键技术研究"项目立项。2022 年度累计下达投资 15.15 亿元。截至 2022 年年底，累计完成投资 15.25 亿元，土石方开挖 67.5 万 m³，工程转入主体隧洞施工，桐木沟检修交通洞已进洞，工程质量

安全状况良好，年度投资目标、进度目标提前实现。

3. 加快协调雄安新区供水保障事宜　南水北调司坚决贯彻落实中央和水利部关于保障雄安新区供水安全有关指示要求，赴雄安新区现场协调有关工作并监督跟进落实，加快协调推进雄安调蓄库开工和雄安干渠前期工作，协调雄安干渠与中线总干渠的接口方案。截至 2022 年年底，雄安新区 1 号水厂已正式运行，雄安调蓄库已完成灌浆试验及研究报告，并请南水北调工程专家委员会咨询指导。针对雄安干渠水源接口方案有关事宜，南水北调司梳理明确了建设意见。

4. 配合开展南水北调后续工程前期工作　南水北调司积极配合规计司开展南水北调后续工程前期工作，先后参加引江补汉工程技术审查会、东线工程规划评估及后续工程方案论证报告技术审核会、中线工程规划评估及后续工程方案论证报告技术审核会、总体规划西线部分评估报告及方案论证报告技术审核会，为南水北调后续工程前期工作提供支撑性意见。

5. 加强穿跨邻接项目管理　加强穿跨邻接项目日常管理，办理穿跨邻接中线干线工程项目备案。按照党中央有关部署和水利部领导有关批示要求，针对加强燃气管线穿越项目管理事宜，与国家能源局联合制定了《关于加强南水北调中线干线与石油天然气长输管道交汇工程保护管理办法》。

其间，联合国家能源局征求了有关地方政府、流域管理机构及相关企业等17家单位意见，修改完善后征求了水利部各司局和南水北调集团意见，开展了合法性审查和社会稳定风险评估，经部长专题办公会研究，并通过部务会审查。同时，组织对中线燃气管线穿越项目和跨渠桥梁开展2次检查，印发整改通知，跟踪督促检查发现问题整改。 （高定能 王子尧）

【工程技术管理】

1. 全力推进数字孪生南水北调建设 按照水利部有关工作部署，为推进"数字孪生南水北调"建设，于2022年1月牵头成立数字孪生南水北调建设协调小组，加强数字孪生南水北调建设工作的组织领导和协调督导。加强顶层设计，遵循"总体规划、分段建设、统筹集成"的"总-分-总"建设思路，协调推进总体建设方案及先行先试实施方案编制、咨询、审查及修改完善工作。强化协调督促，建立协调沟通机制，定期组织召开协调会，开展现场调研和督导，指导召开专题技术研讨会，协调解决建设中存在的问题。组织编制完成《数字孪生南水北调建设方案》

和5个先行先试方案并通过水利部审查，指导方案实施。指导南水北调集团组织编制《数字孪生南水北调工程建设技术导则》《数字孪生泵（闸）站工程建设技术导则》《数字孪生隧洞工程建设技术导则》《数字孪生南水北调BIM应用技术标准》等4项标准，完成工作大纲。督促南水北调集团报送数字孪生南水北调周报，掌握建设工作进展。组织开展数字孪生南水北调中期评估和优秀案例评审工作，研提反馈业务指导意见。在水利部网信办开展的数字孪生流域中期评估和优秀案例评审中，南水北调数字孪生先行先试被评为优秀，南水北调东线洪泽站大型泵站AI声纹监测系统被评为优秀案例。

2. 组织开展《南水北调工程总体规划》相关内容修编 按照水利部《南水北调工程总体规划》（以下简称《总体规划》）修编任务分工，组织开展《总体规划》管理体制章节修编，相关内容已纳入《总体规划》修编内容。为做好管理体制章节修编相关工作，组织开展南水北调工程管理体制和深化东线工程管理体制研究工作，形成《深化南水北调东线工程管理体制机制研究》报告。从加强顶层设计出发，组织南水北调集团开展中线调蓄工程体系规划论证工作，完成南水北调中线调蓄工程体系规划研究工作大纲和阶段成果报告，并将中线调蓄工程列入《总体规划》修编内容。组织南水北调集团与有关地方人民政府沟通中线调蓄水库建设事宜，指导开展前期工作并提出相关工作成果。组织开展南水北调中线输水潜力挖掘方案研究工作，提出中线输水潜力挖掘工作大纲，并将成果列入《总体规划》修编内容。

3. 积极协调中线调蓄工程前期工作　组织南水北调集团将中线调蓄工程列入《总体规划》修编内容，提出初步建议。协调南水北调集团开展中线调蓄工程体系规划论证工作并提出初步成果。与有关地方政府沟通鱼泉和沙沱湖调蓄工程前期工作开展情况。

（高定能　王子尧）

4. 南水北调东线一期工程综合效益专题分析　2022年，根据水利部工作安排，水利部调水局组织开展了南水北调东线一期工程综合效益专题分析工作，对东线一期工程江苏省和山东省的经济效益、社会效益和生态效益进行了初步定性分析和定量计算，形成《南水北调东中线一期工程建设财务经济后评价工程效益专题分析——南水北调东线一期工程试点分析》，为南水北调一期工程竣工验收及后评价提供基础资料。

（李楠楠　田野　张颜）

【安全生产】

1. 组织开展南水北调中线"12＋1"项安全风险评估　为贯彻落实习近平总书记和中央领导关于南水北调中线工程安全隐患处置有关批示精神，按照水利部党组有关工作部署，对中线工程面临的安全风险按内部和外部、急需和长远，进行系统谋划、分类评估。组织编制并印发《南水北调中线安全评估工作实施大纲和南水北调中线安全评估基础清单》。组织编制完成《南水北调中线工程风险综合评估大纲》并开展审查。建立月度协调会议机制，定期召开协调会议，及时解决安全评估过程中存在的问题和困难。协调有关司局和单位为评估承担单位提供检查资料。按节点目标进行督导，对中期成果评审不满足要求的6家承担单位分别进行了约谈和发函催办。组织征求有关单位意见。3次签报部领导，报告工作开展情况。10月完成了12项专项评估，12月完成了综合评估，并组织开展成果审查和修改完善，提出了南水北调安全风险防御体系，评估任务如期完成。

2. 组织实施党的二十大期间安全加固措施　超前谋划部署做好党的二十大前后运行安全管理加固工作，加强加密值班值守、强化运行和安全应急处置措施。多次组织赴现场检查，组织有序开展反恐怖、地震灾害、水质污染事件等应急演练、桌面推演。及时传达和部署落实水利部"防风险保稳定"专项行动，坚决扛起确保党的二十大召开前后工程运行安全政治责任。

3. 推动构建南水北调安全监管体系　指导南水北调集团进一步补强安全生产管理力量，加快推进安全生产制度体系建设，组织开展"安全生产提升年"、冬奥供水保障、安全风险排查整治、"防风险、保安全、迎二十大"安全加固、冬季安全生产大检查、穿跨邻接工程专项排查等专项行动，持续消除风险隐患。强调要进一步坚决贯彻落实习近平总书记有关安全生产重要指示，建设本质安全型企业，围绕党和国家重大活动，抓好安全生产、防汛防凌、夯实安全基础等工作。南水北调集团逐级签订责任书，压实安全生产责任，及时召开安全生产委员会会议、安全生产专题会议，系统部署安全生产各项工作。指导开展危险源辨识和风险评价，做好安全风险管控，组织开展安全检查，及时督促整改落实发现的问题，不断夯实安全生产基础。

4. 督促相关单位切实履行安全生产主体责任　从行业监管和指导角度，督促南水北调集团建立健全并不断完善自身的安全生产监管体系，强化安全生产制度建设和现场监管；逐层压实安全生产责任，督促各项目法人落实参建各方安全生产责任，提升安全管理水平，抓好过程管控和现场检查；将生产安全事故情况纳入经营业绩考核和供应商管理，并建立问责追责制度，通过责任追究促进责任落实，严防生产安全事故。安全生产风险可控在控，未发生生产安全责任事故，安全生产形势稳定向好。

（高定能　王子尧）

【验收管理】　2022 年是完工验收工作的收官之年，按计划保质完成了完工验收任务，同时，竣工验收准备工作稳步推进。

2022 年 5 月 27 日，水利部副部长、南水北调工程验收工作领导小组组长刘伟平主持召开南水北调工程验收工作领导小组全体会议，研究部署完工验收收尾工作和竣工验收工作安排。

1. 高位推动，协同发力　印发《水利部办公厅关于进一步明确水利部南水北调工程验收工作领导小组各成员单位职责分工的通知》（办南调〔2022〕35 号），明确各单位完工验收、竣工验收工作任务，落实责任分工。充分发挥南水北调工程验收工作领导小组组织优势，主动对接、齐抓共管合力破解难题，为 2022 年南水北调东、中线一期工程 155 个设计单元全部通过完工验收的目标任务提供保障；有序推进竣工验收工作，各成员单位按照职能和竣工验收任务分工积极开展竣工验收准备、协调工作。

2. 精心组织、强力推动　严格执行验收计划，2022 年年初对验收难点、堵点再梳理、再明确，建立清单台账，定措施、定时限、定责任，保持推进验收的驱动力；密集调度，前移管控关口，双周召开验收调度会议，加强协同协调，合力高效破解难题；开展专项协调，打好提前量，系统梳理制约验收条件、影响验收质量的潜在风险，把问题暴露、解决在验收之前。

3. 攻坚克难，创新引领　按照工作进度只能超前、不能滞后的工作要求，对标验收目标，以问题为导向，分兵把口、谋事干事；对完工验收收尾、竣工验收准备工作，合力攻坚，主动作为，构建横向到边、纵向到底的责任网络体系。

为有效应对新冠肺炎疫情影响，验收组织方面，在确保验收程序不减、标准不降的前提下，探索施行线上与线下相结合的验收方式，有序推进验收工作，保证了验收质量和进度。

4. 加强监管，强化保障　完工验收方面，坚持目标导向、明确各环节工作安排，压实责任，制定验收调度"最后一张图"，挂图作战、督战；狠抓作风，强化问责，对不能按时保质完成计划任务、不执行验收调度安排的，采取措施顶格问责。

竣工验收方面，严格执行基本建设程序制度，规范验收管理，开展验收质量复核专项工作；坚持验收工作系统性，对接竣工验收，处理遗留问题，实行台账管理保证闭环，为竣工验收奠定基础；及时总结完工验收工作，为竣工验收提供支撑。

5. 筑牢基础，稳推竣工　水利部编制了《南水北调东、中线一期工程竣工验收组织方案》，并征求了国家发展改革委、财政部等26家部委、省（直辖市）及单位的意见。在准备《南水北调东、中线一期工程竣工验收组织方案》的同时，同步安排《南水北调东、中线一期工程竣工验收工作大纲》编制工作，编制完成《南水北调东、中线一期工程竣工验收工作大纲》编写工作方案，组织有关方面先期开展基础性工作。

6. 按期保质，完成任务　在水利部南水北调工程验收工作领导小组各部门单位协调推进下，沿线各省（直辖市）与水利部高度协同，扎实推进，坚持高标准、高效率，2022年共完成9个设计单元工程完工验收。截至2022年8月25日，南水北调东、中线一期工程155个设计单元工程全部通过完工验收，按期保质完成完工验收任务目标，标志着工程全线进入运行新阶段，为顺利推进南水北调东、中线一期工程竣工验收、推进后续工程高质量发展奠定了坚实基础。

完工验收阶段完成的各项工作包括178个项目法人验收、647个专项验收（其中包括129个环保专项验收、129个水保专项验收、110个消防专项验收、148个档案专项验收、131个征迁专项验收）、136个技术性初步验收、155个完工验收；各类验收共计1116个。　　　　（原雨）

【科技工作】　2022年，根据实际工作需要，水利部调水局组织开展了引调水工程物探检测技术规程研究。结合"十三五"国家重点研发计划"南水北调工程运行安全检测技术研究与示范"项目研究成果，进一步研究、分析引调水工程渠道和建筑物基础隐患的地球物理响应特点，分类建立工程安全检测技术标准，形成《引调水工程物探检测技术规程》（团体标准）。该技术规程已通过中国水利学会组织的立项论证，进一步完善后报中国水利学会验收发布。

（李楠楠　田野　张颜）

征地移民

【管理和协调】

1. 开展南水北调丹江口水库移民发展和安稳情况第三方评估　南水北调丹江口水库移民搬迁后仍然存在收入水平偏低、发展缓慢、移民缠访闹访件时有发生等问题，移民安稳发展仍面临较大困难。水利部水库移民司委托长江勘测规划设计研究有限责任公司承担湖北、河南两省南水北调丹江口水库移民发展和安稳情况第三方评估课题，通过调查两省丹江口水库农村移民2021年的收支与生活状况、就业创业开展情况、外迁移民融入安置区以及信访维稳等内容，持续跟踪了解移民安置效果、后续发展以及社会稳定情况，并做出客观、公正的评价，提出意见和建议，为决策提供技术支持。

评估结论表明，移民收入已超过原有水平，与当地平均水平差距继续缩小。移民收入以务工为主，经营性收入为辅。移民外迁安置后，居住环境极大改善，生产生活水平得到了恢复和提高，并逐渐融入当地社会，大多数移民对未来充满信心。当前丹江口水库移民总体稳定可控，信访形势平稳向好，库区和安置区社会总体和谐稳定。

2. 总结推广南水北调移民安置工作经验　习近平总书记在南水北调后续工程高质量发展座谈会上指出，集中力量办大事，从中央层面统一推动，集中保障资金、用地等建设要素，统筹做好移民安置等工作，并强调将南水北调移民安置等经验总结运用推广好。水利部水库移民司组织有关省级移民管理机构，开展了水利工程移民高质量发展实践典型案例编纂工作。河南省撰写了《牢记习近平总书记嘱托　促进高质量发展　确保移民"稳得住、能发展、可致富"》，湖北省撰写了《秉承三心，坚持三优，打造三个典范，办好"天大的事"》。水利部印发了《关于公布水利工程移民安置高质量发展实践典型案例名录的通知》，并出版了《水利工程移民安置高质量发展实践典型案例》，把包括南水北调在内的24项工程移民安置经验总结推广好。

（唐东炜）

【定点帮扶】　2022年，按照党中央、国务院关于巩固拓展脱贫攻坚成果同乡村振兴有效衔接的决策部署和部党组统筹安排，定点帮扶郧阳区工作组研究制定2022年度帮扶工作计划，深入对接沟通，创新帮扶方式，精准组织实施水利行业倾斜支持等"八项重点工作"，全面完成了年度工作任务，促进郧阳区巩固脱贫成果同乡村振兴有效衔接，守住了不发生规模性返贫的底线。

1. 2022年定点帮扶工作情况

（1）领导高度重视，全面安排部署。水利部党组高度重视并高位推动水利定点帮扶工作。6月1日，水利部部长李国英在水利部定点帮扶工作座谈会（视频会议）上，听取了郧阳区有关工作情况汇报，亲自安排部署2022年水利定点帮扶郧阳区工作。11月3—4日，水利部副部长刘伟平带队赴郧阳调研定点帮扶和乡村振兴工作，深入脱贫乡村及农户家中，与基层干部群众深入交流，看望并慰问水利部挂职干部，详细了解群众增收、巩固脱贫攻坚成果、脱贫不稳定人口和边缘易致贫人口动态监测情况，考察产业帮扶、乡村建设和乡村治理等水利定点帮扶工作情况，就持续做好水利定点帮扶工作提出要求。

（2）落实工作责任，深入对接推进。4月30日，南水北调司组织帮扶组各单位根据《水利部定点帮扶工作方案（2021—2022年）》要求，结合定点帮扶郧阳区工作实际，研究制定印发了《水利部定点帮扶郧阳区2022年度工作计划》，将八个方面的重点帮扶工作分解落实到帮扶组各成员单位，要求各成员单位切实履行帮扶责任，抓好各项工作落实；郧阳区切实扛起乡村振兴主体责任，坚定工作目标，加大工作力度，确保各项工作任务如期圆满完成。

6月14日，南水北调司召开2022年定点帮扶郧阳区工作专题会（视频会议），安排部署2022年定点帮扶郧阳区工作。7月14—15日，帮扶组组长单位南水北调司领导带队赴郧阳区调研定点帮扶有关工作，期间深入郧阳区部分乡镇，实地调研重点水利工程建设、乡村振兴产业发展等，看望了水利部派驻郧阳区挂职干部，听取基层干部群众的意见建议。

定点帮扶组各成员单位及有关司局结合本单位实际，组织赴郧阳区深入调研、推进落实定点帮扶郧阳区各项工作。1月19—20日，水利部水规总院纪委书记朱东恺带队赴郧阳区对接水利技术帮扶工作。5月18—19日，长江委规计局副局长王迎春深入玉皇山村开展乡村振兴帮扶活动。9月8日，长江委直属机关党委副书记宋宏斌赴郧阳区与黄畈村、玉皇山村开展支部共建活动。9月14—15日，水利部防御司督查专员王翔赴黄畈村、玉皇山村开展支部共建活动。11月4—6日，水利部监督司张俊胜带队赴郧阳区开展水利部定点帮扶工作专项督查。帮扶组各成员单位先后组织6批29人次到郧阳区调研指导，研究解决实现脱贫攻坚同乡村振兴有效衔接的短板问题，为郧阳区实现乡村振兴提供水利支撑。

（3）驻点帮扶精准有力。水利部监督司挂职干部（副区长）尚达视郧阳为故乡，充分发挥桥梁纽带作用，全面摸清郧阳区需求，多次带队赴水利部长江委、湖北省水利厅、省发展改革委沟通汇报，争取资金及政策支持，牵线联系审计署、国家发展改革委等进行政策咨询，高效开展帮扶工作。长江委离退局驻村第一书记郭威以玉皇山村为家，先后争取水利项目资金 1350 万元，有力地支持了玉皇山村的农村产业发展、农产品消费帮扶、基础设施提升和人居环境改善，助推玉皇山村成功创建十堰市乡村振兴示范村，并完成了"国家乡村振兴示范村"申报工作。

（4）八项重点工作高效实施。

1）持续实施水利行业倾斜。湖北省水利厅牵头负责，计划在水利项目安排、资金安排、前期工作等方面给予郧阳区优先保障，高于全省县级平均水平 20% 以上。2022 年在水利部相关业务司局及相关单位的支持下，共安排郧阳区中央和省级水利投资 3.21 亿元，高于全省县级平均水平（2.38 亿元）35%。指导郧阳区"水美乡村"建设、中型灌区节水改造、水土保持、小型水库除险加固等纳入中央计划执行调度的项目投资 1.13 亿元，已完成 1.11 亿元，完成率为 98.51%，在全省县（市、区）中位于前列。

2）持续做好水利技术帮扶。水规总院牵头负责，节水中心、河湖中心、中国水科院、中水淮河公司参加。水规总院通过与郧阳区及技术帮扶组成员单位反复沟通，充分考虑郧阳实际需求及与以往帮扶工作的接续与提升，提出了 6 项技术帮扶重点任务，并据此印发了《水利部定点帮扶

湖北郧阳区 2022 年度水利技术帮扶工作方案》（办南调函〔2022〕165号），明确技术帮扶工作任务安排与时间节点，组织技术帮扶组在水系连通及"水美乡村"建设试点、节水型社会达标建设县创建、智慧水利建设、库区地质灾害调查与避险安置、病险水库工程质量检测、移民后扶项目等 6 个方面给予郧阳区技术帮扶，6 项工作任务已全部完成，为郧阳区迈向乡村振兴打下了坚实基础。

3）持续开展水利人才培训。中国水科院牵头负责，长江委参加，计划培训 50 人次以上，切实提高郧阳区专业技术人员的能力和水平。2022 年，中国水科院、长江委围绕防汛抗旱、河湖管护等方面，组织相关领域专家授课，帮助郧阳区培训水利技术人员 56 名（完成率为 112%），并协调 3 名郧阳水利干部参加水利部举办的水资源管理、水利局长培训班。此外，水规总院还协调 5 名郧阳干部赴江苏、浙江首批"水美乡村"示范县（区）考察学习。

4）继续实施职业技能培训。长江委牵头负责，汉江水利水电（集团）有限责任公司参加，计划帮助培训劳动力 100 人次以上，举办 1 期 50 人以上致富带头人培训班，培训新型职业农民，助力稳岗就业。2022 年累计完成培训共 301 人次，其中长江委投入经费 12 万元，帮助培训畜禽养殖、小水果及蔬菜种植等技能培训班 5 期，累计培训 246 人次（完成率为

145

246%）；汉江水利水电（集团）有限责任公司投入经费 6 万元，帮助培训致富带头人累计 55 人次（完成率为 110%）。

5）实施党建促乡村振兴。水利部防御司牵头负责，长江委、南水北调中线水源公司参加，计划与郧阳区 2 个乡村振兴示范村党支部开展"支部共建"活动，着力加强村"两委"班子建设。5 月，长江委规计局赴郧阳区调研南化塘镇玉皇山村党建引领乡村振兴工作，并协调长江委长江科学院免费帮助玉皇山村编制了乡村振兴规划。9 月，防御司会同长江委机关党委与黄畈村、玉皇山村开展了支部共建活动，协调长江委、南水北调中线水源公司落实黄畈村支部共建活动经费 5 万元，玉皇山村体育健身器材安装经费 5 万元。另外，长江水文局还支持了玉皇山村 10 万元建设经费。

6）创新开展消费帮扶。水利部调水司牵头负责，淮委等成员单位参加，计划组织成员单位购买郧阳区农产品 40 万元以上，帮助销售郧阳区农产品，推动特色产业发展。2022年，调水司制定了《调水司定点帮扶郧阳区 2022 年度工作实施方案》，主要内容包括：①组织南水北调中线公司、汉江水利水电（集团）有限责任公司、中水淮河规划设计研究有限公司、南水北调中线水源公司、长江委、水规总院、中国水科院、水利工程协会等成员单位以及水利部工会、

食堂累计购买郧阳区农产品 249 万元（完成率为 623%）；②指导郧阳区更多农产品进入北京市消费扶贫双创中心、832 平台等线上线下平台展销，推进当地平台发展，帮助销售郧阳区农产品 515.2 万元；③帮助郧阳区推广宣传农产品销售，包括组织参加南水北调京堰协作交流中心郧阳区优质农副产品现场推介活动、帮助协调推荐郧阳区茶叶参加农业部"国际茶日"有关活动、联系水利部机关工会将郧阳区橄榄油作为"健步走"奖品等。

7）推广以工代赈促进稳岗就业。郧阳区牵头负责，湖北省水利厅、水利工程协会指导，选择合适项目纳入巩固拓展脱贫攻坚成果和乡村振兴项目库，组织开展以工代赈项目实施，帮助农村低收入人口就近就地就业增收。2022 年指导郧阳区实施南化塘镇黄柿坪村易迁安置点基础设施建设、梅铺镇红薯产业配套基础设施建设、五峰及白桑关片区乡村振兴以工代赈示范工程等 3 个以工代赈项目，共争取中央预算内资金 800 万元。项目可带动 190 余人就业，预计发放劳务报酬 165.29 万元。

8）实施内引外联帮扶。水利部移民司牵头负责，南水北调司参加，充分发挥中央国家机关联系广泛、沟通协调的优势，帮助协调国家有关部委争取在政策、项目和资金上给予郧阳区更大的倾斜支持。2022 年移民司持续深化与北京市东城区对口协作，

协调东城区投入郧阳区对口协作资金1900万元，用于支持郧阳区汉江流域油橄榄产业基地建设。

2. 典型经验与做法

（1）压实工作责任、统筹督促指导。帮扶组各单位高度重视定点帮扶郧阳区工作，单位主要负责同志亲自抓工作落实，切实担负起帮扶郧阳区的工作责任；各单位根据年度帮扶工作计划及重点工作责任分工，在深入调研了解郧阳区实际存在困难的基础上，研究制定了本单位具体实施方案，明确时间节点目标、责任人和保障措施，确保年度帮扶工作落到实处。

为确保调研帮扶工作质量与效率，南水北调司统筹协调帮扶组各单位赴郧阳区调研时间、任务及人员，合理安排工作节奏，防止扎堆或接茬调研。同时，及时开展对各成员单位帮扶任务进展、作风建设及郧阳区落实乡村振兴主体责任情况进行督促检查，确保工作责任落实。

（2）组团帮扶，打造定点帮扶示范村。郧阳区南化塘镇玉皇山村是水利帮扶的定点村。帮扶工作开展以来，帮扶组紧紧围绕水利行业优势，组织水利系统多部门对玉皇山村的支部建设、规划编制、产业发展、基础设施、职业培训等开展多层次的组团帮扶。以水美乡村建设、流域水土保持项目、移民后扶项目为抓手，推动全村基础设施升级、人居环境提升、村容村貌改进。围绕红色资源开发利用和区域发展优势，发展袜业、林果

业和中草药种植业，产业基础不断夯实，群众在家门口实现了就业致富。帮扶中，各单位高度重视群众的积极性、参与性和首创性，践行"共同缔造"理念，在基础设施和人居环境提升过程中，组织群众筹资筹劳，集体和村民成本共担，既节省了项目投资，又受到群众的热烈欢迎。

（3）技术帮扶，全面提升郧阳水利技术能力建设。水规总院将郧阳区技术帮扶工作列为"我为群众办实事"重点事项，院领导高位推进，建立规范化、制度化工作模式，形成了对郧阳区技术帮扶的稳定工作机制。水规总院充分发挥自身业务专长，协调带动成员单位形成技术帮扶合力，主动分析把握技术需求，精准高效开展技术帮扶；工作中根据实际需求变化，动态调整帮扶内容，重点在规划编制、项目前期技术咨询与建设期技术指导等方面为郧阳区持续提供技术支持，助力郧阳区逐步实现脱贫攻坚目标，向乡村振兴的新目标奋力迈进。

（沈子恒）

【重大调水工程关键问题分析】　2022年，水利部调水管理司组织中国科学院地理科学与资源研究所开展了"我国重大调水工程关键问题分析"，提出了南水北调东中线工程与黄河流域用水系统统筹方略，并结合南水北调西线工程调水方案分析，对南水北调西线工程和国家水网建设如何充分发挥已有引调水工程效益、避免重复建设

等问题提出建议。　　　　（龚家国）

监督稽察

【运行管理监督】　2022年，监督司按照水利部党组"十四五"时期水利高质量发展六条实施路径的要求和"紧盯重点、完善体系、凝聚共识"的监督工作思路，"以时时放心不下"的责任感和"严实细硬"的工作作风，查找南水北调工程风险隐患，守住安全风险底线；跟踪华北地区地下水超采治理生态补水进展，助力高质量发展，为工程运行安全履好职、尽好责。

一年来，监督司心怀"国之大者""国之大事"，坚持问题导向，克服新冠疫情、重大汛情影响，围绕冰期运行和冬奥会保供水、党的二十大和全国"两会"保安全任务组织开展监督检查13组，覆盖中线工程、东线北延工程以及防洪加固项目建设、工程周边防汛风险整治、金结机电、消防安全和安全监测等运行管理重点部位和关键环节，为工程运行安全"把好关，守好门"。积极履行法定监管职责，受理南水北调中线重点项目质量监督申请，开展有关质量监督工作。从全年检查情况看，南水北调工程运行平稳，各工程管理单位运行管理能力稳步提升，发现的各类问题暂不影响工程运行安全，且大部分整改完成。

一年来，监督司坚持守正创新，全面推进水利监督体制机制法治建设，印发或修订出台《构建水利安全生产风险管控"六项机制"的实施意见》《水利监督规定》，结合年度监督检查计划和"安全监管＋信息化"手段，进一步加强安全风险状况评价和风险预警管理，规范监督检查行为，完善组织保障。积极适应南水北调工程管理机制和监督力量的变化，着力强化各单位各部门的协调配合，注重行业高水平监督与国有企业高水平管理的相互促进，形成新时期齐抓共管、严盯不懈的监督格局。全面总结分析三年来南水北调工程运行监督工作情况以及当前面临的致险、承险、防险要素，对反复出现的问题从机制上找原因，为后续工程建设运行管理提供参考借鉴。　　（李笑一　姚亮）

2022年，水利部监督司针对南水北调工程项目特点、运行特点、供水特点，明确了运行管理监督重点，有序完成各项监督检查任务，从守护生命线的政治高度，为南水北调工程安全、供水安全、水质安全提供监督保障。

冬奥会前，监督司会同南水北调司，抽查了北京、河北两地冰期输水任务较重的7个现地管理处的冰期运行管理、融冰扰冰拦冰设施调用维护、冰期应急准备等情况，进一步压实工程管理单位冰期责任，督促相关问题在极寒期前完成整改，提高冰期输水保障能力。

监督司高度重视2021年特大暴

雨对河北、河南段工程的影响，把南水北调防洪加固工程施工质量、左岸小型水库除险加固工程进度作为重点检查内容。2022 年 4—7 月，组织对中线防洪加固项目开展电话跟踪和视频抽查，在"七下八上"的防汛关键期，赴河北、河南等地开展实地暗访，督促建设质量问题立查立改，妥善处置进度滞后、汛期施工等风险隐患，提高临水临边作业的安全意识。全年紧盯左岸水库、行洪通道、左排建筑物等风险因素，重点核查了河南、河北、山西三省 38 座南水北调左岸小型水库除险加固工程进度及中线交叉河道妨碍河道行洪和左排建筑物突出问题排查整治，现场指导问题整改，及时提出中线干线面临的潜在风险，督促沿线地方人民政府和工程管理单位高度重视中线工程防洪安全，当好第一责任人。

为保障党的二十大期间首都地区供水安全，做好首都地区有关风险隐患处置工作，2022 年 9 月，监督司组织暗访了中线北京、天津地区部分运行和供水任务较重的现地管理处，督导工程管理单位加强金属结构设施、机电设备运行维护等关键工作，提高相关设备参与运行调度保障率。

持续跟踪中线湖北境内工程运行管理情况，2022 年 5 月，监督司组织长江水利委员会对南水北调中线湖北境内工程安全运行情况进行汛前检查，先后暗访湖北省汉江兴隆水利枢纽管理局与引江济汉工程管理局的安全生产、金结机电、安全监测等情况，复核 2021 年问题整改，并指导工程管理单位落实水利安全生产有关要求。　　（韩小虎　陈宪超　康元品）

【质量监督】　监督司严格履行政府质量监督职责，按要求受理南水北调工程相关质量监督申请。2022 年 2 月，根据有关单位申请，呈报水利部领导《关于南水北调中线干线工程防洪加固项目开展质量监督有关工作的请示》，经部领导同意，印发《水利部办公厅关于南水北调中线干线工程防洪加固项目质量监督有关事项的通知》，确定水利部对南水北调中线干线工程防洪加固项目实施质量监督，具体工作由水利部质量与安全监督总站承担。2022 年 8 月，根据有关单位申请，呈水利报部领导《关于对引江补汉工程开展质量监督有关工作的请示》，经部领导同意，印发《水利部办公厅关于引江补汉工程质量监督有关事项的通知》（办监督函〔2022〕739 号），确定水利部对引江补汉工程已批复初步设计的出口段部分实施质量监督，具体工作由水利部质量与安全监督总站承担。2022 年 11 月，经水利部领导同意，受理南水北调中线工程首都地区风险隐患处置有关项目质量监督申请，确定水利部对南水北调中线工程首都地区有关风险隐患处置工作实施质量监督，具体工作由海委质量监督分站承担。

（于冠雄　熊雁晖　高磊）

1. 编制设计单元工程完工验收质量监督报告 2022 年，水利部河湖保护中心（以下简称"河湖保护中心"）编写并提交了南水北调中线京石段应急供水工程（北京段）工程管理专题、中线一期工程总干渠黄河北—羑河北焦作 1 段、中线干线工程自动化调度与运行管理决策支持系统（京石应急段）、中线一期穿黄工程 4 个设计单元的质量监督报告，保障了验收工作的顺利开展。

此外，河湖保护中心组织了湖北、河南、河北、北京、天津、山东、江苏等 7 家省级南水北调质量监督站，召开南水北调工程质量监督总报告编制会议 2 次，完成了《南水北调东线一期工程竣工验收工程质量监督报告（初稿）》和《南水北调中线一期工程竣工验收质量监督报告（初稿）》编制工作，为工程竣工验收做好准备。

2. 开展质量监督专项巡查 2022 年，河湖保护中心共组织开展质量监督专项巡查 5 组次，共发现各类问题 14 个，均督促各相关单位整改到位。1 月 9 日，河湖保护中心对北京分局自动化调度系统开展质量监督专项巡查 1 组次，同时还对北京段工程管理专题的实体质量进行了同步巡查，确保了工程建设进度和质量。7—8 月，为保障南水北调工程汛期安全通水，河湖保护中心开展了 2 组次南水北调中线工程防汛检查，重点巡查了左排建筑物排水通道和退水通道运行管理情况。为保障项目划分的科学性，对

中线自动化调度与运行管理决策支持系统（京石应急段）设计单元工程项目划分情况开展专项巡查 1 组次、明确了该设计单元的 28 个单位工程、98 个分部工程、1681 个单元工程的划分情况，为项目顺利验收打下了坚实基础。

此外，河湖保护中心还对河南省、江苏省质量监督费使用情况进行了 1 组次专项巡查。

3. 参加各类验收 2022 年，河湖保护中心参加了南水北调中线京石段应急供水工程（北京段）工程管理专题、中线一期工程总干渠黄河北—羑河北焦作 1 段、中线干线工程自动化调度与运行管理决策支持系统（京石应急段）、中线一期穿黄工程等 4 个设计单元的技术性初验和完工验收，分别提交了质量监督报告，宣读了质量监督结论。

4. 开展水质检测 2022 年，为保障清水进京，河湖保护中心依托水质检测实验室对汇入丹江口水库的剑河、官山河、神定河、泗河、堵河、犟河、老灌河等 7 条河流的水质情况开展了检测。经检测，5 条河入库断面水质达到了Ⅲ类水质标准，2 条河达到了Ⅱ类水质标准，符合相关要求。

（付原　岳松涛）

【制度建设】　为全面贯彻习近平总书记关于治水、安全生产的重要论述和重要指示批示精神，深入落实党中央、国务院决策部署，按照水利部

党组要求，2022 年，监督司先后制定或修订了《构建水利安全生产风险管控"六项机制"的实施意见》（以下简称"水利安全生产风险管控'六项机制'"）和《水利监督规定》，并以水利部文件印发。2019 年 7 月 19 日水利部印发的《水利监督规定（试行）》同时废止。

水利安全生产风险管控"六项机制"包括查找、研判、预警、防范、处置和责任等环节任务，其实施对于深入推进安全风险分级管控和隐患排查治理双重预防机制建设、提升水利安全生产风险管控能力、防范化解安全生产风险、有效防范遏制生产安全事故具有重要作用，为水利行业统筹发展和安全提供坚实的制度保障。

修订后的《水利监督规定》进一步健全行业监督工作体系，明确了综合、专业、专项、日常监督相结合的工作体制和水利部、流域管理机构、地方各级水行政主管部门的监督工作职责。同时，强化行业监督管理，规范了监督计划统筹、监督事项及权责义务、监督成果运用、责任追究等环节工作，对于政府依法行政、科学统筹监督检查任务、建立监督工作长效机制具有重要意义。

（王甲　李笑一　李祥炜）

【华北地区地下水超采综合治理监督检查】　为全面贯彻落实党中央、国务院决策部署，按照《"十四五"时期复苏河湖生态环境实施方案》《华北地区地下水超采综合治理行动方案》要求，水利部监督司持续推进华北地区地下水超采综合治理重点任务落实落地，为加快河湖生态环境持续复苏贡献监督力量。2022 年，监督司会同水资源司科学统筹水资源管理、节约用水和河湖长制落实情况监督检查，组织开展了南水北调东中线一期工程受水区压采评估检查，保障北京、天津、河北、山东等省（直辖市）地下水超采治理评估工作顺利完成。结合《华北地区地下水超采综合治理行动方案》分工任务，组织对河湖生态补水、机井关停等重点任务开展现场检查，全年累计抽查献县、河间市关停机井 40 眼，并对其补水进度情况进行核查。现场检查立足于督促受水区地方政府和有关单位履职尽责，推动落实河道清理整治、地下水超采治理任务，解决人民群众急难愁盼问题，提高水资源节约集约利用水平。

通过持续跟踪和整改落实，南水北调生态补水河道水流、水面明显增大，环境面貌得到改观。随着大运河的全线贯通，包括白洋淀在内的受水区河湖水量明显增加、水质明显提升，有效遏制了华北地区地下水水位下降、地面沉降等生态环境恶化趋势，永定河、滹沱河、白洋淀、子牙河等一大批河湖重现生机，南水北调工程生态效益、社会效益凸显。

（李青　王宇岩）

【南水北调安全运行检查】　根据《水

利部南水北调司关于印发南水北调工程 2022 年安全生产工作要点的通知》（南调便函〔2022〕27 号）要求和南水北调司工作安排，水利部调水局积极开展各类监督检查工作。

（1）防汛检查。2022 年 5 月 12 日参加由南水北调司组织，黄委、河南省水利厅参与的河南段防汛视频检查，对鲁山、辉县两个管理处开展了线上监督检查；5 月 20 日参加由南水北调司组织，海委、河北省水利厅参与的河北段防汛视频检查，对高邑元氏、保定两个管理处开展了线上监督检查。两次检查发现问题均为防汛应急预案内容、防汛物资及后勤保障类问题。经同步核实，2021 年汛前准备检查发现问题均已在 2022 年汛前闭环清零。

（2）安全运行检查。2022 年度南水北调司、长江委、黄委、淮委、海委及调水局共组织工程安全运行检查 21 批次，三级管理单位全覆盖，主要检查内容是运行管理、安全生产、标准化建设等情况。（李东奇　谢冰波）

【南水北调工程运行监管问题台账管理】　建立检查发现问题台账，并按安全运行检查和防汛检查分类规范管理。按照《水利工程运行管理监督检查办法（试行）》等规定，建立检查发现问题台账报送机制，规范问题台账格式、问题分类、印证资料、问题整改等报送要求；重点围绕做好台账管理，及时核查督促检查发现问题整改，实现闭环式、销号制管理。

针对发现问题整改落实情况，结合问题的性质和类别，灵活采取包括线上电话联系、微信、蓝信、视频"飞检"，以及线下资料核查、分析研判、补充提交相关整改材料、现场核查等方式，及时了解整改进展、督促整改进度、核查整改效果。2022 年 7 月下旬联合淮委对南水北调东线工程江苏境内宝应泵站、金湖泵站等 5 家运管单位开展安全运行监督检查；8 月中旬联合南水北调司赴河北、河南对南水北调中线工程运行安全及防汛工作情况开展现场调研检查；8—9 月期间组织专家赴现场对东线台儿庄、万年闸、韩庄、二级坝以及江苏水源公司涉及的共计 80 个问题开展核查；11 月下旬联合南水北调司开展南水北调工程冰期输水准备工作视频调研。截至 2022 年年底，除未到整改时限问题外，整改率为 95.3%。通过对台账问题整改进度、整改效果进行核查，以台账促整改、以整改完善台账，做好检查成果汇总分析，对重点工作、系统性问题提出整改意见及建议，确保监督检查效果。

（李东奇　佟昕馨）

技术咨询与重大专题

【专家委员会工作】　2022 年，南水北调工程专家委员会主动作为、实干担当，紧扣南水北调工程"三个安全"保障工作，完成了南水北调中线工程风险综合评估项目工作大纲、总干渠着生藻类防控实施方案及无冰输水关键技术研究报告等 6 项技术咨询；着眼南水北调后续工程规划建设及高质量发展，完成了东中线工程水资源配置方案等 3 项技术咨询，赴引江补汉工程开展了现场调研，并开展了黄河远期输沙需水量研究、南水北调西线工程可调水量评估专题研究；围绕南水北调工程运行与评价分析，完成了南水北调东、中线一期工程建设财务经济后评价及东线一期工程达效及综合效益研究等 4 项技术咨询。

（陈阳　王同飞）

【工程检查评价与专题调研】　2022年，水利部调水局共完成 3 个工程档案专项验收任务。

（1）南水北调东线一期江苏境内调度运行管理系统工程档案专项验收。2022 年 3 月，调水局对南水北调东线一期江苏境内调度运行管理系统工程档案进行了检查评定，认为该工程档案质量满足验收条件。经水利部办公厅同意，在综合评议的基础上，形成了《南水北调东线一期江苏境内调度运行管理系统工程档案专项验收意见》。2022 年 3 月 29 日，水利部办公厅以办档函〔2022〕313 号文印发了该设计单元工程档案专项验收意见。

（2）南水北调中线干线自动化调度与运行管理决策支持系统（京石应急段）设计单元工程档案专项验收。

2022 年 6 月，调水局对南水北调中线干线自动化调度与运行管理决策支持系统（京石应急段）设计单元中线干线自动化调度与运行管理决策支持系统（京石应急段）设计单元工程档案进行了专项验收，并形成了《南水北调中线干线自动化调度与运行管理决策支持系统（京石应急段）设计单元工程档案专项验收意见》。2022 年 6 月 27 日，水利部办公厅以办档函〔2022〕576 号文印发了该设计单元工程档案专项验收意见。

（3）南水北调中线京石段应急供水工程（北京段）工程管理专题工程档案专项验收。2022 年 6 月，调水局对南水北调中线京石段应急供水工程（北京段）工程管理专题工程档案进行了档案专项验收，并形成了《南水北调中线京石段应急供水工程（北京段）工程管理专题工程档案专项验收意见》。2022 年 6 月 27 日，水利部办公厅以办档函〔2022〕577 号文印发了该设计单元工程档案专项验收意见。

（闫津赫　王文丰　李永亮　江兴泊）

【重大专题研究】

1. 南水北调工程运行安全检测技术研究与示范研究　"十三五"国家重点研发计划项目"南水北调工程运行安全检测技术研究与示范"于2018 年在科技部立项，在水利部调水局的组织管理下，通过三年科技攻关，于 2021 年圆满完成各项研究任务，并向中国 21 世纪议程管理中心提交了项目各项成果报告。2022年3月，中国21世纪议程管理中心组织召开会议，对项目进行了综合绩效评价。项目组对项目研究及示范情况进行了展示和汇报，并对专家提出的问题进行了答辩。4月，中国21世纪议程管理中心以国科议程办字〔2022〕23号文印发了项目综合绩效评价结论的通知，项目通过绩效评价，评分为90.80分。

（田野　李楠楠　张颜）

2. 西线工程受水区生态环境效益评价研究　2022年，水利部调水局参与申报了"十四五"国家重点研发计划"长江黄河等重点流域水资源与水环境综合治理"重点专项"南水北调西线工程调水对长江黄河生态环境影响及应对策略"和"南水北调中线冬季输水能力提升关键技术研究与示范"项目。2个项目均于2022年11月在科技部成功立项，项目牵头单位分别为黄河勘测规划设计研究院有限公司和中国水利水电科学研究院。水利部调水局主要承担"南水北调西线工程调水对长江黄河生态环境影响及应对策略"课题四"西线工程调水生态补偿机制及生物入侵风险分析"中专题2"西线工程受水区生态环境效益评价"和专题4"西线工程调水生态补偿模式和机制研究"，以及"南水北调中线冬季输水能力提升关键技术研究与示范项目"课题三"南水北调中线工程冬季大流量非冰盖输水主动提升技术"中专题3"浮动式曝气

联合扰冰装置及多热源增温技术"。截至2022年年底，已配合完成项目和各课题任务书的编制，提交科技部并通过审核。

（李楠楠　陈阳　高媛媛）

3. 推进管理体制研究　江苏深入研究江苏南水北调工程管理体制，推动南水北调集团与江苏省政府签署战略合作框架协议，多次与南水北调集团就江苏南水北调管理体制进行沟通，积极探索支撑南水北调后续工程高质量发展最优管理模式。

4. 落实基本水费收缴　江苏督促完成2021—2022年度江苏南水北调基本水费3.51亿元缴纳工作，落实"收益区负担、省财政奖补"的江苏南水北调水费征缴机制，及时协调拨付6市水费奖补资金，连续5年顺利完成水费征缴任务，有效保障工程良性运行。

5. 配合水价政策研究　江苏开展江水北调工程参与南水北调运行的成本测算研究，配合水利部财务司开展完善水价机制研究，配合南水北调集团开展南水北调调水运行成本测算，为完善南水北调东线一期工程水价成本、水权管理提供支撑。　（宋佳祺）

宣 传 工 作

【南水北调司宣传工作】　2022年南水北调宣传工作坚持以习近平新时代中国特色社会主义思想为指导，以迎

接党的二十大和宣传贯彻党的二十大精神为主线，认真贯彻落实习近平总书记视察南水北调工程时重要指示和在主持召开推进南水北调后续工程高质量发展座谈会上的重要讲话精神，按照全国水利工作会议部署要求，紧紧围绕南水北调中心工作，持续开展有重点、有亮点的高密度宣传工作，进一步擦亮南水北调工程"国之大事""国之重器"的品牌形象。

1. 围绕党的二十大及习近平总书记重要讲话指示批示精神宣传

（1）协调中央宣传部在"奋进新时代"主题成就展室外实物展示南水北调东、中线一期工程沙盘，参与研提有关口径材料。

（2）集中开展"5·14"一周年宣传。组织在中央广播电视总台全频道展播南水北调公益广告；组织全水利系统开展"学习习近平总书记重要讲话知识网络答题"活动；组织水利部发研中心等多家单位和多位专家围绕"三个事关""四条生命线"撰写发表专题文章，讲深讲透南水北调工程重大意义。

2. 围绕中心工作宣传　围绕南水北调中心工作重大突破和重要进展，积极开展集中宣传，以中线引江补汉工程开工、超进度完成防洪加固项目修复、东中线一期工程155个设计单元工程全部通过完工验收、超目标完成东线北延工程应急供水任务、超计划完成中线一期工程年度供水目标等为重点，协调联系中央媒体、地方媒

体和行业媒体开展一系列高频次宣传，有力展现了南水北调工作取得的最新进展和成效。

3. 抓好重要节点宣传　加强重要节点宣传策划，在中线一期工程累计调水 500 亿 m³、东线一期工程启动 2022—2023 年度调水、中线一期工程启动 2022—2023 年度冰期输水、东线一期工程北延应急供水工程首次启动冬季向河北天津调水、东中线一期工程全面通水 8 周年、南水北调工程开工 20 周年等重要节点，协调组织中央媒体、地方媒体开展集中宣传，持续营造良好环境。

4. 开展矩阵式宣传

（1）加强信息报送。向中央办公厅、国务院办公厅报送政务信息 21 期。

（2）突出权威媒体宣传。《人民日报》、中央电视台等主流媒体多次聚焦宣传南水北调工作，其中中央电视台报道 150 余次、《新闻联播》栏目直接报道 9 次；参加水利部新闻发布会 2 次。

（3）报、刊、书、网、移动端立体发力。组织《中国水利报》刊发稿件 49 篇；协调《中国水利》杂志策划推出《引江补汉工程特刊》；南水北调司网站策划专题宣传 3 次，全年发布信息 1054 条，总访问量为 126 万人次；《中国南水北调报》出版发行 34 期；公开发行《南水北调 2021 年新闻精选集》及《中国南水北调年鉴 2022》，编印《中国南水北调效益

报告》。 （袁凯凯）

【北京市宣传工作】 2022年，北京水务系统及南水北调各单位以习近平新时代中国特色社会主义思想为指导，深入学习宣传贯彻党的二十大及北京市第十三次党代会精神，坚持"转观念、抓统筹、补短板、强监管、惠民生"水务工作思路和"安全、洁净、生态、优美、为民"水务高质量发展目标，强化宣传阵地建设，激发干部职工干事活力。围绕北京冬奥会和冬残奥会水务服务保障、"世界水日""中国水周"主题宣传活动、汛期安全度汛、习近平总书记给建设和守护密云水库的乡亲们回信两周年等重大事项进行宣传，主动占领媒体平台、积极传播水务正能量，为北京市水务事业改革发展营造良好舆论氛围。南水北调干线管理处通过线上宣传、张贴海报、悬挂条幅等多种方式，在晓月苑宛平文化广场及城关街道马刨泉河附近，组织开展"世界水日""中国水周"宣传活动；南水北调环线管理处以工程保护宣传和节水宣讲为重点开展现场实践活动；南水北调团城湖管理处依托爱国主义教育基地平台，充分发挥节水、用水、护水、爱水的理念，在线推出面向小学生的"云课堂"活动3期，面向大众的"基地科普小课堂"活动4期。北京市水务系统在内部和外部网站发布新闻、信息稿件13372条，在"水润京华"微博及微信公众号发布稿件2462条，在抖音平台发布作品94条，在《人民日报》《北京日报》等媒体发布稿件2425篇；《北京水务报》出版32期。以南水北调工程迎来水源进京8周年为主题，重点宣传报道南水北调进京8年来在保障城市供水安全、优化多水源配置、提升水资源战略储备等方面的重要作用。 （周英豪）

【天津市宣传工作】 2022年4月中旬，配合水利部开展大运河全线贯通补水宣传报道，宣传南水北调东线北延应急调水对保障天津市南部地区生态和农业用水、改善水生态环境、助力大运河生态复苏等方面的作用；在中央驻天津和当地媒体刊登（播发）相关宣传报道20余篇，组织开展补水过程网上慢直播，观看人数超5万人次。5月下旬，为深入学习贯彻习近平总书记在推进南水北调后续工程高质量发展座谈会上重要讲话精神，在《中国水利报》一版刊发重要报道《引来江水润津沽》，宣传天津市推动南水北调后续工程高质量发展思路举措。 （天津市水务局）

【河北省宣传工作】 2022年，河北省紧紧围绕"南水北调工程高质量发展"开展宣传工作，在《河北水利》杂志专题刊发《聚焦工程建设 突出安全保障 全面推进南水北调事业高质量发展》，宣传河北省攻坚克难、担当作为，高标准完成境内南水北调中线干线工程和配套工程建设，全力保障供水安全工作。配合中央网信办和水利部开展"奇迹中国　天河筑梦"——南水北调工程网上主题宣传活动，展示南水北调工程为河北省生态环境、居民生活质量、社会经济发展带来的新变化、新契机。利用电视、网站、微信公众号等媒体，宣传报道河北省境内南水北调中线工程干线、南水北调东线一期工程北延应急供水工程相关河渠、南水北调配套工程明渠段全面推行河长制，建立河长组织体系，明确河长职责任务，构建责任明确、协调有序、监管严格、保护有力的管理保护机制，维护南水北调工程安全、供水安全、水质安全。充分利用"世界水日""中国水周"等重要节日，积极开展南水北调普法宣传，向市民发放了《南水北调工程供用水管理条例》《河北省南水北调配套工程供用水管理规定》《穿跨邻接南水北调中线干线工程项目管理和监督检查办法（试行）》《穿跨邻接河北省南水北调配套工程项目管理和监督检查办法（试行）》等宣传读本，加深社会公众对南水北调工程认识，提升全民保护南水北调工程安全的行动自觉性。

（胡景波）

【湖北省宣传工作】　（1）突出重点重大主题宣传成效显著。紧紧围绕党的二十大和湖北省第十二次党代会进行主题宣传。组织近10家新闻媒体赴三峡库区开展感恩对口支援30年采访活动；组织数家中央媒体赴宜昌、十堰开展"巍巍三峡"和南水北调工程网上主题宣传活动。党的二十大召开期间，在湖北省水利厅一楼大厅设立"湖北水利精彩十年"主题展板，在人民网设立专题，在《湖北日报》开设专版；向全省水利系统征稿，在水利厅网站、微信公众号开设专题专栏，系列报道水利系统干部职工学习宣传贯彻党的二十大精神。围绕一季度"开门红"、鄂北工程试通水、"世界水日"、"中国水周"、调度水利工程抗旱保灌溉保供水、重大水利工程建设、碾盘山工程二期截流等主题，提早谋划，组织各大新闻媒体集中开展宣传报道，取得良好的宣传效果。

（2）中央级媒体宣传力度创历史新高。2022年以来，湖北省水利厅主动上门对接多家中央级媒体，打通通道，共同谋划水利新闻宣传。在中央级媒体进行新闻报道142篇次，其中《新闻联播》7次、《央视新闻》33次、《人民日报》3次、人民网56次、新华社（网）15次、中国新闻网28次，宣传力度空前。2月，中央电视台记者全程直播连线鄂北工程试通水，在中央电视台新闻、农业农村、财经等多个频道轮番播出；8月，中央电视台《新闻联播》《新闻直播间》《东方时空》等多个栏目7次集中报道湖北省调度水利工程抗旱；9月，湖北省重大水利工程集中开工，中央电视台《新闻联播》《新闻直播间》《朝闻天下》等栏目进行5次宣传报道；10月，中央电视台《新闻直播间》《朝闻天下》等栏目 6 次聚焦宣传碾盘山工程二期截流，船闸试通航在《新闻联播》播出。《湖北水利工程重大项目建设扎实推进》《湖北蕲水灌区"咽喉"打通》《世界水日中国水周湖北分会场活动》《南水北调中线引江补汉工程开工建设》等多篇报道亮相中央电视台《新闻联播》《新闻直播间》。湖北引丹灌区、漳河灌区、碾盘山工程明渠截流等工程报道在《人民日报》刊发。　（孟梦）

【山东省宣传工作】　2022 年，山东南水北调宣传工作坚持以习近平新时代中国特色社会主义思想为指导，深入学习宣传贯彻党的二十大精神，紧紧围绕习近平总书记关于黄河流域生态保护和高质量发展重要指示要求，着力宣传南水北调工程的战略保障地位和作用。

（1）持续深入宣传习近平总书记关于治水工作的重要论述。紧紧围绕习近平总书记关于把南水北调工程建设成为"四条生命线"的重要指示精神，大力宣传南水北调作为国之大事、国之重器的战略支撑保障地位和作用。

（2）树牢直播状态下工作的意识。全面贯彻山东省水利厅宣传会商研判会议和舆论引导专题培训要求，分析研究宣传工作风险点，对于苗头性、倾向性问题有针对性地进行摸底排查，制定防控措施，做好预判预控。

（3）牵头完成南水北调宣传稿件

素材。为迎接党的二十大胜利召开，配合完成推进南水北调工程网络主题活动，回顾总结党的十八大以来南水北调工作亮点、主要经验、创新成效以及京杭大运河全线贯通补水行动等宣传报道，宣传南水北调对山东的贡献，讲好南水北调故事，为南水北调后续工程高质量发展提供舆论支撑。

（山东省水利厅）

【江苏省宣传工作】　2022 年是南水北调东线一期工程开工 20 周年，江苏聚焦主责主业，紧抓时间节点，统筹做好宣传工作，为南水北调工程运行营造良好舆论氛围。

1. 开展年度调水宣传　江苏按时启动年度调水和北延应急供水工作，调水新闻先后在学习强国、《光明日报》、江苏卫视、《新华日报》、《现代快报》、人民网、中国新闻网等主流媒体刊发，在《新华日报》刊发《一江清水向北送　千里长波润万家》专题文章；在江苏省水利厅官方网站南水北调专题板块推送新闻稿件近百篇。

2. 配合进行主题宣传　在南水北调工程累计调水超 530 亿 m^3、南水北调助力京杭大运河实现近百年来首次全线通水等重要时间节点，配合主流媒体开展主题新闻宣传，新华社、《人民日报》、中央电视台新闻等主流媒体聚焦关注。

3. 积极应对社会舆情　密切关注门户网站、新闻媒体等涉及江苏南水北调的信息，及时预判处置可能会造成负面影响的舆论信息；关注调水期间舆情动态，妥善处置入江水道洪金段船民反映问题、金宝航道刘圩段1号码头隐患等。 （宋佳祺）

【中国南水北调集团有限公司宣传工作】 2022年，南水北调集团坚持以习近平新时代中国特色社会主义思想为指导，认真学习宣传贯彻习近平总书记关于南水北调重要讲话指示批示精神，牢牢把握政治方向，坚持正确舆论引导，紧扣主线、服务大局，推动集团品牌影响不断加强，为南水北调后续工程高质量发展与集团改革发展营造良好舆论氛围。

1. 夯实宣传管理基础，加强宣传队伍建设

（1）加强宣传机构建设。积极推动南水北调集团新闻宣传中心成立，系统梳理新闻宣传工作分工安排与工作界面划分，推动集团新闻宣传工作新队伍建设、新机制融合。

（2）加强宣传队伍培训。举办集团2022年宣传工作培训班，组织集团各部门、各单位宣传工作人员，围绕新闻宣传工作，邀请专家授课，开展分组研讨，达到推动集团宣传工作机制建设、提升集团宣传人员业务能力、促进集团宣传人员融合交流的目的。

（3）加强宣传阵地管理。2022年先后印发了《中国南水北调集团有限公司办公室关于对新媒体账号开展清查登记工作的通知》《中国南水北调

集团有限公司办公室关于进一步加强自有宣传平台管理的通知》《中国南水北调集团有限公司办公室关于近期进一步加强宣传管理工作的通知》《中国南水北调集团有限公司办公室关于印发全面加强近期宣传工作方案的通知》等文件，并多次组织召开会议强调落实责任，抓好自有宣传平台管理。上半年完成集团新媒体平台排查统计，建立了集团各层级63家自有媒体平台管理台账。下半年结合迎接党的二十大重点保障工作，开展了"自有宣传平台管理和意识形态阵地专项检查"，对5家二级子公司宣传管理体制机制建设、自有宣传平台台账管理、信息发布审批流程落实情况、宣传人员配备等情况进行了全面检查；同时利用"开普云"大数据技术手段对集团网站、中线公司网站、东线公司网站等6个自有宣传平台发布内容进行了全面扫描检查，并立即整改。

（4）加强新闻报送管理。印发《中国南水北调集团有限公司办公室关于进一步加强集团公司新闻报送管理工作的通知》，要求集团各部门、各单位进一步提高对新闻报送工作的思想认识，加强责任落实，确保新闻时效和稿件质量。同时结合工作实际，优化OA系统新闻发布审批流程，提高新闻审批时效。

2. 紧扣业务发展主线，积极开展对外宣传

（1）围绕南水北调重大节点和南

水北调集团重点业务工作开展重点专题宣传。先后策划开展了南水北调东中线一期工程累计调水量突破 500 亿 m³、东线北延工程 2022 年度调水助力京杭大运河全线通水、习近平总书记主持召开推进南水北调后续工程高质量发展座谈会一周年、引江补汉工程开工、中线工程累计调水量突破 500 亿 m³、东中线一期工程通过完工验收、中线工程超额完成年度调水任务、集团成立两周年、喜迎党的二十大、南水北调构想提出 70 周年、东线工程启动 2022—2023 年度调水以及南水北调工程防汛工作、启动冰期输水等重点专题宣传。中央主流媒体广泛报道，自有平台形成联动，取得良好宣传效果。1 月 1 日至 12 月 31 日，全网关于"南水北调"相关信息量共计 45.5 万篇（条）；中央电视台各频道累计报道南水北调相关新闻 170 余次，《新闻联播》直接报道南水北调工程与集团相关新闻 9 次，新华社发布相关报道 21 篇；《人民日报》发布相关报道 18 篇并刊发集团董事长蒋旭光署名文章《扎实推进南水北调后续工程高质量发展　加快构建国家水网》，人民网"对话新国企·共好新时代"专题节目专访董事长蒋旭光，行业、地方媒体也广泛报道，《中国水利》杂志专刊报道引江补汉工程，并发表包括董事长蒋旭光专访文章在内的 5 篇集团相关文章。

（2）积极回应社会关注，配合开展对外宣传。配合国有资产监督管理委员会整理报送贯彻落实习近平总书记考察调研中央企业发表重要讲话精神成果展有关图文和视频材料以及"习近平总书记国企足迹"专题宣传素材等。组织制作南水北调东、中线一期工程沙盘，通过水利部选送参加了由中央宣传部、国家发展改革委、中央军委政治工作部、北京市联合主办的"奋进新时代"主题成就展。配合中央网信办组织的"奇迹中国　天河筑梦"南水北调工程网上主题宣传活动，新华网、央视网、中国新闻网等参与活动的网络媒体先后发布近 40 篇图文及短视频报道。

（3）积极打造宣传产品，拓展传播渠道。制作多版集团及南水北调工程宣传片，在引江补汉工程开工动员大会及各类重要接待、会议等场合播放，展示集团形象。编制集团宣传画册脚本，并反复修改完善。推动集团一层展厅脚本编写及设计制作工作，为展厅正式建设做好前期准备。

3. 抓好舆情监测工作，提升舆情应对能力

（1）加强舆情监测。从 2022 年年初起，将各二级公司业务纳入南水北调集团统一舆情监测范围，每周编制舆情周报。围绕汛期、冰期、后续工程开工、重大调水节点、集团人事变动等重点敏感时期，开展加密监测，编制舆情专报。党的二十大召开前后，专门编制方案，针对南水北调和集团相关重点工作、敏感问题等开展加密监测，并开展每日一报机制。

全年舆情总体积极正面，正面及中性舆情信息占比达 96.8%。针对监测到的个别负面或不实舆情，及时上报集团领导，并与水利部办公厅、南水北调司加强沟通，妥善处理。

（2）预判舆情风险，编制应对口径。在党的二十大召开前，专门梳理了南水北调工程和集团可能存在较大舆情风险的敏感问题，编制完成了《中国南水北调集团有限公司对外宣传与舆情应对口径（2022 年）》。

（3）做好突发舆情应急响应准备。在集团突发热点舆情应急响应工作规定的基础上，进一步完善、细化形成了集团突发舆情应急预案，作为集团突发事件总体应急预案的子预案。组织开展了突发舆情应急响应桌面推演，模拟发生突发事件并监测到负面舆情至完成应急响应的全流程。根据桌面推演情况，对突发舆情应急预案进行了进一步修改完善，并提交集团应急管理领导小组审议研究。

4. 畅通信息工作渠道，提升信息编报质量

（1）全面加强南水北调集团政务信息管理。建立集团政务信息编报体系，明确各部门、各单位信息员，不断完善信息工作队伍建设。印发《集团公司 2022 年信息工作要点》，明确信息报送重点，指导各部门、各单位积极主动、及时准确、全面深入地做好政务信息报送工作。每季度印发政务信息报送情况通报，提高各部门、各单位对政务信息工作重视程度，补齐短板弱项，强化责任担当。

（2）不断提升信息编报质量。围绕南水北调后续工程和集团高质量发展中的新举措、新经验、新成绩及时编报政务信息，不断提高信息质量，上级单位采用率稳步提升。截至 2022 年 12 月 31 日，共向水利部、国有资产监督管理委员会报送政务信息 41 篇。　　（李季）

【南水北调东线山东干线有限责任公司宣传工作】　2022 年是党的二十大召开之年，是国家"十四五"规划实施、向第二个百年奋斗目标进军的关键之年。按照水利部、山东省水利厅的部署要求，山东干线公司新闻宣传工作以习近平新时代中国特色社会主义思想为指导，加强统筹谋划，主动适应新形势新任务新要求，深入学习习近平总书记关于治水工作的重要论述，按照全国水利工作会议的要求，紧紧围绕山东南水北调中心工作，强化正面宣传和舆论引导，积极传播南水北调声音，讲好南水北调故事，塑造南水北调品牌形象，创建南水北调文化，扩大南水北调影响，不断开创山东南水北调事业高质量发展新局面。

1. 坚持不懈用习近平新时代中国特色社会主义思想凝心铸魂、指导实践

（1）坚持不懈推进习近平新时代中国特色社会主义思想学习宣传贯彻。把学习宣传贯彻习近平新时代中国特色社会主义思想作为重大政治任

务，在学懂弄通做实上下工夫，系统引导山东干线公司广大干部职工理论学习走深走实走心，不断增强拥戴核心、维护核心的政治自觉和思想自觉。

（2）持续深入宣传习近平总书记关于治水工作的重要论述精神。广泛宣传贯彻落实习近平总书记"节水优先、空间均衡、系统治理、两手发力"治水思路和关于南水北调工程系列讲话精神，深化与主流媒体平台的战略合作，深入挖掘"四条生命线"的表现形态与战略价值，开辟专栏大力宣传南水北调作为国之大事、国之重器的战略支撑保障地位和作用，全面展示南水北调事业改革发展成效，弘扬主旋律，传播正能量。

（3）积极报道全面落实党的十九届六中全会精神的开展情况。深入宣传各部门各单位将学习贯彻十九届六中全会精神与学习贯彻习近平总书记关于治水工作的重要论述精神相结合，立足新发展阶段、贯彻新发展理念、构建新发展格局，积极推进"十四五"时期水利改革发展的生动实践，以及为山东南水北调事业高质量发展提供坚实支撑的切实举措。

2. 全力以赴做好迎接、学习、贯彻党的二十大精神宣传工作

（1）紧紧围绕迎接、宣传、贯彻党的二十大集中开展深入宣传报道。拓宽宣传载体、整合宣传资源，统筹做好党的二十大期间重大会议活动报道和主题宣传、形势政策宣传、成就宣传、典型宣传。坚持思想建设和宣传引导同向发力，持续发扬党对思想政治教育的正确引导作用，不断提升干部职工准确把握新发展阶段、深入贯彻新发展理念、加快构建新发展格局的责任感和主动性。

（2）持续强化党史学习教育相关宣传。全面报道山东干线公司全体党员干部认真学习贯彻习近平总书记重要讲话精神，按照中央和省委、省政府统一部署，学党史悟思想办实事开新局，高质量完成学习教育各项任务的情况。

（3）积极组织形式多样的专题新闻宣传。紧紧围绕习近平总书记关于"坚持调水、节水两手都要硬"的重要指示要求，以典型案例和实践经验推动法制和节水宣传。大力宣传依法保护南水北调工程的人物事迹和生动实践，推动《南水北调工程供用水管理条例》和《山东省南水北调条例》等的宣传普及和贯彻落实。

3. 加强意识形态阵地建设

（1）充分发挥意识形态主阵地宣传引导作用。优化提升"山东南水北调"门户网站、《南水北调·山东》报纸、"江水润齐鲁"微信公众平台建设，积极拓展选题层面，找准有效切入点，创新方法手段，优化内容生产机制，通过及时正确、有效有力的发声把握好传播话语权。

（2）加强与主流媒体平台的资源合作共享。借助《中国水利报》、《中国南水北调报》、山东电视台、大众

日报社等主流媒体平台的渠道优势和技术优势，策划推出有品质的精品力作。深入解读党和国家对南水北调工程的决策部署和指示要求，及时反映山东南水北调工程运行管理实况，广泛开展工程沿线安全教育和知识普及，生动讲述南水北调建设者、管理者的故事，提升全社会对山东南水北调事业的关注度、支持度。

（3）严抓对各类媒体平台的监督管理，筑牢意识形态网络安全防线。严格内部文稿提报流程及资料审核程序，确保信息发布和传递内容的精确及时、可管可控。

4. 着力抓好重要节点宣传

（1）结合"世界水日""中国水周""安全生产月"等时间节点，组织策划群众性专场活动和系列专题宣传报道。突出宣传工程综合效益，展示南水北调工程在构建国家水网和建设"四条生命线"过程中取得的明显成效，以及为工程沿线经济社会高质量发展和群众生活水平改善提高等方面发挥的综合效用。

（2）充分利用"南水北调东线工程通水九周年"以及"南水北调东线一期工程开工建设 20 周年"的良好契机，集中报道山东南水北调事业改革发展、工程运管水平提升、科技创新能力突破、智慧水利体系建设等取得的重大成果和先进经验。深入各管理处一线，集中发掘一批业务开展好、工程管理好、群众评价好的典型案例，用身边榜样凝聚前行力量，着

力增强集体凝聚力、向心力和影响力。

5. 着力推进企业文化体系建设

（1）做好《企业文化体系建设规划（2021—2023）》落地工作。编制《视觉识别系统及精神文明建设标准化手册》，拍摄制作了 1 部宣传片、1 本企业画册、1 系列形象海报，创意设计 1 套文创产品，对公司干部职工分级开展员工培训，开展企业文化体系建设深度培训，搭建企业文化六大子文化系统理念内容，策划举办子文化系列活动。

（2）出版《大江高歌入鲁来——山东南水北调工程新闻集》，凸显"国之大事、世纪工程、民心工程"的重要地位，彰显制度优势和体制优势，进一步弘扬主旋律、汇聚正能量、振奋精气神。

（3）面向工程沿线中小学生，编制出版文字上通俗易懂、形式上图文并茂的漫画类科普读物《江水润齐鲁——把南水北调讲给你听》，有效扩大南水北调工程影响力和宣传覆盖面。

（4）大力弘扬南水北调精神，组织深挖精神内涵，通过文学创作、征文比赛、摄影采风等形式，传播南水北调文化，推动社会各界对南水北调精神的感知、理解和认同。

（5）加大对已完成的形象识别系统、理念识别系统和行为识别系统的培训、宣传、应用，进一步提炼深化，宣传运用好企业文化手册，对内

凝聚力量，对外展示姿态，持续推动企业发展。

（6）大力宣传南水北调山东干线公司品牌内涵、树立品牌形象、提升品牌价值、传播品牌声音，拍摄制作展示南水北调系列宣传片，在互联网端推广传播。

（7）积极与网络展馆中标单位合作策划设计南水北调工程展馆，规划建设好网络展馆和实体展馆。

6. 不断深化水情教育和水利精神文明建设工作

（1）宣传推广水情教育基地功能作用。充分发挥"长沟泵站、穿黄河工程、大屯水库工程"作为山东省水利厅水情教育基地的功能作用。加强水情教育基础设施和载体建设，加强南水北调工程科普推广交流和研学活动宣传。利用"世界水日"、"中国水周"、全国科普日和科技活动周等时间点，采取多种方式开展南水北调工程知识科普和水情教育。

（2）加强水利精神文明建设宣传。专题报道干线公司先进集体和先进工作者的感人事迹，积极报道争做"最美水利人"主题实践活动。推广全民阅读，着力打造"学党史、听党话、跟党走"青年理论学习小组品牌建设，在全系统营造爱读书、读好书的浓厚氛围。

7. 持续做好舆情应对工作 注重舆情管理工作，做到关口前移，积极发声，主动回应社会关切。贯彻《宣传信息与舆情控制管理办法》《舆情应对工作预案》，及时处置负面舆情，正向引导舆论。

8. 强化组织保障和队伍建设

（1）加强组织领导，健全工作机制，将宣传工作纳入年度工作重点，与重点业务工作同研究、同部署、同督办。加大资金投入，强化保障措施，确保宣传计划落地，切实提升宣传效果。

（2）打造符合新时代需要的宣传工作队伍。通过营造各级各部门高度重视宣传工作的浓厚氛围，建立健全科学适用的宣传工作管理机制，加强培训学习、汲取同业先进经验，选拔高素质人才充实宣传工作梯队，努力打造一支政治过硬、本领高强、求实创新、能打胜仗的宣传思想工作队伍。

（邓妍）

【南水北调东线江苏水源有限责任公司宣传工作】 坚持以习近平新时代中国特色社会主义思想为指导，坚持党管宣传、党管意识形态不动摇，深入贯彻习近平总书记关于南水北调工程重要指示批示和重要讲话精神，突出迎接宣传贯彻党的二十大精神这一主线，围绕江苏水源公司高质量发展主题，紧扣"一个目标"，聚焦"三件大事"，统筹抓好正面宣传、舆论引导、阵地管理，以实际行动迎接党的二十大胜利召开。"水源红·节水护水"主题宣传活动蝉联全国节水主题优秀活动。选送作品参与省属企业党员教育作品观摩交流评选分获二等奖、三等奖。拍摄制作《江苏国企大学习·二十大报告一起读》"中国式现代化""推动绿色发展"主题视频，在江苏卫视平台及南京城市地铁循环播放。

（1）聚焦思想领航，深化理论武装有力有效。抓好抓实党的二十大精神宣贯。第一时间组织全体党员集中观看党的二十大开幕式直播，印发学习宣传贯彻通知，组织开展1次省委宣讲团宣讲、2次专题培训班、3次专题党委理论学习中心组学习，推动学习聚力聚效。严格落实"第一议题"制度，列入公司党委会"第一议题"24个。持续提升党委理论学习中心组学习质量效果，组织开展集中学习14次。做深做实理论学习中心组巡学旁听工作，全年开展7场次，实现全覆盖。创新"班前会晨读""党员微课堂"，邀请专家学者举办"水源大讲堂"主题讲座6次。组织开展"国企党建'新'调研"活动，形成调研报告16篇，1篇获评江苏省国有资产监督管理委员会"国企党建'新'调研"优秀成果三等奖。做实"两个书柜"，获评省级职工书屋示范点。开展"水源红·习语沁心　书香水源"主题读书活动，引导党员干部读原著、学原文、悟原理、知原义。推出《水源红·水源青年说》系列视频，以富有感染力的形式宣讲青年思想政治理论学习成果。江苏东源投资有限公司激发"水投先锋"党建品牌活力，组织开展"业务比武""技能

大比拼"等宣讲报告会、专题学习班10余场。江苏泵站技术有限公司以"水源红·泵站匠心"为指引，理论联系实际，把"东方精神"融入涉水经营，首次进军省属水利工程大修、电缆整改市场，以样板工程持续对外输出服务。

（2）聚焦强基固本，意识形态工作落责落位。全面贯彻意识形态工作责任制，坚决落实党管意识形态要求，从严加强意识形态阵地管理，守住守牢意识形态安全的底线红线。组织召开公司年度宣传思想工作会议，制定舆情应对与应急处置、新闻发言人、意识形态责任制、思想政治工作实施意见等办法，专题研究意识形态工作3次，明确任务清单，完善责任体系，组织开展意识形态工作专题调研督导。全面落实公司关于网络意识形态工作责任制要求，完善信息发布"三级联审"机制，启用新闻报送系统。党的二十大召开前后，常态化开展"日上报、周安排、月排查"，落实主体责任，共排查新闻10830条，梳理统计排查各类工作群100余个。科技信息分公司以表单制落实信息发布"三级联审"，从严审核新闻信息40余篇，确保有迹可循。江苏项目管理有限公司充分利用专题座谈、工作例会、视频会议等形式，加强在外经营项目人员意识形态教育，做实意识形态阵地管理。

（3）聚焦中心工作，唱响"水源声音"有声有色。围绕公司主责主

业，以迎接"党的二十大"为宣传工作主线，策划"学习党的二十大 砥砺奋进新征程""献礼党的二十大 江苏水源展风采""水源奋进二十载 不忘初心向未来"等主题 20 个。组织开展南水北调开工建设二十周年系列宣传，制作 H5《一江清水北上的密码》，策划《大江北上 天河筑梦》网页专版，策划设计《奋楫笃行 20 年·南水北调江苏段工程纪事》纪实性画册，制作企业宣传画册，全方位展示江苏南水北调综合效益、高质量发展成就。《人民日报》整版刊发《南水北调江苏水源公司：奋力谱写南水北调高质量发展新篇章》，《新华日报》整版刊发《东源流长 润泽四方 奋力描绘南水北调高质量发展水源画卷》。参与 CCTV-1《大国基石》节目拍摄、CCTV-17《寻访中国传奇》纪录片制作，组织《江苏国有企业"一把手"大型系列访谈》公司主要领导专访。在各类主流媒体刊发稿件 180 余篇，实现了央视新闻有画面、《人民日报》有专版、《新华日报》有报道、学习强国有声音。组织审核编发公司微信公众号、网站文章 1350 余篇，全年访问量超 15 万人次，凝聚推动发展正能量。宿迁分公司拍摄的《"匠"心筑梦水源人》微电影作品荣获第九届亚洲微电影艺术节"优秀品牌作品"奖。淮安分公司参与《江苏国企大学习·二十大报告一起读》推动绿色发展主题视频拍摄制作，打造《洪泽站密码 拼搏 探

索》等宣传精品。

（4）聚焦价值引领，培育特色文化出彩出新。坚持问题导向，立足职工需求，提炼形成"源远流长"企业文化和"东源流长 润泽四方"企业使命；组织召开企业文化设计成果发布会，赴分公司、子公司开展成果宣传贯彻 10 场次，组织开展"企业文化大家谈"线上活动；深度融入企业文化理念，制作南水北调开工建设二十周年文创产品，推进文化成果导入，营造浓厚干事创业氛围。深入学习贯彻习近平总书记视察南水北调工程重要讲话精神，组织申报国家级、省级水情教育基地，面向社会公众，组织开展"企业开放日"活动。建成江苏省国有资产监督管理委员会系统党员教育实境课堂，成立"水源红"宣讲团，开展水情、科普教育 1000 余批次 2 万人次，积极倡导节水、护水、亲水、爱水理念。组织开展"学先进、抓落实、促改革""水源红·感动水源""最美水源人"等专题，推动广大党员干部牢记初心使命。扬州分公司充分展现源头担当，发挥"窗口作用"，建好、管好、整合好扬州片区水情教育阵地资源，做实"跟着习近平总书记足迹学党史"主题教育。徐州分公司拍摄制作的《我们是光》《奔涌者》等多部原创视频获得好评，不断放大"点亮一盏灯、照亮一大片"的带动效应。江苏生态环境有限公司打造企业文化宣传阵地，展示"月度之星""金牌员工"，推动

"水源红·源生态"党建品牌内涵走深落实。　　　　　　　　（张谦颖）

【南水北调中线水源有限责任公司宣传工作】　2022年，中线水源公司在贯彻落实习近平总书记在推进南水北调后续工程高质量发展座谈会上的重要讲话精神中，以高度的政治站位策划组织系列深度报道，5篇新媒体作品在微信公众号"长江水利"有节奏地组织推送，获得广泛关注。专题报道文章《当好水源工程守护者》从内容上深度把握，充分反映公司贯彻落实精神之举，巩固壮大主流思想舆论。在贯彻落实二十大精神中，撰写发表贯彻精神类文章《汲取精神力量　点亮水源未来》。充分发挥媒介、载体作用，撰写调研综述《为水源发展注入强劲动能》，形成《春天的水源故事》《守一江碧水　护清泉北上》《守好水网大动脉　跑好调水第一棒》等重头文章；聚焦库区管理工作，利用素材积累，总结经验，打造《天池"6+1"　共护南水"蓝"》《政企同心共护碧水》等作品；为防汛工作及时发声，撰写文章《如果坚守有底色　那一定是"水源绿"》《功成必定有我》等；在生态保护、绿色发展中"不缺席"，围绕增殖放流设计规模达标、开展放流活动等拍摄视频并及时刊发文章；对关爱山川河流志愿活动进行跟踪报道。在新华网、央视频等主流媒体推送供水超500亿 m³ 的新闻短视频《一滴水的北上之旅》，点击量达到250万人次。供水量再创新高的消息在中国新闻网、新华网推出，广受社会关注。国庆节期间，在新华社"江河奔腾看中国"直播栏目中，公司在现场接受采访近20分钟，近距离展示了中线水源工程成就。紧密联系水利部、长江委媒体平台，在二十大召开之际、供水量再创新高之时，在《中国水利报》、《中国水利》杂志推出《赤诚丹心护佑"一库清水"》《超额保供背后的多维支点》，在《人民长江报》、"长江水利"微信公众号上刊登《丹心寄北　筑梦水源》《奋进新时代　水源"这十年"》。

　　　　　　　　　　　　（蒲双）

【湖北省引江济汉工程管理局宣传工作】　2022年湖北省引江济汉工程管理局围绕调水中心任务，唱响主旋律，弘扬正能量，不断提高宣传工作水平，为塑造单位良好形象提供强大的舆论支持。

2022年，引江济汉工程助力湖北成功战胜1961年有完整记录以来最严重干旱，湖北省引江济汉工程管理局提高宣传工作站位，精心策划，在《湖北日报》专题报道《引江济汉：畅灌溉保供水　护生态利民生》，记录水旱灾害防御实况，镌刻单位责任担当，荣获"2022年度湖北水利好新闻好作品"文字及图片类二等奖。同时着力构建新媒体矩阵，为引江济汉工程抗旱工作立言立声，中央电视台、湖北卫视、学习强国等各媒体平台广泛报道湖北省引江济汉工程管理局防汛抗旱工作，刊发专题宣传稿件16篇。

做好重要项目宣传、专项工作组合宣传，为推动形成宣传工作"大合唱"应景造势。在"世界水日""中国水周"期间，分发宣传册，观看节水视频；组织"4·15"全民国家安全（保密）教育日、反有组织犯罪法、民法典、国际档案日主题宣传及普法节目收看等活动；积极践行水生态、水环境保护宣传，组织开展鱼类增殖放流活动并在"长江云"新媒体平台上宣传报道。

为讲好引江济汉故事，湖北省引江济汉工程管理局周密组织、集思广益、全员上阵，制作完成《长渠百里共此青绿 引江济汉庆幸有你》短视频故事片，展示了在习近平生态文明思想的指引下坚守岗位、默默奉献的干部职工，始终坚持高质量运行管理，扎实推动工程发展行稳致远。视频播出后引发强烈反响，转发播放量达2000余人次。

积极挖掘工程运行管理先进典型和人物，积极推送荆州分局郭志元荣获2022年第三届"荆楚楷模·最美应急人"提名。宣传展示活动由中共湖北省委宣传部、湖北省应急管理厅、湖北省总工会联合举办，10名获奖人中，郭志元是湖北水利行业唯一提名者。

做好日常业务宣传工作，2022年向湖北省水利厅门户网站报送新闻

178篇。　　　　　（朱树娥　金秋）

【湖北省汉江兴隆水利枢纽管理局宣传工作】　（1）开展兴隆枢纽安全平稳运行8周年宣传。2014年9月26日，兴隆水利枢纽转入建设期试运行；2022年9月26日，兴隆水利枢纽实现安全运行8周年。在2022年中秋节、国庆节双节的喜庆氛围中，兴隆局开展了工程运行8周年宣传庆祝活动。

1）开展水法宣传。利用兴隆枢纽运行8周年之际，对工程管理范围内的水利法规宣传栏进行全面更新，大力宣传《中华人民共和国水法》《中华人民共和国长江保护法》《湖北省南水北调工程保护办法》，进一步提高干部职工和社会群众对长江流域生态环境保护和修复的思想认识，加强水利法治建设，保障水安全和生态安全，实现人与自然和谐共生。

2）组织观看水利宣传片。组织干部职工观看南水北调系列节目《水脉》第1～8集，观看《水美中国》《水之恋》等宣传视频，加强水情教育，增强爱水、惜水、节水意识。

3）传唱主题曲《兴隆情》。发动职工学唱《兴隆情》，有利于增强干部职工对水利事业的归属感和自豪感。

4）在《中国南水北调报》《中国水利报》和中国新闻网、人民网、荆楚网等媒体平台发布《让"南水北调明珠"更加璀璨——兴隆水利枢纽安全平稳运行8周年侧记》《兴隆水利

枢纽：高质量运行管理　书写新时代答卷》等8篇宣传稿件。

（2）多平台宣传增强效果。按照《湖北省水利厅关于进一步加强水利新闻宣传工作的通知》要求，围绕"聚焦迎接党的二十大胜利召开、立足兴隆中心工作、突出兴隆重点任务、紧扣新闻宣传实效"的宣传思路，明确了2022年度宣传工作重点任务。2022年兴隆局向湖北省水利厅门户网站报送新闻稿件近90篇；推荐刘浩杰稿件《湖北兴隆水利枢纽管理局数字孪生工程建设先行先试》、谭明虎稿件《湖北兴隆电站单月发电量创历史新高》、郭炎稿件《湖北兴隆水利枢纽通航建筑物运行方案通过专家审查》在《中国南水北调报》上发表，全年在该报纸共发表稿件18篇。

（3）加强党建宣传阵地建设。2022年在人民网、《湖北日报》、"长江云"等平台积极宣传兴隆水利枢纽管理党的建设工作，全年共发布19篇党建新闻。

（4）完成水利部南水北调司组织的《中国南水北调年鉴2022》中有关兴隆枢纽、闸站改造、航道整治等3个设计单元工程相关内容的撰稿工作。

（5）配合湖北省水利厅南水北调处完成《一库清水永续北送》宣传画册的策划、摄影和后期制作工作。

（郑艳霞）

伍　东线一期工程

概　述

【工程管理】　2022年，东线公司以安全生产提升年为依托，扎实开展双重预防机制建设、安全生产大检查等专项行动，并会同江苏水源公司、山东干线公司联合成立南水北调东线工程安全生产协调领导小组，定期组织召开工作议事会议，协调解决东线工程安全管理各项突出问题，共同保障东线工程"三个安全"。同时，东线公司积极组织开展工程维修养护，持续加强工程运行督查，全年针对调水、防汛度汛、运行管理等共计开展108组次检查，发现问题及时督促整改，确保东线一期工程安全平稳运行。　（陈彦光　兰晋慧　雷昕然）

【运行调度】　团结协作，推进工程效益充分发挥。顺利完成了2021—2022年度南水北调东线一期工程北延应急供水工程加大调水工作。此次调水历经68天，黄河以南启动东线一期工程13个梯级共14座泵站，黄河以北实现北延工程、东线一期工程、潘庄引黄入冀和岳城水库多工程联合调度，东平湖出湖闸累计调水1.89亿 m³，入河北1.58亿 m³，入天津5037万 m³，超计划完成调水任务，工程运行安全平稳，水质稳定达标。既落实了华北地区地下水超采综合治理行动方案，又确保了京杭大运河2022年度全线贯通有水，全面提高了

东线一期工程和北延应急供水工程的综合效益。

（1）多措并举，积极推进标准化体系建设。对标新阶段水利高质量发展要求和南水北调工程高质量发展需要，持续强化现行标准化体系优化迭代，积极推进东线泵站、水闸、河道（渠道）、平原水库四类工程运行管理标准修订完善。根据工作计划，2022年度完成了《南水北调东线泵站工程规范运行管理标准》的修订工作，为进一步提高南水北调东线标准的先进性、有效性和适用性，为南水北调东线工程运行管理高质量发展提供有力的技术支撑。东线工程各运行管理单位基于所辖工程实际，持续推进标准化体系建设。江苏水源公司进一步落实泵站工程运行管理"10S"标准化建设成果，印发水闸、河道工程"10S"企业标准，实现了南水北调江苏境内工程标准化管理全覆盖；山东干线公司持续加强开展工程标准化制度建设工作，编制印发了南水北调东线山东干线工程标识标牌规范和泵站、水库、渠道工程管理和维修养护标准，对山东段工程建筑物、设备进行全覆盖管理。

（2）筑牢防线，持续强化安全管理。考虑工程的系统性与东线工程分段管理实际，按照"三管三必须"原则，商江苏、山东两省运行管理单位成立东线工程安全生产协调领导小组，明确东线各单位安全生产主体责任，统筹、协调、推进东线工程安全

生产各项工作。

与江苏水源公司、山东干线公司携手筑牢"三个安全"防线，持续强化安全管理，推进安全生产体系不断完善。①积极推进全员安全生产责任制建设，促进形成"横向到边，纵向到底"安全生产责任网络；②印发了突发事件、生产安全事故、自然灾害等多个专项应急预案，搭建了公司应急管理"主骨架"；③以北延应急供水工程油坊节制闸现场为试点，积极推进双重预防机制建设。江苏水源公司、山东干线公司积极贯彻水利部工程标准化管理办法，先后完成了水利部工程安全生产标准化一级达标创建，并在此基础上持续夯实安全管理各项重点工作。

（3）科技引领，大力推进信息化技术应用。着眼长远，加强顶层设计，积极参与智慧南水北调研究，谋划"十四五"东线数字化转型实现路径，推进东线公司信息化标准编制，持续深入探索物联网、云计算、大数据等前沿技术与东线运行管理业务的融合应用。通过汇总多元数据、搭建业务运用场景，实现综合信息可视化、业务管理流程化、数据分析智能化，进一步规范了安全运行管理，有效提升了业务管理水平，为东线工程数字孪生建设打下坚实基础。同时，根据水利部和南水北调集团最新要求，修订完善网络安全相关制度办法，完善网络安全制度保障体系，有效提升网络安全防护能力。

（刘婧 于茜）

【经济财务】

1. 资金管理

（1）水费收缴。2022 年收缴南水北调东线一期工程水费 24.95 亿元、北延应急工程水费 0.50 亿元。

（2）资金拨付。2022 年向江苏、山东两省项目法人拨付运行维护和偿还贷款资金共计 12.94 亿元，其中拨付江苏 3.68 亿元、拨付山东 9.26 亿元。

（3）资金保障。2022 年取得北延应急工程建设资金用款额度 1.17 亿元，取得国拨资金 3598 万元。

（4）费率降低。委托贷款手续费率由每年 2‰降低到每年 0.1‰，每年减少手续费支出 38 万元。

（5）办公楼购置融资。提出办公楼购置项目融资方案，参与意向书洽谈签订，筹集意向金并按时支付。

2. 会计核算

（1）财会资产数字化平台建设。会计核算、网上报销、合并报表、资金管理等模块上线运行，银企直联等功能开通使用，归并关闭开办费项目等 5 个基建账套，基本实现财资平台一本账核算。

（2）企业财务决算。按照南水北调集团要求，开展 2022 年度企业财务决算工作，按期保质完成了企业年度决算工作任务。

（3）会计手册编制。形成涵盖会计政策、会计科目及使用说明、主要业务会计核算、财务报告以分析和会计基础工作等五大部分内容的《会计手册（2022版）》。

（4）竣工财务决算。完成江苏、山东两个省际设计单元工程和东线公司项目法人竣工财务决算编制；组织开展东线一期工程总决算，完成东线一期工程竣工财务总决算汇编。

3. 预算管理

（1）全面预算。

1）构建了"1＋3"全面预算管理体系，细化分解年度预算到月度预算，建立预算执行分析通报制度，2022年成本费用预算执行率达90%以上。

2）坚持有保有压，统筹资源配置，优先保障工程建设和运行维护等重点任务支出，通过预算审核，减少项目支出1220万元，压减办公费4%、差旅费32%、业务招待费25%。

（2）部门预算。组织开展东线一期效能提升工程等项目文本编报，协调北延应急工程预算管理关系划转，顺利完成零余额账户向实有资金账户的转换，解决了北延应急工程资金归垫问题。

4. 税务管理　依照税法有关规定，完成2021年度企业所得税汇算清缴和2022年度增值税及附加税、企业所得税、印花税等各税种申报与税款缴纳，2022年度共计缴纳税款2823.33万元。

5. 专项行动

（1）组织开展"提质增效"专项行动，提质增效29项举措77项任务除2项受客观因素影响需延期办理外，全部办理完结。

（2）组织开展综合治理专项行动，合规管理、会计信息、依法纳税等重点领域治理取得显著成效。

6. 水费收缴　多方协调，根据受水区实际情况制定水费收缴方案，及时了解掌握水费收缴过程中出现的有关问题，2022年共收缴水费254557万元。

（1）收取2022年度及以前年度水费。包括：东线一期工程山东省基本水费和计量水费146925万元，北延工程2021—2022年度河北省、天津市水费3695万元。

（2）12月底收取了2023年度水费。包括：山东省2022—2023年度基本水费102612万元，河北省2022—2023年度水费1325万元。

较好完成了2022年度水费收缴任务，并为顺利完成2023年度水费收缴任务奠定了良好基础。

（李振　祁辉　赵清　王馨悦
刁大川　王薇　彭晖）

【工程效益】　南水北调东线一期工程发挥了显著的社会、经济、生态和安全综合效益，已成为优化水资源配置、保障群众饮水安全、复苏河湖生态环境、畅通南北经济循环的生命线。

（1）优化水资源配置，重构受水区供水格局。东线一期工程初步打通了长江流域向黄淮海地区调水的南北通道，阶段性构建了依托南水北调工程的国家水资源配置骨干水网，促进了我国水资源分布"空间均衡"，有效缓解了受水区水资源供需矛盾，使水资源配置得到优化，为国家经济安全、粮食安全、能源安全和生态安全提供了有力的水资源安全保障。

（2）保障群众饮水安全，提高沿线人民群众获得感。东线一期工程惠及沿线 18 个大中城市（不包括安徽省），受益人口为 6767.81 万人；东线一期工程建成后，江苏、山东两省抗旱排涝安全保障能力得到了进一步提升；工程沿线水质显著改善（东线全线水质总体能够达到地表水Ⅲ类水质标准），山东北部部分老百姓彻底告别了饮用高氟水、苦咸水，东线一期工程守护着沿线千万人民群众的饮用水安全。

（3）复苏河湖生态环境，促进生态文明建设。东线一期工程建设以来，输水河道以及沿线的洪泽湖、骆马湖、南四湖等湖泊水质明显改善，输水期间水质满足地表水Ⅲ类水标准，通过水源置换、生态补水、地下水压采等综合措施，先后向南四湖、东平湖、济南小清河等累计生态补水 7.37 亿 m³，有效保障了沿线河湖生态安全，显著改善了河湖生态环境（南四湖如今栖息的鸟类达到 200 种，数量 15 万余只，绝迹多年的小银鱼、毛刀鱼等再现南四湖）。同时，区域水环境容量和承载能力也得到大幅提高，人民群众的生活环境显著改善，

满意度和幸福感大幅提升。

（4）畅通南北经济循环，推动受水区高质量发展。南水北调东线一期工程打通了水资源调配互济的堵点，解决了北方地区水资源短缺的痛点，畅通了两湖段的水上通道（南四湖至东平湖段新增通航里程 62km，航道由三级提升到二级，通航能力明显提高），为两岸经济绿色发展增添了新的动力，在加快培育国内完整的内需体系中充分发挥水资源保障供给作用。通过构建国家水网，将南方地区的水资源优势转化为北方地区的经济优势，北方重要经济发展区、粮食主产区、能源基地生产的商品、粮食、能源等产品再通过交通网、电网等运输到全国各地，畅通南北经济大循环，促进各类生产要素在南北方更加优化配置，实现生产效率、效益最大化。

（彭晖）

【科学技术】 （1）组织开展"十三五"国家重点研发计划"南水北调工程运行安全检测技术研究与示范"项目，2022 年 5 月通过科技部绩效评价。

（2）组织开展"十三五"国家重点研发计划"大直径长引水隧洞水下检测机器人系统研发及示范应用"项目，完成中期检查和现场示范应用工作。

（3）组织开展"十四五"国家重点研发计划"长距离调水工程水质安全保障关键技术研发与应用"项目，顺利完成年度任务，配套资金足额到位，相关研究工作正式纳入东线数字

孪生平台模型。

（4）牵头申报"十四五"国家重点研发计划"南水北调东线工程多水源均衡配置与输水智能调控技术"项目，2022年12月正式获批，总经费4496万元。

（5）2022年4月申报获批国家发展改革委南水北调东线信息化设备产业备份应用示范工程项目，总经费29898万元。　　　（牛文钰　丁俊岐）

【创新发展】　积极开展事关确保"四条生命线"、守住"三个安全"、增强核心竞争力的科技创新任务。加强与水利行业、涉水相关单位和水利科技工作者之间的学术交流，开展成熟适用自主知识产权成果推广应用工作。强化提升科技研究能力，做好科技创优策划，围绕已建工程运行管理和后续工程高质量发展开展重大科技项目攻关，围绕工程调度管理精细化、智能化做好数字孪生东线建设。深化人才发展规划，加强公司级、部门级、自组织三个层次科技创新团队建设，加大不同层次和领域科技人才引进与培养力度，实施人才工程，打造科技人才脱颖而出的氛围和机制。

（牛文钰　丁俊岐）

江苏境内工程

【工程管理】　2022年，江苏省水利厅、江苏省南水北调办通过南水北调新建工程和江水北调工程统一调度、联合运行、一体管理，统筹省外供水和省内用水，完善管理体制和运行机制，强化运行监督管理，保障工程安全稳定运转。

1.完善机制　完善运行机制。进一步落实部省协调会商、省市协作联动、职能部门协同配合、南水北调新建工程与江水北调工程"统一调度、联合运行、一体管理"的江苏南水北调工程调水工作机制，江苏省生态环境厅、省交通运输厅、省农业农村厅、省电力公司等及调水沿线地方政府各司其职，共同实现水质监督监测、危化品禁运监管、养殖水体污染防治、电力保障，以及输水干线用水口门管控、尾水导流工程运行管理。

2.加强运行监管

（1）强化运行监管。制定并落实2022年度江苏南水北调工程安全监管工作计划，在汛期、开机运行前后等重要时段，开展各类监督检查6次，下发整改通知3份，部署开展安全运行百日攻坚、专业领域安全隐患自查自纠、小水电站安全运行监管等重点领域专项督查，全年江苏南水北调工程总体安全平稳可靠。

（2）推进智能化建设。开展数字孪生赋能南水北调工程探索，数字孪生洪泽站获评2022年度智慧江苏重点工程；江都管理处自主研发水闸启闭测控保一体化平台，江都水利枢纽数字泵站项目入选2022数字江苏建设优秀实践成果。

（3）提升信息化水平。推进"标准化＋信息化"建设，持续完善大型泵站远程集控模式，大规模泵站群"远程集控、智能管理"能力有效提升，在 2022 年省内外调水、北延应急供水实践中得到有效检验。

（4）创新标准制定。运用调度系统视频会议和工程监控系统，率先开展视频会议"云"监督检查，总结凝练"云"检查工作方案；对照《水利工程运行管理监督检查办法（试行）》，结合江苏南水北调工程特点，制定《泵站安全监督指引》《泵站反事故措施》等，参与水利部《调水工程标准化管理规范》编制。

（宋佳祺 卢振国）

3. 标准化全面提升 2022 年，江苏水源公司泵站工程 10S 标准化成果在实践基础上实现迭代升级，补充水文标准化、防汛标准化等相关内容，形成泵站 2.0 版企业标准，印发并出版水闸、河道 10S 企业标准，实现 10S 标准全覆盖；积极推进工程观测设施标准化建设，并在睢宁二站完成试点。

4. 管理模式创新优化 构建集中控制模式下的调度运行与集中控制管理制度体系，修编调度管理办法、集控中心运行手册等一系列制度，泵站远程集控模式全面应用于江苏南水北调新建泵站。

5. 强化水文水质规范化管理 成立水情分中心，成为江苏省水文局首个系统外分中心。沿线水文站全部完成专用水文站申报工作。理顺调度中心、集控中心、水文水质监测中心职能定位。制定公司专用水文测站管理办法、水质监测管理办法，印发水文水质重点工作任务书。首次采取集中互审方式开展年度工程观测资料审核，印发资料整编模板，提高资料整编规范化水平。组织直管泵站全面梳理扬压力监测设施现状，提出测压管完善方案，并在洪泽站试点。

6. 规范维养项目管理 修订完善《运行维护项目管理办法》，强化顶层设计，对公司辖管工程实现全覆盖。2022 年度三级机构运行维护费共批复 4819 万元、227 项，已基本完成；试行集中采购，建立完善合格供应商名录，完成 6 个标段集中采购，优选实施单位，节约资金超 60 万元；加强工程维修养护项目过程管控，组织第三方检查，制定标准化检查表，形成维修养护项目问题清单，督促落实整改和管理提升。

7. 强化问题整改与消缺 定期梳理、发布各类检查中发现的高频问题，指导工程现场自查自纠、举一反三，对专业性强、整改难度大的问题，加强共性专项方案顶层设计，完成消防、振动、集控问题等专项消缺完善总体实施方案，落实整改经费和实施单位，年内问题整改率为 95.8%。

（王晓森）

【建设管理】 南水北调东线一期工程江苏段建设内容包括调水工程和治污工程两大部分，调水工程总投资约

136.5 亿元，治污工程总投资约 130 亿元，其中含 4 个调水、截污双跨的尾水导流工程。截至 2022 年，南水北调东线一期江苏境内 40 个设计单元工程全部通过完工验收，江苏前后 2 轮 305 项治污项目全部建设完成，其中 8 项截污尾水导流项目由水利部门负责实施。

2022 年，江苏南水北调工程建设主要包括：完成南水北调东线一期江苏境内主体调水工程尾工及提升完善项目建设，完成南水北调东线一期江苏境内工程调度运行管理系统工程完工验收，推进南水北调宿迁市尾水导流工程竣工验收。

1. 南水北调东线一期江苏境内主体调水工程尾工及提升完善项目

（1）尾工项目。主要包括金宝航道 N7N8 排泥场围堰边坡防护、管理设施完善项目等，完成全部建设内容，并通过合同项目完成验收。

（2）完善提升项目。主要包括水土保持措施完善、洪泽站及宝应站巡查道路完善、睢宁二站进水池两侧平台及护坡处理、信息化完善项目等，除信息化完善项目外，已完成全部建设内容，并通过合同项目完成验收。

2. 南水北调东线一期江苏境内工程调度运行管理系统工程　工程于 2021 年年底完成全部建设投资，2022 年 3 月 25 日，南水北调东线一期江苏境内调度运行管理系统设计单元工程通过完工验收。

3. 南水北调宿迁市尾水导流工程

工程已完成征迁移民、水土保持、环境保护、工程档案等专项验收、工程审计等，开展试运行管护；2022 年 11 月 14—17 日，南水北调宿迁市尾水导流工程通过竣工验收技术性初步验收。

（宋佳祺　卢振国）

4. 加快建设扫尾，实现一期工程圆满收官

（1）顺利完成调度系统验收。调度运行管理系统于 2022 年 3 月底按期通过完工验收，顺利实现 40 个设计单元年内全部通过验收的工作目标。

（2）高质量推进尾工项目实施。科学制定尾工计划并强化项目实施过程管控，确保尾工项目建设程序合规、质量合格、投资可控，如期完成尾工项目实施和验收任务。

（3）强力推进验收遗留问题处理。统筹协调江苏省交通厅、江苏省南水北调办、桥梁属地人民政府，落实桥梁接收单位，一桥一策、多措并举、因势利导，全面完成宿迁、扬州境内桥梁移交。积极配合开展竣工财务决算编制及审计，为工程整体竣工验收和全面审计打下基础。

5. 总结一期成果，超前谋划后续工程前期工作

（1）系统总结提炼一期工程建设管理经验，全面反映工程建设成果。组织咨询单位理清编写思路，把握重点、梳理亮点、形成特点，历次多轮次讨论修改，高质量完成《东源流长——江苏南水北调工程建设项目管

理实践》书稿出版，并同步完成一期工程内部总结修改印发，为南水北调后续工程建设提供指导。

（2）科学谋划后续工程建设，有序推进"2+2"专项工作。围绕后续工程建设，科学制定建设管理方案，通过专家审查；以管理标准化、标准流程化、流程信息化、建造智能化、建管一体化为目标，开展建设管理信息化平台建设，完成需求分析报告和建设方案审查。

（3）动态掌握南水北调后续工程进展，主动开展相关筹备工作。主动协调对接水利部、南水北调集团等相关单位，组织江苏省设计院等就后续工程规划开展学习交流，提出后续工程输水线路布局、河道及泵站设计优化等研究课题，为后续工程建设出谋划策，提供江苏方案。

6. 做好奖项申报，提升工程建设水源品牌　2022 年，洪泽站、泗洪站荣获 2022 年度江苏省水利优质工程。并根据中国水利学会相关要求，申报了 2021—2022 年度中国水利工程优质（大禹）奖，紧扣奖项评审标准，科学制定申报工作方案，统筹协调参建单位，全面梳理问题清单，倒排计划、挂图作战、分解目标、逐一落实，高质量完成现场整修及备查资料整编，泗洪站、洪泽站顺利通过现场复核。截至 2022 年年底，宝应站等10 个设计单元工程荣获中国水利工程优质（大禹）奖；刘老涧二站工程荣获国家优质工程奖。　　（花培舒）

【运行调度】　　江苏省水利厅、省南水北调办在江苏省政府统一领导下，依托日益完善的水利工程体系和调水运行机制，按照南水北调新建工程和江水北调工程统一调度、联合运行、一体管理，有效保证了调水出省目标完成和省内综合效益的正常发挥。

根据水利部下达的年度调水计划和江苏省政府批准的组织实施方案，2022 年，江苏南水北调工程参与 2022—2023 年度南水北调东线江苏段向山东调水、2021—2022 和 2022—2023 年度北延应急供水任务。

1. 2022—2023 年度南水北调东线江苏段向山东调水　2022 年 11 月 13 日，江苏南水北调江都站、宝应站、金湖站、洪泽站、泗洪站、睢宁二站、邳州站、泗阳站、刘老涧二站、皂河二站等 10 座大型泵站，由南向北依次开机运行，年度调水正式启动。调水期伴随江苏省内多季节连续气象干旱、淮河上游来水锐减、长江持续枯水，工程调度复杂性凸显；且江苏南水北调调度运行管理系统大规模全线路、多泵站群运行。

2. 2021—2022 和 2022—2023 年度北延应急供水

（1）2021—2022 年度北延应急供水。供水自 2022 年 5 月 15 日开始，5 月 26 日结束，经过 11 天的连续运行，调水出省 7000 万 m^3，水质持续稳定达到国家考核标准。

（2）2022—2023 年度北延应急供水。供水自 2022 年 12 月 23 日开始，分两阶段实施：第一阶段为 2022 年 12 月 23 日至 2023 年 1 月中旬，第二阶段为 2023 年 2 月上旬至 5 月底。截至 2022 年 12 月 31 日调水出省 2000 万 m^3，水质持续稳定达到国家考核标准。

2022 年，江苏累计向省外调水 3.48 亿 m^3。据统计，自 2013 年正式通水以来，江苏南水北调工程已累计向省外调水超 57 亿 m^3。

（宋佳祺　卢振国）

根据水利部《南水北调东线一期工程北延应急供水工程加大调水后续水源利用工作方案》和江苏省政府批准的《南水北调东线一期工程 2022 年北延应急供水江苏境内调度方案》，江苏南水北调宝应站、金湖站、洪泽站、泗洪站、沙集站、睢宁二站、邳州站等 7 座泵站参与 2022 年度北延应急加大供水运行，各泵站累计运行 5162 台时，抽江 8053 万 m^3，工程运行安全高效，圆满完成了此次调水任务。

此次调水是江苏南水北调工程首次参与北延应急调水，是南水北调江苏境内 40 个设计单元全部完工验收后首次联合运行，也是江苏南水北调工程首次以远程集控方式参与调水运行。江苏水源公司深入贯彻落实习近平总书记重要指示批示精神和党中央、国务院决策部署，自觉从守护"生命线"的高度，将北延应急调水作为首要政治任务来抓，认真做好各项调水工作。

3. 加强调水组织领导

（1）统一思想，明确工作部署。公司领导多次召开会议，对调水工作进行细致部署，始终要求各级各有关单位（部门）提高思想认识，增强使命担当，强化责任落实，克服新冠疫情影响，通力协作，认真履职，确保完成调水任务。

（2）深入现场，保障工程安全。调水期间，公司主要领导及分管领导带队，赴工程一线开展全方位检查，充分掌握各泵站运行状况和人员、物资落实情况，指导现场做好疫情防控和集中控制工作。

（3）专题研究，指导解决问题。公司多次在南京调度中心组织远程会商，针对邳州站下游水草多等情况，实时进行指挥调度，及时解决现场存在的问题，确保调水安全。

4. 加强外部沟通协调

（1）加强与南水北调集团东线公司的沟通联系，及时对接调水进度，确保了北延应急调水计划按时完成。

（2）加强与江苏省南水北调领导小组成员单位的沟通。与江苏省南水北调办、江苏省防汛抗旱指挥中心等单位和部门保持密切联系，共同制定调度方案，明确防疫、调水线路、水量、时间、水文水质监测等要求。

（3）及时掌握沿线水质情况。加强与生态环境部门沟通，每天定期收集沿线关键断面水质情况，保障江苏省一江清水北送。

5.加强工程运行管理

（1）落实新冠疫情防控措施。修订完善运行期疫情防控专项预案，进一步加强组织保障、人员保障、后勤保障，调水期间各泵站严格实行封闭管理，做好人员健康状况监测，切实保障工程防疫安全。

（2）保障工程设施设备完好。加强工程日常管护，全面落实管理维护责任制，以问题为导向，强化问题整改，确不能及时整改到位的，制定专项措施，确保不影响工程安全运行。

（3）加强数字赋能应用。此次调水运行过程中，运西线6座新建泵站共27台机组全部通过远程开停机操作，工程数据实现了集中汇聚、互联互通、共享并用，各信息化应用充分发挥了业务支撑作用，南京调度中心、江都集控中心以及现地泵站按照集中控制管理模式，各负其责、通力协作，有效提升了管理效能，提高了运行管理智能化水平。

6.圆满完成年度调水 根据水利部2022—2023年度调水计划，该年度调水出省12.63亿 m^3，调水量达到工程规划能力的70%，整个调水过程将持续139天，预计到2023年5月底结束，出省水量、投运工程数量、调水时间均创历史新高。

为圆满完成该年度调水，江苏水源公司精心组织，全力做好各项准备工作。

（1）狠抓新冠疫情防控。建立完善疫情防控专项预案，做好防疫物资和生活物资准备，严格落实站所封闭管理等疫情防控措施，确保运行各环节安全可控。

（2）加强设备维修养护。全面排查整改投运工程安全隐患，加强机组设备、电气设备、金属结构和水工建筑物的维修养护，做好开机泵站远程集控联调联试，确保工程以良好状态投入运用。

（3）加强人员保障。加大人员和技术力量投入，现地泵站严格按照五班三倒、每班三人配置运行人员，强化业务培训和各类应急预案演练，专门成立应急机动组和技术专家组，提高突发情况应急应变能力，保障工程安全运行。

（4）科学优化调度。及时协商江苏省防汛抗旱指挥中心、江苏省南水北调办和东线公司，统筹省内抗旱和向省外调水需求，细化调度方案、优化调水路线、加强水质监测，确保调水计划有序执行。截至2022年年底，年度调水累计运行41天，累计抽江水3.80亿 m^3；累计入骆马湖3.01亿 m^3，调水出省2.86亿 m^3。（王晓森）

【工程效益】 2022年，江苏南水北调工程圆满完成年度调水出省和省内运行任务，工程综合效益显著。

通过江水北调与南水北调新建工程统一调度、联合运行、一体管理，2022年累计向省外调水3.48亿 m^3。其中，首次全线调用14座南水北调新建、改扩建泵站参与2022—2023

年度向山东调水运行，调水出省 2.58 亿 m³；圆满完成 2021—2022 年度北延应急调水出省 7000 万 m³ 任务，助力京杭大运河百年来首次全线贯通；时隔 8 年再次启用不牢河线工程投入出省运行，完成 2022—2023 年度北延应急供水阶段任务，调水出省 2000 万 m³。

针对 2022 年夏秋冬连旱，组织宝应站、金湖站、淮安四站等 11 座南水北调新建泵站投入省内区间抗旱和生态补水，各梯级泵站累计运行 2.8 亿台时，为缓解苏北地区旱情、保障粮食丰收发挥积极作用。

（宋佳祺　卢振国）

2022 年，江苏水源公司牢记习近平总书记关于南水北调工程"三个事关""四条生命线"殷切嘱托，坚持服务国家战略，主动担当作为，圆满完成首次向河北、天津应急调水出省 7000 万 m³ 任务，助力京杭大运河百年以来首次全线通水。同时，在习近平总书记视察东线工程两周年之际，启动新一年度省外调水工作，调水总量创历史新高，力促不牢河线自建成以来首次投入省外调水运行，实现江苏境内 14 座新建泵站全面运行，工程效益进一步发挥。

2022 年 4 月以来，江苏淮河流域持续干旱少雨，旱情形势严峻。江苏水源公司在全力保障北延应急供水的同时，组织沿线 9 座泵站 40 台机组全力投入省内抗旱运行，全年累计运行 177 天，为缓解苏北地区旱情、保障全省粮食丰收发挥重要作用。

（王晓森）

【科学技术】 2022 年度，江苏水源公司科技创新管理体系全面搭建，积极贯彻落实国资委关于企业科技创新各项部署，响应水利部"数字孪生"建设、"智慧水利"建设号召，以服务公司高质量发展为目的，推进公司科技创新工作全面提升。

（1）完善科技创新体系、做好制度支撑。将创新发展纳入中长期规划和年度计划，明确任务目标和具体举措，进一步落实公司科技创新管理办法，印发任务清单落实国资委关于做好年度省属企业科技创新工作的相关要求。完善人才培养与评价机制，推进分层分类的人才培养体系，印发《关于加快推进人才发展的工作措施》，修订完善《人才引进管理办法》。制定公司《2022 年度综合考核实施办法》，加大创新发展考核指标比重，明确与子企业负责人年度考核、任期考核结果挂钩。建立《中层干部尽职合规免责清单实施办法》，明确创新驱动发展方面的尽职合规免责情形。

（2）科学谋划技术攻关、积极开展项目申报。总结提炼一期工程建设管理经验，全面反映工程建设成果，顺利完成书稿出版，同步完成一期工程总结管理篇和技术篇。科学谋划后续工程建设，有序推进两项科研课题和两项重点工作。强化需求调研，组织指导各单位申报年度内部项目 21 项、申报江苏省水利厅项目 8 项、申报江苏省科技厅项目 2 项。公司年度内部科技研发项目立项 6 项、"五小"推广 12 项，获江苏省水利厅批复立项 3 项（其中重大项目 1 项），获市级科技计划立项 1 项，承担 1 项国家重点研发计划子专题研究，获地方标准、团体标准立项各 1 项。年度新增科技项目投入共计 273 万元，获财政经费补助 150 万元。

（3）夯实科技创新平台、强化产学研联合。牵头组织并联合河海大学、中国水利水电科学研究院、华为技术有限公司、科大讯飞股份有限公司等单位，成立南水北调江苏数字孪生技术创新联盟，布局数字孪生南水北调工程建设；博士后工作站引进 1 人、并获得卓越博士后计划 30 万元经费支持，在站 2 名博士后分别带队牵头课题研究；与扬州大学共建江苏省研究生工作站；泵站技能学院具备闸门运行工、电工、钳工等发证资质。与中国电建华东院、科大讯飞股份有限公司签订战略合作协议。

（4）系统开展技术总结、促进创新成果提升。组织各类成果奖项申报，以此为契机促进成果提升与转化应用，推动科技创新与经营发展深度融合。年度获省部级科技进步奖 2 项、市厅级奖 3 项："低扬程大中型泵站节能高效关键技术与应用"成果获 2021 年度江苏省科学技术奖三等奖，"流态疏浚泥资源化处理成套技术与应用"荣获 2020 年度福建省科技进步奖二等奖，"南水北调东线典型湖泊水资源智慧化管理关键技术研究"荣获 2021 年度江苏省水利科技进步奖一等奖，"南水北调东线江苏段水环境精准感知控制与分析预警关键技术研究"与"南水北调东线一期工程江苏段运行能力分析及控制运用方式研究"分别荣获 2022 年度江苏省水资源优秀成果奖一等奖、二等奖。此外，"贯流泵冷却系统控制装置"荣获"水利部重点推广水利先进实用技术"，"EHP 全置换水泥土桩技术研究"荣获省部属企业职工十大科技创新成果，"数字孪生南水北调洪泽泵站建设"荣获"2022 年智慧江苏重点工程项目"，"数字孪生南水北调（洪泽泵站）大型泵站水泵声纹 AI 监测系统"荣获水利部数字孪生优秀应用案例。公司入选《国资国企社会责任蓝皮书（2022）》科技创新篇优秀案例。

（夏臣智）

【征地移民】　南水北调东线一期江苏境内工程征迁安置工作全部结束，完工财务决算经过核准，征迁安置项目均通过完工验收。2022 年，南水北调东线一期江苏境内工程无实质性征迁安置内容，主要涉及征迁决算编制、征迁档案数字化、征迁移民关注等。

1. 编制征迁决算　组织编制完成 27 个设计单元工程征迁项目竣工财务决算和汇总决算，妥善处理省本级临时占地耕地占用税返还、三潼宝用地手续费用划拨、市级征迁投资划定等问题。

2. 整理征迁档案 完成江苏省征迁安置档案数字化整理与转化，整理档案7000卷，排列档号整编3586卷，并按《江苏省南水北调工程征地移民档案管理实施细则》规定，档案移交江苏省档案馆、江苏水源公司。

3. 关注移民生活 了解拆迁安置群众生活状况，妥善处置入江水道洪金段船民反映问题、金宝航道刘圩段1号码头隐患等。 （宋佳祺）

【环境保护】 为保障南水北调调水水质，江苏注重完善多部门联动机制，注重调水水质监管，通过强化危化品船舶禁运管控、持续提升城镇污水处理能力、开展渔业养殖污染防控等工作，全力保障南水北调输水干线水质。

（1）江苏省南水北调办充分发挥监督协调职能，不断完善与各相关职能部门建立的系列水质保障机制，强化干线水质保护监管，强化尾水导流工程安全稳定运行。

（2）江苏省生态环境厅对调水沿线18个断面开展加密监测，共计21天，出具2291个监测数据，出动人员290人次，车辆113辆次。

（3）江苏省交通运输厅加强航运船舶安全监管与管控。及时发布调水期间的航行通告，严格落实调水期间危化品船舶禁航措施，加大电子、现

场巡查力度，确保调水期间水质安全。加强船舶港口污染防治，提请江苏省污染防治攻坚战指挥部办公室印发了《2023年全省船舶和港口领域生态环境突出问题专项整治工作方案》，专门把推动船舶水污染物"船港城"一体化治理作为首要任务，制定《船舶和港口领域生态环境突出问题专项整治行动计划》，全面推进船舶水污染物"船港城"一体化治理。制定苏水安澜水上危险货物运输安全"整治战"，开展重点行业领域安全生产风险专项整治巩固提升年行动，重点整治内河水上危险货物运输谎报瞒报、非法过驳等突出违法行为。

（4）江苏省住房和城乡建设厅持续提升城镇污水处理能力。2022年江苏省南水北调沿线地区新增城镇污水处理能力33.4万 m³/d，截至2022年年底，江苏省南水北调沿线地区城镇污水处理能力达521.1万 m³/d。江苏省政府办公厅印发《关于加快推进城市污水处理能力建设全面提升污水集中收集处理率的实施意见》，组织审核各地提升污水收集处理率实施方案并推进实施。组织开展2022年度城镇污水处理提质增效"333"行动考核并印发情况通报，组织对江苏省南水北调沿线地区约41.1%的城市建成区面积建成污水处理提质增效达标区实行"回头看"。

（5）江苏省农业农村厅持续开展"中国渔政亮剑"系列专项执法行动，积极服务保障南水北调工程，重点开

展了长江流域重点水域常年禁捕、清理取缔涉渔"三无"船舶和"绝户网"、内陆重点水域禁渔、水生野生动物保护、水产养殖用投入品规范使用、打击电鱼行为、渔业安全生产监管等执法行动。对湖区草害和违法违规网具实施长效整治，推广渔业养殖用水循环再利用，优化调整养殖结构，推进养殖尾水达标排放。进一步加大水生生物资源养护力度，增殖放流鲢鳙等浮游生物食性鱼类，净化湖区水质，实现以渔抑藻、以渔净水，修复湖区水域生态环境，发挥增殖渔业生态功能。

（聂永平）

2022年，为进一步提升南水北调东线江苏水源有限责任公司环境管理和资源管理水平，强化员工环境保护与资源节约意识，公司制定了《环境保护与资源节约管理办法（试行）》，明确了环境保护和资源管理的职责分工、工作原则及相关规定，推动环境保护和资源节约管理工作规范、深入开展。

（王晓森）

【工程验收】 2022年，江苏省水利厅、省南水北调办组织完成南水北调东线一期江苏境内调度运行管理系统设计单元工程完工验收。截至2022年年底，南水北调东线一期江苏境内40个设计单元工程全部通过完工验收，其中34个设计单元工程由江苏省负责组织完工验收，完工验收完成率达100%。

（宋佳祺）

江苏水源公司严格按照水利部印发的设计单元工程完工验收计划表，2022年年初科学编排验收工作计划，合理分解年度任务，及时启动工程完工验收准备，同时加强验收过程控制，确保工程验收质量。2022年3月，调度运行管理系统工程通过完成设计单元工程完工验收。

（花培舒）

【工程审计与稽察】 2022年以习近平新时代中国特色社会主义思想为指导，全面贯彻落实习近平总书记推进南水北调后续工程高质量发展座谈会重要讲话精神。南水北调工程事关全局战略，事关长远发展，事关人民福祉。为实现工程建设资金从"在建"向"建成"的转变，全面总结南水北调一期工程建设成果，竣工财务决算是工程建设程序的重要工作内容之一；只有通过竣工财务决算才能实现对南水北调一期工程投资规模、建设成本、投资效益的系统总结，为后续南水北调工程建设提供借鉴。江苏水源公司在水利部、南水北调集团正确领导和关心指导下，高度重视和充分认识竣工财务决算的重要性，以动态任务清单为抓手，以工作指南为指导，圆满按时完成南水北调东线一期江苏境内工程竣工财务决算编制工作。

（1）精心组织，统筹部署。江苏水源公司高度重视南水北调东线一期江苏境内工程竣工财务决算工作，根据水利部、南水北调集团工作要求，制定竣工财务决算工作方案，组织相关部门召开专项工作推进会议，强调竣工财务决算工作的重要性，明确工作职责和工作目标任务，要求发挥各部门职能作用，强力推进竣工财务决算工作。

（2）协调解决竣工财务决算有关问题。系统梳理南水北调东线一期江苏境内工程竣工财务决算编制中存在的有关问题，积极协调解决地方配套资金未到位、前期工作经费等问题，完善临时占地耕地占用税手续，确保决算工作高效推进。

（3）建立竣工财务决算规范化、标准化编制体系。结合江苏境内工程情况，编制《南水北调东线一期江苏境内工程竣工财务决算工作指南》，细化工作流程和要求，统一口径和技术标准，建立贯穿竣工财务决算编制过程标准化编制体系，同时积极参加集团各项业务培训，准确理解编制内容；梳理重点、难点工作，动态形成工作清单；组织项目组研讨竣工决算关键内容，明确相关事项处理原则。

（4）扎实做好竣工财务决算基础工作。按照《南水北调东线一期江苏境内工程竣工财务决算编制方案》，统筹工程、财务完成投资及预算、建设期合同、专项费用等清理工作，按合同结算金额对会计账面数据进行财务清理，核定工程建设成本，并结合江苏境内工程实际情况，重新梳理完工财务决算尾工，按照"确有必要、经济合理、切实可行"的原则，细化梳理竣工财务决算预留尾工及费用方案。

（5）全面开展竣工财务决算编制工作。全面落实南水北调集团历次竣工财务决算推进会议精神，采用直接委托、公开招标相结合方式，完成竣工财务决算编制中介机构选聘工作。按照水利部和南水北调集团要求，统筹内部、外部力量，组织编制单位按照统一的编制范本和指导意见编报30个设计单元竣工财务决算。

（6）切实提高竣工财务决算编制质量。配合水利部调水局和南水北调集团开展高水河、刘山泵站等4个设计单元工程专项审核工作，组织逐条分析审核意见，修改完善4个设计单元工程竣工财务决算报告。结合集团和水利部审核意见和建议，举一反三，系统梳理出共性问题；针对问题类别，统筹各部门、分公司协调解决相关问题，切实提高竣工财务决算编制质量。

（7）组织开展项目法人汇总竣工财务决算工作。在各设计单元工程竣工财务决算基础上，组织编制单位分别从工程建设成本、合同结算金额、往来款项等方面进行双维度核对，提高数据准确性、完整性；根据项目法人竣工财务决算范本要求，编制南水北调江苏境内工程项目法人汇总竣工财务决算，报送南水北调集团。

（章亚骐）

【创新发展】 洪泽站先行先试探索数字孪生，完成统一物联网平台搭建、8

种视频 AI 算法模型研发、泵组声纹 AI 算法模型等。2022 年,"数字孪生洪泽站"获评度"智慧江苏重点工程",江都水利枢纽数字泵站项目入选"2022 数字江苏建设优秀实践成果"。

系统总结出版《南水北调后续工程高质量发展·大型泵站标准化管理》系列丛书;运用调度运行系统高清视频和工程监控系统,利用视频会议"云"监督检查方式远程开展汛前检查;编制《泵站安全监督指引》及《泵站反事故措施》,为检查整改提供依据。

持续完善大型泵站远程集控模式,组织构建集中控制模式下的调度运行管理制度体系,基本实现"远程控制、智能管理"目标;南水北调泗洪站、洪泽站被评为"江苏省水利优质工程",顺利通过中国水利工程优质(大禹)奖现场复核并获得优先推荐资格。 (宋佳祺)

(1)全力以赴,打赢国企改革三年行动收官战。围绕"清零、突破、深化、增效"收官目标,在进度、质量上系统跟进年度改革工作任务,重点攻关改革难点事项,全面梳理改革工作台账,及时开展改革成效评估,持续深化改革专项任务,注重改革成效总结提升。2022 年 5 月底,江苏水源公司 124 项国企改革任务全面完成,年内无新增"四类企业"和三类参股投资、小微企业,无亏损企业,任期制和契约化改革实现全覆盖,干部能上能下、员工能进能出的市场化

退出机制基本实现。1 项改革案例入选江苏省国资委《国企改革三年行动典型案例汇编》,1 项改革成果荣获江苏省企业管理现代化创新成果奖一等奖。《新华日报》和《人民日报》等外部媒体发表公司改革类新闻宣传 10 余篇,公司网站、微信公众号累计刊发改革发展类稿件 50 余篇。

(2)双轮驱动,提升涉水经营项目运作能力。深化与盱眙地方政府战略合作,与地方国企合资设立南水北调都梁生态环境公司,发挥区域市场主体作用,重点推动盱眙洪泽湖退圩还湖等"三位一体"的地方水利、水生态重点项目落地,工程总投资近 9 亿元。先期实施的百里画廊工程是国家重点水利工程洪泽湖周边滞洪区工程的配套工程,也是淮安市一号重点工程,工程投资 1.5 亿元;国土空间治理项目是百里画廊项目的衍生工程,工程投资 1.6 亿元。洪泽湖退圩还湖工程是省级规划由地方实施的水生态修复项目,工程投资约 5.6 亿元,积极争取国家专项政策基金支持 1.8 亿元,纳入国家重大建设项目库,并抓紧推进项目前期工作。通过上述重大项目的实施,有效带动了江苏水源公司布局在水利产业链上的各级专业化子公司参与,极大激发了公司整体经营活力,同时也充分展现了江苏水源公司在参与地方水生态文明建设中的国企担当,为省属国资企业与地方国资开展合作提供了案例借鉴。

(3)守正创新,推动科研创新成

果加速转化。江苏水源公司始终高度重视科技创新工作。2022年，公司在工程运行管理方面科研项目成果斐然，"南水北调东线典型湖泊水资源智慧化管理关键技术研究"项目获得江苏省水利科技进步奖一等奖；"水环境精准感知控制与分析预警""运行能力分析及控制运用方式"两项成果分获江苏省年度优秀水资源成果奖一等奖、二等奖；组织开展江苏省水利重大科技项目"大型泵站智能管理关键技术研究"和"2+2"课题"大型泵站关键技术研究"，取得阶段性成果。公司持续开展"五小"创新活动，不断激发内部创新活力，总结三年来"五小"实施经验，首次组织开展历年"五小"优秀推广项目，取得良好成效，首次汇编近3年优秀"五小"项目，推动优秀成果落地。首次按照"实物创新类"和"推广建议类"组织开展创新活动，"五小"创新成果质量创新高。

（王希晨　王妍　王馨舟）

山东境内工程

【工程管理】

1. 高标准运管

（1）强化推进工程管理和维养规范类团体标准制定。完成《大型调水工程（渠道、水库、泵站）管理和维修养护规范团体标准》发布。

（2）完成《南水北调东线山东干线工程及维修养护管理研究》修订及出版。

（3）谋划标准化水利工程创建工作，成立组织机构，明确创建分工，有序推进创建工作。

2. 实施四项工程

（1）推进"样板渠道（含闸站）建设"，组织完成《南水北调东线山东干线有限责任公司渠道工程标准化试验段项目总结报告》及胶东段淄博处渠道标准化建设项目；组织完成聊城段、济宁段小涵闸改造项目典型方案设计及审批工作。

（2）加强东湖水库盘柜及线缆整理项目监管工作，已完成项目实施（除供水洞外），具备开机运行条件。

（3）组织完成济南市区段、长沟泵站、邓楼泵站大禹奖申报材料的收集、编制、审核、上报等工作。

3. 加强工程维修养护管理

（1）强化工程维修养护监管力度。健全部门《工程管理监管规则》，组织管理局完成第1季度自查，第2季度监督检查，第3季度水毁专项工程检查。同时监督管理局进行检查问题整改，及时销号。

（2）优化维修养护管理手段。充分利用工程管理信息化系统完成工程评级及维修养护计划编制审核；组织浪潮项目组对月度计划分解、计量确认模块进行了开发和培训，并组织指导工程管理信息化系统（二期）开发工作，完成工程巡检试点以及模块推广的有关准备工作。

（3）细化维修养护管理。

1）加强维修养护的统筹组织。

a. 认真组织开展年度评级，共完成单元评级 85792 个，单位评级 6164 个，2022 年工程评级设备完好率为 90%、建筑物完好率为 80%。

b. 及时组织年度维修养护计划编制及方案审查批复，共审定金额 10786.57 万元，其中日常维修养护项目 7825.71 万元，专项项目 26 个共 2960.86 万元。

c. 加强特种设备管理，督促特种设备按照规定进行检验，保障特种设备的安全使用。

d. 监督计划落实，按照维修养护标准和时间节点要求，及时跟进管理局维修养护计划落实情况，对滞后工作内容及时督促解决，消除隐患。

e. 推进维修养护指南编制工作，及时与编制单位对接，并启动现场测算工作。

2）细化维修养护的合同管理。2022 年监管 105 个合同项目（合同金额为 2.4 亿元，累计完成金额 11721 万元，累计完成比例 49%），每月 10 日编制印发工程管理月报，进行数据统计分析，加强关键环节的监管。

a. 控制合同项目原材料质量，组织专业机构赴工程现场对重点项目进场原材料取样检测。

b. 规范合同项目变更审批程序，严格对变更必要性、变更单价、变更工程量的审核把关。

c. 节点工程重点突破，集中力量组织调度聊城段水毁修复工程，安排专人负责、实行 5 日调度工作机制，及时调度解决影响工程进展的问题，同时紧盯长沟泵站机组大修工作，监督大修各项工作按时间节点完成并通过验收，保障调水。

d. 积极协调妥善解决平阴安防工程等项目欠薪问题，保障了农民工合法权益。

e. 加大合同项目结算现场复核力度，组织参与单位对报审结算的合同项目工程量进行共同复核确认。2022 年度送审完工结算审核项目 87 个，出具结算审核报告 81 个，报审金额 1.44 亿元，审定金额 1.39 亿元，核减金额 500 万元。

4. 加强工程管理

（1）组织开展工程鉴定。完成了 48 座水闸、2 座水库大坝工程的安全鉴定工作，以及安全隐患整改；完成 2023 年度需鉴定的 133 座水闸的安全鉴定实施方案编制及批复工作。

（2）加强永久征地边界和界桩管理。完成济南、胶东、德州、聊城、泰安 5 个管理局的界桩埋设及预验收工作，共埋设永久征地界桩 2552 座，保证了工程管理范围边界清晰。

（3）组织开展穿跨邻项目相关工作。监管新开工的 10 个穿跨邻项目；完成 4 个穿跨邻项目完工验收；完成 16 个建设监管协议及委托监管协议签订；完成 6 个穿跨邻项目的边界复核工作，确保南水北调工程边界清晰、土地权属。

（4）落实河湖长制工作。编制并印发《南水北调东线山东干线工程河长制协作机制》《南水北调东线一期山东干线工程沿线省级河长公示牌2023年度维护实施方案》；督促管理局积极与地方河湖长机构联系和沟通，妥善处理有关问题，杜绝安全隐患。

（5）协调解决工程影响纠纷。组织开展淄博市高青县渠道渗水影响情况调查，并提交《关于淄博市高青县龙屋村附近南水北调渠道渗水影响调查情况的报告》。

（6）积极组织工程评优，完成济南市区段工程申报华东地区优质工程奖的材料审核与申报并顺利通过评审；梳理并向山东省水利厅提供优质工程展示材料。

（7）协助、配合完成设计单元工程竣工财务决算报告编制。

5. 加强安全监测管理

（1）完成全线高精度控制网建设工作。共建设67个基准点、210个工作基点、868个监测点任务，基本做到工程沿线控制网全覆盖，为安全监测工作及精准调度提供可靠的基准参考依据。

（2）完成安全监测合同收尾工作。完成干线渠道及剩余重点建筑物变形观测网、对外购买服务开展外部变形观测等项目共9个标段的合同完工验收及完工支付工作。

（3）完成2022年度安全监测仪器检定工作。完成仪器设备70台（套）年检工作，为检定合格的仪器下发检定证书，保证了仪器在使用过程中的有效性。

（4）加强监测培训，提高监测技能，规范月报模板，提高编制效率，月报上报率达到100%。

（5）组织开展安全监测日常工作。按时审核、分析月报，及时指导解决存在的问题，确保工程安全运行。

（苏传政　郭晓翠）

【运行调度】

1. 2021—2022年度水量计划

（1）根据山东省水利厅《山东省水利厅关于印发山东省骨干调水工程2021—2022年度第一阶段水量调度计划的通知》（鲁水调管函字〔2021〕32号）、《山东省水利厅关于印发山东省骨干调水工程2021—2022年度后续水量调度计划的通知》（鲁水调管函字〔2022〕3号）要求，第一阶段计划调水时段为2021年11月至2022年2月，各关键节点计划调水量为出南四湖上级湖1.20亿 m^3、入东平湖1.20亿 m^3、入鲁北干线0.35亿 m^3、入胶东干线1.67亿 m^3；后续计划调水时段为2022年2—5月，各关键节点计划调水量为出南四湖上级湖0.34亿 m^3、入东平湖0.30亿 m^3、入鲁北干线0.97亿 m^3、入胶东干线1.53亿 m^3；计划向聊城、德州、济南、滨州、淄博等5市供水1.865亿 m^3，入引黄济青上节制闸水量为1.76亿 m^3。

（2）根据水利部办公厅《关于做好南水北调东线一期工程北延应急供水工程加大调水工作的通知》（办南调〔2022〕74号）、《南水北调东线一期工程北延应急供水工程加大调水后续水源利用工作方案的通知》（办南调〔2022〕426号）要求，北延应急供水计划调水时段为2022年3月25日至5月31日，省界调水0.70亿 m^3，入南四湖下级湖0.67亿 m^3，入南四湖上级湖0.65亿 m^3，出南四湖上级湖1.33亿 m^3，入东平湖1.28亿 m^3，调水出东平湖1.83亿 m^3，过六五河节制闸1.54亿 m^3。

2. 2021—2022年度调度运行情况 鲁南段工程运行时段为2022年4—5月，台儿庄、万年闸、韩庄、二级坝、长沟、邓楼和八里湾泵站均达到设计流量。前期因南四湖上级湖水位偏高，长沟泵站未运行，随着上级湖水位下降，长沟泵站5月15日开始运行。鲁北干线工程运行时段为2021年12月至2022年6月，沿线8个渠道口门实施了分水，大屯水库充库蓄水并持续通过库内两个放水洞对外供水。穿黄河工程出湖闸最大流量达到43 m^3/s，接近设计流量。胶东干线运行时段为2021年11月至2022年5月，沿线6个渠道口门实施了分水，东湖水库充库蓄水并持续通过两个放水洞对外供水。济平干渠渠首闸最大流量达到40 m^3/s，接近设计流量。调水运行期间，泵站、渠道、水库工程运行平稳、状态稳定。

3. 2021—2022年度水量调度情况

（1）水源情况。根据山东省水利厅工作安排，2021年11月22日至2022年1月27日实施了第一阶段调水，2022年2月21日至6月6日实施了第二阶段调水，共计调用东平湖水源3.68亿 m^3。根据水利部工作安排，2022年3月25日至5月31日实施了北延应急供水，从苏鲁省界调用长江水源0.70亿 m^3、调用上级湖水源0.68亿 m^3、调用东平湖水源0.56亿 m^3。

（2）山东省境内主要节点工程调水情况。鲁南段工程于2022年4月30日启动，至5月26日结束。其中，韩庄运河段工程2022年5月16日开始运行，至5月25日完成计划停机，苏鲁省界台儿庄泵站共完成从骆马湖调水入山东0.70亿 m^3，调水入下级湖0.68亿 m^3；南四湖段工程于2022年5月16日开始运行，至5月26日完成计划停机，入上级湖0.66亿 m^3；南四湖至东平湖段工程2022年4月30日开始运行，至5月26日完成计划停机，调水出上级湖1.34亿 m^3，入东平湖1.35亿 m^3。鲁北干线工程自2021年12月20日启动，至2022年6月6日结束，其中2022年1月28日至2月24日期间停止运行。3月25日前穿黄河工程仅向聊城、德州供水，3月25日之后启动北延应急供水。累计从东平湖引水2.77亿 m^3，其中北延应急供水工程调水出东平湖1.90亿 m^3，省内调水0.87亿 m^3。

胶东干线工程自 2021 年 11 月 22 日启动，至 2022 年 5 月 16 日结束，其中 2022 年 1 月 24 日至 2 月 21 日期间停止运行，累计从东平湖引水 2.81 亿 m³。泵站及节点工程调水情况见表 1。

**表 1 山东省境内主要节点
工程调水量** 单位：亿 m³

区　段	站　名	调水量
韩庄运河	台儿庄泵站	0.70
	韩庄泵站	0.68
南四湖	二级坝泵站	0.66
南四湖至东平湖	邓楼泵站	1.34
	八里湾泵站	1.35
鲁北干线	穿黄出湖闸	2.77
胶东干线	济平干渠渠首闸	2.81

（3）供水情况。2021—2022 年度，完成向聊城、德州、济南、滨州、淄博等 5 市供水 19004 万 m³，其中德州 3580 万 m³、聊城 4912 万 m³、济南 5080 万 m³、滨州 2302 万 m³、淄博 3130 万 m³；完成入引黄济青上节制闸水量 18245 万 m³。2021—2022 年度，大屯水库完成入库水量 3927 万 m³，东湖水库完成入库水量 1802 万 m³，双王城水库完成入库水量 3167 万 m³。各受水市供水情况见表 2。

**表 2 2021—2022 年度山东省各受
水市水量调度完成情况**

单位：万 m³

受水市	供水量
聊城市	4912
德州市	3580

续表

受水市	供水量
济南市	5080
滨州市	2302
淄博市	3130
东营市	
潍坊市	
青岛市	15804
烟台市	
威海市	
合计	34808

（4）北延应急供水情况。2022 年 3 月 25 日开启六五河闸，正式启动北延应急调水工作，5 月 31 日关闭六五河闸，停止供水，历时 67 天，调水出东平湖 1.90 亿 m³，出六五河闸向河北、天津供水 1.61 亿 m³。

（邵军晓）

【工程效益】

1. 供水效益 2021—2022 年度，调引长江水、上级湖、东平湖水源 5.62 亿 m³，累计向聊城、德州、济南、滨州、淄博、东营、潍坊、青岛、烟台、威海等 10 地市供水 3.48 亿 m³，有力保障了城市供水安全。

2. 生态效益 2021—2022 年度，北延应急供水累计过六五河节制闸 1.61 亿 m³，助力京杭大运河全线水流贯通，有效改善了河湖水生态环境，为缓解华北地区地下水超采提供了重要支撑和保障。

3. 防洪效益 2022 年汛期多次配合地方防洪排涝，2022 年 7 月开启万年闸泵站为周边村庄排涝；2022 年 6 月 15 日至 10 月 14 日开启睦里庄节制闸，利用睦里庄至京福高速闸市区段为玉符河、小清河泄洪排涝；2022 年 7 月 12—16 日、10 月 2—9 日利用聊城段渠道为周边村庄排涝泄洪；利用德州段渠道向七一·六五河排涝泄洪。累计为枣庄、济南、聊城、德州等 4 市排涝泄洪 0.46 亿 m^3，有效减轻了工程沿线的防洪压力，为沿线社会稳定、经济发展提供了保障。

（邵军晓）

【科学技术】

1. 研发专题 根据《关于国家重点研发计划"长江黄河等重点流域水资源与水环境综合治理"重点专项 2022 年度项目立项的通知》（国科议程办字〔2022〕88 号）有关要求，2022 年 12 月 22 日，国家重点研发计划项目"南水北调东线工程多水源均衡配置与输水智能调控技术"立项，山东干线公司承担"基于用水行为的南水北调东线调水系统分层用水需求模拟"专题（编号：2022YFC3204601-02）的研究工作。

2. 发明专利 专利作为衡量企业技术水平的一项重要指标，体现着企业的自主创新能力，同时能保持和增强企业的核心竞争实力，抵御各类外在风险，为企业增值增资。2022 年山东干线公司共授权各类专利 72 项。

（李典基）

【环境保护】 南四湖、东平湖分别是山东省第一大、第二大淡水湖，也是南水北调东线工程的重要调蓄枢纽。山东省生态环境厅深入贯彻落实习近平生态文明思想，坚决扛牢南水北调水质保障政治责任，努力推动南四湖、东平湖水生态环境质量改善，确保"一泓清水永续北上"。2022 年，南水北调干线国控断面优良水体比例达到 100%，南四湖流域 36 个国控断面历史性首次达到 100%，创有监测记录以来最好水平。

（1）加强谋划部署。在山东省生态环境委员会框架下成立了以山东省政府分管负责同志任组长，山东省发展改革委、生态环境厅等 10 个省直部门和流域 4 市为成员的南四湖东平湖流域生态环境保护专项小组，枣庄、济宁、泰安、菏泽等流域 4 市也分别成立领导小组及办公室，统筹推进南四湖流域水生态环境保护和污染防治。强化南四湖、东平湖流域水生态环境保护联动，建立健全定期通报、联席会议、监督检查、预警约谈工作机制，形成职责清晰、分工明确、衔接顺畅的工作格局。

（2）狠抓污染治理。认真组织实施《南四湖流域水污染综合整治三年行动方案（2021—2023 年）》及分年度工作计划，严格按照"时间表"和"路线图"开展治理保护，守住"水质只能变好，不能变坏"底线。印发实施《山东省入河湖排污（水）口溯源整治及规范化管理工作方案》（鲁环字〔2021〕129 号），流域内 12611

个入河湖排污（水）口完成树标立牌，其中383个工业企业排污口全部完成整治。严格落实以排污许可制为核心的固定污染源监管制度，建立起排污许可"一证式"监管机制。实施船舶港口综合整治，7974艘内河运输船舶全部加装配备污水收集和智能监控系统，内河港口均配备含油污水、生活污水、垃圾接收设施或流动车船。强力实施"两个清零、一个提标"，8个县（市、区）实现整县制雨污合流管网清零，41条城市（县城）黑臭水体全部完成治理，34座城市污水处理厂出水水质达到准Ⅳ类标准；完成164处农村黑臭水体、3366个农村生活污水治理任务。印发实施《南四湖流域农业面源污染综合整治实施方案》，完成38.04万亩稻田退水治理任务，创建13个绿色防控示范县、9个统防统治百强县、7个整县制实施秸秆综合利用县；规模化畜禽养殖场全部配套粪污处理设施；南四湖自然保护区核心区、缓冲区渔业养殖全部退出。

（3）实施生态修复。统筹山水林田湖草沙综合治理，科学划定生态保护红线。在重点排污口下游、河流入湖口、支流入干流处等关键节点因地制宜建设人工湿地水质净化工程，建成人工湿地水质净化工程155处，年削减化学需氧量1.3万t、氨氮0.29万t，其中2022年以来新建39处。持续开展"放鱼养水"，2022年投放滤食性、草食性鱼类4500万尾。对自然保护区退养池塘实施自然恢复，改善区域生态环境。开展湖内菹草等综合整治，每年定期打捞收割，并探索资源化利用途径。强化生物多样性保护，南四湖频现不同鸟类齐舞的"鸟浪"奇观，并成为众多候鸟的越冬地、繁殖区及停歇站。

（4）强化联防联控。积极协调生态环境部印发《南四湖流域水生态环境治理保护联防联控机制工作章程》，率先实现省界、市界、县界联防联控协议全覆盖，协同推进上下游、左右岸、干支流共治共享。南四湖入湖河流全部建成在线监控设施，实时监测水质状况，并每月通报全流域国控、省控和入湖河流水质状况。将南四湖治理保护纳入省级生态环境保护督察、黄河流域生态保护和高质量发展专项督察重要内容，并组织开展了3轮南四湖流域生态环境保护专项执法行动，有效解决了一批突出生态环境问题。流域内42条跨界河流75个断面全部签订横向生态补偿协议，并已兑付补偿资金8375万元。2022年积极争取中央和省级资金21.95亿元、政府债券44.11亿元，专项用于南四湖治理保护。　　（山东省生态环境厅）

【工程验收】　南水北调东线山东干线54个设计单元工程（含21个截污导流工程）完工验收已于2021年年底全部完成，2022年度主要完成了完工验收遗留问题的摸排梳理，并建立台账，组织落实处理；完成了山东干线工程安全防护工程、管理设施专项工程档案的移交工作。

（山东省水利厅）

【工程审计】　2022年，山东省水利厅、山东干线公司作为山东境内工程竣工财务决算制主体，全面启动竣工财务决算编制工作，严格落实水利部和南水北调集团部署要求，扎实有序地完成了工程实际情况梳理、工作方案印发、领导小组和专班设立、细化职责任务分工。克服新冠疫情影响按期完成29个设计单元工程的竣工财务决算编制和项目法人汇总竣工财务决算的编报工作。在编制过程中经历了资料收集及整理阶段、合同清理阶段、费用分摊阶段、交付使用资产价值确定阶段、账务调整阶段、竣工财务决算编制及内部审核阶段，完成了各项清理工作，并分别形成了专项报告，为竣工财务决算审计打下了坚实基础。2022年12月，山东省水利厅、山东干线公司配合审计署对南水北调东线一期山东段工程建设、竣工决算等相关内容进行审前调研。

（徐妍琳　刘益辰）

【工程审计与稽察】

1.工程审计　2022年，山东干线公司作为山东境内工程竣工财务决算制主体，全面启动竣工财务决算编制工作，严格落实水利部和集团公司部署要求，扎实有序地完成了工程实际情况梳理、工作方案印发、领导小组和专班设立、细化职责任务分工。

克服新冠疫情影响按期完成29个设计单元工程的竣工财务决算编制和项目法人汇总竣工财务决算的编报工作。在编制过程中经历了资料收集及整理阶段、合同清理阶段、费用分摊阶段、交付使用资产价值确定阶段、账务调整阶段、竣工财务决算编制及内部审核阶段，已经完成了各项清理工作，并分别形成了专项报告，为竣工财务决算审计打下了坚实基础。2022年12月，山东干线公司配合审计署对南水北调东线一期山东段工程建设、竣工决算等相关内容进行审前调研，将于2023配合审计署开展南水北调东线一期山东境内工程竣工财务决算审计。

2.工程稽察

（1）牢固树立安全发展理念。山东干线公司党委定期召开安全生产专题学习，深入学习习近平总书记关于安全生产重要论述，集中观看了《生命重于泰山——学习习近平总书记关于安全生产重要论述》专题片。为深入学习上级各项安全生产举措，山东干线公司印制了以安全生产十五条措施和"八抓"20项创新举措为主要内容的《安全生产宣传册》，发放给全体职工贯彻学习。在山东南水北调网站开设安全生产专栏，及时发布安全生产文件通知和制度规范，开展经常性安全生产宣传教育，营造了重视安全生产、加强安全防范的浓厚氛围。

（2）建立健全安全生产责任体系。对标对表《山东省生产经营单位全员安全生产责任清单》，根据岗位职责，编制了干线公司全员安全生产责任清单。采取"两上两下"模式，邀请专家分别对干线公司各层级全员安全生产岗位职责进行了审查，制定实施了全员安全生产责任清单，进一步健全了从主要负责人到一线职工的全链条、全岗位的安全生产责任制。为逐步构建安全生产工作新格局，坚持"三管三必须"原则，形成了"安委会抓总，安质部牵头，单位（部门）负责，齐抓共管"的工作局面，根据人员变化，及时调整山东干线公司安全生产委员会成员，完善了安全生产组织机构网络，逐级签订安全生产责任书，实现安全生产责任全员无缝隙全覆盖。山东干线公司安全生产委员会每季度召开安全生产会议，评估本单位存在的风险，研究解决安全生产工作中的重大问题，落实安全生产责任。

（3）不断健全双重预防机制。

1）制定了《安全风险分级管控和隐患排查治理体系建设推进工作实施方案》，召开双重预防体系建设专家座谈会，研究制定了水库、水闸、泵站重大危险源清单及风险分级管控清单标准格式和内容要求。

2）召开双重预防体系建设专题指导会议，指导各单位进一步完善全方位查找和辨识、风险等级分级管理、科学严密管控风险的风险分级管控体系。

3）完成了山东南水北调工程重大危险源清单、重大风险分级管控清单的编制工作。

4）制定了《安全风险分级管控作业指导书》《安全事故隐患排查治理作业指导书》，进一步明确了双重预防体系的工作步骤方法等。

5）在工程沿线全面推广了风险分级管控公告牌和告知卡标准。

（4）推进安全生产隐患排查治理。

1）扎实开展重点时段重点领域安全生产专项检查工作。结合汛期和暑假特点，先后印发了《关于进一步做好主汛期防汛工作有关工作的通知》《关于进一步加强防溺水安全工作的紧急通知》，组织召开防溺水保安全专题紧急会议；按照山东省水利厅工作要求，先后印发了《关于开展国庆假期前安全生产检查的通知》《关于开展"二十大"期间安全生产大检查集中攻坚专项行动的通知》等系列文件；重要节日前后干线公司经理层带队检查各单位贯彻落实公司"防风险、保安全、迎二十大"安全加固工作方案情况、历次安全生产隐患排查问题整改情况、"防风险保稳定"应急准备工作情况等，建立问题清单、逐项销号。

2）持续开展安全生产大检查。突出"查大风险、除大隐患、防大事故"，每月组织各单位排查整治重大风险隐患，加强安全生产源头治理、系统治理、综合治理，每月梳理总结安全生产大检查开展情况。山东干线公司经理层常态化分组带队对安全生产大检查整改落实情况进行督导。2022年以来先后组织实施13轮安全风险排查整治，整改各类问题83项。

3）持续推进安全生产专项整治三年行动。结合安全生产大检查，每月开展隐患排查治理，每季度对三年行动开展情况进行阶段性总结，定期开展安全生产专项整治三年行动总结评估，持续动态更新问题隐患和制度措施"两个清单"。已更新问题隐患800余项，完善制度措施36项。

4）开展房屋安全专项整治工作。为做好房屋安全专项整治工作，印发了《关于做好房屋安全专项整治的通知》，组织各单位全面梳理现有房屋情况，对218座房屋进行了房屋结构安全隐患、地质灾害安全隐患和使用安全隐患等安全情况进行自查，尤其是自建房，建立了房屋安全风险隐患排查整治台账。

5）开展有限空间作业专项检查。根据山东省政府安全生产委员会《严密防范地下有限空间作业中毒窒息事故的若干措施》，组织有限空间作业风险隐患排查和危险源辨识，对辨识出的10处有限空间作业建立管理档案，落实现场作业安全管理，严格执行作业审批制度，落实现场作业安全技术措施。

6）开展危险作业统计工作。印发了《关于做好危险作业报告事项的通知》，组织各单位全面梳理危险作业种类、作业时间、主要作业场所等

情况。经梳理，涉及临时用电、动火、吊装等7项危险作业，形成了《危险作业报告表》。各单位根据工程运行实际和危险作业种类，制定相应危险作业管理办法，明确票证审批、资格审核、现场管理、作业报告等内容，建立健全危险作业档案，包括危险作业方案、应急措施以及完整的作业票等能体现危险作业过程安全管理的资料。

7）开展防雷设备设施检测问题整改。委托专业机构对工程沿线建（构）筑物、配电设施、机房等进行了防雷检测，对检测出来的问题进行了专项整改，对损毁和需要增加的设备设施进行了采购和安装，投入整改费用182万元。

8）开展消防设施检测。委托山东安平消防科技有限公司对南水北调山东干线一期工程及配套项目所有消防设施进行了检测，对消防管理制度的建立情况进行了摸底。消防设施检测共发现问题221项。其中3座水库、7个泵站现场检查发现问题78项，问题已纳入消防安全整改项目范围。其余各渠道管理处、南四湖水资源监测中心、机电公司累计检查问题143项，已自行整改问题129项，正在整改的问题14项。

9）配合各上级单位做好运行安全监督检查。2022年，山东干线公司多次迎接水利部及流域管理机构、南水北调集团、南水北调东线公司运行安全监督检查及其他专项检查，共发

现问题 165 个，已全部整改完成。

（5）持续完善安全生产标准化体系。

1）强化安全生产标准化动态管理。根据《水利安全生产标准化达标动态管理的实施意见》，对照山东安全生产标准化动态管理直接评判表和安全生产标准化动态管理检查表，定期逐项进行自查，确保处于绿色监管状态。

2）制定年度自评工作方案，组织各单位对照 8 个一级项目、28 个二级项目和 126 个三级项目进行安全生产标准化自评。在自评基础上，邀请专业机构逐一对各单位进行自评指导。

3）积极参加水利安全生产标准化应急演练成果评选展示活动，组织收集、提炼和总结安全生产标准化建设过程中在应急演练方面的工作成效和好的经验做法，形成 26 项成果，并进行申报。

（6）开展安全生产诊断。印发了《山东干线公司安全生产诊断工作方案》，坚持问题导向、突出重点，聚焦关键装置和重点部位，组织技术人员和专家对 7 个管理局 20 管理处逐一研判把脉诊断，排查深层次问题隐患。坚持诊改结合、闭环管理，对诊断出的安全风险和事故隐患，实行边诊边控、立诊立改，全面落实整改措施，实现安全风险有效管控和事故隐患治理闭环管理。2022 年度开展了 2 次覆盖所有工程的安全生产诊断，诊

断结果均处于良好状态。

（7）持续健全完善应急管理体系。干线公司结合行业事故教训和应急处置经验，完善了应急管理领导机构，建立了由综合应急预案、专项应急预案和现场处置方案组成的应急预案体系，安全生产应急管理进一步完善。实行 24 小时值班制度，能够实时接收应急预警，快速进行应急响应。针对不同事故类型，分别开展了应急演练活动，逐步建成了应急预案针对性强、工作机制协调、预案演练实战化常态化的应急管理体系。为有效预防和控制新冠疫情，指导、落实和规范防控工作，干线公司及权属单位均结合实际制定疫情防控方案和应急处置预案，严格落实常态化疫情防控措施。为了有效预防、及时控制、妥善处置恐怖袭击事件对南水北调山东干线工程设施设备及调水水源的破坏，切实维护工程"三个安全"以及工程沿线社会稳定和人民群众生命财产安全，按照水利反恐怖工作要求，修订印发反恐工作应急预案。

（8）持续抓好安全生产驻点监管。根据山东省政府安全生产委员会要求，按照"三管三必须"和分级分类监管的原则，对专项项目和维修养护项目派驻人员进行安全生产驻点监管。驻点监管人员对专项项目和维修养护项目进行每日安全检查，每周进行工作总结，每月梳理检查情况，完善日志、周总结等工作档案。驻点人员严格落实"五到场"（超出一定规

模的危险性较大单项工程作业必到场；动火作业必到场；检维修作业务必到场；有限空间作业必到场；临时高处作业必到场），审查作业方案和相关票证，确保了各专项项目和维修养护项目顺利安全实施。

（9）扎实开展防汛度汛工作。

1）完善防汛预案。紧密结合2022年防汛形势，对接山东省水利厅，聘请山东大学专家，全面修编完成2022年度公司总部、管理局和现场管理单位三级防汛度汛方案和超标准洪水防御预案，提升了预案的针对性、具体性、操作性。

2）充实抢险队伍和物资。参照《山东省省级水旱灾害防御队伍建设管理暂行办法》，整合公司、运维及劳务三方人员，组建山东省水旱灾害防御十一支队（现改编为第五支队），下设7个现场局大队和3个抢险大队，成员335人，制定管理实施细则，配置规定数量的抢险设备。

3）开展实战演练。2022年以来开展多次水旱灾害防御、应急处置、设备使用、实操训练、紧急避险和自救互救等方面培训，与济宁梁山县、聊城临清市联合举办大型防汛应急演练，组织各管理局模拟真实场景开展各类防汛演练12次。通过演练磨合机制，历练队伍，提高应急处置能力，完善了迎战重大汛期险情的应急方案。

4）协助地方泄洪排涝。在确保工程安全度汛、保障正常供水的同时，积极配合济南、枣庄、聊城等地方政府泄洪排涝5.94亿 m^3。

（刘益辰　葛立顺）

【创新发展】　2022年，山东省水利厅和山东干线公司坚持问题导向，大力实施创新驱动发展战略；坚持推进科技赋能，提升工程运行数字化智慧化水平；坚持以人为本，加快建设培养企业人才力量。

（1）召开创新工作领导小组会。组织公司各创新工作室共整理2021年度创新项目84项，其中获得专利12项，拟申请、受理专利9项。组织评审并印发公司2022年度岗位创新项目87个，推选出20个项目参加山东省水利工程运行管理岗位创新竞赛。

（2）按照全员创新企业复审要求开展自查自评工作，印制相关材料2600余页，顺利通过了山东省总工会委托第三方对公司全员创新企业开展的评估。

（3）公司两个创新项目荣获山东省职工创新创效竞赛省级决赛二等奖和三等奖，并应邀参加山东省"黄河流域齐鲁工匠创新交流大会"展览。公司在2022年山东省"技能兴鲁"职业技能大赛中，水工监测工前10名占了8名；长沟泵站管理处"党工和谐发展"获山东省农林水工会"党建带共建　工建促党建"优秀案例；"加强职工思想政治建设　促进企业健康和谐发展"获山东省农林水工会职工思想政治工作优秀案例；公司有两个创新工作室被山东省农林水工会命名为"农林水牧气象系统示范性劳模"和"工匠人才创新工作室"，两个管理局职工书屋被山东省农林水工会命名为"山东省农林水牧气象系统优秀职工书屋"，一个管理局职工之家被山东省农林水工会命名为"山东省农林水牧气象系统优秀职工小家"。

（郭桂邹）

北延应急供水工程

【规划计划】　东线公司全力以赴落实北延应急供水工程建设规划计划工作。

（1）完成北延应急供水工程结余资金测算和使用方案编制。

（2）编制完成北延应急供水工程2022年度尾工及新增项目工程形象进度。

（3）适时开展北延应急供水工程建设管理费测算，确保建设单位开办费、建设单位人员费、项目管理费等支出内容严格遵照相关规定执行，避免超设计概（估）算。

（4）加强北延应急供水工程合同管理，积极推动变更索赔相关工作，强化过程审核，不断完善合同管理制度，确保工程变更索赔依法合规。

（王金丰）

【建设管理】　2022年，东线公司扎实推进北延应急供水工程剩余工程建设，持续开展工程建设质量、进度、安全生产等检查督导，发现问题及时督促参建各方整改，顺利完成周公河影响处理工程、油坊节制闸场区西侧布置等新增变更项目建设。同时，强化工程建设过程验收管理，加强对参建各方验收资料检查指导，及时完成了七一河右岸防护网安装，油坊节制闸进场道路，油坊节制闸场区西侧布置，周公河影响处理工程等合同工程完工验收。此外，在水利部、南水北调集团的带领和指导下，积极协调邱屯枢纽现有隔坝和水闸拆除工作。

2022年新冠疫情形势严峻复杂，东线公司在落实好疫情管控措施的同时，科学谋划、统筹安排、精准施策、多措并举，顺利完成工程建设年度目标任务。

（1）油坊节制闸场区西侧布置项目、六五河节制闸下游局部渠段衬砌及移动测流系统采购项目及时开工建设并如期完工，周公河影响处理工程于5月底前按照合同工期完工。通过合理安排工期，实现了北延应急供水工程尾工及新增项目建设与北延加大调水任务两不误。

（2）邱屯枢纽影响处理工程于8月24日完成招标工作，9月20日签订施工合同。

（3）强力推进合同工程完工验收工作。东线公司及时组织各参建单位完成七一河右岸增设围栏工程、周公河影响处理工程、油坊节制闸场区西侧布置项目、水质监测房附属设施建设项目4个合同工程完工验收工作，为后续专项及竣工验收奠定基础。

（4）及时组织开展工程施工质量评定。北延应急供水工程（含夏津水库影响处理工程）共划分为10713个单元（分项）工程、86个分部工程、11个单位工程。截至12月31日，已完成10693个单元（分项）工程、85个分部工程、10个单位工程质量评定与验收工作。其中，按照水利工程质量评定标准，单元工程质量优良率为88.6%，分部工程质量优良率为89.7%。　　　（郝清华　郭长起）

【征地移民】　2022年3月15日，北延应急供水工程夏津县临时用地完成复垦并移交地方政府；2022年7月26日通过了夏津县自然资源局的复垦验收。

2022年5月5日，北延应急供水工程临清市临时用地通过了临清市自然资源和规划局的复垦验收。（陈飞）

【环境保护】　按照北延应急供水工程建设期环境保护管理要求，在周公河影响处理工程、六五河节制闸下游局部渠段衬砌等工程施工期间，东线公司进一步规范和加强环境保护及水土保持管理工作，组织各施工单位完善施工组织设计，把环境保护、水土保持作为施工组织设计要求组成部分，并认真贯彻执行施工的全过程。通过采取裸土苫盖、湿法作业、渣土密闭运输、车辆冲洗等有效措施，确保施工期间的各项环保措施均符合国家有关规定，有效降低施工对周围环境造成的影响。

东线公司严格落实水土保持工作全面质量管理要求，依据《北延应急供水工程建设期环境保护管理办法》建立岗位责任制，组织施工单位严格按照批复的水土保持报告书开展建设。施工期间主要采取工程措施、临时措施、植物措施等有效减少施工影响区水土流失。

同时，组织水土保持监测单位按照要求开展现场监测，并积极进行自检与自查工作，对施工过程中造成的水土流失情况和水土保持工程的施工进度及质量情况进行及时修正，接受各级水土保持主管部门对项目水土保持工作进行的检查与督导，并按照检查、督查意见及时整改，进一步做好水土保持工作。　　（梁春光）

【工程审计与稽察】　2022年4月1日，南水北调集团党组书记董事长、蒋旭光，副总经理耿六成、李刚一行视频调研检查北延应急供水工程加大供水运行情况，并专题研究贯彻落实水利部部长李国英"3·28"专题办公会议讲话要求有关工作方案。

2022年5月6日，南水北调集团党组副书记、副总经理于合群视频检查北延应急供水工程防汛准备工作。

2022年5月29日，南水北调集团党组成员、驻水利部纪检监察组组长张凯视频检查北延应急供水工程防汛备汛工作。

2022 年 8 月 31 日，水利部调水局赴油坊节制闸就北延应急供水工程常态化供水调度运行执行与监督总体实施情况进行调研核实。

（梁春光　郭长起　王敏羲）

工　程　运　行

扬　州　段

【工程概况】

1. 三阳河潼河工程　三阳河潼河工程位于宝应夏集、郭桥地区，工程占地 14984.53 亩，全长 44.255km（高邮市三阳河长 28.2km，宝应县潼河长 16.055km），设计流量为 100m³/s。主要任务是通过三阳河、潼河将长江水输送至宝应站下，由宝应站抽水 100m³/s 进入里运河，与江都站抽水 400m³/s 共同实现东线第一期工程抽江水 500m³/s 的规模。三阳河潼河工程不仅是南水北调宝应站工程的输水河道，同时具有排涝、引水灌溉、航运、改善沿线生态环境等综合功能。工程于 2002 年 12 月开工，2005 年上半年已全线建成运行，2013 年 1 月通过设计单元工程完工验收。

2. 宝应站工程　宝应站工程位于江苏省扬州市境内，是南水北调工程第一个开工、第一个完工、第一个发挥工程效益的项目。该项工程作为南水北调东线新增的水源工程，宝应站

与江都水利枢纽共同组成东线第一梯级抽江泵站，实现第一期工程抽江 500m³/s 规模的输水目标。工程于 2002 年 12 月开工建设，2006 年 3 月通过完工验收。工程建设中，积极引进国外先进的水力模型、水泵核心部件和关键技术并消化、吸收，优化水泵进出水流道设计，开展进出水流道施工工艺攻关，有效提升了泵站效率，使得宝应站工程在国内同类型泵站中处于领先地位。其中，大型虹吸式出水流道优化设计课题获江苏省水利科技进步奖一等奖、江苏省科技进步奖三等奖。

3. 金宝航道大汕子枢纽工程　金宝航道工程是南水北调东线江苏境内运西线的起始河道，工程东起里运河西堤，西至金湖站下，全长 28.2km。大汕子枢纽工程是金宝航道工程的组成部分，位于扬州市宝应县和淮安市金湖县境内、大汕子河与金宝航道交汇处，是保证金宝航道输水安全的配套封闭建筑物，具有挡水、灌溉、排涝和航运的功能。大汕子枢纽工程主要包括节制闸、套闸、补水通航闸、拦河坝、河道堤防及配套的管理设施等。

4. 金湖站工程　金湖站工程是南水北调东线一期的第二级抽水泵站，位于江苏省金湖县银涂镇境内，三河拦河坝下的金宝航道输水线上。其主要任务是通过与下级洪泽站联合运行，由金宝航道、入江水道三河段向洪泽湖及以北地区调水，调水设计流

量为 150m³/s；并结合宝应湖地区排涝，排涝设计流量为 130m³/s。工程包括泵站、110kV 变电所、站上跨河公路桥、站下清污机桥、上下游引河以及配套管理设施。泵站安装 5 台（套）液压全调节卧式灯泡贯流泵（含备机 1 台），单机设计流量 37.5m³/s，设计扬程 2.45m，配套电机功率为 2200kW，总装机容量为 11000kW。工程总投资 3.78 亿元。

（王晨　杨红辉）

【工程管理】

1. 三阳河潼河工程　三阳河潼河工程采取委托管理模式，三阳河工程委托高邮市水利局下属三阳河管理处管理，潼河工程委托宝应县水务局下属京杭运河管理处管理。

（1）三阳河工程。

1）防汛防旱。制订汛前检查计划，逐一排查防汛重点部位、险工患段。根据汛前检查结果，修订完善防汛预案，盘点增补防汛物资，组织开展堤防抢险知识培训及防汛抢险演练。汛中落实领导带班制度，观测水情水位天气情况，认真填写防汛值班日志。台风"烟花"过境期间，受连续强降雨影响，三阳河最高水位达 3.21m，全员上堤加强薄弱堤段巡查，清理倒伏树木，定人定岗，明确责任。汛后，认真组织沿线汛后检查和总结，排查工程隐患，认真编制下年度岁修项目方案及预算，为来年防汛工作打下基础。

2）维修养护。严格按照上级文件精神，落实年度维修养护任务，2022 年共实施了武宁粮站河支河口混凝土护坡新建、三阳河职工食堂整修、三阳河临泽码头生态恢复等 3 个岁修项目。项目实施期过程中，认真编报实施方案，提前介入、主动协调施工现场地方矛盾，强化现场监管，加强项目质量与安全管理，确保岁修项目按时保质完成。2022 年，精心组织、认真做好三阳河苗木基地养护工作，及时进行除草、修剪、病虫害防治，保障苗木成活率，按计划较好完成了排水沟清理维修等日常养护任务。

3）河道管护。认真组织实施三阳河管护，加强日常监管，全面做好水面岸坡保洁、标识标牌维护、扒翻种植清理等工作。针对冬春季三阳河水位低，沿线浅滩垃圾暴露情况，及时组织人员开展集中清理，提升岸坡环境。2022 年夏季受极端高温、宝应站调水、上游流入等因素影响，三阳河内水草急剧增多，大面积覆盖水面。面对严峻的河道保洁压力以及极端高温天气，现场人员迅速行动，在 1 条机械打捞船、2 条人工打捞船的日常保洁基础上，协调增派 1 条机械打捞船，开足马力，全面加强河道保洁力度。同时科学安排，实行错时作业，避开日间高温，提升保洁效率，确保水源清洁、河道通畅，有效缓解了宝应站抗旱运行捞草压力。2022 年，三阳河累计出动车船 1076 次，投入人工 2132 人次，打捞水生植物近3000t，较好完成了河道保洁任务。

4）安全检查。2022年，认真开展安全生产活动，全面排查安全隐患漏洞，组织开展"百日攻坚行动"，树立安全理念，提升安全意识，坚决防止重特大事故发生。加强组织领导，压实工作责任，全员签订安全生产责任书。加强警示教育，组织学习河南郑州"7·20"特大暴雨灾害调查报告，吸取事故教训，树立安全意识。积极开展"安全生产月"相关活动，悬挂安全横幅，开展安全学习，组织单位职工全员参与《水安将军》全国水利安全生产知识网络竞赛活动，通过网络竞赛，掀起学习热潮，丰富安全知识。开展防台检查，针对夏季台风高发特点，排查沿线堤防枯死树木，及时组织人员进行清理处置，消除倒伏隐患。加强冬春防火，组织人员及时清除护堤林及苗木基地内的杂草杂物，消除火灾隐患。

5）教育培训。管理处按计划组织开展业务知识学习培训，及时传达学习上级文件精神，不断提升业务能力。管理处围绕汛前检查、防汛演练、安全生产等重点，有针对性地开展巡堤查险、堤防抢险、消防安全知识培训，组织相关演练。

6）档案管理。按照江苏水源公司扬州分公司档案管理工作要求，管理处以日常管理台账的分类收集为重点，及时完成各类检查记录填写、报表总结上报，认真完成单位档案资料的收集、整理、归档等工作。

（2）潼河工程。

1）巡查管理。日常工程管理以巡查为主，对管理河道全线进行责任划分，明确责任人，对河道工程进行每日巡查，在工程运行关键节点增加巡查频次，巡查人员实时掌握工程运行状态和重点防范点，每日将巡查内容上报分公司，将巡查资料立卷归档；在节点期间，实行节假日24小时值班制度，保证人员在岗在位，巡查人员每日观测记录水位水情并上报。

2）防汛防旱。根据2022年度抗旱调度运行及防汛工作要求，开展日常巡查工作，加强工程薄弱点的安全检查，发现隐患及时整改，遇特大安全问题及时上报处理并予以稳控。2022年，多次对三横套闸上下闸首进行了维修及养护，保证设备设施完好，功能发挥正常，充分发挥防汛抗旱、调水运行工程效益、社会效益。台风"梅花"来临之际，根据江苏省防汛抗旱指挥部、公司防台风Ⅲ级、Ⅳ级应急响应要求，及时响应分公司应急工作部署，高度重视台风"梅花"防御工作，全面落实防台风各项措施，全面排查潼河河道工程全境安全隐患，紧急召回全体职工并24小时在岗在位。台风"梅花"过境后，现场巡查人员对潼河河道进行安全检查，及时查找并处置河堤树木、电信电缆倒塌损毁影响工程安全的问题。

3）安全检查。在汛前汛后、调水前后、节点前后等关键时期组织开展潼河工程沿线堤防、配套设施及码头等的安全生产检查。按照"行动快、措施实、过程细、结果好"的工作要求，认真对待、仔细检查，全面覆盖河道工程检查以及工程附属设施，重点针对堤防是否存在雨淋沟、滑坡、裂缝、塌坑、陷坑、下沉、残缺等情况，有无不均匀沉降、坍塌、缺损等，确保检查无死角。同时，结合冬季安全风险防范工作要求，组织员工认真学习消防安全知识，积极参加宝应县水利系统森林消防演练活动，通过消防专业知识讲授学习，以及灭火器、水武器使用操作实践，提升全体职工安全意识和处理突发消防事件的应变能力，为实现潼河河道工程"全年安全生产零事故"的目标提供了保障。

4）档案管理。按照江苏水源公司"10S"河道标准化档案管理工作要求，管理所本年度完成对相关档案资料的收集、整理、归档、上报等工作，每月按时按照"10S"工程资料管理表单规格上报管理月报、安全月报、检查记录单、整改记录单、日常巡查表及工程运行关键期值班表、相关报告，本年度基本没有出现缺报漏报，档案不健全现象。

5）培训教育。组织开展对管理人员业务知识学习培训，不断增强业务能力及安全防范意识。围绕扬州分公司安全宣传月、安全生产月活动要求开展安全培训工作，此外根据2022年防汛工作要求，制定防汛应急演练活动。2022年，开展堤防抢险实战演练，全程模拟分公司防办下达指令，防汛抢险领导小组迅速组织抢险队伍，及时赶赴险情点，有序规范快速开展抢险任务，成功处置河堤险情，演练指挥有序、保障有力、措施得当、处置有效，为河道工程管理队伍有效应对防汛突发事件积累了实战经验。

2. 宝应站工程 2005年9月至2018年4月，宝应站由江苏水源公司委托江苏省江都水利工程管理处管理。自2018年5月起，由江苏水源公司扬州分公司直接管理，现场管理单位为南水北调东线江苏水源公司宝应站管理所。宝应站工程管理各项工作始终处于前列，2009年被评为江苏省水利风景区，2014年荣获2013—2014年度中国水利工程优质（大禹）奖，2015年被评为江苏省一级水利工程管理单位。

（1）防汛防旱防台。2022年汛期，淮河流域热旱少雨叠加，淮河干流接近断流，宝应站主要精力在抗旱运行，但始终保持高度警惕，牢固树立"防大汛"底线思维。为确保防汛度汛安全，要做到以下几点：

1）汛前及时调整防汛抢险组织网络；认真修订防汛抗旱预案，根据历史及特征水位，进一步细化应急响应启动条件，切实提高预案的针对性与可操作性，并针对防汛重点开展预案培训、演练；及时增补自备物资，续签代储协议、运输协议，纳入宝应县防指成员单位；扎实开展汛前检查、水下检查等。

2）汛期严格执行领导带班及24小时值班制度，密切关注气象预报、特征水位等。全站全员进入战时状态，根据公司防汛应急响应要求，加强设备设施、上下游引河堤防巡视检查力度，保证工程及里下河地区安全度汛。

3）9月14日受台风"梅花"影响，宝应站及时启动防台风Ⅲ级应急响应，期间严格按规定每天开展3次堤防巡查，随时做好旱涝急转准备。

（2）设备设施管理。在做好规程规范规定的各类检查保养基础上，定期开展班组互查，做细做实设备设施管理，确保工程设备设施完好。开展年度电气预防性试验，行车、安全阀等特种设备检验，消防系统年度检测，建筑物防雷检测等；定期开展安全监测，确保水工建筑物处于安全稳定状态。

（3）维养项目管理。2022年，维修项目共11个，其中振动监测系统完善、混凝土形象提升、清污能力提升、消防专项改造4个项目因运行期施工风险较大等原因滞后，其余项目均通过验收。在项目实施过程中，宝应站严格按照维护办法、基建程序等，履行流程手续，紧抓过程控制，按实建立项目管理卡，确保项目实施规范。2022年，根据养护节约资金要求，宝应站年初即编制维修养护资金节约方案，能做的项目坚决自己动手做，如皮带机应急抢修、原供水系统

拆除等，经统计，全年有效节约养护资金3.42万元。同时，宝应站不断规范全员节约行为，部分设备加装时控装置，非运行期管理电费同比降低31.58%，各项管理成本得到有效控制。

（4）安全隐患排查整治。

1）根据安全大检查及各类安全生产行动要求，及时编制安全生产大检查计划，每月定期召开安全生产领导小组会议，开展新安法、双重预防机制等培训，组织部分员工参加高低压电工证、消防设施操作员证等考试，组织全体员工开展消防、触电、反恐等各类现场处置方案演练，提高全员当好安全生产第一责任人意识。

2）内部常态化开展安全自查、节前检查等，开展燃气、消防、网络安全等专项自查，安装燃气自动闭阀装置、报警器等；外部分别接受淮委、省南水北调办公室、南水北调集团、东线公司等各级各类检查，共发现问题56条，已整改55条，正在整改1条，整改完成率达98%，且未重复出现相同或类似问题。

3）积极开展双重预防机制试点工作。为贯彻落实安全风险管控的要求，在公司主管部门的大力支持下，扬州分公司、宝应站先行先试，积极开展双重预防机制试点工作，重新编制了危险源辨识与风险评价报告，共梳理出宝应站重大危险源6项，一般危险源57项，根据风险等级，明确管控人与检查频次，结合风险特点和安全生产相关规定，制定风险管控措

施和隐患排查清单。

（5）标准化创建。

1）泵站"10S"标准化。宝应站对照标准，逐条梳理工程现场、软件资料及"10S"标准中存在问题，及时汇总解决整改，并通过标准化完善项目进一步落地见效。

2）落实责任制管理。编制维修、检查、软件资料责任网络，编制完善责任制考核方案，并与员工月度绩效考核办法结合使用，管理效率得到较大提升。

3）水闸"10S"标准化。根据专家及各单位多轮意见，逐条修订完善水闸"10S"标准，配合公司完成印发、样书出版。

4）顺利通过江苏省水利风景区现场评估复核。继续不折不扣完成安全生产标准化各类资料，优化完善各类安全生产措施，并将创建成果应用到工程现场。

（6）内部综合管理。通过各项措施系统强化培训工作，聚焦员工技能培训，开展"宝应大讲堂"31次，参加"扬州全员讲学"15次，定期通过"真题"考核巩固培训效果，员工理论与实践技能水平显著提高，在公司组织的年度技能比武中取得一等奖1名、三等奖2名的佳绩，技能等级鉴定通过率达100%。

3. 金宝航道大汕子枢纽工程 金宝航道大汕子枢纽 2014 年 7 月至 2017 年底由江苏省灌溉总渠管理处托管，2018 年一季度由江苏水源公司淮安分公司直接管理，2018 年二季度至 2022 年由江苏省一级水利工程管理单位——宝应站管理所直接管理，全面负责工程的调度、运行和维护等工作。管理所作为南水北调东线一期工程生产运行基层单位，将认真践行习近平总书记嘱托，一如既往抓牢抓好大汕子枢纽工程调水运行、安全生产、制度建设等各项工作，时刻保障工程效益安全高效稳定发挥。

（1）运行管理。大汕子枢纽严格执行值班制度，根据规定认真开展设备设施巡视检查，做好值班台账记录，确保工程完好。工程调水运行期间，大汕子枢纽按指令要求全关节制闸、补水通航闸及套闸闸门，实现挡水功能，保证金宝航道输水安全。套闸每日上下午各开启 1 次，保证宝应湖与金宝航道附近渔船顺利通行。值班人员严格执行巡视检查、交接班、操作票等制度，每日准时报送工情、水情以及开展水文报讯。非运行期，节制闸、套闸、补水通航闸全部打开，保证周边水体环境良好。

（2）设备设施管理。为提高工程运行管理水平，消除设备设施缺陷，大汕子枢纽相继实施了漏雨屋面及墙面整修、完工整修、围栏维修、室外照明设施维修、会议室改造、交水断面管理用房完工验收整修、拦河坝公路桥混凝土护栏维修等项目，工程短板逐步补齐，进一步保障了工程安全可靠。同时，规范开展维修养护项目管理，强化项目实施过程管理，注重档案资料全流程管理。

（3）标准化创建。认真开展调水工程标准化创建，派员全程参加调水工程标准化评价标准与创建指导手册编制，标准印发后，以大汕子枢纽为试点，全面梳理、编制完成水闸创建资料。

（4）安全管理。为确保工程设备设施安全可靠，定期开展日常巡查、定期检查、经常性检查、设备调试等，认真开展安全监测、建筑物防雷检测、电气预防性试验、设备及水工建筑物等级评定等，对检查中存在的问题立刻整改，对于不能立刻整改的及时研究整改措施，确保工程设备、设施运行不留隐患。规范开展维修养护项目管理，强化项目实施过程管理，注重档案资料全流程管理，保证了工程管理各项工作规范、有序。

1）根据大汕子枢纽人员情况及时调整安全生产组织网络，每年年初与每位员工签订安全生产责任书，确保了安全生产责任落实到底。

2）根据安全专项整治要求，定期开展安全自查，每月开展隐患大排查大整治，认真梳理隐患及问题清单，狠抓各类问题整改整治，确保工程平稳、安全运行。

3）积极开展双重预防机制试点工作。为贯彻落实安全风险管控要求，在公司主管部门的大力支持下，以大汕子枢纽为试点，积极开展水闸双重预防机制试点工作，重新编制了危险源辨识与风险评价报告，共梳理

出大汕子枢纽一般危险源 24 项，无重大危险源。根据风险等级，明确管控人与检查频次，结合风险特点和安全生产相关规定，制定风险管控措施、隐患排查清单。

4. 金湖站工程　金湖站工程采用委托管理模式，从 2012 年 12 月开始，江苏水源公司与江苏省洪泽湖水利工程管理处签订委托协议书，成立了江苏省南水北调金湖站工程管理项目部，具体负责日常管理工作。项目部设项目经理 1 名，副经理 1 名，技术负责人 1 名，下设工程股、综合股、财务股等 3 个部门，运行期安排 29 人参加管理，非运行期安排 12 人参加管理。组建以来，项目部班子内部团结务实、协调配合，工作扎实稳步推进。

2022 年度，金湖站在江苏水源公司扬州分公司及洪泽湖管理处的正确领导下，按照规范化、制度化、标准化、精细化等要求，全面履行委托管理合同，全力做好各项工作，工程面貌保持良好，工程安全运行。

（1）防汛抗旱。为保证防汛抗旱工作的顺利开展，项目部进一步建立健全防汛制度和组织网络，明确落实防汛任务和岗位职责；及时修订防汛预案，认真组织开展防汛培训和应急演练；扎实开展定期检查和工程设施设备维养；备足防汛物料，纳入地方防汛体系，形成防汛合力。金湖站于 10 月 11 日 16 时顺利投入省内抗旱运行，11 月 11 日 15 时全站停机，累计

运行 32 天，共计 739.55 台时，调水 9634.24 万 m³，工程效益显著发挥。

（2）维修养护。2022 年，金湖站完成了水泵进口拦污栅维修加固、开关室防火门更换、闸门及叶调机构液压系统维修、断路器维修、上下游工作桥及办公区路灯更换、管理设施维修、局部沥青路面维修、振动系统维修、混凝土外观提升等 15 个维修项目落实工作，按计划完成了四个季度的养护项目。项目实施过程中，金湖站严格规范高效开展维修养护项目管理工作，进一步消除了隐患，为工程设施设备完好提供保障。

（3）工程巡查。为保证工程安全运行，项目部认真做好工程巡视检查工作：做好非汛期、汛期、运行期值班值守、巡视检查工作，组织开展台风过境后特别检查；以汛前、汛后检查为抓手，做好设备维护管理，抓好工程的检查保养工作；认真组织开展机电设备进行等级评定、电气预防性试验、建筑物防雷（静电）监测、机组水下检查、消防设施监测、维保等专项检查监测工作。同时，项目部认真对待上级检查，对历次稽察、检查、"飞检"等检查中发现的问题，及时组织整改落实，制定整改措施，落实整改责任人，限期整改，确保工程设施设备完好；并整理形成问题动态台账，及时更新，定期复查。

（4）安全管理。项目部历来重视工程安全生产工作，认真贯彻党中央、江苏水源公司、管理处关于安全生产的各项决策部署，不断夯实安全生产基础，认真开展宣传教育工作，重视安全隐患排查整治，委托专业保安公司开展管理区安保工作，严禁周边闲杂人员进入管理范围，委托专业消防检测单位每月对消防设施进行维保和检测。金湖站安全生产工作平稳有序。隐患排查治理方面，依据水利部有关规程规范要求，重新编制了危险源辨识与风险评价报告，共梳理出金湖站重大危险源 5 项，一般危险源 48 项。根据风险等级，明确管控人与检查频次，结合风险特点和安全生产相关规定，制定风险管控措施、隐患排查清单。工程安全监测方面，项目部严格按照观测任务书、观测规程的要求开展工程观测工作，完成了泵站测压管、伸缩缝、垂直位移、水平位移、过水断面等观测、整编工作。经分析，工程安全状况良好。

（5）教育培训。项目部充分根据工程防汛工作实际需要，组织开展了防汛培训和模拟遇到堤防、护坡及泵站设备遇到险情时开展防护抢险演练，增强了广大干部职工的防汛意识，提高了防汛抢险队伍对突发险情的应急处置能力；及时宣传贯彻安全生产相关文件，认真组织职工开展安全操作规程、反事故预案学习和事故警示教育，针对重点岗位员工及新进人员开展安全教育培训，增强了职工安全意识，提高了安全生产能力；积极营造学习氛围，利用导师带徒、技能培训、以干代练等方式，激发学习热情，提高实操能力，培养创新意识。

（6）档案管理。项目部设置兼职档案管理人员，做好各类资料的收集整理工作。根据公司及分公司要求，组织安排专人对照大型泵站运行管理10S要求，逐一检查软硬件符合情况，及时整改，尤其是对照管理表单，组织运管人员宣传贯彻学习、准确填写，按要求及时完成日常管理资料收集归档，同时上传至调度运行管理系统。对于调度运行管理系统的运用维护，项目部专人跟进、实时关注，及时收集梳理问题并及时沟通协调，派专人同施工单位做好问题消缺事宜对接，为消缺工作提供技术支持，同时做好消缺现场安全监督管理工作，有力保证了金湖站调度运行管理系统运行稳定、可靠。

5. 淮安四站河道工程　淮安四站河道工程采用委托管理模式，宝应段委托宝应京杭运河管理处管理，淮安段委托淮安市淮安区运西水利管理所负责管理。

（1）日常巡查管理。健全规章制度，明确岗位责任，将河段分段定责管理，每段均聘有专职护堤员，定期督查、巡查，设立管理台账；对险工患段及林木火灾隐患处加大巡查频次，认真细致排查安全隐患，平均每周巡查不低于2次。重点对周边老百姓进行水利法律法规的宣传，通过增设安全警示标识标牌、沿线群众散发宣传通告等手段，预防一切堤防违章事件的发生。

（2）维修养护。2022年，宝应段实施了管理用房围墙维修及门窗更换项目，项目于2022年9月13日开工，9月30日完工，12月9日通过验收。完成了围墙装饰面层凿除空鼓层后粉刷防水砂浆，批腻子并喷涂立邦弹性涂料112.07m²；围栏除锈后刷防锈底漆及金属氟碳漆49.35m²；拆除破损路面，地基夯实，铺设5cm厚碎石垫层，浇筑12cm厚C30混凝土路面207.95m²；拆除及更换钢质门9扇，更换铝合金纱窗24.47m²。项目实施期过程中，认真编报实施方案，强化现场监管，加强项目质量与安全管理，项目按时保质完成；同时，管理所精心组织，按计划较好完成了绿化养护、堤防保洁等日常养护任务。

（3）安全生产。为切实做好管理所安全工作，建立健全了安全生产组织机构，加强组织领导，落实安全职责，建立健全安全生产台账，加强安全知识学习，提高员工安全意识，落实公司、分公司安全月活动，参加江苏省安全知识网络竞赛，积极开展安全大检查，及时排查消除各类安全隐患，确保工程安全有序运行。

（王晨　杨红辉）

【运行调度】

1. 三阳河潼河工程　科学编制调水工作方案，做好调水运行24小时值班，加强每日巡查，及时上报各项调水报表，圆满完成北延应急调水、省内抗旱调水、2022—2023年度第一阶段省外调水任务，2022年三阳河潼河参与调水、抗旱运行累计达166天。

2. 宝应站工程　2022年，宝应站北延应急供水、省内抗旱、年度调水累计开机166天，准确执行调度指令13条，安全运行11728台时，累计抽水13.9亿 m³，捞草11.9万 t，除正常参加北延应急供水、年度向山东供水外，宝应站仅抗旱运行即达114天，累计抗旱抽水近10亿 m³，为公司辖管工程投入抗旱最早、历时最长、发挥效益最明显的泵站，有力缓解苏北旱情，充分发挥社会效益，特殊时期为公司经营发展做出重大贡献。

（1）值班与信息报送。宝应站严格执行"两票三制"，每班提前30分钟交接班，每两小时巡视检查一次，准确填写运行值班记录表及设备缺陷维修登记表，确保运行值班安全。每日做好调度日报表、工情表、能源单耗表等报送及水文报汛工作。

（2）水草杂物打捞。宝应站下游引河位于里下河腹地，水草集聚是影响工程运行的难题。2022年完成24小时内皮带机电动滚筒应急抢修；连夜吊起5台清污机，处理拦污栅前后超70cm"瀑布"问题等。针对抗旱以来日均水草量超千吨的情况，在清污机下游2km处潼河上拉绳拦草，并采用挖泥船24小时不间断打捞，减小清污机运行压力，保障清污机捞草及时，工程运行安全。2022年，宝应站结合历年运行管理经验，对4号清

污机进行了系统改造，对清污机传动机构、格栅、链条、齿耙等部位均做了针对性改进，并依据水草情况对清污机改造效果进行总结评价，有效提高了设备清污效率。

3. 金宝航道大汕子枢纽工程　2022年，大汕子枢纽参与北延应急供水、省内抗旱、年度调水合计166天，指令执行准确率达100%。

4. 金湖站工程　2022年，金湖站严格按照调度指令，准确率达100%，全年累计调水、抗旱运行84天，4426.79台时，抽水5.77亿 m³。其中调水运行52天，3687.19台时，调水4.81亿 m³，抗旱运行32天，739.55台时，抗旱抽水0.96亿 m³。机组安全稳定运行，圆满完成了向省外调水和省内抗旱任务。

（1）严格执行"两票三制"。运行期间，严格执行"两票三制"，加强领导带班，规范职工值班行为，值班人员严格遵守操作规程和安全制度，严格执行八小时值班和两小时巡查抄表制度，监控连续不间断，报表及时上报，及时关注上下游水位变化，确保工程运行安全无事故。

（2）做好电力调度和负荷保证。调水运行前，项目部与淮安供电公司调度中心提前联络沟通，告知用电时间和负荷要求，确保通水期间供电保证，并要求110kV专用供电线路运维单位对供电线路进行一次全面检查，确保线路安全无隐患。

（3）及时打捞水草。金湖站水草

打捞采用人机结合形式，以清污机打捞为主，人工打捞为辅，配备拖拉机、装载机等进行清运。对于进水池内漂浮的少量细碎水草，项目部不定期组织人员进行打捞。捞草效果显著，有力保证了机组高效运行。

（王晨　刘佳佳）

【工程效益】

1. 三阳河潼河工程　2022 年，三阳河潼河工程参与江苏省外调水、省内抗旱运行合计 166 天，全年安全运行无事故。

2. 宝应站工程　2022 年，宝应站北延应急供水、省内抗旱、年度调水累计开机 166 天，准确执行调度指令 13 条，安全运行 11728 台时，累计抽水 13.9 亿 m^3，捞草 11.9 万 t，工程效益与社会效益得到充分发挥。

3. 金宝航道大汕子枢纽工程 2022 年，大汕子枢纽参与北延应急供水、省内抗旱、年度调水合计 166 天，保证金宝航道输水安全，同时也对周边宝应湖地区灌溉和航运发挥了巨大效益，为保障北方生产生活用水安全作出贡献，充分发挥了南水北调工程效益和社会效益。

4. 金湖站工程　2022 年，金湖站严格按照调度指令，累计调水、抗旱运行 84 天，4426.79 台时，抽水量 5.77 亿 m^3。其中调水运行 52 天，3687.19 台时，调水 4.81 亿 m^3，抗旱运行 32 天，739.55 台时，抗旱抽水 0.96 亿 m^3。机组安全稳定运行，

圆满完成了向省外调水和省内抗旱任务，充分发挥了工程效益、生态效益和社会效益。

（王晨　辛欣）

【环境保护与水土保持】

1. 三阳河工程　2022 年，针对三阳河现状，主动发力加大整治力度，持续做好河湖"清四乱"常态化工作。

（1）完成码头整治。借助中央环保督察有利时机，对东堤界临沙公路桥北侧码头实施强制关停，拆除房屋、硬质路面等全部地面设施，实现土地退让约 35 亩，并完成场地生态恢复。

（2）有力打击林木盗伐行为。针对巡查发现三阳河临泽段发生盗伐林木情况，组织人员连夜蹲守，凌晨发现嫌疑人再次作案后，第一时间报警处置，抓获相关嫌疑人。

（3）有效遏制占堤养殖死灰复燃。针对王家桥段个别养殖户试图恢复占堤养殖企图，管理处强势出击，主动上门与养殖户对接，宣传政策法规，消除侥幸心理，共清除家禽约 500 只。

为响应省、市江淮生态大走廊建设，打造"水清、河畅、岸绿、景美"的生态和景观河道，管理处提前谋划、有的放矢，持续开展原砂石码头场地生态恢复工作，拆除原临泽码头硬质场地，完成土方平整、苗木补植、生态恢复，有效美化了沿线环境，提升了生态建设力度。同时，按

照江苏水源公司水土资源整合、优化资源配置、发挥综合效益的战略要求，积极配合公司所辖全资子公司江苏生态环境有限公司，顺利完成三阳河沿线苗木基本情况摸底，为下一步苗木维护治理、后期优化配置、效益发挥打好坚实的基础。

2. 潼河工程 积极开展绿化维护管理工作，切实做到亮化、绿化的整体升级。春季，积极组织开展植绿、护绿工作，为打造南水北调清水廊道、营造水清岸绿的美好环境贡献基层力量。夏秋季节，持续开展河道两岸堤防范围内加拿大一枝黄花外来物种的药物清理工作，经多年持续防治，一枝黄花满坡蔓延的趋势得以有效遏制。工程管理范围内宜绿化面积中绿化覆盖率已达95%以上，林木种植合理，无高秆杂草，宜植防护林的地段形成了生物防护体系，工程水土保持效果良好。同时，潼河管理所制定了《生物防护工程管理制度》，工作人员严格按照规定要求，在工程检查过程中进行细致检查，发现问题采取有效的处理措施，每年均制定病虫害防治计划，及时防治林木病虫害，取得了明显的效果。

3. 宝应站工程 严格执行绿化养护合同，不断提升全站绿化效果，定期清除杂草、施肥、浇水，同时，不定期对上下游护坡进行清理维护，避免护坡水土流失。每月定期对全站水土绿化检查，联系绿化公司人员开会，提出新要求，提高管理水平。

2022年，为进一步解决站区内绿植退化、水土保持植物局部存在空缺、损失类小问题，根据江苏水源公司统一部署，及时实施水土保持植物措施完善项目，在管理区重点部位增植月季、梅花、海棠等；对人工湖岸线进行整理，增植荷花、菖蒲等水生植物；消防水池增加进出水装置，周边增植紫薇、红枫、桂花等水保植物；下游引河护坡进行平整修坡，对局部坍塌进行处理后，在堤防播撒草籽，进一步促进南水北调源头工程防洪、排涝、航运保障、水环境保护等多方面综合效益发挥。全力推进南水北调工作高质量发展，切实扛起南水北调事业发展的初心使命、源头担当的决策部署，在一江清水北送的同时，持续复苏沿线河湖水生态环境，助力打造江苏幸福河湖新图景。

4. 金宝航道大汕子枢纽工程 大汕子枢纽的功能发挥，使得金宝航道输水水位较稳定，部分河道扩挖和疏浚后，水域面积扩大，水位升高，补充了大量的生态用水，改善了沿线生态环境，提高了宝应湖地区动植物生存条件。

2022年，为完善站区水土保持效果，大汕子枢纽在管理区重点部位增植月季、紫薇、梅花等植物，栽植完成了乔木类（樱花、紫薇等）127株、灌木类（腊梅、桂花等）69株、月季墙120m、地被类（籽播草花、马尼拉草皮）2000m^2、水生植物（再力花、菖蒲等）276.3m^2；完成了洲头区水域岸线整理，增植菖蒲、千屈菜等水生植物，整修果园内人行步道，增设了一套进出水装置。

5. 金湖站工程 2022 年，金湖站通过对护坡、排水沟和裸露土地进行检查整治和水保完善项目落实提高了站内水土保持与环境美化效果。金湖站下游引河北岸新增生态护坡 158m；果园内池塘增设补排水装置一套，园内道路进行翻新及新建，洲头区架设木栈桥 1 座；站区完成土地整理 20252m^2。栽植乔木类（樱花、紫薇等）95 株、灌木类（腊梅、桂花等）91 株；月季墙 492m，绿篱类（红叶石楠毛球）487m^2；地被类（籽播草花、马尼拉草皮）1500m^2，水生植物（菖蒲、荷花等）690m^2。站内水土保持及绿化委托专业维保公司进行管理养护，对管理区内树木、绿篱、草坪灯植被的施肥、修剪、病虫害防治、清杂除草、浇水、树木防冻、涂白、树圈松土等日常维护。管理范围内达到了"四季有花、常年有绿，水土保持与园林景观相结合"的效果。 （王晨 范雪梅）

【验收工作】

1. 三阳河潼河工程 工程于 2002 年 12 月 27 日开工建设，2005 年 6 月建成试通水运行，2007 年 11 月通过合同项目完成验收，2013 年 1 月通过设计单元工程完工验收。

2. 宝应站工程 工程于 2002 年 12 月开工建设，2005 年 10 月通过试运行验收，2008 年 8 月通过合同项目完成验收，2013 年 1 月通过设计单元工程完工验收。

3. 金宝航道大汕子枢纽工程 金宝航道工程于 2010 年 9 月 28 日开工建设，2012 年 6 月 19 日主体工程单位工程验收，2018 年 12 月通过设计单元工程完工验收。

其中，大汕子枢纽工程于 2011 年 1 月 6 日开工建设，2011 年 11 月 16 日，大汕子枢纽节制闸、套闸通过水下工程阶段验收。2012 年 11 月，拦河坝及补水通航闸通过水下工程阶段验收，2018 年 12 月通过设计单元工程完工验收。

4. 金湖站工程 工程于 2010 年 7 月正式开工建设，2012 年 12 月通过试运行验收，2014 年 5 月通过合同项目完成验收，2016 年 6 月通过设计单元工程完工验收。 （王晨 范雪梅）

【科技创新】 近年来，扬州分公司根据公司科技创新管理相关办法、规划、计划等要求，结合实际，明确专人负责科学规范管理单位及所辖范围的科技创新活动，强化组织和协调服务。2022 年，按计划组织两项公司内部科技项目实施，同时组织宝应站、金湖站开展"五小"创新活动，取得较好成绩。

2022 年，宝应站结合"五小"创新与数字孪生要求，认真梳理创新课题，开发流量智能调节模块，开展监控系统智能语音交互探索、拦污栅局部改造、主水泵液体填料改造、启闭机罩壳自动控制、增设辅助拉船索等，以上项目均取得较好实效，其中流量智能调节模块、监控系统智能语音交互系统荣获公司 2022 年度"五小"科技创新项目评比一等奖和二等奖。开发的运行流量智能调节程序模块，首次实现叶片角度自动调节、流量智能调节，保证了运行工况变化时流量及时调节，并可根据调度流量或水泵性能曲线设定流量，保证机组在高效区运行，将降本增效落到了实处。基于泵站工程监控系统开发的智能语音交互系统，通过人机语音交互，实现工程监控系统运行状态、数据查询与播报，巡检、交接班定时语音提醒，语音实时预警和报警，语音打印报表，运行值班人员动态管理等功能，切实提高了运行值班质量与效率，进一步提高信息化、智能化管理水平，为远程集控、少人值班探索出新路径。以上两个获奖项目，极具应用推广价值，得到公司及水利工程运行管理单位的一致好评。管理所职工 2022 年发表相关论文 17 篇，获专利 1 项。

自投运以来，金湖站在江苏水源公司和江苏省洪泽湖管理所的正确领导下，不断提高工程管理水平，提升工程形象，连续多年荣获公司工程管理考核优秀；2017 年，荣获江苏省二级水管理单位称号；2018 年，金湖站荣获中国水利工程优质（大禹）奖；2020 年，高分通过省一级水管单位考核验收。

金湖站在做好日常工程管理工作的同时，积极营造学习氛围，利用"导师带徒""技能培训""以干代练"等方式，激发学习热情，提高实操能力，培养创新意识，累计发表水利相关论文百余篇，专利、实用新型专利数十项；积极开展技术改造、小发明、小设计等科技创新活动，2020—2022 年期间，连续 3 年在江苏水源公司"五小"科技创新项目评比中斩获奖项。 （王晨 范雪梅 刘佳佳）

淮 安 段

【工程概况】

1. 淮安四站工程 淮安四站位于淮安市楚州区境内，与已建成的淮安一站、二站、三站共同组成东线第二梯级抽水泵站，实现抽水 300 m^3/s 目标。泵站总装机 4 台（套）立式全调节轴流泵（1 台备机），配 4 台（套）立式同步电机，设计调水流量为 100 m^3/s。工程于 2005 年 9 月正式开工建设，2008 年 9 月通过试运行验收，2012 年 7 月，工程通过国务院南水北调办组织的设计单元完工验收，是江苏省南水北调工程首个通过完工验收的设计单元，也是南水北调系统内首个通过验收的泵站工程。工程建设中，淮安四站通过科技创新，采用地连墙预应力锚固技术等先进手段提高了工程质量，同时，开展的高温季节泵送混凝土温控防裂方法与应用研究，获得

2007年度江苏水利科技优秀成果奖一等奖和水利部大禹水利科学技术奖三等奖。　　　　　　（王晨　卢飞）

2. 洪泽站工程　洪泽站是南水北调东线第一期工程的第3级抽水泵站，工程的主要任务是抽水入洪泽湖，与淮阴泵站梯级联合运行，使入洪泽湖流量规模达到450m³/s，以向洪泽湖周边及以北地区供水，并结合宝应湖地区排涝。洪泽站设计流量150m³/s，装机5台（套），其中备用一台，总装机容量17500kW。工程于2011年1月正式开工建设。2013年3月31日通过试运行验收，4月顺利通过设计单元工程通水验收。

（王晨　范明业）

3. 淮安四站河道工程　淮安四站输水河道工程位于洪泽湖下游白马湖地区，涉及淮安市淮安区、扬州市宝应县及江苏省白马湖农场，是南水北调东线工程的重要组成部分，设计输水流量100m³/s，站下输水河道连接里运河和白马湖，全长29.8km，由运河西、穿湖段及新河三段组成，是淮安四站的输水河道。工程于2005年9月正式开工建设，2012年9月11日通过设计单元完工验收。

（王晨　蒋友生　范雪梅）

4. 淮阴三站工程　淮阴三站工程位于淮安市清浦区境内，与现有淮阴一站并列布置，和淮阴一站、二站和洪泽站共同组成南水北调东线第三梯级抽水泵站。泵站采用4台直径3.3m的贯流泵，设计调水流量为100m³/s。

工程于2005年10月开工建设，2012年10月通过完工验收，目前已移交管理单位运行管理。2008年，淮阴三站工程荣获"江苏省五一劳动奖状"。

（王晨　杨俊）

5. 金宝航道工程（金湖段）　金宝航道工程位于淮河下游高邮湖、宝应湖地区，东自南运西闸、西至洪泽蒋坝全场64.4km，以淮河入江水道三河拦河坝为界分金宝航道段（长28.4km里）和新三河段（长36km）。金宝航道（金湖段）23.9km（仅指取直段，若包括唐港弯道段，增加7.6km），设计输水流量150m³/s。该河道是沟通里运河与洪泽湖，串联金湖站和洪泽站，承转江都站、宝应站抽引的江水，是运西线输水的起始河段，具有输水、航运、排涝、行洪综合功能。工程于2010年7月正式开工。2013年5月通过设计单元工程通水验收。

（王晨　邹燕　王庆东）

【工程管理】

1. 淮安四站工程　南水北调淮安四站工程采用委托管理模式，2008年9月3日，江苏水源公司与江苏省总渠管理处在南京签署淮安四站工程委托管理合同，南水北调淮安四站工程管理项目部具体负责淮安四站工程的管理工作。

（1）维修养护管理。淮安四站注重日常巡视检查，根据工程需要和设备情况，对损坏工程设施及时进行维修，2022年度，完成淮安四站备品件采购项目、工程安全监测项目，同时做好排水沟盖板更换、液压启闭机维护，油、水管道维护，清污机养护，建筑物电缆层管道、副厂房、电缆夹层等渗水处理，上墙资料修订，上下游护坡修补，设备、环境保洁，工具及备品件购置等养护项目。

（2）设施设备管理。认真开展常规检查和试运行工作，按时完成并做好记录。每周完成一次辅机系统常规检查，每月完成一次专项检查、测量主电机定、转子绝缘电阻、设备检查性试运行，每月完成两次水政巡查，检查辅机系统在远控和手动操作下运行状况，同时还进行模拟开机，严格按流程进行开机演练将辅机投入远控状态，由上位机执行开机程序，检查主机组断路器、闸门和励磁系统的联动状态，确保机组随时可以投入运行。

（3）安全生产。建立以项目经理为组长的安全生产责任网络，配备了兼职安全员，始终坚持"安全第一，预防为主，综合治理"的指导思想，始终坚持将安全生产工作放在第一位，始终坚持严格实行"两票三制"，及时修订完善相关预案，扎实开展"安全生产月"活动，与每位职工签订《安全生产责任状》，持续推进安全标准化常态化工作，进一步落实安全生产责任、强化职工安全意识，确保安全运行无事故。 （王晨 卢飞）

2. 洪泽站工程 洪泽站工程采用直接管理模式，江苏省南水北调洪泽站管理所2013年4月15日起正式成立，由扬州分公司管理。2018年4月26日，淮安分公司与扬州分公司完成洪泽站工程管理交接，洪泽站工程由淮安分公司直接管理。2018年6月20日，江苏省南水北调洪泽站管理所更名为南水北调东线江苏水源有限责任公司洪泽站管理所。

（1）综合管理。根据标准化落地现场会总体要求，明确组织分工，优化责任网络，并将责任考核与绩效挂钩，做到奖惩分明、以奖促干。全部整改完成现场会76条问题，高质量完成公司批复的7项标准化落地项目，同时洪泽站对标对表，组织深入学习《南水北调后续工程高质量发展·大型泵站标准化管理》系列丛书，提升全员"标准化思维"。重视员工教育培训工作，开展各类培训33次（安全专项培训14次）、月度考试12次，针对《备品备件管理规定》《工程运行管理维护项目管理办法》等年内新修订的办法进行专题培训。积极应用工程管理、OA等系统，进一步提升管理信息化水平。常态化开展厂区卫生、环境绿化维护工作，实现站区园林化。积极开展宣传报道，2022年度共报送信息50条，共计接待各级领导850人次。提升职工食堂的质量、管理、服务，落地"满意食堂"改造项目，打造窗明几净的就餐环境，成功创建江苏省国资委"职工好食堂"。抓住发电停机的窗口期，举办"庆五一、迎五四"趣味运动会，营造热爱运动、健康生活的氛围，丰富员工的业余生活。

（2）设备管理。细分责任区域，完善设备标识标牌，对站区所有设备建档立卡，按时开展检查保养。定期安排专人盘点仓库物资及出入库情况，及时采购补充易耗品和备品件，满足工程应急维修需要。扎实开展工程定期检查、经常性检查、运行巡查、特别检查，组织设备等级评定并报分公司批复。委托有资质单位开展防雷接地检测和特种设备检测，抢抓停机间隙委托泵站公司完成电气预防性试验。结合2号机组大修进行叶调系统改造、采用高分子封堵剂及柔性卷材对柜底及孔洞进行密封、完成电动葫芦改造、设计移动式微型液压盘车组合工具及主机组顶车信号装置，同时，积极响应"自己动手"号召，大力推行自养自修，其中，拦污栅改造通过自主实施，总体节约经费20余万元，在水轮机维修项目中，自主开展闸门堵漏、流道排水、导叶冲洗等工作，圆满完成检修任务，全面提升员工整体素质，工程设备设施随时拉得出、打得响。

（3）建筑物管理。汛前、汛后及时对建筑物开展定期检查，每月一次经常检查，开展建筑物水下检查和等级评定。扎实做好防台工作，针对室外设备、户外标识牌及门窗加固等重点环节开展专项检查。在执行日常观测任务的过程中，规程要求开展工程观测和成果整编分析，加强观测设备日常检查维护，增设5根测压管使整体满足绕渗监测需求，对上下游水文亭水尺高程进行校核，对两闸水位计进行更换及调试。为迎接中国水利工程优质（大禹）奖现场评审，不断加强站区环境美化亮化，完成洪泽站巡查道路修整、洪泽站工程完善、洪泽站挡洪闸闸墩处理3项主要基建项目。

（4）岁修管理。洪泽站2022年度先后完成了15项公司批复的岁修、专项项目，总计结算金额344.32万元，已全部通过验收。强化实施过程管理，明确专人负责，对关键环节全程监督，确保实施质量，主要完成洪泽站增设挡洪闸拦污栅、洪泽站2号机组大修、洪泽站检修电动葫芦改造、洪泽站道路维修、洪泽站标准化落地项目等，通过岁修、专项项目实施，消除设备隐患和管理安全问题，提升工程外观形象。

（5）安全管理。持续思考智慧泵站构建，不断推行智慧站区改造，开展"智慧泵站"研究，意在以信息化、智能化手段，促进安全管理水平全方位提升，在设备创新研究、建筑物观测保障、运行保护监视等基础上，进一步向外延伸。

结合安全标准化建设，夯实安全管理基础。

1）及时调整安全组织网络，明确专职安全员，安全责任落实到岗到人。

2）规范安全日常管理，每月召开安全例会，每季度开展安全培训及演练，扎实开展安全月等宣教活动，营造良好的安全文化氛围。

3）加强现场安全管理，针对消防管理，及时清理消防水池并增设防污滤网，按时组织消防泵调试，确保安全可靠，落实施工相关方管理，全年安全无事故。

4）精心打造双重预防机制，开展风险安全风险评估、隐患排查治理等工作，结合管理所责任网络再分工再落实，获江苏省2022年度青年安全生产示范岗。

5）严格执行汛期值班制度，加强工程巡查，密切关注雨情、水情、工情变化，加强防汛物资储备管理，认真开展预案演练，提升应急管理能力，组织修订年度防汛预案、反事故预案等，先后组织闸门卡阻、堤防背水坡管涌、主电源消失关闭闸门、后勤专项消防、人员触电等应急演练，全面提升员工应急处置能力。

（王晨　范明业　王颖）

3. 淮安四站河道工程　淮安四站河道工程采用委托管理模式，宝应段委托宝应京杭运河管理处管理，淮安段委托淮安市淮安区运西水利管理所负责管理。

（1）日常巡查管理。健全规章制度，明确岗位责任，管理所将河段分为8段，每段堤防聘有专职护堤员，安排工作人员对点结合，定期督查、巡查，发现问题及时整改汇报，并设立管理台账；每周组织不低于2次集中巡查，2022年共组织巡查170余次，出动车辆170余次，巡查人次合

计3500余人次。组织人力多次清除堆堤杂草，尤其是一枝黄花，全年清除杂草360余亩。全年共组织水政执法人员和南水北调治安办民警联合执法4次，出动车辆4辆次，人员20人次，清除违建1处，拆除鱼簖4个；清除违章种植110m²，有力打击了违章侵占河道管理范围行为。

（2）工程维修养护。重视做好河道养护工作，尤其是堆堤绿化树木养护和水土保持绿化工作。3月组织机械对运西河北堤秦庄桥东段堆堤迎水坡进行整理后，栽植了750棵雄株意杨；2月又组织人员在运西河-新河沿线补栽了1600棵雄株意杨苗。4—9月多次组织人员对2021年栽插的苗木地杂草进行清理，确保苗木能够正常生长；组织人工对绿化林木下的杂草进行药物喷除，保证林木正常生长；组织人员对林木进行检查，发现病虫害，立即进行药物治疗。10月，组织人员对新河沿线15km截水沟进行了清理，保证来年排水通畅。

（3）安全生产。积极开展安全生产预防管理工作，2022年召开安全生产会议13次，安全教育培训13次，安全检查13次，节前安全检查6次，对所管河道堤防、涵闸进行认真细致检查，4月组织人员对新河闸启闭设备进行了维修保养，确保工程工况良好、安全运行。组织人员对河道堆堤林木地里杂草进行清理，及时清除可燃物，确保堆堤林木安全；开展森林防火宣传，在河道沿线设置宣传标语

牌、张贴宣传语，起到良好宣传效果。组织汛前检查，成立防汛组织，编制防汛预案，组织职工进行预案学习、演练，同时做好铁锹、编织袋、土工布、雨衣雨鞋、应急照明灯等防汛物资储备；进入汛期后，每天组织人员进行河道巡查，实行24小时防汛值班，及时上报水情，确保工程安全度汛。　　　（王晨　蒋友生　范雪梅）

4. 淮阴三站工程　淮阴三站采取委托管理模式，受托单位江苏省灌溉总渠管理处成立淮阴三站工程管理项目部，具体负责淮阴三站的日常管理、维护、运行等工作。

（1）设备维修养护。实行动态、全过程维护管理模式，按照合同、行业规范，每年及时安排汛前、汛后检查、开机运行检查、季度考核、年终考核等项目，认真组织检查；做好主辅机、电气设备的检查维护工作，对所有设备建档挂卡，并明示责任人；对主机及清污机、风机、液压启闭机、变频器、励磁系统等辅机设备定期开展试运行工作，做好巡视检查及检查性试运行的记录，发现缺陷及时处理；按时对电气设备进行试验，对损坏的仪表、继电器等及时更换；对于存在问题及时编报岁修、抢修、应急方案等，在上报淮安分公司批准后及时组织实施。2022年，完成检修电动葫芦更换、主变应急抢修、备品备件购置、变频器微处理器板购置项目，及时消除工程安全隐患。

（2）安全生产。建立以项目经理为组长的安全生产责任网络，设立安全员；修订完善了运行管理规章制度、防汛预案、反事故预案等一系列规章制度和规程规范，认真做好安全用具检定试验等工作。每月开展安全专项检查，根据观测任务书要求，开展扬压力、伸缩缝等观测，按时上报安全生产信息月报和工程管理月报。认真组织开展安全生产月活动，组织做好节假日前专项安全检查、机组运行安全生产检查、安全度汛等工作。项目部按照要求认真做好淮阴三站安全台账收集整档工作，积极开展对职工的安全教育培训，增强干部职工安全生产意识，防患于未然。

　　　　　　　　　（王晨　杨俊）

5. 金宝航道工程（金湖段）　金宝航道采取委托管理模式，金湖县河湖管理所受托管理南水北调金宝航道（金湖段）河道工程23.9km（取直段），部分弯道段1.8km；沿线配套及影响（闸、涵）工程6座。

（1）工程管理。用制度规范工程管理，制定完善工程运行管理制度，进一步完善金宝航道工程管理养护方案，加强现场管理人员的考勤、日常管理、养护工作考核；对职工进行教育管理和业务技能培训，做到每周一召开一次工作例会，明确每周工作任务，总结通报上周工作；每月开展一次业务技能培训，将工作中涉及管理、操作、矛盾协调与沟通、工作请示与报告、制度学习与执行、安全保护与防范等进行系统学习培训，任务明确安排，检查到点到位，使每位员工在非常清晰的状态下完成既定工作任务。

（2）综合管理。建立金宝航道管理现场工作群，在日常工作中，档案管理人员按规定及时收集、整理、归档工程运行管理现场的档案资料，保证档案的真实与完整；同时，根据全年工作要求，对金宝航道工作认真规划，制定上报工程管理月报表，并及时落实实施。

（王晨　邹燕　王庆东）

【运行调度】

1. 淮安四站工程　严格按照调度指令进行科学调度运行，密切关注水位、流量、水质变化带来的对周边防汛安全、工程安全、供水安全及航运安全等方面的影响。组织做好水情、工情、捞草等情况的收集与报送。运行过程中，合理配置运行班组，狠抓值班纪律和值班质量，运行期间加强值班人员巡视检查，按规定每 2 小时对主辅机设备进行巡视检查，并记录电气设备运行数据，每班对上下游引河进行至少一次巡视，发现管理范围内捕捞作业的人员及时劝离，有效地保证了机组的安全运行以及状态可靠，圆满完成了抗旱任务，充分发挥了工程效益。　（王晨　卢飞）

2. 洪泽站工程　2022 年度，洪泽站共执行调度指令 32 条，工程累计运行 140 天，抽水 6.67 亿 m^3，发电量近 500 万 kW·h，充分发挥了洪泽站的工程效益。运行中，严格执行"两票三制"，加强值班管理和巡视检查，妥善处置格栅水草阻塞等问题，安全运行率达 100%。积极开展降本增效研究，采取调节叶片角度、清理进水格栅、及时打捞水草杂物、辅机系统改造、人员行为规范等措施，按扬程区间分类统计，根据考核办法计算，2022 年运行期能耗变化率合计为 -1.00%。　（王晨　范明业　王颖）

3. 淮安四站河道工程　2022 年度，淮四河道多次投入抗旱调水运行，调水期间严格执行防汛方案，组织人员每天进行河道堆堤巡查，安排专人 24 小时值班，做好水情观测，确保调水安全。

（王晨　蒋友生　范雪梅）

4. 淮阴三站工程　2022 年，淮阴三站积极响应集控中心调度指令，累计运行 93 天，运行台时 4401h，抽水 5.28 亿 m^3。自 2009 年建成投运以来，截至 2022 年 12 月底，工程累计运行 22257 台时，抽水 27.32 亿 m^3，在南水北调调水、所在地工农业生产及淮北地区的防洪排涝、抗旱灌溉等方面发挥了一定的经济效益和社会效益。

5. 金宝航道工程（金湖段）　成立运行工作领导小组，组织人员进行河道堆堤巡查，严密监视水位，确保调水安全，每天安排专人 24 小时值班，做好水情记录及上报工作。

（王晨　邹燕　王庆东）

【工程效益】

1. 淮安四站工程 2022 年，淮安四站先后 3 次接受调度开机运行，截至 2022 年 12 月 13 日全站停机，累计安全运行 135 天，8502.9 台时，抽水 9.353 亿 m³，充分发挥了工程效益。

2. 洪泽站工程 2022 年，洪泽站工程积极响应淮安分公司调度指令，抽水 6.67 亿 m³，发电量近 500 万 kW·h，充分发挥南水北调工程效益。

3. 淮安四站河道工程 2022 年度进行了 4 次长时间抗旱调水运行，完成了工程调水功能，发挥了工程应有的效益。

4. 淮阴三站工程 2022 年积极响应调度指令，充分发挥工程效益。

5. 金宝航道工程（金湖段） 运行管理期间，严格按照南水北调工程相关规程规范要求，安全运行，顺利完成向山东调水以及度汛任务，发挥了工程效益。   （王晨 简丹）

【环境保护与水土保持】

1. 淮安四站工程 站区范围内的绿化及水土保持由水源公司成立的绿化公司负责管理，站区西侧为绿化公司种植苗圃。

2. 洪泽站工程 管理范围内绿化由江苏水源绿化公司具体负责，定期对管理范围内的花草树木进行修剪、施肥。同时，管理所不定期对上下游护坡进行清理，维护，避免护坡水土流失。

3. 淮安四站河道工程 在河道沿线补栽雄株意杨 2000 余棵，组织人员对堆堤杂草进行清除，做好河道环境保护及水土保持工作。

4. 淮阴三站工程 始终高度重视环境保护，管理范围内设置垃圾箱，定期开展卫生保洁，机组运行期间及时组织打捞杂草杂物。绿化公司定期对管理范围内的花草树木进行修剪、施肥，同时不定期对上下游护坡进行清理、维护，避免护坡水土流失。

5. 金宝航道工程（金湖段） 组织对雨淋沟进行修复，对堆堤杂草进行清除，做好河道环境保护及水土保持。   （王晨 简丹）

【验收工作】

1. 淮安四站工程 工程于 2005 年 9 月正式开工建设，2008 年 9 月通过试运行验收，移交管理单位。2012 年 7 月，工程通过国务院南水北调办组织的设计单元完工验收，是江苏省南水北调工程首个通过完工验收的设计单元，也是南水北调系统内首个通过验收的泵站工程。

2. 洪泽站工程 工程于 2011 年 1 月正式开工建设。2013 年 3 月 31 日通过试运行验收，同年 4 月通过设计单元工程通水验收，2019 年 10 月通过完工验收。

3. 淮安四站河道工程 工程于 2005 年 9 月正式开工建设，2012 年 9 月 11 日通过完工验收。

4. 淮阴三站工程 工程于 2005

年 10 月开工建设，2012 年 10 月通过完工验收。

5. 金宝航道工程（金湖段） 工程于 2010 年 7 月正式开工建设，2013 年 5 月通过设计单元工程通水验收，2018 年 12 月通过完工验收。

（王晨 简丹）

宿 迁 段

【工程概况】

1. 泗阳站工程 泗阳站工程位于泗阳县城东南约 3km 处的中运河输水线上，是南水北调东线第四梯级抽水泵站，距原泗阳一站下游约 340m。泗阳泵站设计调水流量 $198m^3/s$，设计扬程 6.3m，安装 6 台（套）3100ZLQ33 - 6.3 型立式全调节轴流泵（含备机 1 台），配 10kV TL3000 - 48 型立式同步电动机。

2. 泗洪站枢纽工程 泗洪站枢纽工程位于江苏省泗洪县朱湖乡东南的徐洪河上，是南水北调东线一期工程第四梯级泵站之一，主要功能是与睢宁、邳州泵站一起，通过徐洪河向骆马湖输水。泵站设计流量 $120m^3/s$，安装贯流泵机组 5 台（套），单机设计流量 $30m^3/s$，总装机容量 10000kW。

3. 刘老涧二站工程 刘老涧二站建于江苏省宿迁市东南约 18km 处的中运河上，是南水北调东线第一期工程第五梯级泵站，该站主要功能是与刘老涧一站以及睢宁一站、二站等工

程共同组成南水北调东线一期工程的第五梯级，通过中运河并经皂河站向骆马湖输水 $175m^3/s$，并向沿线供水、灌溉、改善航运条件。泵站设计流量 $80m^3/s$，装机 4 台（套）（含备用机组 1 台），总装机容量 8000kW。工程于 2009 年 6 月 30 日开工，2011 年 9 月通过泵站机组试运行验收，2012 年 12 月通过设计单元工程通水验收，2014 年 9 月通过设计单元完工技术性初验。

4. 睢宁二站工程 睢宁二站工程位于徐州市睢宁县沙集镇境内的徐洪河输水线上，与睢宁一站及运河线上的刘老涧泵站枢纽共同组成南水北调东线工程的第五个梯级。工程主要任务是与睢宁一站共同实现向骆马湖调水 $100m^3/s$ 的目标，与中运河共同满足向骆马湖调水 $275m^3/s$ 的目标。泵站安装 4 台（套）立式混流泵，配 3000kW 立式同步电机 4 台，单机流量为 $20m^3/s$，总装机流量为 $80m^3/s$（含一站、二站 $20m^3/s$ 共用备机一台），总装机容量 12000kW。工程于 2011 年 4 月下旬正式开工建设，2013 年 4 月通过泵站机组联合试运行验收，5 月通过设计单元完工验收。睢宁二站荣获 2019—2020 年度中国水利工程优质（大禹）奖、江苏省二级水利工程管理单位。

5. 皂河二站工程 皂河二站工程位于江苏省宿迁市皂河镇北 6km 处，是南水北调东线一期工程的第六梯级泵站之一。皂河二站设计抽水流量

223

75m³/s。设计扬程 4.7m，安装 2700ZLQ 25-4.7 立式轴流泵配 TL2000-40 同步电机 3 台（套），水泵叶轮直径 2700mm，单台设计流量 25m³/s，单机功率 2000kW，总装机容量 6000kW，叶轮中心高程 15.00m。工程于 2010 年 1 月正式开工。皂河水利枢纽工程成功创建全省首批水情教育基地，获评"水利部第三届水工程与水文化有机融合案例"（全国共 15 个）及"宿迁市干部培训教学点"。　　　（王晨　朱建传）

【工程管理】

1. 泗阳站工程　泗阳站工程采取委托管理模式，由江苏省骆运水利工程管理处代为管理，现场成立了江苏省南水北调泗阳站工程管理项目部进行现场管理。

（1）设备管理情况。加强机电设备技术基础管理，保证设备的完好率。按照《南水北调泵站工程管理规程》对设备进行规范标识，按照江苏省《泵站运行规程》对设备进行规范涂色，按照设备类别、等级建档挂卡；在站内显目位置悬挂泵站平、立、剖面图，高低压电气主接线图，油、气、水系统图，主要技术指标表，主要设备规格、检修情况表等图表。

（2）建筑物管理情况。定期组织对管理范围内建筑物各部位、设施和管理范围内的河道、堤防等进行周期检查，在遭受暴雨、台风、地震和洪水时及时加强对建筑物的检查和观测，记录观测损失情况，发现缺陷及时组织进行修复。开展好工程观测，组织做好垂直位移、水平位移、测压管水位、引河河床变形、混凝土建筑物伸缩缝等观测工作，并对观测资料进行及时整理和分析。

（3）运行管理情况。完善制度及预案，加强实操演练，做好职工防汛知识及技能教育培训，完善防汛预案、反事故预案、综合应急预案等预案及各项规章制度，并且将组织防汛演练，提高防汛责任意识和危机意识，进一步提高预案的执行力。

（4）安全管理情况。始终把安全生产工作放在一切工作的重中之重，严格执行"安全第一、预防为主、综合治理"安全生产方针。2022 年度，开展 12 次安全自查，召开安全例会 12 次，安全培训 12 次，综合演练 2 次，专项应急预案演练 2 次，现场处置方案 4 次，建立台账，完成演练总结和评估工作，结合演练效果对预案开展评价及修订工作。结合泗阳站工程实际，组织技术人员利用"作业条件危险性评价法（LEC 法）"与"风险矩阵法（LS 法）"对所有设备设施、工作场所进行危险源辨识及风险级别划分，形成危险源管控清单及风险区域划分四色图，组织开展危险源辨识与风险评价工作，并汇总形成报告、清单及四色空间分布图。

2. 泗洪站枢纽工程　泗洪站枢纽工程是江苏水源公司直管工程，由江苏水源公司宿迁分公司直接管理。

（1）运行管理情况。全面落实江苏水源公司"10S"标准化管理要求，强化制度、流程、行为、要求等工作举措。结合工程实际，持续修订工程评级、定期检查、经常性检查、操作票等表单；做好船闸及节制闸标准化设计、调水工程标准化对照检查、水文标准化工作，配合做好自动化改造等工作。

（2）安全管理情况。根据人员变动及时调整安全生产网络，严格落实安全岗位职责，与全体员工签订责任状；定期组织召开安全会议，开展安全检查、培训，做好防汛、反事故、消防等演练，提高员工应急处置能力。开展"安全生产月"、建言献策、安全生产主题团日、安全生产创新攻关等活动。

（3）创新发展情况。开展"五小"创新活动。完成闸门快速卸压、拦河浮筒优化、闸门防冰凌、水尺自动清洗等创新项目等"五小"创新成果，成功申报授权5项专利；"贯流泵冷却系统控制装置"项目被水利部纳入先进实用技术重点推广指导目录，结合机组安装施工经验编写了大型灯泡贯流泵机组安装施工技术成果，被中国水利工程协会评为2022年度水利行业工法。

（4）人才管理情况。坚持人才驱动，厚植资源优势。完成"朝瑞工作室"提档升级工作；坚持常态化培训不放松、在工作实践中锻炼队伍；加

强运行管理工作总结、积极鼓励员工撰写工作总结和科技论文，全年发表论文或撰写工作总结共46篇，在核心期刊刊登了"南水北调东线江苏段泵站工程电缆标准化整理探索与实践""南水北调东线工程泗洪站进出水流道优化设计"等多项研究成果。

3. 刘老涧二站工程 刘老涧二站工程采取委托管理模式，委托江苏省骆运水利工程管理处进行管理，现场成立了江苏省南水北调刘老涧二站工程管理项目部进行现场管理工作。

（1）制度建设情况。目前项目部组织健全，各项工作开展有条不紊，档案管理制度健全，有专人管理，档案设施齐全、完好；资料规范齐全、分类清楚、存放有序，能够按时归档。根据公司统一部署修订了《防汛抗旱应急预案》《现场处置方案》和《综合应急预案》，使得项目部的规章制度更加完善，在管理中更能做到有章可循。

（2）运行管理情况。严肃值班纪律和交接班制度，加强值班巡查力度，在阴雨天等恶劣天气是更要增加巡查次数，严格监视上下游水位，要求值班人员必须24小时保持通信畅通，保证能够随时接到上级的调度指令，随时发现问题随时上报。

（3）信息报送情况。项目部按照工程管理的要求定期组织对工程设施、设备的检查工作。按时上报防汛、安全检查报告；及时编报工程月报、安全月报；按时报送安全生产基础信息；

开机运行期间积极配合分公司人员上报水情表、工情表、能耗表。

4.睢宁二站工程 睢宁二站工程采取委托管理模式，委托江苏省骆运水利工程管理处进行管理，成立了江苏省南水北调睢宁二站工程管理项目部进行现场管理。

（1）安全管理情况。始终坚持"安全运行不松懈、预防为主、综合治理"的方针，健全安全生产监督管理的制度与责任体系，全力推进安全生产长效管理，不断完善安全管理制度和责任落实；主要部位进行了安全警示和警告标语悬挂放置；消防器具、自动报警装置完好，做到定期检查检验；制定切实可行的防汛预案，防汛组织健全，配备足量抢险设备设施。

（2）维修养护情况。专项工程和防汛急办工程共7项，包括睢宁二站3号机组大修、2022年度电气预防性试验、自动化系统维护、安全监测、备品备件购置、睢宁二站下游河道护坡清淤、睢宁二站厂房管理区屋面渗水维修项目。总经费超过139万元，工程全部完成。

（3）技术创新情况。

1）GIS室110kV装置增加紧急分闸操作机构。该项目根据GIS断路器分闸机构工作原理，增加机械传动机构，通过操作手柄、传动轴、凸轮、伸缩操作杆将GIS断路器分闸机构操作点移至控制箱面板处，需要紧急分闸时，采用机械人工分闸机构，旋转闭锁伸缩杆驱动凸轮旋转，凸轮驱动伸缩操作杆直线运动，在不打开柜门的情况下能够及时分断110kV主变断路器，减少紧急分闸时间，提高安全系数，保证设备和人身安全。

2）断流装置改造项目应用推广。该项目对真空破坏阀进行改造，在真空破坏阀阀体增设一直径200mm电动阀，电动阀与机组断路器联动，断路器分闸时电动阀自动打开，机组停运2分钟后自行关闭，为下一次开机做准备。电磁阀电源取机组高压柜220V合母线电源，与断路器联动取一对断路器辅助接点。经过线路设计、管线走向、阀体安装及联合调试、信号校正、油漆修复等工作，于2022年11月11日，完成项目的整体安装及调试，随即投入使用。目前，使用效果良好，安全得到保障。

（4）获奖情况。2019年11月被评为"江苏省省级水利风景区"，荣获2020年全国水利抗疫故事一等奖，荣获南水北调江苏水源公司2021年度工程管理考核优秀单位，2021年获评"水利部第十批水利一级安全生产标准化达标单位"，荣获2019—2020年度中国水利工程优质（大禹）奖。

5.皂河二站工程 皂河二站工程采取委托管理模式，委托江苏省骆运水利工程管理处进行管理，现场成立了江苏省南水北调皂河二站工程管理项目部负责具体管理。

（1）设备管理。以"规范管理、

标准管理"为思路，严格做好"跑冒滴漏"管控，认真执行设备保养要求，保证设备的完好率。严格按照规程规范要求，深入开展工程标准化、规范化和信息化建设。以"图、表、码、人、证、照"齐全为准绳，对设备进行养护，按照设备类别、等级建档挂卡。

（2）建筑物管理。建筑物设施、河道和堤防定期开展检查，形成详细隐患记录；面对台风及连续降雨等情况，及时开展特别检查；做好工程观测工作，组织开展垂直位移、水平位移、伸缩缝观测、扬压力测量等工程观测任务。

（3）运行管理。按照规程、规范开展运行期巡视、检查、操作等工作，按规定做好运行值班及交接班，严格执行操作票制度和安全操作规程等规范。严格执行调度指令，运行中及时发现故障缺陷，发现异常紧急情况能及时做好处理并向调度人员报告，危及安全运行的立即处理并组织抢修。

（4）安全管理。持续做好对工程防汛、安全生产、安全标准化、新冠疫情防控等多项工作的细化落实，建立健全安全组织网络，签订安全生产责任制，做到责任到人，落实到人；积极组织开展各项教育培训和演练；定期排查安全生产隐患，消除缺陷，保障运行安全、工程安全。

（王馨冉　徐胜杰）

【运行调度】

1. 泗阳站工程　2022 年执行南水北调任务抽水运行共运行 18 天，运行 3553 台时，抽水 32781.4 万 m³；开机发电运行 27 天，累计 1784 台时，发电上网约 50 万 kW·h。

2. 泗洪站工程　工程的控制运用由江苏水源公司直接调度，认真执行公司调度指令，严格遵守各项规章制度和安全操作规程，做好各项运行记录，及时、准确排除设备故障，保证调水运行工作安全高效进行。

3. 刘老涧二站工程　工程的控制运用由江苏水源公司宿迁分公司运行管理部直接调度，认真执行公司调度指令，严格遵守各项规章制度和安全操作规程，做好各项运行记录，及时、准确排除设备故障，保证调水运行工作安全高效进行。

4. 睢宁二站工程　2022 年度，睢宁二站严格执行调度指令，每次调度指令均能按要求及时完成。

5. 皂河二站工程　皂河二站工程于 7 月 4 日至 8 月 20 日开机发电，共运行 38 天、2478 台时，发电上网约 63.7 万 kW·h；于 11 月 13—28 日开机抽水，共运行 16 天、1077 台时，调水 9881 万 m³。（王馨冉　朱建传）

【工程效益】

1. 泗阳站工程　2022 年执行南水北调任务抽水运行共运行 58 天，运行 2861 台时，抽水 30909 万 m³；发电运行 27 天，累计 1784 台时，发电上网约 50 万 kW·h。

2. 泗洪站工程

（1）泗洪泵站。2022 年，泗洪站运行 63 天，4396 台时，抽水 4.12 亿 m³，其中北延应急供水运行 10 天，972 台时，抽水 9587 万 m³；抗旱运行 12 天，933 台时，抽水 8484 万 m³；2022—2023 年度向省外调水 41 天，2491 台时，抽水 2.31 亿 m³。

（2）船闸工程。2022 年船舶通行累计过闸船队 46 拖，单船 2145 只，累计过闸 150 万 t。

（3）徐洪河节制闸。严格执行调度指令，2022 年执行调令 10 次，发挥了泄洪排涝的工程效益。

3. 刘老涧二站工程 2022 年度，刘老涧二站于 11 月 13 日开机抽水运行，11 月 28 日停机，共运行 1077 台时，抽水 10076 万 m³。

4. 睢宁二站工程 参与 2022—2023 年度调水任务，于 2022 年 5 月 16—26 日、11 月 13 日至 12 月 31 日开机调水，总调水量 2.48 亿 m³，累计运行 3314 台时，历时 51 天。

5. 皂河二站工程 工程于 11 月 13—28 日开机抽水，共运行 16 天，开机 1077 台时，调水 9881 万 m³；2022 年发电运行 3555 台时，上网 63.7 万 kW·h；邳洪河北闸开闸运行 365 天，全年安全生产无事故。

（王馨舟 徐胜杰）

【环境保护与水土保持】

1. 泗阳站工程 积极推进泗阳站

总体环境规划建设，保证工程环境干净整洁。完善水资源水环境建设，加大管理区的环境整治力度，增加植被面积，保持水体水质健康。响应国家"五位一体"的总体布局，将治水与治理环境有机结合，统筹上下游、左右岸、地表地下、工程区域内外、工程措施非工程措施等方面，加强稳定、健康、魅力的水利生态环境建设。

2. 泗洪站工程 绿化养护工作委托江苏水源生态环境有限公司负责，按照年度养护工作计划，及时开展浇水、治虫、修剪、除草等工作，并对未成活的树苗进行增补，使其水土保持功能不断增强，发挥长期、稳定、有效的保持水土、改善生态环境的功能。

3. 刘老涧二站工程 刘老涧项目部充分利用管理范围内的土地资源和工程优势，因地制宜大力开展种植树木花草，美化环境。项目部加强对管理范围内环境卫生工作的管理，安排专人负责管理范围内环境卫生工作，保持主要道路的整洁，做好管理范围内绿化。2022 年度刘老涧二站的绿化工作由绿化公司直接负责进行，项目部及时督促现场绿化人员进行浇水、治虫、修剪、除草等工作，并对未成活的树苗进行增补。

4. 睢宁二站工程 工程内外环境整洁卫生。保洁员每天 8 小时不间断打扫。目前站区环境整洁美观，无杂草、无垃圾乱堆乱放等现象。

5. 皂河二站工程 严格执行卫生

保洁制度，聘用了专业保洁单位对主厂房等环境进行保洁。每台设备责任到人，要求主机每天外观检查1次，发现不清洁的立即处理，其他设备每周至少全面保洁3次，主厂房地面每天保洁1次，控制楼、楼道、卫生间每天保洁1次，确保机组设备、内外环境的整洁卫生，保洁员每天打扫。站区环境整洁美观，无杂草、无垃圾乱堆乱放等现象。项目部还加强了水行政执法管理，站区内未出现捕鱼、乱垦乱种现象，并实现了封闭管理。

（王馨冉　徐胜杰）

【验收工作】

1.泗阳站工程　工程于2018年11月通过完工验收。

2.泗洪站工程　工程于2009年11月正式开工。2013年4月通过试运行验收，5月通过设计单元工程通水验收。2020年8月28日通过完工验收。

3.刘老涧二站工程　工程于2009年6月30日开工，2011年9月通过泵站机组试运行验收，2012年12月通过设计单元工程通水验收，2014年9月通过设计单元完工技术性初验，2016年1月通过完工验收。

4.睢宁二站工程　工程于2011年3月正式开工建设，2013年4月通过泵站机组联合试运行验收，2018年9月通过设计单元工程完工验收。

5.皂河二站工程　工程于2010年1月正式开工，2012年5月通过泵站机组试运行验收，2012年12月通过设计单元工程通水验收，2019年6月通过完工验收。（王馨冉　朱建传）

徐　州　段

【工程概况】

1.邳州站工程　邳州站工程是南水北调东线第一期工程第六梯级泵站，位于江苏省邳州市八路镇刘集村徐洪河与房亭河交汇处东南角，其作用是与泗洪站、睢宁泵站一起，通过徐洪河线向骆马湖输入$100m^3/s$，与中运河共同满足向骆马湖调水275m^3/s的目标。同时通过刘集地涵调度，利用邳州站抽排房北地区涝水。邳州站工程于2011年3月开工，2017年12月通过设计单元工程完工验收。

2.刘山站工程　刘山站工程位于京杭运河不牢河段，是南水北调东线工程的第七级抽水泵站，该站主要功能是实现不牢河段从骆马湖向南四湖调水$75m^3/s$的目标，向山东提供城市生活、工业用水，同时改善徐州市的用水和不牢河段的航运条件，工程设计流量$125m^3/s$，装机5台（套）机组（含备用机组1台）。工程于2005年3月开工建设，2008年10月14日通过试运行验收，2012年12月19日通过设计单元工程完工验收。

3.解台站工程　解台站是南水北调东线一期工程第八梯级泵站，位于江苏省徐州市贾汪区境内的不牢河输水线上。解台站与刘山站、蔺家坝站联合运行，共同实现出骆马湖 125m³/s、入下级湖 75m³/s 的调水目标，同时发挥枢纽原有的排泄徐州地区和微山湖湖西片 756km² 涝水的排涝效益。

4. 蔺家坝站工程　蔺家坝泵站工程位于徐州市铜山县境内，是南水北调东线工程的第九梯级抽水泵站，也是送水出省的最后一级抽水泵站。其主要任务是抽调前一级解台泵站来水向南四湖下级湖送水，满足南水北调工程调水要求，同时可以结合郑集河以北、下级湖沿湖西大堤以外的洼地排涝。泵站设计流量 75m³/s，装机 4 台（套）。　　　（王馨冉　张苗）

【工程管理】

1. 邳州站工程　邳州站工程采用委托管理模式管理，2013 年工程建成后，由江苏水源公司委托江苏省江都水利工程管理处进行管理。成立了江苏省南水北调邳州站运行管理项目部（以下简称"项目部"），负责邳州站的运行管理工作。管理范围主要包括泵站、清污机桥、刘集南闸及相应水利工程用地范围及相关配套设施，管理内容主要有工程建筑物、设备及附属设施的管理、工程用地范围土地、水域及环境等工程运行管理及工程档案管理等。

（1）工程管理情况。邳州站从综合管理、设备管理、建筑物管理、运行管理、安全管理、环境管理等多方面入手，按照《南水北调泵站工程管理规程》及公司 10S 企业标准要求，结合工程设备的日常巡查、试验、调试，严把每项工作的准备关、进程关、收尾关，不放过每个环节，安排经验丰富的技术人员在现场细致摸排检查，使工程设备始终处于完好状态，保证了泵站整体安全运行的可靠性，工程效益得到充分发挥。

（2）设备管理和维修养护。项目部严格按照《南水北调泵站工程管理规程》要求，结合工程现场实际，建立了一套较为全面的规章制度和操作指导手册，包括《邳州站技术管理细则》《邳州站工程观测细则》《邳州站操作规程》《邳州站规章制度》《邳州站作业指导手册》《邳州站巡视指导书》等相关规章制度，修订防汛抗旱应急预案、反事故预案、水上安全应急救援处置方案、社会治安突发事件现场应急处置方案等，所有规章制度均上墙明示，细则手册放到值班室，方便运行班人员查阅，组织开展防汛抗旱应急预案及反事故预案培训和演练。

对工程设施各部位，按照"谁检查、谁负责"的原则，组织技术骨干做好例行检查，开展日常机电设备维护保养和试运转工作，确保工程完好率。2022 年度邳州站岁修项目共 15 个，批复经费约 290.31 万元。主要包括：4 号机组大修、备品备件购置、电气预防性试验、自动化系统维护、安全监测、水文亭整修、清污机桥和刘集南闸大理石地砖更换、员工宿舍整修、刘集南闸启闭机钢丝绳更换、设备间防火门更换、标识标牌更新、振摆监测系统改造、保护数据接入改造、刘集南闸部分动力电缆更换、增设水质在线监测站等。项目批复后，项目部严格按照公司维修养护管理办法及时组织技术人员编制实施方案，筛选施工队伍。项目实施过程中，严格加强项目质量管理、安全管理、进度管理，确保项目按计划有序实施。经过维修养护项目实施，邳州站面貌有了一定改善，设备性能得到了提高，保障机电设备及水工建筑物的安全，确保工程随时"拉得出，打得响"。

（3）安全管理。建立安全生产组织机构，负责安全生产的宣传、教育、培训等，健全安全生产各项规章制度，分析安全生产状况，研究安全生产工作进展，组织安全生产检查；编写泵站设备操作规程、反事故预案、防汛抗旱应急预案，并组织全体运行管理人员学习和演练，确保所有运行管理人员能够熟练操作设备并具备突发性事故的应急处理能力；每月至少组织1次安全生产活动，学习有关安全文件，排查安全隐患，落实隐患治理，对上月安全生产工作进行总结评估，布置本月安全生产任务；每月至少组织1次消防检查，定期组织开展消防演练，使职工能够熟练使用消防器材，所有消防器材由专人管理，定点放置，定期保养；对新员工开展三级教育；所有特种作业岗位（电工作业、电焊作业、起重作业）

都必须持证上岗；通过会议、横幅、专栏、视频等多种形式对职工进行安全生产教育。

对特种设备（室外门机和桥式起重机）、劳动保护用具（绝缘手套、绝缘棒、绝缘靴、安全带等）建档备案，经常检查、定期校验、定期检测。

（4）建筑物管理。邳州站建筑物主要包括泵站厂房、刘集南闸、管理楼、上下游水文亭、上下游河道及护坡等，为确保建筑物安全完好，项目部每天开展巡视检查，发现问题及时解决，保障工程完好，确保工程度汛安全。

邳州站的工程观测项目有垂直位移观测、上下游河床断面观测、建筑物水平位移观测、测压管水位观测。自工程建设以来，保持观测数据延续性，专职观测人员按照《南水北调东、中线一期工程运行安全监测技术要求（试行）》相关规定，编制观测细则。测次、测项齐全，数据采集规范完整真实，观测数据按规定进行科学分析，做到成果真实客观。2022年观测结果显示，建筑物垂直位移整体变化幅度较小，趋于稳定状态；河床呈轻微淤积状态，无冲刷现象，由于淤积量不大，无需进行清淤处理；测压管水位随上下游水位变化灵敏，整体规律与上游水位成正比，符合变化规律，无堵塞淤积的情况；水平位移整体变化缓慢，水平位移趋于稳定状态，符合整体变化规律。综上，邳州站工程各项观测成果实测值均在正常范围内，未见异常情况。

2. 刘山站工程

（1）工程管理机构。刘山站工程采用委托管理模式，2021年，徐州市润捷水利管理服务公司受托管理并组建了南水北调刘山站工程管理项目部。刘山项目部除接受江苏水源公司、徐州分公司的检查、指导、考核和调度外，徐州市水务局也将刘山站纳入正常的管理范围，正常开展汛前、汛后检查，加强业务指导，开展职工教育培训，组织年度目标管理考核。

（2）设备管理和维修养护。日常管理中，项目部及时消除设备质量缺陷及安全隐患，不断提高管理水平。2022年刘山项目部对节制闸启闭机进行了保养，调整了抱闸间隙，调整了限位装置，测量了电机的绝缘，整理了柜内接线，保养了钢丝绳；调整了卷扬式启闭机热继电器定值；保养了高低压开关柜、主变、站变、励磁变等，补贴了示温纸，紧固了端子等；保养了主机滑环；出新保养了清污系统；维修了主变渗油故障等。

（3）安全管理。项目部高度重视安全生产管理，每天进行安全巡视，每周进行安全检查；汛前、汛后开展了定期检查，节假日和重要活动前开展安全大检查等工作；安全生产规章制度健全，安全生产网络健全，分工明确，责任制层层落实；经常开展安全生产活动，定期对职工进行安全教育。刘山站安全生产形势良好。

（4）建筑物管理。项目部对水工建筑物定期开展检查养护，保持建筑物完好整洁；按照观测任务书及时对建筑物伸缩缝进行观测，对测压管进行观测；对建筑物进行垂直位移观测和河床断面观测，并对观测资料进行整理和分析，做好资料的整编工作。2022年补贴了部分脱落踢脚线和蘑菇石；修复了厂房北大厅损坏水管；出新了档案室、节制闸闸室部分墙面；清理了上游水文亭处部分淤积；完成了主厂房钢架屋顶更换、对角螺栓孔钢筋锈胀和表面涂层脱落维修、副厂房部分墙面出新及裂缝处理、综合楼地砖更换、站区内花架和亭子油漆出新、部分墙面修补、下游清污机桥管道沟水泥盖板更换、液压缸及污泥斗底座出新等岁修和养护项目。泵站工程和节制闸工程水工建筑物完好。

3. 解台站工程

（1）工程管理机构。南水北调解台站工程于2004年10月开工建设，2008年8月通过试运行验收，2012年12月通过设计单元工程完工验收。2017年10月开始由江苏水源公司徐州公司直接管理，江苏水源公司解台站管理所作为现场管理机构，管理范围主要包括泵站、清污机桥、启闭机桥及相应水利工程用地范围及相关配套设施，管理内容主要有工程建筑物、设备及附属设施、工程用地范围土地、水域及环境等工程运行管理及工程档案管理等。解台站于2016年荣获中国水利工程优质（大禹）奖，同年成功创建江苏省一级水利工程管理单位和三星级档案室；2018 年成功创建江苏省水利风景区，荣获"徐州市文明单位"称号；2021 年高分（950.4 分）通过江苏省一级水管单位达标复核，获得"2018—2020 年度江苏省文明单位""2020 年度徐州市青年文明号""2021 年度江苏省青年安全生产示范岗"荣誉称号；2022 年获得了"贾汪区青年安全示范岗""支持国防建设先进单位""徐州市精神文明单位""江苏省精神文明单位"等荣誉称号。

（2）设备管理和维修养护。解台站高度重视"10S"标准化建设，以切合实际和稳步提升为宗旨，以软硬兼施为抓手，明确目标，强力推进各项工作，针对工程及个人特点，对工程所有设备进行了细致划分，明确责任人开展设备管理养护，确保人人都有事情做，台台设备有人管。管理所在日常的工作中严格执行标准化要求，按时开展设备日常检查和养护，按时开展联调联试，发现问题及时处理，确保设备时刻处于良好的工作状态，管理水平较以往有大幅提升。为规范员工巡视作业行为，管理所在重要巡视场所设置了巡更点，保证巡视工作不走过场，落到实处。

紧抓维修养护项目契机，扎实推进补短板工作。以岁修养护项目为抓手，合理利用养护资金，周密安排养护计划，逐步改善工程形象。根据工程需要和设备情况，对损坏设施及时进行维修，2022 年度水源公司批复解

台站岁修、工程养护、备品备件等项目共 16 项，金额 268.27 万元。主要包括：厂房西侧落水管改造、上游浮筒更换、直流系统改造、冷水机组系统改造等。管理所在接到项目批复后，严格按照公司维修养护管理办法及时组织技术人员编制实施方案，筛选施工队伍，项目实施过程中，紧抓项目质量管理、安全管理、进度管理，确保项目按计划完成，通过项目实施解台站面貌有了一定改善，设备性能得到了提高。

（3）安全管理。管理所持续加强安全生产工作，严格执行安全生产一票否决制，全方位抓好全年安全生产工作。管理所积极参与安全标准化达标创建工作，认真贯彻江苏水源公司和徐州公司安全生产的相关要求，认真落实"安全第一、预防为主，综合治理"的方针，坚持生产管理要服从安全需要的原则，切实做好管理所安全生产工作。

1）调整安全生产领导小组。根据人员变动情况完成管理所安全领导小组调整工作，明确责任分工。

2）强化安全责任落实。根据公司安全标准化建设要求，全员签订《安全生产责任状》，细化明确安全责任，形成了安全生产人人有责的良好局面。

3）做好安全巡查工作，及时掌握安全生产情况。管理所除日常巡视检查外，按照工作计划定期进行安全检查、专项检查、重大节假日检查

等。对于检查出的问题、隐患，及时制定整改方案，确定责任人，明确整改标准，限时消缺。为加强日常检查工作力度，保障工程设备安全运行，自主开发巡视系统App，确保每个设备都能巡视到位。

4）加强特种设备监管，开展相应的设备检测，做到应检皆检。

5）提高安全意识，营造安全氛围。管理所充分利用早班会、每月安全生产例会加强员工安全思想教育，提高员工安全生产意识，同时利用LED屏、安全标语、观看安全警示片、安全演练、"安全生产月活动"等营造安全生产氛围。

（4）建筑物管理。管理所严格按照规范要求做好建筑物管理工作，主要开展了以下几方面工作。

1）做好工程观测工作。管理所严格按照《水利工程观测规程》《南水北调泵站管理规程》《南水北调东中线一期工程安全监测技术管理办法（试行）》及观测任务书要求，开展筑物伸缩缝、测压管水位观测、垂直位移等工作，同时做好观测资料的收集整理，通过观测成果分析，建筑物状况良好。

2）做好建筑物、堤防巡查及河道巡查工作。除了定期和经常性检查以外，管理所每周开展工程建筑物、堤防、河道巡查，发现问题及时处理，同时要求保卫和值班人员每天对管理区域进行经常性巡查，及时劝阻无关人员进入站区，劝离违章捕鱼作

业人员。

3）扎实做好汛前汛后检查工作。解台站按照"严、高、细、实、全"的要求认真开展汛前汛后检查，邀请了有资质的单位对解台水下建筑物进行了细致摸查，确保建筑物完好，安全度汛。

4.蔺家坝站工程

（1）工程管理机构。自2008年11月初，成立江苏省南水北调蔺家坝泵站工程管理项目部，由江苏省骆运管理处代为管理；2019年3月19日江苏水源公司徐州分公司接管蔺家坝泵站工程；2020年与南水北调江苏泵站技术有限公司联合管理；2021年由南水北调江苏泵站技术有限公司代为管理；2022年与南水北调江苏泵站技术有限公司联合管理。项目部严格按照南水北调相关规程规范及工作要求，遵循"以人为本、安全第一"的管理方针和水利管理工作"五化"要求，积极有效的开展各项管理工作。

蔺家坝泵站管理体制顺畅，于2021年11月取得不动产权证，产权明晰，管理主体责任落实；人员经费、维修养护经费落实到位，使用管理规范；岗位设置合理，人员职责明确且具备履职能力；规章制度满足管理需要并不断完善，内容完整、要求明确、执行严格；办公场所设施设备完善，档案资料管理有序；精神文明和水文化建设同步推进。

（2）工程管理总体情况。项目部从综合管理、设备管理、建筑物管理、

运行管理、安全管理、环境管理等多方面入手，依托《南水北调泵站工程管理规范》，高标准、严要求，规范化、标准化、精细化的管理蔺家坝泵站。项目部注重对工程的巡视检查，注重工程缺陷的记录积累，能处理的及时处理，保证工程的完好，不能处理的及时建立缺陷记录档案，每年按时编报工程维修养护项目。在江苏水源公司批复后及时组织实施，实施工程中安排专人对项目的进度、工艺、材料以及质量、安全等进行监督检查，确保工程维护检修做到实处，工程质量合格。

蔺家坝泵站秉承锐意进取的开拓精神，坚持开展精神文明创建、平安单位创建工作，大力弘扬劳动精神、劳模精神、工匠精神，不断展现南水北调江苏水源基层站所风采。2021年被评为"水利生产安全标准化一级单位"，2021年获得中国水利工程优质（大禹）奖，2022年被评为"江苏省文明单位"。

（3）设备管理和维修养护。按照工程管理的要求定期组织对工程设施、设备进行检查。项目部注重对各种设备经常性检查、清理、养护，对主机泵、励磁设备、启闭机、闸门、供水系统、气系统等主辅机设备和计算机监控系统进行检查、维护，及时更换常规易损件，确保设备处于完好状态。

2022年度蔺家坝泵站岁修、急办项目共5项，批复经费约52.67万元，

已全部实施完成，并通过徐州分公司验收。主要包括：电缆沟密封处理、备品备件购置、电气预防性试验、自动化系统维护、安全监测等。项目部在接到项目批复后，严格按照公司维修养护管理办法及时组织技术人员编制实施方案，筛选施工队伍。项目实施过程中，严格加强项目质量管理、安全管理、进度管理，确保项目能按计划有序实施。经过维修养护项目的实施，蔺家坝泵站面貌有了一定改善，设备性能得到了提高。

（4）安全管理。项目部高度重视安全生产工作，始终坚持"安全第一，预防为主"的指导方针，将安全生产作为工程管理工作的头等大事来抓。

1）建立安全组织网络，层层落实安全责任制。项目部成立了以项目经理为组长的安全生产领导小组。项目部设立安全管理部门，配备了兼职安全员，明确安全生产"无死亡、无重伤、无火灾、无重大事故"的管理目标。

2）项目部根据工作实际，制定了蔺家坝泵站安全管理制度、安全用具管理制度、危险品管理制度等一系列安全管理制度，将安全生产任务层层分解，明确每位职工肩负的安全责任，形成了"横向到边、纵向到底"的全方位安全管理网络，人人参与安全管理，人人负责安全生产。目标责任的严格落实，有力促进了安全生产工作的顺利开展，为全年工程管理的

有效开展奠定了坚实基础。

3）加强安全生产教育和培训。项目部加强对职工的安全生产管理教育，提高职工的业务素质，强化职工的安全意识和防范事故能力。积极组织人员认真学习各种规程，对管理人员和作业人员进行安全生产培训。

4）加强值班保卫，促进管理安全。项目部积极与地方派出所沟通协调，设置了蔺家坝泵站警务室，对外聘请保安，规定蔺家坝泵站管理区大门实行 24 小时值班保卫。厂房内每天安排值班人员，定时进行巡视，促进管理安全。

5）项目部在各消防关键部位配备了消防器材并定期检查，对防雷、接地设施进行定期检测，确保完好。

6）进一步落实安全生产规章制度，加强工程的规范化管理，项目部狠抓"两票三制"执行，规范了工作票、操作票的使用，坚决禁止和杜绝随意口头命令的发生。

（5）建筑物管理。项目部针对泵站外围工程制定了日常巡视检查项目，主要有泵站上下游河道、泵站上下游护坡、上下游堤防、下游水文亭、上下游翼墙等。并每天进行巡视检查，发现问题及时解决，确保工程完好。

定期巡视护坡和堤防有无裂缝、冲沟、洞穴，无杂物垃圾堆放等。检查混凝土结构的表面整洁，有无脱壳、剥落、露筋、裂缝等现象；伸缩缝填料有无流失。对所管辖的工程设施每月进行巡查 1 次，并编制日常巡查报表，主要巡查内容有上下游河道、护坡、进出水池、翼墙、金属护栏、工作桥、泵站主厂房、办公楼及生活区等，对检查出的问题及时进行处理。汛期每天值班人员都对工程设施进行巡查，恶劣天气特别是暴雨期间更是加大巡查力度，并按照公司的要求上报汛期工程设施巡查报表。冬季采取防寒、防冻、防冰凌措施，进出水池扎制芦把固定在翼墙边水面处，有效地阻碍因河面结冰膨胀对混凝土翼墙的挤压。认真开展工程观测，编制了观测细则和观测任务书。每月、每季度按照观测任务书的要求开展工程观测工作。观测过程做到测次、测项齐全，数据采集规范完整真实，观测数据按规定进行科学分析，做到成果真实客观。

（王馨舟　于贤磊）

【运行调度】

1. 邳州站工程　邳州站 2022 年共执两次调水运行任务，分别是 2022 年 5 月 16—26 日执行北延应急调水运行任务，2022 年 11 月 13 日至 12 月 31 日执行 2022—2023 年度第一阶段调水运行任务。全年累计运行 2435 台时，累计抽水 2.75 亿 m³。2022 年，邳州站总体运行情况良好。

2. 刘山站工程　2022 年，刘山泵站 6 月 10—26 日执行徐州地区抗旱运行任务，运行 733 台时，翻水 9187 万 m³；12 月 23—31 日执行北延调水任务，运行 266 台时，调水 2831 万 m³。2022 年度共运行 999 台时，翻水调水 1.21 亿 m³。刘山节制闸共开闸调整 72 次，下泄洪 4.14 亿 m³。

3. 解台站工程　2022 年，解台泵站收到开机调令 3 次，抽水量 1.06 亿 m³，节制闸调令 56 次，泄洪 2.39 亿 m³。运行工作是工程管理工作的立身之本，为做好运行管理，管理所主要做了以下几方面的工作。

（1）严抓设备管理。管理所始终把设备管理放在工作首位，按时开展设备养护，让设备始终处于良好的状态，保证能随时投入运行。

（2）严格执行调度指令。解台泵站在接到预开机指令后，及时开展线路巡查，落实用电负荷，指令执行后及时反馈信息，解台节制闸运行严格执行徐州市防汛抗旱指挥部办公室调度指令，在接到开闸指令后迅速执行并及时反馈。

（3）严格执行运行纪律。运行班成员严格按照《南水北调泵站管理规程》要求开展巡视，特殊情况加大巡视频次，发现问题及时查明原因并进行处理，同时做好记录和汇报。

4. 蔺家坝站工程　2022 年根据江苏水源公司《南水北调东线一期工程江苏段 2022—2023 年度向山东供水调度方案》及《南水北调东线江苏水源有限责任公司调度指令单》文件的要求，不牢河段供水从 2022 年 12 月 23 日 10 时 30 分开始，截至 2022 年 12 月 31 日，累计运行 287 台时，

累计抽水总量 2786.4 万 m³。总体机组保养好，对自动化监控系统、蔺家坝站视频监控系统运行正常，各类数据报表显示正常，能够正确反映机组及辅机设备的运行参数，为安全运行提供了可靠保证。保护装置定值设置正确，各跳闸参数和回路正常，能够有效地保证机组运行安全。

（王馨冉　于贤磊）

【工程效益】

1. 邳州站工程　自 2013 年 2 月试运行以来，邳州站共执行过 13 次运行任务。历次调水累计开机 693 天，累计运行 43491 台时，累计抽水 46.89 亿 m³，充分发挥了工程效益和社会效益。

2. 刘山站工程　刘山泵站先后进行江苏省内抗旱运行、南四湖生态补水、徐州地区抗旱运行、北延供水等，截至 2022 年年底，已累计运行 16607 台时，翻水调水 18.61 亿 m³；2022 年汛期，刘山项目部高度重视，强化机电设备维护保养，执行 24 小时全员值班制度，圆满完成了防汛排涝任务。刘山节制闸共开闸调整 72 次，下泄洪 4.14 亿 m³。十余年来，已累计泄洪 40.58 亿 m³。

3. 解台站工程

（1）泵站工程。2022 年省内抗旱调水运行 17 天，733 台时，抽水量 0.78 亿 m³，调水出省运行 10 天，503 台时，抽水量 0.28 亿 m³。历年累计运行 311 天，共计调水 12.3 亿 m³。

（2）节制闸工程。2022年解台节制闸累计启闭次数110次，累计下泄洪水2.39亿 m^3，历年累计下泄洪水21.45亿 m^3。

充分发挥了调水、排涝、灌溉、改善水环境、提高航运保证率等设计功能，经济和社会效益显著。

4. 蔺家坝站工程　2022年12月23日向山东北延应急调水，截至2022年12月31日，累计开机3186.70台时，抽水2.84亿 m^3。

（王馨冉　倪春）

【环境保护与水土保持】

1. 邳州站工程　划分了包干区，对整个管理区环境进行责任管理，保证站内环境整洁。定期与绿化管护单位进行有效沟通，保证花草苗木能得到及时管护。整个管理区环境整洁优美，无严重水土流失现象。

2. 刘山站工程　在2022年泄洪期间加强了水质监测，对上下游护坡进行了清理、修补，对上下游的杂草杂树进行了砍伐、清理，对站区内部分绿化树木进行了调整，加强管理区闲置用地的管理。

3. 解台站工程　解台站现有管理区范围18.9 hm^2，除水面外，绿化面积14.5 hm^2，已栽种乔木1901株、灌木1640 m^2、球类454株、竹类1500丛、草坪50325 m^2。徐州分公司对解台站区的绿化、美化工作非常重视，2022年徐州分公司与江苏水源绿化公司签订水土保持与绿化管理养护合同，合同金额为419100元。为了保证绿化成果，解台站管理所紧抓现场管理，督查绿化管理人员，执行绿化管理养护合同条款，进行站区内绿化养护工作，经过努力，解台站的环境美化有了显著提高。

4. 蔺家坝站工程　项目部充分利用管理范围内的土地资源和工程优势，因地制宜大力开展种植树木花草，美化环境。做好管理范围内环境卫生。项目部加强对管理范围内环境卫生工作的管理，从基础做起，从点滴抓起，逐步完善长效管理机制。安排专人负责管理范围内环境卫生工作，保持主要道路的整洁，车辆停放有序。做好管理范围内绿化。现场的绿化由专业队伍进行维护，项目部对站区的绿化、美化工作非常重视，为了保证绿化成果，督促绿化管理人员，按照绿化管养要求，进行浇水、施肥、除草、治虫和修剪等工作，为站区的绿化、美化提供了强有力的保证。

（王馨冉　倪春）

【验收工作】

1. 邳州站工程　2013年5月，工程顺利通过江苏水源公司组织进行的江苏省境内工程试通水运行。2013年11月，通过国务院南水北调办组织的南水北调东线全线试运行，2017年12月通过完工验收。

2. 刘山站工程　工程于2005年3月开工建设，2008年10月14日通过试运行验收，2012年12月19日通过设计单元工程完工验收。

3.解台站工程　工程于2004年10月开工建设，2008年8月通过试运行验收，2012年12月通过设计单元工程完工验收。

4.蔺家坝站工程　工程于2006年1月开工建设，2008年12月通过试运行验收移交管理单位，2019年5月通过完工验收。（王馨舟　于贤磊）

枣 庄 段

【工程概况】　枣庄段工程位于山东省南部，是连接骆马湖与南四湖省际输水的关键工程，是南水北调东线第一期工程的重要组成部分。主要包括台儿庄、万年闸和韩庄3座泵站以及峄城大沙河大泛口节制闸、魏家沟胜利渠节制闸、三支沟橡胶坝、潘庄引河闸等水资源控制工程。泵站均为5台（套）机组（4用1备）、设计流量125m³/s，3座泵站总装机容量35000kW，总扬程14.17m，工程总投资7.6亿元。

台儿庄泵站是南水北调东线一期工程的第七级抽水梯级泵站，也是进入山东省境内的第一级泵站，位于山东省枣庄市台儿庄区境内，其主要任务是抽引骆马湖来水通过韩庄运河输送，以满足南水北调东线工程向北调水的任务，实现梯级调水目标，同时兼有台儿庄城区排涝和改善韩庄运河航运条件的作用。工程管理范围包括站区和管理区两部分。站区主要包括泵站主厂房、进出水池、进出水渠、110kV变电站等主要建筑物。管理区设在泵站东面、韩庄运河北侧的弃渣场处，距离泵站约2.5km，与泵站之间通过韩庄运河北堤连接，主要包括办公生活用房等建筑物。

万年闸泵站是南水北调东线工程的第八级抽水梯级泵站，也是山东境内的第二级泵站，位于山东省枣庄市峄城区境内（韩庄运河中段），东距台儿庄泵站枢纽14km，西距韩庄泵站枢纽16km。其主要任务是通过进水渠道从万年闸下游的韩庄运河引水，再经由泵站和出水渠输水至万年闸上游的韩庄运河，实现南水北调东线工程的梯级调水目标，结合地方排涝并改善韩庄运河航运条件。主要包括泵站主厂房、进出水池、进出水渠、办公生活用房、110kV变电站等主要建筑物。

韩庄泵站是南水北调东线一期工程第九级抽水梯级泵站，也是山东省境内的第三级泵站，位于山东省枣庄市峄城区古邵镇八里沟村西。其主要任务是抽引韩庄运河万年闸泵站站上来水至韩庄老运河入南四湖下级湖，实现梯级泵站调水目标，兼顾地方排涝并改善水上航运条件。主要建筑物包括主副厂房、进出水池、进出水渠、交通桥等主要建筑物。

峄城大沙河大泛口节制闸工程位于枣庄市峄城大沙河下游韩庄运河北堤龙口公路桥以北150m处，由台儿庄泵站管理处负责管理及维护。主要包括节制闸和管理设施两部分。

三支沟橡胶坝工程位于万年闸上游运河左岸支流三支沟上，由万年闸泵站管理处负责管理及维护。主要由橡胶坝段、上下游连接段、取水管道、充排水泵站及管理房等建筑物。

潘庄引河闸工程位于南四湖湖东大堤与潘庄引河的交汇处附近，由韩庄泵站管理处负责管理及维护。主要包括节制闸和管理设施两部分。

魏家沟胜利渠节制闸已进行功能完善升级改造工作，暂未移交至山东干线公司。

（张兆军　邵铭阳　欧阳冠男）

【工程管理】　南水北调东线山东干线有限责任公司枣庄管理局（以下简称"枣庄局"），负责枣庄段工程的运行管理工作。内设台儿庄泵站管理处、万年闸泵站管理处和韩庄泵站管理处，分别具体负责台儿庄泵站工程、万年闸泵站工程和韩庄泵站工程的运行管理工作。

1. 枣庄局　枣庄局机关严格按照山东干线公司党委的部署和要求，坚持以党的建设为统领认真监督指导各管理处相关工作的开展。按照"支部特色品牌"创建要求，结合地域文化特色打造了"古运心调"支部党建品牌，并通过强化政治引领、划分党员责任区、党员量化积分管理等举措将党建和业务工作有机融合。在完成党的十九届及历次全会、党的二十大精神宣传贯彻、承诺践诺、党员责任区

划分、党支部品牌初步谋划、廉政风险排查、精神文明建设等规定动作的同时，分层级、多形式落实"三会一课"制度。2022年累计开展党员大会8次、支委会15次、党小组会44次、专题党课6次，微党课3次，理论宣讲2次，二十大精神学习3次，党章专题学习2次，党史知识测试1次，主题党日21次，累计谈话74人次。公司党委委员到现场讲授党课1次。以"两个维护"政治自觉认真落实有关工作，确保了枣庄局意识形态领域绝对安全，团结引领全体干部坚定不移听党话、跟党走、方向正、不走偏。

加强安全生产监督管理工作。结合山东干线公司2022年度安全生产总目标，制定了枣庄局2022年度安全生产目标，并分解落实，组织逐级签订了安全生产目标责任书，落实了安全生产责任。组织全员对各自存在的安全风险进行全面、系统的辨识，改善危险评价过程方法、细化危险划分、补充相关方作业活动评价项目。共形成了重大危险源清单、重大风险管控清单、重大风险隐患排查清单、设备设施清单、活动作业清单、场所区域清单、风险点登记台账等17项建设成果并报公司审核验收。枣庄局持续开展节前、月度检查等隐患排查治理，以问题为导向，对查出的隐患进行统计分析，严厉杜绝类似问题重复发生。枣庄局本年度共计排查一般安全隐患109处，重大安全隐患0处，整改完成

109 处，整改完成率达 100%；积极组织开展泵站运行安全知识培训竞赛、"开工第一课"专题、调水运行安全、《安全生产法》"双重预防体系"专题培训等各类安全教育培训工作活动 30 余次，累计完成培训教育 667 余人次；组织全局做好新冠疫情防控工作，将疫情防控责任落实到每一名员工身上，确保了疫情防控措施落实到位，各项工作在疫情防控常态化之下的顺利开展；组织完成了所辖管理处安全监测工作，根据观测结果分析，工程各项数据稳定，无异常变化，工程处于安全稳定性态。

2. 韩庄泵站管理处 2022 年度土建日常维修养护累计完成投资 248.49 万元，其中工程巡查看护完成投资 24.24 万元，土建维修养护完成 210.34 万元，水土保持完成投资 11.33 万元，安全监测完成投资 0.82 万元，调水辅助完成投资 1.76 万元。

金结机电设备维修养护完成投资 160.74 万元，其中金结机电日常类费用 43.52 万元、金结机电维修费用 77.94 万元、电气预防性试验费用 15.95 万元、备品备件及工器具费用 23.33 万元。

专项项目包括枣庄局韩庄泵站管理区界域节点形象提升项目、枣庄局 2019 年度苗木栽植补植项目、南水北调东线 2019 年度专项设计项目库第一批项目（一）施工项目（施工 4 标）韩庄泵站进水渠东侧巡视道路项目、南水北调东线一期工程 110kV 峰泵线韩庄泵站 T 接线塌陷区迁改工程、南水北调东线一期工程 110kV 峰泵线韩庄泵站 T 接线塌陷区废旧杆塔拆除及其处置协议等 5 个项目，合同总金额为 1432.68 万元，累计完成投资 1323.96 万元。

韩庄泵站管理处完成安全教育 16 次，累计参与培训教育 274 人次；汛期定期开展防汛安全检查，划分防汛重点部位，及时调整防汛部署，确保辖区内工程防汛安全；工程安全监测完成位移观测工作 4 次、河床断面观测 4 次、工程伸缩缝观测 24 次、渗压计观测 96 次；安全生产隐患排查 32 次，排查隐患 57 项，已全部整改；新冠疫情防控常态化管理，持续加强对外来人员监督检测；加强应急演练，开展应急演练 15 场，累计参与演练 280 人次；定期组织安全工作会议，召开安全例会 12 次，有效落实上级安全生产指示精神；严格按照上级文件要求每日开展"晨会"及调水班前班后会议，强调安全生产注意事项，增强员工安全防护意识。

3. 万年闸泵站管理处 2022 年土建及水土保持日常协议合同金额为 81.41 万元，其中工程巡查看护 18.55 万元、土建养护 8.29 万元、水土保持 32.54 万元、调水辅助 18.78 万元、安全监测设施维修养护 3.25 万元。工程巡查看护完成投资 12.37 万元，土建养护完成投资 6.00 万元，水土保持完成投资 21.50 万元，调水辅助完成投资 12.65 万元，安全监测设施维修养护完成投资 2.86 万元，累计完成投资 55.38 万元。南水北调东线山东干线工程 2022 年土建维修项目合同金额 202.103381 万元，已完成投资 112.70 万元。金结机电设备日常维修养护完成投资 129.63 万元，其中金结机电日常类费用 56.97 万元、金结机电维修费用 42.11 万元、电气预防性试验费用 16.63 万元、备品备件及工器具费用 13.92 万元。

专项项目主要包括《万年闸泵站管理处标准化渠道建设工程合同》《万年闸泵站工程混凝土表面露筋、站区排水不畅以及管理设施屋顶、墙面渗水处理项目施工合同》《枣庄局 2019 年度苗木栽植补植项目施工合同》《万年闸泵站维修改造励磁控制柜专项项目施工合同》等 4 个项目，合同总金额为 195.85 万元，累计完成投资 202.67 万元。

万年闸泵站管理处制定了 2022 年度安全生产目标，并分解落实，逐级签订了安全生产目标责任书 34 份，落实了安全生产责任制；积极组织开展各类形式安全生产检查及隐患排查治理活动，共计排查隐患 52 余处，整改完成 52 项，整改率达 100%；积极组织开展安全教育培训工作，累计完成培训教育 261 余人次；完成了每季度安全监测工作，根据观测结果分析，工程各项数据稳定，无异常变化，工程处于安全稳定性态；开展了消防演练、高温中暑应急演练、机械伤害事故应急演练、触电事故应急演练、反恐防暴应急演练、防汛演练、溺水救援演练等一系列演练活动，根据演练结果，总结经验和教训，不断提高全体员工应对防汛险情、工程事故、治安突发事件、溺水事件等的应急处置能力；完成了重大危险源清单、重大风险管控清单、重大风险隐患排查清单、设备设施清单、作业活动清单、场所区域清单、风险点登记台账、设备设施安全检查表分析评价记录表、作业活动工作危害分析评价记录表、作业活动风险分级管控清单、设备设施风险分级管控清单、基础管理类隐患排查清单、生产现场类隐患排查清单等"双重预防体系"资料的创建工作。修改完善完成了 17 项成果资料的编制工作。

4. 台儿庄泵站管理处 制定了 2022 年度安全生产目标，并分解落实，逐级签订了安全生产目标责任书 32 份，落实了安全生产责任制；积极组织开展各类形式安全生产检查及隐患排查治理活动，共计排查隐患 22 处，整改完成 22 项，整改率达 100%；积极组织开展安全教育培训工作，累计完成培训教育 220 余人次；完成了每季度安全监测工作，根据观测结果分析，工程各项数据稳定，无异常变化，工程处于安全稳定状态；开展了消防演练、防汛演练、溺水救援演练等一系列演练活动，根据演练结果，总结经验和教训，不断提高全体员工应对防汛险情、工程事故、治安突发事件、溺水事件等的应急处置能力；

依据双重预防体系作业指导书，完善了风险点登记台账、危险源管控措施，形成了相应的分级管控清单及隐患排查清单；认真贯彻落实山东干线公司、枣庄局各项新冠疫情防控措施，严格人员出行管理，第三方人员严格落实核查三码、测量体温、戴口罩、基本信息登记、消杀等防疫措施。做到不漏一人、不漏一车，不放过任何风险隐患，确保人员安全。

金结机电设备维修养护完成投资123.36万元（主要包括金结机电日常类费用66.18万元、金结机电维修费用34.93万元、电气预防性试验费用16.44万元、备品备件及工器具费用5.81万元）。

专项项目主要包括台儿庄门式启闭机安全检测合同、台儿庄泵站主变压器压力释放阀及气体继电器安全检测合同等2个项目，合同总金额为9.68万元，累计完成投资9.68万元。

（韩业庆　陆发兵　徐涛　甘凯）

【运行调度】

1. 输水运行　根据山东省南水北调调度中心调度指令，台儿庄泵站自2022年5月17日开机运行，至2022年5月25日停机，累计运行650台时，完成调水量7005.73万 m³；万年闸累计运行647.50台时，完成调水量7050.9458万 m³；韩庄泵站累计运行642.22台时，完成调水量6810.40万 m³。

2. 经验总结

（1）调水开始前，充分做好高低压设备、主辅机设备及二次监控设备检查工作，组织维护保养单位认真开展机电设备的维护保养工作，通过维护保养提高机电设备的运行完好率，确保机电设备运行状况始终处于良好状态，降低机电设备的运行故障率，及时消除问题。

（2）运行期间，严格遵守规程、细则及"一单两票"制度。认真做好安全防范工作，组织职工认真学习应急预案，能够熟练应对各类突发事件。

（3）根据管理处调水人员的专业及工作分工，结合管理处实际情况，按照安全运行的原则进行分组，通过调水期间各班组之间、各岗位之间默契配合、团结协作，圆满地完成调水任务。（陈伯渠　苏阳　张波　甘凯）

【环境保护与水土保持】　台儿庄泵站管理处根据2022年土建及水土保持日常维修养护、土建维修内容，结合维修养护计划安排，做好施工质量管控、工程量现场签证。通过日常维修养护项目顺利实施，有效解决了影响工程运行管理诸多问题，例如：进出水渠拦船设施维护、进出水两侧台阶贴面修复、管理设施内外墙面修复、宿舍楼卫生间瓷砖内墙渗水处理、宿舍楼和餐厅楼铝扣板吊顶、站区及管理区建筑物落水管维修更换等。

2022年度，枣庄局严格贯彻落实水质巡查制度，切实加强水质保护工作，严格检查是否存在对水质造成污染的污水排放、垃圾堆放等现象，保障了水质安全。枣庄局水土保持与养护单位签订合同，委托专业队伍负责苗木栽植、浇灌、修剪、施肥、治虫等养护管理工作，水土保持条件持续改善，整体景观形象得到提升，同时做好对养护单位各项工作的监督，保证水土保持工作次数足、质量优。其中，韩庄泵站苗木成活率为99.45%，万年闸泵站苗木成活率为99.61%，台儿庄泵站苗木成活率为96%，确保了苗木的成活率和良好率符合要求，积极推进山东干线公司园区整体规划项目，从长远角度考虑，为构建"四季常青、三季有花、两季有果、一季彩叶"的园林单位打下基础。

（徐涛　康晴　盛凡珂）

【档案管理】　2022年，台儿庄泵站管理处共归档移交建设期档案共计886卷，包括建设管理文件材料（G类）240卷、监理文件材料（J类）96卷、施工文件材料（S类）461卷、设备文件材料（D类）54卷、验收文件材料（Y类）35卷。韩庄泵站运行期档案共归档移交纸质档案424卷，包括照片8册514张、光盘8册8张。台儿庄泵站运行期档案共归档移交纸质档案381卷，包括竣工图1卷27张、照片8册639张、光盘7册23张。归档范围包括调度运行、维修养护、机电维护、信息自动化、安全监测、水质保护、安全生产等类别。档案分类清楚，组卷合理，内容完整、准确、系统，所有归档案卷均符合《科学技术档案案卷构成的一般要求》（GB/T 11822—2008）及《国家重大建设项目文件归档要求与档案整理规范》（DA/T 28—2002）要求。

【创新工作】　枣庄局创新工作室自创建以来，始终注重青年人才培养，定期组织业务培训、技术交流等活动，紧紧围绕工程运行及安全管理，坚持"以问题为导向"，积极开展技术改进、技术革新及管理创新等，努力实现制度完善、流程合理、工程安全稳定、设备运行高效的目标。2022年度主要完成了万年闸泵站研制机组大修盘车辅助装置、安装主电机散热风口自动推拉式防护板及韩庄泵站门式启闭机轨道转盘防护升级改造等工作。创新工作室定期对各单位申报的岗位创新项目进行评审，2022年创新工作室评审通过项目27项，其中一等4项、二等5项、三等18项，自创建以来，累计完成岗位创新项目218项。创新工作室定期组织各管理处有关人员认真梳理、总结岗位创新项目实施经验，进一步发掘、提炼，积极申报各类奖项、成果。2022年度创新工作室共获得实用新型专利23项，累计获得42项；获得山东水利学会齐鲁水利科学技术奖一等奖1项、三等奖2项；获得山东省农林水牧气象系统"乡村振兴杯"工作创新技术创新竞赛二等奖1项、三等奖3项；获得中国水利企业协会 QC 小组成果一等奖 1 项、二等奖 1 项。人才培养工作效果逐渐显现，在山东省"技能兴鲁"职业技能大赛——水利行业水工监测工职业技能竞赛中，有 3 人获得二等奖、1 人获得三等奖、1 人获得优秀奖。枣庄局"大手牵小手，走进南水北调工程现场"水情教育活动荣获第六届中国青年志愿服务项目大赛水利公益宣传教育类三等奖；枣庄局团支部荣获枣庄市"五四"红旗团支部荣誉称号；1 人荣获枣庄市"优秀共青团干部"荣誉称号；1 人荣获 2021 年度"枣庄市青年岗位能手"荣誉称号；万年闸泵站青年理论学习小组荣获山东干线公司"青年理论学习示范小组"荣誉称号。

（邵铭阳 盛凡珂 徐力）

济 宁 段

【工程概况】 南水北调东线山东干线有限责任公司济宁管理局（以下简称"济宁局"）负责管辖济宁段 5 个设计单元工程，分别为梁济运河段工程、柳长河段工程、二级坝泵站工程、长沟泵站工程、邓楼泵站工程。济宁局下设 4 个管理处，分别是济宁市微山县境内二级坝泵站管理处、济宁市任城区境内长沟泵站管理处、济宁市梁山县境内邓楼泵站管理处和济宁渠道管理处。

自 2013 年 11 月正式通水以来，工程运行安全平稳，通水期间无较大事故发生，按时完成上级下达的年度调水任务。

1. 二级坝泵站工程 二级坝泵站工程是南水北调东线一期工程的第十级抽水梯级泵站，山东境内的第四级泵站。位于南四湖中部，山东省济宁市微山县欢城镇。

泵站设计输水流量为 $125\text{m}^3/\text{s}$，装机 5 台（套）后置式灯泡贯流泵（一台备用），单机流量 $31.5\text{m}^3/\text{s}$，单机功率 1650kW，总装机容量 8250kW。

二级坝泵站一期工程规模为大（1）型工程，泵站等别为 I 等，主要建筑物为 1 级，次要建筑物为 3 级。工程主要建筑物有引水渠、进水闸、前池、进水池、泵站主厂房、副厂房、出水池、出水渠、出水导流渠等，并由南向北依次布置。工程实际完成总投资 32033.43 万元。

2. 长沟泵站工程 长沟泵站是南水北调东线第十一级抽水梯级泵站，位于山东省济宁市任城区长沟镇新陈庄村北，梁济运河东岸。主要建筑物包括主厂房、副厂房、引水渠、出水渠、引水闸、出水闸、节制闸、110kV 变电站、办公及生活福利设施等，完成总投资 2.82 亿元。泵站设计输水规模为 $100\text{m}^3/\text{s}$，设计扬程为 $0.56\sim 3.86\text{m}$，安装 3150ZLQ 型液压全调节立式轴流泵 4 台（3 用 1 备），单机设计流量为 $33.5\text{m}^3/\text{s}$，单机额定功率为 2240kW，总装机容量 8960 kW。工程规模为大（1）型，工程等别为 I 等，主要建筑物级别为 1 级。泵站设计防洪标准为 100 年一遇，校核防洪标准为 300 年一遇。

3. 邓楼泵站工程 邓楼泵站工程位于山东省济宁市梁山县韩岗镇，是南水北调东线一期第十二级抽水梯级泵站，山东境内第六级抽水泵站，设计流量 100m³/s，安装 4 台 3150ZLQ33.5 - 3.57 型立式机械全调节轴流泵，配套四台 TL2240 - 48 型同步电动机（3 用 1 备），泵站总装机容量 8960kW。设计年运行时间 3770h，设计年调水量 13.63 亿 m³。水泵装置采用 TJ04 - ZL - 06 水泵模型，肘形流道进水，虹吸式流道出水，真空破坏阀断流。主要建筑物包括主副厂房、引水闸、出水涵闸、引水渠、出水渠、变电所、办公及附属建筑物等。

4. 梁济运河段工程 梁济运河段工程从南四湖湖口至邓楼泵站站下，长 58.252km，采用平底设计，设计流量 100m³/s。其中，湖口—长沟泵站段长 25.719km，设计最小水深 3.3m，设计河底高程 28.70m，底宽 66m，边坡 1∶3～1∶4；长沟泵站—邓楼泵站段长 32.533km，设计最小水深 3.4m，设计河底高程 30.80m，底宽 45m，边坡 1∶2.5～1∶4。

边坡衬砌形式 0＋000～18＋750 段采用水下模袋混凝土形式，其余部分为机械化衬砌护坡。司垓闸下 0.8km 险工段采用浆砌石护底。

沿线共新建、重建主要交叉建筑物 25 座（处），包括新建支流口连接段 7 处、拆除重建生产桥 13 座、新建管理道路交通桥 1 座、加固公路桥 2 座。

5. 柳长河段工程 柳长河段工程从邓楼泵站站上至八里湾泵站站下，输水航道长 20.984km，其中新开挖河段 6.587km，利用柳长河老河道疏浚拓挖 14.397km。设计最小水深 3.2m，采用平底设计，设计河底高程 33.20m，边坡 1∶3，采用现浇混凝土板衬砌方案，设计河底宽 45m，护坡不护底，渠底换填水泥土。共有新建、重建交叉建筑物 26 处，包括桥梁工程 10 座、涵闸 11 处、倒虹 2 座、渡槽 1 座、节制闸 1 座、连接段 1 处。

（刘海关 何勇 许舟 田青伍）

【工程管理】

1. 二级坝泵站工程 二级坝泵站枢纽工程的运行管理工作归属济宁局二级坝泵站管理处（以下简称"二级坝泵站管理处"）负责。

（1）综合管理情况。二级坝泵站管理处不断加强党建管理，认真完成 2022 年度各项党务群团工作、职工大讲堂及青年理论学习活动，认真贯彻落实党的二十大精神及"节水优先、空间均衡、系统治理、两手发力"治水思路，大力弘扬新时代治水精神。配合完成山东省水利厅、山东干线公司组织的"关爱山川河流·守护国之重器"等各项志愿服务活动，并积极开展各类文体及业务交流活动。

二级坝泵站管理处高度重视新冠疫情防控管理，与微山县欢城镇政府建立疫情联防联控工作机制，确保各项工作有条不紊扎实推进。完成2021年度运行档案整理160余卷，积极推进建设期档案移交工作。完成固定资产的采购工作，开展制度学习月活动，完成制度修订100余项，完成泵站维护与检修细则、安全管理细则修订，逐步实现制度精细化管理。

（2）岗位创新情况。二级坝泵站管理处鼓励全体职工在日常工作中积极钻研、勇于创新，并取得了丰硕成果。管理处已完成岗位创新项近50余项，专利论文20余项，山东省五一劳动奖章获得者1名，山东省青年岗位技术能手1名。荣获山东省职工创新创效竞赛省级决赛二等奖，2022年中国水利企业优秀质量管理小组一等奖，齐鲁水利科学技术奖进步奖二等奖，齐鲁水利科学技术奖优秀论文类一等奖、三等奖及山东省农林水畜牧系统合理化建议活动"先进个人"等多项荣誉。

（3）专项工程情况。2022年度二级坝泵站管理处专项项目共计5项，分别为电梯维修保养项目、建筑消防设施维修保养项目、液压启闭机系统维修养护专项项目、10kV配电室至值班房及食堂供配电改造项目、门式起重机维修改造项目。按照2022年度预算批复及时间节点完成合同内的全部内容，并按期进行进度款支付，按月完成工程管理月报上报，加强在建项目费用和进度实时监督，确保工程顺利实施。

2022年驻点项目包括土建日常维修项目、土建日常养护项目、金结机电日常维修养护项目、电力线路日常维保项目、二级坝泵站液压启闭机维修专项项目及防雷设备设施检测问题整改项目共计6个项目，二级坝泵站管理处根据要求每月及时统计项目完成情况并形成驻点工作情况报告。

（4）安全管理情况。二级坝泵站工程安全观测严格按照《南水北调东、中线一期工程运行安全监测技术要求（试行）》等规定，加强安全监测管理，编制安全监测月报，报济宁局备案，并完成设备及建筑物评定级工作。

根据安全生产管理工作需要，二级坝泵站管理处结合工程实际及时调整安全生产工作领导小组，强化职责目标管理，逐级签订了安全生产责任书，每月按时召开安全生产工作会议，开展了一系列安全文化建设活动，如"安全生产月"活动、组织消防演练、参加水安将军知识竞赛等，结合安全生产大排查大整治行动开展自查工作，确保泵站安全平稳运行。

做好防汛度汛工作，完成2022年度防汛度汛编制修订及防汛管理工作。组织完成防汛演练、治安突发事件应急演练、新冠疫情防控等各项演练活动。

2.长沟泵站工程 长沟泵站枢纽工程的运行管理工作归属济宁局长沟泵站管理处（以下简称"长沟泵站管理处"）负责。

长沟泵站管理处主要职责是按照上级调度指令完成调水任务，定期开展设备维修和日常养护工作，探索高效的泵站运行机制和资产保值增值途径运行管理水平，解决各类工程缺陷和运行管理问题，及时消除安全隐患。

认真贯彻落实水利部、山东省水利厅和山东干线公司等上级单位的有关部署要求，全面落实"安全第一、预防为主、综合治理、安全发展"的安全管理方针，扎实开展安全生产标准化建设工作。2022年持续完善风险分级管控和隐患排查治理体系建设工作，形成了20多项建设成果，配合公司编制了《安全风险分级管控作业指导书（试行）》《安全事故隐患排查治理作业指导书（试行）》。

根据山东干线公司部署安排，长沟泵站管理处积极协调对接各参评单位，继续组织推进完成长沟泵站工程2022年度中国水利工程优质（大禹）奖申报及评审工作。

完成4号机组大修工作，该工作于2022年7月26日开工、2022年9月2日完工，实际维修工期39天。此次大修工作符合《泵站设备安装及验收规范》（SL 317—2015）等相关标准和规范要求，工程质量合格，无质量安全事故。

完成主厂房西门增设机组大轴运输专用道路项目，主要实施内容包括混凝土路面拆除与加宽浇筑、路沿石拆除与安装、绿植移植、排水管设、太阳能路灯安装等。

完成引水闸、出水闸和节制闸维修改造项目，主要实施内容包括：外墙瓷砖改为真石漆；混凝土构件防碳化处理；屋面防水改造，雨水管重新翻新；室内吊顶改造并同步更换灯具；外窗全部拆除重做，增加金刚网窗纱；增加防火窗帘；内墙重新粉刷，做防渗水处理等。

3. 邓楼泵站工程　邓楼泵站枢纽工程的运行管理工作归属济宁局邓楼泵站管理处（以下简称"邓楼泵站管理处"）负责。

（1）做好工程维修养护工作。邓楼泵站管理处按照工程检查制度、设备维护与检修规程、泵站运行管理细则等规定，认真组织工程检查和巡查，积极开展工程维修和养护工作。2022年日常维护主要完成泵站厂区内基准点和工作基点平台重新铺装、SBS防水卷材维修、C30混凝土路面铺设、内墙乳胶漆面修复、断桥铝窗更换、园区及弃土场绿化水土保持养护、电气预防性试验、泵站1号和3号机组流道封堵、闸室及启闭机钢丝绳保养、启闭机及泵站进口检修闸门防腐处理、机组辅机系统管路改造优化等工程维护项目。同时，严格按照合同开展专项维修养护项目实施工作，完成邓楼泵站闸室维修及主副厂房屋顶防水改造项目、建筑物专项防雷接地更换项目。

（2）认真开展工程安全监测。按照相关规程规范要求，邓楼泵站管理处组织开展日常和运行期间工程安全监测工作。经对 2022 年日常观测成果进行分析，历次观测数据反映正常，其中沉陷位移、水平位移、泵房底板应变、渗压值和扬压力值年度测次变化值均在限值以内且趋于稳定，符合设计及规范要求，工程处于稳定可靠状态。

（3）抓实安全生产管理工作。邓楼泵站管理处始终坚持"安全第一、预防为主、综合治理"的方针，及时开展安全隐患排查和整治，严格执行各项安全生产规章制度，定期组织开展安全生产教育培训，通过"开工第一课""一把手讲安全"等形式组织干部职工学安全、讲安全，坚持"晨会"制度，采取"八抓二十项"创新举措，推动安全生产责任制落实落地。结合"中国水周"、"安全生产月"、"6·16"安全生产咨询日等"五进"活动向沿线企业、乡镇进行安全宣传，发放安全生产宣传册 2000 册，积极组织职工并发动身边人员参加"水安将军"、安全网络知识竞赛等答题活动，2022 年未发生安全事故，安全生产保持良好态势。

邓楼泵站管理处积极推进安全生产标准化及双重预防体系建设，开展安全生产标准化相关工作并定期开展自评，完成双体系建设工作，开展危险源辨识工作，编制了重大危险源清单、重大风险管控清单等管控清单，并及时向员工进行了传达和培训。

（4）固定资产报废处置工作圆满完成。邓楼泵站管理处作为山东干线公司固定资产减少处置工作的试点单位，在公司领导的大力支持、公司各有关部门的协调配合下，通过大量艰苦细致的工作，于 9 月 19 日圆满完成了邓楼泵站线缆整理及自动化升级改造项目废旧资产减少处置工作。

（5）工程质量奖项申报工作。2022 年 4 月邓楼泵站工程获"山东省工程建设泰山杯奖"。根据山东干线公司部署安排，邓楼泵站管理处积极协调对接各参评单位，继续组织推进完成邓楼泵站工程 2022 年度中国水利工程优质（大禹）奖申报及评审工作。

4. 梁济运河段工程　梁济运河段工程的运行管理工作归属济宁局济宁渠道管理处（以下简称"济宁渠道管理处"）负责。

2022 年主要进行日常维修养护，包括：环境卫生清洁，苗木日常养护，衬砌边坡、信息机房等工程维修养护，水情水质巡查巡视，调水安全保卫等。为通水运行创造良好的运行管理环境。

济宁渠道管理处的防汛工作受济宁局、地方和流域防汛机构的领导，负责本辖区内防汛应急工作的组织、协调、监督和指挥。2022 年度主要是进一步细化防洪方案的具体实施步骤，规范防汛抗洪调度程序，提高防洪方案的可操作性，针对不同级别的险情分别制定应急处置措施。

建立健全安全生产责任制度，成立安全生产工作组，落实安全生产网格化体系，逐级签订安全责任书，实行 24 小时值班制度。建立健全应急救援队伍和物资设备外协机制。自 2016 年起，与梁山县水利工程处、梁山县库区工程开发服务处等两家单位达成防汛抢险合作意向，并签订正式协议。与梁山安山混凝土有限公司、梁山县宏达工程机械租赁有限公司等单位签订防汛物资、设备代储协议，确保防汛救援物资、设备的及时供应。与地方防汛部门建立了信息联络渠道。

5. 柳长河段工程　柳长河段工程的运行管理工作归属济宁渠道管理处负责。

2022 年主要进行日常维修养护，包括：堤顶道路环境卫生清洁，苗木日常养护，王庄节制闸闸门、启闭机养护，王庄节制闸的金属结构和电气设备的维修保养，衬砌边坡、信息机房等工程维修养护，水情水质巡查巡视，调水安全保卫等。为通水运行创造良好的运行管理环境。

（刘海关　何勇　许舟）

【运行调度】

1. 二级坝泵站工程　二级坝泵站管理处实行 24 小时领导带班制度，严格执行上级调度指令，遵守各项规章制度和规程，组织落实运行值班工作，严格执行值班和交接班制度，加强工程巡查维护工作，认真完成 2022 年度机电设备日常维修养护内容，加强技能培训学习，配合做好盘线缆柜整理、自动化升级改造等相关工作。

定期开展机组开机维护工作，确保设备完好，运行安全稳定，圆满完成年度调水任务。

二级坝泵站于 2013 年 10 月 23 日进行试通水运行，11 月 15 日实现正式通水运行。2013—2022 年 9 个年度调水量分别为 1.58 亿 m^3、2.91 亿 m^3、5.36 亿 m^3、8.75 亿 m^3、10.29 亿 m^3、7.79 亿 m^3、6.33 亿 m^3、6.27 亿 m^3、0.66 亿 m^3。

2022 年 11 月 14 日，按照水利部水量调度计划及上级调度指令要求，二级坝泵站开启 3 号机组向南四湖上级湖补水，启动 2022—2023 年度调水工作。

截至 2022 年 12 月 31 日，二级坝泵站机组已安全无故障运行 4.57 万台时，累计抽调江水量 52.06 亿 m^3，发挥了良好的社会效益、经济效益和生态效益。

2. 长沟泵站工程　长沟泵站于 2022 年 5 月 15 日 8：00 开始调水，2022 年 5 月 26 日 21：40 停机，完成泵站调水任务，2022 年度总调水量为 7060.24 万 m^3，运行 589.50 台时。截至 2022 年年底长沟泵站累计调水量为 22.10 亿 m^3，累计调水 19131.6 台时。

长沟泵站工程对沿线城镇生活、工业生产、经济发展、社会稳定提供了可靠保障，其中累计生态补水 4.83 亿 m^3，改善了东平湖及以北地区水生态环境。

3. 邓楼泵站工程　邓楼泵站管理处严格执行调水指令，圆满完成调水任务。调水运行期设置 4 个运行班组，每班组配值班长 1 人、值班员 2 人，严格按照调水值班制度进行调水值班及巡查维护工作。邓楼泵站共执行 9 个年度调水计划。2021—2022 年度调水自 2022 年 4 月 30 日 14：00 开始，至 2022 年 5 月 26 日 21：45 结束，调水历时 27 天，共计运行 1145.75 台时，抽水 13264.23 万 m^3（包含 3 月 29 日开机维护运行 2 台时，抽水量 24.43 万 m^3）；邓楼泵站机组已安全无故障运行 40271.63 台时，累计抽调水量为 454850.02 万 m^3。按照 2022—2023 调水年度计划及调度指令，于 2022 年 11 月 29 日 8：00 开启 2 号机组运行，拉开了 2022—2023 年度调水序幕。

邓楼泵站工程对沿线地市城镇生活、工业生产、经济发展、社会稳定提供了保障。通过邓楼泵站抬高柳长河蓄水位，新增通航里程 20.98km，打通了东平湖到南四湖的航运通道，千吨级船舶可从东平湖港区直达长江，经济社会效益显著。

4. 梁济运河段工程　为了确保通水运行期间工程安全，济宁渠道管理处制定了巡查方案并成立巡查宣传队。由济宁渠道管理处主任总负责，设队长 2 名、队员 6 名，并在调水期间增加 6 名队员，在输水沿线的村庄、社区等地区通过多方位、多角度的方式开展宣传巡查活动，有效保障了工程安全、水质安全、沿线群众的生命财产安全，顺利实现调水目标，

保证了南四湖上级湖水顺利调入柳长河河道内。

梁济运河段输水航道工程在运行期间，各项运行指标均满足设计要求，2022 年 4 月 30 日开始 2021—2022 年度调水，于 2022 年 5 月 26 日完成年度调水 1.3 亿 m^3；2022 年 11 月 14 日开始 2022—2023 年度调水，于 2022 年 12 月 31 日完成年度调水 1.19 亿 m^3，发挥了南水北调工程作为国家基础战略性工程的重大作用。

5. 柳长河段工程　为了确保通水运行期间工程安全，济宁渠道管理处制定了巡查方案并成立巡查宣传队。由济宁渠道管理处主任总负责，设队长 2 名、队员 5 名，并在调水期间增加 5 名队员，在柳长河输水沿线的村庄、社区等地区通过多方位、多角度的方式开展宣传巡查活动，有效保障了工程安全、水质安全、沿线群众的生命财产安全，顺利实现调水目标，保证了柳长河的水顺利调入东平湖内。

柳长河段输水航道工程在运行期间，各项运行指标均满足设计要求，2022 年 4 月 30 日开始 2021—2022 年度调水，于 2022 年 5 月 26 日完成年度调水 1.3 亿 m^3；2022 年 11 月 29 日开始 2022—2023 年度调水，于 2022 年 12 月 31 日完成年度调水 1.2 亿 m^3，发挥了南水北调工程作为国家基础战略性工程的重大作用。

（刘海关　何勇　许舟）

【环境保护与水土保持】

1. 二级坝泵站工程 二级坝泵站管理处认真落实"市级园林单位"管理，加强对办公区、生活区环境管理，建立环境卫生管理制度，责任落实到人，做到卫生保洁常态化。委托维修养护单位对工程现场环境进行打扫、清洁，对管理区域栽种的苗木及植被进行浇水、施肥、修剪及病虫害防治等养护工作。加强督导落实合同中约定的环境保护责任，采用工程措施、植物措施和临时措施相结合，保证了水土保持效果。

2. 长沟泵站工程 长沟泵站管理处根据"三标一体"相关要求，加强环境保护工作，签订垃圾清理及外运协议，定期对建筑物进行检查整治。站区按照乔灌结合、花草结合等原则，植物配置呈现层次感、色彩感、时序感，实现了"四季常青，三季有花，两季有果，一季彩叶"的绿化景观效果，2016年12月长沟泵站被济宁市评为"市级花园式单位"。

3. 邓楼泵站工程 邓楼泵站管理处加强办公区、生活区环境管理，按计划推进环境保护与水土保持相关项目维护，站区渠水清澈、岸绿林荫，生态环境景观怡人，被济宁市评选为"市级园林式单位"。

在工程巡查和调水过程中，加强对水质保障管理工作，配有专人负责配合水质监测工作，水质稳定达到地表Ⅲ类水质标准，保证了工程运行安全、水质安全。

4. 梁济运河段工程、柳长河段工程 济宁渠道管理处建立环境保护管理体系，编制现场《环境保护制度》，加强环境保护工作，对工程现场日常环境进行清洁、打扫，确保闸站设备、管理区环境的整洁卫生，杜绝管理区内的排污、粉尘、废气、固体废弃物等乱堆乱放现象。组织专人加强河道巡视检查，严禁外来人员进入渠道范围内放牧、捕鱼、游泳等不安全行为。

梁济运河段工程、柳长河段工程水土保持工作主要由专业工程养护公司对管理区、弃土区、输水沿线管护区域栽种的苗木及植被进行浇水、施肥、修剪及病虫害防治等养护工作。采用工程措施、植物措施和临时措施相结合，保证了水土保持效果。

（刘海关 何勇 许舟）

泰 安 段

【工程概况】 泰安段工程包括八里湾泵站和穿黄河工程。

八里湾泵站枢纽工程位于山东省东平县境内的东平湖新湖滞洪区，是南水北调东线一期工程的第十三级抽水泵站，也是黄河以南输水干线最后一级泵站，主要任务是抽引前一级邓楼泵站的来水入东平湖，并结合东平湖新湖区排涝。泵站采用堤身式、正向进出水布置，主要建筑物由泵房、清污机桥、进出水池、进出水渠、公路桥、堤防与站区平台等组成。装机流量 133.6m³/s，设计调水流量 100m³/s，安装了立式轴流泵 4 台，配额定功率为 2800kW 的同步电机 4 台（3 用 1 备），总装机容量 11200kW。设计调水位站上 40.90m（85 国家高程基准，下同），站下 36.12m；设计净扬程 4.78m，平均净扬程 4.15m；站上防洪水位 44.80m，站下防洪水位 43.80m。工程批复静态投资 2.66 亿元，2010 年 9 月 16 日正式开工建设，2013 年 11 月 15 日正式通水运行。截至 2022 年年底，累计安全调水 46.23 亿 m³。

穿黄河工程是南水北调东线的关键控制性工程。工程建设的主要目标是打通穿黄河隧洞，连通东平湖和鲁北输水干线，实现调引长江水至鲁北地区，同时具备向河北省东部、天津市应急供水的条件。工程建设规模按照一期、二期结合实施，过黄河设计流量为 100m³/s。工程主要由闸前疏挖段、出湖闸、南干渠、埋管进口检修闸、滩地埋管、穿黄隧洞、隧洞出口闸、穿引黄渠埋涵以及埋涵出口闸等建筑物组成，工程全长 8.91km。批复总投资 7.25 亿元。穿黄河工程 2008 年 9 月全线开工建设，2011 年年底主体工程全部建设完成。2012 年 9 月通过国务院南水北调办组织的设计单元工程完工验收技术性初步验收，2013 年 8 月通过南水北调东线一期工程全线通水验收，2019 年 10 月通过水利部组织的设计单元工程完工验收，荣获 2019—2020 年度中国水利工程优质（大禹）奖。

（刘英　武玉凯　马涛）

【工程管理】

1. 八里湾泵站

（1）组织机构。八里湾泵站枢纽工程的运行管理工作归属南水北调东线山东干线有限责任公司泰安管理局八里湾泵站管理处（以下简称"管理处"）负责。管理处内设综合岗、工程管理岗及调度运行岗开展工程运行管理各项工作。

（2）党建及宣传工作。按照山东干线公司党委及泰安局党支部工作要求，八里湾泵站党小组认真履行管党治党主体责任，组织研究开展管理处党建各项工作，踏实推进开展业务工作。与泰安局党支部签订党风廉政建设责任书，组织内部层层签订党风廉政建设责任书。积极开展"三会一课"及主题党日活动。认真落实专项述职、日常廉政谈话、述职述廉等工作制度。

（3）业务培训工作。管理处高度重视职工业务能力拓展，认真落实上级部门下达的及管理处自拟的各类培训任务。2022 年度培训涉及合同管理、档案管理、运行设备实操及理论学习、工程监测、安全生产等方面。

（4）工程维护工作。管理处以土建类、金结机电类日常维修养护工作为抓手，统筹做实做细年度维修养护计划，每月定期上报维修养护工程月报；狠抓工程质量，严格资金使用计划及支付流程办理；做好 2021 年度维修养护合同的收尾、总结、验收、支付等工作，积极配合公司做好 2022 年度维修养护合同的签订及项目开工实施工作。

1）日常维修养护主要工作任务。2022 年度主要完成了混凝土现浇板拆除重建，限高限宽设施更换，环氧砂浆修补混凝土破损部位，水泥混凝土桥面破损处理，铝扣板天棚吊顶脱落处理，内墙乳胶漆墙面修复，外墙真石漆墙面修复，砌筑围墙砂浆空鼓脱落修复，钢栏杆刷漆，输水渠道、管理道路、堤防工程、桥梁、水闸、渡槽及泵站日常养护等项目。

2）工程专项工作。①2022 年 2 月 10 日，八里湾泵站 3 台液压顶车装置进行升级改造，6 月 20 日完成合同验收；②2022 年 4 月 15 日由南水北调（山东）土建工程有限责任公司承建的"泵站出水渠末端东平湖迎水面护坡破损修复专项项目"正式开工，6 月 17 日施工完成，7 月 1 日通过完工验收；③2022 年 9 月 16—23 日，进行八里湾泵站 110kV 及 10kV 电压等级电气设备预防性试验项目，11 月 24 日完成验收。

（5）岗位创新工作。管理处在工作中注重创新，鼓励员工大胆创新。2022 年主要完成的创新项目有：2022 年 11 月 30 日，大型立式轴流泵液压盘车检修装置及检修方法、一种新型检修闸门盖板装置的研制获得中国水利企业协会创新成果一等（Ⅰ类）。

2022 年 10 月 29 日，大型立式轴流泵机组液压盘车技术研究获得山东水利学会科技进步奖一等奖，GSM 短信预警技术在南水北调东线八里湾泵站的研究与应用获得山东水利学会软科学奖三等奖。一种自主研发新型启闭机在闸站的应用，目前设备已制作完成，已实施投入运行阶段。

（6）工程安全监测工作。管理处安全监测工作顺利实施并按时完成。为确保工程观测的数据精确，管理处成立安全监测小组，专门针对泵站的安全监测项目进行工作。2022 年度安全监测工作的主要内容包括泵站内业测压管安全监测数据采集系统相关数据的采集整理，每季度的工程测量，以及监测设施的定期巡查。历次监测结果表明各项数据稳定无异常变化，工程始终处于安全稳定性态。

（7）安全生产工作。2022 年管理处积极开展了风险隐患排查整治工作、房屋安全专项整治自查、水利安全生产大检查、防汛专项检查、安全生产大检查、安全生产专项整治三年行动自评、三标体系内审自查、安全生产标准化自评、"安全生产月"、"水安将军"安全知识竞赛、节约用水知识竞赛、水土保持知识竞赛、国家安全知识竞赛、"学习强安"知识竞赛、山东省安全生产条例及安全生产标准化培训、全员安全生产责任清单培训、《山东省生产安全事故隐患排查治理办法》和《安全生产法》宣传贯彻，以及开展消防、安全防汛度汛、防溺水等应急演练活动。全年未发生安全生产责任事故，圆满完成了年初制定的安全生产目标。

（8）认真落实质量、环境、职业健康安全管理工作。管理处根据山东干线公司关于《质量、环境、职业健康安全管理体系程序文件》要求，制定了《八里湾泵站"三标一体"目标管理制度》，并以通知的形式进行发放和宣传贯彻。对照"三对标、一规划"要求，坚持以人为本导向，压实责任，强化管理，保障工程运行安全和职工身心健康。

2. 穿黄河工程

（1）机构设置。南水北调东线山东干线有限责任公司泰安管理局穿黄河工程管理处（以下简称"穿黄管理处"）为穿黄河工程现场管理机构，下设综合岗、工程管理岗和调度运行岗，具体负责穿黄河工程的运行管理。

（2）党建工作。根据基层党组织管理办法和泰安局党支部工作安排，穿黄管理处于2021年2月成立"穿黄管理处党小组"。现有正式党员3名，发展对象1名，入党积极分子3名，填写入党申请书人员1名；穿黄管理处党小组自成立以来，认真落实山东干线公司党委和泰安局党支部党建工作部署要求，积极开展集中理论学习，做好党员发展管理和教育工作；定期开展廉政警示教育活动，做好基层党风廉政建设工作。

（3）安全生产工作。根据公司及泰安局年度安全生产目标，制定了穿黄管理处2022年度安全生产目标，逐级签订安全生产责任书，成立安全生产领导小组、防洪度汛领导小组。制订年度安全生产费用使用计划，规范安全生产经费的使用。定期组织安全生产专项整治、安全隐患大排查、消防安全专项检查等活动，建立隐患整改台账。组织开展了防汛、防溺水、消防、治安突发事件等应急演练。规范工程设施和渠道沿线标识标牌，增设警示标语，定期对安防监控进行巡查。开展"安全生产月"活动，组织职工参加安全生产和水利网络知识竞赛。开展安全生产宣传教育进校园活动。

（4）防汛度汛工作。根据防汛工作安排，编制了《穿黄管理处2022年防汛度汛预案》，根据"安全第一，常备不懈，以防为主，全力抢险"的防洪方针，确定了"力查隐患、及时抢险、减少损失、不发生事故"的工作目标；以"查设备、查渠道、查建筑物、查电力线路"为重点，组织开展汛前、汛中、汛后专项检查工作，组织完成穿黄河工程防汛应急演练，并于汛后编写2022年防汛度汛工作总结。

（5）维修养护工作。穿黄管理处按照批复的维修养护计划及维修养护标准，加强对维护单位的监督考核管理，强化施工质量控制和安全生产管控，认真组织做好现场工程计量、验收和资金支付工作，每月完成维修养护情况月报，落实穿黄河工程维修养护工作。

1) 实施完成的专项工程。主要有穿黄河工程备调中心及管理处办公楼内墙粉刷专项项目；穿黄河工程出湖闸宣传平台改造专项项目；穿黄河工程管理处供水管道及泵房改造专项项目；穿黄河工程隧洞口出口闸院落卫生间改造、透气孔防护栏栅改造及院落整理专项项目；会商室会议讨论系统升级改造项目；备调中心通信机房升级改造项目；隧洞出口闸安全巡视塔除锈项目；防雷接地检测问题整改项目等。

2) 实施完成的日常维修养护工作。主要有输水渠道养护、管理道路工程养护、排水沟工程养护、桥梁日常养护、水闸日常养护、窗体更换、浆砌块石护坡破损修复、混凝土预制块护坡破损修复等。

（6）工程安全监测工作。穿黄河工程主要为地下隐蔽工程，为加强安全监测工作，管理处成立了穿黄河工程安全监测小组，编制了《南水北调东线一期穿黄河工程安全监测工作实施细则》，按照细则要求完成安全监测工作，及时对监测数据进行整理、分析并反馈，保障工程运行安全。

（7）岗位创新工作。为做好岗位创新工作，管理处统筹安排，鼓励员工结合工作实际，大胆创新。2022年完成穿黄河工程会商室会议讨论系统升级改造、备调中心通信机房升级改造、闸门启闭机减速设备润滑油脂加注口改造等一系列创新改造项目。

（8）宣传工作。积极利用"中国水周""世界水日""安全生产月"等有关节水、安全方面的宣传活动，利用穿黄河工程水情教育基地组织开展水情教育工作，通过悬挂南水北调宣传条幅，设立警示标牌，张贴安全警示标语，发放安全宣传手册、《山东省南水北调条例》等方式，认真组织开展穿黄河工程宣传工作。

（李君　王德超　刘学钊）

【运行调度】

1. 八里湾泵站

（1）做好调度运行管理工作。严格执行调水指令，保证调水工作安全运行。调水运行期严格按照山东干线公司值班制度进行调水值班、巡查、水情上报、及时准确执行上级调度指令等工作。运行期、汛期及非运行期，严格按照干线公司的各项规章及值班制度，做好巡查及运行记录，确保设备完好工况稳定，保证运行安全。调水期间主机泵运行平稳工况良好，八里湾泵站 2021—2022 调水自 2022 年 4 月 30 日 16：00 开机，2022 年 5 月 26 日 23：02 停机。泵站 2 号、3 号、4 号机组均投入了运行，泵站累计调水 1148.07 台时，累计调水 13462.07 万 m³。高、低压配电系统运行正常、自动化系统运行畅通、控制保护系统工作正常准确。

（2）开展水质保障工作。八里湾泵站作为南水北调水质监测重点部位，建设了水质监测点和水质检测站，管理处派专人负责水质监测工作，认真开展巡查巡视，督促督导代维单位加强对水质的监测工作。

2. 穿黄河工程

（1）顺利完成 2021—2022 年调水工作任务。2021—2022 年度穿黄河工程累计向鲁北地区及河北、天津输水 27735.72 万 m³，对鲁北、河北和天津城镇生活、工业生产、经济发展、社会稳定提供了可靠保障，在推进华北地区地下水超采综合治理、大运河全线贯通、复苏河湖生态环境等方面发挥了重要保障作用，充分发挥了南水北调四条生命线作用。

（2）严格执行调水工作制度，确保调水平稳运行。严格按照山东干线公司值班制度进行调水值班，做好值班和交接班、日常巡视巡查等工作。严格执行泰安分调中心下发的调度指令确保工程正常运行。

（3）积极做好调水协调工作，全力保障调水工作。加强与地方政府、流域机构和相关部门的沟通协调，做好向地方用水单元输水的水量确认工作。

（4）强化水质保障工作。安排专人负责水质巡查和水质检测站的巡查看护工作。根据工程实际制定水污染应急预案，保障调水水质安全。

（刘英　顾建利　韩保刚）

【环境保护与水土保持】　八里湾泵站管理处 2022 年度对施工现场扬尘管控、院区苗木绿化两项工作加强了管理，纳入日常重点工作考核机制，定期调度施工单位及维修养护合作单位，向其宣传贯彻环境保护与水土保持工作的必要性。利用出水渠东平湖护坡修复专项，有效遏制了渠道两岸因风浪侵蚀造成的水土流失现象。

2022 年，穿黄河工程管理处对管理区、工程沿线苗木进行了补植，组织做好工程沿线水土保持区、闸站管理区绿化苗木和草皮的管理和养护，为工程沿线营造了渠水清澈、绿树成荫的生态景观长廊，既美化了环境又改善了生态，发挥了很好的环境效益、生态效益和社会效益。

（李君　武玉凯　马涛）

【重要工作】　2022 年 1 月 15 日，中国工程院副院长、南水北调后续工程专家咨询委员会主任何华武一行到穿黄河工程调研。

2022 年 3 月 7 日，水利部调水局一行到穿黄河工程开展调水工程标准化管理情况调研。

2022 年 4 月 22 日，水利部淮委副主任伍海平，山东省水利厅党组副书记、副厅长（正厅级）马承新，通过视频会议形式对南水北调山东段工程进行防汛检查，远程查看了八里湾泵站工程现场、资料档案。

2022 年 4 月 26 日，泰安市委副书记、政法委书记、泰安市市级河长于瑞波到八里湾泵站管理处调研河长制工作落实情况，东平县委书记马焕军陪同调研。

2022 年 5 月 11 日，东平县水利局、八里湾泵站、东平湖海通港务有限公司及山东水运发展有限公司泰安分公司等单位或部门负责人员，在八里湾泵站召开船闸过船影响八里湾泵站安全运行问题座谈会。

2022 年 6 月 15 日，南水北调集团东线有限公司稽察队带领江都水利工程管理处、苏北灌溉总渠管理处等专家到八里湾泵站开展水工建筑物专项检查。

2022 年 6 月 15 日，中国南水北调集团东线有限公司检查组到穿黄河工程管理处开展水工建筑物专项检查。

2022 年 6 月 22 日，山东省自然资源厅副厅长王少瑾一行到南水北调穿黄河工程隧洞出口闸调研黄河流域生态保护和高质量发展工作。

2022 年 6 月 29 日，八里湾泵站检修闸门悬臂梁升级改造工程专家咨询会在管理处召开。特邀专家、山东干线公司工程管理部、技术委员会办公室、调度运行与信息化部、泰安管理局及南水北调（山东）机电维修有限责任公司有关负责同志参会。

2022 年 6 月 29 日，水利部规划计划司巡视员高敏凤一行赴穿黄河工程调研。

2022 年 7 月 1 日，山东干线公司党委副书记、总经理姜延国到穿黄河工程管理处调研指导工作。

2022 年 7 月 19 日，国务院副总理胡春华现场考察南水北调东线穿黄河工程。

2022 年 7 月 22 日，山东干线公司在泰安召开 2022 年半年工作总结暨第二季度考核会议，时任公司党委书记、董事长瞿潇出席会议并讲话，党委副书记、总经理姜延国主持会议，公司领导班子成员、中层正职管理人员以及各管理处主要负责同志参加会议。参会人员赴泰安局八里湾泵站进行现场观摩学习，八里湾泵站管理处作经验介绍。

2022 年 8 月 17 日，山东省工程师协会一行 5 人到穿黄河工程管理处进行参观调研。

2022 年 8 月 25 日，山东省水利厅机关离退休干部党委书记、原移民局局长鲍广栋带队到泰安管理局八里湾泵站管理处考察南水北调东线工程建设运行情况。山东省水利厅离退休干部处处长、一级调研员朱文胜，厅科外处处长、一级调研员刘继永，公司党委副书记、纪委书记高德刚，总经济师、党群工作部主任李玉波，公司泰安管理局及东平县负责同志陪同考察。

2022 年 8 月 31 日，水利部南水北调规划设计管理局副处长孙庆宇一行到穿黄河工程现场进行调研。

2022 年 9 月 14 日，山东省生态环境保护督察专员罗辉一行赴泰安局穿黄河工程进行调研。

2022 年 9 月 14 日，山东省生态环境厅水生态环境处党支部联合山东干线公司泰安局党支部在泰安市东平县联合开展"党建聚合力点靓东平湖"主题党日活动。山东省生态环境保护督察专员罗辉参加共建活动并赴泰安局开展调研。

2022年11月2日，山东省水利厅调水管理处处长王伟、副处长靳宏昌一行赴泰安局八里湾泵站和穿黄河工程调研调水相关工作。山东干线公司副总经理傅题善，调度运行与信息化部、泰安局主要负责人陪同调研。

2022年11月2日，山东干线公司济宁局、泰安局安全防护网改造实施方案评审会在八里湾泵站顺利召开。山东干线公司技术委员会办公室、资产管理与计划部、工程管理部、济宁局、泰安局、济南局代表及特邀专家在现场参会，胶东局、聊城局、德州局有关人员以视频形式参会。

2022年11月2日，山东省水利厅调水管理处处长王伟、副处长靳宏昌一行到穿黄河工程调研调水相关工作。

2022年11月10日，八里湾泵站1号、3号出水流道渗水处理项目实施方案专家审查会在八里湾泵站管理处召开。山东干线公司工程管理部、泰安局相关负责人及特邀专家在现场参会。

2022年11月16日，"大直径长引水隧洞水下检测机器人系统"在南水北调东线穿黄河工程完成智能巡检示范应用。

2022年11月29日8：00，八里湾泵站按照调度指令要求准时平稳开

机运行，标志着年度调水工作正式拉开序幕。 （刘英 赵申晟 翟一鸣）

胶 东 段

【工程概况】 南水北调东线山东干线有限责任公司胶东管理局（以下简称"胶东局"）所辖工程途经淄博市高青县、桓台县，滨州市邹平市、博兴县，东营市广饶县，潍坊市寿光市。由济东明渠段工程（胶东段）、陈庄输水线路工程、双王城水库工程等3个设计单元工程组成，包括输水渠道工程、双王城水库工程及沿线各类交叉建筑物。

胶东局下设淄博渠道管理处、滨州渠道管理处、双王城水库管理处等3个管理处。渠道工程管理范围自明渠段工程大沙溜倒虹下游章邹边界至引黄济青上节制闸，主渠道全长85.522km，另外利用小清河分洪道子槽加固12.7km；水库工程管理范围包括引水渠、管理区和水库围坝征边界内工程。输电线路长92.27km（其中35kV线路30.16km，10kV线路62.11km）；包括各类建筑物341座，其中水库泵站1座、水库1座、水闸27座、渡槽21座、桥梁127座、倒虹吸142座、涵洞6座、水质监测站1座、管理用房15处。

（宋丽蕊 刘川川）

【工程管理】

1. 明渠段工程

（1）工程管理机构。胶东局作为

二级机构负责明渠段工程（明渠段桩号 38＋868～76＋590，明渠段桩号 87＋895～122＋470）现场管理工作，下设三级管理机构淄博渠道管理处、滨州渠道管理处，负责工程的日常管理、维修养护、调度运行等事宜。淄博渠道管理处管辖明渠段桩号 38＋868～76＋590 段长 37.722km 的渠道，滨州渠道管理处管辖明渠段桩号 87＋895～122＋470 段长 34.575km 的渠道。

（2）工程维修养护。2022 年度，完成日常维修养护金额 784.52 万元，其中维修养护项目完成投资 489.48 万元（合同内投资 475.69 万元、新增项目投资 13.79 万元）；巡查看护项目完成投资 295.04 万元。

完成了 2021 年度日常维修养护合同验收工作；签订了 2023 年度日常维修养护协议，并完成了胶东局管理范围内的日常巡查看护与建筑物、渠道、设备、闸门、树木绿化以及安全防护设施、重要设备等日常维护保养。完成了淄博渠道管理处箕张节制闸排架柱工程，淄博渠道管理处辛集洼分水闸排架维修项目，淄博渠道管理处胡楼分水闸倒虹清淤工程项目，滨州渠道管理处跨渠桥梁集水设施改造项目，滨州渠道管理处城南节制闸北侧闸区树木补植项目，双王城水库管理处 2022 年围坝外坡排碱导流项目等专项项目。为提升工程现场管理设施面貌及工程安全标准，实施了淄博渠道管理处、滨州渠道管理处、双

王城水库管理处水闸翼墙防护栏杆改造工程项目，淄博渠道管理处桥头防护网改造项目，淄博渠道管理处左岸防护网更换项目。

（3）安全生产。

1）落实安全生产会议制度。胶东局每季度召开安全生产专题会议，总结安全生产工作开展情况，分析应急管理形势，部署应急管理工作计划；各管理处每月召开安全生产例会，分析工程现场安全风险，落实隐患排查整改。

2）落实安全生产责任制，完善安全管理组织结构。胶东局进一步强化组织领导，建立了"党政同责、一岗双责、失职追责"安全生产责任制，根据山东干线公司 2022 年年初人员岗位调整，及时调整安全生产领导小组、应急管理领导小组等组织机构，划分了安全生产网格、落实职责分工，确定了安全生产目标并层层签署了安全生产责任书。

3）深入开展 2022 年度"安全生产月"系列活动，沿线发放宣传材料，并开展安全警示教育。加强安全隐患排查、安全大检查，落实隐患整改。同时按照上级要求开展危化品专项整治行动，开展危化品排查行动，所辖工程没有危化品。并组织对辖区范围内建筑物、电气设备、电力线路等防雷设施、接地系统等进行了专项安全检查。各项措施的实施均收到良好效果，截至 2022 年年底未发生任何安全生产责任事故。

（4）新冠疫情防控。根据山东干线公司要求，坚持实行有效的预防措施，落实各项防控举措，全面做好疫情防控工作，稳步有序复工复产，定期开展疫情防控工作措施落实情况评估检查工作，对发现问题进行通报，督促整改。

（5）防汛度汛。修订完善了《胶东局2022年防汛度汛预案》《胶东局2022年现场处置方案汇编》。汛前完成了2022年防汛预案及度汛方案的编制工作，并结合开展防汛演练活动进一步修订完善，重新梳理、分析了防汛重点项目，进一步明确防汛风险点和防汛重点部位，并细化、落实风险项目分管及具体责任人，使应急措施更具针对性和可操作性。

（6）应急演练。根据2022年度演练计划安排，组织各管理处开展了防汛度汛应急演练，并完成总结、评估及资料归档工作，通过演练锻炼了队伍，检验了应急预案的可操作性。

2.陈庄段工程

（1）工程管理机构。胶东局作为二级机构对陈庄输水线路工程（陈庄输水段0＋000～13＋225）进行工程现场管理；淄博渠道管理处作为三级机构，负责陈庄输水线路工程的日常管理、维修养护、调度运行等事宜。

（2）工程维修养护。截至2022年12月底，陈庄输水线路工程完成日常维修养护金额138.44万元，其中维修养护项目完成投资86.38万元（合同内投资83.95万元，新增项目投资2.43万元）；巡查看护项目完成投资52.06万元。

2022年完成了日常维修养护实施方案、技术条款的编写制定及协议的签订工作，并严格按照合同管理办法和程序，做好日常维修养护任务单下发和维修养护月报上报及日常考核工作，做好成本核算及维修养护管理月报编制工作，做好进度、质量、投资控制，严把计量支付审批和结算审计关，积极推进预算执行。同时做好维修养护档案材料的收集、整理、归档工作。为提升工程现场管理设施面貌，实施了胶东局灾毁恢复结合渠道工程标准化建设（陈庄段3＋500～4＋659）项目。

（3）安全生产。胶东局始终坚持"安全第一、预防为主、综合治理"的安全方针，加强日常巡查检查力度，关注工程重点部位和薄弱环节，积极消除各类安全隐患，确保工程的安全运行。

按照安全教育培训计划组织全体人员有序学习安全法律法规及安全生产标准化相关制度、应急预案、处置方案、操作规程等，通过学习这些制度、规范、规程，提高了全员安全意识和应急处置能力。积极组织员工参与全国水利安全生产知识网络竞赛、"全国安全生产月"官网举办的危险化学品安全知识网络有奖答题，参加以争做"水安将军"为主题的安全生产知识趣味答题活动，通过系列竞赛答题活动，学习安全生产有关知识。

（4）防汛度汛。组织开展现场安全隐患排查、汛前和汛期检查累计5次。组织编制2022年防汛度汛预案，参加山东干线公司组织的预案审查会，根据审查会提出的意见和建议进行修改完善。召开视频会议，组织人员开展《2022年防汛度汛预案》宣传贯彻学习。按照胶东局和山东干线公司要求，做好防汛物资盘查和补充工作。2022年5月，根据胶东局2021年度防汛重点内容，共设置5项防汛应急演练科目。包括土渠内坡水毁修复演练，10kV电力线路抢修应急演练，模拟围坝外坡掏空、管涌、通信中断、电力抢修及水库应急泄空联合演练，倒虹进出口淤堵应急演练。演练参加人数共140余人，其中包括胶东局、养护公司、代维单位、地方治安办、地方水利局、应急管理局等相关人员。

（5）安全监测。按照《南水北调东、中线一期工程运行安全监测技术要求（试行）》（NSBD 21—2015）及相关规程规范要求，胶东局定期开展工程安全监测工作，配合上级部门对相关数据及时进行分析评估，为工程安全、平稳运行提供了技术支撑。

认真组织做好工程安全监测工作，收集整理安全监测设施设备运行及维护保养情况，建立安全监测设施设备台账。2022年度开展安全监测12次，及时上报安全监测月报12份、年报1份。

3. 双王城水库工程

（1）工程管理机构。胶东局作为二级机构对双王城水库工程进行工程现场管理，双王城水库管理处作为胶东局的下设管理机构负责双王城水库工程的现场管理工作，包括工程的日常管理、维修养护、调度运行等事宜。

（2）工程维修养护。

1）日常维修养护项目。2022年度完成日常维修养护金额179.13万元，调度运行类完成日常维修养护金额198.04万元。双王城水库管理处按照2022年工程维修养护合同组织开展工作，每月根据维修养护计划有序开展维修养护管理工作，主要完成的工作有闸室看护，渠道巡查，土建、渠道、泵站以及水土保持类日常维修养护等。

2）专项维修养护项目。2022年度双王城水库管理处专项维修养护项目主要包括双王城水库管理处库容曲线测绘、双王城水库排碱导流项目实施、双王城水库管理处水闸翼墙放护栏改造工程、双王城水库主厂房风机自动控制等。

（3）安全生产。

1）隐患排查及整改。为强化隐患排查整治工作，做到"隐患排查、督促检查、整改落实"常态化，按照胶东局要求，双王城水库管理处每月定期开展安全隐患排查工作，对所辖工程进行全方位隐患排查，对于排查出的隐患进行限期整改。2022年各类检查发现问题109项，整改完成率为91.7%，对短期无法整改进行上报维修计划和维修措施。

2）安全生产管理。双王城水库管理处每月召开安全生产会议，学习安全生产文件，并对相关事故通报进行研读反思，举一反三排查现场类似事故隐患。组织管理处职工观看安全警示教育片，并举行消防应急演练、防汛应急演练、防溺水应急演练、反恐演练等，增强了职工安全生产意识和现场处置能力。编制完成双王城水库全员安全生产责任清单，结合工作岗位进一步落实"管生产必须管安全"的工作要求。

3）安全监测。双王城水库管理处成立安全监测领导小组，每季度开展垂直、水平位移测量；测压管非通水期每周一次测量，通水期间每周两次测量；每日开展蒸发、渗漏监测。2022年1月1日至12月31日降雨量为578.35万m^3，蒸发量为512.94万m^3，入库量为3155.81万m^3，出库量为2301.13万m^3，经计算渗漏量为427.03万m^3，平均每天渗漏量为1.17万m^3。

（周强 时庆洁 赵启伟）

【运行调度】 按照干线公司2022年度工作会议部署要求，胶东局突出抓好"树品牌、保安全、促提升"三方面工作。以"调水安全"为总目标，以"一岗双则"安全管理为保障，保证了胶东段工程运行安全，圆满完成向胶东地区年度调水工作任务。

1. 供水情况 胶东调度分中心于2021年11月24日开机开始调水，至2022年1月15日完成该年度第一阶段向胶东地区供水任务，第一阶段累计调水11385.3m^3；2022年2月22日开始第二阶段调水工作，至2022年4月12日完成该年度第二阶段向胶东地区供水任务，第二阶段累计调水6860.5m^3；两次累计调水量达18245.8万m^3。

双王城水库于2021年10月18日开机开始调水，至2022年5月23日完成本年度调水任务，共分5小阶段调水，累计充库3919.69万m^3。

2. 调度指令执行 2021—2022年度胶东局接受并执行山东省调中心调度指令共计51个，调度指令执行正确率达100%。根据山东省调中心调度指令，胶东局分调中心编制闸门远程操作指令共计1890余条，完成沿线闸门启闭动作千余次，且闸门操作正确率达100%。针对胶东段渠道工程构造对水环境的特殊影响，胶东局分调中心调度人员认真研究计算，尽量在渠道设计标准内降低渠道水位，加大流速，有力保障了调水工作的安全有序进行并兼顾了现场特殊工作环境。

3. 技术管理

（1）实行工程运行统一调度，实现对工程设备设施精准调控、准确控制。2022年组织调度人员结合现场情况针对水量调度系统研究讨论，科学调度闸门开度，实行工程高水位、低流速运行，防止扬压力破坏，并降低流速减少冲刷。

（2）严格执行值班运行制度、交接班制度，明确分工，落实责任。调水期间现场值班长是本班运行负责人，接受调度命令，签发操作票，检查值班员对安全运行规程的执行情况，在保证安全的条件下，组织值班员排除值班时间内发生的一般性故障。值班员负责职责范围内的安全运行工作，做好各种记录，服从值班长的领导，进行抢修或检修工作。

（3）严格执行操作票制度。操作过程中严格按照操作票进行操作，严格执行操作监护制度。由两人共同进行操作，一人操作、一人监护，操作前认真核对设备名称、编号和位置。操作中认真执行监护复诵制，严格按操作顺序进行，每操作完一项，做一个记号"√"，全部操作完毕后监护人进行复查。

（4）坚持工程精细化管理，坚决杜绝水量流失现象。针对运行期间胡楼分水闸流量计发生不读数故障，2022年1月11日专门组织运维及用水单位进行协调处理，并于1月12日利用ADCP移动式流量计进行渠道测流及流量比对核查，保证分水闸分水水量不缺失。

（5）开展工程技术创新研究。利用创新工作室电气试验台，熟悉机电设备控制原理，开展电气设备控制接线试验工作，提高了调度运行人员的设备故障判断和处置能力，提升了工程管理人员的创新创造能力。

（6）组织完成现场设备创新创造项目。如完成闸站温湿度控制范围标示牌制作、组织闸站空调远程集中控制创新项目实施、组织开展渠道闸门专用检修门创新研究工作等，优化了设备设施运行工况，提高了工程运行效率。

（7）对各闸站电力、自动化、金结设备等进行周期性隐患排查，对发现的问题进行及时整改。确保各项排查工作完成无问题后，进行了各闸站启闭机、电动葫芦试机和调度电话、视频调试。对渠道沿线自动水位计进行检查，对所有水位计水位数据进行校测，确保自动化水位等数据上传准确。保障了在各种恶劣天气、突发状况中，顺利精准无误地执行各项调度指令。　　　　（戴昂　隋保忠　黄忠田）

【环境保护与水土保持】

1. 明渠段工程　2022年度，明渠段工程沿线庭院总面积8.09hm²，其中现存绿化面积5.01hm²，庭院绿化覆盖率为57.15%。河渠湖库周边绿化现存面积269.72hm²。水土保持项目投资共268.40万元。

截至2022年度，明渠段工程植绿篱草皮共计4460m²，种植乔木、灌木共计5441棵，形成宽近70m、长72km的景观绿化带，逐步打造成一条绿色长廊和生态长廊，为改善地方生态环境发挥了一定的积极作用。2022年度，完成了渠道沿线及管理区树木修剪、涂白、草皮修剪，对不合格的树木进行补植替换，对闸室铺设花砖美化闸区环境，对建筑物进行修缮等工作，进一步提升了南水北调工程形象。

2. 陈庄段工程　2022年度，陈庄输水线路工程完成了渠道沿线及管理区树木修剪、涂白、草皮修剪、对不合格的树木进行补植替换等管理工作。项目实施过程中严格考察筛选树种，监督现场种植规格要求，确保树木成活率和完成的整体形象。

3. 双王城水库工程　双王城水库环境保护及水土保持项目主要包括围坝工程防治区、引水渠及泄水渠防治区、弃土区防治区、交通道路复建防治区和入库泵站管理区防治区。管理范围主要包括乔木、灌木、花卉、草皮等植被。在总体布局上，输水渠区、管理区、建筑物区以绿化美化为主，采取乔灌草相结合的方式进行绿化，并实施了土地整治和铺设植草砖等工程措施。

管理区及入库泵站按照景观园林标准进行优化设计，主要增加了景观绿化树种，本着适地适树的原则更新乔木和灌木，并增加观赏性植被数量；结合现场地形条件，针对水库管理区进行微地形改造及草皮种植，大大提升园区观赏性。

在管理方面，双王城水库园林绿化工作由专业公司负责维护管理，双王城水库管理处进行动态监管，按照水保维修养护标准实施并进行考核。

（时庆洁　周强）

【获得荣誉】　2022年度，胶东局于涛被中共山东省委宣传部、共青团山东省委授予2022年"齐鲁最美青年"荣誉称号，双王城水库管理处被山东省总工会授予"工人先锋号"荣誉称号，双王城水库获得山东省水利厅"水系绿化样板"称号，胶东局三个优秀质量管理小组（QC小组）荣获中国水利企业协会一等成果1个、匠心筑梦QC小组荣获二等成果1个、金橙QC小组荣获二等成果1个。

（贾永圣　宋丽蕊）

济　南　段

【工程概况】　南水北调东线山东干线有限责任公司济南管理局（以下简称"济南管理局"）所辖工程范围自济平干渠渠首引水闸至大沙溜节制闸枢纽下游济南市与滨州市交界处，是南水北调东线山东干线胶东输水干线工程的重要组成部分，全长156.979km，途经泰安市东平县，济南市平阴县、长清区、槐荫区、天桥区、历城区和章丘区。由济平干渠工程、济南市区段工程、东湖水库工程三个设计单元及济东明渠输水工程设计单元济南段组成。

1. 济平干渠工程　济平干渠工程是南水北调东线一期工程的重要组成部分，也是向胶东输水的首段工程。其输水线路自东平湖渠首引水闸引水后，途经泰安市东平县，济南市平阴县、长清区和槐荫区至济南市西郊的小清河睦里庄跌水，输水线路全长90.055km。工程等别为Ⅰ等，其主要建筑物为一级，设计输水流量50m³/s，加大流量60m³/s。主要建设内容为：输水渠道工程、输水渠堤防工程、输水渠两岸排水工程、河道复垦工程、输水渠上建筑物工程、水土保持工程等，渠道采用全断面衬砌防渗，渠道设计底宽7.0~14.0m，纵比降1/7000~1/20000，边坡1：1.5~1：2.25。输水衬砌形式主要采用全断面机械现浇高性能混凝土大块薄板、人工现浇高性能混凝土大块薄板及人工预制混凝土块薄板等形式。渠道衬砌过程中，引进美国、意大利进口设备及自主研发的大型衬砌机械设备，大大提升了工程建设科技含量，提高了工程施工进度。济平干渠工程是国家确定的南水北调首批开工项目之一，工程总投资150241万元。2002年12月27日举行了工程开工典礼仪式，2005年12月底主体工程建成并一次试通水成功，2010年10月通过国家竣工验收，是全国南水北调第一个建成并发挥效益且第一个通过国家验收的南水北调设计单元工程，是实现山东省水资源优化配置的关键工程之一，该工程的实施对于缓解济南市区及沿线各县水资源供需矛盾，改善济南市区生态环境，减轻东平湖防洪压力都具有十分重要的意义。济平干渠工程于2008年获中国水利工程优质（大禹）奖，2009年获山东省建筑工程质量泰山杯奖。

2. 济南市区段工程 济南市区段工程范围西起济平干渠工程末端睦里庄节制闸，东至济南市东郊小清河洪家园桥下，横穿济南市区，全长27.914km，包括睦里庄节制闸、京福高速节制闸、出小清河涵闸等控制性建筑物。其中自睦里庄跌水至京福高速公路段利用小清河河道输水，长4.324km，自出小清河涵闸至小清河洪家园桥下，在小清河左岸新辟输水暗涵，长23.59km，全线自流输水。工程设计流量为50m³/s，加大流量为60m³/s。工程技术研究2012年获山东省科学技术奖一等奖，获2021年山东省工程建设"泰山杯"一等奖，获2022年华东地区优质工程奖，获2021—2022年度中国水利工程优质（大禹）奖。

3. 东湖水库工程 东湖水库是南水北调东线一期胶东输水干线工程的重要调蓄水库，位于济南市历城区与章丘区交界处，为围坝型平原水库，水库围坝轴线全长8125m，占地面积8073.56亩，最大坝高13.7m。东湖水库扩容增效工程完成后，水库设计最高蓄水位为30.10m，相应最大库容为5583万m³，死水位为18.50m，死库容为678万m³。主要建筑物包括水库围坝、分水闸、穿小清河倒虹、入库泵站、入（出）库水闸、放水洞、湖心岛、排渗泵站及截渗沟等。

入库泵站安装立式混流泵4台，泵站总装机容量2700kW；主厂房内安装1400HLB-9.5型立式混流泵2

台，扬程范围为 12.7～8.78m，流量范围为 5.2～6.8m³/s，配套电机型号为 TL900－16/900kW；900HLB－9.5 型立式混流泵 2 台，扬程范围为 13.1～9.25m，流量范围为 2.35～3.07m³/s，配套电机型号为 YL560－10/450kW。设计入库泵站最大设计流量为 11.6m³/s、最大出库流量为 22.0m³/s，济南、章丘方向出库流量分别为 3.47m³/s、0.54m³/s。主要任务是调蓄南水北调东线分配给济南市、滨州和淄博等城市的用水量。

东湖水库设计年入库水量为 15685 万 m³，其中长江水 8785 万 m³，黄河水 6900 万 m³，年总供水量 14997 万 m³，其中向济南市年供水 12650 万 m³（其中济南市区方向 10950 万 m³，章丘区方向 1700 万 m³）向滨州和淄博方向等城市供水量 2347 万 m³。

4. 济东明渠输水工程设计单元济南段 济东明渠段工程西接济南市区段工程洪家园桥暗涵出口，东至济东明渠段济南与滨州交界处，输水线路长 38.963km，包括赵王河闸、遥墙闸、南寺闸、傅家闸和大沙溜枢纽等控制性建筑物。工程设计流量为 50 m³/s，加大流量为 60m³/s。 （李品）

【工程管理】 济南管理局作为二级管理机构，负责所辖工程的综合管理、工程管理和调度运行管理。济南管理局下设平阴渠道管理处、长清渠道管理处、济东渠道管理处、东湖水库管理处作为三级管理机构，具体负责工程现场管理。

1. 工程管理机构 平阴渠道管理处负责济平干渠东平、平阴段管理，长清渠道管理处负责济平干渠长清段管理，济东渠道管理处负责济南市区段工程和济东明渠段工程（济南段），东湖水库管理处负责东湖水库工程管理。

平阴、长清、济东渠道管理处及东湖水库管理处管理工作包括工程的日常管理、维修养护、调度运行等事宜。各管理处均下设综合科、工程科、调度科，具体承担管理处的日常管理工作。

2. 工程维修养护

（1）2022 年度日常维修养护项目。完成土建及水保日常维修养护金额 878.69 万元，其中 2022 年渠道工程土建维修项目完成投资 246.73 万元，2022 年度日常养护项目完成投资 494.15 万元，东湖水 2022 年土建及水土保持等项目完成投资 137.81 万元。各管理处按照工程维修养护合同组织开展工作，按照维修养护计划有序开展维修养护管理工作，主要完成的工作有闸室看护、渠道巡查、土建日常养护、土建维修以及水土保持类日常维修养护工作等。

（2）2022 年度专项维修养护项目。平阴渠道管理处专项维修养护项目主要包括：济平干渠平阴段左岸新增安防工程项目（2022 出库），批复投资 1353.77 万元；济南管理局 2021

年水毁工程应急修复项目（2022 出库），批复投资 1098.21 万元；济南市长平滩区护城堤工程占压南水北调平阴段水保类改造项目，批复投资 18.63 万元。南水北调东线一期工程山东段济南管理局 2021 年水毁工程修复项目，完成投资 992 万元。长清渠道管理处专项维修养护项目主要包括：济平干渠长清段左岸新增安防工程项目，批复投资 1111.21 万元；南水北调济平干渠玉清湖交通桥至玉符河倒虹闸左岸新建道路项目，批复投资 32.07 万元。济东渠道管理处专项维修项目包括：济南管理局济东渠道管理处防护网改造项目，批复投资 1341.65 万元；南水北调济南市区段输水工程京福高速节制闸下游海漫应急修复项目，批复投资 13.40 万元；济南局所辖工程建筑物屋面防水维修（2022 年度）项目，批复投资 99.01 万元。东湖水库管理处专项维修项目包括：东湖水库坝坡灌溉工程，批复投资 669.52 万元；南水北调东湖水库工程南坝段截渗沟塌陷修复项目，批复投资 85.85 万元；南水北调东湖水库工程济南放水洞、章丘放水洞机房拆除扩建项目，批复投资 89.92 万元。

3. 安全生产

（1）安全生产目标职责。济南管理局与各管理处签订安全生产责任书，管理处与辖区内的管理站、各代维单位签订安全生产责任书，落实安全生产责任；管理处每年制定安全生

产网格，完善安全生产体系。安全生产管理以"八大体系、四大清单"为框架，做好安全生产标准化工作。根据水利部颁布的《安全生产标准化评审标准》，细化工作分工，责任落实到人。不断健全规章制度，夯实安全生产管理基础，认真开展安全生产标准化建设工作。全员签订 2021 年安全责任书，每月召开安全生产例会，组织开展《安全生产条例》《安全生产法》以及相关的法律法规和制度的培训学习活动，开展安全隐患大检查及落实整改。先后组织 2021 年防汛应急演练和消防演练活动，通过实战提高危机意识和应急处理能力。严格保证安全生产费用支出规范，确保资金用在安全生产工作上。

（2）隐患排查及整改。为强化隐患排查整治工作，做到"隐患排查、督促检查、整改落实"常态化，按照济南管理局要求，平阴渠道管理处、长清渠道管理处每月定期开展"大快严"活动，对所辖工程进行全方位隐患排查。着重检查水闸、倒虹吸等重点工程，供电线路、水闸启闭机、工程安全监测、消防等重要设备设施，工程现场办公区、生活区、机房、仓库、档案室、食堂及会议室等重要部位。2022 年发现隐患 36 处，整改完成 36 处。

（3）安全生产标准化。按照《水利工程管理单位安全生产标准化评审标准（试行）》要求，各管理处成立安全生产标准化自评工作组。按照计

划安排，对安全标准化建设和实施情况对照标准的 13 个一级项目、44 个二级项目、122 个三级项目逐项进行全面检查，查评涵盖了安全生产标准化评审的全部范围，评审过程通过现场查看、查阅资料、询问相关人员等形式开展，针对存在的问题，制订了整改计划，明确责任，限期整改，并将整改计划纳入年度考核指标，整改完成后的效果总体评价良好，能够符合安全生产标准化管理的基本要求。根据水利部颁布的《安全生产标准化评审标准》，细化工作分工，责任落实到人，不断健全规章制度，夯实安全生产管理基础，认真开展安全生产标准化建设工作。制定全员安全生产责任清单；每月召开安全生产例会，组织开展《安全生产条例》《安全生产法》以及相关的法律法规和制度的培训学习活动，2021 年按照年初教育培训计划按时完成安全教育培训活动；开展安全风险管控与隐患排查治理双体系建设工作，根据工程实际，划分风险点，识别危险源，确定风险等级，制定管控措施，建立隐患排查清单，根据隐患排查清单定期组织安全生产检查，积极整改安全隐患；先后组织 2022 年防汛应急演练和消防演练活动，通过演练提高危机意识和应急处理实战能力；实施了运行管理标准化标识标牌建设项目，根据标准化要求及现场实际情况，增加、更换警示标牌、制度标牌；以"落实安全责任，推动安全发展"为主题，开展

了 2022 年"安全生产月"活动，开展了防汛预案、度汛方案及"安全生产月"活动方案的学习活动、6·16 安全生产宣传日活动、大排查大整治活动、安全宣传"进学校"等活动，各管理站制作的横幅，悬挂于重要节点或者交通桥；山东干线公司和管理处印发的安全公告和南水北调条例也沿渠道周边从村庄张贴；巡逻车不定期在渠道进行播放南水北调条例的配音；密切与渠道沿线各中小学校联系，为防止暑假沿线孩子出现溺水事件，暑期到来之前将安全手册发放到沿线中小学，做好了防溺水宣传。日常巡查工作的加强和宣传工作的广泛普及为 2022 年度通水工作营造了良好的运行环境。严格保证安全生产费用支出规范，确保资金用在安全生产工作上。

（4）安全监测。各管理处按照南水北调工程安全监测技术要求，结合实际情况制定安全监测计划，规范做好渗流监测和表面变形监测工作，加强对水库大坝、水库放水洞、渠道节制闸及倒虹闸等重点部位的巡视检查，按月编制安全监测报告归档并上报。2022 年各断面渗流监测资料初步分析结果表明，各工程整体运行安全稳定。

4. 防汛度汛　各管理处组织开展现场安全隐患排查、汛前和汛期检查。组织编制《2022 年防汛度汛预案》，参加山东干线公司组织的预案审查会，根据审查会提出的意见和建

议进行修改完善。召开视频会议，组织人员开展《2022年防汛度汛预案》宣传贯彻学习。按照济南管理局和山东干线公司要求，做好防汛物资盘查和补充工作。2022年5月中旬，济南管理局在东湖水库和济东渠道管理处所辖赵王河倒虹闸分别开展了2022年度水库工程和渠道工程防汛应急演练。做好汛期值班工作，确保24小时内通信畅通。2022年7月21—26日，山东省水旱灾害防御总队十一支队（干线公司）组织一大队（济南管理局）和八大队、九大队、十大队3个专业抢险大队，联合地方朝阳救援队专业抢险队伍，在济南管理局济平干渠浪溪河倒虹闸和新博士交通桥开展了2022年度渠道工程防汛抢险技术技能训练。　　　　　　　（刘霆）

【运行调度】

1. 调整完善调水组织机制

（1）调整完善了2021—2022年度、2022—2023年度调水组织机构，明确各机构成员任务分工，各管理处相应成立调度运行工作小组，任务细化到岗。

（2）严格执行"二级调度，三级管理"调度机制，落实济南管理局分调中心调度和管理处巡视巡查复核机制，做到工程调度、巡视巡查复核及安全监测工作相结合。

（3）完善修订现场巡视检查工作制度，明确输水渠道、控制性建筑物、水库安全巡视检查时间及频次，

并建立巡查检查台账。

（4）完善了调水应急处置预案，建立渠道建筑物、金结机电设备运行巡视检查工作流程台账。

2. 工程运行状况

（1）金结机电及自动化系统。每年调水工作开始前皆完成了沿线闸站金结机电、自动化系统的专项检查消缺工作；完成了调水前启闭机、移动发电机、柴油发电机的全面养护；完成了闸门升降试验、设备设施防雷接地检测；完成了济东段渠道闸门止水更换；复核校检了工程沿线物理水尺、电子水尺、流量计、开度仪等数据精度；组织完成了全线闸站及通信室PLC柜、动力柜运行状态检查，通过检查消缺，设备运行正常。2022年9月济南管理局组织完成了北大沙3号螺杆启闭机更换伺服螺管启闭机。

（2）电力保障。组织完成沿线电力线路全面检查及养护工作，完成平阴、长清、济东等3个渠道管理处23台（套）变压器及附属设施电器预防性试验。沿线线杆无明显沉降，输电线路拉线平顺，线路金具、接地、防雷、防鸟装置齐全，变压器运行参数正常，电力保障稳定可靠。

（3）通信传输保障。组织完成济南段调度运行电话线路排查，组织全线监控摄像头调控试验、闸控系统远程试验。确保年度调水工作调度电话线路畅通，视频监控调节可控、视野清晰，交换机及路由器工作正常，水情报送系统、视频监控系统、闸控系

统等运行流畅同步，信息通信正常。

3.年度调水工作

(1)2021—2022年度调水工作。自2021年11月22日开始，截至2022年5月16日10：00，根据调度指令关闭大沙溜倒虹闸，该调度季调水工作圆满完成。自渠首闸引水本调度季累计调水2.80亿m³，安全运行3517.33小时，胶东方向累计调水2.52亿m³。通过玉清湖分水闸分水2481.5万m³，向东湖水库充库1802.44万m³。

(2)2022—2023年度调水工作。2022年10月15日10：00开启渠首闸启动济南段年度调水工作。10月19日开启玉清湖分水闸向济南分水，分水流量为3m³/s。10月29日开启大沙溜倒虹闸，向胶东方向正式供水，供水流量为10m³/s。期间渠首闸最大过水流量达到47m³/s。截至12月31日，自渠首引东平湖水2.0亿m³/s，向玉清湖供水1727.3万m³/s，经大沙溜倒虹涵闸向胶东供水1.77亿m³/s，向东湖水库充库2743.50万m³。

(3)泄洪工作。2022年度，济南管理局按照各级防指的要求，通过所辖工程积极配合地方政府泄洪排涝。自2022年6月15日至10月14日，开启睦里庄节制闸通过睦里庄至京福闸市区段为玉符河、小清河累计泄洪排涝3000万m³。

4.主要做法及措施

(1)济南管理局组成专职调水值班小组，具体负责分调中心运行工作。管理局及管理处分别组织济南分调中心值班人员、闸站值班人员、沿线巡视巡查人员进行调度运行专业培训。

(2)胶印济南管理局《调度运行运行日志》《电话指令记录本》《运行管理巡查记录》《运行日志(闸站)》等有关表格，确保水情工况记录规范、统一。

(3)定期组织全线排查渠道、水库、泵站范围内的安全警示标语、标志情况，对字迹不清、损坏的部分及时更换或粉刷。组织巡逻车不定期在渠道进行播放南水北调条例，全力做好调水安全运行宣传工作。

(4)济南管理局加强工程巡查检查，按照调水应急处置预案及时处理问题，确保调度运行安全平稳。加强金结机电、电力线路、调度运行自动化的设备维养，确保设备运行工况稳定正常，数据显示准确，传输流畅。

(石雨生)

【环境保护与水土保持】　济南管理局始终坚持"绿水青山就是金山银山"的发展理念，在生态文明建设和南水北调水质保障方面不断研究探索，进一步提升南水北调水质保障工作能力，健全完善长效机制，毫不懈怠抓好各项工作落实，加强渠道巡查力度，落实各项措施，杜绝影响水质安全的事件发生，加强政策机制研究，不断推进南水北调事业发展，确保工程发挥生态效益和社会效益。

（1）济平干渠工程沿线 90.055km 共植树 56 万余株（树种包括柳树、白蜡、国槐、五角枫、杨树、法桐等），绿化草皮超过 300 万 m^3，形成了近 90km 长、100m 宽的景观绿化带，打造了一条绿色长廊和生态长廊，为改善地方生态环境发挥了一定的积极作用。2022 年，济平干渠工程沿线完成树木补植、病虫害防治、林木修剪、打药除害、树木扩穴保墒、水土保持草管理等林木管理等工作，水土保持效果良好。

（2）明渠工程沿线 43.287km 共植树 4.8 万余株（树种包括柳树、白蜡、国槐、五角枫、杨树、法桐等），绿化草皮超过 80 万 m^3/s，形成了美丽的景观绿化带，打造了一条绿色长廊和生态长廊，为改善地方生态环境发挥了一定的积极作用。

（3）东湖水库既是南水北调工程形象展示的窗口，也是职工长期工作生活的场所，好的生态环境对外提升了东湖水库的形象，也有利于职工身心健康。近几年东湖水库管理处新栽植补植各类苗木总计 30 多个品种 6000 余棵，围坝及护堤地的水土保持情况大大改善，管理区形象面貌不断提升。

（孙秋婷）

【重要工作】　2022 年 2 月 18 日，山东省水利厅南水北调处处长周绍峰一行检查东湖水库安全运行管理工作，山东干线公司总工程师祝令德陪同。

3 月 24 日，山东省水利厅疫情防控巡查一组组长徐希进一行到山东干线公司济南局东湖水库管理处开展新冠疫情防控巡查工作。山东干线公司党委副书记张茂来及纪委办公室负责同志陪同。

2022 年 6 月 15 日，水利部淮委检查组赴东湖水库开展安全运行监督检查。山东干线公司副总经理薛峰及安全质量部、济南局主要负责同志陪同检查。

2022 年 6 月 16 日，东线总公司稽察大队彭亚带队对东湖水库开展水工建筑物专项检查。

2022 年 6 月 16 日，山东干线公司到东湖水库组织开展第二季度现场检查。

2022 年 6 月 17 日，山东大学土建与水利学院师生到济南局参观学习交流。

2022 年 8 月 5 日，水利部南水北调司到东湖水库管理处调研水量消纳工作。山东省水利厅党组书记、厅长刘中会，山东干线公司党委书记、董事长瞿潇陪同调研。

2022 年 8 月 23 日，河海大学院长顾冲时一行到东湖水库管理处调研水库安全监测实施和分析情况。

2022 年 9 月 6 日，山东干线公司党委副书记、总经理姜延国赴东湖水库现场督导检查盘柜及线缆整理和自动化升级改造专项项目实施工作。

2022 年 9 月 16 日，公司党委委员、副总经理祝令德带队赴东湖水库现场督导检查盘柜及线缆整理和自动化升级改造专项项目实施工作。

2022年10月13日,财政部山东监管局监管三处党支部、山东省财政厅农业农村处(基层财政管理处)党支部、山东省农业农村厅计划财务处党支部、山东省水利厅财务管理处党支部联合开展"强化财政支持,助力省级水网先导区建设"主题党日活动,山东干线公司党委书记、董事长瞿潇陪同活动。　　　　　(于丽)

聊　城　段

【工程概况】　　聊城段工程是南水北调东线一期工程的重要组成部分,途经聊城市的东阿县、阳谷县、江北水城旅游度假区、东昌府区、经济技术开发区、茌平区、临清市共7个县(市、区),由小运河工程、七一·六五河段六分干工程组成。主要工程内容为输水渠道及沿线各类交叉建筑物。工程范围上起穿黄隧洞出口,下至师堤西生产桥,接七一·六五河段工程。聊城段工程渠道全长110km,其中小运河段长98.3km,设计流量为50m³/s,利用现状老河道58.2km,新开挖河道40.1km;临清市境内六分干段长11.7km,设计流量为25.5～21.3m³/s。新建交通管理道路111.1km。输电线路全长40.9km。工程沿线各类建筑物(含管理用房)479座(处),其中水闸232座(节制闸13座、分水闸8座、涵闸188座、

穿堤涵闸23座),桥梁153座,倒虹吸44座,渡槽12座,穿路涵10座,暗涵4座,涵管2座,管理用房21处,水质监测站1处。

　　　　　(孟繁义　张健)

【工程管理】　　南水北调东线山东干线有限责任公司聊城管理局(以下简称"聊城局")负责聊城段工程的运行管理工作。聊城局内设综合岗、工程管理岗科、调度运行岗、东昌府渠道管理处和临清渠道管理处。聊城段工程按管辖范围划分为上游段工程和下游段工程,上游段工程(起止桩号为0+000～66+243)由东昌府渠道管理处管辖,下游段工程(起止桩号为66+243～110+006)由临清渠道管理处管辖。

山东干线公司下发了《南水北调东线山东干线有限责任公司现场星级评定与考核管理办法(试行)》,聊城局所辖的东昌府和临清两个渠道管理处依据千分制考核指标体系开展工程管理工作。2022年根据山东干线公司现场星级评定与考核管理办法(试行)的有关考核评定标准,东昌府渠道管理处自评星级为四星级,聊城局组织开展了初验,并研究决定初评东昌府渠道管理处为四星级工程管理处。临清渠道管理处自评星级为三星级,聊城局组织开展了初验,并研究决定初评临清管理处为三星级工程管理处。

2022年日常养护项目,涉及土

建、金结机电及电力维保项目，土建日常养护项目完成投资 706.56 万元，金结机电日常养护项目完成投资 101.87 万元，电力维保日常养护项目完成投资 15 万元。2022 年土建维修项目完成投资 327.2 万元。2022 年在建专项项目 5 项，完成投资 2018.65 万元。其中，防雷设备设施检测问题整改项目完成投资 23.7 万元，渠道标准化建设项目完成投资 228.95 万元，菏泽黄河水毁项目完成投资 750 万元，土建公司水毁项目完成投资 536 万元，渠道安全防护网工程完成投资 480 万元。2022 年涉及聊城段穿跨邻项目共 11 项，其中已完工项目 6 项（聊城朱老庄 35kV 变电站升压工程、郑济高铁项目、聊城凤凰水厂输配水管道项目、临清市供水管道项目、临清羡林至先锋 110kV 线路项目、临清市十八里干沟雨污分流管道项目），在建项目 2 项（西关街高架桥跨渠项目、财金国家能源城区供热管道穿越项目），已审批未开工 3 项（山东管网西干线项目、德上高速公路临清连接线项目、雄商高铁项目）。2022 年聊城局 QC 小组取得成果 2 个，分别为"研制启闭机吊装孔封堵装置"和"研制光感自动数显发光水位尺"。

工程维修养护管理措施：①完善细化管理机制，理清管理程序，使工程管理更加顺畅、高效；②细化合同管理和项目采购工作流程，列出流程图，明确各环节办理注意事项和文件格式；③推行工作前置法，加强变更项目管理；④严格工程质量过程控制，提高签证、计量支付资料质量；⑤加强合同相关文件的学习，做好合同、技术、安全交底及业务培训；⑥落实好现场局、管理处两级巡查制度；⑦看护维护项目实行"量化管理"。

（孟繁义　张健）

【运行调度】　2021—2022 年度调水历时 142 天，累计引水 27735.72 万 m^3。其中，向聊城各县（市、区）分水 4911.77 万 m^3（含向东阿县分水 1165.02 万 m^3），向德州段引水 21815.21 万 m^3（含北延应急供水 16119.25 万 m^3）。2022 年 10 月 11 日启动 2022—2023 年度调水工作，截至 2022 年 12 月 31 日，向莘县分水 1002.02 万 m^3，向阳谷县分水 200.01 万 m^3，向冠县分水 265.37 万 m^3，向临清市分水 1240.68 万 m^3，北延供水 3686.67 万 m^3。

聊城局调度分中心负责聊城段工程的调度运行工作。调度分中心服从山东省调度中心统一调度，督导管理处落实执行辖区内工程调度指令。调度分中心实行局长负责制，按调度运行管理规程开展工作，设分调度长、值班员，分调度长由局领导班子成员担任，值班员为局机关及东昌府渠道管理处人员。

调水运行前全面做好有关准备工作：①对沿线两岸涵闸进行关闭，对部分闭合不严或正在改造的涵闸闸门进行封堵，对全线渠道内的杂物进行清理；②对沿线水尺及安全监测设施进行检查，对损坏的设施进行维修更换；③对启闭机开度仪、PLC进行检查，逐一对控制性节制闸、分水闸进行远程控制调试；④组织自动化、电力等代维单位对设备、电力线路进行全面系统排查及整改；⑤开展全员调水业务培训，宣传贯彻山东干线公司水量调度计划实施方案及聊城段工程年度调水工作实施方案，对调度流程、指令收发、水情上报、水量确认、闸门开度计算、沿线信息自动化采集、PLC设备常见故障及处置方式等调水业务进行系统培训；⑥进一步开展通水前工程安全检查，对应急抢险物资和后勤保障准备工作开展再检查、再落实。

调水工作落实山东干线公司"两级调度、三级管理"模式。调水期间现场调度权限收归调度分中心，调度分中心严格按照山东省调度中心指令调度沿线闸门，管理处负责现场巡查、设备维护及应急保障工作。调水过程中全面应用各调度业务系统，推行"以自动化调度为主、人工调度为辅"的调度方式，通过信息监测与管理系统上报水情数据，通过闸（泵）站监控系统远程控制现场闸门，通过视频监控系统查看工程现场情况。为避免扬压力破坏，确保工程安全，输水过程中，严格控制水位变化每天（24小时）不超过30cm，同时每小时不超过15cm。输水结束后，水位下

降速度每天（24小时）不超过30cm，同时每小时不超过15cm。

通水运行期间渠内水质稳定达标。在运行前关闭沿线所有口门，及时观察渠内水质情况。通水期间加强水质等情况的巡查，主要巡查水面漂浮物情况、边坡杂物、水体情况、支流涵闸情况、支流水质情况等。对沿线水污染风险隐患、桥梁跨渠情况、入干线河流情况进行排查，对有可能造成水质污染的重点进行检查。发现存在影响水质安全事件，及时制止并上报调度分中心。配合水质监测单位开展水样采集，及时了解、监测调水水质。临清渠道管理处安排专人负责位于德州市与聊城市交界处的水质自动监测站的运行环境，保障电源及供水设备运行稳定，定期查看设备运行工况，发现问题及时上报。

加强调水安全宣传教育。调水前向工程沿线村庄、街道等人员密集场所发放《致广大家长朋友的一封信》，普及防溺水及南水北调安全知识。在工程沿线节制闸、分水闸、涵闸、桥梁及村庄附近张贴《南水北调聊城段工程调水运行安全告知书》，告知工程调水运行安全有关事项。开展"世界水日""中国水周"现场宣传活动，通过散发宣传册、张贴标语条幅、发放纪念品等形式，宣传有关水法律法规及安全知识，增强广大群众的水法规意识，营造调水工作良好社会氛围。

（孟繁义 张健）

【环境保护与水土保持】 聊城局明确了局分管负责人、水质保障工作人员和所辖东昌府、临清两个管理处的水质保障工作人员，以及市界节制闸水质监测站的具体负责人，保障聊城段工程水质监测工作及市界节制闸水质监测站的正常运转。为及时响应、科学处置、减轻事故对水质的影响及保证工程安全平稳运行，结合安全生产标准化工作，制定印发了《水质污染事故专项应急预案》，对事故风险分析、应急指挥机构及职责、应急处置程序、应急处置措施等方面进行了明确。

东昌府、临清两个渠道管理处为有效组织事故应急处置，及时按照处置程序进行信息上报，保障工程水质安全达标，减少人员伤亡及财产损失，结合各自工程实际，分别制定了《水质污染事故现场处置方案》，对事故风险分析、应急机构职责、应急处置及注意事项等方面进行了具体明确。

聊城局在聊城段工程年度调水工作实施方案中对水质监测及应急处置措施等方面进行了明确规定。东昌府、临清两渠道管理处按照"调水期每天巡查两次、非调水期每周巡查一次"的频次要求对工程现场进行巡查。输水环境是工程巡查中的重点，对工程现场取土、偷水、排污、钓鱼、放牧、倾倒垃圾等非法行为及时发现并加以制止和说服教育，按要求在渠道日常巡视检查记录中给予详细记录。

聊城段工程渠道全长110km，沿渠道两岸共植树6万余株、绿化草皮287hm²，东昌府、临清两渠道管理处实施树木修剪、打药除害、草皮修剪、树木补植等绿化管理措施，并对管理处院落进行了绿化整体规划，有效防止了水土流失，保护和改善了沿线地方生态环境。 （孟繁义 张健）

【聊城段灌区影响处理工程】 灌区影响处理工程旨在消除南水北调东线一期工程利用地方原有河道输水对灌区带来的不利影响。聊城段灌区影响处理工程即临清市灌区影响处理工程，是鲁北段输水工程的重要组成部分，其主要任务是通过调整水源、扩挖（新挖）渠道、改建（新建）建筑物等措施，满足因南水北调东线一期鲁北段输水工程利用临清市境内的七一·六五河段输水而受其影响的39200hm²灌区的灌溉供水需求。工程主要建设内容为：开挖河道8条共计长度30.5km，新建公路桥9座、生产桥29座，新建水闸11座，新建泵站1座。临清市排灌工程管理处承担临清市灌区影响处理工程的运行管理职责。临清市灌区影响处理工程已按设计内容建设完成，输水渠道担负着地方灌溉输水任务，水闸及桥梁等工程均已正常发挥作用。

【荣誉称号】 聊城局"王立健QC小组"和"孟可QC小组"分别荣获2022年度"中国水利企业质量管理小

组竞赛活动一等成果"荣誉称号。聊城局"一种光感自动数显发光水位尺"创新成果，荣获山东省水利工程运行管理创新竞赛总决赛一等奖，被山东省总工会等6部门授予全省农林水牧气象系统"乡村振兴杯"和"建设绿色安澜黄河"技术创新竞赛优秀成果一等奖。聊城局临清渠道管理处2022年防汛抗旱工作，荣获临清市政府防汛抗旱指挥部表彰，授予其"携手抗洪，同力合作"锦旗一面。聊城局党支部2022年被山东省水利厅授予"2021—2022年度示范党支部"和"2021年度过硬党支部（五星级党支部）"两项荣誉称号。

（孟繁义　张健）

德 州 段

【工程概况】　南水北调东线山东干线有限责任公司德州管理局（以下简称"德州局"）所辖工程主要包括德州段渠道工程和大屯水库工程。

德州段渠道工程自聊城、德州市界节制闸下游师堤西生产桥至大屯水库附近的草屯交通桥（桩号110＋006～175＋224），渠道全长65.218km，沿河设8处管理所；共有各类建筑物128座，其中节制闸8座、穿干渠倒虹吸3座、涵闸76座、橡胶坝1座、桥梁40座（生产桥33座、人行桥5座、公路桥2座）。设计输水规模为21.3～13.7m³/s；工程防洪、排涝标准分别为"61年雨型"防洪

（对应防洪标准为20年一遇）、"64年雨型"排涝（对应除涝标准为5年一遇），六分干及涵闸排涝标准为5年一遇。

大屯水库工程位于山东省德州市武城县恩县洼东侧，距德州市德城区25km，距武城县城区13km。水库围坝大致呈四边形，南临郑郝公路，东与六五河毗邻，北接德武公路，西侧为利民河东支。工程总占地面积为648.86hm²，水库围坝坝轴线总长8913.99m。主要工程内容包括围坝、入库泵站、德州供水洞和武城供水洞、六五河节制闸、进水闸、六五河改道工程等。

（谢峰　鲁英梅　顾霄鹭　皆圣光）

【工程管理】　德州局作为山东干线公司派驻现场的二级管理机构，负责德州段的干线工程运行管理工作，下设夏津渠道和大屯水库管理处，具体负责渠道和水库工程的运行管理工作。

1. 工程管理机构　德州局机关内设综合岗、工程管理岗、调度运行岗，现有正式员工12人（局长、副局长、一级主任工程师和二级主任工程师各1人，综合岗3人，工程管理岗2人，调度运行岗3人）。

夏津渠道管理处现有正式员工12人（主任、副主任、专责工程师各1人，综合岗2人，工程管理岗2人，调度运行岗5人），负责德州段渠道工程运行管理工作。

大屯水库管理处现有正式员工17人（主任、副主任、二级主任工程师、专责工程师各1人，综合岗2人，工程管理岗1人，调度运行岗10人），负责大屯水库工程运行管理工作。

2. 工程管理基本情况

（1）强化工程安全和质量，稳步推进日常和专项项目实施。2022年类计完成各类项目验收共27项。

（2）督促落实工程防护及边界管理工作。渠道工程沿线补充完善及维护各类安全警示牌1455块、悬挂及维护警示标语187处；新增水库安全警示牌76块、警示桩44套；完善临空、临边处安全设施，确保安全防护设施完好；深入渠道沿线村庄开展法规宣传，集中整治违规取土、乱弃垃圾违规行，清理越界种植，对存异边界进行校核确认，更换补埋界桩82座、清理开挖界沟4312m，确保管理边界清晰。

（3）加强日常巡视和专项检查。做好稽察、自查整改落实工作。通过分段、分组、交叉互查等方式，不定期开展日常巡查或专项检查，建立更新问题台账，明确整改责任人和时限，制定切实可行的整改措施并及时整改。

（4）定期进行安全监测。对监测设施设备及时组织进行维护，确保设施设备齐全完好；定期组织开展渠道、水库各项安全监测项目，对监测资料整理分析并上报。

（5）注重创新和技能培训。积极组织技能培训、参加水利系统技能比赛。开展"专业知识大讲堂""传帮带""师带徒"活动，通过不同层次、不同形式的技能培训，提高职工专业技术水平。德州局李庆涛创新工作室2022年完成获批项目5个，完成其他岗位创新项目11个，申请并获批专利3个。开展金结机电、信息自动化业务培训10余次，开展了德州局首届职工技能竞赛活动，不断提升职工科研能力和技能水平。在2022年山东省"技能兴鲁"职业技能大赛中，聂梦爱、张璐、刘伟分别获得水工监测工职业技能竞赛一、二、三等奖；申报的4个QC成果取得了一等成果1项，二等成果3项的优异成绩；"一种闸门开度精度精确采集技术创新"获山东省农林水牧气象系统"乡村振兴杯"和"建设绿色安澜黄河"技术创新竞赛优秀成果三等奖。

3. 安全生产管理基本情况　全面构建安全管理体系建设，实现安全生产无事故。

（1）坚持问题导向，严格问题整改落实。2022年德州局共发现问题123项（其中山东省水利厅检查发现问题共4个、东线总公司检查发现问题共10个、淮委检查发现问题共6个、山东干线公司检查发现问题共28个、德州局自查发现问题共75个），整改完成122个，整改率为99.19%。针对发现的问题，列出问题清单台账，逐一落实整改措施，定期进行督促。

（2）根据山东干线公司组织的"双控"体系作业指导书培训，按照动态管理要求，德州局对所辖范围工程重新进了危险源辨识与风险评价，共确定 86 个重大危险源，其中夏津渠道管理处所辖范围 67 个、大屯水库管理处所辖范围 19 个，通过单位、部门、班组、岗位四个层级对重大危险源进行管控。形成危险源辨识与风险评价报告。

（3）加强应急管理体系建设。结合德州局组织管理体系、生产规模和处置特点，及时修订完善了 1 项综合应急预案、5 项专项预案、36 项现场处置方案，根据方案组织开展防汛、防火应急演练和技术技能培训，提升职工应急知识储备和应急反应能力。

（4）落实全员安全生产责任制。开展"遵守安全生产法，当好第一责任人"为主题的"安全生产月"活动，积极组织职工参与 2022 年全国水利安全生产知识网络竞赛，竞赛总学分 5411 分，平均学分 131.98 分，山东干线公司位列第四名，被山东干线公司表彰并授予"优秀组织单位"。

（5）落实年度安全教育培训计划。2022 年共组织安全生产教育培训 10 次，所有培训均进行了进行效果评估，达到了学习及教育的目的。

（6）2022 年"三体系"建设外审抽查复核未发现不符合项并顺利达标。

4. 预算和资金使用计划执行　根据预算管理、招标和非招标项目采购管理办法规定，编报年度预算、采购计划、采购方案，建立预算执行信息台账，跟踪管理，有条不紊推进 2022 年度预算项目执行及前期年度预算项目收尾工作，预算和资金使用计划执行基本到位。

（1）2022 年度德州局预算调整后总额为 2149.36 万元，其中生产成本类预算 1788.10 万元、制造费用类预算 360.46 万元、资产采购预算 0.80 万元。截至 12 月底已执行完成 1487.80 万元，完成率为 69.22%。

（2）2022 年德州局范围内签订工程专项合同共 9 项，已完成 7 项，专项项目合同总金额为 479.19 万元，已完成 396.90 万元。

（3）严格执行维修养护协议，确保了工程维护质量。2022 年度预算调整后维修养护部分预算总金额 979.05632 万元，累计完成投资并支付 705.936635 万元，支付比例为 72.1%。

（4）自 2022 年 6 月实行资金使用计划制度以来，除个别月份确因新冠疫情等不可控因素影响外，资金使用计划执行率均在 80% 以上。其他安全、资产购置、代维、制造类项目得到了很好的执行。

（鲁英梅　谢峰　顾霄鹭　昝圣光）

【运行调度】

1. 水量调度　圆满完成年度调水任务。德州局 2021—2022 年度调水自 2022 年 3 月 2 日至 6 月 6 日，历时 97 天，调水累计水量为 2.01 亿 m³，创历史新高，其中北延应急供水 1.61 亿 m³、大屯水库蓄水 3927 万 m³、夏津分水 100 万 m³。此次调水市界闸下泄流量首次达到 36m³/s，六五河节制闸下泄流量首次达到 34m³/s，北延应急供水水量首次破亿，助力京杭大运河百年来首次实现全线通水。2021—2022 年度大屯水库累计供水 3176 万 m³，年度计划供水 3050 万 m³，超额完成供水任务。

2. 调度运行管理

（1）调水前编报调水实施方案和调水应急预案、开展全员培训；对渠道沿线、水库工程及周边可能影响调水的各类因素进行全面排查、整改；同时积极与地方水利、公安、环境保护等相关部门协调沟通，建立联动机制；做实调水安全宣传工作，沿线新增安全警示牌或标语 150 余处，联合大屯水库管理处派出所、夏津渠道管理处治安办公室向渠道沿线村镇发放《关于配合做好调水工作的函》3000 余份、张贴《山东省南水北调条例》200 余份、排查渠道防护网并加密警示标牌近 500 处。

（2）创新宣传方式。主动联系夏津县教体局，通过夏津县教体局实行微讯联动、家校协作，把"致广大市民、学生及学生家长的一封信"、相关的安全隐患数据信息的动态信息发给地方教体局，教体局通过微信、短信等快捷通信平台将信息迅速推送到学生家长手中；和教体局联合制作播放《南水北调开始

调水 市民需注意安全防溺水》专题片，在《夏津新闻》黄金时段播出，宣传效果明显增强。

（3）助力地方防洪排涝引调水作用凸显。2022 年，德州降雨量 696.4mm，较常年偏多 43.5%。德州局主动与德州市防汛抗旱指挥部办公室和武城、夏津两县水利部门沟通协调，统筹利用节制闸、分水闸、倒虹工程行洪，累计排涝 3000 余万 m³，为地方引调黄河、运河水及雨洪资源利用等 4000 余万 m³，确保了工程沿线群众生命财产安全，综合效益凸显。

（4）调度分中心自动化调度系统进一步升级，确保了信息采集准确、闸门控制稳定、告警信息全面及时，提高了调度运行工作效率、效能。

（鲁英梅　李庆涛　顾霄鹭　昝圣光）

【环境保护与水土保持】

1. 德州段渠道工程　根据《水质安全监测管理办法》及《水质安全监测管理实施细则》和《水质污染事故现场处置方案》，调水期间积极组织开展水质巡查工作，及时组织对渠道沿线及闸前后杂物进行了清运，配合水质监测部门完成了水样采集等工作。根据批复的维修养护计划，做好渠道沿线及管理区苗木栽植与日常保养维护等工作。

2. 大屯水库工程

（1）加大水源保护宣传力度。结合"世界水日""中国水周"持续开展水法律法规及饮用水水源保护条例

知识宣传。全面履行河长制职责，定期组织水库水面漂浮物打捞。做好饮用水水源地水环境风险防范工作，对涉水违法行为进行拉网式排查。配合德州市环境检测中心、德州市水文局、武城县环保局、河北华清等水质检测单位做好水样采集工作，水库水质稳定在Ⅲ类以上，用检测数据为水库水环境治理提供重要技术保障和科学依据。

（2）大屯水库以人为本、因地制宜，坚持高起点规划、高质量建设，合理利用管理区园区现有布局，增加绿植覆盖率，打造园林式办公区域。补植了大批的优质花木进行种植栽培，结合节水型机关建设，制定养护标准，明确管理要求，切实做好绿化区修剪、补植、浇水、施肥、拔草等日常养护管理工作，2022年2月被评选为德州市市级园林单位。

（谢峰 鲁英梅 顾霄鹭 昝圣光）

【验收工作】 2022年1月19日，南水北调东线一期工程山东段大屯水库安全监测设施检测与资料分析技术服务合同项目完成验收。

2022年6月5日，德州段渠道工程胡里长屯节制闸增设收绳式开度编码器装置及闸门远控语音提示施工项目完成验收。

2022年6月29日，南水北调德州段跨渠桥梁桥下浆砌石水毁修复项目施工合同完成验收。

2022年7月12日，南水北调东线山东干线2019年度专项设计项目库第一批项目（二）施工7标施工合同完成验收。

2022年7月21日，闸（泵）站监控系统中六五河节制闸数据采集及控制功能完善项目施工合同完成验收。

2022年7月29日，南水北调东线一期工程山东段大屯水库围坝断面新增观测点建设项目施工合同项目完工验收。

2022年7月29日，南水北调东线山东干线工程防雷设备设施检测问题整改项目标段6合同项目完成验收。

2022年8月2日，任堤节制闸水位及开度一致性实施项目完成验收。

2022年8月2日，南水北调德州局大屯水库逆止阀淤积情况探测项目服务合同项目完成验收。

2022年8月3日，大屯水库主厂房风机自动控制项目施工合同项目完成验收。

2022年9月6日，夏津渠道管理处收绳设备改造及开度编码器采购项目完成验收。

2022年9月15日，大屯水库中控室操作台采购及安装合同项目完成验收。

2022年9月15日，南水北调东线山东干线工程2021年度电力线路维保合同项目完工验收。

2022年9月15日，德州局2017年度冬季树木补植栽植及土地整理工程项目变更项目通过最终验收。

2022年9月16日，南水北调东线山东干线工程2020年工程日常维修养护金结机电工程标段2项目完成验收。

2022年10月9日，南水北调德州段王庄节制闸下游左岸水毁应急处理施工合同完成验收。

2022年11月18日，南水北调东线山东干线工程2021年金结机电工程（德州段）维修养护项目完工验收。

2022年11月18日，南水北调东线山东干线工程2022年金结机电工程（德州段）阶段维修养护协议完工验收。

2022年12月8日，德州局闸控系统中设备运行状态监测及故障预警分析技术应用项目完工验收。

2022年12月8日，南水北调德州局大屯水库六五河节制闸上游渠道护砌项目施工合同项目分部及阶段验收。

2022年12月9日，夏津渠道管理处新型水位测量装置项目完成验收。

2022年12月9日，南水北调德州局大屯水库对拉螺栓端部封堵合同项目完工验收。

2022年12月9日，南水北调德州段大屯水库工程PGP喷头加装保护装置合同项目完工验收。

2022年12月12日，大屯水库工程2022年大屯水库电气设备预防试验项目合同项目完工验收。

2022年12月13日，南水北调德州段渠道工程倒虹吸闸门防腐及电动葫芦维护项目完成验收。

2022年12月13日，胡里长屯节制闸机旁箱开度仪表自动化仪表功能优化项目施工合同完成验收。

2022年12月15日，大屯水库35kV变压器室风机智能控制及关键部位温度实施监测合同项目完工验收。

2022年12月15日，南水北调德州局大屯水库管理区围墙生态护坡水毁修复项目施工合同项目完工验收。

（谢峰　顾霄鹭　昝圣光）

北延应急供水工程

2022年度南水北调东线一期工程北延应急供水工程加大调水。按照《水利部办公厅关于做好南水北调东线一期工程北延应急供水工程加大调水工作的通知》（办南调〔2022〕74号）的有关工作要求，经统筹考虑沿线工程、水情，3月24日，下达北延工程调水启动指令。3月25日，六五河节制闸按时提闸，正式启动本年度北延工程加大供水工作。4月1日，水头抵达天津市九宣闸。4月16日，潘庄引黄入冀水头经刘茂庄闸入六五河，北延工程和潘庄引黄入冀工程正式开始联合调度运行。4月28日，岳城水库来水进入南运河，东线北延、潘庄引黄和岳城水库联合调度运行，京杭大运河全线贯通。4月30日，根据水利部下发的《南水北调东线一期工程北延应急供水工程后续水源利用工作方案》，启动两湖段邓楼、八里湾泵站从上级湖调水北送。5月16日，台儿庄、二级坝泵站正式启动调水，同日江苏境内各梯级泵站陆续启动调水工作。5月16日，山东境内、江苏境内运西线各梯级泵站相继开机。5月25日，潘庄引黄结束与北延工程的联合调度。5月25—26日，山东境内、江苏境内运西线各梯级泵站相继停机。5月31日，六五河节制闸关闭，北延工程加大调水工作结束，顺利完成调水工作目标。

北延工程圆满完成 2021—2022 年度加共向黄河以北调水 18880 万 m³，超计划 3.3%。其中，东平湖出湖闸累计调水 18880 万 m³，计划完成率为 103.0%；南运河第三店（入河北）累计调水 15833 万 m³，计划完成率为 109.2%；九宣闸（出河北入天津）累计收水 5037 万 m³，计划完成率为 108.7%。通水期间工程运行安全平稳，未发生一起安全生产事故，水质稳定达标，缓解了受水区水资源短缺状况，助力京杭大运河全线水流贯通，产生了良好的经济、社会和生态效益。

2022 年度油坊节制闸累计安全运行 1585 小时，累计过水 17523 万 m³，根据规范要求，开展完成油坊节制闸闸机电、金结设备维修养护及安全监测等工作。

（刘婧　王敏義）

专 项 工 程

江 苏 段

【工程概况】　南水北调东线江苏段专项工程有江苏省文物保护工程、血吸虫北移防护工程、调度运行管理系统工程、管理设专项工程共 4 个专项工程，2022 年，调度运行管理系统工程建设完成并通过完工验收，江苏省专项工程建设验收全部完成。

1. 江苏省文物保护工程　工程概算投资 3362 万元，受江苏省南水北调办的委托，由江苏省文物局具体组织实施，于 2012 年 6 月通过验收。

2. 血吸虫北移防护工程　工程批复静态总投资 9862 万元，重点血防项目为高水河整治工程、金宝航道整治工程、高邮段里运河血防工程、金湖泵站和洪泽湖泵站工程，于 2012 年年底完成全部建设内容。（宋佳祺）

3. 调度运行管理系统工程　调度运行管理系统工程建设内容包括信息采集系统、通信系统、计算机网络、工程监控与视频监视系统、数据中心、应用系统、实体运行环境和网络信息安全等 8 个部分，主要建设任务是开发建设覆盖南水北调东线工程江苏段的业务应用系统、应用支撑平台和基础设施，为保证工程安全、稳定运行和科学调度管理提供技术支撑，实现南水北调与江水北调工程的"统一调度、联合运行"，充分发挥工程的综合效益。工程批复总投资 58221 万元，于 2012 年 4 月开工建设，2021

年12月基本完成建设内容，2022年3月通过完工验收，工程建成后由江苏水源公司负责运行管理。建设过程中，工程荣获国际电信联盟"信息和通信基础设施奖"、2021年"智慧江苏重点工程"和"十大标志性工程"。

（花培舒　黄伟）

4. 管理设施专项工程　管理设施专项工程建设内容包括一级机构江苏水源公司（南京），二级机构江淮、洪泽湖、洪骆、骆北等4个直属分公司（扬州、淮安、宿迁、徐州）以及2个泵站应急维修养护中心（扬州、宿迁），三级机构泗洪站、洪泽站、金湖站等3个泵站河道管理所和19个交水断面管理所，主要建设任务是为南水北调江苏境内工程各级管理单位提供办公、辅助生产、调度中心、工程档案及其他相关管理用房及设施设备，实现对输水沿线提水泵站、河道、水资源控制建筑物等工程的运行维护，以利于统一调度、统筹兼顾、协调发挥工程综合效益。工程批复总投资44505万元，于2013年2月开工建设，2020年9月完成全部建设内容，2021年6月通过完工验收，工程建成后由江苏水源公司负责运行管理。建设过程中，工程荣获2019年南京市装饰装修工程"金陵杯"奖、2019—2020年度中国建筑工程装饰奖。　（花培舒）

【工程管理】　2022年，江苏境内4个专项工程在实施的主要有调度运行管理系统工程和管理设施专项工程。

1. 调度运行管理系统工程　工程2022年3月通过完工验收，由江苏水源公司建设并成立科技信息中心负责具体运行管理，工程效益在年度调水出省和首次北延应急供水中得到有效检验。

2. 管理设施专项工程　南京一级机构管理设施由江苏水源公司后勤服务中心管理，扬州、淮安、宿迁、徐州等二级机构管理设施及交水断面管理用房分别由当地分公司管理。

（宋佳祺）

【运行调度】　2022年，江苏境内4个专项工程中仍在实行日常调度的主要有调度运行管理系统工程。工程共涉及26座泵站，22处省、市、县际交水断面，5个水环境监测中心，2处自动水质监测站，8个水文站点，4个湖泊，15座控制建筑物，18条河道以及119个分水口门。工程开展自动监测、信息传输和数据交换等，实现调度的送审、下达、执行。

（宋佳祺）

江苏水源公司在南京调度中心和江都备调中心均开发部署了泵站群远程监控系统，可在两个中心实时监视江苏南水北调14座大型泵站及沿线河道工程的工情、雨情、水情，实现工程远控操作和控制。成功打造"111"控制模式，即一分钟内一键开启一台主机组，"远程集控、智能管理"新运行管理模式初步形成，在探索长距离、超大型梯级调水泵站群集控方面取得了阶段成效。

北延应急供水和抗旱运行期间，调度运行管理系统首次投入实战运行，运西线6座泵站27台机组、运河线5座泵站21台机组全部通过远程开停机操作。

调度运行系统在北延应急供水、江苏省内抗旱和2022—2023年度调水运行中投入实战运行，助力京杭大运河百年来全线贯通，有效缓解了山东、江苏北部旱情，产生了重要经济效益、生态效益及社会效益。

（王晨　黄富佳）

【工程效益】　2022年，调度运行管理系统工程通过完工验收，正式投入运行。工程中的水情、工情信息采集部分，与江苏省水利系统实现交互和共享，依托江苏水利信息数据平台支撑调度运行管理的同时，丰富和完善了江苏水利信息数据源；工程全面建成投入运行，促进了江苏南水北调梯级泵站群的运行管理智能化提升，初步实现了"远程集控，少人值守"，并为江苏南水北调新建泵站数字孪生建设打好了基础。　　（薛刘宇）

【验收工作】　2022年，南水北调东线一期江苏境内调度运行管理系统工程按批准的设计内容完成，工程设计标准符合技术标准规定，应用系统开封完成，系统试运行正常，3月25日工程通过完工验收。至此，江苏境内4个专项工程全部通过验收。

（宋佳祺）

山　东　段

【工程概况】　2011年9月，南水北调东线一期山东境内调度运行管理系统工程（以下简称"山东段调度运行管理系统"）初步设计获得国务院南水北调办正式批复。山东段调度运行管理系统以调水业务为核心，以自动化控制为重点，运用先进的信息采集技术、自动监控技术、通信和计算机网络技术、数据管理技术、信息应用与管理技术，建设一个以采集输水沿线调水信息为基础（包括水位、流量、水量等水文信息，水质信息，工程安全信息及工程运行信息等），以通信、计算机网络系统为平台，以闸（泵）站监控系统和调度运行管理应用系统为核心的南水北调东线山东段调度运行管理系统。可以实时掌握山东境内干线沿线各控制性建筑物（泵站、水库、分水口门、各节制闸、倒虹吸工作闸、渠首、穿黄枢纽等），省、市、县界交水断面，干线水文站的水量、水位、水质、工程安全状况、工程运行工况等调水信息；实现对调水沿线的泵站、水库、各节制闸、倒虹吸工作闸、渠首、穿黄枢纽、重要分水口门等的远程监控；为工程运行、维护、管理提供决策会商支撑环境，为各级管理部门提供各种信息服务，为企业管理提供电子化办公环境；保证南水北调东线山东干线工程安全、可靠、长期、稳定的经济运行，实现安全调水、精细配水、准确量水。

（黄茹）

【工程管理】

1. 管理机构 2009 年 4 月 22 日成立了"山东省南水北调管理信息系统建设项目领导小组"，全面负责协调、指导山东省南水北调调度运行管理和机关电子政务等系统工程的信息化建设管理工作，同时成立了山东省南水北调管理信息系统建设项目办公室（简称"信息办"）作为领导小组的办事机构，负责领导小组的日常工作。山东省南水北调工程建设管理局于 2012 年 5 月 17 日下发了《关于明确调度运行管理系统项目建设组织机构及岗位职责的通知》（鲁调水办字〔2012〕22 号），明确表明成立项目建设领导小组和项目建设领导小组办公室，项目建设由领导小组统一领导协调，具体实施以项目建设领导小组办公室、各现场建管机构（运行管理机构）分工合作为主，各处室、山东干线公司各部门密切配合，各市南水北调办事机构协助协调施工环境。各现场建管机构（运行管理机构）成立调度运行管理系统建设项目组，具体负责各自工程范围内及相关区域调度运行管理系统的现场组织实施与协调工作。2014 年，因主体工程由建设管理转向运行管理，管理人员调整较大，为更好地做好调度运行管理系统建设管理工作，山东省南水北调工程建设管理局于 9 月 5 日下发了《关于调整调度运行管理系统项目建设组织机构成员的通知》（鲁调水局办字〔2014〕35 号），对调度运行管理系统组织机构成员进行了调整。2019 年根据组织机构调整，建设管理后期工作由调度运行与信息化部负责，济南应急抢险（信息自动化）中心配合。

2. 工程建设情况 山东段调度运行管理系统 2012 年 4 月正式实施，2021 年 1 月完成所有合同项目验收，根据原国务院南水北调办批复的分标方案及后期调整批复，共划分 2 个监理标段和 16 个施工标段，截至 2022 年年底，山东段调度运行管理系统累计完成投资 79434（含安全防护体系）万元。完成初步设计批复的全部建设内容及所有完工结算、验收工作。建成了安全可靠的计算机网络系统、稳定运行了全线语音调度系统、实现了信息监测与管理系统、视频监控系统、三维调度仿真系统、闸（泵）站控制系统、水量调度系统等调度相关业务软件的上线使用；实现了泵站、水库、渠道运行信息的集中展示、远程监视、控制等各种业务的功能承载及应急会商支持；实现了全线水情报表系统自动上报、闸（泵）站信息自动采集上传和展示、工程关键部位可视化、闸站远程集中控制、办公电子化等功能。

（黄茹）

【运行调度】 随着山东段调度运行管理系统各业务系统逐步投入运行，山东干线公司各管理局、管理处分别明确 2 名系统管理员，负责相关工作，通过与施工单位签订补充协议的方式在某一时段对系统设备进行维护，弥补南水北调东线山东干线有限责任公司运维力量的不足。

按照"自主维护和专业代维相结合"的维护原则，积极推进运行维护工作在业务上进行分类、管理上进行分级。职能归口管理部门为调度运行与信息化部，各部门、管理局、管理处负责所辖范围内自动化调度系统的日常运行维护；济南信息抢险中心负责山东省调度中心运行维护及备调技术支持；专业代维单位负责专业巡检、故障抢修。

2022年，自动化调度系统的运行维护管理工作进一步规范化，自动化调度系统运行稳定性逐渐提升，建成了"统一组织、分级管理""自主维护和专业代维相结合"的运行维护管理体系，基本实现山东省调度中心核心业务自主运维。 （黄茹）

【工程效益】 山东段调度运行管理系统的建成，实时掌握了干线工程沿线各控制性建筑物，省、市界交水断面的水量、水位、水质、工程安全状况、工程运行工况等调水信息；实现对调水沿线的泵站、水库、各节制闸、倒虹吸闸、重要分水口门的远程监控，初步达到了渠道沿线闸站"无人值班、少人值守"的目标；为工程运行、维护、管理提供决策会商支撑环境，为各级管理部门提供各种信息服务，实现安全调水、精细配水、准确量水；为合理调配区域内水资源、充分发挥南水北调东线山东段工程的

经济和社会效益起到技术支撑作用。

山东段调度运行管理系统实现了现地流量、水位、开度等水情信息的远程采集、上传、存储和处理；实现了水量调度系统、信息监测与管理系统、工程管理系统、视频监控系统、闸（泵）站监控系统等应用系统在山东省调度中心、已建分中心、备调中心及各管理处的集中展示；实现了调度运行数据实时监测等功能，实现了语音调度、网络通信、30个站点视频会议。方便了山东省调度中心、调度分中心、管理处调度人员实时掌握工程沿线闸站的水情、工情等信息，为调度决策提供了重要的辅助决策依据，为提升工程运行管理水平、优化水资源科学调配发挥了重要作用。

（黄茹）

苏鲁省际工程

【工程概况】

1. 苏鲁省际工程管理设施专项工程 2012年2月，国务院南水北调办印发《关于南水北调东线一期苏鲁省际工程管理设施专项工程初步设计报告的批复》（国调办投计〔2012〕21号），批复管理设施专项工程建筑面积为4611m²，工程投资3793万元，建设用地7亩。管理设施专项工程位于江苏省徐州市，工程为框架七层结构，设有办公室、档案室、变配电室、调度中心、会商中心、电力机房、通信机房、数据中心和网管中心

等功能房间，工程建设内容包括土建及设备安装工程、配电受电工程。

工程于 2016 年 4 月开工建设，2018 年完成施工合同验收及徐州市地方组织的消防验收、环保验收和档案验收，2019 年 10 月通过档案项目法人自验和完工财务决算核准，2020 年 1 月通过设计单元工程档案专项验收，2021 年 6 月通过项目法人验收，2021 年 10 月通过设计单元工程完工验收。

2. 苏鲁省际工程调度运行管理系统工程　2012 年 2 月 2 日，国务院南水北调办以《关于南水北调东线一期苏鲁省际工程调度运行管理系统工程初步设计报告的批复》（国调办投计〔2012〕20 号）批复建设调度运行管理系统工程，总投资 14461 万元。工程主要建设内容包括信息采集系统、数据存储与管理系统、计算机网络系统、通信系统、应用系统支撑平台和应用系统集成、应用系统、系统运行实体环境、补充项目、安全体系及技术标准体系等部分。根据采集的数据信息，运用计算机控制处理技术、数据库分析技术等现代先进技术，实现对苏鲁省际工程各类信息全方位、多层次、多任务、多功能的采集、分析、处理和存储，提升工程调度运行管理的信息化水平。

（师厚兴　郑逸雯）

【工程管理】

1. 苏鲁省际工程管理设施专项工程　在工程建设管理过程中，项目法人根据工程需要制定了招投标制度、工程建设管理制度、工程验收制度、工程款结算制度、工程变更制度等。现场管理单位对工程质量、进度、档案、合同、安全生产与文明施工进行全面管理，工程建设期间主动与地方政府沟通，组织各参建单位处理技术问题，并做好外部环境协调等，保证了工程建设顺利实施。

2. 苏鲁省际工程调度运行管理系统工程　按照各项工程建设管理制度，严格履行工作程序，落实工作任务，分工明确、各负其责、各行其职，出现问题及时解决，及时反馈，加强与山东干线公司和江苏水源公司沟通协调，实现互联互通、数据共享，保证了工程建设顺利实施。

（师厚兴　郑逸雯）

【运行调度】　2022 年南水北调东线一期工程北延应急供水工程加大调水工作期间，根据《水利部办公厅关于印发南水北调东线一期工程北延应急供水工程加大调水后续水源利用工作方案的通知》（办南调函〔2022〕426 号），苏鲁省际断面计划调水 0.7 亿 m^3（台儿庄泵站），入下级湖断面计划调水 0.67 亿 m^3，入上级湖断面计划调水 0.65 亿 m^3，出上级湖断面计划调水 1.33 亿 m^3。5 月 16 日，台儿庄、二级坝泵站正式启动调水，同日江苏境内各梯级泵站陆续启动调水工作。5 月 25—26 日，山东境内、江苏境内运西线各梯级泵站相继停机，各断面实际调水量为抽江 0.81 亿 m³、出骆马湖（台儿庄泵站）0.7 亿 m³、入上级湖 0.66 亿 m³、出上级湖 1.34 亿 m³、入东平湖 1.35 亿 m³。

（1）苏鲁省际工程管理设施专项工程。管理设施专项工程初步设计批复内容全部完成建设，工程自启用以来，设施设备能满足运行管理工作需要，各系统设备运行正常，未出现影响使用的工程问题。管理设施专项工程建筑消防设施、供配电系统、功能房间等均委托有资质的第三方单位进行运行维护，并进行定期测试、电气试验等，试验结果均合格。

（2）苏鲁省际工程调度运行管理系统工程。规范做好运行管理工作，保障各项任务完成。做好调度中心机房巡检、现地站与通信线路巡查、故障处理及应急抢修等工作，完成接地电阻测试、通信传输倒换测试等各类测试，对软件系统进行优化完善。制定印发调度系统运行管理相关规程、预案，操作票、工作票等管理制度，有效保障了调度系统安全、正常、平稳运行。做好工程现场巡查监管、交水断面水量计量、关键口门流量监测等工作，加强系统控制运用，规范运行管理记录，实时监视省际工程水情工情，为保障省际工程安全度汛以及顺利完成年度调水任务打下坚实基础。

（刘婧 师厚兴 郑逸雯）

【工程效益】

1. 苏鲁省际工程管理设施专项工程 管理设施专项工程构建了南水北调东线一期苏鲁省际工程管理的组织机构和工程管理体系，工程的建成和运用为苏鲁省际段调度系统提供了安全稳定的运行实体环境，实现了信息化关键基础设施的安全运行和系统综合功能的正常运用，保障了苏鲁省际工程规范运行管理和效益发挥。

2. 苏鲁省际工程调度运行管理系统工程 调度运行管理系统工程是加强南水北调东线苏鲁省际段水资源调度与保护的重要措施，自调度运行管理系统工程运行以来，各系统运行稳定，省际调度中心可实时监测省际工程水情、工情和水质等情况，实现了省际工程泵站、水闸等远程控制及与山东段、江苏段调度系统的互联互通、数据共享，保障了年度调水任务的顺利完成，为南水北调东线工程统一调度奠定了基础。

（师厚兴 郑逸雯）

【验收工作】 2021 年 6 月，苏鲁省际工程管理设施专项工程通过设计单元工程项目法人验收；2021 年 10 月，工程通过设计单元工程完工验收。

2022 年 5 月，苏鲁省际工程调度运行管理系统工程通过设计单元工程技术性初步验收；2022 年 6 月，工程通过设计单元工程完工验收。

（师厚兴 郑逸雯）

治污与水质

江苏境内工程

【环境保护】 2022 年，江苏将水质保护工作放在突出位置，着眼建立长效机制，确保输水水质稳定达标。

1. 坚持依法治水 严格落实《水污染防治法》和《江苏省水污染防治条例》，编制印发江苏省重点流域水生态环境保护规划及长江、淮河流域子规划，将南水北调沿线治污工程纳入《江苏省"十四五"水生态环境保护规划》，沿线各断面水质目标纳入 2022 年度治污攻坚目标责任书。做好沿线"十四五"新增国省控断面水质监测工作，指导督促沿线地区对水质未达标断面编制达标方案，并组织实施。

2. 深化源头治理、加大系统治理力度

（1）加强工业、生活和农业面源污染治理。

1）狠抓工业污染治理。开展涉水企业事故排放及应急处置设施专项督查，研究制订工业企业雨水排口管理办法。开展省级以上工业园区污水处理设施专项整治，实施工业园区污染物排放限值限量管理。

2）加快补齐污水收集处理短板。持续推进城镇区域水污染物平衡核算管理工作，在完成首轮核算的基础上，聚焦问题短板，会同江苏省住房城乡建设厅提请省政府印发《关于加快推进城市污水处理能力建设全面提升污水集中收集处理率的实施意见》，明确"十四五"江苏省污水集中收集处理率提升目标。编制出台江苏省差异化管控的污水处理厂排放标准，推进新一轮污水处理厂提标改造。

3）突破农业农村污染治理瓶颈。针对农田退水污染问题，对全省规模化灌区农田退水监控断面开展水质监测，实施农田排灌系统生态化改造试点；召开全省农田排灌系统生态化改造视频会，推广先进地区农田退水治理经验。针对养殖尾水污染问题，出台强制性《池塘养殖尾水排放标准》，加快推进养殖池塘生态化改造。

（2）强化断面达标。

1）预警督办。针对监测溯源报告、日常监测预警、遥感监测及现场督查等发现问题，以江苏省水治办名义下发预警督办函，指导督促地方政府制定整改措施，持续跟踪督办，全力推动工作落实；调水期间，每日两次发布水质自动站监测数据信息，对水质超标断面发预警信息，并及时提醒属地加强排查处置，驻市环境监察室会同当地生态环境局对排查处置情况进行跟踪督办。

2）溯源整治。制定《水环境断面溯源整治工作方案编制要点（试行）》，针对重点国考断面，通过划定管控区域源清单、溯源排查断面环境问题、逐一安排整治工程项目，科学精准实施溯源整治。组织省级专家开展抽查审核，定期调度并现场督查，指导推动溯源整治工作扎实开展。

3）压实责任。健全国省考断面水质改善责任制，每月定期编制印发《江苏省水污染防治工作简报》，将南水北调水质情况作为主要内容之一，通报水质情况及突出问题，明确下阶段工作重点。每月召开江苏省月度水环境形势分析及问题断面视频调度会，请问题断面达标负责同志表态，有力传导并压实治水责任。

（3）加强督查督办。

1）加强降水过程污染防治。开展全省降水过程污染强度分析，将强度排名纳入全省水污染防治工作简报通报设区市政府，督促责任地方扎实采取有效措施，防范降水过程中出现面源污染和趁雨违法违规排污等水环境突出问题。

2）开展排涝泵站拦蓄污水专项整治。为防范汛期水质发生较大波动，组织开展全省排涝泵站拦蓄污水整治专项行动，按照"早排查、早发现、早报告、早处置"的原则，组织各地针对汛期水质下滑严重的国省考断面，在其上游10km开展排涝泵站拦蓄污水的排查监测溯源，紧盯Ⅴ类和劣Ⅴ类拦蓄污水，确保汛前处理到位。

3）组织开展环境风险排查整治。针对存在特征污染因子超标风险重点断面，对沿干流、支流、支浜中心线上溯10km、下溯5km及纵深1km，组织开展工业企业、污水处理厂和入

河排污口特征污染因子全面排查，并督促整治到位。

3. 强化跨界流域联防联控　针对调水期间省、市交界的徐洪河小王庄断面出现水质波动，组织徐州市、宿迁市生态环境局和驻市监测中心、环境监察室等部门共同开展调水期间水质保障工作现场调研，召开徐洪河溯源排查整治会商会，协同推进徐洪河水质在调水期间稳定达标。针对上游安徽境内来水超标情况，指导宿迁市向安徽省宿州市生态环境局发送《关于商请尽快管控潼河入境客水影响的函》，商请宿州市生态环境局加大潼河沿线污染源排查力度，加密入境河流水质监测，加强潼河桥断面上下游水质管控，科学合理调控闸坝，保障南水北调调水期间水质安全。

4. 加强风险管控　加强饮用水水源地保护，完成水源地保护区划定、水质在线监测监控系统建设和水源地环境状况调查评估。加强沿线地区排污监测监控体系和风险隐患防范能力建设，推进沿线排污单位污染排放自动监测监控系统建设；推进船舶港口污水处理设施建设，落实船舶水污染物接收、转运、处置联合监管制度；开展沿线突发环境事件风险防控工作，推进各类环境应急预案编制、修订、备案，强化预案培训和实战演练。（聂永平）

2022年，江苏水源公司按照水利部南调便函〔2021〕119号和南调便函〔2022〕8号通知要求，强

化责任担当，提升水质保障能力，全力保障南水北调江苏段工程"三个安全"。

5. 构建完善水质监测管理体系

根据江苏水源公司管理架构，公司调度运行部牵头负责水质保障工作，各分公司和现场管理单位负责管辖范围的水质管理。公司水文水质监测中心作为水质专业管理队伍，负责调水沿线水质断面抽样检测和应急监测、调水河道与湖泊突发性水污染事件调查和监测等工作，调水期间，根据调水方案设置监测断面和监测内容。自正式通水以来，在年度调水期间，南水北调东线江苏段水质类别均为Ⅲ类水及以上（考核指标），符合水质评价标准。

6. 规范水质监测日常管理

（1）严格执行相关管理规程规范。严格执行《中华人民共和国水法》《南水北调工程供用水管理条例》等国家法律法规、《地表水环境质量标准》（GB 3838—2002）等有关规定以及《关于印发〈地表水环境质量评价办法（试行）〉的通知》（环办〔2011〕22号）、《关于开展南水北调东线一期工程调水水质监测工作的通知》（环办〔2013〕88号），做到各项工作有据可依。

（2）研究制定《南水北调东线江苏段工程突发水污染事件应急预案》《南水北调江苏水源公司水质监测管理办法》以及水文水质监测中心CMA管理体系文件，做到公司水质

管理有章可循。

（3）完成水质自动监测站运行管理工作现状调研，形成调研报告，落实宝应、龙河口、蔺家坝自动水质监测站运维单位，按照合同要求督促运维单位常态化开展水质站运维工作，并严格考核。

（4）从管理制度规范化、作业队伍专业化、行为指导手册化、设备操作流程化、台账记录表单化和监管手段信息化等方面入手，开展实验室标准化、精细化管理，并出版《实验室精细化管理手册》书籍。

（5）研究实验室网格化管理方案，将实验室资源划分成网格单元，配备网格管理人员对各单元模块进行管理，借助运行管理信息平台，实现对实验室各项作业的及时登记反馈、快速透明化处理、监督管理等，进一步探索实验室信息化管理新模式。

7. 加强水质监测能力建设

（1）对照《南水北调东线江苏境内工程2022年度北延应急调水水质监测方案》，开展水质监测工作。2022年度北延应急调水期间，累计完成水质人工监测断面9次，上报人工监测数据68个，自动监测站数据88个。根据水质监测结果，北延调水水质持续稳定在Ⅲ类水以上。

（2）完成实验室CMA管理体系文件和移动实验室管理制度修订完善，提升水质监测规范化、标准化水平。

（3）常态化开展技能培训，以保

证调水水质稳定达标为目标，以提升监测质量为主线，以实战练兵为载体，不断强化重点监测项目、主要作业流程的规范作业，先后组织培训共计 16 次，覆盖制度、技能、安全等内容，持续提升水质监测人员能力水平。

（4）持续推进水质监测信息化、智能化平台建设。加快推进公司调度运行系统水文水质模块开发，组织开发单位不断完善水质信息全流程管理、水质数据统一管理、维护和展示，水质监测站、固定实验室、移动实验室设施设备管理等功能，提升信息化水平。

8. 全面提升水污染应急处置能力

（1）加强与江苏省南水北调办沟通，定期召开协调工作会，建立联防联控应急处置机制，确保突发水污染事件发生时及时高效协调、协同处置。

（2）编制完成南水北调江苏境内突发水污染应急处置演练实施方案，并于 2022 年 11 月 23 日在邳州站进行实地演练，模拟河道发生油污污染，进一步提升应急处置能力。

（3）加强水质监测数据共享。调水期间，公司监测的水质监测内控数据报送江苏省防汛抗旱调度指挥中心、江苏省南水北调办和南水北调东线公司，同时每天实时关注调水沿线水质情况，主动掌握相关信息。江苏省生态环境部门调水期间开展水质监测工作，通过江苏省南水北调办转发至公司，实现数据共享。

9. 开展水质安全风险评估 委托南京水利科学研究院开展"南水北调东线（江苏段）水质保障方案研究"项目，调研并梳理南水北调东线江苏段河湖水质安全保障存在的问题，分析江苏段各工程水质安全风险隐患并系统梳理。课题已形成初步研究成果，并按照审查会意见进行修改完善。

（王馨舟）

【治污工程进展】 南水北调东线一期工程江苏段建设内容包括调水工程和治污工程两大部分，其中治污工程建设分两阶段实施。

第一阶段建设内容包括建设徐州、江都、淮安、宿迁等市截污导流工程，新建 26 座城市污水处理厂，实施产业结构调整、工业污染源治理和流域综合整治等 102 个项目。工程规划总投资 60.7 亿元，实际总投资 70.2 亿元，已全部建成并投入使用。

第二阶段建设内容包括建设 4 项尾水导流工程项目、重点水质断面综合整治、污水处理厂管网配套和水质自动监测站等 203 个治污项目，总投资约 63 亿元。截至 2022 年年底，除新沂市尾水导流工程外，丰县、沛县、睢宁县、宿迁市尾水导流工程均已完成竣工验收并投入运行。

（宋佳祺）

【水质情况】 2022 年 11 月 13 日开始，江苏省生态环境部门对调水沿线 18 个断面开展加密监测，共计 21 天，出具 2291 个监测数据。加密期间，

除蔺家坝在调水初期受高锰酸盐指数影响水质出现 2 次日超标外，各断面月水质均达到Ⅲ类标准。　（聂永平）

山东境内工程

【概述】　2022 年，山东省水利厅和山东干线公司坚持问题导向，大力实施创新驱动发展战略；坚持推进科技赋能，提升工程运行数字化智慧化水平；坚持以人为本，加快建设培养企业人才力量。

（1）召开创新工作领导小组会。组织公司各创新工作室共整理 2021 年度创新项目 84 项，其中获得专利 12 项，拟申请、受理专利 9 项。组织评审并印发公司 2022 年度岗位创新项目 87 个，推选出 20 个项目参加全省水利工程运行管理岗位创新竞赛。

（2）按照全员创新企业复审要求开展自查自评工作，印制相关材料 2600 余页，顺利通过了山东省总工会委托第三方对公司全员创新企业开展的评估。

（3）公司两个创新项目荣获全省职工创新创效竞赛省级决赛二等奖和三等奖，并应邀参加山东省"黄河流域齐鲁工匠创新交流大会"展览。公司在 2022 年山东省"技能兴鲁"职业技能大赛中，水工监测工前 10 名占了 8 名；长沟泵站管理处"党工和谐发展"获山东省农林水工会"党建带共建　工建促党建"优秀案例；"加强职工思想政治建设　促进企业

健康和谐发展"获山东省农林水工会职工思想政治工作优秀案例；公司又有两个创新工作室被山东省农林水工会命名为"农林水牧气象系统示范性劳模"和"工匠人才创新工作室"，两个管理局职工书屋被山东省农林水工会命名为"全省农林水牧气象系统优秀职工书屋"，一个管理局职工之家被山东省农林水工会命名为"全省农林水牧气象系统优秀职工小家"。

（山东省水利厅）

【临沂市邳苍分洪道截污导流工程】南水北调东线一期工程临沂市邳苍分洪道截污导流工程于 2008 年 10 月开工建设，2012 年 10 月 26 日通过竣工验收，工程总投资 1.2 亿元。该工程涉及临沂市兰山区、罗庄区、郯城县、兰陵县等 4 个县（区），分布在武河、沂河、邳苍分洪道及其南涑河、陷泥河、吴坦河等有关支流上。工程按照区域分为苍山片区和临沂片区。其中，苍山片区主要有吴坦、芦柞、刘桥、王庄、粮田 5 座橡胶坝工程及吴粮导流沟渠首闸工程；临沂片区主要有丁庄、永安、蒋史汪橡胶坝工程、廖家屯拦河闸工程、多福庄拦河闸工程和武沂沟导流工程。

2019 年 1 月，因临沂市机构改革，临沂市南水北调中水截蓄导用工程管理处承担的行政职能划入临沂市水利局，保留公益服务职能，与临沂市水土保持委员会办公室（市水土保持监督管理处）、临沂市水利移民管

理局（市水利外援项目办公室、市农村公共供水管理办公室）、临沂市东调工程办公室、临沂市滨河景区小埠东橡胶坝管理所、临沂市滨河景区桃园橡胶坝管理所、临沂滨河景区柳杭橡胶管理所整合组建临沂市水利工程保障中心，为副县级单位，2021年1月升格为正县级单位。

1.工程管理情况　2022年，根据水利工程标准化管理的各项要求，全面完成临沂市南水北调中水截蓄导用工程划界工作，并由市政府发布确权划界公告，全面完成临沂市南水北调中水截蓄导用工程闸坝变形测量、堤防水闸基础信息数据库注册登记工作，此3项工作走在全省前列；完成罗庄、郯城、兰陵南水北调中水截蓄导用工程提升改造工作，对永安橡胶坝等闸坝进行坝前坝后清淤4000 m³；积极开展汛前汛后安全检查工作，建立问题台账并逐一销号，确保工程良性运行；狠抓工程日常管理，定期对启闭机、充排水系统、备用发电机等机电设备进行维修养护，对坝袋、坝底板、消力池、海漫、护岸等设施进行检查巡查，确保工程安全运行；加强职工专业知识技能和安全教育等培训，提高职工业务能力水平。

2.工程调度运行情况　2022年，临沂市水利工程保障中心严格按照《临沂市南水北调中水截蓄导用工程控制运用计划》及《临沂市南水北调中水截蓄导用工程度汛方案》进行控制运用，全年累计调度运用工程近80次。

2022年，工程全面发挥"截、蓄、导、用"效益，共拦蓄利用中水约7600万 m³，为51.34万亩农田灌溉提供补充水源。自工程建成以来，最大限度降低了中水下泄量，确保了南水北调东线工程调水的水质安全。

（李琦婧）

【宁阳县洸河截污导流工程】　宁阳县洸河截污导流工程位于南四湖主要入湖河流洸府河上游，涉及宁阳县境内洸河、宁阳沟两条河流。工程总体布局为：在洸河的后许桥、泗店和宁阳沟的纸房、古城建设4座橡胶坝，拦蓄达标排放的中水及当地径流，通过扩挖洸河8.93km、宁阳沟6.16km，增加拦蓄量，4座橡胶坝可一次性拦蓄中水162万 m³；新建泗店、古城两座提水泵站，铺设泗店至东疏输水管道6.7km，古城至乡饮输水管道9.5km。工程总动用土方156万 m³，砌石2.34万 m³，混凝土及钢筋混凝土1.84万 m³，工程总投资5956万元。工程建设工期2年，2007年12月开工建设，2009年10月竣工，2011年10月通过竣工验收。

（1）维护基础设施，确保工程良好运行。全面检查古城泵站机电设备，发现多处故障。聘请技术人员排查原因，逐一排除故障，并测试运行。2022年5月，巡查中发现古城橡胶坝机房进水，淹没电机和排水设施，立即采取措施排水，并拆除电机进行维修保养，使工程设施恢复正常运行。

（2）做好泵站设备检修与运行，保障工程正常运转。按照工程防汛预案，对纸坊、古城、后许桥、泗店四座橡胶坝机房进行全面整修，更换泗店橡胶坝机房附近因施工损坏的电缆，更新部分机电设备，更换消防器材，增设安全警示标志，粉刷泗店泵站、古城泵站墙壁，清理环境卫生，改善工程面貌。同时进一步完善工作制度、值班制度，修订防汛预案。

（3）认真做好工程截蓄导用工作。按照工程设计方案和运行目标，科学合理调度水量，确保洸府河和宁阳河下泄水量水质达标，保证流入下游水质安全，为南水北调东线一期工程安全调水提供保障。

（4）积极应对汛期状况，确保安全度汛。严格落实防汛制度和防汛预案，抓好安全生产工作。在2022年汛期到来前期，增加工程巡查频次，多次进行设备试车，仔细排查安全隐患，及时处置问题状况。

【枣庄市薛城小沙河控制单元中水截蓄导用工程】 枣庄市薛城小沙河控制单元中水截蓄导用工程位于滕州市新薛河、薛城区小沙河和薛城区大沙河流域。工程主要包含：①薛城小沙河新建朱桥橡胶坝1座，扩挖薛城小沙河回水段和小沙河故道回水段，开挖堤外截渗沟2000m；②薛城大沙河新建挪庄橡胶坝1座，新建华众纸厂中水导流管；③新薛河的支流小渭河新建渊子崖橡胶坝1座，河道回水段局部扩挖。工程概算总投资5675.63万元，于2008年11月开工建设，2012年10月完成竣工验收。

2020年上半年，枣庄市薛城小沙河控制单元中水截蓄导用工程由枣庄市城乡水务事业发展中心负责，委托枣庄市智信瑞安水利工程管理有限公司实施工程运行管理和维修养护工作。根据2020年5月9日，枣庄市政府专题会议纪要要求（专纪字〔2020〕7号），将朱桥、挪庄两座橡胶坝工程和资产移交给薛城区政府，将渊子崖橡胶坝工程和资产移交给滕州市政府；6月24日，枣庄市城乡水务事业发展中心在枣庄市财政局和枣庄市城乡水务局的监督下，完成了工程资产现场移交工作；8月12日，将工程移交协议书经各方签字盖章后，分别送交各有关单位存档，完成了工程资产的移交工作。

薛城小沙河控制单元中水截蓄导用工程在拦蓄中水、排涝、抗旱、生态环境改善等方面发挥了重要作用，改善了自然环境，产生了良好的经济效益、社会效益和生态效益。薛城小沙河故道河道的开挖，改善了当地的水质条件和周边村民的生活环境，改变了沿线脏、乱、差的局面，扩大了河道库容和水面面积，为中水截蓄导用提供硬件支持。3座橡胶坝工程，通过截蓄中水，保证了调水期间输水干线水质，同时为上游各泵站提水创造条件，在抗旱中发挥了重要作用。

（枣庄市城乡水务局）

【枣庄市峄城大沙河中水截蓄导用工程】 枣庄市峄城大沙河中水截蓄导用工程位于峄城大沙河上。主要包括在峄城大沙河桩号 0+500 处新建大泛口节制闸，拦蓄水量 86.4 万 m³，在峄城大沙河桩号 30+850 处新建裴桥节制闸，拦蓄水量 199.9 万 m³；在峄城大沙河分洪道桩号 12+000 处新建良庄橡胶坝，拦蓄水量 11.8 万 m³；对峄城大沙河桩号 13+638 处已建红旗闸进行改造，增加拦蓄库容 23.6 万 m³；对峄城大沙河已建贾庄节制闸进行维修。铺设 3000m 管道将台儿庄区中水排放改道入峄城大沙河。工程概算总投资 4465.88 万元。于 2009 年 3 月开工建设，2012 年 10 月完成竣工验收。

2020 年上半年，枣庄市峄城大沙河中水截蓄导用工程由枣庄市城乡水务事业发展中心负责，委托枣庄市智信瑞安水利工程管理有限公司实施工程运行管理和维修养护。根据 2020 年 5 月 9 日枣庄市政府专题会议纪要要求，将裴桥节制闸工程和资产移交给峄城区政府；6 月 24 日，在枣庄市财政局和枣庄市城乡水务局的监督下，完成了工程资产现场移交工作；8 月 12 日，将工程移交协议书经各方签字盖章后，分别送交各有关单位存档，完成了工程资产的移交工作。

峄城大沙河截污导流工程在拦蓄中水、排涝、抗旱、生态环境改善等方面发挥了重要作用，改善了自然环境，产生了良好的经济效益、社会效益和生态效益。裴桥节制闸、大泛口节制闸和良庄橡胶坝工程，为保证调水期间输水干线水质、河道安全度汛和调节河道水位发挥了工程作用；通过截蓄中水为上游各泵站提水创造条件，在抗旱中发挥了重要作用。中水泵站及管道工程，改善了当地的水质条件和周边村民生活环境，改变了过去脏、乱、臭的局面。

（枣庄市城乡水务局）

【滕州市北沙河中水截蓄导用工程】 2008 年 5 月，山东省发展改革委以《关于南水北调东线第一期工程滕州市北沙河截污导流工程初步设计的批复》（鲁发改重点〔2008〕419 号）批准了项目初步设计。核定工程概算总投资 5425.49 万元。主要建设内容：在北沙河干流新建邢庄、刘楼、赵坡、西王晁橡胶坝 4 座，提水泵站 4 座；对北沙河西王晁至休城桥段 11.4km 河道，进行增容开挖和筑堤加固。工程于 2008 年 11 月开工建设，2011 年 11 月 7 日完成竣工验收。

滕州市北沙河中水截蓄导用工程由滕州市负责，交付滕州市河道管理处进行运行管理，滕州市河道管理处是 2004 年 9 月经滕州市委、市政府批准成立，隶属于滕州市水利和渔业局的纯公益性事业单位。管理处下设界河、北沙河、城河、潍河、十字河管理所和北郊排水站共五所一站，现更名为滕州市河湖长制事务中心，为滕州市城乡水务局下属正科级事业单位，下属界河、北沙河、城河、漷河、十字河、两河管理科。汛期实行了24小时值班制度，严格执行《河道巡查制度》，密切监视工程运行状况，要求每日需认真填写《河道工程运行管理记录表》，切实做到有源可究、有档可循。为合理利用拦蓄河水，充分发挥工程效益，采取多种措施：①建立了河水优先使用、地下水控制使用原则；②优化了调蓄方式，加强了全河网联动调蓄能力，完善了各河道自上而下逐级调蓄衔接制度；③做好统筹协调工作，在下游主灌区用水高峰期间，加大上游橡胶坝河水下泄量，在统筹下游主灌区用水的同时协调好上游用水需求，一系列举措有力保障了沿河各灌区粮食安全。

滕州市北沙河中水截蓄导用工程2022年度共拦蓄下泄中水396万 m³，其中，干线输水期间拦截下泄中水252.45万 m³；总回用量为1837.4万 m³，其中灌溉回用量为1801.6万 m³。2022年累计灌溉面积达9.6万亩，通过中水灌溉回用，减少 COD 入河量358t，减少 NH_3-N 入河量54t，有效改善了出境水质，提高了南水北调东线工程干线输水达标率。

（滕州市城乡水务局）

【滕州市城漷河中水截蓄导用工程】

滕州市城漷河中水截蓄导用工程位于城漷河流域滕州市境内。2008年5月，山东省发展改革委以《关于南水北调东线第一期工程滕州市城漷河截污导流工程初步设计的批复》（鲁发改重点〔2008〕420号）批复工程初步设计报告。核定工程概算总投资11325.81万元。工程主要内容：新建6座橡胶坝，其中城河干流新建东滕城、杨岗橡胶坝2座，漷河干流新建吕坡、于仓、曹庄橡胶坝3座，城漷河交汇口下游新建北满庄橡胶坝1座；维修城河干流洪村、荆河、城南橡胶坝3座，漷河干流南池橡胶坝1座；在东滕城、杨岗、北满庄、吕坡、于仓、曹庄6座橡胶坝上游新建灌溉提水泵站各1座；在曹庄橡胶坝上游漷河左岸和杨岗橡胶坝上游城河左岸设人工湿地引水口门各1处；河道扩容开挖工程10.7km。工程于2008年11月开工建设，2011年11月7日完成竣工验收。

滕州市城漷河中水截蓄导用工程由滕州市负责，交付滕州市河道管理处进行运行管理，滕州市河道管理处是2004年9月经滕州市委、市政府批准成立，隶属于滕州市水利和渔业局的纯公益性事业单位。管理处下设界河、北沙河、城河、漷河、十字河管理所和北郊排水站共五所一站，现更名为滕州市河湖长制事务中心，为滕州市城乡水务局下属正科级事业单位，下属界河、北沙河、城河、漷河、十字河、两河管理科。汛期实行了24小时值班制度，严格执行《河道巡查制度》，密切监视工程运行状况，要求每日需认真填写《河道工程运行管理记录表》，切实做到有源可究、有档可循。为合理利用拦蓄河水，充分发挥工程效益，采取多种措施：①建立了河水优先使用、地下水控制使用原则；②优化了调蓄方式，加强了全河网联动调蓄能力，完善了各河道自上而下逐级调蓄衔接制度；③做好统筹协调工作，在下游主灌区用水高峰期间，加大上游橡胶坝河水下泄量，在统筹下游主灌区用水的同时协调好上游用水需求，一系列举措有力保障了沿河各灌区粮食安全。

滕州市城漷河中水截蓄导用工程 2022 年度共拦蓄下泄中水 1966.38 万 m^3。其中，干线输水期间拦截下泄中水 1311.6 万 m^3；总回用量为 4713.28 万 m^3，其中灌溉回用量为 4398.53 万 m^3、工业企业回用量为 314.75 万 m^3。2022 年累计灌溉面积 50 万亩，通过中水灌溉回用，减少 COD 入河量 1112.5t，减少 NH_3-N 入河量 92.3t，有效改善了出境水质，提高了南水北调东线工程干线输水达标率。 （滕州市城乡水务局）

【枣庄市小季河截污导流工程】 枣庄市小季河截污导流工程位于枣庄市台儿庄区境内、南水北调输水干线韩庄运河段北侧。2006 年 7 月，山东省南水北调建设管理局委托山东省水利勘测设计院编制完成了《南水北调东线一期工程枣庄市小季河截污导流工程可行性研究报告》，2008 年 8 月 18 日山东省发展改革委以鲁发改农经〔2008〕833 号文件对可行性研究报告进行批复；11 月 24 日山东省发展改革委以鲁发改重点〔2008〕1219 号文件对工程初步设计报告进行了批复。工程概算总投资为 4092.83 万元，其中工程部分投资 3075.35 万元，移民安置补偿投资 866.92 万元，水土保持投资 6.83 万元，环境保护投资 23.73 万元，水质监督与保护费 120 万元。2008 年 6 月 5 日，台儿庄区南水北调工程建设管理局以台调水字〔2008〕1 号文件批复成立了枣庄市台儿庄区南水北调截污导流工程建设管理处，承担工程建设管理工作；工程由山东省水利勘测设计院设计、山东省水业发展研究院监理、枣庄大禹水利工程处承建。工程于 2008 年 12 月开工建设，2010 年 10 月完成。2011 年 11 月工程通过竣工验收。主要工程内容包括：小季河、北环城河、台兰干渠河道疏浚、清淤、扩宽，新建季庄西拦河闸 1 座、生产桥 6 座，新建中水回用泵站 4 座、改建 1 座，维修赵村防洪闸 1 座，建设截污导流工程管理所 1 处。工程等别为 IV 等，河道工程和主要建筑物级别为 4 级，次要建筑物级别为 5 级，临时建筑物级别为 5 级。

工程由台儿庄区水务事业发展中心统一管理、调度，实现区域产生的中水在南水北调调水期间不进入调水干线，确保调水水质。调水期间由台儿庄区水务事业发展中心调度，非调水期间（汛期、用水期）服从区防汛抗旱指挥部统一调度，区城乡水务局具体实施小季河、兰祺河沿线闸坝管理，通过苍庙节制闸、季庄西拦河闸、赵村站防洪闸协调调度，拦蓄中水和上游产水、来水，壅高、控制水位；在调水期间及非调水期间为农业灌溉以及城区生态景观提供水源。

2022年工程拦蓄中水620万 m³。利用中水回用泵站提水灌溉水稻1.3万亩、冬小麦1.7万亩，实现了工程中水回用、防洪、排涝、生态、交通等社会预期效益。小季河截污导流工程实施完成后，地方政府投资相继建设了小季河湿地、小季河南堤沥青混凝土路并对小季河全线进行了绿化、亮化工程建设。 （山东省水利厅）

【菏泽市东鱼河截污导流工程】 菏泽市东鱼河截污导流工程是南水北调东线一期工程的一部分，是保证南水北调输水干线输水期间水质的配套工程。2008年5月，山东省发展改革委批复工程初步设计，核定工程投资1.54亿元，总工期2年。该工程位于菏泽市鲁西新区、定陶县、成武县和曹县境内的东鱼河北支及团结河。主要建设内容包括新建南湖水库1座，新建张衙门、侯楼、王双楼、鹿楼、后王楼拦河闸5座、提水站13座及东鱼河北支河道拓挖。菏泽市东鱼河截污导流工程于2008年9月10日开工，2010

年11月完工，并于2011年10月16日，率先通过由山东省南水北调工程建设管理局组织的全省竣工验收。

2019年1月，菏泽市机构改革，菏泽市南水北调工程建设管理局承担的行政职能划入菏泽市水务局，保留公益服务职能。2022年1月，菏泽市水务局河湖流工程管理服务中心挂牌成立，菏泽市南水北调建设管理局更名为菏泽市南水北调工程协调中心，管理人员由16名调整为6名，为菏泽市河湖流工程管理服务中心管理。2021年1月，为充分发挥工程效益，更好地管好、用好工程，确保国有资产保值增值，根据菏泽市政府安排，由菏泽市河湖流工程管理服务中心牵头，将菏泽市东鱼河截污导流工程委托与菏泽市水务集团运营管理，菏泽市河湖流工程管理服务中心南水北调工程协调中心负责直接监管。菏泽市水务集团水源有限公司接管拦河闸工程以来，根据水利工程标准化管理的各项要求，在市河湖流域中心的正确领导下，加强工程设施维保资金投入，加强加快标准化管理建设步伐，5座拦河闸于2021年11月底全部通过山东省水利厅标准化管理达标评价，2022年11月经菏泽市水务局组织专家组评审，菏泽市东鱼河截污导流工程顺利通过水利工程安全生产标准化三级验收。

按照山东省水利厅2022年《山东省水闸控制运用计划编制导则》，菏泽市东鱼河截污导流工程五座拦河闸重新修订了控制运行计划，并上报至菏泽市水务局批复。为做好防汛工作，配合菏泽市河湖流域工程管理防御科重新编制了《工程度汛方案》，为工程汛期安全度汛提供了保障工程。按照工程初步设计的运行任务和运行指标，对所辖工程进行运行管理及日常维护保养工作，实现了正常运行，发挥了应有的效益。

（1）向工业企业供水，助力实现高质量发展。菏泽市东鱼河截污导流工程张衙门拦河闸与南湖水库联合拦蓄上游城镇污水处理厂和工业企业达标排放的中水、当地径流及黄河水（主要拦蓄第一污水处理厂中水），不断推动南水北调配套水库向工业企业供水，经水库净化后向给鲁西新区工业企业和华润电厂等用水，服务于菏泽市经济发展。经中水泵站向赵王河公园生态补水、市政环保等用水约。为企业新旧动能转换实现高质量发展提供了坚实水源支撑。

（2）以截污导流工程为水源，助力生态环境保护。为扎实推进黄河流域生态保护和高质量发展，扩大中水使用率，菏泽市地下水超采区综合治理项目，把拦截的中水作为替代水源，逐步关停封存自备井，严格限制地下水开采使用，地下水位不断回升，地下水环境得到改善。根据"优水优用、劣水劣用"的原则，从2022年上半年开始，经城市管理局牵头在城区布置中水取水点20余处，用于道路清洒及城市绿化等，为菏泽市压采地下水，减少黄河水用量，打造节水型城市夯

实了基础。 （山东省水利厅）

【金乡县截污导流工程】 金乡县截污导流工程主要包括：王杰节制闸、刘堂节制闸、莱河橡胶坝、郭楼橡胶坝、朗庄橡胶坝等5座拦河闸坝工程。其中，王杰节制闸和郭楼橡胶坝于2008年10月开工建设，2009年11月完工并投入运行；刘堂节制闸于2013年建成并投入使用；莱河橡胶坝于2013年建成并投入使用；朗庄橡胶坝于2016年建成并投入使用。设计拦截调蓄总库容799.9万 m^3。

金乡县截污导流工程由金乡县水利工程运行服务中心负责工程管理，核定编制35人，经费财政全额拨款。各闸坝均配备了专业管理人员进行管理。

为确保南水北调东线工程供水水质达到Ⅲ类水标准，工程严格按照金乡县水质控制目标和总量控制目标，利用新建拦蓄工程，在南水北调东线工程输水期将城区工业企业和金乡县污水处理厂达标排放的中水及地表径流，拦蓄在金济河、金马河、大沙河、莱河、东沟河、老万福河，用于城市回用、发展农业灌溉和补充地下水源。2009年金乡县日拦蓄中水量为1.2万 m^3，2022年金乡县日拦蓄中水量为6万 m^3。

工程有效解决中水排入到南水北调东线干线输水渠道问题，达到了"截、蓄、导、用"目的。设计工程全部完成，设计功能基本实现。在截污

导流工程运行过程中，金乡县根据自己的实际特点，因地制宜，合理开发和利用中水资源，即节约了地下水资源，营造了优美的自然环境，又创造了可观的经济和社会效益。中水开发利用主要有以下两个方面：①用于农业灌溉、补充地下水资源。工程建成以来，通过闸坝拦截，有效保证了南水北调输水水质，进一步提升了县域蓄水能力，促进农业灌溉用水由地下水置换为地表水，为农业生产提供充足的水源，减少了对地下水的超采，有利于地下水回灌补源，具有显著的社会效益和环境效益。②用于景观用水，改善人文环境。　　　（张衡）

【曲阜市截污导流工程】　曲阜市截污导流工程批复新建橡胶坝2座；在橡胶坝上游分别新建提水泵站1座，共计2座。新增拦蓄库容127.1万 m³，新增灌溉面积5133.33hm²。本工程于2008年7月1日开工，2009年9月完成全部工程建设。已完成竣工验收，投入运行使用，运行正常。

曲阜市河湖事务服务中心负责工程的运行管理，为副科级单位，工程经费财政拨款。河湖中心下设沂河管理科，具体负责郭庄、杨庄两座橡胶坝日常管理及维护工作。

工程设计灌溉面积5133.33hm²，实际灌溉面积5133.33hm²，总调蓄库容253.1万 m³，新增拦蓄库容127.1万 m³。污水处理厂设计规模为3万 t/d，截污导流工程在干线输水期间需拦截770万 m³。

工程有效解决中水排入到南水北调东线干线输水渠道问题，达到了"截、蓄、导、用"目的。设计工程全部完成，设计功能基本实现。在截污导流工程运行过程中，曲阜市根据自己的实际特点，因地制宜，合理开发和利用中水资源，既节约了地下水资源，营造了优美的自然环境，又创造了可观的经济和社会效益。中水开发利用主要有以下两个方面：①用于农业灌溉、补充地下水资源。工程建成以来，通过闸坝拦截，有效保证了南水北调输水水质，进一步提升了蓄水能力，促进农业灌溉用水由地下水置换为地表水，为农业生产提供充足的水源，减少了对地下水的超采，有利于地下水回灌补源，具有显著的社会效益和环境效益。②用于景观用水，改善人文环境，曲阜市将中水引入廖河湖公园、大沂河湿地等景区，满足景观用水。　　　（王超）

【嘉祥县截污导流工程】　嘉祥县截污导流工程新建河道型蓄水库，库容为202万 m³，改善灌溉面积1666.67hm²。主要建设内容包括：疏通治理前进河、洪山河两条河道21.1km，扩挖洪山河低洼区13.4hm²，新建前进河拦河闸、改建曾店涵闸、洪山河涵闸。批准概算投资2629.53万元。工程2008年6月30日开工，2009年11月全部完成，2012年10月工程竣工验收。

嘉祥县南水北调干线灌排影响处理工程主要建设内容包括：扩挖金庄引河 4.3km；新建及改建建筑物 8 座，新建新杨节制闸（泵站）1 处。项目批复投资 3995.39 万元，其中工程部分投资 3403.74 万元、移民环境补偿投资 591.65 万元。该工程于 2018 年 11 月开工，2019 年 12 月 29 日合同完工验收。

嘉祥县截污导流工程运行机构为嘉祥县水利事业发展中心，为县水务局所属的正科级单位，核定编制 55 人，经费实行财政全额预算管理，运行情况良好。

工程设计功能已达到"截、蓄、导、用"目标，设计灌溉面积 $1666.67hm^2$，实际灌溉面积 $1766.67hm^2$，库容 202 万 m^3，实际拦蓄 280 万 m^3。污水处理厂尾水已全部截住，污水处理厂设计规模为 4 万 t/d；设计回用为 1 万 t/d。剩余 3 万 t 应由截污导流工程拦蓄。嘉祥县南水北调干线灌排影响处理工程，涉及梁宝寺、黄垓、老僧堂、孟姑集、大张楼、马村等 6 个镇（街），赵王河以北区域 35 万亩农田满足浇灌要求，同时增加了赵王河以北区域的滞蓄能力。

工程有效解决中水排入到南水北调东线干线输水渠道问题，达到了"截、蓄、导、用"目的。设计工程全部完成，设计功能基本达到。在截污导流工程运行过程中，嘉祥县根据自己的实际特点，因地制宜，合理开发和利用中水资源，既节约了地下水资源，营造了优美的自然环境，又创造了可观的经济和社会效益。中水开发利用主要有以下两个方面：①用于农业灌溉、补充地下水资源。工程建成以来，通过闸坝拦截，有效保证了南水北调输水水质，进一步提升了县域蓄水能力，促进农业灌溉用水由地下水置换为地表水，为农业生产提供充足的水源，减少了对地下水的超采，有利于地下水回灌补源，具有显著的社会效益和环境效益。②用于景观用水，改善人文环境，提高生态效益凸显成效。

（孙有坤）

【济宁截污导流工程】　济宁截污导流工程新增库容 834.6 万 m^3，新增灌溉面积 $1333.33hm^2$。工程建设内容包括：①利用兖矿集团 3 号井煤矿采煤塌陷区蓄存中水。蓄水区扩挖工程、新建排水泵站 1 座，出入蓄水区涵洞 1 座。②在济宁市污水处理厂附近新建中水加压站 1 座，并铺设 5.95km 中水输出管道。③为拦蓄济宁城区、高新区污水处理厂中水，在廖沟河、小新河、幸福河支沟、幸福河上新建节制闸各 1 座。④新开挖小新河与幸福河支沟之间的明渠。⑤新建穿铁路涵洞 1 座。⑥新建明渠、幸福河支沟上交通桥 2 座、生产桥 4 座。工程总投资 18603 万元。工程于 2010 年年底完成主体工程建设，基本具备"截、蓄、导、用"功能，运行正常。

济宁市水利事业发展中心为现场管理监督单位，负责截污导流工程及蓄水区人工湿地管理运行。工程采用政府购买服务方式运行。运行管理单位为济宁市德信水利工程质量与安全检测有限公司。

工程设计功能已基本达到，设计灌溉面积 1333.33hm²，实际灌溉面积 1933.33hm²，调水期间拦蓄中水 1200 万 m³，库容 836.4 万 m³，实际库容达 1300 万 m³。设计任务内污水处理厂尾水已全部截住。济宁污水处理厂设计规模为 20 万 t/d，设计回用 8 万 t，工程截蓄 12 万 t；高新区污水处理厂 9 万 t/d，设计回用为 2 万 t/d，工程截蓄 7 万 t。截污导流工程截蓄济宁市污水处理厂和高新区污水处理厂共计 19 万 t/d。

工程有效解决中水排入到南水北调东线干线输水渠道问题，达到了"截、蓄、导、用"目的。设计工程全部完成，设计功能基本达到。在截污导流工程运行过程中，济宁市根据自己的实际特点，因地制宜，合理开发和利用中水资源，既节约了地下水资源，营造了优美的自然环境，又创造了可观的经济和社会效益。中水开发利用主要有以下两个方面：①用于农业灌溉、补充地下水资源。工程建成以来，通过闸坝拦截，有效保证了南水北调输水水质，进一步提升了市域蓄水能力，促进农业灌溉用水由地下水置换为地表水，为农业生产提供充足的水源，减少了对地下水的超采，有利于地下水回灌补源，具有显著的社会效益和环境效益。②用于景

观用水，改善人文环境。济宁市截污导流工程将中水引入北湖湖畔的老运河人工湿地，营造成了一座近三千余亩的大型湿地公园，睡莲、香蒲、芦苇等植物生机盎然，鱼儿畅游，鸟类栖息，有效改善了城市周边的水生态环境，逐渐成为附近居民休闲、娱乐、健身的首选地。洸府河人工湿地、蓄水区人工湿地生态效益凸显成效，蓄水区内的稳定塘水质已稳定达到Ⅲ类水。

（张大伟）

【微山县截污导流工程】 微山县截污导流工程新增库容 167.5 万 m³，新增灌溉面积 1866.67hm²。工程主要建设内容包括：①老运河渡口桥至杨闸桥段 0+239～10+570 河槽扩挖工程，10+570～16+443 杨庄闸至三孔桥下游综合治理工程；②新建渡口充水式橡胶坝，坝长 22m；③新建三河口枢纽工程，包括三河口节制闸和倒虹；④拆除重建三孔桥节制闸；⑤维修夏镇航道闸；⑥维修加固杨闸桥、南外环桥、渡口桥，拆除重建东风桥、小闸口桥、纸厂桥，新建南门口桥。工程总投资 6489 万元。微山县截污导流工程已于 2010 年年底完成，2011 年年底进行试运行，运行正常。

微山县截污导流工程运行机构为微山县水利工程运行维护中心，经费落实。微山县水利工程运行维护中心为县水务局所属的副科级单位，核定编制 26 人，经费实行财政全额预算管理，运行情况良好。

工程设计功能已达到，设计灌溉面积 1866.67hm²，实际灌溉面积 1866.67hm²，库容 167.5 万 m³。污水处理厂尾水已全部截住，污水处理厂规模为 4 万 t/d，实际运行 2 万 t/d。调调水期间中水回用水量 773 万 m³。截污导流工程实际蓄存中水 576.6 万 m³。可消减 COD346.5t/a、NH_3-N46.2t/a。

工程有效解决中水排入到南水北调东线干线输水渠道问题，达到了"截、蓄、导、用"目的。设计工程全部完成，设计功能基本达到。在截污导流工程运行过程中，微山县根据自己的实际特点，因地制宜，合理开发和利用中水资源，既节约了地下水资源，营造了优美的自然环境，又创造了可观的经济和社会效益。中水开发利用主要有以下两个方面：①用于农业灌溉、补充地下水资源。工程建成以来，通过闸坝拦截，有效保证了南水北调输水水质，进一步提升了县域蓄水能力，促进农业灌溉用水由地下水置换为地表水，为农业生产提供充足的水源，减少了对地下水的超采，有利于地下水回灌补源，具有显著的社会效益和环境效益。②用于景观用水，改善人文环境。 （黄峰）

【梁山县截污导流工程】 梁山县截污导流工程新增库容 330 万 m³，新增灌溉面积 3000hm²。主要建设内容包括：①对梁济运河邓楼闸至宋金河入口 28.472km 的河道进行开挖；②自

污水处理厂至梁济运河铺设输水管道 500m；③新建龟山河提水站；④维修加固龟山河闸；⑤拆除重建任庄、郑那里、东张博等 3 座危桥。梁山县截污导流工程全部完成。工程总投资 5536 万元。2012 年完成竣工验收，投入运行使用。

运行机构为梁山县河湖事务服务中心，为县水务局所属的副科级事业单位，核定编制 6 人，经费实行财政全额预算管理，运行情况良好。

工程设计功能已达到，设计灌溉面积 3000hm²，需拦蓄 730 万 m³，设计库容 330.6 万 m³。污水处理厂尾水已全部截住，设计规模为 5 万 t/d，运行正常，回用设施运行基本正常。工程无尾工，需对沿河排灌站及骨干灌溉工程进行维修及配套。

工程有效解决中水排入到南水北调东线干线输水渠道问题，达到了"截、蓄、导、用"目的。设计工程全部完成，设计功能基本达到。在截污导流工程运行过程中，梁山县根据自己的实际特点，因地制宜，合理开发和利用中水资源，既节约了地下水资源，营造了优美的自然环境，又创造了可观的经济和社会效益。中水开发利用主要有以下两个方面：①用于农业灌溉、补充地下水资源。工程建成以来，通过闸坝拦截，有效保证了南水北调输水水质，进一步提升了县域蓄水能力，促进农业灌溉用水由地下水置换为地表水，为农业生产提供充足的水源，减少了对地下水的超

采，有利于地下水回灌补源，具有显著的社会效益和环境效益。②用于景观用水，改善人文环境。梁山县通过把流畅河湿地、运河湿地与梁山泊旅游区山北水库结合，进一步深度处理蓄存的中水水质，是截污导流工程的延续和提升，也为生态景观旅游、改善局部小气候建设提供了物质基础。

（张伟）

【鱼台县截污导流工程】　鱼台县截污导流工程主要建设内容为新建唐马拦河闸 1 座（东鱼河干流桩号 11＋100）、维修郭楼站、林庄站穿堤涵洞 2 处、铺设玻璃钢输水管道 6.5km 等。核定工程总投资为 4214 万元。工程于 2008 年 12 月 29 日开工建设，2010 年 10 月完成全部工程建设内容，2011 年 10 月完成竣工验收。投入运行使用以来运行正常。鱼台县截污导流工程运行机构为鱼台县水利事业发展中心。

工程设计功能已达到，设计灌溉面积 5066.67hm²，实际灌溉面积 5186.59hm²，库容 760 万 m³。污水处理厂尾水已全部截住，污水处理厂设计规模为 3 万 t/d，实际 3 万 t/d；设计回用为 1 万 t/d。回用工程已完成并启用，截污导流工程实际蓄存中水 1056 万 m³。

工程有效解决了中水排入到南水北调东线干线输水渠道问题，达到了"截、蓄、导、用"目的。设计工程全部完成，设计功能基本达到。在截污导流工程运行过程中，鱼台县根据自己的实际特点，因地制宜，合理开发和利用中水资源，既节约了地下水资源，营造了优美的自然环境，又创造了可观的经济和社会效益。中水开发利用主要有以下两个方面：①用于农业灌溉、补充地下水资源。工程建成以来，通过闸坝拦截，有效保证了南水北调输水水质，进一步提升了县域蓄水能力，促进农业灌溉用水由地下水置换为地表水，为农业生产提供充足的水源，减少了对地下水的超采，有利于地下水回灌补源，具有显著的社会效益和环境效益。②用于景观用水，改善人文环境。　　（石羽）

【武城县截污导流工程】　武城县截污导流工程位于山东省德州市的武城县和平原县境内。工程利用武城县六六河和利民河东支、赵庄沟等建闸拦蓄中水，并经河道沿岸灌溉回用工程引水灌溉，在南水北调调水期间保证中水不进入六五河，非调水期间将中水泄入减河。工程内容包括六六河及马减竖河清淤工程，新建重建拦河闸 5 座、节制闸 6 座、交通桥 2 座，维修 9 座涵闸、5 座生产桥，新建倒虹 1 座、穿函 1 座，总投资 2905.96 万元，工程于 2011 年完工。

武城县水利局作为截污导流工程项目管理单位，负责工程各项运行管理工作，对工程管理范围内渠道及建筑物进行安全巡查及维护保养，确保工程正常运行。

2022年武城县截污导流工程共拦蓄水量1307.95万 m^3。其中，回用中水量为1106.06万 m^3，用于农业灌溉933.49万 m^3、用于生态172.57万 m^3。

工程可保证七一·六五河水质长期稳定达到Ⅲ类地表水水质标准，解决水资源短缺与水环境严重污染的尖锐矛盾，做到节水、治污、生态保护与调水相统一，形成"治、截、用"一体化的工程体系。

【夏津县截污导流工程】 南水北调东线一期工程夏津县截污导流工程是将县污水处理厂处理后的中水经三支渠输送到城北改碱沟及青年河，利用河道上的节制闸对中水实现层层拦蓄，形成竹节水库，在农田灌溉季节实现中水灌溉回用。主要工程建设内容包括清挖三支渠6.23km，重建桥梁16座、提水泵站2座、涵管12座、节制闸3座，维修节制闸1座。工程等级为Ⅳ等，抗震强度为6度。核定工程总投资2505.86万元。工程于2011年完工。

夏津县水利局作为截污导流工程项目管理单位，负责工程各项运行管理工作，对工程管理范围内渠道及建筑物进行安全巡查及维护保养，确保工程正常运行。

2022年夏津县截污导流工程共调节水量2011.42万 m^3。其中，回用中水量为1705万 m^3，用于生态回用600万 m^3、用于农业灌溉1105

万 m^3。

既能保证七一·六五河水质长期稳定达到Ⅲ类地表水水质标准，又能解决水资源短缺与水环境严重污染的尖锐矛盾，做到节水、治污、生态保护与调水相统一，形成"治、截、用"一体化的工程体系。

（山东省水利厅）

【临清市汇通河截污导流工程】 2022年，工程新建红旗渠入卫穿堤涵闸1座。北大洼水库至大众路口铺设管线长度417m（单排 ϕ2000mm管）；顶管管线长度85.15m（双排 ϕ1500mm管）。大众路口至石河铺设管线长度2159.25m（双排 ϕ2000mm管）。红旗渠4.03km河道清淤疏浚及红旗渠纸厂东公路涵洞、红旗渠纸厂1号公路涵洞、红旗渠纸厂2号公路涵洞、红旗渠纸厂3号公路涵洞4座过路涵改建。工程于2008年12月27日开工，2010年7月30日完工，2011年12月30日通过山东省南水北调工程建设管理局组织的竣工验收。

新增工程主要是在临清十八里干沟入口及临夏边界处建设节制建筑物，包括：①十八里干沟入口闸工程；②西支渠北朱庄闸工程；③中支1渠小屯西闸工程；④中支2渠小屯闸工程；⑤东支渠柴庄闸工程；⑥相关沟渠清淤11.42km。2016年6月5日开工建设，2017年12月13日通过完工验收。

临清市汇通河截污导流工程项目

由山东省南水北调工程建设管理局委托临清市南水北调工程建设管理局为项目法人。工程建成后，由临清市市政管理处实际运行管理，纳入整个城市公共设施管理范围，机构改革后，市政管理处隶属于临清市综合行政执法局。

2022年度闸门启闭正常，渠道、管道、水库水流平稳，工程运行情况正常。

临清市汇通河截污导流工程的建成，使污水处理厂处理后的中水，通过红旗渠、北大洼水库、北环路埋管、大众路埋管、汇通河（小运河）、胡家湾水库连成一体，形成了城区大水系，既改善了城区水环境，富余水量又可灌溉周围农田，具备了截污导流工程的"截、蓄、导、用"功能，削减污染物，使其在调水期间不进入调水干线，确保了调水水质。

（山东省水利厅）

【金堤河截污导流工程】 金堤河截污导流工程涉及东阿县刘集镇的7个管区、30个自然村，该工程利用东阿县原有郎营沟，通过治理改造进行导流。东阿段全长22km，其中新开段3.7km；工程征地1129.67亩，其中永久占地67.44亩、弃土临时占地996.1亩。该工程主要内容为桥涵闸清淤疏浚。主要任务是：为避免由河南省下排入金堤河、小运河的污废水污染输水干线-小运河，将上游下泄的污废水进行改排。该工程于2009

年12月底完工。工程竣工后，东阿县迁占移民项目中结余资金344万元。2012年经上级主管部门同意后，结合东阿段实际情况和当地政府群众意愿要求，该结余资金用于东阿段后续完善工程，本次工程对东阿县与阳谷县交界处至油坊穿涵上游段（13＋543～17＋750）4.207km的两岸堤防恢复，并配套建设两岸支沟建筑物节制闸、简易排涵14座，铺设14＋950～15＋950左岸石渣道路一条，改建25＋490生产桥一座，建设刘集镇棉厂东桥至后张东桥（24＋950～26＋010）1.060km的渠道衬砌工程。

2022年聊城市金彭陶水利管理服务中心，组织实施金堤河徒骇河引调水应急防洪工程，主要建设任务是利用东阿县金堤河截污导流中水截蓄导用工程进行疏挖，改造相关建筑物，提升向徒骇河调水能力，提高金堤河雨洪资源利用率，改善沿线生态环境和调水线路沿线防洪除涝能力，并为金堤河向徒骇河应急分洪创造条件。

金堤河徒骇河引调水应急防洪工程，涉及东阿县金堤河截污导流中水截蓄导用工程清淤疏挖全长长11.52km；完成工程临时用地252.31亩，清除各类地上附着物及专项设施包括：乔木33620棵，景观绿化树木442棵，零星果树113棵，花椒15棵，坟墓4座，藕池0.31亩，苗圃（两年以下）0.08亩，苗圃（两年以上）6.54亩，低压线路3杆，分电箱4个，地下电缆线335m，手压井2眼，砂管井540m等。共完成征地移民资金兑付268.88万元（含乡村工作经费5万元）。

2022年东阿县水利局定期组织有关人员对截污导流工程沿线进行巡查，当地乡镇政府结合河长制工作对河道进行定期巡河，对发现的问题及时反馈整改，特别是在汛期组织人员对易堵易涝地区加大巡查力度，对淤堵严重的倒虹吸等重要河段及时协调南水北调山东干线公司进行清理，并在沿河主要位置设立安全警示标志。2022年6月金彭陶水利管理服务中心组织实施了阳谷新开段2.7km渠道清淤工作，保障了截污导流工程的正常运行。

通过2022年度实施金堤河徒骇河引调水应急防洪工程，使东阿县排涝功能进一步提升。

陆　中线一期工程

概 述

【工程管理】 南水北调中线一期工程经过 8 年摸索前行，从运行初期的安全平稳运行，转变为现阶段的高质量发展新阶段。中国南水北调集团中线有限公司（以下简称"中线公司"）始终以习近平新时代中国特色社会主义思想为指导，牢固树立安全发展理念，从守护生命线的政治高度，全面落实法人主体责任，有效确保了"三个安全"。2022 年，中线一期工程运行安全平稳。2022 年，中线公司着眼国家水安全战略，积极参与国家大水网建设，深入开展了内外部、近远期、传统非传统风险辨识，精准定位工程存在的风险和问题，积极落实风险管控措施。充分汲取郑州"7·20"特大暴雨灾害教训，未雨绸缪抓备汛防汛，提升"四预"能力，主动融入地方防汛应急体系，确保安全度汛。提早部署冰期输水工作，加强重点断面监测，及时完成设备设施检修维护，确保冰期输水安全。有序推进防洪加固和首都安全专项实施，有效提升中线工程防汛风险防范能力和京津冀地区安全防范能力。全面贯彻"勤俭办企、提质增效"管理思路，深化"双精维护"理念，结合发展新形势系统开展制度体系建设，高质量推进维修养护项目实施。建立健全穿跨邻接项目全过程安全监管机制，纳入立体工程安全管理，开展全线大排查，摸清底数，确保发生突发事件后能够及时有效处置。（张吉康）

2022 年，中线水源公司按照水利部、长江委工作部署和要求，坚持"工程安全、供水安全、水质安全"至上，从守护生命线的政治高度，以从严、从实、从细、从准、从全的工作要求，不断强化红线意识，牢固树立底线思维、极限思维，着力提升风险隐患治理和应急处置能力，以严密的安全管理措施，全面落实工程运行安全主体责任，严格落实问题整改和风险查找、研判、预警、防范、处置、责任"六项机制"，构筑坚固的安全生产双重预防防火墙，切实维护工程安全、供水安全、水质安全。

（周荣）

【运行调度】 各级输水调度人员立足本职、攻坚克难，在新冠疫情防控和防汛度汛的双重压力下，逆势而上，超额完成 2022 年度供水任务。2022 年累计下达调度指令 50177 次。充分利用丹江口水库腾库迎汛和汛期来水颇丰的有利时机，于 2022 年 4 月 13 日至 6 月 30 日实施了大流量输水工作，陶岔渠首入渠流量达到 350m³ 及以上运行共计 79 天。针对可能发生的应急工况，组织开展多科目应急推演。妥善应对中线总干渠各类突发应急情况，及时开展应急调度，转危为安，全年输水调度运行平稳、可控。积极探索输水调度值班模式优化试点工作，并取得阶段性成果。着力推进科技创新能力，持续推动智慧调度建设，开展极端工况下中线工程预测预演与应急调控关键技术等一系列调度关键技术研究。以问题为导向，以实际工作为依托，启动标准规定修编工作，开展多元化、多层次业务培训，全面提升输水调度人员理论和实战能力。在新冠疫情暴发期间，两次组建"抗击疫情保生产"突击队，累计封闭值班81天，保障输水调度安全，圆满完成各项调度任务。

（刘帅杰）

2022年，中线水源公司认真贯彻执行上级有关水旱灾害防御工作指示精神，筑牢水旱灾害防御底线，强化"四预"措施，滚动会商研判，持续水库优化调度，着力保障防洪和供水安全，圆满地完成了水库防汛、供水、生态调度等各项任务，南水北调中线一期工程陶岔渠首供水量连续3年再创历史新高，充分发挥了丹江口水利枢纽综合效益。　　（周荣）

【经济财务】

1. 生产经营情况　截至2022年12月31日，中线水源公司资产总额475.73亿元。2022年实现营业务收入12.11亿元，营业总成本为15.01亿元，营业利润为－2.90亿元。

2. 基建投资情况　截至2022年12月31日，中线水源工程累计批复概算549.18亿元，累计到位资金549.18亿元，累计完成支出546.38亿元。

3. 水费情况　截至2022年12月31日，中线水源公司当年应收水费10.90亿元，实收水费12.11亿元；累计应收水费78.18亿元，实收水费60.94亿元；水费收取率为77.95%。公司在保证工程运行维护的基础上，累计偿还银团贷款本金19.44亿元。

（都瑞丰）

2022年中线公司竣工财务决算工作圆满完成，资产管理体系建设稳步推进；顺利开展资产全面清查收尾工作，依托资产数据管理平台，运用互联网前沿技术，采用二维码与RFID相结合的方式，逐步建立资产永久标识体系。贯彻落实综合治理、提质增效和"艰苦奋斗、勤俭办企"专项行动部署安排，坚持两个统筹，抓牢三张清单，运用四种机制，强化顶层设计，助力提升经营质效，实现经营合规、依法纳税、勤俭办企，增强效益。抓好水费收取，2022年沿线4省（直辖市）受到新冠疫情影响，财政资金压力较大，水费收缴困难，在南水北调集团高位统筹协调下，中线公司各级攻坚克难，压实责任、多措并举，圆满完成年度水费收取目标。①加强资金管理，发挥资金效益，防范资金风险，在南水北调集团的统筹指导下，完善资金管控制度，防控资金风险，配合南水北调集团开展司库体系建设；②完成中线一期工程银团贷款水费收费权解质押，提高了水费资金使用灵活度，增强水费资金使用效益；③以全面预算管理统筹调配资源，构建预算管理框架体系，按照"54321"工作思路，明确"保、压、减、提、扩"预算编制思路，强化预算"龙头"作用，坚持"保基本、保必须、保安全"原则，建立预算执行分析常态机制，加强完善预算监管系统对预算项目实施的全过程监管，为公司经营发展提供有效决策支持。

（方红仁　芮京兰　张静）

【工程效益】　通水以来，中线一期工程已惠及沿线 24 座大中城市、200 多个县（市、区），沿线受益人口连年攀升，直接受益人口达 8500 多万人。工程从根本上改变了受水区供水格局，提高了供水保证率，各受水城市的生活供水保证率由最低不足 75％提高到 95％以上，工业供水保证率达 90％以上。中线供水水质优良，稳定达到或优于地表水 Ⅱ 类标准，有效提高受水区群众的获得感，有力保障受水区群众饮水安全。此外，为践行"绿水青山就是金山银山"的生态文明理念，中线一期工程自 2017 年起充分利用丹江口水库汛前消落期及汛期洪水资源，向沿线 50 余条河流实施生态补水，截至 2022 年 12 月 31 日累计生态补水 89.60 亿 m^3，华北地区浅层地下水水位止跌回升，干涸的注、淀、河、渠、湿地重现生机，工程生态效益显著。　　（李晓倩）

2021—2022 供水年度，陶岔渠首供水 92.11 亿 m^3（含生态补水 19.7

亿 m^3），完成年度计划的 127％，再创新高，保障了南水北调中线一期工程的社会效益、经济效益、生态效益发挥。清泉沟渠首供水 14.53 亿 m^3（其中襄阳引丹 12.87 亿 m^3，鄂北工程 1.66 亿 m^3），完成年度计划的 157％，保障了鄂西北地区约 200 余万群众饮水安全和 230 万亩农田秋粮丰收。　　（周荣）

【科学技术】　作为一家跨流域、超大型调水企业，中线公司深入贯彻落实创新驱动发展战略，自觉履行高水平科技自立自强的使命担当，坚持问题导向和目标引领，创新体制机制，紧贴工程实际需要，加强科技创新管理组织机构，完善以创新引领为导向的制度体系，形成坚持问题导向的项目管理思路，以及注重实效的技术总结与交流机制。从科技创新体系建设、科研平台建设管理、国家级课题、省部级、集团级和公司内部课题实施、专项设计方案编制、穿跨越项目技术方案审查、安全监测新技术应用、科技成果总结推广等方面做好科技管理工作，为南水北调工程高质量发展提供强大科技支撑，为中线发展提供源源不断的创新动力。　　（李玲）

1. 标准化建设　2022 年，中线水源公司着力推进标准化建设，围绕维护"三个安全"，健全安全生产体系，完善管理办法、技术标准、作业指导书及应急预案，促进安全管理系统化、科学化、制度化，安全措施全面化、精细化、规范化，确保顺利通过水利安全生产标准化一级达标评审。

2.智慧水源　2022年，中线水源公司主动适应高质量发展新形势新要求，研究制定技术发展部组建方案，平稳实现公司技术发展部组建运转。

中线水源公司与水利部科技推广中心签订《水利科技成果推广应用咨询及服务合同》，重点落实科技成果转化和新技术推广应用，着力在维护"三个安全"、提升工程运行管理和企业治理能力等方面发挥技术支撑作用。数字孪生丹江口建设先行先试工作，在水利部组织的数字孪生流域建设中期评估中获评"优秀"；"数字孪生丹江口水质安全模型平台与'四预'业务"应用案例获评"优秀案例"。

（张伊）

【创新发展】　2022年4月2日，南水北调中线干线工程建设管理局完成公司制改制工商信息变更登记（备案），变更名称为中国南水北调集团中线有限公司，变更注册资本为1041亿元。按照建立完善中国特色现代企业制度要求，坚持党的领导，坚持依法依规、坚持改革创新、坚持稳定有序的原则，按照改制工作实施方案，中线公司完成改制工商信息变更登记事宜，以及银行账户、税务、社保、不动产权证、取水许可证等其他变更

事项，修订并印发了"三定方案"，初步建立了公司法人治理结构，明确了各治理主体权责边界及工作方式，推动了中线公司本级主要管理制度的制定或修订工作，与南水北调集团公司治理体系有效衔接，不断推进治理体系和治理能力现代化，为南水北调中线事业高质量发展奠定扎实基础。按照南水北调集团关于发展规划编制的有关要求，中线公司编制完成了《中国南水北调集团中线有限公司发展规划（2023—2025年）》。中线公司坚持创新驱动，持续开展科技管理制度体系建设；坚持问题导向、目标导向和效用导向的原则，先后完成了《中国南水北调集团中线有限公司科研项目管理办法（试行）》，《中国南水北调集团中线有限公司科研项目"揭榜挂帅"实施办法（试行）》，明确了科技成果权属管理相关要求，构建了逐步完善的科技创新管理机制，不断激发创新动能。

（李文斌　孙子淇　郑安琪）

干　线　工　程

【工程概况】　南水北调工程是缓解我国北方地区水资源严重短缺局面的重大战略性基础设施，中线一期工程是南水北调工程的重要组成部分，通水以来，有效缓解受水区水资源短缺状况，有力支撑受水区经济社会发

展，有效推动受水区地下水压采进程，显著改善受水区人民的用水品质以及受水区过度开发水资源带来的生态环境问题。

中线一期工程以 2010 年为规划水平年，工程任务为向北京、天津、河北、河南四省（直辖市）的受水区城市提供生活、工业用水，缓解城市与农业、生态用水的矛盾，将城市挤占的部分农业、生态用水归还农业与生态。

中线工程从位于丹江口库区的陶岔渠首枢纽引水，输水总干渠沿唐白河平原北部及黄淮海平原西部布置，经伏牛山南麓山前岗垄与平原相间的地带，沿太行山东麓山前平原及京广铁路西侧的条形地带北上，跨越长江、黄河、淮河、海河四大流域。

中线总干渠采用明渠单线输水、建筑物多槽（孔、洞）输水的总体布置方案。总干渠陶岔渠首至北拒马河段主要采用明渠输水，北京段采用管涵加压输水与小流量自流相结合的方式输水，天津干渠自河北省保定市徐水区西黑山村北总干渠上分水向东至天津外环河，采用明渠与箱涵相结合的无压接有压自流输水方式。总干渠全长 1432km，其中陶岔渠首至北京团城湖全长 1277km，天津干渠从西黑山分水闸至天津外环河全长 155km。陶岔渠首设计流量为 350m³/s，加大流量为 420m³/s。总干渠渠首设计水位 147.38m，北京段末端的水位为 48.57m，总水头 98.81m。

陶岔渠首枢纽工程和中线总干渠包含众多建筑物，其中中线总干渠共有各类建筑物共计 2387 座，包括：输水建筑物 159 座（其中渡槽 27 座，倒虹吸 102 座，暗渠 17 座，隧洞 12 座，泵站 1 座），穿越总干渠的河渠交叉建筑物 31 座，左岸排水 476 座，渠渠交叉建筑物 128 座，控制建筑物 304 座，铁路交叉建筑物 51 座，公路交叉建筑物 1238 座。　（张吉康）

【工程投资】

1. 投资批复　截至 2022 年年底，中线公司获得批复的项目包括：中线干线 9 个单项 76 个设计单元工程、南水北调中线防洪加固项目、南水北调中线安全专项项目。按时间划分，2003 年批复 2 个、2004 年批复 9 个、2005 年批复 1 个、2006 年批复 4 个、2007 年批复 2 个、2008 年批复 16 个、2009 年批复 22 个、2010 年批复 19 个、2011 年批复 1 个、2022 年批复 2 个专项项目。

2022 年，水利部批复投资共计 373171 万元，其中南水北调中线干线工程防洪加固项目批复概算总投资 192529 万元、安全专项项目批复概算总投资 180642 万元。

2. 投资计划　截至 2022 年年底，国家累计下达中线干线工程投资计划 1577.77 亿元。

（1）按资金来源划分。累计下达投资 1577.77 亿元。其中，中央预算内资金 195.48 亿元，南水北调工程基金 180.20 亿元，银行贷款 329.71 亿元，重大水利工程建设基金 872.38 亿元。

2022 年，国家发展改革委、水利部下达中线防洪加固和安全专项两个项目重大水利基金投资计划 20 亿元。其中，南水北调中线防洪加固项目投资计划 132600 万元，安全专项项目投资计划 67400 万元。

（2）按时间划分。累计下达投资 1577.77 亿元。其中，2003 年下达投资 2.30 亿元，2004 年下达投资 35.69 亿元，2005 年下达投资 48.52 亿元，2006 年下达投资 71.52 亿元，2007 年下达投资 72.10 亿元，2008 年下达投资 100.75 亿元，2009 年下达投资 114.02 亿元，2010 年下达投资 181.34 亿元，2011 年下达投资 227.21 亿元，2012 年下达投资 344.12 亿元，2013 年下达投资 234.80 亿元，2014 年下达投资 45.81 亿元（含水利部下达的前期工作经费 3.15 亿元），2015 年下达投资 16.62 亿元，2016 年下达投资 0.53 亿元，2017 年下达投资 15.14 亿元，2018 年下达投资 37.13 亿元，2019 年下达投资 8.80 亿元，2022 年下达投资 20 亿元。

（3）按项目划分。累计下达投资 1577.77 亿元。其中，京石段应急供水工程下达投资计划 231.13 亿元，漳河北—古运河南段工程下达投资计划 257.11 亿元，穿漳工程下达投资计划 4.58 亿元，黄河北—漳河南段工程下达投资计划 260.13 亿元，穿

黄工程下达投资计划 37.37 亿元，沙河南—黄河南段工程下达投资计划 315.81 亿元，陶岔渠首—沙河南段工程下达投资计划 317.15 亿元，天津干线工程下达投资计划 107.41 亿元，中线干线专项工程下达投资计划 25.20 亿元；南水北调中线防洪加固项目下达投资计划 13.26 亿元，安全专项项目下达投资计划 6.74 亿元；利用特殊预备费项目下达投资计划 0.53 亿。东、中线工程统一分摊专题项目 1.37 亿元（含安全评估 0.73 亿元、初步设计审查 0.36 亿元、验收专项 0.28 亿元）。

3. 投资完成情况　截至 2022 年年底，中线干线工程累计完成投资 1570.01（1549.15＋20.86）亿元，占累计下达投资计划的 99.51%。其中 2022 年完成 20.86 亿元。

（1）按时间划分。累计完成投资 1570.01 亿元。其中，2004 年完成投资 1.91 亿元，2005 年完成投资 3.60 亿元，2006 年完成投资 73.69 亿元，2007 年完成投资 62.23 亿元，2008 年完成投资 33.00 亿元，2009 年完成投资 111.10 亿元，2010 年完成投资 208.10 亿元，2011 年完成投资 231.03 亿元，2012 年完成投资 387.14 亿元，2013 年完成投资 312.22 亿元，2014 年完成投资 48.41 亿元，2015 年完成投资 10.29 亿元，2016 年完成投资 1.88 亿元，2017 年完成投资 13.89 亿元，2018 年完成投资 38.97 亿元，2019 年完成投资 9.84

亿元，2020 年完成投资 1.84 亿元，2022 年完成投资 20.86 亿元（含东、中线工程统一分摊专题项目 1.37 亿元）。

（2）按项目划分。累计完成投资 1570.01 亿元。其中，京石段应急供水工程完成投资 233.23 亿元，漳河北—古运河南段工程完成投资 252.12 亿元，穿漳工程完成投资 4.25 亿元，黄河北—漳河南段工程完成投资 267.29 亿元，中线穿黄工程完成投资 36.62 亿元，沙河南—黄河南段工程完成投资 312.38 亿元，陶岔渠首—沙河南段工程完成投资 314.92 亿元，天津干线工程完成投资 103.55 亿元，中线干线专项工程完成投资 24.45 亿元；利用特殊预备费工程完成 0.35 亿元；南水北调中线防洪加固项目投资计划 13.10 亿元，安全专项项目投资计划 6.39 亿元，东、中线工程统一分摊专题项目 1.37 亿元（含安全评估 0.73 亿元、初设审查 0.36 亿元、验收专项 0.28 亿元）。

（李文斌　郑安琪　郝立建）

【工程验收】 2022 年是南水北调中线干线设计单元工程完工验收收官之年，同时面临新冠疫情考验，验收任务艰巨。中线公司高度重视，按照水利部验收工作部署，统筹安排，顺利完成南水北调中线干线全线设计单元工程完工验收。

（1）统筹协调，全面落实验收计划顺利完成。组织编制 2022 年验收计划安排，并召开南水北调中线干线工程全线验收工作会议，对设计单元工程完工验收计划安排及验收具体工作要求进一步落实。

（2）坚持问题导向，着力解决验收难题。2022 年剩余 6 个设计单元均为技术复杂、协调难度较大的工程，全面梳理影响验收存在问题，提前谋划，多方协调，尽早落实。针对北京段工程管理专题剩余尾工和消防验收等制约验收有关问题，加快推进剩余尾工建设，明确时间节点，全力推动工程收尾，同时委托有资质的第三方检测机构进行消防设施及电气防火检测，明确下一步消防验收安排，同验收主持单位积极沟通，推动北京段工程管理专题设计单元工程完工验收。针对穿黄工程施工过程中多项技术难题，组织编制系列汇编资料和报告作为验收支撑材料，验收前组织各有关专家进行技术咨询，确保穿黄设计单元工程完工验收顺利通过。针对焦作段工程沉降问题，组织开展沉降变形分析及处置措施研究，为后续验收工作顺利开展提供技术支撑。

（3）加强过程监管，推进验收顺利开展。督促、检查、指导各分公司按计划组织完成项目法人验收工作，并配合验收主持单位组织做好设计单元工程完工验收、技术性初步验收以及技术性初步验收条件核查有关工作。2022 年组织完成剩余 6 个设计单元工程完工验收，标志着全线 77 个设计单元工程完工验收已按计划全部完成。

（4）注重验收问题闭合，推动竣工验收准备工作。组织召开设计单元工程完工验收总结大会，总结经验教训并对下一步竣工验收及设计单元工程完工验收遗留问题整改等后续工作进行布置安排。同时，及时跟进处理情况进展，编制设计单元工程完工验收遗留问题处理情况月报和季报。

（刘敬洋）

【工程审计与稽察】

1. 加强项目统筹，组织做好重点审计项目　落实南水北调集团"上审下"管理要求，根据历年审计情况，按照"差异化"原则选取审计对象，2022年重点实施渠首分公司、河南分公司、北京分公司 2021 年预算执行暨原负责人离任审计和信息科技公司内部控制暨 2021 年预算执行审计。

2. 围绕公司改制健全审计领导体制和制度体系

（1）健全审计领导体制。健全中线公司党委、董事会直接领导下的内部审计领导体制，成立党委审计工作领导小组。

（2）构建"上审下"管理体制。落实南水北调集团审计资源和审计项目统筹要求，加快形成"上审下"审计管理体制。

（3）完善内部审计制度体系。衔接南水北调集团规章制度，完善"1+2+N"内部审计制度体系。完成《中国南水北调集团中线有限公司内部审计管理办法（暂行）》（南水北调中线审〔2022〕12号）、《中国南水北调集团中线有限公司所属企业主要领导人员经济责任审计规定（暂行）》（南水北调中线审〔2022〕11号）。

3. 盯紧降本增效，推动落实全面节约战略　深入开展"勤俭办企""提质增效"活动，按照"能自己做的工作坚决不外包"原则和抓重点、抓关键原则，优化调整审计项目。在 2022 年审计工作计划制定过程中，统筹优化审计项目，充分挖掘内部人员力量，压缩外委项目预算。

4. 加强日常监督，充分发挥日常经济财务风险防控作用　在项目立项、方案审查审批、预算审批、项目采购等环节积极履行审计日常监督职责，以风险为导向、以合规为重点严格审核，发现和制止直接采购不规范、采购价格不合理、概算（预算）虚高、合同签订程序不合规等问题，并及时与有关部门沟通解决，形成重大问题专题报告。

5. 提高站位，积极发挥决策支撑作用　在发挥审计对执行主体和执行过程的监督作用的同时，发挥对决策主体和决策过程的支撑作用。在"两讲两促"活动中，深入研究公司治理体系、内部控制体系、风险合规体系和经营管理体系，融汇国有企业改革发展理论成果和实践经验，研究提交《中线公司决策、执行、监督体系研究报告》和《中线公司子公司管控体系研究报告》，并将研究成果运用到公司决策、执行、监督体系的实际构建工作中，对决策体系核心制度修订、公司三定方案修订等提出建设性意见，并对大监督体系的构建出谋划策。

6. 组织并配合做好外部审计工作

（1）配合南水北调集团开展中线工程竣工财务决算审核工作，及时组织协调有关部门（单位）收集并梳理提交审计资料、协调审计发现的疑点问题，并做好问题督促整改工作。

（2）配合南水北调集团开展防洪加固项目专项监督。

（3）配合开展中线工程竣工财务决算编制及审计工作。

7. 党建引领提升队伍能力，加强党建与业务互融互促 充分发挥审计对党风廉政建设、巡视巡察、纪检监察的支撑作用。深入贯彻落实加强对"一把手"和领导班子监督的意见、加强新时代青年干部教育管理监督的意见、南水北调集团监察建议等有关审计工作要求，结合内部审计监督工作加强对权力集中、资金密集、资源富集、资产聚集等重点部门和重要岗位的监督。　　　　　　　（宋湘）

【运行管理】

1. 持续推进输水调度规范化管理

（1）完善制度体系，提高业务管理规范化。按照中线公司决策、执行、监督三大体系建设要求，结合输水调度实际，修订完善《南水北调中线干线工程输水调度规程》（南水北调中线调〔2023〕3号）、《中国南水

北调集团中线有限公司输水调度管理标准（试行）》（南水北调中线调〔2022〕24号）、《中国南水北调集团中线有限公司分水管理标准》（南水北调中线调〔2022〕27号）等3项标准制度，进一步明确相关输水调度业务要求和流程，推动输水调度规范化管理体系更加健全。

（2）编制指导手册，推进业务操作流程化。全面总结提炼输水调度经验，编制输水调度业务工作指导手册，对涵盖调度生产7个方面的174项具体工作内容进行梳理，明确工作方法，细化操作流程，推进输水调度生产重要环节、关键领域系统化、体系化。同时，结合中控室标准化建设创优争先活动，督促各级调度管理机构业务操作规范有序，为调度安全生产保驾护航。

（3）开展流量计率定，推动水量计量精准化。组织开展中线工程沿线41处退水闸开度尺制作与安装工作，并对退水流量进行率定，提高退水闸闸门开启高度测量准确性和退水流量精度，为准确计量退水闸供水量提供数据支撑。

2. 开展输水调度关键技术研究

（1）按照中线公司成本管理、高质量发展和"三个安全"新的形势与要求，充分考虑输水调度实际工作需求，深入总结、积极探索、勇于创新，在输水调度暂行规定的基础上，提炼总结输水调度运行经验和科研成果。修订完成《南水北调中线干线工

程输水调度规程》，并通过南水北调专家委咨询，经中线公司党委代董事会决策事项会议审议通过后，出台首个中线工程输水调度技术性纲领文件，推动输水调度技术支撑性文件更加完善。

（2）组织开展南水北调中线典型渠段输水建筑物流态综合改善及水力控制研究，包括典型输水建筑物及临近渠段水力特性评估及整流方案研究、多个/多种输水建筑物累积作用下的水力效应及输水能力挖潜研究、总干渠水力调度提升输水能力可行性及相关措施研究，科学分析输水建筑物整流效果、累积效应，并提出优化调度方案建议。

（3）组织开展供水安全风险评估工作，精准分析总干渠输水能力、应急调蓄能力和惠南庄泵站外部电源可靠性的风险因子，制定风险事件的可能性和严重性判别条件，开展风险评估，并根据评估结果有针对性地提出近期、远期以及内部、外部的工程和非工程管控措施。

（4）开展极端工况下中线工程预测预演与应急调控关键技术研究，深入分析典型暴雨工况，充分利用数值模拟、自动率定、优化调度等主流技术，为极端工况下的中线工程应急调控提供决策支撑。　　　　（赵慧）

【规范化管理】　开展了中线工程运行管理技术标准评估工作，组织编制的评估报告通过了技术验收，提出了标准继续有效、修订、整合、提升为集团标准、废止等建议。配合南水北调集团开展2022年度技术标准编制立项审查，中线公司有1项标准纳入2022年集团层面的技术标准编制计划。组织主编或参编团体标准10项，已印发4项；正在编制6项。编制《中国南水北调集团中线有限公司技术标准管理办法（试行）》。起草了《调水工程后评估技术导则编写提纲》，配合南水北调集团申请水利部团标立项。　　　　　（李乔）

【信息机电管理】　中线公司信息机电中心以确保"三个安全"为主线，以规范管理、精细维护为目标，狠抓信息机电运维成效保安全；以公司制改制为契机，运维分离为抓手，构建信息机电监督体系谋长远；以数字孪生建设为突破，推动企业数字化转型促发展；以科技创新为引领，科技赋能提质量；以政治、纪律学习为遵循，聚气凝神强作风。

1. 高标准严要求，信息机电运维工作圆满完成　严格落实信息系统的运行维护管理职责，强化信息系统运行维护工作，信息机电设备总体运行平稳。

（1）做好7×24小时值班监控值班值守，为信息机电提供运行保障。

（2）妥善开展汛期、冰期、冬奥会、冬残奥会、党的二十大期间重大任务保障。

（3）积极开展设备维护工作，信

息机电设备运行稳定。节制闸远程控制指令下发 44317 次，成功 44187 次，远程成功率达 99.71%；供电可靠性进一步提高，同时故障停电抢通时效进一步提高，每次故障停电时长由 2021 年的平均 15 小时缩短至 2022 年的 9 小时，均达历史极值，成效斐然。

2. 攻防两手抓，网络安全得到保障 组织开展等保测评、安全检测、漏洞修复、攻防演练、宣传培训等工作，强化人才培养，网络安全能力逐步提升，网络安全防护系统运行稳定，未发生重大网络安全事件。2022年积极贯彻落实国家网络安全的有关法律法规，提升网络安全防护能力。

（1）组织开展网络安全等级保护工作。完成 2 个应用系统的定级备案，完成 1 个三级系统及 4 个二级系统（含 7 个子系统）的网络安全等级保护测评。

（2）开展 7×24 小时网络安全值班监控，及时分析、处置网络安全事件，2022 年共阻断网络攻击 110 万次，检测并查杀病毒 4500 次，处置报告安全事件 3 起，未发生系统被攻陷、数据被泄露等重大网络安全事件。

（3）加强网络安全渗透测试与加固修复，定期对服务器、网络设备、安全设备等进行漏洞扫描，完成修复整改。

（4）组织参加网络安全攻防演练，在水利部、公安部攻防演习中成功守住防线取得优异成绩。

（5）在各级管理机构播放网络安全宣传视频，为全体员工发放电子版网络安全知识手册，提升网络安全意识。

（6）参加网络安全赛事。其中，第六届"强网杯"全国网络安全挑战赛获得"强网先锋"荣誉证书，第二届"长城杯"网络安全大赛获得"长城先锋"证书，并获得第二届"红明谷"杯数据安全大赛优秀奖，网络安全团队技术能力逐步提升。

3. 深入开展隐患排查整改，安全生产管理得到强化 在紧抓新冠疫情防控不放松的情况下，严格落实公司安全生产的各项规章制度，2022 年未发生信息机电生产安全事故。组织开展信息机电设备专项整改行动，加强安全风险隐患排查和整改力度，全年共发现缺陷问题 39793 项，已处理 39792 项，消缺率达到 99.9%。强化消防安全管理和加强现场安全管理。

4. 积极开展科技创新，企业高质量发展获得助力

（1）针对中线典型应用场景，结合摄像机自身能力以及前期试点经验开展人员和车辆入侵检测功能验证、测试工作。

（2）组织开展了长葛管理处视频智能分析试点项目。实现了工程现场事件的预警告警功能，解决了传统视频巡视手段存在的问题，提升了中线运维管理水平，助力调度生产模式和管理机制优化改革。

（3）入选国家关键信息基础设施（水利）网络安全技术人才创新团队。

（4）组织开展数字孪生建设，推动企业数字化转型。促进数字化与工程建设运行维护深度融合，提升数字化、网络化、智能化水平，切实维护中线工程"三个安全"，推动中线工程智慧化建设高质量发展。　　（张娟）

【档案管理】

1. 中线一期工程档案验收圆满完成，后续新增项目档案管理稳步推进

（1）2022年完成北京管理专题、京石段自动化等2个设计单元档案专项验收。至此全线76个设计单元档案专项验收全部完成，共形成档案32万余卷（一套）。

（2）积极推进后续新增项目档案验收工作，防洪加固项目档案编号方案，组织召开档案整编推进会，对档案整编工作进行培训；编制防洪加固项目工程档案管理办法初稿并召开管理办法专家咨询会。指导档案预验收，做好档案法人验收准备。

2. 加速推进档案信息化建设

（1）完善档案信息化管理平台（一期）有关功能，复核录入约80万条目录资源，修复缺陷条目，完成百万级条目著录测试。

（2）开展档案信息化管理平台（二期）项目前期工作，完成项目立项及实施方案审查。

（3）启动馆藏档案数字化加工（一期）项目。

（4）开展《电子公文归档与电子档案管理标准》等5项标准规范的建设项目。

（5）为满足档案数据的安全存储、灾备、定期的介质监管等一系列需求，开展馆藏档案异质备份（离线硬磁盘）项目，并逐步开展异地异质备份工作。

（6）根据国家档案局要求，结合水利部推进水利信息化的总体战略，启动国家档案局科技项目"基于云平台的国家重大基础建设项目电子文件与档案一体化管理系统研究"课题研究。

3. 做好档案利用服务工作

（1）积极配合财务竣工验收决算、保障计划、审计、水质等相关业务部门紧急利用，截至2022年12月底，共提供借阅682人次，调卷1658卷，复印52007页，同比2021年翻了5倍。

（2）为配合审计署进行试点审计工作，档案中心借阅利用组的同志，在符合新冠疫情防控要求的情况下，坚守服务一线，24小时现场值守中线公司档案库房22天，确保"需要的时候立刻调卷"，保障档案利用不因防控阻断，服务质量不因疫情打折，试点审计期间共提供2万多条目录信息、2万多页资料押运到渠首工作现场。全力以赴为竣工决算试点审计迎审提供了高效便捷的档案利用服务。

4. 加快档案移交接收工作

（1）组织完成河北段其他工程档

案移交前检查 29618 卷。对邯石段石家庄市区段设计单元、鹿泉段、北京其他段、京石段釜山隧洞 4 个设计单元工程档案开展移交接收前检查。

（2）组织完成北京段其他设计单元工程档案接收进馆工作。

（3）完成中线公司本部人力资源部、工程维护中心等多个部门 2020 年前档案归档工作，共接收 2500 余件档案。　　　　（陈斌　王浩宇）

【防汛应急管理】　2022 年中线公司思想上高度重视，严格落实防汛责任制，提早安排部署防汛有关工作。《郑州"7·20"特大暴雨灾害调查报告》正式公布后，中线公司及时组织全体干部员工开展专题学习研讨。

汛前组织开展防汛专项检查、中线公司领导分片防汛督查、防汛检查回头看，配合水利部、南水北调集团、流域机构和地方政府防汛工作检查。汛前、汛中和"七下八上"关键期多次召开防汛专题会，及时传达落实上级防汛指示精神，部署防汛工作。修订中线工程防汛风险项目等级判定标准，组织全面系统排查防汛风险项目，编制 2022 年工程度汛方案、防汛应急预案和超标洪水防御预案，河渠交叉建筑物编制专项应急处置方案，印发 2022 年度防汛重点工作任务清单。汛前，21 个涉及度汛的防洪加固项目主体工程全部完工。强化风险管控，保证工程设施设备汛期安全运行。整合集成了已有防汛软件系统功能，接入水利部信息中心预报和水雨情数据信息，开发中线工程应急管理指挥系统，并在汛期投入运行，为防汛科学决策提供了技术支撑。组织开展应急预案修订工作，完善分公司应急抢险突击队，落实应急抢险队伍采购及抢险物资、设备配备。编制 2022 年汛期抢险备防方案，主汛期实施现场驻守与临时备防相结合。制定防汛应急演练计划，2022 年共组织防汛演练 27 次，举办防汛业务培训、处长应急能力专题培训和防汛抢险知识竞赛。不断提高各级人员应急抢险处置能力，保证险情发生时能够快速处置。

汛期严格执行值班管理制度，实行防汛值班抽查制度，密切关注天气预报及水文汛情信息，保证汛情、工情、险情信息及时汇总传递分析研判，及时发布预警、启动应急响应会商。汛期发布预警响应通知，结合实际提前安排抢险人员、设备入驻重要风险点及防汛重点部位，提前就近安排抢险人员和物资。强化汛期巡查排险，发现险情及早处置。强化突发事件信息报告制度，积极应对各类突发事件及事后调查工作。组织与河南省和河北省地方政府开展防汛应急联合演练，强化各级运行管理单位与沿线省、市、县防汛应急部门的联动机制建设，充分利用南水北调河长制政策，充分依靠地方政府做好防汛应急工作，包括汛前联合检查、联合召开防汛会议、共享水文气象信息、抢险物资保障机制、汛情险情信息通报、抢险救援机制等。

2022年，面对多次局部强降雨影响的严峻供水形势，中线公司积极应对，科学组织、精准调度，有效保障了工程安全、供水安全和水质安全。

（任秉枢　井振宇）

【运行调度】　全线输水调度人员严格按照输水调度相关制度、标准要求，认真做好日常调度值班工作。履职尽责，科学调度，确保2022年输水调度安全平稳。

（1）科学制定月水量调度方案及调度实施方案、专项调度方案，优化渠道运行水位，全力配合水毁工程修复有序开展，确保工程安全平稳运行。2022年4月13日至6月30日实施了加大流量输水工作，超350 m^3/s 及以上运行共计79天，此次加大流量输水工作对中线工程提质增效、超额完成年度供水任务奠定了基础。

（2）充分响应"四预"要求，针对重大风险源，组织开展备调度中心启用、自动化调度系统失效等多次应急实战演练和惠南庄泵站意外停机、西黑山冰冻灾害等多个应急桌面推演，全面提升突发事件应急处置能力，磨炼了应急救援队伍，取得了预期成效。成功应对多起突发应急事件，科学研判、快速反应、高效调度，通过开展应急调度，中线干线水位及流量安全、可控，向沿线各省（直辖市）供水未受影响。

（3）2022年6月23日至9月30日，在中线全线范围内开展输水调度"汛期百日安全"专项行动。活动期间组织输水调度专项检查2次，建立分层次、立体化的监管机制，及时对行动开展情况进行梳理和总结，形成输水调度典型案例手册。

（4）注重人员能力提升。持续推进输水调度值班轮训轮岗制度，组织各分调度中心及中控室输水调度骨干人员分2批共计16人次先后到总调度中心进行轮训，建立上下贯通的输水调度值班和人才培养体系，修订输水调度业务生产手册，明确和细化调度业务流程。

（5）以科技创新为引领，破解调度难题。开展极端工况下中线工程预测预演与应急调控关键技术等多个调度关键技术研究，完成《南水北调中线干线工程输水调度暂行规定》等标准规定修编，完成南水北调中线输水调度综合管理平台的开发并上线运行，持续推动智慧调度建设。

（刘帅杰）

【工程效益】　中线工程惠及沿线24座大中城市、200多个县（市、区），直接受益人口超8500万人，发挥了巨大的综合效益。

1. 保障供水　中线工程通水以来，截至2022年12月31日，累计调水超535亿 m^3，已成为沿线许多大中城市的供水生命线。工程从根本上改变了受水区供水格局，提高了供水保证率，各受水城市的生活供水保证率由最低不足75％提高到95％以上，工业供水保证率达90％以上。南水北调水已占北京市城区供水的七成以上，天津主城区供水几乎全部为南水北调水，河南省11个省辖市用上南水北调水，其中郑州中心城区90％以上居民生活用水为南水北调水。

2. 提升水质　通水以来，中线水质稳定达到或优于地表水Ⅱ类标准，水质优良，口感佳，有效提高了受水区群众的获得感，有力保障了受水区群众饮水安全。接引南水北调水之后，北京市自来水硬度由过去的380mg/L降低至120～130mg/L，河北省沧州、衡水、邯郸等地区，500多万群众告别了长期饮用高氟水和苦咸水的历史，河南省郑州中心城区90％以上居民生活用水为南水北调水，基本告别饮用黄河水的历史。

3. 改善生态　自2017年开始，中线工程利用丹江口水库汛前腾库和汛期洪水等向沿线50余条河道实施生态补水，截至2022年12月31日，已累计生态补水89.60亿m³，受水区特别是华北地区，干涸的洼、淀、河、渠、湿地重现生机，河湖生态环境复苏效果明显。海河流域"有河皆干、有水皆污"现象得到根本扭转，白洋淀水环境和水生态持续改善，华北浅层地下水水位有效止跌回升。

4. 推动发展　截至2022年12月31日，南水北调中线工程累计向雄安新区供水9298.87万m³，为雄安新区建设以及城市生活和工业用水提供了优质水资源保障。中线工程贯穿北京、天津、河北、河南，形成了水系互联、互通、共济的供水格局，源源不断的新增优质水资源，盘活存量水资源，挖掘和释放受水区优势经济资源要素潜力，实现南北之间各类经济资源要素的畅通流动、优势互补，助力疏解北京非首都功能，推动京津冀协同发展和黄河流域生态保护和高质量发展。

（李晓倩）

【环境保护】

1. 推动不动产权证办理工作　为加快中线干线工程不动产权证办理工作，结合多方调研和全面摸排的情况，梳理制定了《南水北调中线干线工程不动产权证办理工作方案》，以保定段试点项目为载体，着力加强与省、市、县（区）三级自然资源部门、行政审批部门及调水办的沟通协调，同时紧密联合分公司、管理处、承担单位，以周调度会和现场督促相结合的措施，合力推动产权证办理工作。截至2022年12月底，办理完成定州段首批次5宗共计886亩。

2. 推进渣场围挡工作　4月，组织分公司全面排查31处渣场隔离设施现状及存在问题，采取"分类管理，一场一卡，一场一策"的措施，制定工作方案、明白卡，明确责任分工和节点要求。截至2022年12月底，完成围挡封闭17处、清退侵占侵权人8处。

3. 完成征迁竣工决算工作 按照南水北调集团竣工财务决算要求，全面完成了建设期征迁协议、征迁监理监测、水保监理监测、环保监理监测等 400 余个合同收尾工作，梳理完成了建设期各项实际拨付情况，分析了征迁资金使用情况，与各省征迁主管部门核对征迁使用资金明细，并签订了包干补充协议，期间根据各省完工决算中结余情况，分析了结余及返还情况报告。根据征迁竣工决算阶段性任务节点要求，2022 年编制完成征迁资金、土地使用、超概资金、预备费、耕地占用税等一系列报告。

4. 推进中线"碳达峰"工作 根据南水北调集团《关于印发〈关于加快推进中国南水北调集团有限公司碳达峰行动方案编制的工作方案〉的通知》的要求，积极参与《中国南水北调集团有限公司碳达峰行动方案》编写工作，制定了《关于加快推进中国南水北调集团公司碳达峰行动方案编制的工作方案》，成立了工作专班，编制完成了中线公司碳排放核算、"碳达峰"行动方案，通过对中线公司能源消耗情况的梳理，分析了中线公司能源消耗结构，明确了重点能源消耗设施，初步规划了后续能源绿色低碳转型方向。

5. 推动污染源整治工作 为有效保障中线输水水质安全，进一步加大辖区内污染源的整治工作，积极协调各级地方政府及有关部门，对各类污染源进行整治。在各地地方政府及有关部门大力支持及推动下，截至 2022 年 12 月底，南水北调中线干线工程河南省境内在册污染源 3 处，河北境内污染源共计 14 处，天津境内在册污染源 0 处；全线共计 17 处；未发生污染物入渠事件。 （刘洋洋）

【水质保护】

1. 持续做好水质监测工作 2022 年度调水期间，南水北调中线根据《南水北调中线一期工程水质监测方案》要求，定期开展了水质常规监测、藻类日常监测、地下水监测等工作，截至 2022 年 12 月底，累计获取 259860 组水质数据，其中人工监测数据 10627 组、自动监测数据 249233 组，及时掌握总干渠水质变化趋势，提供实时预警服务。按照《南水北调中线总干渠输水水质信息共享方案》要求，持续推进水质监测共享工作，每月 1 次向北京、天津、河南、河北等 4 省（直辖市）水利厅（水务集团）共享南水北调中线干线水质监测数据，2022 年度已共享 1440 个水质数据。

2. 全面加强水质保障工作 提升水质应急保障能力，根据 2022 年防汛形势，以南水北调中线水环〔2022〕8 号文印发了《关于做好 2022 年度汛期水质安全保障工作的通知》，明确汛期水质保障的工作目标、组织机构、主要风险、重点工作、保障措施等工作；按照南水北调集团要求，10 月完成了中线公司突发水污染事件应急演练桌面推演，有效提升了各级干部职工应对突发环境污染事件的应急处置水平；按照水利部要求，3—7月完成了水质安全风险现场调研和信息排查，10月编制完成了《南水北调中线工程水质安全风险评估报告》。

3. 供水水质稳定达标　截至2022年年底，中线一期工程水质稳定达到或优于地表水Ⅱ类标准，明显好于《关于印发南水北调中线一期工程水量调度方案（试行）的通知》（水资源〔2014〕337号）中"中线总干渠水质按地表水Ⅱ～Ⅲ类水质标准控制，不低于Ⅲ类水标准"的水质目标，水质安全可控。　（刘洋洋）

【科学技术】　2022年，中线公司坚持问题导向、强化需求牵引，推进科技管理工作全面提升。

1. 承担国家重大科技任务情况

（1）国家级项目。圆满完成"十三五"国家级项目3项，牵头承担"十四五"重点研发计划项目"长距离调水工程水质安全保障关键技术研发与应用"，完成了年度工作任务，并提交年度执行情况报告。参与申报"十四五"国家重点研发计划，其中"南水北调中线冬季输水能力提升关键技术研究与示范"项目获批复立项。

（2）部级科研项目。2022年，中线公司承担财政部国有资本经营预算"南水北调工程关键技术攻关"项目。已按计划完成相关研究任务，向南水

北调集团提交了年度执行情况报告。5个项目申报水利部重大科技项目，其中"南水北调集团中线总干渠影响水质类别关键指标溯源及防治措施示范"项目获批立项。

2. 公司级科研项目管理和实施　2022年主要完成了"运行期膨胀土渠坡土工袋快速修复技术研究""河南长葛段地面沉降研究""基于卫星雷达遥感技术的渠道边坡变形监测研究""南水北调中线干线水体特征与溯源分析研究"等项目，为工程运行管理提供了有力科技支撑。

3. 科研平台建设管理　2022年9月20日，中线公司申报博士后科研工作站获批成立。

4. 科技成果总结及奖项申报　2022年度，中线公司加强已有科技成果凝练提升，牵头申报的科技奖励项目"运行期膨胀土渠坡土工袋快速修复技术与工程应用""基于无人机的南水北调中线渡槽外观缺陷检测关键技术研究"等2个项目获水力发电科学技术奖三等奖。参与申报的科技奖励项目"南水北调入京水源安全高效利用技术集成与应用"获中国城镇供水排水协会科学技术奖特等奖，"南水北调中线干线特殊地质段变形控制技术及应用"获水力发电科学技术奖二等奖。2022年，中线公司获授权专利17个，其中发明专利2个、实用新型专利5个。登记软件著作权7个。

5. 科技人才培养　中线公司推荐陈晓楠提出的"南水北调中线总干渠

智慧输水调度关键技术研究"项目申请并获批北京江河水利发展基金会的2022年度水利青年人才发展资助项目，资助金额30万元。郝继锋获2022年"中国产学研合作创新与促进奖（个人）"。

6. 防洪加固项目设计方案编审和优化完善　组织完成防洪加固项目设计方案编制和初审，并配合水利部完成最终审查和批复工作，为项目顺利实施奠定基础；组织编制了防洪加固项目勘测设计管理办法（试行）等制度或有关规定并印发防洪加固项目与35kV供电线路安全距离有关技术要求；组织复核排查了修复衬砌板渠段的桩号范围及数量和高地下水渠段处理范围，将河北分公司2021年度衬砌板修复石家庄段等10项设计变更报告上报南水北调集团审查，并提交了修改完善后的报告。

7. 重点项目审查和重大技术方案编审把关　坚持严把技术关口，做好项目前期立项和可行性研究及初步设计阶段的报告审查工作，完成西黑山电站初步设计报告、雄安调蓄库设计方案优化等重点项目审查29项，配合相关部门提出有关意见建议的项目27项。开展惠南庄泵站外电源电压暂降影响研究分析，为论证替代建设蓄电池储能方案和惠南庄泵站安全运行提供技术支撑。对地方南水北调中线防洪影响处理后续工程设计方案提出建设性意见，保障中线工程"三个安全"。

8. 穿跨邻接项目审查　严格落实水利部和南水北调集团关于穿跨邻接项目方案审查审核分级负责制度，以南水北调中线总工办〔2022〕75号文印发了《中国南水北调集团中线有限公司穿跨邻接南水北调中线干线工程项目前期工作管理规定（试行）》，从设计审查、建设和运行管理、监督检查等方面进一步加强穿跨邻接项目管理。2022年穿跨邻接项目审查43项。联合相关业务部门开展穿跨邻项目审查监督检查工作1次。

9. 安全监测管理

（1）加强管理职能，组织编制了《中国南水北调集团中线有限公司安全监测管理办法》，从制度层面规范了监测数据异常处置和报送流程、提出了监测系统鉴定相关要求、建立了监测系统重大调整的决策程序。

（2）推行安全监测数据异常日报制度，强化监测数据异常响应速度。

（3）开展地下水案例分析，提出了加强外观工作质量、加强综合研判等工作要求。

（4）密切关注重点时期安全监测工作，组织做好潦河渡槽应急监测与分析、重要会议安全加固期问题综合研判、地震后监测数据研判分析等工作。

（5）持续优化安全监测系统，完成安全监测自动化应用系统验收，加强高地下水渠段监控，确定监测异常部位新增监测设施16处，完成京石段安全监测系统鉴定项目工作，开展了京石段以外工程安全监测系统鉴定的立项工作，组织制定安全监测基准网进行优化改建方案。

（6）持续推进监测异常分析处置，持续推进焦作、长葛、天津箱涵和刁河渡槽高填方断异常沉降分析处置工作，组织编制了《南水北调中线总干渠异常沉降渠段沉降原因分析及处理措施研究项目申请书》，申报南水北调集团高质量发展项目，并获批复立项。　　　（李玲　郝泽嘉　李乔）

水 源 工 程

【工程概况】　（1）南水北调中线一期水源工程由丹江口大坝加高工程、库区征地移民安置工程和中线水源供水调度运行管理专项运管系统工程三个设计单元组成。其中，丹江口大坝加高工程于2013年8月29日通过蓄水验收。设计单元工程中418个合同的合同验收已完成。2017—2018年丹江口水库移民安置先后通过湖北、河南两省和非地方项目总体验收初验和国家技术性验收。2019年12月，水利部组织丹江口水库移民安置行政验收，验收通过。丹江口大坝按正常蓄水位170m加高，相应库容由174.5亿m³增加到290.5亿m³。混凝土坝坝顶高程由162.00m加高到176.60m，两岸土石坝坝顶高程加高至176.60m。大坝加高增加淹没处理

面积307.70km²，水库淹没影响各类人口22.43万人、各类房屋面积623.98万m²，淹没影响40个城（集）镇、585家单位、161家工业企业，以及道路、桥梁、电力、电信、广播电视线路、中央和军队所属的工业企业或专项设施、文物古迹等。

（2）中线水源工程实际完成主要建设内容包括：丹江口大坝加高工程中的初期工程大坝缺陷检查与处理，混凝土坝及左岸土石坝培厚加高，新建右岸土石坝、左岸土石坝副坝及位于陶岔附近的董营副坝，改扩建升船机，金属结构及机电设备更新改造，安全监测工程，水土保持及环境保护工程；中线水源调度系统工程中的管理码头、武警守卫部队营房、安全防护设施、视频监控系统、安全监测整合及自动化系统、工程管理用房和综合管理信息系统建设等；丹江口库区移民安置工程等。　　　　　　（周荣）

【工程投资】

1.批复投资情况　国家累计批复中线水源工程总投资5491832.00万元。其中，计入南水北调工程投资5489284.00万元（丹江口大坝加高工程批复317925万元，丹江口库区移民安置工程批复5160003万元，中线水源供水调度运行管理专项工程批复11356万元），专项费用2548.00万元。

2.投资完成情况　中线水源工程实际总投资5463848.03万元，其中：丹江口大坝加高工程实际投资

308392.58 万元，丹江口库区征地移民安置工程实际投资 5141695.79 万元，供水调度运行管理专项工程实际投资 11259.37 万元，专项费用实际投资 2500.28 万元。

（赵伽）

【验收工作】　根据《南水北调工程竣工完工财务决算编制规定》，在水利部南水北调司指导下，中线水源公司于 2019 年正式启动了南水北调中线水源工程竣工决算的编制工作，成立了竣工财务决算工作领导小组，明确了工作职责和任务。公司定期召开推进会，研究布置竣工财务决算工作，制定工作清单，明确工作内容，细化工作进度，压实工作职责。为了加强财务决算力量，公司从各部门抽调专门人员，组建工作专班，建立奖惩机制，全力推进了中线水源工程竣工决算工作。截至 2022 年 12 月，公司已完成了丹江口大坝加高工程、丹江口库区移民安置工程（中线水源公司组织实施部分）和供水运行管理系统专项工程的竣工财务决算编制。

（都瑞丰）

【工程管理】　2022 年，中线水源公司精心做好工程运维，确保工程安全，加强工程巡查、安全监测和数据分析，及时掌握大坝运行工况。切实做好水工建筑物、监测设备设施、金属结构、机电设备及附属工程维修养护，确保工程运行工况良好。督促右岸土石坝与混凝土坝结合部沉降变形处理、丹郧路副坝防洪闸口工程等项目如期完工，基本完成金属结构监测与评估，着力补齐工程短板弱项。

（周荣）

【供水情况】　2021—2022 年度水利部下达正常供水计划 72.3 亿 m³，陶岔渠首入干渠实际供水量 92.11 亿 m³，完成年度计划供水量（正常供水）的 127%，再创历史新高，正式通水以来累计供水已达 523.33 亿 m³，经济、社会、生态效益显著。其中，2021—2022 年度生态补水量 20.52 亿 m³，正式通水以来累计生态补水 89.86 亿 m³，全面助力华北地区河湖生态环境复苏。

（倪雪峰）

【水质情况】　陶岔渠首断面 2022 年水质优良，每日水质均满足 Ⅰ～Ⅱ 类水质标准，其中符合 Ⅰ 类水质标准的有 206 天，占全年的 56.44%；符合 Ⅱ 类水质标准的有 159 天，占 43.56%。

库内 16 个监测断面 2022 年水质良好。总磷参照湖库标准，按年均值评价，2022 年库内 16 个断面水质为 Ⅱ～Ⅲ 类，达到 Ⅱ 类水质标准的断面占 81.25%，符合 Ⅲ 类水质标准的断面占 18.75%。水库水体总体保持中营养状态。

入库河流河口 16 个断面水质良好，按年均值评价，16 个断面的年度均值水质评价结果为 Ⅰ～Ⅳ 类，符合 Ⅰ 类水质标准的断面占 18.75%，符合 Ⅱ 类水质标准的断面占 68.75%，符合 Ⅲ 类水质标准的断面占 6.25%。

（倪雪峰）

【库区管理】

1. 推进规范化管理 2022 年，中线水源公司配合编制和修改完善《丹江口水库岸线保护与利用规划》，组织开展了丹江口水库管理和保护范围界桩、标志牌测设招标文件编制和审查；先后对淅川县、丹江口市、武当山特区和郧阳区等水利主管部门报送的涉库建设项目方案逐项核实，并按照相关规定及时提出回复意见，同时建立涉库建设项目台账，规范后续管理。

2. 建立协同管理工作机制 中线水源公司创新探索出丹江口库区网格化"政企合作"协同管理新模式，依托河湖长制，利用自身技术优势和库区地方政府行政管理优势，推动建立"网格化协同管理"政企协同管理的长效机制，实现了丹江口水库政企协同管理试点工作全覆盖。

3. 积极配合"守好一库碧水"专项整治行动 按照水利部、长江委的统一部署，中线水源公司配合开展了"守好一库碧水"专项整治行动。公司通过最新卫星遥感影像解译、无人机航拍影像等方式，协助排查丹江口库区水域岸线突出问题疑似点位 2268 个；在"三个清单"问题抽查复核阶段，共派出 9 个工作组，配合水利部和长江委、省水利厅核查点位 741 个；配合开展了丹江口"守好一库碧水"专项整治行动"回头看"调研检查，派出 2 个工作组，配合完成了 20 个点位复核工作，进一步夯实和巩固了专项整治行动成果。

4. 加强常态化巡查 中线水源公司依托信息化综合平台，通过卫星遥感解译和"空天地"一体化监测手段开展常态化库区巡查，联合地方河长办、库区管理中心开展丹江口水库跨区域联合巡查执法。2022 年通过车巡、船巡等方式组织出动巡查人员 1364 人次，出动车次 440 次，巡查总行程为 104707km；组织和配合核查了库区填库、违建、网箱养鱼、筑坝、滩头垃圾等共计 3064 个疑似对象，为库区安澜提供一手信息。

5. 抓实做细安全监测工作 2022 年，中线水源公司在汛期和党的"二十大"会议期间，形成了 24 小时不间断自动化监测和人工值守、每日监测分析、每周全覆盖巡查、每旬专项巡查的工作体系；每月对库区 44 处监测地灾点及蓄水诱发地震台网的日常监测和分析管理，定期巡视检查监测管理设施设备完好性及运行状况。公司组织编报了丹江口库区地震、地灾监测周报、月报共 138 期；组织编制了《丹江口水库 2022 年汛期水库地质灾害巡查监测责任制》；参加了 2022 年湖北、河南、陕西三省地震应急联通演练暨联席会议，为做好丹江口库区地震监测处置提供了有力支撑。

6. 加强生态保护和环境问题应对 2022 年，中线水源公司先后两批次圆满完成 325 万尾鱼苗的年度放流任务；对水利部"12314"监督举报库区垃圾事件进行了现场查勘并及时配

合处理。　　　　　　　　　（张乐群）

汉江中下游治理工程

【工程概况】　　丹江口水库多年平均入库径流量为 388 亿 m³，南水北调中线工程首期调水 95 亿 m³，丹江口水库每年将减少近 1/4 的下泄流量，为缓解中线调水对汉江中下游的影响，国家决定兴建汉江中下游四项治理工程：①兴隆水利枢纽筑坝，行成汉江回水 76.4km，缓解调水对汉江中下游的影响；②引江济汉，年引 31 亿 m³ 长江水为汉江下游补水；③改造汉江部分闸站，保障农田灌溉；④整治汉江局部航道，通畅汉江区间航运。

汉江兴隆水利枢纽位于汉江干流天门与潜江分界河段，工程主要由泄水闸、船闸、电站、鱼道、两岸滩地过流段及其上部的连接交通桥等建筑物组成。上距丹江口水利枢纽 378.3km，下距河口 273.7km，正常蓄水位为 36.20m，相应库容 2.73 亿 m³，设计、校核洪水位 41.75m，总库容 4.85 亿 m³，灌溉面积 327.6 万亩，电站装机容量 40 万 kW。兴隆水利枢纽作为汉江干流规划的最下一个梯级，其主要任务是枯水期壅高库区水位，改善库区沿岸灌溉和河道航运条件。

引江济汉工程主要是为了满足汉江兴隆以下生态环境用水、河道外灌溉、供水及航运需水要求，还可补充东荆河水量。引江济汉工程进水口位于荆州市龙洲垸，出水口为潜江市高石碑，渠道全长 67.23km，设计流量 350m³/s，最大引水流量 500m³/s。工程可基本解决调水 95 亿 m³ 对汉江下游"水华"的影响，解决东荆河的灌溉水源问题，从一定程度上恢复汉江下游河道水位和航运保证率。

部分闸站改造工程由丹江口下游汉江左右岸 31 座涵闸、泵站改造项目组成，工程范围分布于襄阳市（谷城县、樊城区、宜城市）、荆门市（钟祥市、沙洋县）、潜江市、天门市、仙桃市、孝感市（汉川市）境内，总占地面积 117.16hm²。项目于 2011 年 11 月开工，2016 年 3 月完工。部分闸站改造工程的主要任务是恢复并改善因中线调水而引起下降的各闸站的灌溉水源保证率，维持农业灌溉供水条件。实施改造项目 185 处，其中较大闸站 31 处、小型闸站 154 处。

局部航道整治工程建设规模为 Ⅳ 级航道，整治范围为丹江口至汉川 574km 航道，其中丹江口至兴隆河段按照 500t 级标准建设，兴隆至汉川段结合交通部门规划实施 1000t 级航道整治工程。局部航道整治工程主要建设任务是对局部河段采用整治、护岸、疏浚等工程措施，恢复和改善汉江航运条件，整治范围为汉江丹江口以下至汉川断面的干流河段，工程建设规模为 Ⅳ（2）级航道，维持原通航 500t 级航道标准。（郑艳霞　金秋）

【工程管理】

1. 注重安全，不断提升工程运行效能　强化安全生产监管，持续推进安全生产专项整治三年行动工作，紧盯重要时段重要节点，开展明查暗访，邀请南水北调东线工程运管专家，以查促改、以改促升，推动督查问题整改销号，不断提升工程安全运行质效。大力推进安全生产标准化创建，完成了引江济汉工程安全鉴定工作，督导兴隆水利枢纽管理局完成了水利安全生产标准化一级达标。扎实开展水旱灾害防御工作，压实防汛抗旱责任，修订完善汛期调度方案和应急抢险预案，组织开展汛前检查和应急演练，落实工程风险隐患排查整治，确保工程运行安全，未发生等级以上安全生产责任事故。面对2022年湖北省遭遇的近十年来最严重旱情，在保障丹江口水库向北方正常供水的基础上，科学研判、精准调度，最大限度发挥工程功能服务抗旱供水。7—9月底，引江济汉累计从长江引水 19.85 亿 m^3，在抗旱关键时候发挥了关键作用，受到湖北省防汛指挥部表扬。针对汉江超低水位造成船只滞留兴隆船闸问题，抢抓丹江口水库短时加大下泄的时机，于 8 月下旬、国庆期间开展水工程联合调度，协调港航、海事部门调度行船，两次共保障了 219 艘滞留船舶顺利过闸，成功解除通航舆情。

2. 注重管理，稳步推进工程标准化建设　根据水利部推进水利工程标准化管理的指导意见，组织编制标准化工作实施方案，统筹规划实施补短板项目，消除运行安全隐患。积极推进水闸工程标准化管理达标创建工作，督导管理单位加强管理标准化培训，修订完善调度制度，规范管理行为，提升运行效率。科学规范工程调度，督导兴隆水利枢纽和引江济汉工程提前完成了发电和调水年度任务。严格水量调度管理，组织编报年度水量调度计划，科学实施抗旱应急调度，组织开展引江济汉工程水资源调配优化方案研究，为工程调度规程修订提供技术支撑。全面完成工程管理与保护范围划定，加强工程周边环境整治美化，潜江兴隆水利风景区获评国家级水利风景区。积极配合推进数字孪生汉江兴隆水利枢纽工程试点建设。兴隆水利枢纽和引江济汉工程均获评 2021 年度"江汉杯"，正在积极申报中国水利工程优质（大禹）奖。

3. 注重保护，深化推进南水北调后续工程高质量发展　持续做好水质安全保障工作，配合推进丹江口"守好一库碧水"专项整治行动，处理丹江口库区滩地垃圾整治工作，督促十堰市建立健全库区管理保护长效机制，全面清理整治涉嫌违法违规项目，库区水质指标稳定达到地表水Ⅱ类指标。定期监测湖北省南水北调工程区域水质，加强排水口巡查，禁止超标污水排入汉江和渠道内。积极宣传贯彻《湖北省南水北调工程保护办法》，开展工程管理与保护工作现场调研，强化地方联动协调保障机制，不断提高工程法治化管理水平，积极营造工程运行良好氛围。推进民生工程宣传，编制《一库清水永续北送》专刊画册。服务南水北调后续工程，配合南水北调集团江汉水网公司衔接丹江口市做好7月7日引江补汉工程开工动员大会湖北分会场的现场准备工作，协调推进出口段工程征地拆迁安置协议签订，跟踪工程实施进展。组织召开兴隆水利枢纽二线船闸可行性研究专题会。　　　　　（袁静）

【工程验收】　注重质量，有序推进南水北调中线工程竣工验收准备。加强竣工验收前各项完善设施建设，陆续实施引江济汉工程2022年度水毁修复、管理标识标牌和线缆整理及兴隆水利枢纽鱼道改造工程等项目。督导做好竣工验收准备，组织复核问题整改，确保遗留问题清零。协调湖北省港航局推进委托建设项目的验收和决算相关工作。强力推动汉江中下游治理工程竣工财务决算编报工作，参与《南水北调东中线一期工程项目法人竣工财务决算范本》研讨与培训，加强与纵横向各单位之间的沟通交流。组织制定决算编制工作计划，定期开展调研督导，协调解决存在的问题，督导湖北省汉江中下游四项治理工程竣工财务决算报告编制工作如期完成。按照国家审计署、水利部的相关要求，配合做好审前调研工作，督促项目法人做好备审工作。（袁静）

工程运行

京石段应急供水工程

【工程概况】

1. 北京分公司　北京分公司管辖段工程自釜山隧洞进口开始，沿太行山东麓和京广铁路西侧北行，先后经过河北省保定市的徐水区、易县、涞水县、涿州市及北京市房山区等5个县（市、区），最后至惠南庄泵站出口，线路全长71.917km，包括各类建筑物156座。其中，大型河渠交叉建筑物10座，渠渠交叉建筑物17座，大型渠路交叉倒虹吸1座，隧洞3座，左岸排水建筑物37座，应急入水口1个，跨渠桥梁75座，分水口3座，退水闸4座，节制闸4座，泵站1座。

北京分公司全面负责辖区内工程运行管理工作和北京委托段运行管理的监督工作，全面履行工程管理、质量安全、安全保卫、水质保护、防洪度汛、应急抢险等相关职能，保证南水北调工程安全、供水安全、水质安全。分公司本部内设9个处室，分别为综合处、计划合同处、财务资产处、人力资源处、工程处、质量安全处、党群工作处（纪检处）、分调度中心、水质监测中心（水质实验室）。现地管理处共设3个，分别是易县管理处、涞涿管理处、惠南庄管理处，分段负责工程现场运行管理工作，每个管理处内设综合科、安全科、工程科、调度科等 4 个专业科室。

（王浩天）

2. 河北分公司 京石段应急供水工程起点位于石家庄市西郊田庄村以西古运河暗渠进口前，起点桩号 970＋293，终点至北京市团城湖，终点桩号为 1277＋508。渠线长 307.215km。其中明渠长度 201.05km（全挖方渠段长 86km，半挖半填渠段长 102km，全填方渠段长 13km），建筑物长度 26.34km（建筑物共计 448 座，其中控制性建筑物 37 座，河渠交叉建筑物 24 座、隧洞 7 座，左岸排水建筑物 105 座，渠渠交叉建筑物 31 座，公路交叉建筑物 243 座，铁路交叉建筑物 1 座）。渠段始端古运河枢纽设计流量为 170m³/s，加大流量 200m³/s；渠道末端北拒马河中支设计流量为 60m³/s，加大流量为 70m³/s。

京石段工程沿线共布置 13 座节制闸、7 座控制闸、13 座分水闸、11 座退水闸、37 座检修闸。通水运行管理期间，通过闸站联合调度，实现渠道输水水位和流量控制、突发事件应急处置退水及建筑物检修隔离等功能。此外，工程沿线还布置了 29 座排水泵站，定时抽排渠道高地下水位段集水，保护渠道衬砌板不受扬压力破坏。京石段工程沿线共布置安全监测 1 万多个观测基点，4200 多个工程埋设内观测点。

河北分公司为京石段应急供水工程运行管理单位，内设综合处、计划合同处、财务资产处、人力资源处、工程处、质量安全处、监督二处、党群工作处、纪检处、分调度中心、水质监测中心（水质实验室）、信息机电处等 12 个职能处室；在京石段应急供水工程范围内设 6 个现地管理处，分段负责工程现场运行管理工作，分别为石家庄管理处、新乐管理处、定州管理处、唐县管理处、顺平管理处、保定管理处，每个现地管理处内设综合科、安全科、工程科、调度科等 4 个专业科室。2022 年，河北分公司管理的京石段应急供水工程范围内工程运行安全平稳，圆满完成年度供水任务。

（徐宝丰 王鹏飞）

3. 天津分公司 天津分公司负责管理总干渠西黑山段工程，该段工程长 14.15km。其中，深挖方渠段 3.7km，高填方渠段 3.3km。除渠道外还有各类建筑物共 39 座，其中包括 1 座管理用房、1 座节制闸、2 座检修闸、1 座分水闸、1 座排冰闸、1 座蓄冰池、1 座水质自动监测站、1 座防汛应急仓库、1 座轻钢储物棚、11 座左（右）岸排水建筑物、15 座跨渠桥梁（其中 2 座后跨越桥梁）、1 座交通涵洞、1 座渠渠交叉建筑物、1 座分水口。

（曹瑞森 宗华超 张希鹏）

【工程管理】

1. 北京分公司

（1）土建及绿化维护。2022 年年初，根据中线公司预算下达情况，将土建绿化日常项目分解至各管理处，并通过公开招标选定 5 个土建绿化日常养护队伍，全面开展工程范围内土建绿化维护项目，确保了 2022 年度工程设施正常发挥作用。在抓好落实日常维修养护工作的同时，北京分公司紧盯专项维护项目，把事关"三个安全"项目摆在首位，严格管理，组织完成了易县管理处运行维护道路破损修复项目、易县管理处东留召公路桥上游渠道塌陷区域修复、涞涿管理处和易县管理处办公楼及附属用房外墙面改造项目等重要项目实施。为全面落实"双精"维护工作要求，北京分公司克服新冠疫情影响，通过视频会议、视频调研等多种手段组织管理处开展工程量排查，确定年度重点维护项目，根据中线公司下发的工程量清单及预算定额编制年度预算。维护过程中管理处安排专人现场监管，确保工程质量满足运行要求，安全始终处于可控状态。针对安全风险大，技术要求高的工程维护项目，北京分公司采用定期检查和不定期抽查方式对工程施工质量进行检查，确保了质量、安全管理体系运行持续有效，工程质量安全可靠。

（2）防护加固。2021 年汛期，南拒马河、北拒马河穿河道工程和部分高填方工程出现了险情，为确保工程安全，中线公司在北京分公司辖区内共批复了 4 个防洪加固项目，分别为北拒马河暗渠穿河段工程防洪加固项目、南拒马河渠道倒虹吸防洪加固项目、北拒马河南支渠道倒虹吸防洪加固项目、易县和涞涿段高填方渠道加固处理项目。防洪加固投资额度高、施工难度大，自 2022 年 2 月开工建设以来，北京分公司克服了工期紧、任务重及多轮新冠疫情封控管理等困难，倒排工期、挂图作战、昼夜施工，特别是北拒马河暗渠防洪加固项目受疫情影响最为严重，人员、设备及材料进场受阻，分公司组织现场采取施工区封闭管理、混凝土二次倒运等措施，确保项目主体工程提前完工。整个施工期间，北京分公司积极与地方沟通协调，因时因势采取应对措施，尽最大可能保证项目连续施工，最终 4 个项目均提前完成既定工期目标，有效保证了辖区工程度汛安全。

（3）防汛与应急。北京分公司认真贯彻南水北调集团、中线公司对安全度汛工作的总体部署，按照"防大汛、抗大洪、抢大险"的要求，认真汲取郑州"7·20"特大暴雨灾害教训，多次召开会议进行分析研判，作出安排部署，超前谋划。结合辖区工程防汛风险项目、左岸上游水库及流域特点等修订完善预案方案，加强预案培训演练，提升应急处置能力。深入开展隐患排查整治，对辖区范围内防汛风险点、重要基础设施等开展隐患排查，实行隐患整治动态清零。充分发挥南水北调河湖长制作用，积极与地方沟通对接，集合专业力量和社会救援力量，为辖区工程安全度汛提供有力支撑。2022 年汛期，中线公司发布涉及北京分公司辖区汛情预警共3次，北京分公司发布防汛Ⅳ级应急响应1次。发布预警和响应后，北京分公司严格执行24小时防汛值班和领导带班制度，加强应急值守力量，加密工程巡查频次，确保了分公司辖区工程度汛安全。

（4）冰期输水。北京分公司高度重视冰期输水工作，认真贯彻落实南水北调集团和中线公司的有关要求，2022年10月13日，组织召开了冰期输水工作布置会，对冰期输水工作形势进行认真分析，并提前安排部署，层层压实冰期输水主体责任，全力保障冰期输水运行安全。冰期输水期间组织应急抢险队伍在北拒暗渠渠首24小时进行驻守，配有挖掘机2台、10t自卸汽车2台，驻守人员15名，确保发生冰冻灾害险情后能够快速反应处置。组织对扰冰、拦冰、融冰、破冰设施设备进行了检查维护。组织开展冰冻灾害应急演练和培训，主要包括突发冰冻灾害应急桌面推演、冰冻灾害应急抢险实操演练和设备操作培训，进一步提高应对冰冻灾害的应急处置能力。顺利完成衬砌板冬季保温措施效果研究督办任务，通过对历年衬砌板冻胀情况和原因进行深入分析，探索气温变化和措施保护下的衬砌板冻胀演变规律，对指导冬季冰期输水工作具有重要意义。对分公司辖区26座左排倒虹吸和左排涵洞进出口采取挂帘保温措施，避免形成穿堂风。2022年冰期输水期间，由于气温、水温偏高，仅有岸冰形成，没有流冰、冰盖和水内冰形成。

（5）安全监测。组织做好内观数据采集、外观变形观测、数据上传、成果分析、异常处置、报告编制等日常工作，对工程运行状态进行实时监控。2022年共完成外观数据采集6389次，内观自动化数据采集885985次，内观人工数据采集39991次；根据安全监测京石段系统鉴定结果，组织对辖区内损坏仪器进行梳理、补设，保证监测数据准确可靠，为京石段工程平稳运行提供数据保障。

（6）技术与科研。加强施工项目技术管理，组织完成土建绿化日常与专项项目、防洪加固项目招标技术要求的编写与审查，完成了北京分公司所属三个专利的专利权人变更。

（余海艳　朱炳　闫梦瑶）

2. 河北分公司

（1）土建及绿化维护。2022年年初，根据中线公司预算下达情况，将土建绿化日常项目预算分解至河北分公司各现地管理处，并通过公开招标选定6个土建绿化日常维护队伍，全面开展工程范围内土建绿化维护项目，确保了2022年度京石段土建绿化工程正常发挥效益。

2022年度绿化工作完成了京石段工程渠道各部位除草及草体修剪512万 m²；乔木14万株、灌木8.2万株、绿篱色块1.4万 m²、草坪地被9.1万 m²的日常浇水、修剪、病虫害防治等日常养护工作；绿化区域场地整理、垃圾清理等，保证了渠道沿线的绿化效果，保持了水土，涵养了水源。

（2）安全生产。

1）持续巩固安全生产标准化达标创建成果，顺利通过省、市两级安全文化建设示范企业评审。2022年，河北分公司推进安全文化建设，筑牢安全之基，思想之魂。将运行管理主要工作总结编排成550余句通俗易懂的顺口溜，汇编成安全文化手册；在各现地管理处推广建设安全文化墙，更新了各处安全生产"一处一园"展板；规范部署安全风险四色图；开展了安全生产知识竞赛及技能比武、安全生产月等一系列文化建设活动。提炼形成了"牢记三个事关，守护三个安全，领航高质量发展"的安全理念。2022年8月获得了"石家庄市安全文化建设示范企业"称号，12月顺利通过了河北省省级安全文化建设示范企业评审。

2）扎实开展安全生产知识竞赛和技能比武，着力提升全员安全意识和能力。河北分公司印发了贯穿全年的安全生产知识竞赛和技能比武活动方案，围绕新《安全生产法》、双重预防机制、防汛度汛、大流量及冰期输水、现场作业安全管理等方面，开展了4期线上知识竞赛。开展问题查改技能比武活动，通过既查实体问题又查内业资料，实现全方位体检；鼓励查真问题、深层次问题。通过比武共查出各类问题800余项，取得以赛

促学、以赛促练、以赛促干的良好效果。

3）持续深入推进问题查改，通过安全管理试点示范带动管理处安全管理机制优化。在定州管理处进行试点，深入调研交流，共同谋划研究，着力探索改进管理处的安全生产管理及问题查改工作机制。经过反复研讨，数易其稿，编制了定州管理处问题查改工作方案及视频监控工作方案，取得了较好的效果。组织主要业务处室及管理处业务骨干编制并印发近600页的分公司运行管理问题速查手册，总结梳理了历年来各专业各类实体缺陷和安全违规行为典型问题1000余项，用于指导各管理处推进问题查改及内部培训等工作。严格按相关标准扎实组织开展各类安全生产检查。截至2022年年底，开展河北分公司层级综合性安全检查、专业、专项检查20余次，发现并整改各类问题800余项。现地管理处自查问题10余万项，整改率约99%，自查问题占全部（自查加上级检查）问题比例超过99%。水利部、海委、中线公司稽察大队等上级单位检查问题共计272项，已全部整改，整改率达100%。

4）积极践行社会责任，联合河北省教育厅开展南水北调中线地区中小学生安全教育专项活动。河北分公司与河北省教育厅联合开展了以"珍爱生命防溺水　节约用水护工程"为主题的"河北省2022年南水北调中线地区中小学生安全教育专项活动"，

广泛宣传南水北调工程知识、工程效益、安全风险、防范要求以及水质保护和节水知识等。石家庄、保定等地市教育部门及中小学校十余万人收看了活动启动仪式,在《河北日报》及其客户端、微信公众号、河北新闻网、《燕赵都市报》、网易新闻、腾讯新闻、今日头条等十余家主流媒体广泛发布,引起了社会各界广泛关注和好评。为确保活动成效,专门设计印刷了20万册中小学生防溺水图画本及2600套主题宣传海报,发放到沿线学校广泛宣传。各现地管理处主动对接当地教育行政部门及沿线学校,广泛开展各类进校宣传活动,共计进校宣讲14场次,4000余名学生参与,发放各类宣传品3000余份,取得了良好成效。

(3)防汛与应急。河北分公司建立健全一把手负总责、分管领导具体负责、其他领导分片包干、各现地管理处分段负责的防汛责任制。河北分公司成立防汛指挥部,全面负责所辖工程安全度汛工作。各现地管理处成立安全度汛工作小组,压实各方责任。2022年3月,河北分公司对工程进行全面排查,查出的问题及时处理。防汛风险项目42个,其中2级1个,3级41个;按类型分为大型河渠交叉建筑物10座,左岸排水建筑物10座,全填方渠堤2段,全挖方渠段16段,其他项目4个。4月完成了防汛"三案"编制并报备,各现地管理处编制防汛"两案"并报备,并针对

42个大型河渠交叉建筑物分别编制专项应急处置方案。

1)对内积极备防。通过招标选择河北省水利工程局集团有限公司作为应急抢险保障队伍。汛前对通信、供电等设备进行排查和维护,在新乐管理处、定州管理处、保定管理处各布置1部卫星电话,保证抢险需要。各现地管理处对应急抢险物资设备定期进行检查保养和采购。汛前完成漕河渡槽槽墩基础防护处理防洪加固项目;对桥头挡墙及挡水坎进行修复;对左排建筑物、边坡排水系统等进行清理;对建筑物进口水尺进行修复。

2)对外加强与地方联系互动。推动河长制实效发力。推动河北省河长办以冀河办函〔2022〕17号文印发《关于协调解决南水北调中线干线有关问题的函》,推动南水北调防汛问题整改。5月以冀河办〔2022〕25号文印发《关于强化汛期河长履职的通知》,强化汛期河长履职,解决多座交叉建筑物隐患问题。工程作为重点防汛目标纳入属地防汛责任体系。暴雨预警期间派专人到河北省防汛指挥办公室和沿线地级市防汛指挥办公室参与应急值班,及时掌握雨、水情及水库调度信息。建立基于"四预"的工程沿线省、市、县、乡、村五级预警信息互通联动机制,保证信息高效传达和互通共享。

2022年度组织防汛应急演练3次。其中,水利部、河北省人民政府和南水北调集团联合举办的南水北调

中线沙河（北）倒虹吸工程防汛抢险综合应急演练，由河北分公司具体实施，达到预期效果。京石段工程沿线汛期共经历 6 次大范围强降雨过程，河北分公司及时发布汛期预警通知，提前备防。启动防汛Ⅳ级应急响应 2 次，河北分公司领导分片督导，各现地管理处及时开展雨中、雨后巡查工作。工程无较大汛情和险情，通水运行正常。

（4）安全监测。安全监测工作由中线公司统一管理，河北分公司、现地管理处根据职责分工进行分级管理，负责所辖工程的安全监测管理和组织实施。

2022 年，河北分公司配合中线公司科技管理部完成京石段安全监测系统鉴定项目、冰情原型观测项目及运行安全监测监控指标研究的评审等工作以及基准网复测项目合同谈判及现场管理。

依据《关于左排建筑物防洪影响复核和加强高地下水位监控预警能力及制定应对措施工作布置会纪要》要求，组织河北省水利规划设计研究院有限公司、河北省水利水电勘测设计研究院集团有限公司在勘察设计阶段地质剖面图、施工阶段开挖揭露地质岩性的基础上，根据渠道类型、水文地质条件等，提出了加强高地下水位监控渠段清单，提出各渠段需要增设的监测断面，编制了相应的监测方案；针对运行期地下水位高于渠道运行水位渠段，提出运行调度水位控制

要求和工程处理措施要求。

（5）技术与科研。南水北调中线干线水体特征与溯源分析研究项目主要研究内容包括南水北调总干渠及其周边地区现场调查、水化学信息的检测方法和技术体系构建、南水北调中线干渠典型区段水源识别、特征参数在不同地层岩性中的渗透性和稳定性、特征值数据综合分析和溯源研究。该项目获得了 2 项国家知识产权局授权的实用新型专利。

（刘建深　李艳锋　王海燕）

3. 天津分公司

（1）土建及绿化维护。2022 年度，土建日常维护工作圆满收官，土质截流沟硬化、破损排水沟修复、横向排水管更换、截流沟积水处理、右岸曲水沟附近外坡干砌石护砌以及排水沟、截流沟、左排清淤等汛前维护项目提前完成，为安全度汛打下基础；汛后主要对刘庄渡槽上下游及白莲峪桥上游 200m 处深挖方边坡渗水部位进行了处理，并对左岸节制闸下游的坑洼泥结碎石一级马道路面 8064m² 进行了修复；完成了管理处门卫室外墙水泥纤维板干挂及场区破损面包砖修复等项目。

绿化日常项目严格按照 2022 年年初计划及节气气候情况，按时对辖区绿植苗木进行病虫害预防、浇水施肥、修剪及辖区各部位杂草清理除草等养护工作，保证了辖区绿植苗木的成活率及整体协调性。左岸枣园桥上游深挖方边坡植草试点较为成功，效

果显著，选出了适合辖区生长的草体种类，为后续植草推广提供了依据。

4个专项维护项目按期按合同要求完工：2022年度，渠道右岸沥青路维护项目、渠道左岸白堡桥至刘庄南桥泥结碎石路硬化项目、西黑山管理处桥梁防抛网更换项目、临时轻钢储物棚项目，均按合同工期如期完成，并顺利完成验收工作。

（2）防汛与应急。按照中线公司五类三级的划分原则，排查梳理出天津分公司京石段工程防汛风险项目5个，均为3级，其中：左岸排水建筑物3座，全填方渠段2段。组织编制防汛"两案"并报送地方有关防汛机构备案。

招标选择应急抢险保障队伍，现场驻守在西黑山管理处防汛驻守点。汛前组织应急队伍对抢险设备进行全面排查和维修保养，汛中组织开展雨中、雨后巡查。组织信息科技公司天津事业部开展信息机电自动化设备安全检查，保证设备设施处于良好状态。按照有关要求进行应急抢险物资设备管理，及时更新台账。

加强与地方联系互动。协调保定市防汛抗旱指挥部将南水北调工程列入防汛重点，同时将天津分公司列为保定市防汛成员单位，确保人员、机械、物资、设备以及雨情、水情、汛情等信息共享。

2022年汛期，经历大雨等级以上的降雨6次，其中暴雨级别降雨1次。暴雨洪水未对工程运行造成影响，工程通水运行正常。梳理水毁项目3项，主要为边坡冲沟问题，已全部处置完成。

（3）水质监测。2022年度水质自动监测站日常工作圆满完成，日常及加密监测和采样认真执行，数据有效率达99.8%；设施设备按时维护，运行良好；水污染应急预案及藻类防控预案修订及时；水污染应急演练组织到位，效果显著；水质宣传活动深入乡镇基层，达到预期效果；水质应急物资采购补充及时，储备满足要求；对本年度出现的藻类增殖应急事件处置及时得当，措施到位，成效显著；污染源及风险源日常排查和加密巡查开展到位，污染源数量连续3年一直保持为0。

（4）穿跨越项目。2022年度，管理处严格监督雄安调蓄库开挖支护工程爆破施工，将爆破振动监测形式由人工改为自动，进一步提升了振动监测效率及准确性；对于保护范围内的违规施工问题及时处理，积极与徐水区政府、徐水区水利局建立联络机制，对象山环境治理项目爆破施工进行严格监管，解决了南水北调雄安调蓄库下库长距离胶带机运输系统项目非法施工的问题，保证了辖区工程安全。管理处积极与小型穿跨越项目主管单位联系沟通，签订了运行管理协议，进一步规范了穿跨越邻接项目的管理，保证了工程安全。

（5）安全监测。2022年度，日常监测工作开展顺利，监测设备维护到位，异常数据处理及时，仪器率定按时开展。管理处组织完成 55 个安全监测内观仪器及辖区所有外观设备设施的维修工作，完成北斗项目 1 个基准站及 5 个监测点的安装工作。

（6）安全生产。2022 年安全生产形势总体平稳，未发生生产安全事故，安全生产监管保持高压态势。

1）建立健全并落实全员安全生产责任制，实行管行业必须管安全、管业务必须管安全、管生产经营必须管安全，逐级压实安全生产责任。

2）落实安全生产管理机构职责，安全生产领导小组每季度组织召开一次安全生产会议，总结分析上季度安全生产管理工作的开展情况，研究解决安全生产工作中的重大问题，决策安全生产的重大事项，跟踪上一季度会议各项工作落实情况，部署下一季度安全生产工作重点和管理要求。安全管理人员定期组织安全生产检查，每月组织召开一次安全生产月例会，沟通解决现场安全问题消除安全隐患。

3）加强安全生产教育培训，深入学习习近平总书记关于安全生产重要论述，专题学习《生命重于泰山——学习习近平总书记关于安全生产重要论述》电视专题片；组织员工积极参与水利部"水安将军"知识竞赛活动；组织开展《安全生产法》专题培训。

4）严格执行安全生产奖惩机制，健全安全违规行为责任追究办法，对施工现场安全违规行为进行相应处罚。

5）加强重大关键期安全加固工作，及时编制加固方案并督促落实。

6）开展"安全生产月"活动，举办"安全生产月"活动启动仪式、开展安全宣传"五进"活动、开展安全知识宣传活动，在徐水区西黑山小学、村镇进行安全知识宣传活动，"安全生产月"活动期间向沿线乡镇和学校发放中小学生防溺水图画本 2000 余册、带有防溺水知识的主题小扇子 1000 余把，在管理处辖区范围内营造了良好的安全生产氛围。

7）积极开展水利工程安全生产标准化自评及改进工作，按时完成安全风险辨识评估，对检查发现的问题及时进行整改，梳理典型问题，统一整改要求，及时完成整改。

（7）工程巡查。2022 年度，管理处积极落实冬奥会、大流量输水常态化、强化加固阶段期间的巡查工作，制订专项巡查方案，汛期期间开展相关业务培训，及时组织开展雨前、雨中、雨后排查工作，对工巡人员进行有效监督，确保巡查内容无遗漏，各类工程隐患和风险部位全覆盖。在着生藻类大范围脱落事件发生后，安排专人每日对藻类易发位置的水体进行现场巡查，反馈水情变化，为采取相关应对措施提供参考。

（赵松　李根　张钧）

【运行调度】

1. 北京分公司　北京分公司始终

坚持以习近平新时代中国特色社会主义思想为指引，深入贯彻落实中线公司各项决策部署，紧紧围绕年度工作任务，面对企业改制、大流量输水、防洪加固、突发藻类事件以及持续新冠疫情管控等多重挑战，坚持固本强基、提质增效，不断改进工作作风，全力保障输水安全，圆满完成了各项工作任务。

（1）输水调度。

1）调度值班管理。切实落实输水调度相关规定，严肃值班纪律，规范调度值班人员行为，严格执行调度流程，认真履行调度和应急（防汛）值班岗位职责，确保信息及时准确报送。每月对分调度中心值班室和各现地管理处中控室进行业务考核，通过考、查、促的方式提升业务能力。

2）调度指令执行。严格执行调度指令，及时复核指令执行情况，对未能达到目标的指令按规定纠偏，按要求时限反馈执行情况，确保输水调度安全。2022 年累计执行调度指令 2871 门次，远程指令成功率为 99.83%，现地指令成功率为 100%，惠南庄泵站机组操作其他指令 36 次，成功率为 100%。

3）调度数据监控。熟练掌握辖区内水情、工情，了解设备设施运行状态，紧盯辖区风险点，发现异常数据及时核实、报告。2022 年累计审核水位、流量、闸门开度等水情、工情信息 8784 次。

4）调度警情处置。认真做好闸控系统预警的接警、消警工作，熟悉掌握水位超限预警值与目标水位调整原则，对预警保持高度敏感性。2022年累计处理核实调度类警情 151 次，设备类警情 76 次。

5）水量计量确认。每月 1 日与北京市水资源调度事务管理中心和河北省保定市地方配套工程相关单位进行辖区分水口水量计量现场确认工作，2022 年累计完成 61 门次水量计量确认工作。

6）输水调度月例会。建立输水调度月例会制度，每月定期组织各现地管理处召开调度月例会，监督工作落实情况，总结、分析、解决工作中存在的问题，保障输水调度各项工作有序开展。

7）中控室标准化建设争先创优。按照中线公司《中控室标准化建设达标及创优争先管理办法》和《中控室规范化管理标准》，每月组织开展一次业务考核，每季度开展一次中控室标准化建设创优争先考核，有序推进分公司辖区中控室标准化建设创优争先工作。2022 年涞涿管理处中控室经过最终评审考核获得"优秀中控室"称号。北京分公司辖区有达标中控室 2 个，优秀中控室 1 个。

8）冰期输水调度运行。12 月 1日开始进入冰期输水调度准备状态。渠段结冰前，采用抬高水位降低流速的方式防止冰凌下潜，促进平封冰盖稳定形成。渠段结冰后，采用托浮冰盖输水方式，各节制闸闸前水位和输水流量尽量保持不变。冰期密切监视辖区天气、气温、水温和流速变化，准确把握辖区内流冰、岸冰、冰盖形成和消融情况，统计形成冰情日报，对冰情进行观测、分析、预判，为科学实施水量调度，保持水位和流速稳定，防止罕遇极寒恶劣天气下形成冰塞、冰坝和冰冻等不利情况提供数据支撑。

9）加强汛期值班工作。结合输水调度值班工作实际，统筹做好应急（防汛）值班安排，汛期严格落实24小时值班制度，落实应急（防汛）岗位职责，确保应急（防汛）信息及时准确报送，保证上情下达、下情上知，为工程现场迅速会商研判和开展险情处置提供决策依据。加大输水调度人员防汛知识掌握情况检查力度，每周开展防汛知识要点测试。对管理处进行不定期查岗，检查值班人员值班纪律，询问辖区汛情和防汛要点，确保汛期工程平稳运行和供水安全。2022年上报防汛日报136期。

（2）培训工作。

1）业务培训。坚持理论教育与工作实践深度融合，结合业务需求和岗位特点，初步建立了输水调度培训体系。通过培训，夯实了调度人员基础知识，强化了实操技能，提升了解决实际问题的能力，有效促进业务能力整体提升。克服新冠疫情影响，采用线上、线下相结合方式，开展输水调度、突发事件、新冠疫情、安全等专题培训32次，累计培训800余人

次；结合"汛期百日安全""三个安全专项行动"和新员工入职培训，开展输水调度和防汛知识相关测试10次，参加测试人员150人次。

2）知识竞赛。为进一步筑牢输水调度安全生产防线，确保输水调度安全，开展了"庆党的二十大保供水"输水调度知识竞赛活动、2022年度输水调度能力提升线上竞赛活动、输水调度技能比武大赛活动。通过知识竞赛检验输水调度人员学习掌握输水调度业务知识水平，激励输水调度人员提升业务能力。

3）编制运行调度典型案例。组织各现地管理处对已发生的输水调度安全风险案例，尤其是惠南庄泵站历次停机事件，进行系统梳理、分析总结、查找不足，形成《北京分公司2014—2022年输水调度典型案例手册》，组织全员学习，做到引以为戒、举一反三，进一步提高输水调度人员工作业务水平。

4）积极参与2022年度南水北调中线输水调度技术交流与创新微论坛，通过集思广益、深度思考、认真研究和分析总结，从不同角度、不同方向，挖掘了调度业务存在的新问题以及相关解决措施，最终形成《南水北调中线工程智慧调度运行中心设计与应用探析》《浅谈水结冰的微观过程及南水北调中线工程在防冰冻的应对措施》《电压暂降对泵站的影响及应对策略研究》等报告成果，有效促进输水调度业务向纵深发展。

（3）分调度中心值班场所搬迁。根据北京分公司管理设施整体搬迁计划，提前谋划，提前部署，安排专人进驻分调度大厅开展设备调试、试运行等工作，及时协调解决出现的问题；编制分调度大厅试运行方案，在试运行期间，分调度中心惠南庄值班室和分调度大厅白班值班人员同时登录系统、同步开展调度值班工作，保证值班场所搬迁期间调度值班工作有序衔接和正常开展。11月7日顺利完成了分调度中心由惠南庄管理处搬迁至北京分公司办公楼分调度大厅工作。

（4）惠南庄泵站运行情况。

1）冬季检修。根据《惠南庄泵站 2021—2022 年度冬季检修实施方案》，惠南庄泵站于 2021 年 12 月 16 日至 2022 年 2 月 27 日期间开展检修工作。检修项目共分 9 个大项、21 个小项，主要完成主电机及主水泵轴承检修、变频器专业维护、技术供水系统检修、电气预防性试验、部分流量计换能器更换、主轴密封水系统优化改造、小流量阀门双电源改造、计算机监控系统程序优化升级等内容。通过检修，大大提高了泵站运行的稳定性与可靠性。

2）运行方式。3月1日左线2台机组加压运行，右线小流量运行，入京流量 $30m^3/s$。6月1日调整为双线4台机组加压运行，入京流量由 $30m^3/s$ 调增至 $43m^3/s$。10月5日调整为双线6台机组加压运行，入京流量由 $43m^3/s$ 调增至 $46m^3/s$。12月2日左线停水检修，右线 2 台机组加压运行，入京流量为 $21m^3/s$。（邱玉岭）

2. 河北分公司

（1）水量调度。河北分公司京石段辖区共包含 8 座节制闸，2 座控制闸，9 座分水口，8 座退水闸。截至 2022 年年底，总干渠入京石段断面输水总水量 287.69 亿 m^3，出京石段岗头隧洞断面输水总水量 190.16 亿 m^3。2022 年，河北分公司京石段输水调度工作正常，其中古运河节制闸因高地下水位影响，运行水位控制在设计水位以上 0.40m，其余节制闸控制在设计水位附近运行。河北分公司京石段 8 座节制闸均参与调度，2022 年共执行调度指令 6388 条，指令执行成功率达 100%，远程指令执行成功率达 99.70%。各处值班人员调度台账填写规范，指令执行到位，遵守时限；闸控系统报警接警、现场核实、警情分析及消警工作有序、规范，输水调度总体平稳安全，有序开展。2022 年水量确认由现地管理处按时确认完成，退水闸生态补水的确认单由分调度中心和河北省水利厅调水管理处共同确认。2022 年度分水确认量水量与会商系统统计数据一致。

（2）冰期输水。河北分公司京石段为冰期重点区段，2022 年全段未形成冰封，冰期输水工作顺利完成。河北分公司对京石段各现地管理处冰期准备工作进行了专项检查，发现问题由现地管理处督促信息科技公司及时完成整改。为应对极寒天气，在应急设备及物资方面，河北分公司在各现地管理处分别配置2台高压热水机，并储备足量柴油、抗凝剂。在工程措施方面，河北分公司对风险较大的唐县管理处（含）以北未设保温板的阴面渠道衬砌板铺设棉被，非通行左排建筑物进出口采取挂帘保温措施。在应急处置方面，河北分公司组织各现地管理处对冰期现场应急处置方案进行了修订，并组织相关人员进行冰期设备操作大比武活动，最后通过应急演练达到检验方案、锻炼人员的目的。通过积极开展冰期准备工作，有力地保障了冰期输水工作顺利进行。

（3）调度值班模式优化。南水北调中线干线工程自正式通水以来，已安全运行近8年，河北分公司始终按照"统一调度、集中控制、分级管理"的原则，着力保障工程安全、供水安全、水质安全，调度工作平稳有序。经多方沟通，参照渠首分公司、河南分公司试点工作经验及成果，河北分公司选取高邑元氏管理处、石家庄管理处、新乐管理处作为调度试点，开展调度值班模式优化工作。试点期间试点处中控室按照"职责不变、人员不减"原则，分调度中心增加5人（从试点处抽调）补充到原班次中，补充人员负责试点管理处中控室原调度业务，形成以分调度中心为主，中控室监督、提醒的双重保障机制。 （李永刚 吕权）

3. 天津分公司

（1）输水调度。西黑山节制闸设

计流量为100m³/s，加大120m³/s，2021—2022调度年度，通过西黑山进口闸累计向天津市供水12.24亿m³（全年计划10.97亿m³），通过西黑山节制闸累计向北京市供水10.62亿m³（全年计划10.50亿m³），超额完成供水计划。西黑山节制闸最高流量为83.17m³/s，出现于8月29日，进口闸最大瞬时过闸流量为59.76m³/s，出现于7月25日。

为切实提高值班人员输水调度业务水平及突发事件应急调度响应能力，管理处组织开展应急演练（桌面推演）一次，积累了实战经验，夯实了业务基础，切实提升了调度人员应急反应能力及综合素质。

持之以恒加强调度队伍建设，推进调度人员考试考核常态化，以考促学、以学促进、以进促改，按月组织调度人员培训考试，集中开展业务能力考核12次，积极参加输水调度季度培训4次，组织突发事件应急调度桌面推演1次，在中控室设立学习角，搭建学习交流平台，圆满完成2022年输水调度"汛期百日安全"专项行动及冰期输水任务。通过月度自查自纠，不定期抽查，汛期冰期集中检查等多种方式，综合运用现场、电话、视频等检查手段，对调度值班工作持续加力，切实提高调度人员责任意识，不断强化调度防控能力，牢牢守住安全运行底线。

（2）闸站标准化建设。按照中线公司工作部署，持续推进闸站标准化建设。按照《闸（泵）站生产环境技术标准（修订）》相关要求，在 2020 年闸站全部达标的基础上不断完善提升，本着"高标准、严要求"的原则，持续对建筑设施、闸站日常环境、生产工器具、消防设施等进行了完善，根据南水北调集团统一要求，重点对各闸站及设备间设备设施标识系统进行统一完善，极大提高了辖段内闸站标准化水平及整体形象。

（3）冰期输水。针对冰期运行存在冰塞、冰坝、设备故障、冻胀破坏等冰冻灾害风险，不断完善冰期输水工作方案和应急预案，对融冰、扰冰、拦冰、排冰、捞冰等设备设施进行全面检修、保养及调试，做好冰期应急队伍的备防和拉练，及早排查处理各类隐患。加强冰情观测研判，及时应对突发情况，确保冰期输水安全。利用智能无线远程温度监控设备，用于实时监测节制闸前（总干渠）表面水体温度及进口闸保温棚内外温度。根据中线公司冰期输水会有关要求，在 2022 年 11 月底，完成左排建筑进出口位置悬挂保温帘。冰期内应急抢险单位在西黑山驻守点配置人员 15 人、25m 长臂反铲挖掘机 1 台、5t 自卸汽车 2 辆，24 小时驻守。组织开展了 2022 年冬季抢险演练，通过模拟不同场景，开展了破冰、捞冰、锯冰、融冰、拦冰等科目的实操，检验了应急预案的可操作性和实用性，提高了冰期应对突发事件的处置能力。

（4）设备设施管理。先后完成了西黑山进口闸及节制闸桥式起重机加装高度限位装置，节制闸电动葫芦年检、35kV 系统及设备春检消缺、京津冀技防加固项目实施、视频安防和电力系统修复及提升项目实施、排冰闸室外卷扬启闭机防腐、西黑山进口闸闸室检修钢爬梯安全护笼安装、刘庄分水口开度仪及编码器更换、岗头隧洞出口检修闸室内嵌入式配电箱改造等设备设施维护工作，提高了设备运行稳定性，降低了安全风险，提升了管理处安全管理水平。

西黑山光伏电站试点运行平稳，发电正常，2022 年度发电量 8.5 万 kW·h，累计发电量 43.6 万 kW·h。

（曹瑞森　宗华超　张希鹏）

【工程效益】　南水北调工程事关战略全局、事关长远发展、事关人民福祉。党的十八大以来，南水北调东中线一期工程从全面建成通水到全面发挥综合效益，再到后续工程高质量发展，南水北调事业取得历史性成就。如今，南水北调工程已经成为我国优化水资源配置、保障群众饮水安全、复苏河湖生态环境、畅通南北经济循环的生命线，充分展现了"国之重器"的责任担当。

北京分公司所辖工程 2021—2022 供水年度累计向首都北京供水 10.62 亿 m³，供水计划 10.5 亿 m³，完成率为 101.17%，超额完成供水 0.12 亿 m³。通过荆轲山分水口、下车亭分水口、三岔沟分水口累计向河北易县、高碑店、涿州、廊坊等县（市）供水 2.02 亿 m³，有力保障了沿线人民群众用水安全。同时，利用辖区瀑河、北易水、北拒马河等 3 座退水闸持续开展生态补水工作，2021—2022 调水年度累计向河北生态补水 1.86 亿 m³，沿线河湖生态环境复苏效果明显，为满足沿线人民群众对优质水资源、健康水生态、宜居水环境的需求作出积极贡献。 （王浩天）

南水北调中线已成为京津冀沿线地区的主力水源，是受水区生活用水、生态补水的生命线。2021—2022 供水年度，河北分公司京石段段共开启分水口和退水闸 15 座，累计分水 20.09 亿 m³，其中累计通过 5 座退水闸（分水口）为河北沿线生态补水 7.49 亿 m³。按计划满足地方供水要求且通过生态补水大幅改善了区域水生态环境，恢复了水清、岸绿、景美的良好水生态环境，彰显了南水北调工程的良好效益。实施生态补水，有力修复改善区域生态环境，更是形成了多方协作的强大合力。生态补水前，受水河段沿线各市、县有关部门清理河道垃圾、障碍物和违章建筑，治理非法采砂问题，整治河道边坡及沙坑，封堵排污口，为生态补水和地下水回补提供稳定、清洁的输水廊道，促进了河长制、湖长制落地见效。河北省制定了地下水超采量全部压减、地下水位全面回升的总体目标，还把开展节水增效行动、引足用

好外调水、持续推进补水蓄水等纳入工作重点，助力供给侧结构性改革，利用长江水置换地下水，将脱贫攻坚和高氟水问题同步解决。京石段工程持续生态补水，助力沿线建立起功能完善、环境优美、人水和谐的城市水生态。在石家庄，滹沱河生态修复后成为市民休闲娱乐的后花园。在雄安，白洋淀重放光彩，增强了地方人民的获得感、幸福感、安全感。

（李永刚 吕权）

【环境保护与水土保持】

1. 北京分公司

（1）污染源管理方面，每月对辖区工程沿线两侧一级水源保护区进行污染源专项排查，跟踪已有潜在污染源变化情况，定期更新污染源信息台账。组织管理处对污染源情况进行详细排查，核实污染源对总干渠水质是否有影响，定期跟进各级政府处理情况。

（2）开展南水北调中线 2022 年度突发水污染事件应急演练桌面推演。编制南水北调中线 2022 年度突发水污染事件应急演练方案，设置水污染事件场景，提出相应措施，形成桌面推演脚本，制作图文展示辅助推演开展，并于 9 月 29 日完成突发水污染事件应急桌面演练推演工作。

（3）开展辖区渣场围挡工作。组织易县、涞涿管理处开展渣场围挡工作，每周跟进渣场围挡进度，掌握现场施工阻力以及困难。2022 年组织完

成5处渣场围挡工作。

（4）成立北京分公司水质监测中心（水质实验室）。2022年11月，根据《中国南水北调集团中线公司北京分公司职能配置、内设机构和人员编制规定》成立北京分公司水质监测中心（水质实验室）。　（张俊武）

2. 河北分公司

（1）环境保护。以科技创新为水质保护提供保障，加大关键技术研究，把关键核心技术牢牢掌握在自己手里。2022年完成158种危化品快速检测筛查方法的验证工作，实现了发生水质污染事件时能够高效定性未知污染物，快速精准应对处置的工作目标，显著增强了应对水污染突发风险、处置水污染突发事件的技术能力储备，为保障河北段乃至中线工程水质安全再添技术科研"利器"。

1）控增量，减存量，消除污染源风险。继续以"行政＋司法"工作模式为指导思想，结合河湖长制在南水北调环境保护中的推广运用，内外联动、上下发力。至2022年10月底，消除各类风险源21处，拆除违建2处，封堵排污口20余个，关停搬迁养殖场及废弃仓库厂房13处，拆除围挡约480m，清理垃圾及各种物料1279m³，恢复土地9800m²。一批威胁南水水质安全的老大难问题得以解决。

2）进行退水清淤研究，消除底泥。自2022年3月，为掌握闸前静水区域淤积规律，摸清退水方式对闸前淤积的改善效果，河北水质监测中心结合生态补水和退水闸动态巡视，历时3个月，对辖区内19座退水闸进行了淤积规律和退水清淤研究。取得了1596组淤积数据，基本掌握了各退水闸淤积情况和规律，并提出了低成本的退水清淤方式和方法，为南水北调改善闸前淤积状况、提升水质、保障南水北调中线供水安全奠定了基础。

（2）水土保持。南水北调工程建设期在渠道两岸沿线建设了防护林带，林带宽为8～10m，主要种植楸树、白蜡、国槐、紫叶李、紫丁香、栾树等树种，渠道边坡种植了高羊茅、狗牙根等草体。进入运行期后，每年投入资金用于水保绿化项目的日常维护，按照中线公司制定的绿化工程养护标准和绿化工程养护通用技术标准，认真落实草体、乔木、灌木、草坪地被维护标准，合理利用水土资源，有效防止水土流失危害，确保沿线水土保持的可持续发展。

（贾兵营　王海燕）

【验收工作】

1. 北京段工程管理设施　北京段工程管理设施具有建设项目内容多、涉及部门单位多、制约影响因素多、对外沟通协调难度大等特点。在水利部、南水北调集团和中线公司的大力支持下，北京分公司统筹安排，抽调专人成立现场管理小组，开展现场督导，克服新冠疫情、阻工、低温及属地大气污染管控等一系列因素影响，抢抓施工进度，推进项目建设提速向前，积极跟进和推进档案检查评定、项目变更和完工财务决算编制等工作。于2022年3月8日完成施工合同验收，2022年4月28日通过设计单元工程项目法人验收，2022年6月30日通过设计单元工程技术性初步验收，2022年7月8日通过了水利部组织的设计单元工程完工验收。

2.防洪加固项目　北京分公司辖区防洪加固项目包括北拒马河暗渠穿河段（含北拒马河中支、北支）防洪加固项目、北拒马河南支倒虹吸防洪加固项目、南拒马河倒虹吸防洪加固项目及易县和涞涿段高填方渠道加固处理项目共计4个标段。防洪加固项目具有投资高、时间紧、任务重等特点，并且面临新冠疫情防控形势严峻下多轮疫情管控的特殊情况。北京分公司咬定目标、倒排工期、顶住压力、靠前指挥，成立防洪加固项目党员突击队，在确保各方安全及施工质量前提下，组织昼夜施工，提前25天完成北拒南支、南拒马河防洪加固项目，提前18天完成北拒马河暗渠穿河段项目主体工程完工节点目标。2022年11月25日组织完成北拒马河南支渠道倒虹吸防洪加固项目合同完工验收，2022年12月2日组织完成南拒马河渠道倒虹吸防洪加固项目合同完工验收，2022年12月9日组织完成易县和涞涿段高填方渠道加固处理项目合同完工验收，2022年12月30日组织完成北拒马河暗渠穿河段工程防洪加固项目合同完工验收。

（朱炳）

【尾工建设】　北京段工程管理设施位于北京市丰台区羊坊村，占地面积7713.118m²，总建筑面积5952m²（其中地上建筑面积5502m²、地下建筑面积450m²）。建筑高度为28m，层数为地上6层，地下1层。北京段工程管理设施建设进展影响着中线工程竣工验收进度，北京分公司将工作计划层层分解，落实到人，针对工期紧、任务重，且受新冠疫情影响等因素，北京分公司多次组织召开现场进度协调会、质量专题会、安全生产专题会等，确保工程顺利设施。2022年3月完成施工合同验收，2022年7月通过水利部组织的设计单元工程完工验收，并于2022年10月正式搬迁入驻。

（朱炳）

漳河北—古运河南段

【工程概况】

1.引调江水　按照水利部批复的年度水量调度计划，认真研究制定和下达月度水量调度方案，严格水量调度管理，实行水量跟踪统计日报制度，维护供水秩序，保障南水北调供水安全，2022年年内完成南水北调中线工程供水34.20亿m³，其中：城镇生活和工业供水24.94亿m³，完成年度水量计划（24.02亿m³）的103.9%；河湖生态补水9.26亿m³。认真落实南水北调东线一期北延应急供水工程加大调水实施方案，努力克服新冠疫情影响，提前谋划，优化调度，实行引江、引黄叠加输水，确保大运河全线贯通。3—5月，南水北调东线入省水量1.58亿 m³，向天津市供水0.5亿 m³；12月，再次利用南水北调东线北延工程调水0.36亿 m³，实现全年东线调水1.44亿 m³。

2. 生态补水　按照水利部《华北地区河湖生态环境复苏行动方案（2022年夏季）》，河北省共实施河湖生态补水6.13亿 m³，其中当地水库补水4.00亿 m³，南水北调中线补水2.13亿 m³，实现了大清河水系、子牙河水系贯通入海和滹沱河、七里河—顺水河等15条支线全线贯通的目标任务，有力推进了全面复苏河湖生态环境和华北地区地下水超采综合治理。按照水利部京杭大运河2022年全线贯通补水方案要求，4月28日，南水北调东线北延、潘庄引黄和岳城水库三水源联合调度运行补水，至5月31日贯通补水工作结束，实现了京杭大运河1230km近一个世纪以来的首次全线贯通，总补水量6.08亿 m³，其中南水北调东线北延1.89亿 m³、潘庄引黄0.72亿 m³、岳城水库3.47亿 m³，超计划（5.15亿 m³）完成贯通补水任务。2022年共完成河湖生态补水水量53.52亿 m³，其中引江生态补水9.26亿 m³、引黄生态补水3.97亿 m³、水库生态补水40.29亿 m³，形成有水河道3929.6km、水面面积230.38km²。累计向白洋淀补水9.48亿 m³（入淀水量），向衡水湖补水0.45亿 m³，白洋淀水位保持在7.00m左右，生态水位保持率达到100%，满足了白洋淀、衡水湖生态需求。

河北省水利厅牵头组织省发展改革委、省住房和城乡建设厅并会同水利部调水局、南水北调工程运行管理单位，组织开展穿跨邻接项目安全专项检查2次，督导有关单位整改问题15处。加强危化品车辆通行南水北调跨渠桥梁管理，河北省水利厅会同省公安厅、省交通运输厅、省住房和城乡建设厅建立了联合执法工作机制，强化日常监管，严防在跨渠桥梁发生涉危险货物车辆事故。对南水北调中线工程左岸上游446座水库、255条交叉河道开展防汛安全风险隐患排查，发现的隐患问题已全部整改到位。健全覆盖省、市、县、乡、村的五级南水北调中线工程防汛责任人512名，压实各级防汛责任人在隐患排查、信息共享、应急避险、抢险互动等方面责任。对需采取工程措施列入基建项目进行治理的左岸防洪问题，组织完成可行性研究报告编制并上报水利部，2022年争取国家下达财政预算内资金1亿元，实施了3个防洪影响处理后续工程。　　（胡景波）

南水北调中线工程总干渠河北省漳河北—古运河南段工程，起自河北、河南交界处的漳河北，沿京广铁路西侧的太行山麓自西南向北，经河北省邯郸市、邢台市，穿石家庄市高邑、赞皇、元氏等 3 县，至古运河南岸，线路全长 238.546km，共分为 12 个设计单元。该渠段设计流量为 235～220m³/s，加大流量为 265～240m³/s。

漳河北—古运河南段工程共布设各类建筑物 457 座。其中，大型河渠交叉建筑物 29 座、跨路渠渡槽 1 座、输水暗渠 3 座、左岸排水建筑物 91 座、渠渠交叉建筑物 19 座、控制性建筑物 53 座、公路交叉建筑物 253 座、铁路交叉建筑物 8 座。

河北分公司为漳河北—古运河南段工程运行管理单位，内设综合处、计划合同处、财务资产处、人力资源处、工程处、质量安全处、监督二处、党群工作处、纪检处、分调度中心、水质监测中心（水质实验室）、信息机电处等 12 个职能处室；在漳河北—古运河南段工程范围内设 8 个现地管理处，分段负责工程现场运行管理工作，分别为磁县管理处、邯郸管理处、永年管理处、沙河管理处、邢台管理处、临城管理处、高邑元氏管理处、石家庄管理处，每个管理处内设综合科、安全科、工程科、调度科等 4 个专业科室。2022 年，河北分公司管理的漳河北—古运河南段工程范围内工程运行安全平稳，圆满完成年度供水任务。 （徐宝丰 王鹏飞）

【运行调度】

1. 水量调度 河北分公司漳河北—古运河南段辖区共包含 11 座节制闸，6 座控制闸，21 座分水口，11 座退水闸。截至 2022 年年底，总干渠入漳河北断面输水总水量 336.68 亿 m³，出古运河南段断面输水总水量 287.69 亿 m³。2022 年度内河北分公司漳河北—古运河南段输水调度工作正常，其中南沙河北段倒虹吸进口节制闸因高地下水位影响，运行水位控制在加大水位以上 0.30m，其余节制闸控制在设计水位附近运行。河北分公司漳河北—古运河南段 11 座节制闸均参与调度，2022 年共执行调度指令 7487 门次，指令执行成功率达 100%，远程指令执行成功率达 99.67%。各处值班人员调度台账填写规范，指令执行到位，遵守时限；闸控系统报警接警、现场核实、警情分析及消警工作有序、规范，输水调度总体平稳安全，有序开展。

2. 冰期输水 顺利完成 2022 年度冰期输水任务，期间漳河北—古运河南段工程全线未形成冰封，冰期输水工作顺利完成。入冬以后，河北分公司对各现地管理处冰期准备工作进行了专项检查，发现问题由现地管理处督促信息科技公司及时完成了整改。为应对极寒天气，在应急设备及物资方面，河北分公司在各现地管理处分别配置 1 台高压热水机，并储备足量柴油、抗凝剂。在应急处置方面，河北分公司组织各现地管理处对冰期现场应急处置方案进行了修订，并组织相关人员进行了冰期设备操作演练活动，最后通过应急演练达到检验方案、锻炼人员的目的。通过积极

开展冰期准备工作，有力保障了冰期输水工作顺利进行。（李永刚 吕权）

【工程效益】 南水北调中线已成为京津冀沿线地区的主力水源，是受水区生活用水、生态补水的生命线。2021—2022供水年度，河北分公司漳河北—古运河南段共开启分水口和退水闸26座，累计分水10.39亿 m³，其中累计通过8座退水闸（分水口）为河北沿线生态补水2.35亿 m³。通过生态补水，尤其是地下水超采综合治理以来，河北省深层、浅层地下水平均水位均有所上升，生态补水为河湖增加了大量优质水源，提高了水体的自净能力，大幅度改善了区域水生态环境。实施生态补水，有力修复改善区域生态环境，更是形成了多方协作的强大合力。生态补水前，受水河段沿线各市、县有关部门清理河道垃圾、障碍物和违章建筑，治理非法采砂问题，整治河道边坡及沙坑，封堵排污口，为生态补水和地下水回补提供稳定、清洁的输水廊道，促进了河长制、湖长制落地见效。河北省制定了地下水超采量全部压减、地下水位全面回升的总体目标，还把开展节水增效行动、引足用好外调水、持续推进补水蓄水等纳入工作重点，助力供给侧结构性改革，利用长江水置换地下水，将脱贫攻坚和高氟水问题同步解决。漳河北—古运河南段工程持续生态补水，助力沿线功能完善、环境优美、人水和谐的城市水生态。

（李永刚 吕权）

黄河北—漳河南段

【工程概况】 穿黄工程起点位于河南省黄河南岸荥阳市新店村东北的A点，桩号474＋285；终点为河南省黄河北岸温县马庄东的S点，桩号493＋590。渠线长19.305km，其中输水隧洞长4.709km、明渠长13.900km。输水建筑物2座，其中输水隧洞1个、倒虹吸1个。穿黄工程段跨（穿）总干渠建筑物共18座，其中渡槽2座、倒虹吸2座、公路桥9座、生产桥5座。该段共有控制工程2座，其中节制闸1座、退水闸1座。

黄河北—漳河南段起点位于河南省温县北张羌村总干渠穿黄工程出口S点，桩号493＋590，终点为安阳县施家河村东与河南、河北两省交界的漳河交叉建筑物进口，桩号730＋664。渠线长237.074km，其中明渠长度220.365km；输水建筑物37座，其中渡槽2座、倒虹吸30座、暗渠5座。该段有穿总干渠河渠交叉建筑物2座（倒虹吸）。该段有左岸排水建筑物77座，其中渡槽15座、倒虹吸60座、隧（涵）洞2座。该段有渠渠交叉建筑物23座，其中渡槽7座、倒虹吸16座。该段有控制建筑物58座，其中节制闸10座、退水闸10座、分水口门15座、检修闸19座，事故闸4座。该段有铁路交叉建筑物14座，公路交叉建筑物253座。

穿漳工程起点位于河南省安阳市安丰乡施家河村的漳河南，起点桩号

730＋664，终点位于河北、河南交界处河北省邯郸市讲武城的漳河北，终点桩号 731＋746。渠线长 1.082km，其中明渠长 0.313km。该段有穿漳河倒虹吸 1 座，节制闸 1 座，退水闸 1 座，排冰闸 1 座，检修闸 4 座。

（李珺妍）

【工程管理】

1. 土建绿化工程维护　现场管理机构为穿黄、温博、焦作、辉县、卫辉、鹤壁、汤阴、安阳（穿漳）等 8 个管理处，负责现场土建和绿化工程日常维修养护项目的管理。年度日常维护项目涉及渠道、各类建筑物及土建附属设施的土建项目维修养护；渠道及渠道排水系统、输水建筑物、左岸排水建筑物等的清淤；水面垃圾清理；渠坡草体修剪（除草）、防护林带树木养护、闸站保洁及园区绿化养护等内容。组织完成新蟒河、峪河、午峪河、王村河、香泉河等 5 个河渠交叉建筑物河道防洪加固项目，完成边坡滑塌、防洪堤冲毁等水毁项目修复，完成温博、焦作、辉县、卫辉、鹤壁、汤阴、安阳等 7 个管理处高地下渠段处理长度 9.55km，衬砌板修复 1407 块。截至 2022 年年底，黄河北—漳河南段各现地管理处日常维护项目已基本实施完成，剩余按月计量的固定总价合同项目将按进度计划有序组织实施。现场维修养护项目落实"双精维护"要求，全年预算执行合理有效，工程形象得到进一步提升，工程安全得到进一步保障。

2. 防汛及应急　调整河南分公司防汛指挥部成员和领导分片负责范围，各现地管理处调整安全度汛工作小组，并明确职责。与南水北调工程河湖长建立联络，进一步加强与河南省水利、防汛等政府部门的联动协作，共享雨情、水情信息。根据防汛风险项目标准，结合工程运行管理情况，组织排查、评估河南分公司辖区段防汛风险项目。结合 2022 年工程运行管理情况，黄河北—漳河南段共排查 46 个风险项目，其中 2 级风险项目 1 个，3 级防汛风险项目 45 个。河南分公司重新修订了《河南分公司防汛应急预案》《河南分公司超标准洪水防御预案》，编制完成了《河南分公司 2022 年工程度汛方案》，并向河南省防汛抗旱指挥部办公室进行了报备。2022 年组织防汛应急实战演练 6 次，其中，6 月 10 日河南省水利厅、河南分公司、平顶山市政府联合举办淮河流域暨南水北调中线北汝河倒虹吸工程防汛抢险综合应急演练。此次演练设置 7 个实战科目，分别为应急交通、电力、通信保障，群众避险转移，应急退水调度，河堤滑塌处置，子堤加高，建筑物裹头四面体防护，建筑物裹头铅丝石笼防护。通过演练对中线工程防汛抢险准备工作、防汛队伍协同作战以及快速反应能力进行了实战检验。2022 年汛前补充了块石、砂砾料等应急抢险物资；现地管理处储备有急电源车、发电机等设备及工器具，做好抢险物资设备保障工作。2022年工程范围内发布暴雨预警7次，启动防汛应急响应4次，启动交通事故应急响应1次。

3. 科研管理 2022年完成基于BIM技术的穿黄工程运维管理系统项目合同验收工作。

4. 职工公寓建设 为进一步改善一线职工日常值班值守工作、生活条件，以及加强汛期、冰期以及重要时间段加固期和应急值班值守后勤保障，按照确有需求、条件成熟、分期分批实施的原则，结合各现地管理处实际情况，2022年实施完成卫辉管理处、安阳管理处职工公寓建设项目。其中卫辉管理处职工公寓建筑选址地点位于山庄河倒虹吸进口右岸，项目总建筑面积2043.4m²，使用面积1380m²，地上4层、局部3层，共有40间单间公寓和4个套间公寓及其他辅助用房；安阳管理处职工公寓建筑选址地点位于安阳管理处园区内，项目总建筑面积2507.34m²，使用面积1740m²，层数3层，共有52间单间公寓和4个套间公寓及其他辅助用房，2022年已建设完成。

（姚永博　李建锋　李珺妍）

【运行调度】

1. 工作机制 南水北调中线干线工程按照"统一调度、集中控制、分级管理"的原则实施。由总调度中心统一调度和集中控制，总调度中心、分调度中心和现地管理处中控室按照职责分工开展运行调度工作。

河南分公司组织开展调度值班模式优化第二批试点工作，选取辖区卫辉、鹤壁、汤阴、安阳等4个管理处作为试点开展第一阶段试点工作。试点工作共分两个阶段展开。第一阶段，中控室调度业务任务不减、人员不减、责任不减，与分调度中心试点实行"双线"运行；第二阶段，由分调度中心试点承接中控室调度相关工作，中控室主要开展安全监控等相关工作。截至2022年年底，试点工作进展顺利，运行成效显著。

2. 主要工作 2022年是党的二十大胜利召开之年，也是河南分公司固本强基、砥砺作为的重要一年。辖区运行调度工作主要围绕深入贯彻落实习近平总书记关于南水北调的重要指示批示精神，以安全为前提、以问题为导向、以督办为抓手、以规范化和信息化建设为手段，规范内部管理，创新工作方法，主动作为、科学调度、优化策略、紧抓时机、上下联动，确保了年度供水目标顺利完成。

（1）成功应对突发藻类异常增殖事件、多轮新冠疫情暴发等一系列重大风险挑战，年度供水再创新高。2022年1月、5月、10月辖区经历了3轮新冠疫情袭击，为确保运行调度工作有序开展，保障供水安全，分调度中心和辖区现地管理处根据属地疫情防控要求，结合工作实际，制定了输水调度应急值班工作方案，采取封闭集中方式，有效杜绝了疫情传播，保证了调度工作正常开展。

（2）应急调度能力经受实战检验，有效保障了工程安全、供水安全和水质安全。汛期受强降雨影响，黄河以北沿太行山前地下水位急剧上升，辖区紧急投运白马门河、东河暗渠、山庄河、永通河等4座控制闸参与调度，抬升渠段运行水位蓄水平压，避免险情进一步发生，为应急抢险争取了宝贵时间。

（3）认真开展安全生产隐患排查整改，组织辖区输水调度相关风险隐患排查4次，针对排查出的各类风险隐患，及时组织整改或协调相关归口部门采取必要措施。组织建立定期和不定期相结合的退水通道摸排工作机制，共组织开展退水渠道摸排工作6次，全面掌握辖区沿线退水渠道情况。

（4）组织开展调度值班模式优化第二批试点工作，选取辖区卫辉、鹤壁、汤阴、安阳等4个管理处作为第二批试点，采用调度业务由分调度中心集中值班与试点中控室值班"双运行"、安全生产监控由试点中控室实施的方式进行。一年来辖区输水调度运行平稳，安全生产及现场监控能力得到有效提升。

（5）组织开展输水调度汛期百日安全专项行动。根据总调度中心工作安排，结合河南分公司实际，从组织机制、人员安排、风险防范、业务学习、应急能力等方面开展"输水调度汛期百日安全行动"，编制专项行动

落实措施，过程中加强现场督导、视频检查，活动结束及时对行动开展情况进行梳理和总结，形成输水调度典型案例手册。

（6）做好迎党的二十大安全加固工作。2022年7月20日至12月31日，根据中线公司和河南分公司统一部署，组织开展"防风险、保安全、迎党的二十大"安全加固工作，期间严格落实调度值班工作制度，加强应急力量，严格信息报送，有力地保障了党的二十大期间总干渠的安全平稳运行。

（7）完成大流量输水工作。2022年5月1日至6月底，黄河北—漳河南段工程经历为期两个月的大流量输水，期间辖区工程运行平稳。

（8）开展备调度中心启用应急演练。2022年5月27日至6月2日，组织开展了为期一周的总调度中心切换备调度中心启用应急演练。本次演练为完全启用工况，模拟总调度中心受突发新冠疫情等外部因素影响，丧失指挥全线输水调度能力，且短时间内无法恢复，备调度中心正式启用，启用期间备调度中心承接总调度中心所有值班工作。其间较好地完成了全线输水调度任务，检验了备调度中心应急启用机制及自动化系统功能，增强了备调度中心人员指挥控制全线输水调度的能力，锻炼了备调度中心人员应急调度能力。

（9）根据水量计量定期协商机制，定期与河南省南水北调运行保障

中心协调解决辖区水量计量差异并完成水量修正，确保供水年度结束时水量计量无争议。

2022年，黄河北—漳河南段工程累计接收总调度中心指令操作闸门10281门次，全年运行平稳、安全，自通水运行以来已累计安全运行2941天。　　（王志刚　刘许伟）

【工程效益】　截至2022年12月31日，辖区工程累计过流377.77亿 m³，其中2022年度过流62.84亿 m³。年度内先后通过闫河退水闸和府城分水口向地方生态补水356万 m³。

2022年，区域内新乡平原新区、原阳县、安阳西部供水工程建成通水，滑县城乡居民全部用上南水北调水，工程供水覆盖面进一步扩大。

2022年1—12月辖区工程累计向地方分水5.77亿 m³，其中正常分水5.73亿 m³、生态补水355.96万 m³。极大改善了工程沿线的供水条件，改变了沿线城乡供水格局，提升了沿线居民用水品质，扭转了辖区地下水水位逐年下降的趋势，地下水水位实现总体回升，一大批河湖重现生机，防洪减灾效益明显，极大促进了受水区的社会发展和生态环境改善，为地方经济发展提供了坚实的水安全保障。经济、社会、生态效益巨大，工程供水效益凸显。　　（王志刚　刘许伟）

【环境保护与水土保持】

1. 环境保护　自通水运行以来，建设单位实施的污染防治措施、水土保持措施和生态保护措施合理、有效，对区域生态环境未造成不利影响，较好发挥了环境保护效果。运行管理单位协调工程沿线的环境管理部门开展了污染源排查和治理，有效遏制了污染源，工程沿线未发生明显的污染总干渠水质事件。运行管理单位持续深化与工程沿线省、市、县各级环境保护主管部门协作，建立健全了污染事件应急处置机制，总干渠未发生环境污染和生态破坏事件。2022年12月，河南段工程当选"河南省首批美丽河湖特别案例"。

2. 水土保持　工程建设期水土保持项目各项水土保持措施与主体工程同步实施，建设单位落实了水土保持方案及批复文件要求，项目建设区水土保持措施总体布局合理，防护效果明显，各项水土流失防治指标均达到设计的目标水平，完成了水土流失预防和治理任务，水土流失防治指标达到水土保持方案确定的目标值。自通水运行以来，运行管理单位持续加强开展水土保持治理工作，组织完成了后续渣场整治、总干渠沿线绿化带及办公区域的绿化提升，水土保持各项措施完备，水土保持设施功能正常、有效，各项水土保持措施运行情况良好，未发生水土流失事件。工程综合水保功能不断提升了沿线生态环境，达到了水土保持效果。2022年12月27日，中线工程获得"国家水土保持示范工程"称号。　　（李志海　李珺妍）

【验收工作】

1. 施工合同验收　2022年1月7日，南水北调中线河南分局汤阴管理处2021年汛期水毁修复处置项目通过建管单位组织的合同完工验收。2022年1月12日，南水北调中线河南分局温博管理处2021年汛期水毁修复处置项目通过建管单位组织的合同完工验收。2022年4月28日，南水北调中线河南分局安阳（穿漳）管理处2021年汛期水毁修复处置项目通过建管单位组织的合同完工验收。南水北调中线河南分局卫辉管理处2021年汛期水毁修复处置项目通过建管单位组织的合同完工验收。

2022年9月15日，南水北调中线河南分公司辖区辉县峪河暗渠防洪加固工程通过建管单位组织的合同完工验收。2022年11月22日，南水北调中线河南分公司辖区防洪加固项目施工7标通过建管单位组织的合同完工验收。2022年11月23日，南水北调中线河南分公司辖区防洪加固项目施工8标通过建管单位组织的合同完工验收。2022年12月2日，南水北调中线河南分公司辖区防洪加固项目施工9标通过建管单位组织的合同完工验收。2022年12月8日，南水北调中线河南分公司辖区防洪加固项目施工6标通过建管单位组织的合同完工验收。2022年12月16日，南水北调中线河南分公司辖区2022年高地下水处理及衬砌板修复项目施工2标通过建管单位组织的合同完工验收。

2022年12月20日，南水北调中线河南分公司辖区2022年高地下水处理及衬砌板修复项目施工3标通过建管单位组织的合同完工验收。2022年12月25日，南水北调中线河南分公司辖区2022年高地下水处理及衬砌板修复项目施工4标通过建管单位组织的合同完工验收。

2. 设计单元工程完工验收　2022年8月25日，完成南水北调中线一期工程焦作1段设计单元工程完工验收。2022年5月31日，完成南水北调中线一期工程焦作2段设计单元工程完工验收。

3. 跨渠桥梁竣工验收　自南水北调中线工程跨渠桥梁建成通车以来，已经试运行8年多，黄河北—漳河南段总计涉及各类跨渠桥梁253座，其中省干线21座、农村公路214座、城市道路17座、厂区道路1座，分布于河南省焦作、新乡、鹤壁、安阳等4个地市的17个县（区）。黄河北—漳河南段跨渠桥梁竣工验收作为南水北调中线干线工程完工验收的重要组成部分，自2019年年初开始，与河南省交通运输厅定期座谈讨论工作布置，与专业设计、检测单位签订合同开展桥梁病害处治检测和设计，并组织管理处积极对接辖区交通主管单位开展病害处治委托、桥梁建设档案整编等工作。2022年总计完成1座城市道路跨渠桥梁竣工验收。截至2022年，黄河北—漳河南段还剩余4座城市道路跨渠桥梁未完成管养移交。

（王金辉 李志海 刘阳）

沙河南—黄河南段

【工程概况】 沙河南—黄河南段工程起点位于河南省鲁山县薛寨村北，桩号 239＋042（分桩号 SH－0＋000）；终点为河南省荥阳市新店村东北，与穿黄工程段进口 A 点相接，桩号 474＋285（分桩号 SH－234＋746）。渠线长 235.243km，其中明渠长度 215.892km；输水建筑物 28 座，其中渡槽 6 座、倒虹吸 21 座、暗渠 1 座。该段有穿总干渠河渠交叉建筑物 7 座，其中渡槽 2 座、倒虹吸 5 座。该段有左岸排水建筑物 91 座，其中渡槽 19 座、倒虹吸 59 座、隧（涵）洞 13 座。该段有渠渠交叉建筑物 15 座，其中渡槽 8 座、倒虹吸 7 座。该段有控制建筑物 41 座，其中节制闸 13 座、退水闸 9 座、分水口门 14 座、检修闸 4 座、事故闸 1 座。该段有铁路交叉建筑物 9 座、公路交叉建筑物 264 座。 （李珺妍）

【工程管理】

1. 土建绿化维护 现场管理机构为鲁山、宝丰、郏县、禹州、长葛、新郑、航空港区、郑州、荥阳、穿黄等 10 个管理处，负责现场土建和绿化工程日常维修养护项目的管理。2022 年土建绿化日常维护项目涉及渠道（包括衬砌面板、渠坡防护、运行维护道路、渠外防护带等）、各类建筑物（河渠交叉建筑物、左岸排水建筑物、渠渠交叉建筑物、控制性工程等）及土建附属设施（管理用房、安全监测站房、设备用房等）的土建项目维修养护；渠道及渠道排水系统、输水建筑物、左岸排水建筑物等的清淤；水面垃圾清理；渠坡草体修剪（除草）、防护林带树木养护、闸站保洁及园区绿化养护，桥梁日常维护等内容。主要完成了土建绿化日常维修养护项目有左排清淤、截流沟和排水沟清理修复、防护堤修复、边坡防护、防汛物料采购、混凝土路面破损修复、路缘石与衬砌板接缝聚硫密胶填缝处理、混凝土截流沟修复、泥结碎石路修复、安全防护网维护、路缘石更换、警示柱安装、实心六棱砖铺设、排水沟维护、渠道边坡草体修剪及除杂草、草体和树木补植、已有绿化养护等。组织完成澧河、澎河、沙河等 3 个河渠交叉建筑物河道防洪加固项目，完成边坡滑塌、防洪堤冲毁等水毁项目修复，完成高地下渠段处理长度 5.54km，衬砌板修复 112 块。

2. 防洪度汛 调整河南分公司防汛指挥部成员和领导分片负责范围，各管理处调整安全度汛工作小组，并明确职责。与南水北调工程河湖长建立联络，进一步加强与河南省水利、防汛等政府部门的联动协作，共享雨情、水情信息。根据防汛风险项目标准，结合工程运行管理情况，组织排查、评估河南分公司辖区段防汛风险项目。结合 2022 年工程运行管理情况，沙河南—黄河南段共排查 54 个风险项目，其中 2 级风险项目 4 个，3 级防汛风险项目 50 个。河南分公司重新修订了《河南分公司防汛应急预案》《河南分公司超标准洪水防御预案》，编制完成了《河南分公司 2022 年工程度汛方案》，并向河南省防汛抗旱指挥部办公室进行了报备。2022 年组织防汛应急实战演练 6 次，其中，6 月 10 日河南省水利厅、河南分公司、平顶山市政府联合举办淮河流域暨南水北调中线北汝河倒虹吸工程防汛抢险综合应急演练。此次演练设置 7 个实战科目，分别为应急交通、电力、通信保障，群众避险转移，应急退水调度，河堤滑塌处置，子堤加高，建筑物裹头四面体防护，建筑物裹头铅丝石笼防护。通过演练对中线工程防汛抢险准备工作、防汛队伍协同作战以及快速反应能力进行了实战检验。2022 年汛前补充了块石、砂砾料等应急抢险物资；现地管理处储备有急电源车、发电机等设备及工器具，做好抢险物资设备保障工作。2022 年工程范围内发布暴雨预警 7 次，启动防汛应急响应 4 次，启动交通事故应急响应 1 次。

3. 科研管理　系统推进流态优化工作，在完成导流罩和导流墩试点工作基础上，推进郑州段输水建筑物流态优化试验研究，进一步研究提升长距离、大流量供水技术。2022 年完成基于 BIM 技术的穿黄工程运维管理系统项目、运行期膨胀土渠坡土工袋快速修复及施工技术研究项目、基于卫星雷达遥感技术的渠道边坡变形监测研究项目和长葛段地面沉降研究项目合同验收工作。

4. 职工公寓　为进一步改善一线职工日常值班值守工作、生活条件，以及加强汛期、冰期以及重要时间段加固期和应急值班值守后勤保障，按照确有需求、条件成熟、分期分批实施的原则，结合各现地管理处实际情况，2022 年实施完成郏县管理处、禹州管理处职工公寓建设项目。其中郏县管理处职工公寓建筑选址地点位于郏县管理处园区内，项目总建筑面积 2027.6m^2，使用面积 1350m^2，层数 3 层，框架结构，共有 39 间单间公寓和 4 个套间公寓及其他辅助用房；禹州管理处职工公寓建筑选址地点位于禹州管理处园区内，项目总建筑面积 2388.09m^2，使用面积 1620m^2，层数 3 层，框架结构，共有 48 间单间公寓和 4 个套间公寓及其他辅助用房。2022 年已建设完成。

（姚永博　李建锋　李乐　李珺妍）

【运行调度】

1. 工作机制　南水北调中线干线工程按照"统一调度、集中控制、分级管理"的原则实施。由总调度中心统一调度和集中控制，总调度中心、分调度中心和现地管理处中控室按照职责分工开展运行调度工作。河南分公司组织开展调度值班模式优化第二批试点工作，选取辖区新郑、航空港区、郑州等3个管理处作为试点开展第一阶段试点工作，宝丰、郏县、禹州、长葛4个管理处开始开展第二阶段试点工作。试点工作共分两个阶段展开，其中第一阶段，中控室调度业务任务不减、人员不减、责任不减，与分调度中心试点实行"双线"运行；第二阶段，由分调度中心试点承接中控室调度相关工作，中控室主要开展安全监控等相关工作。截至2022年年底，试点工作进展顺利，运行成效显著。

2. 主要工作　2022年是党的二十大胜利召开之年，也是河南分公司固本强基、砥砺作为的重要一年。辖区运行调度工作主要围绕深入贯彻落实习近平总书记关于南水北调的重要指示批示精神，以安全为前提，以问题为导向，以督办为抓手，以规范化和信息化建设为手段，规范内部管理，创新工作方法，主动作为，科学调度，优化策略，紧抓时机，上下联动，确保了年度供水目标顺利完成。

（1）成功应对突发藻类异常增殖事件、多轮新冠疫情暴发等一系列重大风险挑战，年度供水再创新高。2022年1月、5月、10月辖区经历了3轮新冠疫情袭击，为确保运行调度工作有序开展，保障供水安全，分调度中心和辖区现地管理处根据属地疫情防控要求，结合工作实际，制定了输水调度应急值班工作方案，采取封闭集中方式，有效杜绝了疫情传播，保证了调度工作正常开展。

（2）应急调度能力经受实战检验，有效保障了工程安全、供水安全和水质安全。

（3）认真开展安全生产隐患排查整改，组织辖区输水调度相关风险隐患排查4次，针对排查出的各类风险隐患，及时组织整改或协调相关归口部门采取必要措施。组织建立定期和不定期相结合的退水通道摸排工作机制，共组织开展退水渠道摸排工作6次，全面掌握辖区沿线退水渠道情况。

（4）开展调度值班模式优化第二批试点工作，选取辖区新郑、航空港区、郑州等3个管理处作为第二批试点，采用调度业务由分调度中心集中值班与试点中控室值班"双运行"、安全生产监控由试点中控室实施的方式进行；宝丰、郏县、禹州、长葛等4个管理处开始开展第二阶段试点工作，由分调度中心试点承接中控室调度相关业务，中控室主要开展安全监控等相关工作。一年来辖区输水调度运行平稳，安全生产及现场监控能力得到有效提升。

（5）开展输水调度汛期百日安全专项行动。根据总调度中心工作安排，结合河南分公司实际，从组织机制、人员安排、风险防范、业务学习、应急能力等方面开展"输水调度汛期百日安全行动"，编制专项行动落实措施，过程中加强现场督导、视频检查，活动结束及时对行动开展情况进行梳理和总结，形成输水调度典型案例手册。

（6）做好迎党的二十大安全加固工作。2022 年 7 月 20 日至 12 月 31 日，根据中线公司和河南分公司统一部署，组织开展"防风险、保安全、迎党的二十大"安全加固工作，期间严格落实调度值班工作制度，加强应急力量，严格信息报送，有力地保障了党的二十大期间总干渠的安全平稳运行。

（7）完成大流量输水工作。2022 年 5 月 1 日至 6 月底，沙河南—黄河南段工程经历为期两个月的大流量输水，期间辖区工程运行平稳。

（8）开展备调度中心启用应急演练。2022 年 5 月 27 日至 6 月 2 日，组织开展了为期一周的总调度中心切换备调度中心启用应急演练。本次演练为完全启用工况，模拟总调度中心受突发新冠疫情等外部因素影响，丧失指挥全线输水调度能力，且短时间内无法恢复，备调度中心正式启用，启用期间备调度中心承接总调度中心所有值班工作。其间较好地完成了全线输水调度任务，检验了备调度中心应急启用机制及自动化系统功能，增强了备调度中心人员指挥控制全线输水调度的能力，锻炼了备调度中心人员应急调度能力。

（9）根据水量计量定期协商机制，定期与河南省南水北调运行保障中心协调解决辖区水量计量差异并完成水量修正，确保供水年度结束时水量计量无争议。

（10）系统推进流态优化工作。在导流罩和导流墩试点基础上，推进郑州段输水建筑物流态优化试验研究，进一步研究提升长距离、大流量供水技术。2022 年，沙河南—黄河南段工程累计接收总调度中心指令操作闸门 10126 门次，工程全年运行平稳、安全，自通水运行以来，工程已累计安全运行 2941 天。

（王志刚　刘许伟）

【工程效益】　截至 2022 年 12 月 31 日，辖区工程累计过流 379.18 亿 m³，其中 2022 年度过流 73.28 亿 m³。年度内先后通过沙河、兰河、颖河、沂水河、双洎河、十八里河、贾峪河退水闸向地方生态补水 1.62 亿 m³。2022 年，区域内平顶山城区供水工程建成通水，工程供水覆盖面进一步扩大。2022 年 1—12 月辖区工程累计向地方分水 9.52 亿 m³，其中正常分水 7.90 亿 m³，生态补水 1.62 亿 m³，极大改善了工程沿线的供水条件，改变了沿线城乡供水格局，提升了沿线居民用水品质，扭转了辖区地下水水位逐年下降的趋势，地下水水位实现总体回升，一大批河湖重现生机，防洪减灾效益明显，极大促进了受水区的社会发展和生态环境改善，为地方经济发展提供了坚实的水安全保障。经济、社会、生态效益巨大，工程供水效益凸显。　　（王志刚　刘许伟）

【环境保护与水土保持】

1. 环境保护　自通水运行以来，建设单位实施的污染防治措施、水土保持措施和生态保护措施合理、有效，对区域生态环境未造成不利影响，较好发挥了环境保护效果。运行管理单位协调工程沿线的环境管理部门开展了污染源排查和治理，有效遏制了污染源，工程沿线未发生明显的污染总干渠水质事件。运行管理单位持续深化与工程沿线省、市、县各级环境保护主管部门协作，建立健全了污染事件应急处置机制，总干渠未发生环境污染和生态破坏事件。2022年12月，河南段工程当选"河南省首批美丽河湖特别案例"。

2. 水土保持　工程建设期水土保持项目各项水土保持措施与主体工程同步实施，建设单位落实了水土保持方案及批复文件要求，项目建设区水土保持措施总体布局合理，防护效果明显，各项水土流失防治指标均达到设计的目标水平，完成了水土流失预防和治理任务，水土流失防治指标达到水土保持方案确定的目标值。

自通水运行以来，运行管理单位持续加强开展水土保持治理工作，组织完成了后续渣场整治、总干渠沿线绿化带及办公区域的绿化提升，水土保持各项措施完备，水土保持设施功能正常、有效，各项水土保持措施运行情况良好，未发生水土流失事件。工程综合水土保持功能不断提升了沿线生态环境，达到了水土保持效果。

2022年12月27日，中线工程获得"国家水土保持示范工程"称号。

（李志海　李珺妍）

【验收工作】

1. 施工合同验收　2022年1月20日，南水北调中线河南分局航空港区管理处2021年汛期水毁修复处置项目通过建管单位组织的合同完工验收。2022年1月26日，南水北调中线河南分局荥阳管理处2021年汛期水毁修复处置项目通过建管单位组织的合同完工验收。2022年3月18日，南水北调中线河南分局禹州管理处2021年汛期水毁修复处置项目通过建管单位组织的合同完工验收。2022年5月18日，南水北调中线河南分公司长葛管理处2021年汛期水毁修复处置项目通过建管单位组织的合同完工验收。

2022年11月16日，南水北调中线河南分公司辖区防洪加固项目施工5标通过建管单位组织的合同完工验收。2022年11月25日，南水北调中线河南分公司辖区防洪加固项目施工4标通过建管单位组织的合同完工验收。2022年11月30日，南水北调中线河南分公司辖区新郑段防洪加固项目施工标通过建管单位组织的合同完工验收。2022年12月1日，南水北调中线河南分公司辖区防洪加固项目施工3标通过建管单位组织的合同完工验收。2022年12月15日，南水北调中线河南分公司辖区2022年高地下水处理及衬砌板修复项目施工1标通过建管单位组织的合同完工验收。

2. 设计单元工程完工验收　2022年8月25日，完成南水北调中线一期工程穿黄工程设计单元工程完工验收。

3. 跨渠桥梁竣工验收　自南水北调中线工程跨渠桥梁建成通车以来，已经试运行将近7年，沙河南—黄河南段总计涉及各类跨渠桥梁264座，其中高速公路2座、国省干线30座、农村公路171座，城市道路61座，分布于河南省平顶山、许昌、郑州等3个地市的14个县（区）。

沙河南—黄河南段跨渠桥梁竣工验收作为南水北调中线干线工程完工验收的重要组成部分，自2019年年初开始，与河南省交通运输厅定期座谈讨论工作布置，与专业设计、检测单位签订合同开展桥梁病害处治检测和设计，组织管理处积极对接辖区交通主管单位开展病害处治委托、桥梁建设档案整编等工作。2022年总计完成1座高速、2座国省干线跨渠桥梁竣工验收，2座城市道路跨渠桥梁管养移交。截至2022年，沙河南—黄河南段还剩余1座高速公路、4座国省干线跨渠桥梁未竣工验收，12座城市道路跨渠桥梁未完成管养移交。

（王金辉　李志海　刘阳）

陶岔渠首—沙河南段

【工程概况】　陶岔渠首—沙河南段为南水北调中线一期工程的起始段，该段起点位于陶岔渠首枢纽闸下，桩号0+300；终点位于平顶山市鲁山县薛寨村北桩号239+042处。沿线经过河南省南阳市的淅川县、邓州市、镇平县、方城县等4县（市）及卧龙区、宛城区、高新区、城乡一体化示范区等4个城郊区和平顶山市的叶县、鲁山县。陶岔渠首—沙河南段线路长238.742km，输水建筑物长约10.935km。起点段设计流量350m³/s，加大流量420m³/s；终点段设计流量320m³/s，加大流量380m³/s。该段有输水建筑物25座，其中渡槽9座、倒虹吸14座、暗渠2座。该段有穿总干渠河渠交叉建筑物10座，其中渡槽1座、倒虹吸7座、隧（涵）洞2座。该段有左岸排水建筑物107座，其中渡槽4座、倒虹吸82座、隧（涵）洞21座。该段有渠渠交叉建筑物44座，其中渡槽7座、倒虹吸35座、隧（涵）洞2座。该段有控制建筑物56座，其中节制闸12座、退水闸9座、分水口门13座、检修闸17座、事故闸5座。该段有铁路交叉建筑物4座。该段有公路交叉建筑物238座，其中公路桥146座、生产桥92座。

陶岔渠首—沙河南段建设过程中共划分为11个设计单元，分别为淅川段、镇平段、南阳段、方城段、叶县段、鲁山南1段、鲁山南2段、湍河渡槽、白河倒虹吸、澧河渡槽、膨胀土（南阳）试验段。其中，淅川

段、湍河渡槽、鲁山南1段、鲁山南
2段为直管项目，镇平段、叶县段、
澧河渡槽为代建项目，南阳段、方城
段、白河倒虹吸、膨胀土（南阳）试
验段为委托项目。

中国南水北调集团中线有限公司
渠首分公司（以下简称"渠首分公
司"）负责陶岔渠首至方城段
185.545km工程的运行管理工作。

淅川县段为陶岔渠首—沙河南单
项工程中的第1单元，线路位于河南
省南阳市淅川县和邓州市境内。渠段
起点位于淅川县陶岔闸下游消力池末
端公路桥下游，桩号0＋300，终点位
于邓州市和镇平县交界处，桩号52＋
100，淅川县段线路长50.77km（不含
湍河渡槽工程），其中占水头的建筑物
累计长1.2km，渠道累计长49.57km。

湍河渡槽工程位于河南省邓州市
冀寨村北，距离邓州市26km。起点
桩号36＋289，终点桩号37＋319，总
长1030m，主要由进口渠道连接段
113.3m、进口渐变段41m、进口闸室
段26m、进口连接段20m、槽身段
720m、出口连接段20m、出口闸室段
15m、出口渐变段55m、出口渠道连
接段19.7m组成。工程主要建筑物级
别为1级，设计流量为350m³/s，加
大流量为420m³/s，槽身为相互独立
的三槽预应力现浇混凝土"U"形结
构，共18跨，单跨40m，单跨槽身
重量达1600t，采用造桥机现浇施工。

镇平段工程位于河南省南阳市镇
平县境内，起点在邓州市与镇平县交

界处严陵河左岸马庄乡北许村，桩号
52＋100；终点在潦河右岸的镇平县
与南阳市卧龙区交界处，设计桩号87
＋925，全长35.825km。渠道总体呈
西东向，穿越南阳盆地北部边缘区，
起点设计水位144.375m，终点设计
水位142.540m；总水头1.835m，其
中建筑物分配水头0.43m、渠道分配
水头1.405m。全渠段设计流量为
340m³/s，加大流量为410m³/s。

南阳市段工程位于南阳市区境
内，涉及卧龙、高新、城乡一体化示
范区等3行政区7个乡镇（街道办）
23行政村，全长36.826km，总体走
向由西南向东北绕城而过。工程起点
位于潦河西岸南阳市卧龙区和镇平县
分界处，桩号87＋925；终点位于小
清河支流东岸宛城区和方城县的分界
处，桩号124＋751。南阳段工程88%
的渠段为膨胀土渠段，深挖方和高填
方渠段各占约1/3，渠道最大挖深
26.8m，最大填高14.0m。

膨胀土试验段工程起点位于南阳
市卧龙区靳岗乡孙庄东，桩号100＋
500；终点位于南阳市卧龙区靳岗乡
武庄西南，桩号102＋550，全长
2.05km。试验段渠道设计流量为
340m³/s，加大流量为410m³/s。渠
道设计水深7.5m，加大水位深
8.23m，设计渠底板高程134.04～
133.96m，设计渠水位141.54～
141.46m，渠底宽22m。最大挖深约
19.2m，最大填高5.5m。

白河倒虹吸工程位于南阳市蒲山

镇蔡寨村东北，起点桩号 115＋190，终点桩号 116＋527，总长度为 1337m。设计洪水标准为 100 年一遇，校核洪水标准为 300 年一遇。工程设计流量为 330m³/s，加大流量为 400m³/s，退水闸设计退水流量为 165m³/s。白河倒虹吸埋管段水平投影长 1140m，共分 77 节，为两孔一联共 4 孔的混凝土管道，单孔管净尺寸为 6.7m×6.7m。其中，白河倒虹吸管身、进口渐变段、进口检修闸、出口节制闸及退水闸等主要建筑物为 1 级建筑物，退水渠、防护工程、附属建筑物等次要建筑物为 3 级建筑物。

方城段工程涉及方城县、宛城区等两个县（区），起点位于小清河支流东岸宛城区和方城县的分界处，桩号 124＋751，终点位于三里河北岸方城县和叶县交界处，桩号 185＋545，包括建筑物长度在内全长 60.794km，其中输水建筑物 7 座，累计长 2.458km，渠道长 58.336km。方城段工程 76% 的渠段为膨胀土渠段，累计长 45.978km，其中强膨胀岩渠段 2.584km，中膨胀土岩渠段 19.774km，弱膨胀土岩渠段 23.62km。方城段全挖方渠段 19.096km，最大挖深 18.6m，全填方渠段 2.736km，最大填高 15m；设计输水流量为 330m³/s，加大流量为 400m³/s。（王蒙　李珺妍）

【工程管理】　根据中线建管局《南水北调中线干线工程建设管理局组织机构设置及人员编制方案》（中线局编〔2015〕2 号），2015 年 6 月 30 日，在河南直管建管局基础上分别成立河南分局和渠首分局。2022 年 5 月，根据中国南水北调集团中线有限公司公司制改制工作安排，河南分局和渠首分局更名为河南分公司和渠首分公司，分别承担中线干线工程河南省境内工程运行管理工作。其中渠首分公司负责陶岔—方城段（全长 185.545km）工程运行管理工作。

1. 现地管理机构　陶岔渠首—沙河南段共设 7 个管理处和 1 个电厂，其中渠首分公司管辖 5 个现地管理处和 1 个电厂；河南分公司管辖 2 个现地管理处，分别为叶县管理处和鲁山管理处。各现地管理处负责辖区内运行管理工作，确保工程安全、供水安全、水质安全；负责或参与辖区内直管和代建项目尾工建设、征迁退地、工程验收工作。

2. 工程维护管理　2022 年，渠首分公司组织完成陶岔渠道增设防浪墙试点项目、9＋070～9＋575 渠段左岸边坡等四处变形体处置项目、邓州管理处部分渠道左岸防洪堤和截流沟水毁修复项目、方城高地下水渠段增设排水系统改造项目。完成高地下水渠段测压管增设、陶岔渠首枢纽渗流监测及大坝变形监测自动化改造、陶岔大坝及上下游岸坡外观监测自动化建设等项目。同时，完成分公司各类工程缺陷修复处理指导手册及渠道边坡渗水现象临时处理指导意见编制发布。组织开展 2022 年"渠首工匠杯"土建维护和绿化养护技能比武活动，进一步加强土建维护单位技能人才队伍建设。

3. 防汛应急管理　完成度汛方案、防汛应急预案及超标准洪水防御预案等各类方案编制修订工作，并向地方部门备案；组织开展"排风险、补短板"防汛专项行动，共排查防汛隐患 13 类 374 个问题，均在汛前全部完成整改；组织学习研讨郑州"7·20"特大暴雨灾害事故调查报告，举办渠首分公司第二届防汛抢险知识竞赛，组织开展防汛应急演练 3 次，应急抢险队伍拉练 2 次，组建抢险队伍 6 支；依托南水北调工程河湖长制和南阳市"三个安全"联席会平台，协调解决左排出口不畅等 48 处红线外防汛隐患。并组织对工程左岸 79 座水库逐一排查走访，建立水库水情信息共享机制。白河倒虹吸防洪加固项目于 2022 年 2 月 14 日汛前开工，渠首分公司克服新冠疫情防控、大气污染防治、强降雨等不利影响，于汛前提前一个月完工。同时，快速成功处置潦河渡槽险情，妥善处置藻类突发应急事件，有效应对"4·24""6·26"等 5 次强降雨，获得"南阳市年度防汛工作先进集体""中线公司河渠交叉建筑防洪加固工作先进集体"荣誉称号，保障了工程安全度汛。

4. 工程穿跨越管理　2022 年，渠首分公司完成西气东输三线等 3 个项目专题设计阶段审查。加强 2 个在建项目日常监督检查，对发现的问题下发整改通知单并扣除保证金。开展辖区所有穿跨邻接项目信息排查，完成应急演练 1 次，开展违规项目警示教育 1 次。

5. 基建项目实施　建立周会商机制，精心组织，周密安排，紧盯关键节点，狠抓施工质量，提前一个月完成渠首分局调度生产用房建设项目主体工程封顶目标。同时加快装饰装修、调度大厅、水质实验室等重点工作，完成年度目标任务。南阳管理处职工公寓按期入住，职工的幸福感、归属感指数进一步提升。

6. 土建绿化工程维护　河南分公司现场管理机构为叶县和鲁山等 2 个管理处，负责现场土建和绿化工程日常维修养护项目的运行管理。2022 年土建绿化日常维护项目涉及渠道（包括衬砌面板、渠坡防护、运行维护道路、渠外防护带等）、各类建筑物（河渠交叉建筑物、左岸排水建筑物、渠渠交叉建筑物、控制性工程等）及土建附属设施（管理用房、安全监测站房、设备用房等）的土建项目维修养护；渠道及渠道排水系统、输水建筑物、左岸排水建筑物等的清淤；水面垃圾清理；渠坡草体修剪（除草）、防护林带树木养护、闸站保洁及园区绿化养护，桥梁日常维护等内容。主要完成了土建、绿化日常维修养护、防洪堤加高等项目。土建绿化日常维护项目落实精细化维护要求，全年预算执行合理有效，工程形象得到进一步提升，工程安全得到进一步保证。

7. 防洪度汛　调整河南分公司防汛指挥部成员和领导分片负责范围，各现地管理处调整安全度汛工作小组，并明确职责。与南水北调工程河湖长建立联络，进一步加强与河南省水利、防汛等政府部门的联动协作，共享雨、水情信息。根据防汛风险项目标准，结合工程运行管理情况，组织排查、评估河南分公司辖区段防汛风险项目。结合 2022 年工程运行管理情况，黄河北—漳河南段共排查 8 个风险项目，均为 3 级防汛风险项目。河南分公司重新修订了《河南分公司防汛应急预案》《河南分公司超标准洪水防御预案》，编制完成了《河南分公司 2022 年工程度汛方案》，并向河南省防汛抗旱指挥部办公室进行了报备。2022 年组织防汛应急实战演练 6 次，其中，6 月 10 日河南省水利厅、河南分公司、平顶山市政府联合举办淮河流域暨南水北调中线北汝河倒虹吸工程防汛抢险综合应急演练。此次演练设置 7 个实战科目，分别为应急交通、电力、通信保障，群众避险转移，应急退水调度，河堤滑塌处置，子堤加高，建筑物裹头四面体防护，建筑物裹头铅丝石笼防护。通过演练对中线工程防汛抢险准备工作、防汛队伍协同作战以及快速反应能力进行了实战检验。2022 年汛前补充了块石、砂砾料等应急抢险物资；现地管理处储备有急电源车、发电机等设备及工器具，做好抢险物资设备保障工作。2022 年工程范围内发布暴雨预警 7 次，启动防汛应急响应 4 次，启动交通事故应急响应 1 次。

8. 科研管理　开展叶县凹照南沟左排上游水库超标洪水影响模型试验和典型输水建筑物水工模型试验研究项目工作，确保项目按计划完成。开展南水北调中线干线郑州段输水建筑物流态优化试验研究项目（第一阶段），完成索河渡槽、枯河倒虹吸流态优化试验研究成果报告，其研究成果为解决输水建筑物态紊乱问题、提升其过流能力及总干渠整体过流能力提供技术支撑及参考借鉴。

（王蒙　姚永博　李建锋　李乐）

【运行调度】　2022 年度累计执行调度指令 1243 条，下达并完成检修和动态巡视指令 413 条。2022 年，陶岔渠首—沙河南段工程累计接收总调度中心指令操作闸门 1133（河南分公司辖区数据）门次，工程全年运行平稳、安全，自通水运行以来，工程已累计安全运行 2941 天。针对输水调度、工程巡查等各专业分别编制风险清单，在渗水点处理、防洪加固、应急处置、藻类防治试验等工作中优化调度策略，实施精准调度，全年 350m³/s 以上流量运行 79 天，其中 400m³/s 流量运行 35 天，中线工程运行安全和工程质量进一步得到检验，为竣工验收提供了必要依据。与信息科技公司南阳事业部建立月度联络会商机制，印发《渠首分公司闸站标准化建设管理考核办法》，指导各现地管理处不断加强闸站标准化建设。出台20条注意事项，制定了调度人员业务素质年度提升计划，优化夜间调度值班模式。2022年组织了17次集中培训、6次应急调度桌面推演，提升了调度人员应急处置能力和履职能力。建立退水闸及退水通道台账，实行动态管理。大流量期间，利用丹江口水库应汛腾库时机，生态补水3.1亿 m³，充分发挥工程生态效益。

1. 工作机制　南水北调中线干线工程按照"统一调度、集中控制、分级管理"的原则实施。由总调度中心统一调度和集中控制，总调度中心、分调度中心和现地管理处中控室按照职责分工开展运行调度工作。

2. 主要工作　2022年是党的二十大胜利召开之年，也是中线工程固本强基、砥砺作为的重要一年。辖区运行调度工作主要围绕深入贯彻落实习近平总书记关于南水北调的重要指示批示精神，以安全为中心、以问题为导向、以督办为抓手，主动作为、科学调度、优化策略、紧抓时机、上下联动，确保了年度供水目标顺利完成。

（1）成功应对突发藻类异常增殖事件、多轮新冠疫情暴发等一系列重大风险挑战，年度供水再创新高。2022年1月、5月、10月辖区经历了3轮新冠疫情袭击，为确保运行调度工作有序开展，保障供水安全，分调度中心和辖区现地管理处根据属地疫情

防控要求，结合工作实际，制定了输水调度应急值班工作方案，采取封闭集中方式，有效杜绝了疫情传播，保证了调度工作正常开展。

（2）认真开展安全生产隐患排查整改，组织辖区输水调度相关风险隐患排查4次，针对排查出的各类风险隐患，及时组织整改或协调相关归口部门采取必要措施。组织建立定期和不定期相结合的退水通道摸排工作机制，共组织开展退水渠道摸排工作6次，全面掌握辖区沿线退水渠道情况。

（3）组织开展输水调度汛期百日安全专项行动。根据总调度中心工作安排，结合工作实际，从组织机制、人员安排、风险防范、业务学习、应急能力等方面开展"输水调度汛期百日安全行动"，编制专项行动落实措施，过程中加强现场督导、视频检查，活动结束及时对行动开展情况进行梳理和总结，形成输水调度典型案例手册。

（4）做好迎接党的二十大安全加固工作。2022年7月20日至12月31日，根据中线公司和河南分公司统一部署，组织开展"防风险、保安全、迎党的二十大"安全加固工作，其间严格落实调度值班工作制度，加强应急力量，严格信息报送，有力地保障了党的二十大期间总干渠的安全平稳运行。

（5）根据水量计量定期协商机制，定期与河南省南水北调运行保障中心协调解决辖区水量计量差异并完

成水量修正，确保供水年度结束时水量计量无争议。

（王蒙　王志刚　刘许伟）

【工程效益】　中线工程实现年度调水"八连增"。2022年度，陶岔渠首年度入渠水量92.12亿m³，超额完成年度调水任务。渠首分公司年度辖区累计分水13.81亿m³，实施生态补水5.05亿m³。2022年1—12月，河南分公司辖区工程累计向地方分水2.11亿m³，均为正常供水。渠首分公司辖区10个分水口门已启用8个分水口门向南阳市供水，年度供水8.76亿m³，新增向内乡县供水，进一步扩大了供水范围。累计向南阳市供水69.98亿m³，受益人口达到352万余人。截至2022年12月31日，河南分公司辖区工程累计过流445.43亿m³（澎河数据），其中2022年度过流74.98亿m³。

2022年，区域内驻马店西平、上蔡、汝南、平舆等4县供水工程建成通水，工程供水覆盖面进一步扩大。极大改善了工程沿线的供水条件，改变了沿线城乡供水格局，提升了沿线居民用水品质，扭转了辖区地下水水位逐年下降的趋势，地下水水位实现总体回升，防洪减灾效益明显，为地方经济发展提供了坚实的水安全保障。　　　（王蒙　王志刚　刘许伟）

【环境保护与水土保持】

1. 环境保护　自通水运行以来，建设单位实施的污染防治措施、水土保持措施和生态保护措施合理、有效，对区域生态环境未造成不利影响，较好发挥了环境保护效果。运行管理单位协调工程沿线的环境管理部门开展了污染源排查和治理，有效遏制了污染源，工程沿线未发生明显的污染总干渠水质事件。运行管理单位持续深化与工程沿线省、市、县各级环境保护主管部门协作，建立健全了污染事件应急处置机制，总干渠未发生环境污染和生态破坏事件。2022年12月，河南段工程当选"河南省首批美丽河湖特别案例"。

2. 水土保持　工程建设期水土保持项目各项水土保持措施与主体工程同步实施，建设单位落实了水土保持方案及批复文件要求，项目建设区水土保持措施总体布局合理，防护效果明显，各项水土流失防治指标均达到设计的目标水平，完成了水土流失预防和治理任务，水土流失防治指标达到水土保持方案确定的目标值。

自通水运行以来，运行管理单位持续加强开展水土保持治理工作，组织完成了后续渣场整治、总干渠沿线绿化带及办公区域的绿化提升，水土保持各项措施完备，水土保持设施功能正常、有效，各项水土保持措施运行情况良好，未发生水土流失事件。工程综合水保功能不断提升了沿线生态环境，达到了水土保持效果。2022年12月27日，中线工程获得"国家水土保持示范工程"称号。

2022年，渠首分公司按照中线公司要求，对辖区范围内绿植进行精准维护，总投资 2206.39 万元。5 月 27 日如期完成 2021—2022 年绿化日常维修养护项目一标、二标以及土建绿化辅助人员服务项目的合同验收工作。并按照相关养护标准开展乔、灌木养护，草体修剪、补植等日常养护工作，在进入主汛期之前完成辖区全部草体修剪等年度节点性任务目标。

（王蒙 李志海 李珺妍）

【验收工作】

1. 施工合同验收 2022 年 11 月 18 日，南水北调中线河南分公司辖区防洪加固项目施工 1 标、施工 2 标通过建管单位组织的合同完工验收。2022 年 12 月 15 日，南水北调中线河南分公司辖区 2022 年高地下水处理及衬砌板修复项目施工 1 标通过建管单位组织的合同完工验收。

2. 跨渠桥梁竣工验收 自南水北调中线工程跨渠桥梁建成通车以来，已经试运行将近 7 年，叶县—沙河南段总计涉及各类跨渠桥梁 54 座，其中高速公路 1 座、国省干线 2 座、农村公路 51 座，分布于河南省平顶山市的 2 个县（区）。叶县—沙河南段跨渠桥梁竣工验收作为南水北调中线干线工程完工验收的重要组成部分，自 2019 年年初开始，与河南省交通运输厅定期座谈讨论工作布置，与专业设计、检测单位签订合同开展桥梁病害处治检测和设计，组织管理处积极对接辖区交通主管单位开展病害处治委托、桥梁建设档案整编等工作。

2022 年总计完成 1 座高速公路跨渠桥梁竣工验收，该段所有跨渠桥梁均已完成竣工验收移交。（王金辉 刘阳）

【尾工建设】 2022 年，渠首分公司深入推进遗留问题解决。紧盯建设资金分摊问题，采取会商、发函督促、现场驻点等多种方式催办，王家西南桥地方分摊投资 840 万元全部落实到位，妥善解决了建设期重点遗留问题，率先完成投资收口工作。（王蒙）

【水质保护】 2022 年渠首段水质长期稳定在 Ⅱ 类及以上。

（1）水质监测。完成地表水、地下水、藻类、辖区 113 条交叉河流等 70 次监测任务，监测日常指标 50 余项、藻类指标 15 项；在大流量输水期间，启动了水质自动监测站加密监测工作。

（2）水质安全隐患排查。组织开展 5 次水质安全隐患排查，整改水质安全隐患 19 项；加强水质实验室危化品管理及废液处置，做到出入库专人管理；开展汛前"排风险、补短板"排查，完成 78 座跨渠桥梁挡水坎、124 座桥梁伸缩缝修复工作。

（3）能力建设。在陶岔渠首坝前 2km 部位完成水质在线浮标站建设，将中线供水水质监测预警关口前移，完善中线工程水质监测体系；修订分公司水污染应急预案，组织开展相关突发水污染事件桌面推演；通过中国环境监测总站组织的三项检测能力考核，水质实验室质量管理体系有效性及检测数据质量得到认证。

（4）水生态问题防控研究。开展渠道内水质高锰酸盐指数及藻类防控研究；利用刁河渡槽单槽排空时机，在渡槽槽壁内涂刷抗污自洁纳米涂层材料，开展淡水壳菜、虫、藻类等水生物防治试验。

（5）水污染应急管理。按照"能清尽清，能捞尽捞"的原则，渠首分公司克服高温天气，确保作业安全，多措并举开展除藻工作。累计投入4243人次、4台新型清藻装置和2台清藻车，共清理渠道长度97.6km，保障了水质安全。　　（王蒙）

【安全生产】　2022年，渠首分公司以持续巩固水利安全生产标准化、创建安全文化示范企业为契机，深化安全风险管控和隐患排查治理体系建设，动态开展安全风险辨识，借助"风险管控"系统，提高安全风险动态管控便捷性。组织签订安全生产责任书、安全生产承诺书各318份，编制完成"安全生产责任明白卡"，将安全生产责任层层分解、落实到人。围绕冬奥会、冬残奥会安全加固、大流量输水期及"防风险、保安全、迎党的二十大"安全加固等特殊时段和防洪加固、应急处置项目，积极下沉一线开展监督检查，年度召开安全生产例会共计87次，集中安全检查50次。将水毁修复项目及防洪加固项目作业风险管控纳入安全风险分级管控系统，对作业风险进行辨识、评估，

严格实施动态管控。以问题为导向开展水利设施安全风险隐患排查整治、现场作业安全生产大排查等5个专项行动，组织专项检查7次，年度累计下达安全生产处罚文件42份，罚款12.42万元。实施警务室工作标准化提升活动，完善制度体系，开展"党建＋安全"建设，推动安全监管广度深度力度再加强。年度公开展应急演练24项，涵盖13个专业。同时，加强安全文化建设。引导外委单位开展"安全管理标准化示范班组"创建活动，组织"安全生产月活动"，开展"安全生产公开课"6次，组织开展班前安全教育专题培训，荣获"河南省安全文化建设示范企业"称号，助推安全文化建设，营造和谐稳定的安全生产氛围。　　（王蒙）

【科研创新】　2022年，渠首分公司编制廊道式钢结构围堰法和水下不分散混凝土两项渠道衬砌修复施工导则，拟以企业标准方式发布；在中线公司第三届科技创新奖评比中，"组合排水体系在膨胀土深挖方渠坡排水中的应用"获得二等奖，"多源自动化变形监测技术在长距离调水工程中的应用"等3个项目获得三等奖。

　　（王蒙）

【企业管理】　2022年，渠首分公司稳步推进公司制改制工作。完成营业执照、银行账户、税务、社保、公积金、企业年金等信息变更登记工作，重塑分公司内部治理体系，梳理编制

分公司总经理办公会议事规则，印发分公司党建工作及党风廉政建设工作考核实施细则、党委会议事规则、"三重一大"决策制度实施办法。

（1）经营管理。开展"勤俭办企""综合治理""提质增效"专项行动，成立工作机构，制定实施方案，细化任务清单，明确责任分工。在合规管理方面，组织开展合规风险和违法违规问题排查；加强经济合同法律审查工作，年度审查经济合同89份，从源头上防范法律风险。

（2）财务管理。严格落实"无预算不开支""无预算不投资"的要求，强化预算刚性约束；以"两利四率"管控指标体系建设为抓手，开展年度预算执行分析，确保预算执行可控；配合中线公司开展成本管理实验室工作，定期分析成本费用情况。

（3）审计。组织开展内部审计自查自纠工作，复核以前年度各类审计发现问题的整改情况；配合做好2021年预算执行暨原负责人离任经济责任、年度采购专项、年度巡查、南水北调中线一期工程竣工决算试点等审计工作。

（4）竣工财务决算。全面梳理和处理完工财务决算阶段遗留问题，建立备查台账，为竣工决算编制做好准备。完成淅川县段和湍河渡槽工程遗留问题处理等11项竣工财务决算重点工作任务。

（5）招标采购管理。2022年共完成采购项目合同签订89项，其中招标项目26项、非招标项目63项。规范合同履约管理，组织开展10次专项检查，重点对白河倒虹吸防洪加固、渠道增设防浪墙试点、高地下水渠段增设排水系统改造等项目进行合同履约情况检查。

（6）内部督查机制。推进上级督办事项，对分公司重点任务实行清单管理、动态跟进，推动各项工作落地落实。

（王蒙）

天津干线工程

【工程概况】 天津干线工程采用无压接有压地下箱涵输水，西起河北省保定市徐水区西黑山村附近的南水北调中线一期工程总干渠西黑山进口闸，东至天津市西青区中北镇外环河出口闸。起点桩号XW0＋000，终点桩号XW155＋206.66，全长155.207km。途经河北省保定市的徐水、高碑店白沟新城，雄安新区的容城、雄县，廊坊市的固安、霸州、永清、安次和天津市的武清、北辰、西青，共11个县（区）。

天津干线工程以现浇钢筋混凝土箱涵为主，主要建筑物共268座，其中通气孔69座、分水口门9处、控制建筑物17座、河渠交叉建筑物49座、灌渠交叉建筑物13座、铁路交叉建筑物4座、公路交叉建筑物107座。根据初步设计，天津干线工程设计流量为$50\sim18m^3/s$，加大流量为$60\sim28m^3/s$。工程建成后，多年平均向天津供水 10.15 亿 m³（陶岔水量），向天津市供水 8.63 亿 m³（口门水量），向河北省供水 1.2 亿 m³（口门水量）。

（杨炳炎　于静雅　周江萍）

【工程管理】

1. 土建及绿化维护　土建绿化日常以重点场区和渠道维护为主，土建日常维护项目主要有空心六角框格更换、屋面防水修复、泥结碎石路面修复、混凝土道路维护、内外墙面维护等。绿化日常维护项目主要包括渠道边坡除草，渠道沿线乔灌木、草坪日常维护，场区绿化维护等。

2022 年度完成了东黑山村东检修闸至文村北调节池无压箱涵段右孔排空检查、3～4 号保水堰段箱涵右孔排空检查、天津干线 6～7 号保水堰段三处较大沉降错台箱涵变形缝处理、天津干线部分检修闸上部钢结构启闭机室维修项目等 17 个专项项目及 7 处箱涵外部渗水处理工作。

为规范天津干线箱涵工程单孔排空检修工作，加强实施过程安全管理行为，落实必要安全措施，确保检修期间工程、人员、设备设施安全，制定印发了《天津干线箱涵排空检修安全风险评估及安全防范工作指导手册》。

2. 技术管理　组织编制了《天津管理处职工公寓项目方案设计报告》《南水北调中线天津干线工程天津市境内段防汛应急物资仓库方案设计报告》《西黑山管理处辖区永久弃土弃渣场周边围网防护项目实施方案》《西釜山北沟排水涵洞裂缝维修项目施工方案》等 4 项设计方案，以及《南水北调中线天津干线工程有压箱涵运行工况下底板变形缝渗漏外部临时处理规程》《南水北调中线天津干线工程有压箱涵运行工况下顶板及侧墙变形缝渗漏外部临时处理规程》等 2 项规程。

3. 科研管理　积极开展科研项目，完成多功能检修作业车、箱涵底板排水设备及多功能检修作业台架等设备研制工作。顺利取得箱涵变形缝内部处理生产性试验项目所形成的"一种填充式塑性体与盖片组合止水结构"和"一种装配式止水带灌浆止水结构"等 2 项专利授权。

4. 防汛应急

（1）健全组织机构。天津分公司根据人员变化，调整了分公司防汛应急指挥部成员，明确了岗位职责，应急指挥部定期召开会议，安排部署 2022 年度防洪度汛工作。

（2）开展汛前检查。开展汛前拉网式排查和风险项目专项检查，建立问题台账，配合上级单位开展汛前检查。

（3）编制防汛"三案"。组织编制了《天津分公司 2022 年工程度汛方案》《天津分公司防汛应急预案》和《天津分公司超标洪水防御预案》，并上报地方政府部门备案。与河北省、天津市防汛、应急等相关部门建立联动机制。按照中线公司工程防汛风险项目分级标准规定，2022 年天津分公司所辖区段防汛风险项目共 6 个,全部为 3 级防汛风险项。

(4)组建应急队伍。组建 1 支应急抢险队伍,常备人员 20 人,设备 10 台(套)。组织对应急抢险物资设备开展日常维护,确保物资设备正常运行。成立了分公司防汛应急抢险突击队,参加有关防汛应急专业的培训和演练,切实提升应急处置能力,确保度汛安全。

(5)做好防汛物资设备准备工作。2022 年度分 4 次完成了 20 个种类 200 余台(套)防汛物资设备集中保养维护,补充采购了玻璃钢船拖车、通风机、远距离救生抛投器、防汛沙袋、救生圈、隔热服等应急设备和物资。

(6)组织开展防洪系统维护。组织南水北调中线信息科技有限公司天津事业部开展工程防洪信息系统硬件维护,确保设备正常运行。

(7)开展应急演练拉练。5 月 15 日,组织应急抢险队伍进场,并开展安全生产交底工作。汛前汛中共组织开展防汛演练 2 次、超标准洪水桌面推演活动 1 次。

(8)加强特殊时期备防及驻守。汛期和冰期各安排 1 个驻守点,位于西黑山公路桥处附近,人员 15 人、4 台(套)设备。

(9)严格应急值班。分调中心和各现地管理处中控室负责 24 小时防汛值班,每日报送防汛日报和应急值班记录。各现地管理处负责管辖工程沿线汛情收集,及时报送防汛信息。

(10)强化汛期预警备防。汛期共接收到汛期预警及响应信息 30 余次,其中中线公司预警信息 8 次(4 次启动、4 次解除)、河北省预警信息 10 次(5 次启动、5 次解除)、河北省响应信息 2 次(1 次启动、1 次解除)、天津市预警响应信息 10 余次、天津分公司响应信息 2 次(1 次启动、1 次解除)。接到预警及响应信息后,分公司和现地管理处及时在内部进行通报,并启动相应预警及响应。

(11)加大汛期巡查排险。积极开展雨前、雨中、雨后巡查。2022 年度中雨及以上级别降雨 36 次,降雨量 25~107.9mm,组织自有人员及驻汛、工巡人员开展雨中、雨后巡查 50 余次。

(12)开展防汛应急培训。中线公司 2022 年组织防汛业务视频培训会 6 次,天津分公司积极组织人员参加学习。

5.工程巡查 天津分公司辖区共划分 16 个巡查责任区段,配备巡查人员 42 人,对工程设施、室外设备、运行环境、水质污染等进行日常巡查,总干渠高填方、深挖方、输水建筑物进出口连接段等重点渠段每 3 天巡查一遍,其他渠段每 7 天巡查一遍,对渠道边坡是否有裂缝、变形,输水建筑物进出口段是否有沉降、位移、错台等情况重点检查;天津干线工程容雄管理处辖区位于雄安新区规划范围内,随着雄安新区建设高速发展，工程保护范围内违规施工、建设等情况频繁发生，为能及时阻止违规事件，保证南水北调工程安全，容雄管理处辖区巡查频次为每一天巡查一遍，其余管理处每 3 天巡查一遍。定期对巡查人员开展考核培训，保证巡查任务高质高效。同时，为进一步加强工程巡查管理工作，完善工程巡查制度，天津分公司不断探索新思路，结合天津分公司工程实际，推出自有人员参与工程巡查模式，编制并印发了自有人员参与工程巡查实施方案，明确了巡查内容、要求等，现地管理处自有人员全员参与，以步行方式，每周完成至少一次全线巡查，汛期、冰期、节假日等特殊时期加密巡查，确保每位员工都对辖区工程情况了然于胸，进一步提高了工程安全保障能力。2022 年通过工巡快报单报告问题 7 项，均及时采取相关措施。

6. 穿跨越邻接项目

（1）按照南水北调集团、中线公司穿跨邻接南水北调中线干线工程相关规定，以穿跨邻接项目实施必要性为抓手，尽量减少穿跨邻接项目，确需实施的项目，从严审核审查，严把技术关，合理合规做好前期工作。通过签订监管协议和运行管理协议，明确双方职责义务，各司其职，各尽其责。2022 年开展穿跨邻接项目审核审查 10 余次，现场监管 13 项，安全监测数据无异常，工程安全平稳运行。

（2）强化在建项目施工监管，充分发挥第三方安全监测单位、施工监

管单位的职能作用，从监测数据、施工流程、安全生产等多方面进行监督管理，确保穿跨邻接项目严格按照批复的方案实施。

（3）加强特殊时期穿跨邻接项目施工管理，对于涉及汛期施工的项目，制定了专门的施工度汛方案，现场储备必要的防汛应急抢险物资、设备，天津分公司组织现地管理处适时开展专项检查。

（4）与运管单位建立联络机制，定期相互通报穿跨邻接段工程运行状况，适时与运管单位开展联合巡检、交流座谈，确保一旦发现异常能够及时响应处置。

7. 安全监测　2022 年共完成内观数据采集 80 万余点次，外观数据采集 7000 点次。分析研判异常问题 13 项，经分析未见影响工程安全问题；跟踪的 2 处异常数据问题未见数据突变（两处大范围沉降问题）；其他各建筑物和渠道运行状态总体正常，未出现影响工程运行安全的异常问题。完成了 2022 年度卫星 InSAR 监测项目，持续关注天津干线工程沿线特别是两处大范围沉降发展情况，分析成果显示两处大范围沉降均有不同程度缓解。建设完成了天津干线工程基于北斗三号卫星定位技术的长距离线性工程沉降监测系统，初步形成大区域与精细化监测相结合的安全监测模式。

8. 水质保护　水质监测中心每月围绕 6 个（其中天津干线 4 个、北京

段2个）监测断面持续开展36项参数检测，截至12月底共计出具13份36项全指标监测报告。监测结果显示，各断面水体多呈现Ⅱ类地表水状态，超Ⅰ类水指标为高锰酸盐指数和氨氮。针对辖区藻类监测，水质监测中心定期对惠南庄、西黑山及外环河断面水体开展5～14项参数的藻类观测，2022年出具46份藻类监测报告。

2022年水质监测中心积极筹备复评审及扩项工作，完成环境设施布局改造、软硬件检测水平提升、新项目评估和检测方法确认、质量管理体系文件修订及内部审核等工作，于2022年年底向水利部资质认定评审组及国家认监委提交复评审及扩项认证申请。完成中心实验室通风设施、总有机碳（TOC）分析仪及固相微萃取装置、低本底α、β检测仪、便携式γ检测仪及环境DNA检测等设备设施的购置和检测培训操作培训工作，进一步拓展水质检测能力。

为持续提升检测人员能力水平，确保检测过程质量，2022年水质监测中心积极参加中国环境监测总站组织的水中高锰酸盐指数、氰化物、石油类等3项能力考核，水利部组织的氟化物能力考核。4项指标考核结果均为"满意"，并取得相应考核证书。

水质监测中心联合海河流域监测中心共同开展了西黑山自动站上下游水质关键指标检测比对工作，形成了《南水北调中线天津干线西黑山水质自动站上下游水质关键指标检测比对项目分析报告》。联合南开大学环境学院开展调研及座谈，共同提交了《聚焦津城人民"喝好水"，看"国之大者"如何发挥战略保障作用——"关键小事"调研报告》。

辖区西黑山及外环河两个自动监测站全年形成有效数据3047组、周报47份、月报24份、半年报2份、年报2份、自查问题85条，参与培训2次，顺利完成了冬奥会及冬残奥会期间、藻类应急期间和党的二十大期间水质安全保障加密监测任务，起到了很好的监测预警作用。中心采用"日监控、周巡检、月质控、季比对"的方式对自动监测站进行日常管理，及时分析水质状态，维持自动监测站的平稳运行，为安全运行保驾护航。

（屈亮　贾玉亮　刘晓垒　王亚光
刘运才　张九丹）

天津市坚持"协同共进，整体推进"的原则，根据水利部和市委、市政府安排部署，整体推进南水北调中线工程保护和水质安全保障。

（1）自2019年起，探索开展南水北调工程保护与河湖长制协作联动机制，并于2022年3月正式将南水北调中线工程正式纳入河湖长制工作体系，全面建立了市、区、镇、村四级河湖长组织体系，从强化河湖长履职、建立河湖长制协作机制、合理运用监督检查和考核评价手段等方面，明确了加强组织领导、健全协作机制、强化考核监督等3项保障措施，确保河湖长制在南水北调工程管理中发挥实效，切实维护南水北调工程安全、供水安全、水质安全。

（2）不断加强与中线工程运行管理单位的战略合作，以"去存量、零增量"为目标，对输水管线工程管理范围内，从事影响水工程运行和危害水工程安全活动的违法行为，进行执法全覆盖检查，天津市水务综合行政执法总队和南水北调天津管理处完成了战略合作协议的签订，联合开展南水北调中线干线工程保护——"金盾行动 2022"专项执法行动，共同推进南水北调中线干线天津境内段工程安全输水工作，组织水务、公安、生态环境、规划资源等部门开展联合执法，整体推进南水北调中线干线工程设施保护和水质安全保障工作，确保输水安全。

（3）认真组织排查穿跨临接南水北调中线干线工程特别是油、气管线类工程项目，全面建立项目清单，协调未与签订互保协议的穿跨临接项目管理单位与运行管理单位签订了互保协议，全面提高南水北调工程安全保障能力。　　　　（天津市水务局）

【运行调度】

1. 调度特点　天津干线参与调度任务的建筑物主要有地下箱涵、西黑山进口闸、分水口门、王庆坨连接井、子牙河北分流井等，全线采用首闸（西黑山进口闸）控制，全箱涵无压接有压自流方式进行调度供水。

天津干线河北省境内工程设有 9 个分水口门向河北省供水，分水口最小设计流量为 $0.1 m^3/s$，最大设计流量为 $2.1 m^3/s$，总分水规模为 $7.5 m^3/s$，同时分水流量不超过 $5 m^3/s$，多年平均口门供水量为 1.2 亿 m^3；天津市境内工程通过子牙河北分流井、外环河出口闸向天津市供水，设计流量为 $45 m^3/s$，加大流量为 $55 m^3/s$，多年平均口门供水量为 8.63 亿 m^3。

2. 调度模式　天津干线工程按照"统一调度、集中控制、分级管理"的调度要求开展运行调度工作。天津分公司设置分调度中心（二级调度机构），负责天津干线工程运行调度管理工作。沿线设置西黑山管理处、徐水管理处、霸州管理处、容雄管理处、天津管理处等 5 个调度中控室（三级调度机构），负责各辖区内运行调度管理工作，分调度中心、中控室实行 24 小时调度值班制度。

3. 调度安全

（1）不断提升人员专业素质。开展日常学习，定期组织学习调度相关制度办法，并进行考核；开展输水调度业务知识专项培训，切实提高了输水调度管理水平和业务技能；在冰期和汛期前组织工作专题会，剖析可能发生的风险，制定相关应对措施，并组织学习。

（2）做好日常调度安全管理。

1）做好调度安全检查工作。分调度中心、各现地管理处自查自纠，每月检查自身在工作中的不足并及时整改；分调度中心采取定期现场检查、视频检查的方式对各现地管理处输水调度工作进行检查；分调度中心在冰期、汛期前组织专人进行集中检查，发现问题形成清单并及时督促整改，确保在特殊时期的调度安全。

2）落实各项专项安全活动。贯彻执行输水调度"汛期百日安全"专项行动，加强调度风险管控，结合以往调度实情，对已经发生过的安全风险案例进行梳理，强化风险管控；加强重要节日、冰期汛期、全国两会和党的二十大等特殊时期输水调度安全管理工作；结合天津干线实际，做好大流量输水安全保障措施；做好风险防范，加强冰期汛期等特殊时期调度安全管理工作。

3）加强调度应急管理工作。细化调度工作流程，制作日常输水调度工作明白卡；加强输水调度、应急（防汛）值班管理工作，结合实际梳理输水调度风险点，做好调度数据监控和视频监控工作，及时做好重要调度数据分析和突发事件信息上报工作；做好闸站监控系统接警、消警工作，强化调度值班人员安全意识，时刻保持高敏感，确保输水运行安全。

4）完成新增分水口门分水有关调度工作。2022年5月27日，利用北城南分水口正式向雄安容西片区供水，为雄安容西片区提供了优质水源保障，进一步发挥了南水北调工程综合效益，为雄安新区建设提供了水资源支撑，展现了南水北调"国之重器"形象。

5）配合做好输水调度的硬件、软件保障工作。配合做好天津干线流量计率定工作；针对日常调度系统过程中出现的问题提出相关建议，汇总形成清单并及时监督整改，确保报送各项水情信息及时准确；建立供水数据云文档，汇总了年度供水计划，各分水口门日分水量、月分水量、年分水量并进行每日更新，确保了数据的及时性和准确性，随时掌握最新分水数据和输水调度数据。（刘玥　李成）

【工程效益】　截至2022年年底，累计向河北省供水3.85亿 m^3 ；累计向天津市供水已达到82.52亿 m^3 ，其中2014—2015调水年度供水3.31亿 m^3 、2015—2016调水年度供水9.10亿 m^3 、2016—2017调水年度供水10.41亿 m^3 、2017—2018调水年度供水10.43亿 m^3 、2018—2019调水年度供水11.02亿 m^3 、2019—2020调水年度供水12.91亿 m^3 、2020—2021调水年度供水11.35亿 m^3 、2021—2022调水年度供水12.24亿 m^3 。工程效益发挥显著。　　（刘玥　李成）

【环境保护与水土保持】　根据中线公司环境保护、水土保持相关规章制度，进一步加强环境保护、水土保持管理工作，对辖区内污染源、可能引发水土流失的薄弱部位进行了排查和处理。组织现地管理处开展水质巡查和水环境的日常监控，定期巡查、重点排查，确保水质安全。

在绿化方面，积极组织员工开展

义务植树活动；组织绿化维护单位对枯死树苗进行了更换、补植，对绿化工程进行了提升和改造，工程形象进一步提升。

（许兆雨）

陶岔渠首枢纽工程

【工程概况】　陶岔渠首枢纽工程位于河南省南阳市淅川县九重镇陶岔村，是南水北调中线总干渠的引水渠首，也是丹江口水库的副坝。初期工程于 1974 年建成，承担着引丹灌溉任务。2010 年 3 月南水北调中线一期工程陶岔渠首枢纽工程于下游 70m 处重建，坝顶高程由 162.00m 提高到 176.60m，正常蓄水位由原来的 157.00m 提高到 170.00m。陶岔渠首枢纽工程由引水闸和电站两部分组成，工程主要任务是引水、灌溉兼顾发电，担负着向河南、河北、天津、北京等省（直辖市）输水的任务。

工程设计引水流量为 350m³/s，加大流量为 420m³/s，年设计供水量 95 亿 m³。枢纽工程设计标准为千年一遇设计、万年一遇加 20％校核。工程主要包括上游引水渠、挡水建筑物（混凝土重力坝、引水闸及电站）、下游水闸消力池及尾水渠、护坡工程等内容。混凝土重力坝总长 265m，引水闸坝段布置在渠道中部右侧，采用 3 孔闸，孔口尺寸 7m×6.5m（宽×高），底板高程 140.00m。渠首枢纽工程 2010 年开工建设，主体工程 2013 年年底完工。2014 年 12 月 12 日正式向北方输水。

陶岔电厂为河床灯泡贯流式发电机组，装机容量为 2×25MW 水轮机，设计水头为 13.5m，正常运行水头范围为 6.0～24.86m，水轮机直径 5.10m，电站设计最大过水能力为 420m³/s。陶岔电厂接入国家电网（南阳），出线电压等级为 110kV，设计年平均发电量为 2.4 亿 kW·h。2010 年 3 月电厂厂房主体开始建设，2014 年机组安装完成，2018 年 6 月通过水利部机组启动验收。（康静伟）

【工程管理】

1. 组织机构　陶岔电厂和陶岔管理处作为陶岔渠首枢纽工程的运行管理机构，是中国南水北调集团中线有限公司渠首分公司所辖现地管理机构。陶岔电厂和陶岔管理处下设综合科、合同财务科、安全科、工程科、运行维护科、调度科 6 个科室，现地运行管理工作人员 37 人。陶岔电厂管辖范围为电厂、110kV 送出工程、坝顶门机坝后门机等。陶岔管理处管辖范围为枢纽区工程（含管理处园区、大坝、引渠、渠首引水闸、消力池、总干渠、边坡、排水沟等）、大坝上游 2km 引渠、大坝下游至刁河节制闸下游交通桥下游侧总干渠。陶岔电厂负责陶岔渠首枢纽工程水电站的运行管理，陶岔管理处负责引水闸、肖楼分水口和刁河节制闸、退水闸的调度运行管理。

2. 安全生产　陶岔电厂和陶岔管

理处持续完善安全生产管理制度体系，对各项安全生产管理制度进行分类梳理，细化执行要求，明确管理目的。以安全责任制为中心，坚持精细化管理，促进安全工作向规范化、制度化迈进。对安全工作的各环节加强管控。陶岔电厂和陶岔管理处严把合同相关方进场关，在完成安全生产协议签订、安全交底、人员和设备检查等工作同时，严格检查"班前五分钟"和岗前安全教育执行情况。按照反恐怖工作要求，完善内部安全管理，落实重点部位反恐防范措施，组织开展反恐怖应急演练，定期向公安机关和有关部门报告反恐怖工作开展情况。

3. 工程巡查　2022 年陶岔电厂和陶岔管理处加强工程巡查管理，强化"两个所有"执行能力。常态化班前安全交底和业务标准学习，按月开展安全教育培训，提高工巡人员安全意识、引导组织工巡人员对渠道沿线围网，钢大门、排水沟截流沟等重要部位全面排查，保障工程安全、水质安全和供水安全。完善修订《陶岔管理处工程巡查工作手册》《陶岔电厂和陶岔管理处"两个所有"问题查改工作手册》及《陶岔电厂和陶岔管理处"两个所有"问题查改实施细则》。强化自有职工"两个所有"工作开展考核机制，加强维护单位的整改力度，建立上级检查提出问题专门台账，适时修订"两个所有"问题查改工作手册和实施细则，提升问题发现

率和整改率。

4. 安全监测　扎实开展日常监测及数据采集和分析工作，按要求完成人工内观数据采集 48 期，编制初步分析月报 12 期，密切关注深挖方四处变形体处理后变形趋势。各项安全监测成果显示，2022 年辖区工程总体运行状态良好。

5. 防汛应急　2022 年陶岔管理处辖区降雨天数 32 天，降雨天数明显少于 2021 年（2021 年同期降雨天数 52 天）。汛期总降雨量与 2021 年同期相比减少 54.14%，汛期 5—9 月降雨减少明显，与 2021 年同期减少 71.39%，其中 8 月降雨减少最为明显，与 2021 年同期相比减少 91.03%。辖区内 1 级防汛风险项目 2 个，3 级防汛风险项目 2 个。

汛前成立陶岔电厂和陶岔管理处安全度汛领导小组，建立"横向到边、纵向到底"的防汛责任体系。成立防汛风险项目排查评估小组，完成辖区防汛风险排查和评估，汛前开展多次风险排查，对排查发现的问题建立台账，及时推进问题处理整改，完成防洪堤加高、坡面排水系统清淤等防汛影响项目，联系地方政府回填处理 4 处坑塘。编制修订防汛"两案"，编制一级防汛风险项目专项处置方案、陶岔渠首枢纽工程防汛应急预案和河渠交叉建筑物专项处置方案。开展全员防汛工作培训，按要求完成防汛物资设备盘点整理并进行定期保养维护。汛中扎实开展防汛工作。强降

雨期间全体职工严格落实各项工作部署，坚守岗位，有效应对强降雨挑战。汛后及时总结，对存在的问题进行完善整改，不断提高防汛能力。

6. 综合管理　在严格执行新冠疫情防控要求前提下，2022年累计接待各级政府部门、企事业单位102批次、1755人次。与此同时，充分利用陶岔渠首枢纽全国中小学生研学实践教育基地、中央企业爱国主义教育基地、全国科普教育基地广泛开展水情教育、爱国主义教育和科普教育活动，2022年共开展中小学生研学活动8批次、350人次，不断树牢中线"国之重器"形象。　（王蒙　康静伟）

【运行调度】

1. 输水调度　2022年年度大流量输水从2022年4月13日开始，7月1日结束，共持续79天。大流量输水期间工程运行安全平稳。陶岔管理处和长江委汉江水文局通过沟通协调，顺利取得总干渠桩号1+400流量计系统的登录账户和密码，实现了1+400流量计对中线工程的数据共享。

2. 电厂管理　加强设备维护，按要求开展设备巡检、消缺工作，保证机组及附属设备正常运行。完成电厂年度C修工作。为保障陶岔电厂安全稳定运行，避免发生非计划停机，根据陶岔电厂问题及隐患排查结果，完成对机组16项停机条件的优化。

（康静伟）

【工程效益】　2022调水年度（2021年11月1日至2022年10月31日）累计调水92.12亿m³，陶岔电厂（2022年1月1日至12月28日）发电量20274.03万kW·h，供电量19669.76万kW·h。截至2022年12月31日，陶岔电厂年度结算电量2.08亿kW·h，从2018年起已累计结算电量8.55亿kW·h。同时，完成电站和引水闸自适应联动调度自动化控制系统，提高了调度应急能力和发电效益。　（康静伟）

【环境保护与水土保持】

1. 土建绿化　2022年陶岔管理处成立工作专班，先后完成了南水北调中线渠首分局辖区部分渠道增设防浪墙试点项目、南水北调中线渠首分局桩号9+070～9+575渠段左岸边坡等四处变形体处置项目和安全监测设施项目、肖楼分水口至魏西北桥渠段一级马道路基排水管集中整治项目等重点项目实施，为保障工程安全度汛提供了有力保障。绿化方面完成辖区苗木树穴修复，陶岔渠首枢纽工程场区和所辖总干渠深挖方渠道沿线渠坡草体集中修剪，持续开展日常性草体修剪、高秆草拔除、绿篱造型字维护、乔木刷白、苗木补植等工作。

2. 水质保护　2022年的检测数据表明，总干渠陶岔段水质稳定在地表水环境质量标准Ⅱ类及以上水平，水质良好，完全符合调水水质要求。2022年各项水质指标变化平稳且保持在合理变化区间，未出现异常情况。受丹江口库区上游入库河流影响，库区水体中锑含量明显上升。为有效应对库区锑含量异常并将其对总干渠水质的影响降至最低，陶岔管理处组织10余名党员组成党员突击队，于每天2时、8时、14时、20时，前往库区和坝后水质监测断面开展水质采样，并将水样送往水质监测中心进行分析测试，为上级部门应急处置决策提供数据支撑。2022年管理处辖区共发现各类污染源5处，通过和地方行政部门持续沟通协调，截至11月底，5处污染源全部消除，实现了辖区内污染源动态清零的年度目标。2022年6月以来，开展辖区水体藻类日常巡查，安排水质专员定期开展辖区全渠段藻类专项巡查，并对适宜藻类生长的渠段开展重点巡查，发现藻类异常及时组织清理。 （康静伟）

丹江口大坝加高工程

【工程概况】 丹江口大坝加高工程是在丹江口水利枢纽初期工程基础上进行的改扩建工程，加高工程完成后，工程的任务以防洪、供水为主，结合发电、航运等综合利用功能，坝顶高程由 162.00m 抬高至 176.60m，正常蓄水位由 157.00m 抬高至 170.00m，校核洪水位 174.35m，相应库容由 174.5 亿 m^3 增加至 290.5 亿 m^3，总库容 339.1 亿 m^3。

电站装机容量为 900MW，过坝建筑物可通过 300t 级驳船。根据其规模，枢纽定为 I 等工程。大坝（包括董营副坝及左岸土石坝副坝）、电站厂房等主要建筑物定为 1 级建筑物。通航建筑物的主要部分定为 2 级建筑物。挡水建筑物的洪水标准按千年一遇洪水设计，按可能最大洪水（万年一遇洪水加大 20%）校核。大坝地震设计烈度定为 7 度。供水任务为向华北跨流域调水，近期（2010 水平年）可调水 95 亿 m^3，远期（2030 水平年）可调水 120 亿～130 亿 m^3，汉江中下游的防洪能力由 20 年一遇提高到近百年一遇。 （周荣）

【工程管理】 中线水源公司加强工程巡查、安全监测和数据分析，及时掌握大坝运行工况。切实做好水工建筑物、监测设备设施、金属结构、机电设备及附属工程维修养护，确保工程运行工况良好。按照防大汛、抗大洪、抢大险的要求制定度汛方案预案，层层压实防汛责任，严格执行 24 小时防汛值班和领导带班制度，及时消除度汛安全问题隐患，加强汛期工程监测巡查与设施设备运行维护，保障防汛抢险人员、物资、设备随时保持"战备"状态，确保工程度汛安全。着重抓好重大节日、"两会"、党的二十大期间等重要时段安全生产，强化监督检查、安全保卫、值班巡查和应急管理，防止生产人员、保卫人员思想放松、纪律松懈、应急值守力量薄弱，确保及时消除各类安全隐

患，突发事件可迅速处置，坚决防范各类生产安全事故发生。　（周荣）

【运行调度】

1. 水库运用过程　2022 年年初，丹江口水库水位 167.81m，为历史同期最高水位。水库优化调整水库分月供水计划，协调压减检修工期，加大各口门供水流量，推进水库汛前消落，5 月 15 日水位消落至 160.00m。6 月起来水持续偏枯，水库按照长江委旬月供水计划和调度指令逐步调减各口门供水流量，控制水位降幅，6 月 20 日降至 158.65m。8 月为支持湖北电网电力保供，保障湖北经济和社会发展用电需求，按照长江委调度令，19—22 日丹江口向汉江中下游日均供水流量调增至 900m³/s。9 月 21 日 6 时降至 2022 年最低水位 156.41m，相较 2021 年同期 168.24m 低 11.83m。受降雨影响，9 月下旬水库来水稍有增加，库水位止落返涨，9 月底水库水位缓涨至 156.80m。10 月上旬水库发生一场入库洪峰 13500m³/s 的洪水过程，入库洪水总量达 39.2 亿 m³，库水位快速上涨，10 月 26 日水库最高蓄水至 161.21m。

2. 水库防洪调度运用　2022 年 10 月 2—6 日，丹江口水库以上流域发生较强降水过程，水库发生入汛以来首场洪水过程，洪峰流量 13500m³/s（10 月 5 日 16 时），入库洪水总量为 39.166 亿 m³。洪水起涨前库水位为 156.97m，此次洪水全部拦蓄，水库按供水计划供水，10 月 14 日 8 时上涨至 160.91m，其间最大出库流量 1510m³/s（含陶岔、清泉沟供水流量），削峰率为 89%。

3. 水库供水调度运用　2021—2022 水量供水年度（2021 年 11 月至 2022 年 10 月），丹江口水库累计出库水量 352.58 亿 m³，其中陶岔渠首供水量为 92.11 亿 m³（含生态补水 19.7 亿 m³），汉江中下游下泄水量为 245.94 亿 m³，清泉沟渠首供水量为 14.53 亿 m³。

陶岔渠首供水 92.11 亿 m³，较年度计划 72.3 亿 m³ 多 27%，超额完成年度计划并再创历史新高。月计划执行良好，各月计划完成比例为 93%～111%，最大日均供水流量为 408m³/s，最小日均供水流量为 187m³/s。其中，南水北调中线一期工程受水区生态补水量为 19.70 亿 m³。

4. 水库生态调度和其他调度运用情况　2022 年 2 月 1—15 日，中线水源公司抓住春季生态调度重要窗口期，结合丹江口水库汛前消落调度顺利开展丹江口—王甫洲区间生态调度试验。此次生态调度试验期间，丹江口水库向汉江中下游供水流量在 483～1440m³/s 之间波动，最大流量与最小流量之比接近 3 倍，平均流量为 1240m³/s，清捞水草约 8.7t，有效减少了王甫洲库区水草生物量。

8 月 19—22 日，按照长江委调度指令，积极配合湖北省电力公司电网调度需求，加大丹江口水库下泄流量。加大下泄流量期间，水库运行管理单位充分发挥丹江电厂机组调峰能力和容量优势，根据电网调度指令进行机组出力调整，在增发电量的同时向汉江中下游补水1.47亿m³，汉江中下游水位不同幅度上涨，有效缓解了汉江中下游旱情。

10月5—6日，按照长江委调度指令，丹江口水库加大下泄流量，向汉江中下游供水（发电）流量按日均1000m³/s控制。在引江济汉工程配合下有效抬升兴隆枢纽上下游水位，解决了重载船舶长时间滞留兴隆枢纽的问题。
（周荣）

【工程效益】

1. 防洪效益　2022年汛期丹江口水库来水特枯，仅在10月上旬发生1场入库洪峰为13500m³/s的常遇洪水，水库全部拦蓄，削峰率为89%，汉江中下游河道水势平稳，安全度汛。

2. 供水效益　2021—2022供水年度，陶岔渠首供水92.11亿m³（含生态补水19.7亿m³），完成年度计划的127%，再创新高，保障了南水北调中线一期工程的社会效益、经济效益、生态效益发挥。清泉沟渠首供水14.53亿m³（其中襄阳引丹12.87亿m³，鄂北工程1.66亿m³），完成年度计划的157%，保障了鄂西北地区约200余万群众饮水安全和230万亩农田秋粮丰收。

3. 生态效益　2022年2月1—15日，结合汛前水位消落，丹江口水库连续第3年开展了丹江口—王甫洲区间生态调度试验，水位消落0.76m，有效改善了汉江中下游水生态环境；向中线一期工程提供生态水量19.7亿m³，足额满足了受水区用水需求，助力黄淮海平原尤其是华北地区生态修复与地下水超采综合治理，全面提升水安全保障，取得良好的生态效益和社会效益。
（周荣）

汉江中下游治理工程

【工程概况】　丹江口水库多年平均入库径流量为388亿m³，南水北调中线工程首期调水95亿m³，丹江口水库每年将减少近1/4的下泄流量。为缓解中线调水对汉江中下游的影响，国家决定兴建汉江中下游四项治理工程：①兴隆枢纽筑坝，行成汉江回水76.4km，缓解调水对汉江中下游的影响；②引江济汉年引31亿m³长江水为汉江下游补水；③改造汉江部分闸站，保障农田灌溉；④整治汉江局部航道，通畅汉江区间航运。

1. 汉江兴隆水利枢纽工程　兴隆水利枢纽位于汉江下游湖北省潜江、天门市境内，上距丹江口水利枢纽378.3km，下距河口273.7km。其作为南水北调汉江中下游四项治理工程之一，是南水北调中线工程的重要组成部分，其开发任务以灌溉和航运为主，兼顾发电。

该工程主要由泄水闸、船闸、电

站、鱼道、两岸滩地过流段及交通桥等组成。水库库容约 4.85 亿 m³，最大下泄流量为 19400m³/s，灌溉面积 327.6 万亩，规划航道等级为 Ⅲ 级，电站装机容量为 40MW。工程静态总投资 30.49 亿元，总工期 4 年半。

2009 年 2 月 26 日，兴隆水利枢纽工程正式开工建设。2014 年 9 月 26 日，电站末台机组并网发电，标志着兴隆水利枢纽工程全面建成，其灌溉、航运、发电三大功能全面发挥，工程转入建设期运行管理阶段。

2. 部分闸站改造工程　汉江中下游部分闸站改造工程由谷城至汉川汉江两岸 31 个涵闸、泵站改造项目组成。共计 185 处。分布于汉江中下游两岸，建筑物类别主要有进水闸（穿堤涵闸）、节制闸（分水闸）、泵站、倒虹吸、部分渠系等。其中，单项设计的闸站有 31 处，典型设计的小型闸站共 154 处。工程范围分布于襄阳市（谷城县、樊城区、宜城市）、荆门市（钟祥市、沙洋县）、潜江市、天门市、仙桃市、孝感市（汉川市）境内，总占地面积 117.16hm²。项目于 2011 年 11 月开工，2016 年 3 月完工。工程对因南水北调中线一期工程调水影响的闸站进行改造，恢复和改善汉江中下游地区的供水条件，满足下游工农业生产的需水要求。

2018 年 12 月 14 日，原项目法人湖北省南水北调管理局主持召开了南水北调中线一期汉江中下游部分闸站改造工程竣工环境保护验收会。2019 年 3 月 14 日，现项目法人兴隆局将验收成果在湖北省水利厅门户网站上予以公示，并向湖北省生态环保厅报备。

2018 年 12 月 14 日，原项目法人湖北省南水北调管理局在武汉市主持召开了南水北调中线一期汉江中下游部分闸站改造工程水土保持设施验收会议。2019 年 4 月 30 日，现项目法人兴隆局在湖北省水利厅门户网站上将验收成果予以公示，并向水利部水土保持司报备。

2019 年 8 月 26—30 日，湖北省水利厅主持召开了南水北调中线一期汉江中下游部分闸站改造设计单元工程完工验收技术性初步验收会。

2019 年 10 月 29—30 日，湖北省水利厅主持进行了南水北调中线一期汉江中下游部分闸站改造设计单元工程完工验收。验收委员会认为，此设计单元工程已按批准的设计规模全部按期完成，工程质量合格，投资控制合理，工程已按批准设计投入使用，工程档案、环境保护、水土保持、消防设施、征地拆迁及移民安置等通过专项验收，验收委员会一致同意通过设计单元工程完工验收。

2021 年 12 月 20—21 日，兴隆局组织襄阳、钟祥、天门、仙桃、汉川等地闸站改造工程建设管理单位以及设计、监理等单位代表赴合肥日建工程机械有限公司，对南水北调中线一期汉江中下游部分闸站改造工程完善项目履带式液压反铲挖掘机采购项目

进行设备出厂验收。履带式液压反铲挖掘机项目通过出厂验收，标志着施行的部分闸站改造工程完善项目圆满收官。 （郑艳霞）

3. 局部航道整治工程　根据南水北调中线工程规划，局部航道整治工程作为汉江中下游四项治理工程之一，是南水北调中线一期工程重要组成部分，是为解决丹江口水库调水后汉江中下游航运水量减少、通航等级降低，恢复现有 500t 级通航标准的一项补偿工程，全长 574km。其中丹江口至兴隆河段 384km 按 Ⅳ 航道标准建设，兴隆至汉川长 190km 河段结合湖北省兴隆至汉川 1000t 级航道整治工程按 Ⅲ 航道标准建设。根据各河段特点，其主要工程内容是采用加长原有丁坝和加建丁坝及护岸工程、疏浚、清障和平堆等工程措施，以维持 500t 级航道的设计尺度，达到整治的目的。

局部航道整治工程兴隆至汉川段（与汉江兴隆至汉川段 1000t 级航道整治工程同步建设）于 2010 年 5 月开工建设，2014 年 9 月施工图设计的工程项目全部完工，并通过交工验收，工程进入试运行，基本达到 1000t 级通航标准。

局部航道整治工程丹江口至兴隆段于 2012 年 11 月开工建设，截至 2014 年 7 月施工图设计的工程项目分 7 个标段全部按照设计要求建设完成，并通过交工验收，工程进入试运行。交工验收后，委托设计单位对全河段

进行了多次观测，根据观测资料及沿江航道管理部门运行维护情况分析，库区部分河段仍存在出浅碍航、航路不畅或航道水流条件较差状况，根据航道整治"动态设计、动态管理"的原则，湖北省南水北调管理局又对不达标河段进行了 2 次完善设计，已于 2017 年 3 月底完工。

2018 年 8 月 14—15 日，湖北省南水北调管理局在襄阳市主持召开了南水北调中线一期汉江中下游局部航道整治工程竣工环保验收会。10 月 16 日，湖北省南水北调局召开汉江中下游局部航道整治工程设计单元工程项目法人验收会议。11 月 27—28 日，湖北省南水北调办在钟祥市主持召开了南水北调中线一期工程汉江中下游局部航道整治设计单元工程完工验收技术性初步验收会议。11 月 29 日，湖北省南水北调办在钟祥市组织召开了南水北调中线一期工程汉江中下游局部航道整治工程设计单元工程完工验收会议。

航道整治概算总投资 4.61 亿元，截至 2018 年年底，已到位资金 4.61 亿元，已完成投资 4.61 亿元。该项目已经完成完工决算，并经水利部审核通过。 （郑艳霞　金秋）

【工程管理】

1. 抗旱保民生

（1）精准调度保灌溉。面对 2022 年极端干旱情况，认真分析上游来水，研究抗旱调度难点，制定精细化

抗旱水量调度方案，7—9月连续抗旱102天，为潜江兴隆一闸二闸、天门罗汉寺闸两大灌区供水10亿 m³，保障库区其他涵闸泵站具备正常取水条件，充分发挥枢纽灌溉功能，为粮食丰收奠定了坚实的基础。成功应对了长江流域自1961年以来最严重的干旱高温恶劣气候，充分发挥了枢纽抗旱减灾作用。

（2）科学研判保发电。面对丹江口枢纽下泄有限水量，精细保障发电水位，使电站仍能按照电网的能源保供要求，保持开机状态，7—10月为国家电网输送0.77亿 kW·h电，年累计发电2.59亿 kW·h，创造了年发电量新高。

（3）主动作为保通航。面对旱情导致的200余艘船舶滞航情况，兴隆局多方协调，抢抓长江委调度丹江口枢纽两次加大出库流量时机，精准预测通航水深，及时疏解滞留船舶，有效化解船民的困难，2022年累计过船7191艘，促进了汉江水运经济繁荣发展。

2. 安全生产

（1）强安全意识。认真贯彻习近平总书记安全生产重要论述、国务院安全生产十五条措施和新《安全生产法》等相关文件，开展"防灾减灾日""安全生产月"等各项活动，强化职工安全意识，牢牢守住安全底线。

（2）强安全标准。开展安全生产标准化达标创建不松懈。2022年8月兴隆局被评定为水利部第十二批水利安全生产标准化达标一级单位。

（3）强机制完善。建立健全风险分级管控和隐患排查治理双重预防机制，修订《危险源辨识与风险评价报告》，建立了危险源清单，深入开展特种设备、自建房等专项整治，有效降低安全风险。

3. 竣工决算　汉江中下游四项治理工程竣工财务决算是水利部和湖北省水利厅2022年度重点督办工作，兴隆局承担兴隆水利枢纽、部分闸站改造和局部航道整治3个设计单元工程项目法人。兴隆枢纽管理局组建了竣工决算领导小组和各县（市）工作专班，倒排工期、明确节点、压实责任，先后组织开展了费用、合同、招投标等13项清理工作并形成台账，并以此为基础，对相关数据、尾工预留、执行情况、受益资产费用分摊进行分析，经过10余月的连续奋战，2022年9月形成3个设计单元工程竣工财务决算，11月完成项目法人竣工财决汇编，12月完成四项治理工程竣工财决汇编并上报南水北调集团中线公司，圆满完成工程竣工财务决算编制工作。

（郑艳霞　金秋）

【运行调度】

1. 工程调度　兴隆枢纽管理局始终坚持科学研判、精准调度、标准管理、规范操作，全力保障工程无安全事故，灌溉水位保证率达到90%以上，设备完好率达到95%以上。

抗旱期间，密切关注汉江上游来水情况，预测枢纽24小时内来水情况，制作抗旱水情预报，做到科学研判、精准调度。严格执行调度规程，确保枢纽安全运行。做好水情信息共享，加强下游水位监测，确保电站尾水水位在安全线以上，在保证安全的前提下最大化发挥枢纽效益。加强与海事、电网等单位沟通，确保通航及保电量工作顺利开展，做好滞留船舶船民的解释工作。

2. 运行标准化管理

（1）认真落实水利部《关于推进水利工程标准化管理的指导意见》《水利工程标准化管理评价办法》等规范性文件，编制《兴隆局创建水利工程标准化单位实施方案》，采取标准化红黑榜评选、标准化读书日交流等措施，开展创建湖北省首批大中型水闸工程标准化达标单位工作。

（2）完成水工建筑物、金结及防腐、门机改造等10余个年度补短板项目，进一步补齐枢纽功能设施，增强枢纽抗风险能力，环境面貌焕然一新。

（3）针对低水位运行给枢纽造成的安全风险开展研究，编制了《兴隆水利枢纽枯水期通航联合调度专项方案》，进一步规范枯水期通航风险管控和应急处置流程，降低枢纽运行风险。积极推进2个科研项目申报立项工作，筹划组建专题科研兴趣小组，以安全监测系统自动化、船闸人字门振动等作为课题，力争攻克枢纽运行管理中的技术瓶颈，激发职工创新活力。

【工程效益】 兴隆水利枢纽电站安装4台（套）灯泡贯流式水轮发电机组，单机容量10MW，总装机容量40MW，设计多年平均利用小时数为5646h，多年平均发电量2.25亿kW·h。2013年10月28日电站首台机组发电，截至2022年12月31日，兴隆电站年累计发电2.64亿kW·h，完成年度发电目标2.25亿kW·h的117%，累计总发电20.70亿kW·h，为区域经济高质量发展，提供了稳定的清洁能源和支撑。

兴隆水利枢纽库区有天门罗汉寺灌区、兴隆灌区、沙洋引江灌区等大型灌区，现有灌溉面积近300万亩。自2013年4月1日枢纽下闸蓄水以来，上游水位长年保持在36.2m左右，兴隆灌区水位保障率达到100%，控制范围内灌溉水源保证率达到设计要求。截至2022年12月底，兴隆枢纽为潜江、天门灌区供水保障率达100%；2022年天门市全年粮食种植面积241.08万亩，粮食总产81.48万t。2022年天门市获得"湖北省生态文明建设示范市"称号。2022年潜江市粮食播种面积稳定在150万亩，粮食总产量约6亿kg。潜江市是"虾稻共作"高效种养模式的发源地，虾稻产业综合产值达660亿元。潜江入选农业现代化示范区创建名单。兴隆水利枢纽工程为两地增产保丰收提供了重要保障。

兴隆水利枢纽蓄水后，渠化汉江航道76km，将原Ⅳ级航道（500t级）提高至Ⅲ级（1000t级），大大提高了库区航运速度和运载能力，极大促进汉江航运的发展。2013年4月10日船闸正式通航，截至2022年12月31日，船闸年累计过船7191艘、载货量4180859t。总累计过船81385艘，总累计载货量40124751t，为湖北"水运强省"注入了新动力。

汉江中下游部分闸站工程共实施改造项目185处，其中较大闸站31处、小型泵站154处。工程完工后，稳定发挥排灌效益，为两岸农业发展和粮食稳产高产提供了有力支撑。东荆河倒虹吸工程将谢湾灌区30万亩农田灌溉调整为自流灌溉，使潜江市自流灌溉达90%以上。徐鸳口泵站承担着仙桃、潜江两市共180万亩农田灌溉任务，多次在抗旱排涝的关键时刻发挥重要作用。　　（郑艳霞）

【环境保护与水土保持】

1. 减少油污排放　兴隆枢纽管理局高度重视渗油防治工作，积极创新探索，自主研制了一种包含半漂浮动态平衡溢流式浮动吸油箱、泵后置式油水分离设备、油污治理监控系统等的新型电站渗漏集水井油污治理装置，并成功应用于实际工作。兴隆电站油污处理装置处理油污水最高速率为$6m^3/h$，浮油回收率超99%。此装置成功解决了渗漏集水井油污治理难的问题，有效避免了对下游水质的污染，同时收集的废油可进行再利用，既保护环境又节约资源，实现经济发展和生态保护"双赢"。

2. 绿化美化环境　3月开展春季植树活动，在院区、上坝公路侧、左岸滩地种植水杉、香樟、白玉兰、花椒等11个品种乔木和灌木共计110株，小杜鹃苗200株。五彩路两侧种植玉簪、金丝桃435m^2，李园种植鸭跖草、金娃娃萱草等草花超300m^2。在兴隆一闸、二闸之间水岸绿地种植意杨120株，工程管理区域环境得到进一步美化。

3. 开展增殖放流活动　2022年11月在汉江潜江段兴隆一闸上游码头举行第七次汉江鱼类增殖放流活动，共计投放规格每尾4cm以上的胭脂鱼、蒙古鲌、翘嘴鲌、团头鲂、黄颡鱼、鳜鱼、青、草、鲢、鳙等珍稀特有鱼类及经济类鱼苗41万尾，改善生物种群结构，改善了汉江水质和水域的生态环境。

4. 规范污水处理　赴潜江污水处理厂参观学习，规范污水处理设施运行管理。更换曝气池填料1次，排污由每周2次调整为每月1次，每日抛投漂白粉1次，投入运行以来首次清理人工湿地淤泥，向人工湿地移植美人蕉约800株。工程运行现场公厕污水处理系统恢复正常运行，修订了《污水处理设备运行管理办法》。

（郑艳霞　陈奇）

【验收工作】　（1）2022年1月26日，兴隆局在汉川市主持召开南水北调中线一期汉江中下游部分闸站改造工程南水北调汉川市闸站改造工程配套设施（二期）施工合同项目完成验收会议。项目法人、建管、监理、设计、施工、运管等单位参加了验收，南水北调汉江中下游闸站改造工程质量监督项目站对此合同项目验收过程进行了监督。依据《南水北调工程验收管理规定》、《南水北调工程验收工作导则》（NSBD 10—2007）、《水利水电工程施工质量检验与评定规程》（SL 176—2007）等国家和行业有关规定，验收工作组同意南水北调中线一期汉江中下游部分闸站改造工程南水北调汉川市闸站改造工程配套设施（二期）施工合同项目通过验收。

（2）2022年4月27日，兴隆局在潜江市组织召开南水北调中线一期汉江中下游部分闸站改造工程潜江市谢湾闸改造项目管理设施项目合同项目验收会。项目法人、建设管理、监理、设计、施工、运行管理等单位参加了验收，南水北调工程湖北质量监督站对此次验收进行了监督。按照《南水北调工程验收管理规定》、《南水北调工程验收工作导则》（NSBD 10—2007）、《水利水电建设工程验收规程》（SL 223—2008）等国家和行业有关规定，验收工作组同意南水北调中线一期汉江中下游部分闸站改造工程潜江市谢湾闸改造项目管理设施项目合同项目通过验收。

（姜晓曦　郑艳霞）

【尾工建设】　开展兴隆水利枢纽鱼道改造项目。兴隆枢纽为Ⅰ等工程，工程规模为大（1）型。鱼道改造段为3级建筑物。兴隆水利枢纽工程原鱼道采用横隔板式，布置在电站厂房和船闸之间。下游主进口位于电站厂房尾水渠右侧，距坝轴线垂直距离约37m，出口位于电站上游，距坝轴线垂直距离212.3m，鱼道全长约为399.4m，共45个结构板块，主要建筑物有厂房集鱼系统、鱼道进口、过鱼池、鱼道出口以及补水系统。2014年9月兴隆水利枢纽转入试运行，根据相关监测成果，鱼道能够正常运行，基本达到预期过鱼效果。但近年来，坝下河床严重下切，进鱼口高于电站尾水水位，鱼道功能受到影响。为适应汉江中下游水文条件，保证兴隆过鱼功能，因此实施本鱼道改造工程。鱼道改造通过延长鱼道布置长度，增没低进鱼口解决因来水来沙，导致鱼道进口段水深不足的问题。新增鱼道延长段（174.3m）采用"m"形巡回弯道与老鱼道会合，新设观察室和在线监测系统，改造后的鱼道采用更适应水位变化的竖缝式结构型式。该项目已于2022年10月8日开工。

（周辉　郑艳霞）

生 态 环 境

湖北省生态环境保护工作

做好南水北调中线水源区保护工作。2022年，十堰市23个国控考核断面全部达到考核目标，水质达标率达 100％，水质达到或好于Ⅲ类断面 22 个，占比 95.7％。丹江口水库水质稳定保持在Ⅱ类标准以上，十堰市 17 个县级以上集中式饮用水水源地水质均达到Ⅲ类以上，达标率为 100％。

（1）建立完善水污染防治工作机制。十堰市人民政府办公室以十政办发〔2022〕23 号文印发了《十堰市南水北调水源地"碧水守护"三年行动方案》，围绕治水、护水、节水"三大行动"，确定 12 项南水北调后续工程高质量发展重点任务，初步谋划相关项目 342 个，总投资 863 亿元。以十政办发〔2022〕17 号文编制印发《十堰市 2022 年度水污染防治攻坚行动实施方案》，明确全市水污染防治 9 项重点任务 33 项具体举措。建立跨界断面水环境质量考核机制。以十环委〔2022〕7 号文印发了《十堰市县域跨界水环境质量考核办法（试行）》，对 28 个县域跨界断面、119 个乡镇跨界断面的水质进行月评价考核。划分制定流域片区综合治理的"底图单元"。在汉江一级流域的基础上，将涉及十堰市汉江丹江口水库以上片区、汉江中游片区 2 个二级流域片区，初步划定 17 个三级、51 个四级流域片区，将十堰市"三线一单"110 个环境分区管控单元"融合植入"三级、四级流域片区管控。落实生态补偿机制。以十政办发〔2021〕4 号文印发了《十堰市水环境质量横向生态补偿实施办法》，每年归集 3300 万元用于十堰市水环境质量横向生态补偿。

（2）扎实开展丹江口水库总磷防控。全面实施丹江口库区及上游总磷溯源和控制研究，完成《关于丹江口库区水质总磷的报告》《关于库区发生温度分层与总磷变化的分析》等报告。制定《丹江口库区水环境保护及周边环境综合整治专项行动方案》《丹江口库区（十堰市）总磷控制削减攻坚行动方案（2022—2025 年）》，明确了 3 大类 23 项总磷控制削减措施，系统开展总磷治理。丹江口水源地湖北库区入库污染物通量监测与水华预警应急能力建设项目纳入省级项目库，官山河、浪河蓝藻水华监测预警与综合防控能力建设项目争取中央环保资金 3852 万元。实施环境综合整治，对库区 1578 个村开展村庄清洁，覆盖率达 83.7％。加快水土流失综合治理，完成治理面积 63.34km²，完成投资 2123 万元。

（3）开展入河排污口和河湖"四乱"突出问题综合整治。制定《十堰市丹江口库区入库排污口排查整治专项行动工作方案》《十堰市入河排污口排查整治专项行动方案》，完成十堰市入河排污口设置审批信息报表统计上报，对十堰市丹江口库区以及全部入河排污口进行排查。十堰市 401 个长江入河排污口，已完成整治 374 个，整治完成率为 93.3％。制定并实施《"守护丹江口一库碧水"河湖综合整治工作方案》，十堰市市共排查河湖突出"四乱"问题 27 个，委托第三方对十堰市河湖开展暗访检查发现问题 15 个，巡查发现并督办整改各类"脏、乱、差"等影响河道环境问题 8 起，已全部完成整改。

（4）开展库区消落带污染防控。完善规划编制，丹江口库区库滨带治理、十堰市中心城区水资源配置工程均已纳入国家"十四五"规划，《湖北省丹江口库区库滨带治理及水资源配置工程规划》已通过湖北省水利厅审查。加快消落带整治项目实施，实施郧阳区库滨带治理一期项目，丹江口库区（武当山辖区）库周生态环境敏感区域生态修复工程开工建设。

（5）初步建立丹江口水库政企协同保护管理长效机制。南水北调中线水源公司与十堰市库区 5 县（市、区）正式签署了库区协同保护管理试点工作协议，明确了部分工作经费。双方重点围绕库区巡查监管、消落区和水域岸线管理、库区垃圾漂浮物清理、涉库违法违规问题整治、涉水法律法规宣传等工作开展紧密协作，实现了丹江口水库库区政企协同保护管理全覆盖。

（吴辉）

河南省生态环境保护工作

【邓州市】 2022 年加强与维修养护单位沟通协调，对发现的问题及时向维修养护单位下发工作联系单，按照程序开展工作，对维修养护单位工作完成情况予以现场监督见证，做好维修养护台账，认真梳理并解决有关问题，确保配套工程设施设备安全可靠

运行。2022 年生态补水 2.33 亿 m³，完成比例达 776.67%，比 2021 年增长 6%，惠及湍河、刁河两条主干河流，极大改善了邓州市水生态环境。

（司占录 王业涛）

【漯河市】 2022 年漯河南水北调中心全体干部职工在市水利局的坚强领导下，在中心领导班子的带领下，强化使命担当，忠诚履职尽责，全面筑牢工程"三个安全"。推动地下水压采和水源置换工作，狠抓工程运行安全，组建市区、临颍、舞阳 3 个专业运管队伍，健全运行管理、工程巡查、防汛备汛、安全作业等规章制度，在工程沿线设立警示牌、标志桩，建立"双重预防体系"，实现在线监管和手机 App 排查隐患，加大南水北调工程宣传保护力度。持续做好 120km 管线维养保护，依法制止和打击非法穿越、邻接南水北调工程建设行为，保证工程运行安全、稳定发挥工程效益。强化对极端天气的认识，落实防汛应急预案和安全度汛方案，加快水毁工程修复，着力提升南水北调工程安全度汛能力。坚持"先节水后调水、先治污后通水、先环保后用水"的方针，守好水质安全这条调水底线，建立水质保护的长效机制。依靠自动化监测系统，明确检测指标、检测频率和评价标准，管理站值班人员 24 小时值守不间歇，随时掌握水质情况。加大对水中藻类的防治，定期对水质进行全面"体检"，确保南

水北调水质始终保持在Ⅱ类以上。依法打击在南水北调管线保护范围内高污染企业建设，发挥生态补水效应，打造临颍县黄龙湿地公园、黄龙渠、五里河、荷塘湖区和桃花潭湖区等南水北调集蓄水、生态、景观、休闲于一体的综合工程，最大限度改善沿线环境对南水北调水质的影响。

2022年利用南水北调中线干渠退水闸和输水管线，向沙河、澧河、颍河、临颍黄龙湿地生态补水5000万m^3，打造了河畅、水清、岸绿、景美的河道和一批湿地公园，修复水生态，改善水环境，减少了地下水过量开采，生态文明建设成效突出。优质的水源，也为漯河市推进食品名城建设助力添彩。双汇万中禽业、卫龙、太古可口可乐、统一、旺旺等企业都用上了丹江水，降低了生产成本，提升了产品的口感和质量，增强了企业市场竞争力，也吸引了一批食品名企落户。　　　　　　（董志刚　张洋）

【周口市】　　2022年，围绕"安全第一、预防为主、综合治理"的方针，坚持应急处置与事故预防相结合，保证了供水安全。巡线人员按照"逢疑必查，查必有果"的原则，全年共发现对管线造成影响的外界施工52项，其中开挖22项、顶管24项、占压掩埋3项，管线周边打井灌溉3处。发现建筑物、设备及附属物缺陷500余项，其中积水300余项，井圈破损或井盖无把手34项，管线周边下沉2

处，穿墙套管漏水14项，井内手轮缺失10处，阀件锈蚀36项，降水井或村民自建井未封存80座。针对阀井问题，及时组织人员对阀井积水进行抽排。全年线路沿线增设标志桩20余根、标志牌58个，维修穿墙套管渗漏7处、建筑物防水处理6处、加装通气孔3处，处理各类突发事件4项。对河南省巡查组发现的问题进行整改，全年巡查组共发现问题96项，整改94项，未整改的2项已制定整改方案。　　　　　　（贺洪波　朱子奇）

【许昌市】　　2022年，许昌市以习近平总书记关于南水北调"三个事关""三个安全"重要论述为根本遵循，不断强化政治责任和使命担当，全力抓好南水北调河长制各项工作，确保"一泓清水北上"。履行南水北调河长制职责，协助许昌市政府市长、南水北调中线工程市级河长调研南水北调总干渠，开展巡河、管河、护河、治河等工作，现场督办涉渠防汛、治污、违建等突出问题整改，做到守河有责、护河担责、治河尽责。聚焦重点任务，统筹全面推进。深入贯彻落实"节水优先、空间均衡、系统治理、两手发力"治水思路，围绕河湖长制重点任务，坚持系统谋划、分类施策，全面推进各项工作。

加快推进沙陀湖项目等后续工程建设，严格落实工作例会、"三单"工作机制，扎实开展前期工作，推动项目早日开工。许昌市沙陀湖调蓄工程专班办公室多次赴水利部、南水北调集团等部门汇报对接，争取更多上级政策支持，力争沙陀湖项目纳入国家南水北调总体规划。同时，稳步推进南水北调开发区配套供水工程项目建设，确保如期完工。2022年生态用水0.45亿m^3（含颍河退水闸1271万m^3）。通水8年来，累计生态用水6.17亿m^3（含颍河退水闸2.93亿m^3），供水区域逾335.28km^2，受益人口超过227.23万人。

深刻汲取郑州"7·20"特大暴雨灾害教训，深入贯彻落实许昌市领导对南水北调工程防汛工作作出的批示指示精神，组建南水北调工程防汛专班，成立15支347人的应急队伍，制定完善防汛预案，备齐配足防汛物资，开展防汛演练6次。2022年汛期以来，排查整改总干渠隐患问题和风险点60项。落实问题、任务、责任"三个清单"管理模式。率先在南水北调中线许昌全线设立了司法保护和巡回审判基地，为保障南水北调许昌段水资源水生态环境提供司法支撑。加强防汛应急物资储备，在许昌市南水北调中线干线工程渠段内设置2个防汛物资设备仓库和9处抢险物资备料点，已备碎石1993m^3、块石8152m^3、编织袋1.7万个、各种车辆设备80台；组建15支347人应急救援队伍，其中总干渠8支队伍199人，配套工程7支队伍148人，有力保证了汛期抢险队伍和抢险物资"备得足、调得出、用得上"。2022年汛期，

共计排查涉南水北调工程汛期隐患问题和风险点共63项，其中涉及中线工程60项，配套工程3项，已全部完成隐患问题整改，转入持续巩固和动态排查清零阶段。结合"能力作风建设年"活动，加强对党员干部防汛救灾专题知识培训，适时组织开展防灾救灾减灾实战演练。牢牢扛起全面深化应急处突体制改革工作责任，把总干渠和配套工程防汛救灾各项工作做到前面、落到实处。 （盛弘宇）

【焦作市】 2022年，焦作市加强与各县（区）水利部门深入沟通，加强各个现地管理督导力度，对各个现地站的轮岗值守、运行管理工作内容、工作质量进行检查、督导、落实；强化工作责任、明确工作制度要求，切实保障了配套工程安全、供水安全、水质安全。严格输水管线巡查制度，巡查人员每周对焦作市供水配套工程9个现地管理站6条输水线路60km管线至少进行2次徒步巡查，及时发现并消除工程运行安全隐患，确保管线及其附属阀井建筑物完好、设备运行正常。开展2021年"7·20"水毁工程修复工作，组织施工单位按时完成16项水毁工程修复，保障了配套工程安全运行。2022年编制、完善了配套工程输水管理度汛预案，开展了消防安全培训和应急演练，推进安全管理工作常态化，保障供水工程度汛安全。确保新冠疫情防控期间供水安全，结合疫情防控要求，加强供水线

路的巡视检查，制定切合疫情防控要求的维修养护计划，完成北石涧泵站前池清淤、府城泵站 10kV 外部供电线路电缆井专项维修养护等项目，保障了供水安全。　　　　（董保军）

【安阳市】　2022 年，安阳市开展了南水北调水源保护区专项行动"回头看"，持续巡查干渠保护区环境状况，做到边查、边改、边治，对违法环境问题发现一处、整治一处，实施动态清零，全市共排查整治环境问题 6 个，南水北调干渠沿线环境状况显著改善。建立南水北调风险源快速排查整治协调机制，组建安阳市南水北调保护工作微信群，按照"县区负责、部门督导、内外联动、信息共享"的原则，对南水北调干渠两侧水源保护区内的环境问题联防共治。地方政府、职能部门、南水北调工程管理单位密切配合，互通有无，齐抓共管，发现问题第一时间交由乡镇处理，快速、高效消除环境风险隐患，共同守护南水北调水质安全，受到了水利部和河南省生态环境厅的表扬。

提升南水北调应急处突能力建设，根据 2022 年最新出台的《河南省南水北调饮用水水源保护条例》和《河南省突发环境事件应急预案》，结合安阳南水北调生态环境保护实践经验，在全省率先编制了《南水北调中线工程总干渠安阳段突发水环境污染事件应急预案》，从总则、组织指挥体系及职责、监测预警、应急响应及应急保障等 10 个方面对南水北调突发水环境污染事件应急处置工作进行了规范。认真贯彻执行国家政策法规和"三线一单"生态环境分区管控要求，严格环评审批，把好排污许可证发放关，杜绝在南水北调干渠两侧水源保护区内新建、改建、扩建排放污染物的建设项目，严密监控关停的工业企业，有效控制污染物排放总量，实现污染控制目标。

（孟志军　李志伟）

【栾川县】　2022 年，栾川县贯彻落实习近平总书记在推进南水北调后续工程高质量发展座谈会上重要讲话精神，编制了《栾川县丹江口库区及上游生态治理和高质量发展"十四五"实施方案》《关于调整栾川县对口协作工作领导小组的通知》，并印发了《栾川县对口协作项目资金管理办法》。　　　　（吴晓波　崔哲珲）

【卢氏县】　（1）提高水源涵养能力。以国土绿化为抓手，以人工造林、飞播造林、封山育林等为主，大力营造水土保持林和水源涵养林，共完成造林 18.45 万亩，占全年任务的 115.3%。

（2）提高水土保持能力。投资 2272 万元，完成坡耕地综合治理 1800 亩、小流域综合治理 17.3km²，积极申报创建全国水土保持示范县。

（3）扎实推进水质保护项目实施。加强丹江口库区上游老灌河流域生态环境综合治理，积极申报环保专项资金用于南水北调中线工程丹江口库区上游老灌河水环境治理及生态修复项目和丹江口水库上游卢氏县老灌河源头水生态保护修复工程项目。

（4）加强五里川河锑异常后续治理工作。建设 7 处加药点、4 套污水处理设施、配套 12 个自动监测站点和 2 个人工采样分析点，实现全流域水质 24 小时不间断监测；实施卢氏县五里川河污染水体综合治理项目和卢氏县老灌河流域双槐树段水环境综合治理项目，持续改善老灌河流域上游水质。

（5）加强老灌河、淇河沿线环境整治工作。定期开展涉水排污单位监督性监察，保障地表水环境安全。因地制宜选择污水处理工艺，梯次推进生活污水收集处理，定期开展五里川镇、汤河乡、瓦窑沟乡、朱阳关镇、狮子坪乡、双槐树乡 6 个乡镇污水处理厂监督监察，确保出水水质达标。推进水污染防治项目，实施南水北调中线工程丹江口库区上游老灌河水环境治理及生态修复项目和丹江口水库上游卢氏县老灌河源头水生态保护修复工程项目，累计下达资金 9199 万元，项目均有序推进。

（6）加大生态保护和修复力度。以人工造林、飞播造林、封山育林等为主，大力营造水土保持林和水源涵养林，提高水源涵养能力，投资 2800 万元，完成坡耕地综合治理 1.5 万亩，提高水土保持能力。

（7）持续做好农业面源污染治理。完成户厕改造 6068 户，完成农村公厕 204 处，农村生活垃圾收运处置体系覆盖所有村庄并稳定运行，畜禽粪污综合利用率达到 83%，农膜回收率稳定在 90% 以上，畜禽粪污综合利用率达到 83%，农业绿色发展水平不断提升。

（8）历史遗留废弃矿山治理任务实现清零目标，全县历史遗留废弃矿山治理区 8 个，总面积 16.49hm²，完成治理面积 16.80hm²。扎实开展矿山环境生态修复治理，督促县内矿山企业完成矿山生态修复 230.7 亩，占上级下达年度任务 166 亩的 138%。

（杨威午　周源）

【配套工程水保和环保验收】　2022 年 8 月 23—24 日，河南省南水北调配套工程水保和环保专项验收委托了水保和环保验收报告编制单位、监测总结报告编制单位和监理总结报告编制单位等第三方组织机构，分别召开了配套工程水保和环保专项验收会议，聘请行业专家组成验收组，一致同意通过验收，并于 2022 年 12 月 2 日在河南省南水北调运行保障中心门户网站公示。

（马玉凤）

陕西省生态环境保护工作

【概况】　陕西地处我国内陆腹地，跨越黄河与长江两大流域，处于承东启西，连接南北的战略地位。全省总土地面积 20.56 万 km²，秦岭以南属长江流域，总面积 7.21 万 km²，占全省面积的 35.1%，其中汉江、丹江流域在陕西省流域面积占 6.27 万 km²，是南水北调中线工程重要水源涵养区，涉及汉中、安康、商洛等 3 市 30 个县（区）。丹江口水库总入库水量中有 70% 源自陕西境内，陕西对保护好南水北调水源负有义不容辞的责任。

（孙霄伟）

【南水北调水源区水土保持工作】
2022 年，陕西省加快推进水土流失重点治理，坚持山水林田湖草沙一体化保护和系统治理，聚焦服务保障南水北调中线工程水源区保护治理，重点小流域综合治理项目，汉中、安康和商洛 3 市完成新增水土流失综合治理面积 1121.32km²，丹江、汉江流域水土流失得到有效控制，生态环境明显改善。

（1）加强水土流失综合治理。2022 年，陕西省实施小流域综合治理工程等一批国家水土保持重点工程，完成了生态清洁小流域建设、水保示范园建设等一批水土保持工程。全年实施坡改梯 6851hm²，营造水土保持林 9973hm²，种植经济林 4957hm²，实施种草措施 199hm²，实施封禁治理 76706hm²，实施其他措施 13446hm²，建成国家水土保持示范园 4 个、省级水土保持示范园 10 个，经果茶园 100 余处。柞水县被评为国家水土保持示范县，镇安县磨石沟小流域被评为国家示范工程（生态清洁小流域）。水土保持系统综合治理将水土保持、环境保护和水资源开发利用有机结合，发挥了良好的经济效益、生态效益和社会效益。

（2）强化生产建设项目监督管理。2022 年，陕西省严格落实生产建设项目水土保持"三同时"制度，从源头把关，进一步规范水土保持方案行政审批，严格方案审批质量，对不符合法律法规技术标准要求的项目一律不予许可，从源头上预防人为水土流失。全面加强生产建设项目事中事后动态监管，提高水土保持方案实施率。利用遥感监测对陕南 3 市区域内扰动图斑进行现场核查和违法认定，对违规项目下达整改要求，督促整改销号，2022 年汉中、安康、商洛 3 市累计核查项目 362 个，查处违法违规项目 81 份，下发整改意见 81 份，整改销号进度为 100%。确保项目建设进度与水土保持方案实施进度基本同步和总体一致，促使生产水建设单位自觉履行水土保持法定义务案地和责任，有效控制了人为水土流失。

（3）严格水土保持空间管控。将水土保持生态功能重要区域和水土流失敏感区纳入生态保护红线，禁止在河流两岸，铁路、公路和重要旅游线路两侧直观可视范围内，进行露天开采石材石料等非金属矿产资源。以南水北调中线工程水源区、重要水源地为重点，采取封山育林、严禁开垦放牧、退耕还林还草、生态修复等措

施，减少人为活动对自然生态系统的过度扰动。 （孙霄伟）

【南水北调水源地水资源利用保护工作】 近年来，陕西省水利厅深入学习贯彻党的十九大、二十大精神，全面落实习近平生态文明思想和治水重要论述精神及来陕考察重要讲话精神，认真践行"绿水青山就是金山银山"理念，积极构建以区内外水资源优化配置、水源涵养、水资源保护、水生态修复与保护为主的水利发展格局，汉丹江出境断面始终稳定保持在Ⅱ类标准，有效确保"一江清水永续北上"。

（1）加快构建陕西水网。积极推进引嘉入汉、城固焦岩水库、安康恒河水库、勉县玉带河水库等重点工程项目前期工作，增加汉江上游水源水量，增强汉江、嘉陵江流域生态补水能力和保障灌溉能力，构建以区内外水资源优化配置、水源涵养、水资源保护、防洪减灾、水生态修复与保护为主的水利发展格局。

（2）加强饮用水水源地管理。组织开展陕西省长江流域饮用水水源地摸底调查工作，开展汉江马坡岭等3个全国重要水源地水质监测评价，建立陕西省长江流域饮用水水源地信息台账。配合做好水源地风险防控，为防范化解地表水型水源地交通穿越风险提供水利技术支撑。

（3）深入推进河长制。充分发挥河湖长制党政领导、部门联动优势，

省总河湖长以上率下、召开会议、调研巡查、颁布总河湖长令，带动汉丹江流域7042名河湖长常态化巡河湖、解决重难点问题。开展妨碍河道行洪突出问题排查整治、非法采砂整治打击、母亲河复苏、进驻式暗访等专项行动，汉丹江流域清理河湖"四乱"4043个，整治、拆除、退出秦岭小水电382座，水源地河湖生态得到明显改善。安康"四长"治河、汉中"五制"并立推进河湖长制以及旬阳38支女子护河队等做法纳入全国典型案例。

（4）强化水资源管控。陕西省对18个全国重要饮用水水源地组织开展年度安全保障达标建设自评估、水质监测工作；与陕西省生态环境厅联手开展饮用水水源地专项督查、千吨万人供水工程核查认定及保护区划定等工作。组织开展长江流域饮用水水源地摸底调查工作，建立了饮用水水源地信息台账；配合水利部做好长江流域水源地名录制定出台各项工作，启动开展陕西省长江流域水源地名录制定。纳入国考的陕西省饮用水水源地水质达标率达100%。

（5）强化生态流量管控。开展汉江、嘉陵江等26条重点河湖主要控制断面生态流量情况监督检查，严格管控生态流量。2022年，首次与周边省份联合开展，建立生态流量预警协调共享机制，创新了流域省界断面生态流量管控新机制。 （孙霄伟）

征地移民

湖北省征地移民工作

【按期完成移民竣工决算编制工作】　根据《水利部办公厅关于做好南水北调东、中线一期工程竣工财务决算工作的通知》（办南调〔2021〕324号）和《水利部南水北调司关于做好2021年南水北调东、中线一期工程财务决算有关工作的通知》（南调便函〔2021〕17号）等文件精神，在南水北调集团印发的工作方案基础上，结合湖北省移民竣工财务决算的实际情况，湖北省水利厅印发了《湖北省水利厅关于切实做好南水北调征地移民资金竣工财务决算工作的通知》（鄂水利函〔2021〕874号），制定了湖北省的工作方案，安排部署了移民竣工财务决算工作，明确了时间安排和工作要求。湖北省水利厅高度重视，认真组织有关市、县（市、区）移民管理部门开展决算编制工作。在水利部南水北调司和调水局的指导下，湖北省对重点县（市、区）的决算报告进行了补充和修改完善。在有关市、县（市、区）决算报告的基础上，湖北省水利厅汇总编制完成了丹江口水库征地移民竣工决算相关报告，并按期报送中线水源公司和南水北调集团。

（1）及时开展指导督办工作。水利部南水北调司、南水北调集团高度重视湖北省移民竣工决算工作，多次召开视频推进会，并派员现场或电话指导湖北省竣工决算工作，推动湖北省移民竣工决算进度。湖北省水利厅定期召开碰头会，分管领导带队赴潜江市、宜城市等地调研，指导有关县（市、区）决算工作，解决竣工决算工作中的难题。

（2）积极配合做好决算审核工作。按照水利部南水北调司的要求，7月下旬至9月底，湖北省水利厅配合水利部调水局对丹江口市和郧阳区决算情况进行了内业审核和现场复核，进一步规范了决算报告的编制工作。

（3）扎实做好整改完善工作。根据水利部调水局对丹江口市和郧阳区的审核意见，湖北省水利厅会同丹江口市和郧阳区逐条进行整改，并举一反三，将全省其他县（市、区）的决算报告同步进行整改。

【努力做好移民乡村振兴工作】　（1）加大移民产业资金投入。引导推动南水北调移民后续帮扶从基础设施建设向产业发展转变，支持移民村优先发展特色产业，促进移民产业转型升级，鼓励发展移民物业经济、飞地经济，不断发展壮大移民村集体经济，建立健全产业扶持项目的收益分配机制，增加经营性收入和财产性收入。丹江口市、武当山特区通过整合移民后期扶持资金和南水北调移民资金分别建设了丹江口市移民产业园和武当山特色旅游民宿，为移民增收创造了条件。

（2）创建移民美丽家园。运用共

同缔造的理念和方法持续推进移民美丽家园创建，继续利用移民后扶资金撬动整合各部门涉农资金，采取整村推进、分步实施、先建后补、以奖代补的方式，搭建参与平台，创新参与载体，引导广大移民群众共谋共建共管共享共评。按照年初申报、年中督导、年底考评的方式，经县级自评、市级初评、省级现场复核，从省级大中型水库库区基金中对9个南水北调移民美丽家园省级示范村每个村奖补300万元。

（3）积极开展移民技能培训。以县为基础，以需求为导向，开展多层次、多渠道、多形式的技能培训，创新创业带头人培训，移民综合素质培训等，积极吸纳当地移民就地就近就业，帮助移民增收致富。

【切实做好移民信访稳定工作】 认真贯彻落实湖北省委、省政府维稳专题会议精神，会同省信访局、省公安厅等相关部门，建立了移民维稳信息沟通和联动处理机制，进一步压实了工作责任。湖北省水利厅多次召开信访维稳会议，印发了工作方案，开展了信访矛盾纠纷排查化解活动，聚焦移民后扶政策落实、安置补偿、涉疫信访事项、敏感节点等热点问题，做细线索通报，做深分析研判，强化舆情监测，加强风险预警，及时妥善处理移民信访事项。认真落实"防风险、保稳定"工作要求，全力做好移民稳定工作，确保了党的二十大前后

库区和移民安置区社会稳定。（郝毅）

河南省征地移民工作

【南水北调移民安置】 （1）防治地灾保安全。2022年4月13日，河南省移民办公室以豫移安〔2022〕10号文印发了《关于做好淅川县丹江口水库移民村地质灾害防治相关工作的通知》，下达应急补助200万元。积极争取水利部支持解决大石桥乡西岭村、老城镇穆山村两个移民村地灾防治项目投资事宜；2021年7月22日，河南省移民办公室以豫移安〔2021〕9号文印发了《关于做好淅川县老城镇穆山村大石桥乡西岭村地质灾害防治工作的通知》，下达治理投资3242.44万元，已于2022年5月全部完工并通过县级验收。

（2）编报决算更加规范。按照水利部和南水北调集团要求，组织开展南水北调中线工程征地移民竣工财务决算工作。截至2022年12月1日，河南省库区移民、干线征迁、陶岔渠首、董营副坝征迁项目竣工财务决算编报全部完成。

（3）配合审计促整改。积极配合河南省审计厅对河南省水利厅经济责任履行及2021年度部门预算执行情况审计，并完成全部整改任务。11月下旬，审计署驻哈尔滨特派员办事处开始对河南省南水北调征地移民工作进行试审计，河南省水利厅（河南省移民办公室）密切配合，及时全面汇报

并按要求提供了大量的征地移民材料。

（4）移民安置走在前列。河南省南水北调丹江口库区、出山店水库、前坪水库移民安置案例入选水利部 2022 年 10 月印发的《水利工程移民安置高质量发展实践典型案例》，是全国入选案例最多的省份之一，且南水北调丹江口库区移民工作典型案例位列首篇。

【南水北调移民村建设】　6 个省辖市 23 个县（市、区）全面完成南水北调库区移民 49 个美好移民村示范村建设，充分利用移民安置结余、后扶项目等资金向美好移民村建设倾斜，发挥集成效应。落实习近平总书记嘱托，2022 年 6 月 13 日，河南省移民办公室以豫移安〔2022〕16 号文印发了《关于南水北调丹江口库区美好移民村补助资金的批复》，向南阳市支持 1000 万元，用于淅川等县美好移民村建设，指导南阳市淅川县率先实现大邹庄村全面振兴，总投资 1.5 亿元的专项规划已大部分完成并初见成效。

（1）编制高质量发展规划。根据河南省政府安排，组织设计单位完成外业调查，编制《河南省南水北调工程丹江口水库移民村振兴暨高质量发展"十四五"规划》和《河南省南水北调工程丹江口水库移民村振兴暨高质量发展规划（2022—2035 年）》。

（2）及时修复移民村水毁工程。受"7·20"特大暴雨影响，郑州、新乡等地丹江口库区移民村基础设施、生产设施毁坏严重，河南省积极向水利部反映，争取补助资金 1500 万元。2022 年 2 月 11 日，河南省移民办公室以豫移安〔2022〕3 号文印发了《关于郑州市申请南水北调丹江口库区移民村特大暴雨灾害补助的批复》，2022 年 2 月 24 日，河南省移民办公室以豫移安〔2022〕4 号文印发了《关于新乡市申请南水北调丹江口库区移民村特大暴雨灾害补助的批复》，及时下达安排郑州市 400 万、新乡市 1100 万开展水毁项目修复工作。49 个水毁项目已全部修复完工，保障了移民群众正常的生产生活。

（齐继贺）

文 物 保 护

河南省文物保护工作

2022 年，河南省南水北调文物保护工作主要为受水区审计、报告出版等后续保护工作。

（1）受水区供水配套工程文物保护项目小党庄古墓群、小孟庄汉墓群、燕店遗址、五代城墙遗址等通过专家组验收。

（2）接收干渠文物保护项目安阳汤阴五里岗遗址、郑州站马屯遗址，受水区文物保护项目东石寺遗址、荥阳许庄遗址、漯河皇玉遗址等 9 个地点移交的考古发掘资料。

（3）按照河南省南水北调建管局

的要求，配合会计事务所对受水区文物保护项目进行审计工作。

（4）河南大学承担的 2018 年课题项目"南水北调豫北区域古代环境变化与农业集约化研究"结项，通过了专家组验收。

（5）南阳市淅川县 2022 年度丹江口库区消落区巡护工作结束，对因冲刷暴露破坏的墓葬进行了及时清理。巡护共发现古墓葬 22 座，其中清理砖室墓 7 座、土坑墓 2 座，1 座就地保护。

（6）出版考古发掘报告《漯河临颍固厢墓地》《淅川葛家沟墓地》《平顶山黑庙墓地（二）》《温县南张羌汉代墓地》《禹州崔张、酸枣杨墓地》《博爱西金城》6 本、专题研究报告《辉县汉墓群出土铜镜修复、保护与研究——河南省南水北调中线工程文物保护研究项目》1 本、南水北调成果报告《长渠缀珍——河南省文物保护成果撷英·综述》1 本。（王蒙蒙）

对 口 协 作

天津市对口协作工作

【天津市大力推进对口协作工作】

2014 年津陕对口协作以来，天津市全面贯彻落实党中央、国务院关于南水北调的决策部署，累计拨付对口协作资金 25.2 亿元，支持生态环境保护、产业转移升级、公共服务、乡村振兴、经贸交流等各类项目 406 个，推动水源区生态环境持续向好、产业结构优化升级、民生保障能力进一步提高、两地经贸交流持续得到深化。2022 年，本着"保水质、强民生、促转型"，天津市充分发挥对口协作资金撬动作用，与陕西省联合实施 41 个协作项目，覆盖汉中、安康、商洛等 31 个县（市、区），项目涵盖生态环境、产业转型、公共服务、乡村振兴、经贸交流等，为水源区各县（市）经济社会发展提供强力支撑，进一步推动了天津、陕西区域协作高质量发展。　　（天津市水务局）

湖北省对口协作工作

【强化国家部委对接，争取政策支持】

十堰市郧西县成功创成第六批国家生态文明建设示范县、武当山成功创成第六批全国"两山"实践创新基地。国家发展改革委将十堰生产服务型国家物流枢纽纳入国家物流枢纽建设名单、神定河流域治理纳入全国小流域治理示范。生态环境部把十堰市作为对口协作工作联系点，2022 年安排中央环保专项资金 1.84 亿元，省级环保专项资金 0.43 亿元，支持丹江口库区水环境保护和生态文明建设。鄂西北生物多样性和环丹江口库区生态修复项目已初步确定列为 2022 年首批国家重点支持项目。水系连通及水美乡村建设项目已纳入国家"十四五"水安全保障规划重点项目库，郧阳区建设试点获得补助资金 1.2 亿元。工信部支持东风小康入选首批工业领域数据安全管理试点企业，小蜜蜂公司"信息消费赋能乡村振兴"项目入选工信部 2022 年新型信息消费示范项目。南水北调集团水务公司、能源公司、生态环保公司与十堰市人民政府与签订战略合作框架协议。十堰市政府与中国地质科学院签订《战略合作会议纪要》及合作项目清单。

【强化产业对接，争取北京项目投资】
开展招商推介活动 56 次，主导推动落地项目 5 个，协议总投资 75 亿元；统筹县（市、区）签订投资协议 33 个，协议总投资 372 亿元。推动首创集团在十堰出资建立总规模 7.5 亿元的产业基金；促成东风-派恩汽车铝热交换器有限公司和北汽福田对接供货。京城机电车用 CNG 储运系统项目、京能氢产业园、北京尚亦城科技文化集团公司元和观高端民宿项目、北京一轻集团全橘产业中高端饮用水综合项目、北京大都阳光艺术团有限公司"武当一梦"项目开工建设。

【强化人才智力合作，推动科技创新】
继续推进"北京院士专家十堰行"活动，对接 48 个重点技术（专家）需求。与中国工程院共建的十堰产业技术研究院入驻创新团队 12 个。组织十堰恒进感应科技（十堰）等企业与北京高校院所、企业开展科技合作，推动 4 个北京-十堰"揭榜挂帅"项目新增销售收入 6081 万元。与北京工

商大学合作成立房县黄酒产业研究院，制定产品质量标准，确定科研攻关课题 15 项，开发 5 款符合国家标准的特型黄酒产品，房县黄酒生态品牌效益凸显。汽车工业学院"双百行动"团队与中国工程院战略咨询中心、北京中科凯思科技有限公司联合申报优秀成果奖等奖项 3 个，合作申报国家基金项目 65 项，成功新获批国家一流专业 5 个、省级一流专业 4 个。湖北医药学院与中科院、首都医科大学合作，获批国家自然科学基金项目 18 个，围绕南水北调水源地环境与健康十堰建设，搭建病毒学研究和健康大数据研究平台，引进博士 16 名，培养研究生 38 名，临床医学专业稳居 ESI 前列。

河南省对口协作工作

【栾川县对口协作项目】
1. 对口协作项目　2022 年栾川县争取河南省南水北调对口协作项目 1 个，总投资 2000 万元。其中，使用协作资金 1500 万元，栾川县投资 500 万元。该项目为栾川县三川镇污水处理厂扩建及配套设施建设项目。主要建设内容包括：对原有污水处理厂进行提升改造，扩建前污水处理能力为每日 1000t，扩建后污水处理能力达到每日 2000t；建设监控室 1 座并配套监控系统；建设中水回用池、泵房并配套水泵及高压电机设备等。该项目已建设完毕并投入使用。

2. 对口帮扶资金 2022年栾川县争取对口帮扶项目7个，总投资706.89万元，其中使用对口帮扶资金440万元。分别是昌平职业学校栾川班项目补贴学习费用47.275万元，栾川县狮子庙镇许沟村东沟组通组桥梁新建项目使用帮扶资金30万元，栾川县秋扒村北沟河口桥梁建设工程使用帮扶资金132.725万元，栾川县白土镇镇区第二水源项目使用帮扶资金150万元，潭头胡家村粉条加工厂升级改造项目使用帮扶资金20万元，潭头镇易地搬迁社区乡村振兴加工车间项目使用帮扶资金20万元，赤土店镇花园村安全饮水工程使用帮扶资金40万元。7个帮扶项目均已完工。

3. 交流互访 2022年6月17—19日，北京市挂职团队南阳市政府副秘书长邹顺华带队，赴栾川县考察调研北京、河南对口协作项目和文化旅游产业发展等事宜，并围绕"十四五"期间对口协作进行座谈；7月12—13日，北京市支援合作办及河南省、洛阳市发展改革委领导莅栾考察；9月21—22日，栾川县委副书记张亚磊，县委副书记、三川镇党委书记贺笑余，县委常委、副县长赵飞以及相关单位领导一行前往南阳市邓州市、淅川县学习考察南水北调对口协作工作。

（吴晓波　崔哲珲）

【卢氏县对口协作项目】

1. 项目实施 2022年实施南水北调对口协作项目2个，总投资4950万元，使用对口协作资金4642万元。其中，保水质项目1个，项目总投资4850万元；卢氏县老灌河流域双槐树段水环境综合治理项目，使用对口协作资金4542万元。交流合作项目1个，为卢氏县产业招商推介活动，组织相关部门或企业开展招商培训、项目推介等；组织名优产品、绿色农产品进京展示展销，实施农超对接；使用对口协作资金100万元。2022年完成项目资金拨付50万元。

2. 交流合作 2022年卢氏县发展改革委与怀柔区发展改革委克服新冠疫情影响，就卢氏特色产品入驻怀柔双创中心进行了多次沟通，怀柔区安排企业多次到卢氏县对接，卢氏县筛选优质产品送往双创中心，为双方的商贸交流创建了良好的平台。

（杨威午　周源）

柒　后续工程

东 线 后 续 工 程

前 期 工 作 进 展

【规划设计】

1. 南水北调东线二期工程规划
为贯彻落实习近平总书记在推进南水北调后续工程高质量发展座谈会上的重要讲话精神，根据水利部部署安排，淮委结合南水北调后续工程东中线组合方案论证、概念方案设计等工作情况，2022年1月会同海委组织修改完成了《南水北调东线二期工程规划》（2022年1月修改稿），并报送水利部规计司。

2. 南水北调东线二期工程可行性研究深化　根据水利部部署，为组织做好南水北调东线二期工程可行性研究深化工作，2022年8月底，淮委会同海委组织编制印发了南水北调东线二期工程可研深化工作方案及问题清单，进一步细化了可行性研究深化的工作内容、责任分工、进度安排，梳理了可行性研究深化的边界条件、需要深化的重点问题以及需要水利部帮助协调解决的问题。12月9日，淮委会同海委组织完成东线二期工程受水区水资源供需分析与配置专题报告、输水线路方案比选论证专题报告并报送水利部规计司。　　（王琳琳）

【报告编制】　2022年11—12月，淮委牵头组织编制完成了南水北调东线一期工程运用现状研究、水量消纳方案、供水能力挖潜分析3个专题报告并报送水利部南水北调司；配合南水北调司完成了东线一期工程水量消纳研究及效益提升建议报告，为发挥东线一期工程输水效益、提升输水效能提供了重要参考。　　（王琳琳）

【"一干多支扩面"水资源配置方案】
按照党中央、国务院确定的"一干多支扩面"布局思路和水利部印发的推进南水北调后续工程高质量发展有关工作方案，紧扣东线后续工程跨流域跨区域多功能综合输水系统的功能定位和增加农业、生态供水的新任务，以中线引江补汉工程为边界条件，分析研究提出南水北调东线后续工程"一干多支扩面"水资源配置方案。方案明确东线后续工程抽江870m³/s规模"一干多支扩面"供水范围，提出"一干"和"多支扩面"相应的需调水量和水资源配置方案，细化"多支扩面"的实现路径，为多项重大国家战略实施提供支撑。　　（谭杰）

重大事件及重要会议

【前期及规划工作座谈会】　2022年5月13日，水利部组织召开深入推进南水北调后续工程高质量发展工作座谈会，研究部署推进南水北调后续工程高质量发展水利重点工作。

2022年6月23日，水利部水规总院组织召开南水北调东、中线后续工程水资源配置和布局方案专题研究技术讨论会，会后印发了会议纪要。

2022 年 8 月 15 日，水利部规计司委托水规总院召开南水北调东线后续工程推进工作会，加快推进东线二期工程可行性研究深化工作，会后印发了会议纪要。

2022 年 12 月 17 日，水利部水规总院组织召开南水北调东线二期可行性研究供需分析配置、深化线路布局重大专题讨论会，会后印发了会议纪要。

（王琳琳）

中线后续工程

引江补汉工程

【工程概况】 南水北调工程是重大战略性基础设施，引江补汉工程是南水北调中线工程的后续水源工程。工程自长江三峡库区左岸龙潭溪取水，采用有压单洞自流输水至丹江口水库大坝下游汉江右岸安乐河口，通过置换方式增加南水北调中线工程北调水量，并为引汉济渭工程达到远期调水规模、向工程输水线路沿线地区城乡生活和工业补水创造条件。工程输水总干线长约 194.8km，设计引水流量 170m³/s（对应三峡水库防洪限制水位 145.00m），多年平均引江水量 39 亿 m³。

自 2017 年以来，在水利部坚强领导下，长江委认真贯彻习近平总书记"5·14"重要讲话和关于治水重要论述精神，贯彻落实党中央、国务院和水利部关于南水北调后续工作决策部署，相继开展了引江补汉工程规划及可行性研究工作，按期提交了工作成果。2022 年 7 月 7 日，引江补汉工程正式开工建设。 （蔺秋生）

引江补汉工程多年平均引水量 39.0 亿 m³，其中中线陶岔渠首多年平均补水 24.9 亿 m³（补水后多年平均北调水量 115.1 亿 m³），向汉江中下游补水 6.1 亿 m³，并具备利用工程空闲时段应急补水的潜力；补充引汉济渭工程按远期规模引水后丹江口水库入库径流减少量 5.0 亿 m³；向输水工程沿线补水约 3.0 亿 m³。

引江补汉工程由输水总干线和汉江影响河段综合整治工程组成。输水总干线包括进口建筑物、输水隧洞、石花控制建筑物、出口建筑物、检修排水建筑物和检修交通洞等，输水线路长约 194.8km，采用有压单洞自流输水方式，等效过水洞径 10.2m；汉江影响河段综合整治工程包括羊皮滩右汉出水渠、航道整治和河道整治工程。输水总干线渠首（龙潭溪）设计引水流量 170～212m³/s。汉江影响河段综合整治工程对坝下长约 5km 的汉江减水河段进行治理，包括羊皮滩右汉出水渠、航道整治和河道整治等工程。

引江补汉工程主要工程量如下：土方开挖 46.34 万 m³、石方明挖 106.87 万 m³、石方洞挖 3071.6 万 m³、土石方填筑 242.3 万 m³、混凝土 862.9 万 m³、钢筋 14.2 万 t、钢材 4.3 万 t、锚杆 501 万根、固结灌浆

1008.9 万 m³、金属结构 4266t。

输水隧洞采用"钻爆法＋TBM 法"组合施工方案，共布置 30 条施工支洞。共采用 9 台 TBM 施工，其中 2 台为护盾式、7 台为敞开式。

建设总工期为 108 个月，工程准备期 12 个月（占直线工期 5 个月），主体工程施工期 103 个月，工程完建期 2 个月，控制性施工项目为 TBM5、TBM6 施工段。可行性研究批复工程静态总投资 582.35 亿元。

出口段工程（K189＋226～K194＋786）包括约 5km 隧洞及出口建筑物，主要施工内容有：出口段隧洞（K189＋226～K194＋311）、出口检修闸、出口检修排水泵站、安乐河整治及交通桥。初步设计已经水利部批复，分为 1 个土建施工及设备安装标、1 个监理标、1 个安全监测标、1 个质量检测标、1 个工程保险标。

引江补汉工程输水总干线采用有压单洞自流输水，沿线地质条件复杂，施工难度大，工程具有大埋深、长线路、大洞径等技术特点和高地应力、高水压、高地温，断层多、地下水多、软岩多等地质难点，是我国调水工程建设极具挑战性的项目之一，工程将促进我国重大基础设施技术创新能力的提升。

引江补汉工程是目前我国在建长度最长的有压引调水隧洞，工程单洞距离长 194.3km；我国在建洞径最大的长距离引调水隧洞，等效洞径 10.2m；我国在建引流量最大的长距离有压引调水隧洞，最大引水流量 212m³/s；我国在建一次性投入超大直径 TBM 施工最多的隧洞，直径 12m 级，TBM 数量 9 台；我国在建洞挖工程量最大的引调水隧洞，单洞洞挖总量近 3000 万 m³；我国在建综合难度最大的长距离引调水隧洞，最大埋深 1182m，埋深超过 600m 的洞段占 50%，面临强岩爆、突泥涌水、大断裂、软岩变形、高温、有害气体等多重挑战。 （程伊文 董平）

【工程投资】

1. 估算投资 按照国家发展改革委批复的引江补汉工程估算，以 2022 年一季度价格水平计算，引江补汉工程可行性研究阶段估算工程总投资 6505580 万元，其中静态投资 5823463 万元、建设期融资利息 682117 万元。

2. 投资分类

（1）按工程项目分类。输水总干线工程估算静态投资 5781646 万元，汉江影响河段综合整治工程估算静态投资 41817 万元。

（2）按投资种类分类。工程投资由工程部分、建设征地移民补偿、环境保护工程、水土保持工程等 4 类投资组成。工程部分估算静态投资 5408036 万元，建设征地移民补偿估算静态投资 151946 万元，环境保护工程估算静态投资 156560 万元，水土保持工程估算静态投资 106921 万元。

1）输水总干线工程。工程部分

估算静态投资 5376971 万元，建设征地移民补偿估算静态投资 143600 万元，环境保护工程估算静态投资 154441 万元，水土保持工程估算静态投资 106634 万元。

2）汉江影响河段综合整治工程。工程部分估算静态投资 31065 万元，建设征地移民补偿估算静态投资 8346 万元，环境保护工程估算静态投资 2119 万元，水土保持工程估算静态投资 287 万元。

3.投资下达　根据已批复的引江补汉工程可行性研究报告，引江补汉工程静态总投资 582.35 亿元，其中中央预算内投资 205.43 亿元，企业自有投资 106.06 亿元，银行贷款 329.06 亿元。

2022 年 6 月，中国南水北调集团江汉水网建设开发有限公司以《中国南水北调集团江汉水网建设开发有限公司关于申请引江补汉工程 2022 年投资建议计划的请示》（南水北调江汉经发〔2022〕3 号），向南水北调集团申请 2023 年投资建议计划，共计 19.93 亿元，其中建筑安装工程投资共计 1.95 亿元、待摊投资共计 17.83 亿元、其他投资 0.15 亿元。

2022 年度，南水北调集团下达投资计划 15.15 亿元，其中中央预算内投资 15 亿元、企业自筹资金 0.15 亿元。具体下达情况如下：

2022 年 6 月 17 日，南水北调集团以《中国南水北调集团有限公司办公室关于下达引江补汉工程 2022 年企业自筹投资计划的通知》（办战略〔2022〕137 号）下达投资计划 0.15 亿元，用于引江补汉工程出口段项目的土地征用、施工准备等。

2022 年 9 月 22 日，南水北调集团以《中国南水北调集团有限公司关于转发下达引江补汉工程 2022 年中央预算内投资计划的通知》（南水北调战略〔2022〕178 号）下达投资计划 15 亿元，要求严格按照审批的项目名称、建设内容、建设规模以及下达的中央预算内投资进行建设。

投资计划下达后，中国南水北调集团江汉水网建设开发有限公司以《中国南水北调集团江汉水网建设开发有限公司关于引江补汉工程 2022 年投资计划分解的通知（南水北调江汉经发〔2022〕25 号）》分解 2022 年度投资计划，分解投资 15.71 亿元。

4.投资完成　2022 年累计完成投资 15.25 亿元，投资完成率为 100.69%。其中包括引江补汉工程可研和环评等报告编制费 58339.83 万元，勘察设计费 61003.92 万元，征迁移民费 11284.88 万元，建设管理设施购地费用 9050.00 万元，出口段土建施工及设备安装项目 6101.04 万元，监理、环水保监测、移民监督等项目 317.53 万元，建设管理费 6444.93 万元。

（刘艳波）

【工程规划】　南水北调中线一期工程自 2014 年 12 月建成通水以来，北调水量逐年增加，截至 2022 年 12 月已累计向北方调水超 523 亿 m³，直接受益人口超 8500 万，极大地缓解了受水区的供用水矛盾，受水区供水格局发生了根本性转变，南水北调中线工程为京津冀协同发展战略、雄安新区建设等国家重大战略实施提供了坚实可靠的水安全保障。但由于丹江口水库水源保证率低，特别是遭遇汉江来水特枯年份，丹江口水库在不影响汉江中下游基本用水的前提下，难以充分满足向北方调水的需求。随着京津冀协同发展战略、雄安新区建设、中原城市群建设的深入推进，以及华北地区地下水超采综合治理的持续推进，北方受水区用水量将进一步增长。

为提高汉江流域的水资源调配能力，增加南水北调中线工程北调水量，提升中线工程供水保障能力，向工程输水线路沿线地区城镇生活和工业补水，并为引汉济渭工程达到远期调水规模、汉江中下游梯级生态调度创造条件，规划建设引江补汉工程，从三峡库区龙潭溪自流引水至丹江口水库坝下汉江干流。工程建成后，将连通三峡水库"大水缸"和丹江口水库"大水盆"，在《南水北调工程总体规划》提出的"四横三纵"水资源配置格局基础上进一步完善国家水网布局，充分发挥中线一期工程总干渠输水潜力，增加中线供水量，提高中线工程稳定供水能力，进一步提升中线工程综合效益。

国务院 2002 年批复的《南水北调工程总体规划》明确南水北调中线工程分期建设，第一期工程多年平均调水量 95 亿 m³，第二期工程在第一期工程的基础上扩大输水能力 35 亿 m³，多年平均调水规模达到 130 亿 m³，届时将根据调水区生态环境实际状况和受水区经济社会发展的需水要求，在汉江中下游兴建其他必要的水利枢纽或确定从长江补水的方案和时间。2012 年国务院批复的《长江流域综合规划（2012—2030 年）》考虑中线工程再从汉江增加调水量，加上汉江本流域经济社会发展用水，将超过汉江流域水资源承载能力，要求"根据汉江流域经济社会发展状况及水资源利用程度，尽快启动从长江干流引水补充汉江的研究，并相机实施"。长江三峡水库作为我国战略水源地，水量丰沛，可作为南水北调中线工程后续水源向汉江补水，即引江补汉。

2017 年水利部以水规计〔2017〕169 号文批复了长江委报送的《引江补汉工程规划任务书》（以下简称"《规划任务书》"）。2019 年 9 月，长江委按照《规划任务书》要求，组织编制完成《引江补汉工程规划（2019）》（以下简称"《规划 2019》"）。2020 年 9 月，根据中国国际工程咨询有限公司（以下简称"中咨公司"）初步评估意见和项目深化论证成果，结合可行性研究阶段相关专题研究技术讨论会意见，水利部组织规划编制单位对《规划 2019》进行了修订和审查，形成《引江补汉工程规划（2020）》（以下简称"《规划2020》")。

引江补汉工程多年平均从长江引水38.7亿m³，扣除输水损失后向汉江净补水36.7亿m³。工程实施后充分利用已建南水北调中线一期工程输水能力，多年平均北调水量可达到117.4亿m³；引汉济渭工程调水量达到远期规模15亿m³；汉江中下游黄家港断面最小要求下泄流量为490m³/s时段保证率可达到95％以上；利用输水工程空闲输水能力向沿线净补水3亿m³。坝下自流方案设计流量为200m³/s，坝上提水方案设计流量为190m³/s，坝下坝上结合方案坝上大宁河提水设计流量为40m³/s、坝下自流设计流量为170m³/s。

三峡归州自流引水方案由引水工程和河道整治工程组成。引水工程从三峡库区长江干流北岸归州镇上游2.5km取水，向北经湖北秭归县、兴山县、保康县、谷城县、丹江口市自流至丹江口大坝下游潘家岩村安乐河口入汉江，输水线路长约194km，设计流量为200m³/s，采用一条圆形有压隧洞自流输水，洞径（净）为10.6m，进、出口设计水位分别为145.00m和90.00m。按照航道标准整治隧洞出口上溯至丹江口大坝5km长的汉江减水河段。施工总工期7.5年。匡算工程投资525.8亿元。

受国家发展改革委委托，中咨公司分别于2020年4月和11月对《规划2019》和《规划2020》进行了评估，并形成了评估意见（咨农地

〔2020〕3384号、咨农地〔2021〕60号）。　　　　　　　　（谢颖迪）

工程采用"TBM法＋钻爆法"组合的施工方案，施工总工期为108个月。

引江补汉工程建设征地涉及宜昌市夷陵区、远安县，襄阳市保康县、谷城县，十堰市丹江口市等3个市、5个县（区）、17个乡镇、55个村、85个村民小组。工程永久征收土地2470.03亩，其中耕地179.28亩（永久基本农田15.94亩），园地400.06亩，林地1361.55亩，河流水面30.28亩，其他类别的土地498.86亩。　　　　　　　　　（李波）

【环境保护】

1. 引江补汉工程环境保护设计

2022年，引江补汉工程环境保护工作取得显著进展。2022年6月，生态环境部以环审〔2022〕69号文出具了关于对引江补汉工程环境影响报告书的批复，为工程开工建设创造了条件。2022年8月，水利部及南水北调集团部署开展引江补汉工程初步设计工作，同步开展《引江补汉工程初步设计　环境保护设计》，对环境影响进行了复核，提出了生态流量保障、陆生生态保护、水生生态保护、土壤环境保护等初步设计方案。2022年12月25日，编制完成《引江补汉工程初步设计　环境保护设计》（送审稿）。主要环境保护设计内容如下。

（1）生态流量保障。严格保障水

源区及其下游生态需水。工程引水以不影响长江三峡水库以下江段的生态、航运、供水需水为前提，长江特枯年枯水期三峡水库水位较低时应减少或停止引水。加强工程引水和三峡水库蓄水优化调度等研究，以减缓调水对水源下游区不利影响和不明显增加丹江口水库弃水为目标，进一步优化工程引水调度过程，尽可能减缓工程引水、水库集中蓄水对长江中下游产生的叠加、累积性影响。

严格落实丹江口水库生态流量泄放要求。以加大丹江口水库枯水期和生态敏感期下泄流量、恢复汉江中下游特殊时段的水文节律和水动力条件为目标，优化水库运行调度和生态流量泄放方案，完善保障生态流量的调控与管理措施。加强黄家港、皇庄等断面生态流量监测和管理，保障汉江中下游河道内生态需水。

（2）陆生生态保护设计。加强取水口景观设计，以恢复原有生态系统、优选本土植物种类等恢复原则，做好临时占地区的植被恢复工作，同时植被恢复与景观绿化美化相协调。实施就地保护、做好施工场地和运输车辆的防尘清洁工作、在古树周边设置警示牌等措施。加强五道峡自然保护区、野花谷风景名胜区等敏感区保护。规划在场地沿主园路位置设置科普展示馆，作为工程科普展示及休憩停留使用，打造文化科普园。

（3）水生生态保护设计。

1）水源区及水源下游区。对比分析四种拦鱼电栅，结合引江入汉的环境影响评价要求，初步拟定取水口全拦截易拆卸式拦鱼电栅。在引江补汉取水口鱼类增殖放流站取水口现地管理区北侧管理站附近、排导渠上游左侧填筑平台实施增殖放流。

2）受水区。针对引江补汉工程实施后丹江口水库调度方式的调整及补水出流与汉江的衔接产生的不利影响，开展了汉江影响河段综合整治工程，拟实现航道治理、沿程水位控制、补水汇流合理布局及羊皮滩改造的目标，建设内容包括羊皮滩右汉出水渠工程、航道治理工程、河道整治工程。引江补汉工程出水口鱼类增殖放流站选址于丹江口水库大坝下游汉江右岸安乐河口出水口营地东侧。

（4）其他环境保护设计。

1）土壤环境保护。实施污水处理、固体废物处置，结合工程区场地平整表土剥离，运往表土堆存场集中堆置防护，用于后期植被恢复。加强施工机械设备维护保养，混凝土拌和站、施工机械车辆停放场雨污分流。

2）施工环境保护。加强废污水处理，针对施工期砂石料加工废水、混凝土拌和系统废水、机械车辆冲洗含油废水、基坑排水、隧洞及洞室排水和生活污水等进行设计，提出生产废水处理方案。加强大气环境保护，实施燃油废气削减与控制、交通扬尘削减与控制、开挖、爆破粉尘削减与控制。加强声环境保护，实施噪声源控制、传播途径控制。加强固体废物处置，实施施工弃渣、生产废料及建筑垃圾处理。实施汉江航道整治工程环境保护。

2. 引江补汉工程出口段（桩号 K189＋226～K194＋786）环境保护设计、先期开工段环境保护设计

2022年，完成《引江补汉工程输水总干线出口段初步设计报告 环境保护设计》《引江补汉工程输水总干线出口段土建施工及设备安装标招标文件 环境保护》《引江补汉工程输水总干线出口段环境监测技术要求》《引江补汉工程输水总干线出口段环境保护施工技术要求》，推进编制《南水北调中线引江补汉工程前期施工准备工程专题报告》，为引江补汉工程出口段开工建设奠定基础。

（刘扬扬 王宏亮）

【水质保护】 在编制的《引江补汉工程初步设计 环境保护设计》中提出了取水口饮用水水源区划分与规范化建设、水质监测与预警系统、污染源与入河排污口调查、改善取水口非引水时段水动力条件以及输水沿线施工期水环境保护措施等设计内容。同时，积极推进水环境专项设计，开展《引江补汉工程环境保护设计汉江中下游支流水环境综合治理和内面源污染防治专题》《取水口水温分层研究专题》等工作。主要环境保护设计内容如下。

（1）水源区与水源下游区。开展饮用水水源保护区划分与规范化建设，实施水源区环境质量和污染源调查，划定龙潭溪取水口饮用水水源保护区水域和陆域范围，采取物理隔离防护、生物隔离防护等水质保护规范化建设措施，加强饮用水水源保护区的规范化建设。结合取水口饮用水水源保护区划分要求，做好码头、锚地搬迁安排，预留部分资金用于搬迁场地复绿。定期开展龙潭溪小流域风险源调查和三峡库区污染源调查，掌握水源区污染源动态变化情况。

工程运行初期加强相关水域水质监测，采取相关措施改善非引水时段区域水动力条件和氧含量。实施三峡水源区及水源下游区水污染防治措施，推进三峡水源区水污染防治、水源下游区深化水污染综合治理，严格控制入河排污量。

（2）输水沿线区。输水沿线区地表水环境保护主要为施工期水环境保护，包括施工期生产废水、生活污水和洞室排水处理措施。地下水保护措施从降低涌水和地下水应急保护措施两个方面落实，优化工程设计方案，施工方法和施工过程中加强超前地质预报，降低隧洞施工突涌水；制定施工期临时应急供水、应急用水补偿等应急保护措施。

（3）受水区。加强汉江中下游污水处理及配套设施建设与改造。积极推进乡镇污水收集管网及处理厂（站）建设与改造，形成配套管网、在线监测、运行稳定的乡镇污水治理体系。实施工业污染治理工程，对汉

江中下游干支流沿岸现有工业企业污染进行整治，削减污染物排放量。

实施汉江中下游支流水环境综合治理和内、面源污染防治。根据各支流存在的水环境问题，结合地方生态环境"十四五"规划项目实施情况，拟重点实施蛮河（襄阳宜城段）、滚河（襄阳枣阳段）、小清河（襄阳高新区段）、浰河（钟祥双河镇段）、竹皮河（沙洋马良镇段）等河段的水环境综合治理工程，采取河道清淤清障、生态缓冲带、生态驳岸、水生植被恢复、尾水人工湿地等综合措施治理流域内面源污染，削减氮、磷输入负荷，降低支流对干流的水质影响。

（刘扬扬）

2022年12月，在汉江安乐河口上游1000m（增设点位）、200m、100m和下游200m，各布设1个监测断面。通过对4个断面的地表水采样监测、分析（pH值、悬浮物、石油类、高锰酸盐指数、化学需氧量、五日生化需氧量、总磷、总氮、粪大肠菌群共9项），发现红线范围以外的上游1000m、200m断面个别项目超标，上游100m和下游200m各监测项目结果均满足《地表水环境质量标准》（GB 3838—2002）Ⅱ类要求。已督促建管三部与地方有关部门联系并告知上游水质情况。

引江补汉工程地下水监测分为三种类型：①施工排水监测，通过对施工过程中隧道排水量的监测，随时掌握隧道突涌水水量的变化情况；②地下水集中供水源地监测，通过对地下水集中供水源地水量和水压力监测，随时掌握这些水源地的供水能力的变化及其与隧道突涌水的关系；③分散供水源地监测，对存在明显影响的分散供水源地进行地下水流量和水位监测，随时掌握这些水源地供水能力的变化及其与隧道突涌水的关系。截至2022年12月31日，污（废）水处理系统均未建成投产，正在施工的出口段尚未开展地下水监测工作。

（王宏亮）

【专题研究】 2022年，在可行性研究工作基础上开展了初步设计阶段专题论证，就工程调度、工程地质、线路比选、支护设计、安全监测、施工方案、施工供电等进行了深入分析论证。开展了"南水北调中线一期工程总干渠输水能力复核专题""工程调度初步研究报告""输水工程局部线路比选及优化专题""输水隧洞施工方案及通道布置专题""输水隧洞TBM选型及配置专题""高水头超长有压隧洞水力控制专题研究""输水隧洞支护与衬砌设计专题""输水隧洞穿越工程活动断层洞段支护设计专题""工程安全监测专题设计报告""施工供电方案专题""隧洞不良地质洞段风险评价及处置专题""输水隧洞物探AMT法解译研究""输水工程线路区岩溶及水文地质研究""输水工程线路区地应力场特征研究""输水工程岩石（体）物理力学特性研究""隧洞主要工程地质问题研究""隧洞超前地质预报设计专题""输水隧洞下穿既有铁路可行性研究""输水隧洞穿越既有公路设计专题"等十九项专题研究工作。同时，多次开展专题技术讨论会，对重大技术问题进一步深入研究，强力支撑了引江补汉工程初步设计工作。 （王磊）

引江补汉工程可行性研究阶段专题研究涉及"水资源配置与规模专题""工程方案比选专题""汉江右岸水资源配置和节水评价专题""南水北调中线一期总干渠过流能力复核专题""中线受水区新增北调水量分配方案专题""大流量输水隧洞水力过渡过程研究""超长深埋隧洞施工方案及 TBM 选型初步研究""深埋长隧洞不良地质处理初步研究""工程区断裂活动性研究""坝下方案深埋长隧洞物探 AMT 法解译研究""坝下方案岩溶水文地质初步研究""坝下方案地应力场特征初步研究""坝下方案工程区岩石（体）力学特性初步研究""调水对梯级电站发电影响研究""调水对丹江口坝下水位非衔接段航道影响及综合治理对策研究""引江补汉工程信息化总体方案研究"等 16 个专题研究报告。本次仅列计引江补汉工程初步设计阶段相关专题研究，其中涉及专题研究 19 项。

（1）非冰期输水渠段按加大流量，冰期输水渠段非冰期按加大流量，冰期分年型分段控制冰期过流能力，不考虑丹江口水库可引水量和受水区需求限制，渠首段最大年输水量为 132.5 亿 m³、穿黄工程断面年均输水量为 100.9 亿 m³、入河北断面考虑冰期输水后，多年平均输水量约为 79.0 亿 m³，入北京断面年均输水量约为 17.0 亿 m³。

（2）引江补汉工程以丹江口水库蓄水位为启停控制条件：丹江口水库水位较低、位于"补水区"时，引江补汉工程向汉江补水；丹江口水库水位较高、位于"停止补水区"时，停止向汉江补水；在"补水区"和"停止补水区"之间设置"缓冲区"，避免频繁启停。引江补汉工程向汉江补水时一般不控制输水流量，丹江口水库结合发电调度和生态要求控制下泄流量。初拟三峡特枯年限制引水条件：11 月至次年 4 月，当三峡水位低于 160.00m，且丹江口水位高于 150.00m 时，引江补汉工程不引水。如遇汉江特枯年，为减少对南水北调中线和汉江中下游用水的影响，引汉济渭工程仍需采取避让措施。

（3）以可行性研究阶段推荐的工程总布局为基础，结合专题勘察成果，对桩号 K92～K104 和桩号 K104～K146 洞段进行局部线路比选。对桩号 K92～K104 洞段，在综合考虑工程地质风险、施工风险、施工布置、施工总工期以及工程投资等因素，比选线路投资较省，能提高工期保证率，整体占优，线路长度相比可行性研究推荐线缩短约 0.1km。对桩号 K104～K146 洞段，布置了三条比选线路，以地形地质条件为主要决定因素，结合施工风险、施工布置、环境保护以及工程投资等因素，推荐比选1线作为推荐线路。

（4）施工方案共布置了27条施工支洞，其中22条平洞（含4条岔洞）、5条竖井（均为单竖井）。相较可行性研究优化调整如下：取消4号斜井，5号斜井调整至6号平洞内开岔洞方案；7号、11号平洞内增设了7-1号、11-1号岔洞；8号平洞进口调整至鸡冠河岸边，TBM6由洞内组装改为洞外组装；取消8-1号竖井，百峰断层采用地表预注浆后TBM掘进通过；结合输水线路调整，将"平行导洞＋9号、10号横通洞"调整为"9号、10号竖井"；桩号164＋00～176＋250浅埋软岩段由钻爆法调整为盾构/单护盾双模TBM。

（5）工程采用9台TBM，其中4台敞开式、3台单护盾式、2台双护盾式9。TBM1、TBM4、TBM5、TBM9从经济性、便于超硬岩施工、断层和沿断裂带的涌水突泥超前处理等考虑，采用敞开式TBM；TBM2、TBM3防中等岩爆安全性、施工工期等考虑，采用双护盾式TBM；TBM6～TBM8从施工安全、工期保障率，采用单护盾式TBM。

（6）阀控方案采用6台DN2600活塞阀或4台DN2600锥阀作为水力控制设备，闸控方案采用弧形门替代调节阀作为水力控制设备，两者技术均可行。但与阀控方案相比，闸控方案运行可靠性高、检修维护方便、工程投资略少。本阶段推荐中部闸控方案。

（7）一般地质洞段支护和衬砌设计：钻爆法施工洞段初期支护以锚喷支护措施为主，局部洞段辅助超前锚杆、超前小导管、超前管棚等预支护措施；敞开式TBM施工洞段初期支护根据设备特性、围岩类别和不同埋深采取钢筋排、喷锚挂网和随机钢支撑以及增加超前管棚等预支护措施。中硬岩段系统支护的设置考虑设备特点；考虑敞开式TBM开挖、初次支护及二次衬砌等工序衔接与施工效率，采用预制混凝土仰拱与模筑混凝土边顶拱衬砌结构；双模式TBM/盾构洞段净断面直径10.0m，全断面布设预制C50混凝土管片厚60cm，管片拼装后进行注浆。

不良地质洞段支护和衬砌设计：对典型断裂带雾渡河断裂以及土门断裂等，提出了地下水封堵与支护建议方案；对于TBM6、TBM7和TBM8软岩施工洞段（埋深不超过700m）Ⅳ类围岩，卡机风险低；TBM7软岩洞段埋深超700m的洞段，考虑增加刀盘直径方向扩挖量。对于TBM6、TBM7和TBM8软岩施工Ⅴ类围岩洞段（埋深不超过700m），考虑刀盘直径方向扩挖30cm；TBM6、TBM7和TBM8开挖洞段需预制部分C60高强砼管片和钢-混凝土管片（TBM7）作为一次支护，并采取一些加固措施（预应力锚索等）后，再施作二次模筑混凝土；岩爆超前预处理措施主要为喷水软化、超前泄压；针对地震黏滑位错威胁，以设置铰接抗错断结构为主，辅以适当扩大隧洞外径，同时加厚衬砌。

（8）对于工程穿越活动断裂带的洞段，在既有的钻爆段Ⅴ类围岩开挖尺寸的基础上，适当扩挖隧洞，增大隧洞外径，同时加厚衬砌，使得内外径保持一致。在此基础上，考虑每隔一定距离，设置铰接段。

（9）工程线路长、地质条件复杂、为充分了解各建筑物的工作状态和确保工程施工及运行安全，将有针对性地对沿线主体建筑物开展安全监测。其主要监测部位包括：取水口、输水隧洞、石花控制闸、出水口、检修排水泵站等建筑物。监测项目以围岩变形、渗流渗压为主，并兼顾主要建筑物的应力应变、温度等监测项目。

（10）根据工程输水总干线的施工总布置，结合当地电源情况、施工组织设计和施工用电负荷及施工点的位置，统一规划设计引江补汉工程施工供电系统，以及相应的输配电线路及施工变电站。

（11）输水隧洞及其施工支洞主要存在涌水突泥、高外水压力、硬岩岩爆、软岩变形、高地温、有害气体及放射性等工程地质问题。按照对工程的影响程度，划分为突出问题、重要问题、一般问题3类。突出问题为涌水突泥、高外水压力；重要问题为

软岩变形、硬岩岩爆。按照工程地质问题和环境地质问题可能引起的地质灾害风险可划分为Ⅰ级（极高）、Ⅱ级（高）、Ⅲ级（一般）3个风险等级。对不良地质问题，需坚持"预防为主，防治结合""有疑必探，先探后掘"的方针，按照"超前预报、超前灌浆、超前支护"的原则，针对不同地质问题和灾害等级，及时、合理处置。针对不同类型的地质问题，逐段提出相应结构措施和施工措施。

（12）工程输水隧洞地球物理勘察选用AMT法是适宜的。AMT法对电性差异较大地层分层，具有一定规模的断层或褶皱构造探测准确率较高，对具有一定规模的低阻含水体也有很明显的反映。输水隧洞AMT法揭示111个视电阻率低阻异常区，结合地质资料、钻孔验证情况，推断裂隙密集带或断层破碎带81个，岩性界面16个，背斜构造1个，其他低阻异常区13个。

（13）工程沿线地质构造复杂，不同线路段水文地质条件具有显著差异，通过开展大面积水文地质测绘、钻探、物探、水文地质试验与动态监测、隧洞涌水量与高外水压力预测等工作，基本查明工程沿线水文地质条件及存在突涌水风险的线路段，提出了线路水文地质比选意见。

（14）工程整体以水平应力为主导；不同次级构造单元呈现明显的应力分区特征；应力量值与岩体类别和岩石强度相关；应力分布与地形存在

依赖关系。基于对施工支洞、竖井部位地应力特征分析表明：5号岔洞、6号支洞、6-1号竖井及连接洞、14号支洞深埋硬岩洞段地应力为高应力水平，9号竖井及连接洞、13号支洞深埋软岩洞段地应力为高应力水平。

（15）本专题对工程输水隧洞所有地层代表性岩石（体）的物理力学参数、岩体基本质量评价、大埋深条件下层状软岩的力学特性、层状软岩的长期蠕变特性、硬岩岩爆特性以及TBM施工适宜性岩石特性等成果的获取，为隧洞围岩分类、围岩稳定性计算分析、隧洞开挖设计、TBM施工掘进功效以及隧洞施工安全提供重要技术支撑。

（16）工程主要工程地质问题有涌水突泥、高外水压力、硬岩岩爆、软岩大变形、活动断裂活动性影响、对地表水及地下水环境影响、超硬岩对施工效率影响、高地温、有害气体及放射性问题。

（17）工程有必要在施工期开展隧洞超前地质预报工作，并经研究应优选采用隧洞综合超前地质预报、地质调查与分析法、物探法、超前钻探法，以及岩爆微震监测。TBM施工洞段需综合考虑TBM掘进机停机维护时间与物探法、超前钻孔法冲击钻占用开挖工作面的时间。钻爆法施工洞段需综合考虑物探法、超前钻孔法冲击钻及取芯钻占用开挖工作面的时间。

（18）工程输水线路与沿线公路交叉部位共28处，其中穿越高速公路共6次、穿越国道和省道共22次。采用现行国家标准对下穿隧洞段进行专项设计及影响分析理论上引江补汉输水隧洞的施工对交叉点公路基本无影响；输水隧洞控制开挖钻爆不会对公路造成破坏。但为最大限度地减少施工期对地面道路的影响，在隧洞交叉点桩号前后50m范围，支护等级提高一个等级。

（19）工程输水隧洞沿线与铁路交叉由南向北依次涉及宜兴铁路（宜兴铁路联络线）万家山隧道、郑万高铁后坪隧道、襄渝铁路襄渝二线、襄渝铁路襄渝线、汉十高铁谷城隧道共计4条铁路5处（襄渝铁路含支线），铁路各有关单位均原则同意引江补汉工程以隧洞形式下穿。　　（谢颖迪）

【前期工作组织】 2022年，围绕引江补汉工程年内开工目标，按照水利部工作部署和要求，长江委继续加强组织协调，强化督促指导，严控成果质量，继续采取周报制积极推进引江补汉工程前期工作，年内共计印发周报22期；继续加快推进前置要件办理，3月3日，印发《引江补汉工程取水申请的行政许可决定》（长许可决〔2022〕42号），4月13日，印发《引江补汉工程洪水影响评价的行政许可决定》（长许可决〔2022〕64号）；组织参加水利部半月调度会议以及生态环境部、中国国际工程咨询有限公司、水规总院等召开的咨询讨论会、技术审查会、评估会等，组织做好汇报工作，准备会议相关材料；配合水利部、国家发展改革委做好可行性研究审批、先期开工项目初步设计行政许可相关工作，及时组织完成引江补汉工程输水总干线出口段（K189+226～K194+786）初步设计报告合规性审查并将审查意见报水利部。2022年7月7日，引江补汉工程正式开工建设。

引江补汉工程开工后，根据水利部工作部署，按照2022年年底前提交《引江补汉工程初步设计报告（送审稿）》的计划安排，继续组织做好初步设计阶段地形测绘、地质勘探、输水总干线局部线路优化比选和施工布置优化研究等工作，12月25日，长江设计集团按期编制完成《引江补汉工程初步设计报告（送审稿）》并报送南水北调集团。

长江设计集团牵头，长江委水文局、长江科学院、水工程生态研究所、水资源保护科学研究所等委属有关单位配合，共同承担勘察设计工作，按时、保质、保量完成了引江补汉工程勘测设计工作。　　（蔺秋生）

（1）引江补汉工程项目法人变更。2022年1月20日，南水北调集团批准引江补汉工程项目法人筹备组关于中国南水北调集团江汉水网建设开发有限公司的组建方案。2月25日，中国南水北调集团江汉水网建设开发有限公司在武汉市注册成立。3月15日，中国南水北调集团江汉水网建设开发有限公司以（南水北调江汉技〔2022〕1号）向南水北调集团请示将引江补汉工程项目法人由南水北调中线干线工程建设管理局变更为中国南水北调集团江汉水网建设开发有限公司。4月11日，南水北调集团批准将引江补汉工程项目法人正式变更为中国南水北调集团江汉水网建设开发有限公司，履行引江补汉工程项目法人职责。4月12日，中国南水北调集团江汉水网建设开发有限公司在全国投资在线平台上就法人名称变更事宜提出申请。

（2）引江补汉工程项目可行性研究报告编制。2022年4月，长江设计集团编制完成《引江补汉工程可行性研究报告（审定稿）》（第3版2022—04）。

（3）引江补汉工程项目可行性研究报审。2022年4月12日，中国南水北调集团江汉水网建设开发有限公司参加中国国际工程咨询有限公司组织召开的引江补汉工程可行性研究报告工程方案技术比选专题技术咨询会。4月29日，引江补汉工程可行性研究报告通过行政窗口上报至国家发展改革委。5月12日，水规总院向水利部报送《水规总院关于报送引江补汉工程可行性研究报告审查意见的报告》（水总设〔2022〕126号）。5月18日，水利部向国家发展改革委函送《关于补充引江补汉工程可行性研究报告意见的函》（水规计〔2022〕210号）。5月23—24日，中国国际工程咨询有限公司组织召开引江补汉工程可行性研究报告评估会议。5月25日，国家发展改革委正式受理引江补汉工程可行性研究报告审查，并开展委托评估工作。6月7日，中国国际工程咨询有限公司出具《中国国际工程咨询有限公司关于引江补汉工程（可行性研究报告）的咨询评估报告》（咨农地〔2022〕777号）。6月27日，国家发展改革委以《关于印发〈国家发展改革委关于审批南水北调中线引江补汉工程可行性研究报告的请示〉的通知》（发改农经〔2022〕978号）批复引江补汉工程可行性研究报告。

（4）出口段（K189＋226～K194＋786）初步设计报告审批。2022年5月18—19日，水规总院组织召开引江补汉工程输水总干线出口段初步设计报告审查会议。6月27日，中国南水北调集团江汉水网建设开发有限公司将关于申请报审《引江补汉工程输水总干线出口段（K189＋226～K194＋786）初步设计报告》的请示上报南水北调集团。6月27日，水利部政务服务平台正式受理引江补汉工程输水总干线出口段（K189＋226～K194＋786）初步设计报告审批。6月29日，水利部批复并印发《引江补汉工程输水总干线出口段（K189＋226～K194＋786）初步设计报告准予行政许可决定书》（水许可决〔2022〕30号）文件。

（5）引江补汉工程初步设计编制。2022年12月25日，完成《引江补汉工程初步设计报告》编制工作。

（谢颖迪　程伊文）

【重大事件】　2022年2月25日，中国南水北调集团江汉水网建设开发有限公司与武汉市东西湖区人民政府正式签署企业入驻协议，落户武汉市东西湖区。

2022年2月25日，中国南水北调集团江汉水网建设开发有限公司在武汉市东西湖区完成注册，注册资本100亿元。

2022年3月3日，长江委以长许可决〔2022〕42号文印发引江补汉工程取水申请的行政许可决定。

2022年3月11日，中国南水北调集团江汉水网建设开发有限公司董事长高必华，董事、总经理于涛为中国南水北调集团江汉水网建设开发有限公司揭牌。标志着江汉水网公司正式步入一个崭新的时期，也为引江补汉工程建设在新的重要阶段加速推进奠定了基础。江汉水网公司总会计师王齐常，筹备组副组长李志伟、周阳宗、贾志营、上海峰参加揭牌仪式。

2022年4月13日，长江委以长许可决〔2022〕64号文印发引江补汉工程洪水影响评价的行政许可决定。

2022年4月22日，交通运输部以交水函〔2022〕202号文印发南水北调引江补汉工程航道通航条件影响评价的审核意见。

2022年4月27日，南水北调集团印发《中国南水北调集团有限公司关于中国南水北调集团江汉水网建设开发有限公司"三定"方案有关事项的批复》（南水北调人事〔2022〕72号），明确了江汉水网公司的"三定"方案。

2022年5月1日，丹江口市林业局出具《引江补汉工程输水总干线出口段建设临时使用林地审核同意书》〔丹林（临）准字〔2022〕5号〕。

2022年5月7日，自然资源部以自然资办函〔2022〕768号文批复项目建设用地预审。

2022年5月7日，中共湖北省委政法委员会以鄂政法备案〔2022〕3号文印发《关于对引江补汉工程社会稳定风险评估报告予以备案的函》。

2022年5月10日，湖北省自然资源厅批复引江补汉工程用地预审及规划选址意见书（用字第420000202200025号）。

2022年5月11日，水利部和湖北省人民政府以水规计〔2022〕202号文联合批复引江补汉工程建设征地移民安置规划大纲。

2022年5月13日，湖北省水利厅以鄂水许可〔2022〕96号文印发《湖北省水利厅关于引江补汉工程建设征地移民安置规划报告的审核意见》。

2022年5月16日，中国南水北调集团江汉水网建设开发有限公司印发《中国南水北调集团江汉水网建设开发有限公司关于印发组织机构、职能配置及人员编制方案的通知》（南水北调江汉人〔2022〕7号），明确了江汉水网公司组织机构、职能配置及人员编制。

2022年5月19日，水利部以水规计〔2022〕210号文印发《水利部关于补充引江补汉工程可行性研究报告意见的函》并报送国家发展改革委。

2022年6月14日，湖北省副省长宁咏到引江补汉工程安乐河出口段调研指导工作，南水北调集团党组成员、副总经理耿六成陪同调研。

2022年6月9日，生态环境部以环审〔2022〕69号文批复《引江补汉工程环境影响报告书》。

2022年6月10日，引江补汉工程可行性研究前置要件全部办理完成。

2022年6月17日，配合南水北调集团将《中国南水北调集团有限公司关于商请做好南水北调后续工程中线引江补汉工程开工动员大会准备工作的函》（南水北调质安函〔2022〕20号）报送至湖北省人民政府。

2022年6月20日，南水北调集团党组书记、董事长蒋旭光，党组成员、副总经理孙志禹一行到引江补汉工程安乐河出口段现场检查开工准备情况。江汉水网公司党委书记、董事长高必华，党委委员、副总经理上海峰陪同。

2022年6月24日，经国务院批准，引江补汉工程可行性研究报告获国家发展改革委批复。

2022年6月27日，国家发展改革委以《关于印发〈国家发展改革委关于审批南水北调中线引江补汉工程可行性研究报告的请示〉的通知》（发改农经〔2022〕978号）批复引江补汉工程可行性研究报告。

2022年6月29日，水利部批复并印发《引江补汉工程输水总干线出口段（K189＋226～K194＋786）初步设计报告准予行政许可决定书》（水许可决〔2022〕30号）文件。

2022年6月30日，水利部南水北调司副司长袁其田会同水库移民司副司长谭文一行到丹江口督导检查开工准备工作，并召开协调会。

2022年6月30日，水利部以水许可决〔2022〕30号文印发引江补汉工程输水总干线出口段（K189＋226～K194＋786）初步设计报告准予行政许可决定书。

2022年7月7日，南水北调后续工程中线引江补汉工程正式开工建设。工程开工动员大会以视频连线方式在北京和湖北省十堰丹江口市举行。中共中央政治局常委、国务院副总理、推进南水北调后续工程高质量发展领导小组组长韩正出席大会，并宣布工程开工；中共中央政治局委员、国务院副总理胡春华主持大会。

2022年7月13日，水利部南水北调司司长李勇一行赴丹江口视察工作，中国南水北调集团江汉水网建设开发有限公司党委书记、董事长高必华，党委委员、副总经理李志伟、尹延飞陪同。

2022年7月29—31日，南水北

调集团党组书记、董事长蒋旭光一行赴湖北调研引江补汉工程，督导推进工程建设。集团公司党组成员、副总经理孙志禹、耿六成陪同。

2022年8月1日，南水北调集团党组书记、董事长蒋旭光在武汉拜会湖北省委书记王蒙徽。

2022年12月15日，南水北调集团江汉水网建设开发有限公司完成公司办公用地网上竞拍，成功竞得位于东西湖区金山大道以南，金南一路以东的地块，地块面积17279.73m²。

2022年12月25日，长江设计集团编制完成《引江补汉工程初步设计报告（送审稿）》并报送南水北调集团。

2022年12月26日，中国南水北调集团江汉水网建设开发有限公司门户网站和微信公众号正式上线运行。

2022年12月28日，中国南水北调集团江汉水网建设开发有限公司"十四五"发展规划编制完成。

2022年12月31日，南水北调后续工程中线引江补汉工程入选国务院国资委2022年度央企十大超级工程。

2022年12月31日，引江补汉工程出口段施工完成年度任务，出口段主洞达到进洞施工条件，桐木沟交通洞进洞50m，超额完成全年投资计划，完成投资15.28亿元。

（蔺秋生　赵发）

【重大会议】　2022年1月17日，南水北调集团党组书记、董事长蒋旭光主持召开引江补汉工程推进会。南水北调集团党组副书记、董事、总经理张宗言，党组成员、副总经理孙志禹参加会议。引江补汉工程项目法人筹备组组长高必华，副组长于涛、贾志营、王齐常、上海峰参加会议。会议听取了筹备组组长高必华关于引江补汉工程的 2021 年工作总结、2022 年工作安排和相关工作建议，南水北调集团领导对筹备组过去一年的工作给予了充分肯定，并对下一步工作提出了要求和建议。

2022 年 2 月 17 日，南水北调集团党组成员、副总经理孙志禹参加引江补汉工程项目法人筹备组工作座谈会。引江补汉工程项目法人筹备组全体干部职工参加。

2022 年 2 月 28 日，南水北调集团党组书记、董事长蒋旭光主持召开引江补汉工程工作推进会，听取了江汉水网公司工作汇报，并提出了相关意见建议。南水北调集团党组成员、副总经理孙志禹、党组成员、总会计师余邦利、副总经理李刚，江汉水网公司董事长高必华，董事、总经理于涛，总会计师王齐常，筹备组副组长李志伟、周阳宗、贾志营、上海峰参加。

2022 年 4 月 11 日，水利部会同国家发展改革委、生态环境部在北京召开南水北调中线引江补汉工程前期工作专题视频调度会，研究推进可行性研究前置要件办理和开工准备有关工作。会议听取了南水北调集团、长江委关于引江补汉工程前期工作进展和下一步工作打算的汇报，对有关压覆矿产评估、移民安置规划大纲、环境影响评价等方面存在的问题进行了重点讨论。长江委设视频分会场，副总工程师余启辉参加会议。

2022 年 4 月 19 日，中国共产党南水北调集团江汉水网建设开发有限公司党员大会暨党委成立大会成功召开，选举产生了公司第一届党委委员和纪委委员。

2022 年 4 月 20 日，生态环境部环境影响评价与排放管理司组织召开引江补汉工程环评工作汇报会，听取南水北调集团、长江委有关工作情况汇报。长江委设视频分会场，党组成员、副主任胡甲均出席会议。

2022 年 4 月 28—29 日，生态环境部环境工程评估中心以视频会议形式主持召开《引江补汉工程环境影响报告书》技术评估会，报告书通过会议技术评估。

2022 年 5 月 12 日，水利部规计司召开南水北调中线引江补汉工程前期工作调度会，国家发展改革委农村经济司、湖北省水利厅、南水北调集团通过视频参会。长江委设视频分会场，党组成员、副主任胡甲均出席会议。

2022 年 5 月 18—19 日，水利部水规总院组织召开引江补汉工程输水总干线出口段（K189＋226～K194＋786）初步设计报告审查会议。水规总院于 6 月 27 日印发审查意见并报水利部（水总设〔2022〕182 号）。

2022 年 5 月 23—25 日，受国家发展改革委委托，中国国际工程咨询有限公司组织召开引江补汉工程可行性研究报告评估会议。中国国际工程咨询有限公司于 6 月 7 日提出咨询评估报告（咨农地〔2022〕777 号）。

2022 年 6 月 14 日，南水北调集团党组成员、副总经理耿六成就引江补汉工程如何实现尽早开工建设与湖北省水利厅以及十堰市、丹江口市政府相关负责同志进行座谈交流。

2022 年 7 月 8 日，水利部党组成员、副部长魏山忠在武汉主持召开引江补汉工程初步设计工作专题调度会，研究推进引江补汉工程初步设计工作。水利部总工程师仲志余，长江委党组书记、主任马建华，南水北调集团党组成员、副总经理耿六成出席会议。

2022 年 8 月 4—5 日，南水北调后续工程中线引江补汉工程关键技术交流研讨会在武汉召开。南水北调集团党组成员、副总经理孙志禹出席。

2022 年 8 月 9 日，为推进引江补汉工程建设及南水北调后续工程等相关事宜，南水北调集团党组副书记、总经理汪安南一行到访长江委，双方就中线水源工程运行管理和南水北调后续工作等进行座谈交流。长江委党组书记、主任马建华主持座谈，党组成员、副主任胡甲均参加座谈。

2022 年 8 月 8—9 日，南水北调集团党组副书记、总经理汪安南出席第七届湖北省与中央企业项目对接洽谈会。

2022 年 8 月 9—10 日，南水北调集团党组副书记、总经理汪安南一行赴武汉检查指导江汉水网公司工作，并召开座谈会，对引江补汉工程建设下一步工作提出了具体要求。

2022 年 8 月 15 日，南水北调集团在武汉召开引江补汉工程廉洁共建联席会议，推动廉政建设和工程建设齐头并进，促进监督与项目一同"上马"。南水北调集团党组书记、董事长蒋旭光出席会议并讲话，湖北省纪委副书记、省监委副主任马朝晖出席会议，南水北调集团党组成员、驻水利部纪检监察组组长张凯主持会议。

2022 年 10 月 13 日，南水北调集团党组书记、董事长蒋旭光主持召开研究引江补汉工程初步设计和工程建设有关事宜的会议。

2022 年 11 月 4 日，南水北调集团党组副书记、总经理汪安南主持召开引江补汉工程初步设计及 2023 年工程建设有关事宜专题研究会。

2022 年 12 月 23 日，南水北调集团党组成员、副总经理孙志禹主持召开研究落实引江补汉工程初步设计有关事宜的会议。　　（蔺秋生　赵发）

西 线 工 程

工 程 概 况

【概述】　南水北调西线工程是我国"四横三纵、南北调配、东西互济"

水资源战略格局中的重大战略性工程，是国家水网主骨架和大动脉的重要组成部分。西线工程从长江上游干支流调水入黄河上游，具有入黄位置高、调水规模大、覆盖面广等优势。工程的实施可有效缓解黄河流域水资源短缺问题，提高黄河流域水安全保障能力，为黄河流域生态保护和高质量发展战略提供水资源支撑。

（王玉峰　曹廷立）

【自然地理】　南水北调西线工程区位于青藏高原东部，工程主体位于四川省甘孜藏族自治州阿坝藏族羌族自治州，青海省果洛藏族自治州，甘肃省甘南藏族自治州、定西市。

工程区呈南西—北东带状延伸，地处雅砻江构造侵蚀深切河谷山原区与岷江邛崃山构造侵蚀脊状高山区，上线穿越巴颜喀拉山，横跨雅砻江、大渡河、黄河等流域；下线穿越工卡拉山、折多山、大雪山、邛崃山、红岗山、岷山、迭山等山脉，横跨雅砻江、大渡河、岷江、白龙江、洮河等流域；工程区植被丰富，地势总体西南高、东北低，平均海拔为2000～4000m。

工程区属高原亚寒带湿润区—高原寒温带湿润区，主要气候特点为：太阳辐射强，日照时间长，湿度低，蒸发量较大，含氧量少。气温在地区间及年内变化均较大，4—6月平均气温10～15℃，极端最低气温在0℃以下。降水分布不均，干、湿季分明，多年平均降雨量约760mm，每年5月进入雨季，5—10月降雨量占全年的85%以上。居民主要为藏族，少数为汉族，人口密度低。

（王玉峰　曹廷立）

【调水规模】　国务院2002年批复的《南水北调工程总体规划》，规划调水总规模为170亿m³。工程规划分三期实施：第一期工程从雅砻江、大渡河5条支流调水入黄河，多年平均调水量40亿m³；第二期工程从雅砻江干流调水，多年平均调水量50亿m³；第三期工程从金沙江调水，多年平均调水量80亿m³。

2002—2008年第一期工程项目建议书阶段，鉴于黄河流域的缺水形势及水源区来水情况，将规划的一期、二期水源合并为第一期工程，从雅砻江、大渡河干支流调水到贾曲河口入黄河，调水规模为80亿m³。

2018—2020年规划方案比选论证阶段，按照生态安全的原则，充分考虑调水河流生态环境需水和未来经济社会发展用水，将各水源点调水比例调整到40%以下。在国务院批复的总调水规模170亿m³不变的前提下，利用两条线路调水，上线调水40亿m³，下线调水130亿m³，调水比例约占调水河流断面水量的35%左右。一期工程主要解决黄河上中游6省（自治区）生活和工业用水，并向邻近的石羊河流域补水，包括上线从雅砻江、大渡河干支流调水40亿m³，下线从大渡河干流双江口水库调水40

427

亿 m³，总调水规模 80 亿 m³。远期从雅砻江两河口水库调水 40 亿 m³，从金沙江叶巴滩水库调水 50 亿 m³。

(王玉峰　曹廷立)

【工程布局】　经多方案比选，西线调水 170 亿 m³ 工程总体布局推荐为上线 40 亿 m³＋下线 130 亿 m³ 方案，均为自流引水。上线从雅砻江干流热巴和支流达曲阿安、泥曲仁达调水 28.5 亿 m³，大渡河支流杜柯河珠安达、玛柯河霍那、阿柯河克柯调水 11.5 亿 m³，共 40 亿 m³，在贾曲河口附近入黄河，线路总长 326km，其中隧洞长 321km。下线从在建的金沙江叶巴滩、雅砻江两河口和大渡河双江口分别调水 50 亿 m³、40 亿 m³、40 亿 m³，总调水 130 亿 m³，在甘肃省岷县入洮河，线路长 1879km，其中隧洞长 1867km。

西线一期工程由上线和下线两条独立的调水线路组成，均为自流引水。上线从雅砻江干支流、大渡河支流联合调水 40 亿 m³，在贾曲河口附近入黄河干流，出口高程 3442.00m；新建水源水库 6 座，调水线路长 326km，其中隧洞长 321km，由 9 段隧洞组成，最长自然分段 72.4km。下线从在建的大渡河双江口水库调水 40 亿 m³，在甘肃省岷县入洮河，出口高程 2220.00 米，调水线路长 414km，其中隧洞长 410km，由 5 段隧洞组成，最长自然分段 131.3km。

(王玉峰　曹廷立)

【建设征地及移民】　西线一期工程永久征地 16.79 万亩（其中 6 座水源水库淹没土地 11.9 万亩），临时用地 7.25 万亩，涉及 3 个省 5 个州（市）16 个县；影响总人口 1.4 万人，淹没寺院 5 座，影响寺院 11 座；输水线路工程沿线以施工占地为主。

(王玉峰　曹廷立)

【环境影响】　西线工程对调出区生态环境影响主要体现在水库大坝建设、河道水量减少、隧洞穿越动物植物栖息地、工程施工堆渣等。对水生生物的影响主要是大坝阻隔、水量减少的影响，在保证足够的生态水量后，预计工程对鱼类栖息生境的影响有限。对保护动物、植物的影响主要为输水线路穿越栖息生境的影响，以及沿线施工、堆渣等影响，可采取有效措施予以减缓。水库淹没和隧洞穿越了部分生态保护红线和省级以上自然保护区，需加强研究并采取适当措施减轻影响。输水线路尽可能避开了环境敏感区，主要以隧洞方式穿越，无重大环境制约。

(王玉峰　曹廷立)

【工程投资】　按 2021 年第二季度价格水平年进行投资匡算，西线一期工程静态总投资 2576 亿元，单方水投资 32.20 元。其中上线工程静态总投资 1159 亿元，单方水投资 28.96 元；下线工程静态总投资 1417 亿元（含双江口水库枢纽分摊投资），单方水投资 35.43 元。

(王玉峰　曹廷立)

重大事件及重要会议

【技术咨询会】　2022年水利部、黄委积极推进南水北调后续工程高质量发展，水利部印发了《贯彻落实习近平总书记对〈关于推进南水北调后续工程高质量发展下一步工作思路〉重要批示精神工作方案》（水利部水规计〔2022〕299号），黄委办公室、黄委规划计划局先后印发了相关文件。

根据水利部及黄委工作安排，黄河设计院高度重视《南水北调工程总体规划》修编工作，成立了南水北调西线工程规划修编工作专班，黄河设计院董事长张金良、副总经理景来红分别担任总负责人和执行负责人，亲自指导、参与重大问题的讨论决策。2022年8—9月，专班人员在北京集中办公一个月，就西线工程关键技术问题与水规总院专家多次沟通交流，按时完成了《南水北调工程总体规划》修编西线部分，为西线工程后续工作开展提供了重要依据。

（王玉峰　曹廷立）

1. 西线工程重大专题研究　为深入贯彻习近平总书记关于推进南水北调后续工程高质量发展重要讲话指示批示精神，按照党中央、国务院有关要求和工作部署，加快推进西线工程前期工作，2022年8月，水利部规计司下发相关文件，要求统筹考虑西线工程上线、下线及上下组合方案和其他有价值的方案，研究提出相关设计方案，完成多方案比选论证报告。

2022年10月，水利部办公厅印发相关文件，布置开展黄河上中游地区和下游引黄灌区节水潜力研究等11项专题研究，明确了工作任务、分工及进度要求。

黄委作为主要承担单位，主要负责黄河上中游地区和下游引黄灌区节水潜力研究，黄河河流功能需水及调水效应分析研究，南水北调西线工程地质条件和主要工程地质问题研究，南水北调西线工程施工重大关键技术问题研究，南水北调西线调水对长江、黄河水力发电影响研究，南水北调西线工程民族团结和社会稳定影响及对策研究，南水北调西线工程规划已有调水方案深化研究，南水北调西线工程水资源配置方案研究等8项重大专题研究；同时负责西线工程多方案比选论证工作（简称"'8＋1'重大专题研究"）。2022年10月黄委组织编制完成"8＋1"重大专题研究工作方案，2022年11月通过水规总院审查，按照工作方案时间进度安排，组织开展各专题研究工作。

2. 编制完成《南水北调西线工程规划任务书》　按照水利部水规计〔2022〕299号文关于加快推进西线工程规划的要求，2022年7月黄委组织编制完成《南水北调西线工程规划任务书》，通过黄委主任办公会审议并上报水利部。9月13日水规总院在北京组织对任务书进行了审查，根据会议专家意见，12月完成对任务书的修改完善，并报送水利部。

3. 南水北调西线工程规划方案比选论证项目验收 2022 年 8 月 25 日，黄委组织对西线工程规划方案比选论证工作进行验收，提出自验意见，并上报水利部。项目按照《水利部关于南水北调西线工程规划方案比选论证（2017）年项目任务书的批复》（水规计〔2017〕198 号）和《水利部关于印发南水北调西线工程规划方案比选论证任务书的通知》（水规计〔2018〕109 号）要求开展工作，成果于 2020 年 8 月编制完成。2020 年 12 月，水利部以水规计〔2020〕217 号文上报国家发展改革委。

4. 开展数字西线工作 为满足西线前期工作及审查汇报需求，黄河设计院开展数字西线工作，主要任务包括南水北调西线宣传视频制作、西线工程地理信息系统、南水北调西线数字汇报系统制作。2022 年年内基本完成了宣传视频制作、地理信息系统第一阶段成果及汇报系统框架搭建。

（王玉峰　曹廷立）

【领导考察】 南水北调后续工程专家咨询委员会（以下简称"专咨委"）对西线工程进行调研。为深入贯彻习近平总书记关于推进南水北调高质量发展重要讲话和重要指示批示精神，2022 年 8 月 27 日至 9 月 9 日，专咨委组织调研考察组，围绕西线工程水源区的水资源禀赋及工程影响、受水区的水安全形势及水资源需求、工程规划设计方案及建设条件等关键问题，赴四川省、甘肃省和宁夏回族自治区进行实地考察，并在兰州和银川召开专家座谈会，听取国家有关部委、相关省（自治区）和南水北调集团的意见，对西线工程有关重大问题进行研讨。

（王玉峰　曹廷立）

捌 数字孪生南水北调工程

工 作 部 署

2022年2月25日，水利部南水北调司会同南水北调集团在北京组织召开数字孪生南水北调月度协调会，听取工作进展情况汇报，部署数字孪生南水北调建设方案编制等重点工作。南水北调集团党组书记、董事长蒋旭光出席会议并讲话，南水北调司司长李鹏程提出具体要求，南水北调集团副总经理孙志禹做出部署安排，会议由南水北调司一级巡视员李勇主持。

会议强调，推动数字孪生南水北调建设是贯彻习近平总书记重要指示批示精神的重大举措，是贯彻水利部智慧水利建设总体部署和数字孪生流域工作安排的具体要求，是推进南水北调集团数字化转型和提升数字化、网络化、智能化水平的内在要求，要加强统筹协调，高水平高质量高标准建设数字孪生南水北调工程。

会议要求，一要统一标准，南水北调集团公司要在水利部《数字孪生水利工程建设技术导则（试行）》等相关技术标准基础上，结合南水北调工程特点，抓紧研究制定"数字孪生南水北调"建设相关技术标准，并对"数字孪生南水北调"建设方案编制格式提出统一要求；二要注重协调，数字孪生南水北调工程建设要统筹协调处理好物理工程与数字工程的关系，南水北调工程与交叉河流的关系，"数字孪生南水北调"与相关"数字孪生流域"的关系，丹江口大坝加高工程与数字孪生丹江口及陶岔枢纽的关系，新开工工程数字孪生建设与今后运行管理的关系；三要加强调度，各单位要严格按照已明确的进度目标，落实责任，按月督导协调，加强建设过程中的交流互动，建立数字孪生南水北调工程建设动态信息报送制度，统一格式及报送要求；四要统筹资源，各单位要进一步统筹相关工作任务涉及数字孪生工程建设的要求，整合各类资源，高质量、高标准落实好建设任务。

会议采用线下和线上结合的方式召开。水利部信息中心、调水局，南水北调集团有关部门，中线建管局、东线公司、引江补汉项目法人筹备组、江苏水源公司、山东干线公司、中线水源公司有关负责人参加会议。

（来源：水利部网站，略有删改）

东 线 一 期 工 程

【数字孪生先行先试】 2022年6月，东线公司成立数字孪生建设专班，建立工作机制，通过对北延工程信息化建设设计变更方式开展数字孪生北延工程先行先试建设。8月4日，南水北调集团委托水利部水规总院对《南水北调东线一期工程北延应急供水工程信息化建设设计变更报告》进行技术评审，同意该项目设计变更备案，总投资 4237 万元。11 月 8 日，东线公司签订南水北调东线一期工程北延应急供水工程信息化建设设计、采购、施工合同，数字孪生北延工程先行先试项目进入实施阶段。（王乃卉）

2022 年，江苏水源公司按照水利部和南水北调集团部署，坚持需求牵引、应用至上、数字赋能、提升能力的总体要求，紧扣"先进、实用、安全、高效、兼容"的工作方针，有序推进数字孪生南水北调洪泽泵站先行先试建设。

1. 健全组织体系　江苏水源公司组建了数字孪生江苏南水北调工程建设领导小组，负责南水北调东线江苏段数字孪生工程建设工作的统筹协调、研究决策、监督检查等任务，公司分管领导任工作组组长，工作组成员由建设管理部、科技信息中心、财务资产部、调度运行部、各分公司及泵站公司等单位相关负责人组成，统筹全公司的人才、技术等资源；同时成立数字孪生工程建设处，作为数字孪生工程建设的现场管理机构，具体负责数字孪生工程建设任务的组织和协调推进。

2. 完善工作机制　江苏水源公司逐步建立了数字孪生项目重大事项研究协商和月度工作督办、学习交流、清单化管理等工作制度，并形成长效机制。

（1）建立了重大事项研究协商和月度工作决策督办机制，将数字孪生建设纳入公司年度、月度重点工作，公司主要领导每月专题听取工程建设进展情况，公司分管领导每周推进落实各项任务部署，研究安排相关工作。

（2）建立了学习交流机制，积极参加南水北调司、南水北调集团组织的技术研讨活动，组织学习贯彻落实水利部印发的有关文件；就数字孪生泵站建设有关问题，邀请水利部信息中心技术团队、江苏省水利厅职能部门和有关专家进行专题指导；广泛与水利行业兄弟单位、知名数字技术企业开展技术交流，累计开展 30 余次线上线下交流。

（3）建立清单管理机制，对照总体建设目标和年度建设目标要求，按照数据底板、模型平台、知识平台、业务应用、网络安全等分类梳理建设内容，倒排工期、挂图作战，明确建设目标、时间节点及责任人，全力推进数字孪生建设进度。

3. 加强科技创新　声纹 AI 监测模型、视频 AI 识别模型、单站经济运行模型已经在南水北调洪泽泵站 2022 年北延应急供水、2022—2023 年度调水中得到了应用。视频 AI 识别模型能够实时对站前汇聚水草、站区人员行为等情况进行识别、预警。声纹 AI 监测模型可初步实现对泵站主机组运行状态进行实时监测、在线分析，辅助远程集控人员进一步提升工程安全保障能力。其中"数字孪生南水北调（洪泽泵站）大型泵站水泵声纹 AI 监测系统"荣获水利部数字孪生优秀应用案例。

针对大型泵站水导轴承等关键部件难以监测的情况,江苏水源公司组织科技项目攻关研究,提出了一种大型泵站水导轴承磨损的监测方法,获得国家发明专利 1 项;提出了声纹监测模型,并获得 2 项软件著作权。"数字孪生南水北调洪泽泵站建设"数获评江苏省"2022 年度智慧江苏重点工程"。

4. 建设亮点纷呈

(1)国产化软硬件应用。南水北调洪泽泵站在工程自动化控制设施方面,率先开展了全国产化试点,继电保护装置、PLC、组态软件均选用国产自动化监控软件、硬件,实现了对现场高低压电气设备、主机组、辅机、真空破坏阀等设备的实时监测,包括电气参数、温度量、振动、摆度等主要参数,系统目前运行良好,在 2022 年北延应急加大供水任务和新年度调水中经受住考验,运行正常。

(2)声纹 AI 监测模型开发。声纹 AI 监测模型已初步完成模型和应用平台开发,在南水北调洪泽泵站进行了试点部署,积累了发电和调水两类工况下的声纹数据,正处于迭代阶段,阶段成果获得 2 项软件著作权,提升了旋转机械安全风险预警能力。

(3)视频 AI 识别模型应用。视频 AI 识别模型已在南水北调东线江苏段工程 14 座泵站部署应用,能够及时对站前水草汇聚、站区人员钓鱼

等情况进行发现、识别、预警,经统计,准确率提升至 75%,有效提升泵站运行安全保障能力。

(王馨舟　夏臣智)

【数字孪生方案咨询及审查】 2022 年 5 月 24—26 日,水利部网信办以视频连线方式对东线公司报送的《十四五数字孪生南水北调东线省际工程、北延工程建设方案》和《数字孪生南水北调东线(北延工程)建设先行先试实施方案》进行审核,审查会一致同意建设方案内容,认为该项目需求分析合理,设计方案可行,组织保障能力具备,预期成果丰硕,意义重大。通过项目实施可大幅提高工程运行管理水平,能够保障"三个安全",实现"精确精准调水"目标,充分发挥工程最大效益。　(王乃卉)

【数字孪生南水北调月度协调会议】 2022 年 11 月 4 日,南水北调集团科技发展部在东线公司组织召开数字孪生南水北调先行先试建设工作现场推进会,南水北调集团副总经理孙志禹主持会议。

(唐磊)

中 线 一 期 工 程

【数字孪生顶层设计】 2019—2022 年,南水北调中线公司组织开展了智慧中线顶层设计工作。并根据水利部、南水北调集团相关工作部署,基

于智慧水利和数字孪生流域建设总体框架，聚焦中线工程与三个安全紧密相关的 5 个关键业务场景，以数字孪生平台为核心，积极稳妥推进数字孪生中线设计建设工作。

1. 规划思路 中线公司从战略上自上而下对规划愿景逐层解码指导执行，从执行上自下而上归纳、总结、反馈影响顶层设计，同时还基于实际业务需求与先进技术两方面因素进行有效融合。

2. 规划原则

（1）中线公司按照"打造世界一流的智慧化调水样板工程"的战略目标，紧紧围绕业务转型的内在要求，坚持信息化建设与全局业务及管理同步规划、同步建设并适度超前，促进信息化建设与中线公司战略落地深度融合，提升运营管理效率，提高创新能力和综合竞争能力，全方位支撑调水业务做专做精。

（2）中线公司按照战略管控要求，结合参差不齐的信息化水平，应以数据为纽带，统一信息资源标准和数据规范，明确战略管控的关键数据，实现信息资源的整合、共享，推进信息化纵向贯通、横向联动。发挥总部信息化建设的带动作用，促进加快推进信息化建设，实现信息化对全组织、全业务、全体员工的全面覆盖，保障对业务发展和管理的全链条支撑。

（3）中线公司充分吸收并利用大数据、云计算、物联网、移动互联网

等先进的信息技术，实现信息技术与业务发展、业务管控的深度融合，借鉴社会化企业的信息化建设模式，创新信息化规划、建设和管理的方式、方法与工具，推广敏捷开发模式，建成基于柔性技术体系，大幅压缩从业务需求提出到服务产品上线的时间，提高信息化工作的响应速度，满足业务开展的需要。

（4）中线公司充分发挥信息化建设的后发优势，借鉴信息化领先企业的信息化统一建设、集中共享的最佳实践，结合中线公司处于管理变革、业务快速发展的过渡时期，集中力量，以统一为主，集约化建设、集中化共享服务，规避在信息化基础设施、管控类应用、共享服务、业务运营管理应用等方面的重复投资，实现信息化跨越式发展。

（5）中线公司以"安全可靠"为前提，处理好信息安全和技术发展的关系，守护安全根基，掌控核心技术，提升自主可控能力。建立全方位、全覆盖的网络信息安全体系，实现端到端的信息安全管理，确保全局技术运行高效、顺畅、安全。

3. 建设目标 通过广泛应用物联网技术、传输网、IT 云化、服务化技术以及数据连接技术，建立人与物、人与人、人与 IT 以及人与信息的万物互联新模式，建设基于中线统一的数据湖，借助虚拟模型构建技术，建设中线数字孪生模型，构建中线数字孪生模拟仿真中心，持续推进智慧中

线智能中心演进，由浅入深分别建立基于规则中心的决策大脑、基于分析中心的思维大脑和基于智能运营中心的调度大脑，实现生产业务和管理业务的全面数字化运作，打造世界级智慧化调度工程管理样板。

（邬俊杰　程鸿帅）

【**数字孪生建设总体方案**】　2022年3月，中线公司根据水利部相关工作部署，基于智慧水利和数字孪生流域建设总体框架，以《数字孪生流域建设技术大纲（试行）》《数字孪生水利工程建设技术导则（试行）》《水利业务"四预"基本技术要求（试行）》等技术文件为指导，以"三个安全"和"四预"需求为核心，组织编制了《数字孪生南水北调中线工程建设方案》，用以指引"十四五"时期南水北调中线数字孪生建设及数字化转型工作。

1. 总体框架　基于先进、实用、安全、高效、兼容的总体原则，按照"需求牵引、应用至上、数字赋能、提升能力"总要求，以数字化、网络化、智能化为主线，以数字化场景、智慧化模拟、精准化决策为路径，准确把握水利部、南水北调集团的新要求，推进数字孪生南水北调中线建设。

2. 建设范围

（1）空间范围。覆盖中线干线工程全长1432km及其工程管理范围，包括总干渠和天津干渠两部分。总干渠自陶岔渠首（含陶岔渠首进口）至北京团城湖（含团城湖出口），全长1277km；天津干渠起于河北省保定市徐水区西黑山村北的分水闸终止于天津外环河，全长约155km。

（2）业务管理范围。聚焦南水北调中线工程安全、供水安全、水质安全保障业务领域，并覆盖南水北调中线公司工程运行管理全业务和企业管理职能。

（3）用户范围。包括南水北调集团，中线公司本部、5个分公司、3个直属子公司、44个管理处以及项目业务范围内的其他相关单位。

（4）时间范围。2022—2025年。

3. 建设目标　按照"需求牵引、应用至上、数字赋能、提升能力"要求，面向南水北调高质量发展需要，数字孪生南水北调中线建设的总体目标是基于先进、实用、安全、高效、兼容的总体原则，以数字化、网络化、智能化为主线，以数字化场景、智慧化模拟、精准化决策为路径，以坚实的网络安全体系为底线，以时空数据为底座、数学模型为核心、水利知识为驱动，对中线实体工程全要素、工程管理全过程、企业治理全领域进行数字映射、智能模拟、前瞻预演，实现与实体工程同步仿真运行、虚实交互、迭代优化，实现对中线工程的实时监控、发现问题、优化调度。支撑"四预"功能实现和中线智能应用运行，加快构建智慧中线体系，提升中线工程管理与企业治理的科学化、精准化、高效化能力和水平，为新阶段中线高质量发展提供有力支撑和强力驱动。

4. 建设任务

（1）完成与中线三个安全相关的核心业务四预功能建设与试运行，包括综合会商决策支持平台、输水调度智能辅助决策、工程安全智能分析、设备安全智能分析、防汛应急支撑、水质安全保障综合管理，对已有应用系统的功能模块评估、改造、集成。

（2）完成以中线干渠为核心，中线管理范围内的 L2、L3 级数据底板建设，包括地理空间数据、BIM 模型、工程基础数据，形成多维多尺度数据底板，通过数据引擎、可视化建模及仿真引擎实现物理中线到数字孪生中线的映射，融合中线全要素监测数据、业务管理数据和其他相关数据，实现中线数字化场景与物理中线的一致性与同步性。

（3）完成模型库的建设，包括机理模型、数理统计模型、智能模型。其中机理和数理统计模型，分别对应工程安全监测、设备运行维护、输水调度、冰情及水质业务的预报、预警及预演的功能；智能模型，主要是利用视频、遥感等图像识别分析技术在中线水质、工程、设备运行状态、工程安防等业务进行辅助应用；模型引擎是为各类专业模型提供基础的资源编排、资源调度、模型管理、服务管理等通用功能。

（4）完成知识库建设，构建水利对象关联关系库、历史场景库、预报调度方案库、业务规则知识库、工程安全知识库、专家经验库、文档库等，构建知识引擎实现预案快速检索、查询，为实际业务应用提供知识检索和知识管理。

（5）完成感知网优化升级，包括中线的感知终端补充、感知数据传输及物联网平台建设；完成通信传输与计算机网络系统的扩容升级及改造；扩展中线云的算力和存储能力；升级现有调度会商中心；扩容现有机房环境。

（6）完善网络安全体系建设，持续补充完善中线基础安全能力、数据安全能力、专项安全能力、网络安全综合防御能力建设，构建安全运维以及组织运营体系。

（7）完成总体标准、数据标准、技术与平台类标准、安全类标准、应用标准、运维与运营等 6 类技术标准编写。

5. 建设方案

（1）数字孪生平台。以中线数据底板、模型库、知识库为基础，利用可视化引擎构建中线数字化应用场景、利用模型引擎为业务提供"四预"应用支撑，利用知识引擎实现预案快速检索、查询，为实际业务应用提供知识检索。

（2）信息化基础设施。建设工程安全监测、输水调度监测、防汛应急监测、水质监测、机电设备监测、安防监测等业务提供监测数据的感知端。对京石段外的现有系统设备进行更新换代及升级；对全线现地站提高网络的安全可靠性。将现有传输系统进行 OTN 化改造，满足 10 年以上的带宽需求。中线云平台建设以现有资源为基础，优先使用自主可控设备和技术，进行架构升级改造。调度中心在现有坐席协作系统基础上，适时对现有基于 DLP 屏可视化系统进行升级改造，满足调度指挥和应急指挥要求。视频会议扩容升级，与中线公司现有安防视频监控系统、闸站视频监控系统对接，实现对前端摄像机的控制。

（3）业务应用。在数字孪生水利工程数据底板基础上，充分共享模型库、知识库成果，在孪生引擎的驱动下，建设具有"四预"能力的数字孪生南水北调中线业务应用。重点围绕保障中线工程供水安全、工程安全、水质安全的业务应用，打造数字化应用场景，提升业务应用智能化水平，为后续工程发展提供精准化决策依据支撑，打造调水工程数字化转型示范样板，推动南水北调中线工程高质量发展及数字化转型。

（4）网络安全体系。在系统建设中"同步规划、同步建设、同步使用"网络安全保护设施，依据网络安全等级保护国家标准，按照"一个中心、三重防护"要求，认真开展网络安全建设，全面落实安全保护技术措施。结合《数字孪生水利工程建设技术导则（试行）》中控制专网对于实现工控网实时控制区与过程监控区的

物理隔离要求，规划内部区域边界，明确内部防护方案以及工控网与业务网间的数据交换方案。

（5）技术标准体系。建立健全数字孪生技术标准体系，规范信息化基础设施、数据底板、数据治理、支撑平台、业务应用和信息安全等领域规划设计、建设实施和运行维护等全流程工作，细化编制适应中线工程的技术标准体系。数字孪生中线标准规范体系应符合水利行业信息化建设相关规范，并在集团统一制定的数字孪生标准体系框架表下，分析适用性基础上，针对工程特点，细化编制适应中线工程的标准。

（6）共建共享。整合已有南水北调中线工程基础设施资源，建设与水利部、南水北调集团专用通信链路，实现与水利信息网互联互通。实现水利部、流域机构、南水北调集团、中线公司之间的数字孪生建设的互联互通、数据共享、业务协同。充分整合原有业务信息系统的已有数据，通过数据服务平台实现原有业务信息系统数据汇集，通过数据治理，供数字孪生南水北调中线项目使用。南水北调中线水源公司为中线公司提供丹江口水库及陶岔渠首的水量调度信息（水库库容、水位、出入库流量、陶岔渠首流量及供水量等数据）、水质监测数据、工程运行、突发事件及处理等信息。中线公司为汉江集团提供水量调度方案、水质监测数据、工程运行、工程设施安全保护、突发事件及

处理情况等信息。

6. 预期成果

（1）经济效益。通过预演功能提升日常调度的智能化水平及突发性事件的快速处置能力，降低危险事件发生的概率，从而提升工程安全、供水安全、水质安全的保障能力，有效降低社会经济损失。加强水资源配置优化利用，提高区域水资源利用效率，增强区域协同供水效能，提高社会经济效益。统筹南水北调中线的资源管理与服务，实现信息资源优化配置，实现数据资产化，促进数据资源和应用系统效能最大化，充分发挥投资效益。四预业务应用软件著作权等自主知识产权，为企业长远发展带来有力竞争优势，提高长期投资收益。为南水北调事业做好人才储备，发挥自有人才优势，实现数字孪生建设投资价值。

（2）社会效益。以数字孪生南水北调中线为基础辐射带动数字孪生南水北调建设，有助于科学合理地制定调度运用方案，实现工程运行管理精细化、趋势预测精准化、决策支持科学化，提高应急处置能力，保障工程效益充分发挥。全面推进水利工程科技创新，优化整体工作效率。

（3）生态效益。为工程运行管理工作提供更全面、更精细、更准确、更实时的信息，增强水资源调配、供水保障、水污染等问题预测研判与管理调控能力，对修复生态环境、促进沿线生态文明建设起到积极作用。

7. 投资匡算　"十四五"期间投资匡算共计 134105 万元，其中 2022 年投资 320 万元、2023 年投资 62100 万元、2024 年投资 47175 万元、2025 年投资 24510 万元。

（邬俊杰　程鸿帅）

【数字孪生工程技术框架体系】　以工程安全、供水安全、水质安全为核心开展业务领域"四预"需求分析，结合中线发展现状和实际需求，统筹参考水利部"智慧水利"顶层设计及数字孪生流域建设技术大纲，形成数字孪生南水北调中线工程建设框架。主要包括基础设施、数字孪生平台、业务应用、网络安全体系和保障体系。

1. 物理实体　包括中线总干渠、节制闸、控制工程、管理范围等。

2. 基础设施　包括感知网、通信网、中线云等 3 部分。感知网负责采集数字孪生中线所需各类数据；通过信息网将数据传输至数字孪生平台数据底板；中线云负责提供数据计算和存储资源。

3. 数字孪生平台　数字孪生平台包括数据底板、模型平台、知识平台三部分。其中数据底板包括地理空间数据、基础数据、监测数据、业务管理数据和共享数据以及数据引擎，汇聚水利信息网传输的各类数据，经处理后为模型平台和知识平台提供数据服务；模型平台包括水利专业模型、智能识别模型、可视化模型和模拟仿真引擎；知识平台包括知识库和知识引擎，汇集数据底板产生的相关数据、模型平台的分析计算结果，经知识引擎处理形成知识图谱服务中线业务应用。

4.业务应用 业务应用包括综合会商决策平台和输水调度、工程安全监测、设备安全监测、防汛应急、水质安全保障等中线业务应用。

5.网络安全体系 主要包括安全技术体系、安全运营体系、安全管理体系等内容。

6.保障体系 保障体系主要包括标准规范、管理制度等。

（邬俊杰 程鸿帅）

【数字孪生先行先试】 根据水利部统一部署，为更为积极稳妥地推进数字孪生南水北调中线建设，中线公司计划于2022—2023年组织开展数字孪生南水北调中线先行先试建设，通过先行先试建设为全面建设积累宝贵经验，以进一步优化全面建设方法、方式。

数字孪生南水北调（惠南庄泵站）先行先试项目2022年5月完成方案编制，2022年12月开始实施。项目涵盖了中线工程的渠道倒虹吸、明渠、暗渠以及惠南庄泵站等工程类型，以BIM模型为核心融合工程安全、设备安全、防汛应急、输水调度、水质安全等监测数据构建具有南水北调中线特色的数字化场景。通过构建数字孪生底板，汇聚地理空间数据、基础数据、监测数据、业务管理数据和共享交换数据，实现试点建设范围内数字孪生体与物理实体的同步性和一致性；构建以工程安全预测模型、设备综合风险分析模型、设备劣化分析模型、多源异构数据融合金属结构场景感知模型等为核心的模型库，对工程及设备机组运行状态进行综合性分析评估，对设备进行预测性维护，为工程及设备的安全运行提供技术支撑；以工程安全预报预警、设备安全预报预警、交叉河流上游共享水情预报、水质安全预报预警、工程安全预演等相关模型以及泵站调度运行、设备故障处置等知识库为重点，构建以运行业务规则库、设备故障处置预案库、历史场景库为核心的实用价值知识库；以上述数据底板、模型库、知识库为支撑，聚焦综合会商决策搭建具备支撑工程安全、供水安全、水质安全的预报、预警、预演、预案"四预"功能的智能应用体系，从而支撑工程运行维护精细化管理和安全管理，为用户提供综合决策支持。通过先行先试工作，从数字化场景、智慧化模拟、精准化决策等3个方面提升工程管理业务实效，并总结试点经验，为全面推进数字孪生南水北调中线建设提供借鉴。

1.总体设计

（1）建设目标。以惠南庄泵站及其相连的暗渠、明渠、河渠交叉建筑物为对象构建BIM模型，并融合工程安全监测、设备安全监测、防汛应急、输水调度、水质安全数据构建数字化场景；以设备综合风险分析模型和设备劣化分析模型为重点，以交叉河流上游共享水情预报数据为补充，辅以运行管理相关知识库，探索实现智慧化模拟；以工程对象运行总体态势感知和"四预"功能为重点，为精准化决策提供辅助。

（2）建设范围。按照数字孪生南水北调工程总体建设规划，综合考虑业务关键、局部见效、切实可行等因素，南水北调集团先行开展数字孪生南水北调（惠南庄泵站）先行先试项目，选取北京分公司辖区北拒马河南支渠道倒虹吸进口至惠南庄泵站出口作为先行先试空间范围。从北拒马河南支渠道倒虹吸进口至惠南庄泵站出口，包括北拒马河南支倒虹吸段、北拒马河南支倒虹吸出口至北拒马河暗渠进口明渠段、三岔沟分水口、北拒马河退水闸、北拒马河暗渠段和惠南庄泵站工程。总长度约5.9km。惠南庄泵站主要包括进口闸、前池、进水间、主厂房、副厂房、测流房及进出水管道等建筑物；北拒马河暗渠工程由渠首枢纽、输水暗渠、退水排冰系统等部分组成。

（3）建设任务。在数字孪生南水北调中线的数字孪生平台的基础上，构建数字孪生南水北调中线先行先试数字孪生场景。在充分利旧的基础上，提档升级数字孪生中线先行先试信息化基础设施，对感知网进行升级改造。并根据数字孪生平台搭建及运行需求，增加现地人工智能算力设备

等信息化基础设施。新建南水北调中线惠南庄综合会商决策系统。

（4）建设原则。基于先进、实用、安全、高效、兼容的总体原则，按照"需求牵引、应用至上、数字赋能、提升能力"总要求，以数字化、网络化、智能化为主线，以数字化场景、智慧化模拟、精准化决策为路径，准确把握水利部、南水北调集团、中线公司的新要求，推进数字孪生中线先行先试建设。

2. 建设方案

（1）先行先试数字孪生场景。以北拒马河南支渠道倒虹吸进口至惠南庄泵站出口作为先行先试空间范围构建数字孪生场景，数据模型、数据资源、数据服务作为一个子集后续纳入数字孪生中线数据模型、资源和服务并按需完善。

（2）数据底板。在中线时空信息服务平台的数据基础上，融合水利部建设的L1级数据底板，重点建设中线工程先行先试范围的L2、L3级数据底板，为数字孪生中线先行先试业务应用提供数字化场景。同时，整理先行先试范围内已建设应用系统所涵盖的业务数据，对已有数据资源进行复用和集成，对缺失数据和不满足实际需求的数据进行补充完善。

（3）模型库。构建并完善北拒马河南支倒虹吸至惠南庄泵站段相关的水利专业模型、智能识别模型及可视化模型。按照"标准化、模块化、云服务"的要求，制定模型开发、模型

采用标准化模型接口和调用规则，保障各类模型的通用化封装及模型接口的标准化，以微服务方式提供统一调用服务，业务应用系统进行调用，兼容中线公司模型引擎，通过人机交互实现相关模型的构建、调用、管理及升级完善。

（4）知识库。梳理建设范围渠段内过往的调度方案、工程安全、规章制度等知识规则及标准规范，形成具有实用价值的知识库，推进实体工程与数字孪生工程的同步交互。包括运行业务规则库、设备故障处置预案库、历史场景库等。

（5）孪生引擎。

1）构建数据引擎、模拟仿真引擎、知识引擎，支撑各类业务应用。对智能业务应用过程中所需各类数据、模型、算法、结果进行服务化封装，支撑数字孪生中线先行先试内部功能运行。

2）重点关注仿真引擎建设，其余部分仅考虑支撑数据汇集、模型及知识运行的最小支撑能力。

3）构建先行先试范围内全要素场景，实现实时渲染、空间分析等能力，保障先行先试范围内工程运行的高仿真可视化模拟。

（6）信息化基础设施。

1）围绕惠南庄泵站机电设备监测，从全过程监测、全面性监测的角度出发，充分结合已建监测体系的基础上，增加机电设备监测设备；围绕试点渠段业务管理中核心活动、重要部位的监测需求，充分利用目前已有监测手段，增加声纹及噪声监测设备、红外热成像监测设备，实现对泵站机械部件振动、电气系统供电等运行状态的实时监测。

2）先行先试系统运行的服务器资源由中线云平台统一提供，不再另行购置。

（7）业务应用。业务应用为综合会商决策系统，包括预报预警、预案管理两大功能模块，支持各类数据三维可视化展示，为用户提供突发事件智能告警，预案信息录入、查询与管理等功能。作为通用性系统和先行先试试点，在系统建设时应在保证满足自身需求的前提下，尽可能地推广到数字孪生南水北调中线工程建设，在建成后应部署到中线云，供中线全线调用。

（8）网络安全。以先行先试建设的数据库、模型库、知识库以及试点业务应用系统为主要对象，根据先行先试建设规模，进行的网络安全测评。

（9）共建共享。

1）数字孪生中线先行先试建设的数据底板、模型库、知识库和孪生引擎与中线公司、南水北调集团的共建共享。

2）数字孪生中线先行先试涉及的水利信息网和水利云充分利用数字孪生南水北调中线的建设成果，实现与中线公司、南水北调集团的共建共享。

3）实现原有业务信息系统数据汇集，通过数据治理、数据服务等，供数字孪生中线先行先试建设项目使用。

4）数字孪生中线先行先试建设中涉及的加压输水管道的日常运行维护数据与北京市水务局共建共享。

3. 预期成果　重点解决土建工程安全监测预警、设备安全监测预警、防汛应急监测预报、水质安全监测预警、泵站应急调度预案等中线"三个安全"相关的核心业务问题，对有效提升首都供水安全保障能力，积累数字孪生南水北调中线建设经验具有重要意义。

4. 投资匡算　总投资1280万元，其中2022年投资320万元、2023年投资960万元。

（邬俊杰　程鸿帅　耿兴宁）

【引调水工程智能应用场景设计】 面向决策管理，依托中线数据底板资源，充分利用知识引擎、模型引擎能力，定制各业务的数字化场景，构建中线综合决策平台，支撑输水调度、工程安全监测、设备安全监测、防汛应急、水质监测等业务的综合会商、应急指挥等业务，实现基于数字孪生场景的"四预"决策应用。

1. 输水调度智能辅助决策　构建南水北调中线输水调度业务场景，在中线孪生体上展示渠道水情、工情、水质等实时监测数据，动态掌握并实时更新中线总干渠实际取用水量，在正常调度、冰期调度、应急调度等不同调度场景下，通过预报预警，结合智慧化模拟与调配预演，制定相应的预案措施，为中线供水计划、各口门分水量等指标制定，调度手段选用等提供决策依据，为推进中线供水安全保障提供智慧化决策支持。

2. 工程安全智能分析　定制工程安全智能分析的数字化场景，通过获取监测数据及其他业务共享成果实现监测测点、渠段及建筑物预测成果与预警信息等在数字化场景展示等功能，为工程安全会商决策提供辅助支持。

3. 设备安全智能分析　基于中线数字孪生平台，构建设备BIM模型，基于历史和实时监测数据，梳理设备风险分析模型，对设备运行及风险状态进行趋势性分析研判，为设备运行维护管理提供智能化辅助，提升设备运行的安全可靠性，保障中线工程安全。

4. 防汛应急支撑　基于南水北调中线二维、三维可视化场景和数据底板建设，融合展示中线沿线实时监测与预报信息、防汛管理信息、应急处置信息等，实现物理流域的水流水位、防洪工程、治理管理活动对象和影响区域等在数字化场景中全要素、全过程、实时动态展示，支撑洪涝风险评估、风险项目排查等防汛业务。

5. 水质安全保障综合管理　依托中线数字孪生平台，基于水质监测—预警—调控决策支持综合管理平台，定制风险污染物管控主题的数字化场景，动态掌握中线水质监测现状及未来发展趋势，实现以不同渠段、不同

污染物为输入的中线工程污染物扩散模拟及应急调控举措在数字化场景中的真实仿真再现。（邬俊杰　程鸿帅）

【南水北调工程运行管控应用】　围绕保障中线工程三个安全的目标，遵循数字孪生工程建设技术导则和水利业务"四预"功能基本要求，针对工程运行管理应用中的核心典型业务应用，建设综合会商决策及专项业务"四预"应用平台。

1. 风险指标综合展示　对影响中线"三个安全"的风险指标，包括实时监测指标数据、预报预警指标数据等基于GIS＋BIM的可视化场景进行分类、分级综合展示，为用户提供一站式数据看板，便于用户实时宏观掌握中线风险全景。

2. 预警会商综合研判　基于工程安全预警、设备安全预警、防汛预警、水质污染预警等相关业务条线初步专业研判后的各类预警信息，进行预警信息综合展示；支持用户对各类预警信息进行关联会商分析，挖掘其本质的、根源的预警成因，或叠加各业务条线预警形成更高等级的综合预警，为突发事件综合定级提供支撑。

3. 预演会商综合研判　面向重大风险事件，综合考虑工程安全、设备安全、防汛安全、水质安全等相关业务，以工程安全边界、设备运行状态、防汛安全边界、水质预演成果等为约束条件，根据不同调度目标，制定相应的调度方案，对调度方案预演

结果进行统计分析、比较评价，综合考虑历史场景库、专家经验库等知识库，辅助管理决策者对调度方案进行决策执行，并对预案制定提供支撑。

4. 应急处置综合指挥　依据调度预演模拟成果，支持用户调取各业务条线定制化应急预案、突发事件报送信息、工程调度方案预演结果等数据；支持用户调取现场监测数据（含视频监测数据）、当时应急处置措施、当时应急保障资源分布及投入情况等；支持用户评估当时执行的定制化应急预案，并对预案进行调整完善；支持用户实时连线预案执行人员进行临时会商；支持用户将指挥决策信息一键下达全部预案执行人员。

（邬俊杰　程鸿帅）

【数字孪生平台数据底板建设】　在中线"一张图"集成的数据基础上，融合水利部建设的L1级数据底板，重点建设中线工程L2、L3级数据底板，实现物理工程全要素和水利治理管理活动全过程基于GIS＋BIM＋IoT的数字化映射，为数字孪生中线业务应用提供数字化场景，支撑数字孪生体与物理实体工程的一致性和同步性。

1. 数据模型　覆盖中线全部渠段、渠道建筑物、跨渠建筑物等土建工程；覆盖中线全部设备设施，覆盖物理实体间的主要关联关系，应覆盖全部物理实体的主要物理特征属性，应覆盖全部物理实体的主要管理特征

属性。

2. 数据资源 在时空信息服务平台的数据基础上，融合水利部建设的L1级数据底板，重点建设中线工程L2、L3级数据底板，为数字孪生中线业务应用提供数字化场景。同时，整理中线已建设应用系统所涵盖的工程管理数据和企业管理数据，对已有数据资源进行复用和集成，对缺失数据和不满足实际需求的数据进行补充完善。主要建设内容包括地理空间数据、基础数据、监测数据、业务管理数据、共享交换数据等。

（1）地理空间数据。主要为构建中线数字孪生体提供基础三维坐标底板，为中线工程全部物理实体及其物理特征属性的采集点位、其管理特征属性的行为发生点位提供统一的参考系。覆盖中线工程全范围的主要物理实体构建BIM模型。主要内容包括补充完善地理空间数据，具体内容包括接入水利部L1级数据底板，补充完善中线工程管理范围内数字高程模型（DEM）、数字正射影像（DOM）、水工建筑物BIM模型、机电设备BIM模型、水下地形、倾斜摄影、数字线划地图（DLG）、激光点云等相关水利对象信息，为业务应用的数字化场景打下基础。

（2）基础数据。中线基础数据主要分为工程建设类和设备设施类，工程对象包括渠道、渡槽、倒虹吸、控制建筑物、暗渠、隧洞、监测站点等，属性数据包括坐标、高程、桩

号、名称、测站名称、测站编码等。设备设施类是对工程机电设备、供电设备对象的基础属性的整理；数据对象包括机电设备等，属性数据包括设施名称、编码、位置、所属关系等。

（3）监测数据。建立监测数据库，统一对各类业务的实时监测数据、人工采集数据进行汇聚、存储和管理。统一制定气象、水雨情、工情、水质等各类监测数据的入库标准，建立南水北调中线工程监测数据统一存储管理平台，确保数据"一数一源"，为保障南水北调中线工程"三个安全"、综合调度、统一决策提供可靠、准确的底层数据支撑。

（4）业务管理数据。主要为构建中线数字孪生体提供物理实体管理特征属性信息，实现对地理空间数据、基础数据、监测数据的管理认责目标。

（5）共享交换数据。通过建设以标准服务、标准封装数据形式的数据交换共享服务，规范交换流程和方法，形成统一数据交换机制。

3. 数据引擎 分为数据汇聚层、数据存储层、数据治理层、数据开发层、数据服务层。数据引擎通过标准对外数据接口接收业务系统、物联网平台以及外部数据，对采集数据进行清洗、整合等处理。生成数据服务供业务系统、应用平台、知识引擎等调用，实现数据共享、整合、联动，提升数据的使用价值。

（1）数据汇聚。数据汇聚通过采集各个业务系统及外部数据，实现不

同的数据汇聚集成方式。包括离线数据同步、日志聚合、批量数据迁移，满足不同场景（结构化/非结构化、实时/非实时、内部/外部等）的数据汇聚和集成需求，并通过数据校验、清洗和转换等业务组件保证采集数据的清洁，为数据开发提供数据支撑。实现各种异构数据源之间高效的数据同步功能。实时数据汇聚使用统一消息队列。批量数据迁移提供多种类数据源到数据引擎载体批量数据迁移的功能。数据校验包括数据汇聚、数据加载、数据分发等过程中的数据校验。对前端采集的数据进行清洗与转换处理。

（2）数据治理。完善统一的数据标准管理功能模块，实现数据标准的集中管理，规范数据标准的建立过程，为数字孪生建设提供便捷的数据标准获取途径，并通过数据标准管理模块对数据引擎的建设规范性进行检查，促进数据标准规范的实施落地。元数据管理为数据管理体系的建立提供可靠、便捷的工具支持。数据质量管理以数据标准为数据检核依据，以元数据为数据检核对象，将质量评估、质量检核、质量整改与质量报告等工作环节进行流程整合，形成完整的数据质量管理闭环。建立数据资源目录，建立与各类孪生引擎、孪生应用、外部单位共享交换的管理会商通道，实现数据资源与服务的共享交换，并实现数据底板中数据资产的可视化管理。完善平台中数据标准管

理、元数据管理、数据质量管理、数据资源管理等模块的配置。

（3）数据存储。基于数字孪生的建设内容，对现有分布式存储、No-SQL类存储、结构化数据仓库等基础功能进行容灾和扩容升级。补充建设图数据库、时序数据库、MPP引擎等存储计算组件。

（4）数据开发。在现有数据管理平台的基础上，支撑数字孪生所需的计算处理分析场景。提供一站式敏捷数据开发环境和平台；支持各类风格的数据处理架构，提供批流一体、湖仓一体的高性能的数据处理能力；提供可视化的图形开发界面、丰富的数据开发类型，以及作业调度和作业监控能力。

（5）数据服务。优化升级数据服务，为数字孪生引擎提供响应式的数据资源编排和实时数据服务封装能力，实现更加标准化、松散化的接入，满足数字孪生复杂分析场景下的多样化、高实时性数据服务需求。

（邬俊杰 程鸿帅）

【**数字孪生方案咨询及审查**】 中线公司依据智慧水利和数字孪生流域建设总体框架及重点突破方向，结合中线公司实际，于2022年4月27日编制完成《数字孪生南水北调（惠南庄泵站）建设先行先试实施方案》，并上报水利部。水利部网信办于2022年5月25日组织开展专家审核，并通过方案审核。中线公司根据审核意见

对方案进行修改完善，于 2022 年 5 月
31 日再次上报备案。

（邬俊杰　程鸿帅）

【数字孪生汉江兴隆水利枢纽工程先行先试项目】　数字孪生汉江兴隆水利枢纽按照数字孪生水利工程建设技术标准体系，以需求为牵引，充分运用新一代信息技术，通过建立数据底板，打通各业务之间、上下级之间数据孤岛，保障算据需求；通过建立模型库和知识库，实现"四预"功能，保障算法需求；通过融合先进工程技术的信息化基础设施；保障算力需求。数字孪生汉江兴隆水利枢纽采用 1 套系统、3 个门户、5 大应用的架构，建设内容包括信息化基础设施、数字孪生平台、数字孪生业务应用开发、网络安全保障体系、系统集成部署以及湖北省水利数字孪生平台搭建。它将弥补传统监管方法的不足和低效，变被动监管为主动监管，通过开发工程安全分析预警、多目标调度、标准化管理、巡查监管以及综合决策支持等业务应用，给工程插上"数字翅膀"，大幅提升业务管理能力和管理效能。同时在实施过程中，针对典型的低水头、径流式水利枢纽这一类型的枢纽布置、建筑物结构及开发任务等共性特点，充分挖掘和提炼出可推广可复制的亮点，包括建设方案、技术方案和应用产品等，争取为汉江中下游乃至全国范围内同类型的水利枢纽数字孪生工程建设形成领先

的、可复制推广的经验做法。

1. 项目前期规划　数字孪生汉江兴隆水利枢纽 2022 年 4 月被水利部遴选为先行先试任务之一。按照《水利部关于开展数字孪生流域建设先行先试工作的通知》（水信息〔2022〕79 号）要求，湖北省水利厅综合考虑以下原因，最终选定湖北省汉江兴隆水利枢纽工程开展数字孪生水利工程建设先行先试工作：

（1）汉江兴隆水利枢纽工程等别为Ⅰ等工程，并坐落在长江第一大支流上，影响力大。

（2）汉江兴隆水利枢纽工程为已建工程，且已运行多年，运行管理存在的问题比较清晰显现，数字孪生建设目标针对性强。

（3）汉江兴隆水利枢纽工程为已建工程，相对在建工程可直接着手数字孪生建设，建设完成时间相对有保证。

（4）汉江兴隆水利枢纽工程包含建筑物种类较多，覆盖范围广，可推广性和可复制性强。

（5）兴隆局前瞻性强，已提前布局谋划建设兴隆智慧化管理运维系统，并已经做了大量基础性工作。

（6）汉江兴隆水利枢纽工程主要业务为灌溉、通航、发电，贴合先行先试工作通知关于"2＋N"业务应用的要求。

（7）汉江兴隆水利枢纽工程现有信息化管理系统运行良好，可以利旧，节约资源。

2. 项目实施计划　数字孪生兴隆

水利枢纽工程分三个年度完成：第一年度完成中期评估建设任务；第二年度完成先行先试工作任务，2023年9月30日前完成湖北省水利厅初步验收，2023年12月31日前完成先行先试工作任务验收；第三年度完成验收，2024年12月31日前完成数字孪生兴隆水利枢纽工程全部建设内容，同时完成工程整体验收。

3. 项目组织实施　兴隆水利枢纽管理局2022年先后完成了项目立项、项目资金落实、实施方案编制、水利部技术审查、投资概算审查、公开招标、组建项目法人等工作。该工程按EPC总承包形式进行招标。湖北省水利水电规划勘测设计院（以下简称"湖北水院"）、长江勘测规划设计研究有限责任公司（以下简称"长江设计公司"）、钛能科技股份有限公司（以下简称"钛能科技"）、阿里云计算有限公司（以下简称"阿里云"）组成了湖北水院-长江设计公司-钛能科技-阿里云总承包项目联合体，并于2022年12月15日中标数字孪生汉江兴隆水利枢纽工程建设先行先试设计采购施工总承包（EPC）项目。

（刘浩杰　郑艳霞）

中线水源工程

【数字孪生顶层设计】　结合国家信息化战略、国企全面数字化转型战略和水利部对数字孪生流域和数字孪生水利工程建设的一系列工作部署要求，中线水源公司抢抓发展机遇，于2022年1月启动数字孪生中线水源工程顶层设计工作，探索数字孪生与水源工程融合发展新路径，利用数字孪生等新技术提升核心能力。

2022年2月，水利部以水信息〔2022〕79号文印发了《水利部关于开展数字孪生流域建设先行先试工作的通知》，计划用2年左右时间，在大江大河重点河段、主要支流开展数字孪生流域建设先行先试丹江口等11个重要水利工程被列为数字孪生流域和数字孪生水利工程建设先行先试项目。

2022年5月，根据长江委的统一部署，南水北调中线水源公司联合汉江集团共同完成了《"十四五"数字孪生丹江口建设方案（数字孪生丹江口建设先行先试实施方案）》编制，并通过了水利部网信办组织的专家审查。

数字孪生丹江口工程建设按照"需求牵引、应用至上、数字赋能、提升能力"要求，以丹江口水利枢纽为研究对象，围绕数字孪生水利工程数字孪生平台、基础设施、业务应用等建设和水源工程管理需求，利用物联网、大数据、云计算、数字孪生等新一代信息技术，完善感知体系，实现智慧应用，有力支撑防洪调度、水资源管理、枢纽安全及运行管理的"四预"功能需求，赋能丹江口水利枢纽运行管理，助推水利高质量发展。

根据中线水源公司和汉江集团的职责分工，中线水源公司负责数字孪生丹江口建设先行先试建设项目中大坝安全、水质安全、库区管理等相关业务的建设，汉江集团负责防洪兴利、供水调度的相关业务建设。

（杨星玥）

【数字孪生建设总体方案】 2022年1月中线水源公司启动《数字孪生丹江口水源工程顶层设计》，经专家审查与修改，于3月底完成修订；4月底，编制完成《数字孪生丹江口水源工程实施方案》并组织内部审查；4月下旬至5月，中线水源公司与汉江集团共同开展了《"十四五"数字孪生丹江口建设方案》含《2022—2023先行先试实施方案》编制，并于5月22日顺利通过水利部审查；6月重点开展了《2022—2023先行先试实施方案》深化设计工作；7月中线水源公司召开3次专题会议，明确大坝、水质、库区安全建设内容与2022年建设目标；7月18日，长江委网信办组织专家审查《数字孪生丹江口工程大坝安全与水质安全建设方案》；8月5日完成了《数字孪生丹江口工程建设工作方案》，并上报长江委，方案包括建设任务及进度计划安排、中线水源公司与汉江集团的任务分工、集成部署方案、保障措施等；8月22日，完成了《数字孪生丹江口工程先行先试建设（中线水源工程部分）招标详细设计及概算投资》；9月1日长江委规计局组织审查；9月8日完成了招标详细设计修改稿。数字孪生丹江口中线水源工程已具备招标条件。

自2022年8月初起，长江委纪检组全程督导数字孪生丹江口（中线水源工程部分）建设。

8月，针对数字孪生大坝安全、水质安全，中线水源公司先行组织集中办公，开展建设工作。大坝安全参与建设单位包括长江设计集团有限公司（空间公司、枢纽院、引调水院）、长江科学院（材料所、土工所、工程安全所）；水质安全建设单位包括长科院水环境所、长江委水保科研所。数字孪生建设团队集中了长江委各专业最强单位，充分发挥各家技术所长，共同参与。

9月16日，长江委主任马建华一行到中线水源公司，对数字孪生建设工作进行了调研指导。马建华主任充分肯定了较短时期内，数字孪生丹江口工程建设取得了显著的中间成果，有进展、有创新、有特色，同时对数字孪生丹江口工程完成节点提出了新要求。

9月24日，长江委党组成员、副主任王威在丹江口主持召开数字孪生汉江和数字孪生丹江口建设工作推进座谈会。会议对近期工作做了安排部署，要求数字孪生汉江和数字孪生丹江口项目按照2023年1月完成数字孪生丹江口1.0版本、2023年3月根据水利部意见修改完善后形成数字孪生丹江口2.0版本的时间节点控制。

10月，数字孪生丹江口先行先试建设（中线水源工程部分）完成招标，长江空间信息技术工程有限公司（武汉）、长江委长江科学院、长江委网络与信息中心联合体中标。

12月13日，长江委召开数字孪生丹江口阶段成果专题汇报会。长江委党组书记、主任马建华参加会议并讲话，委党组成员、纪检组组长任红梅出席会议，委党组成员、副主任王威主持会议。马建华充分肯定了数字孪生丹江口工程建设取得的阶段性成果。他指出，在长江委网信办、汉江集团和中线水源公司的精心组织下，项目各参建单位技术人员无私奉献、团结协作，按期完成大坝安全、水质安全、库区安全等各独立模块开发，实现了数字孪生丹江口工程与数字孪生汉江流域的融合，系统框架基本搭建，V1.0版本初步形成，工作取得积极进展。

2022年12月，数字孪生丹江口先行先试建设阶段成果在水利部组织的数字孪生流域建设中期评估中获评"优秀"；申报的"数字孪生丹江口水质安全模型平台与'四预'业务"应用案例获评"优秀案例"。 （杨星玥）

【数字孪生工程技术框架体系】 数字孪生丹江口先行先试建设（中线水源工程部分），结合中线水源公司的业务需求，以及《数字孪生水利工程建设技术导则（试行）》技术要求，开展数字孪生平台、信息化基础设施、业务应用建设，实现中线水源工程大坝安全、供水安全、水质安全以及库区安全。

1. 数字孪生平台

（1）建设工程数据底板。建设水源工程L3级数据底板，包括：采集丹江口坝址区和库区重点区域倾斜摄影模型、数字高程模型，构建重点部位BIM模型，结合已有数据基础，搭建水源工程三维可视化场景；汇聚水源工程基础数据、地理空间数据、监测数据、业务管理数据以及外部共享数据，展现水源工程全貌和水工程运行状态，完成水源工程水利物理世界的镜像化描述，为水源工程运行管理决策提供"算据"。

（2）构建模型库。按需构建、完善中线水源工程相关的水利专业模型、人工智能模型及可视化模型。

1）大坝安全专业模型。包括监测数据预处理模型、基于监测数据的大坝运行安全性态分析模型、大坝运行安全性态有限元结构仿真分析模型、大坝运行安全警戒值拟定模型、基于监测数据的大坝运行趋势预测预报模型、大坝运行趋势异常预警模型、大坝运行安全状况综合评价模型等七类模型。

2）水质安全专业分析模型。包括水质评价模型、水动力水质模型〔河流一维水动力水质模型、平面二维污染物输移扩散模拟模型、水库三维水动力水质模型、突发水污染事故模拟模型（易溶于水和难溶于水污染物）〕。

3）库区安全专业分析模型。包括滑坡监测预警模型。

4）智能化模型。包括大坝运行安全监测数据智能算法模型、视频 AI 识别模型（利旧）。

5）可视化模型。包括水利工程周边自然背景、水利工程场景精细化动态小品等。

（3）构建知识库。建设大坝安全预案库、裂缝处置经验库、加密观测规则库；建设水质预警规则库、水质预演历史场景库、水质预案知识库；建设陈家咀滑坡应急预案、滑坡处置实例、预警阈值、专家经验等在内的知识库。

（4）构建孪生引擎。包括数据引擎、知识引擎、模型引擎及仿真引擎。

2．信息化基础设施 开展右岸土石坝与混凝土坝结合部安全监测自动化改造，布设大坝智能巡检二维码标签；补充库区视频监控点，开展库区水土保持监测，持续开展库区耕园地及违法水事对象遥感监测，建设陈家咀滑坡地表位移变形在线监测系统；开展丹江口库区主要断面流速、水温分布观测，补充监测无水文站的入库支流流量。

考虑数字孪生丹江口中线水源工程新增水利专业模型（机理模型）和智能模型运算需求，对高性能计算集群进行扩展，完善分区网络建设，为数字孪生水源提供高效稳定的运行环境。

3．智能应用 面向大坝安全、水质安全、库区安全、工程全景可视化、综合决策、移动应用等业务需求建设智能应用，初步实现数字孪生工程平台对管理决策的智能化服务。

4．系统集成 完成数字孪生丹江口先行先试建设项目整体集成，以及数字孪生丹江口工程与数字孪生汉江流域的集成。 （杨星玥）

【数字孪生方案咨询及审查】

1．顶层设计 2022 年 3 月 9 日，中线水源公司在丹江口组织召开了《数字孪生中线水源工程顶层设计》咨询会。会议邀请长江委、中国国际工程咨询公司、长江委网信中心、长江委水保所、长江委水文局、长江科学院、长江设计集团、汉江集团等单位专家进行了方案咨询。经质询与讨论，与会专家一致认为：针对数字孪生中线水源工程建设任务，顶层设计从信息基础设施、数据底板、模型平台、知识平台、孪生引擎、智能业务应用等方面提出的解决方案总体框架合理，目标清晰，任务明确，内容全面，可作为下一步实施方案编制的依据，并对顶层设计提出了后续修改完善的建议。

2．数字孪生丹江口建设先行先试实施方案审查 2022 年 5 月 22—23 日，水利部网信办在北京组织开展《数字孪生丹江口建设先行先试实施方案》（以下简称"《实施方案》"）审核。与会专家认为：《实施方案》以实现核心业务"四预"为目标，聚焦丹江口大坝安全、防洪兴利、供水安全、库区安全、水质安全、综合决策等水利业务需求，通过开展数据底板建设、水利专业模型构建、模拟仿真引擎融合等技术应用，初步构建数字孪生丹江口平台，对于兼具防洪、供水、生态、航运、发电和跨流域调水等综合功能于一体的大型水利枢纽的数字孪生工程建设具有重要示范作用。《实施方案》提出了数字孪生丹江口工程数据底板、模型平台、知识平台、网络安全的技术框架，技术路线基本可行。《实施方案》先行先试阶段将重点开展大坝安全、防洪兴利、供水安全、库区安全、水质安全等水利业务建设，提出的先行先试阶段建设目标明确，分年度工作任务安排合理，满足"急用先建、分步实施、示范探索"的原则。

3. 数字孪生丹江口先行先试建设（中线水源工程部分）需求分析及阶段成果咨询 2023年4月14日，中线水源公司在丹江口组织召开数字孪生丹江口需求评审及阶段成果咨询会议。邀请水利部信息中心、中国水利水电科学研究院、河海大学、三峡大学、水文局长江流域水质监测中心等单位专家进行了方案咨询。与会专家经质询和讨论，一致认为《数字孪生丹江口先行先试建设（中线水源工程部分）项目需求分析报告》结构清晰、内容全面，提出的技术路线合理可行，符合业务应用和管理需求，提出的集成方案全面、合理，满足多层级、多部门共建共享要求，同意通过审查。

针对现阶段建设初步成果，与会专家对数字孪生平台、信息化基础设施、"四预"功能实现、"模型"精度、业务应用、系统集成等方面提出了建设性的意见和建议。 （杨星玥）

【数字孪生南水北调月度协调会议】

1. 2022年11月 11月8日，中线水源公司召开数字孪生丹江口先行先试建设工作推进会，总结前阶段工作成果，研究部署下阶段重点工作。会议要求各方建设单位做到：①积极贯彻落实水利部、长江委关于数字孪生的工作部署和指示批示精神，将数字孪生丹江口当作一项事业开展工作；②精心组织，增加人员配置，确保年度进度目标、质量目标不动摇；③积极梳理项目特色亮点和可推广的成果，认真准备中期评估材料和年度考核材料，力争考核优秀；④不断提升演示汇报水平，以"需求牵引、应用至上""目标导向、问题导向"为理念，围绕需求进行演示汇报。

2. 2022年12月 12月4日，中线水源公司组织召开数字孪生丹江口建设专题会议，检查、研判阶段性工作成果和建设初步成效，对2022年年内重点建设任务再强调、再部署，确保高质量实现水利部、长江委确定的重大节点目标。会议要求面对接下来的重要节点目标，要加大组织协调和宣传，增加人员投入，全力推进建设进展；积极广泛调研学习，不断汲取先进技术和经验；注重总结提炼，加强知识产权保护；不断完善提升数字孪生流域建设交流材料水准；统筹谋划与现有丹江口综合管理平台的协同集成。 （杨星玥）

【阶段建设成果】

1. 大坝安全 完成了右岸土石坝结合部、31 号、21 号、18 号、10 号、7 号、左岸土石坝结合部，共七个坝段有限元模型构建，建立了监测数据治理-安全性态预测-隐患预警-风险预演-综合评价全链条大坝安全模型库，耦合数据驱动方法和物理机理模型实现大坝安全"四预"。

（1）监测数据管理。提供测点考证管理、测点布置图管理、测点综合统计、监测数据管理、环境信息管理、采集控制、数据预处理等功能。

（2）预测预报。基于研发的智能预测预报模型，实时预测大坝变形、渗流、应力应变等重要监测物理量所表征的工程安全性态及其演化趋势。

（3）监测预警。在全测点安全性态预报基础上，结合大坝运行安全实时监测、预测数据，依据工程安全预警指标体系，对工程险情、安全隐患进行分级预警。监测点预警后，系统调用预案响应模块进行加密采集，加密采集后依旧异常且同部位仪器大部异常，则调用有限元仿真计算模型，计算分析大坝的工作性态，同时采用短信或系统通知的方式通知大坝安全

管理人员。

（4）仿真预演。可预设水位蓄至 170.00m 以上历史典型洪水、特殊工况等不同场景的过程进行预演分析，展现大坝温度场、渗流场、变形场、应力场演变过程，辅助工程安全研判，实现预演极端工况下大坝运行安全状态。安全状态预演响应数字孪生汉江流域调度，推演变化环境下大坝全局应力变形场，实现对重点坝段多场景状态下的安全运行状态预测预演预警。

（5）预案响应。根据大坝安全状态预演结果，结合水库水位上涨过快或监测到库区地震等异常工况时，自动触发监测仪器加密观测，并实时分析加密观测成果，对大坝可能出现的工程缺陷提出人工巡查及处置措施建议。

（6）大坝运行安全性态评价。基于多源数据融合的安全状况综合评价模型，实现大坝运行安全性态的在线评价。综合评价模型针对工程结构特点、安全隐患与薄弱环节，按照监控对象、监控部位、监控项目及测点等层次建立大坝安全分级监控指标体系，集成监测数据、结构仿真成果和巡检信息，制定大坝安全逐级融合评判准则，通过综合推理的方式实现大坝安全性态综合评价。

2. 水质安全 建立以一、二、三维水动力水质机理模型为核心的模型库，实现氮磷等关键指标浓度场及污染扩散模拟。建设了监测分析、在线

推演、预警分析、态势预演、预案管理功能，实现上游污染入库后动态预测和任意位置突发污染扩散模拟，并推送预警信息。

（1）水质监测分析。基于水质评价模型，利用水文水质监测站网监测数据，提供库区及主要入库支流水质、水量、水质类别分析及综合展示功能，显示水质超标区域、不达标水质断面及超标指标。

（2）水质在线推演。开展不同来水、引调水情景下水库氮磷等营养盐时空变化过程的实时预测演变，结合水环境质量评价模型，展示库区及主要入库支流水质、水量监测数据，对水质现状、水质类别评价等数据进行分析展示，评估主要入库支流污染物总量，动态展示水源区水量水质的时空变化过程，突出显示水质超标区域。

（3）水质预警分析。融合水质在线监测和水质模型模拟预测数据，结合污染风险评估模型，实现水质污染风险预警，提供预警指标管理、预警分级管理、预警信息发布。

（4）水质安全态势预演。通过突发污染事故快速溯源模型，开展库区突发性水污染及处置过程的场景推演，掌握污染扩散及其影响范围和程度，提供不同状况下的水质安全预演可视化展示。

（5）水质安全预案管理。融合水质监测数据与应急预案，结合智能模型和知识库，智能推荐应急处置措施，辅助会商决策。

3. 库区安全　针对陈家咀等地质灾害隐患，研发基于策略的滑坡多因子监测预警模型，实现全天候动态跟踪预警。优化库区综合管理"一张图"及水库巡查 App，对于库区筑坝拦汊、填库、建房、养殖等问题，形成发现问题到解决问题的闭环流程，为水域岸线的监督管理提供有力支撑。提供水库淹没风险预警及水土保持分析评价功能。

（1）地质灾害监测预警。汇集丹江口库区地质灾害多元监测成果，提供滑坡位移曲线预测、稳定性预测功能；基于滑坡实时自动求解预警模型，实现滑坡安全预警；实现不同荷载和工况下发生滑坡变形破坏的全过程仿真计算；基于滑坡知识库，提供滑坡预案处置功能。

（2）水库淹没风险预警。集成数字孪生汉江流域的库区水面线计算模型，结合库区道路、土地遥感动态监测数据，对库区不同区域可能造成的道路、农作物淹没进行预警提示。

（3）消落区智慧管控。在丹江口水库综合管理平台建设成果基础上，优化水库巡查"一张图"及视频监控中心 AI 识别功能，对于库区发现的各类问题，形成发现问题到解决问题的闭环流程。

（4）水土保持分析评价。面向中线水源工程库区和水质安全管理需要，基于水土流失和面源污染监测数据成果，开展水源区水土流失及面源污染状况分析评价，实现水源区水土流失与面源污染监测及数据管理、水土流失及面源污染时空分布特征分析及其风险评估等功能。　（杨星玥）

【特色亮点】　（1）高效智能的大坝模拟仿真技术。针对丹江口大坝复杂工况，自主研发混凝土坝多物理场耦合仿真计算模块，基于自主研发的CPU＋GPU异构并行求解器，实现在线快速仿真计算（1分钟出结果）。

通过自主改进机器学习算法，提出基于湿化与蠕变时空耦合效应的土石坝"智能"物理计算模型，有效提升土石坝仿真分析计算精度。

（2）多维度实时在线预警技术。预警指标体系覆盖全面，涉及大坝变形、应力应变、新老混凝土结合面开度、接缝及裂缝、渗流等多维度指标，充分体现了丹江口大坝典型的结构特点。

依据外部环境量（包括温度、水位），分别采用局部监测样本置信区间法及有限元仿真分析技术实时计算大坝一级、二级预警指标，实现对重点坝段多场景状态下的安全运行状态在线预警。

（3）实时在线大坝安全综合评价技术。对丹江口工程结构特点、安全隐患与薄弱环节，按照监控对象、监控部位和监控项目等层次建立大坝安全分级监控指标体系，集成监测数据、结构仿真成果和巡检信息，制定大坝安全逐级融合评判准则，通过综合推理的方式实现大坝安全性态在线综合评价。

（4）耦合水文预报和一维、二维、三维水动力水质机理模型实现水质安全"四预"。接入实时监测数据自动开展水质在线演算，随时了解上游实时来水后水库全域的水质状况和变化趋势，实现库区 TN、TP 等关键水质指标浓度场二维、三维动态模拟及滚动预测预警。

（5）突发性水污染风险模拟评估及应对预演。支持库区和入库支流任意位置、不同污染类型（2 类 20 余种）和排放方式下的突发污染场景快速构建及模拟，并评估处置方案实施效果。

（6）地质灾害全天候动态预测预警技术。结合监测信息和水库预报调度（库水位变动幅度），构建基于策略的地质灾害多因子监测预警模型，全天候跟踪评估地质灾害安全态势，并实现对未来安全态势的预测预警。

（7）"GIS＋游戏"深度融合的孪生仿真引擎。研究大坝三维标量矢量场渲染仿真技术，采用云图、晕染图、等值线、三维箭头等图形，展示大坝不同部位的应力、温度、位移等分布情况，支撑大坝业务预演仿真。

基于标量矢量场的二维水质推演仿真、海量点云数据的油膜扩散和漂移仿真，以及分层孪生网格体的三维水质推演仿真技术，支撑水质业务预演仿真。

（8）流域与工程的信息互联、业

务互馈。数字孪生汉江为数字孪生丹江口工程提供流域背景场。

数字孪生工程主要实现工程及库区安全风险评估及预测，支撑流域防洪调度；实现水质预报预警、突发性水污染预测预警，支撑流域水资源调度和供水计划调整。 （杨星玥）

【应用成效】 数字孪生丹江口初步实现了工程与流域业务融合，以及大坝安全、水质安全、库区地灾"四预"，为汉江流域防洪及丹江口工程安全、供水安全、水质安全管理提质增效提供支撑。

大坝安全研发成果可分析计算丹江口水库不同调洪水位工况下可能存在的工程安全风险，支撑防洪调度在流域层面和工程层面的实时互馈分析，为工程运行管理及汉江流域防洪调度决策提供重要支撑。

水质安全依托丹江口水库监测站网，自动调用机理模型进行水库全域水质在线动态推演和自动报警，实现水质管理工作模式从数字化到智能化的转变，在南水北调中线水资源保护和供水安全保障中发挥重要作用。

库区安全构建了基于策略的地质灾害多因子监测预警模型，全天候跟踪评估地质灾害安全态势，研发了库区淹没分析预警功能，可实现对未来安全态势的预测预警。水库巡查App、水库管理"一张图"的优化和完善，为丹江口库区水域岸线的高效监督管理提供有力支撑。 （杨星玥）

【项目建设管理】 中线水源公司坚决贯彻落实水利部"大力推进数字孪生流域建设，积极推动新阶段水利高质量发展"的工作部署和有关指示批示精神，按照"需求牵引、应用至上、数字赋能、提升能力"的总要求，从保一库碧水永续北送、切实维护丹江口水库工程安全、供水安全、水质安全的政治高度和工程运行管理的实际需求，强化工作组织，全力推进数字孪生丹江口建设。

（1）加强组织领导，强化分工协作。数字孪生丹江口由中线水源公司会同汉江集团共建。两公司高度重视，分别成立领导小组和工作组，联合印发数字孪生丹江口"责任分工备忘"和成立"建设组织协调领导小组"，明确责任，相互协作，确保项目顺利实施。

（2）统一建设原则，落实共建共享。数字孪生丹江口按照"统一数据底板、统一技术路线、统一平台开发、开放与创新"的原则组织实施，充分考虑与数字孪生长江、汉江等共建共享。

（3）聚集优势技术，汲取先进经验。数字孪生丹江口由长江委工程安全、供水水质安全、网络信息安全等多个专业优势明显的单位联合参与，并组织赴华为技术有限公司、阿里巴巴集团、国能大渡河流域水电开发有限公司、中国电建集团成都勘测设计研究院有限公司、雅砻江流域水电开发有限公司、江津鹅公水库、东线水源公司、太湖流域管理局等多个技术先进单位调研学习，确保项目高标准建设。

（4）部署集中办公，加快建设进程。项目开工以来，中线水源公司组织参建各方50余人到现场集中办公，确保高效率、高质量建设。

（5）细化目标任务，建立督导机制，定期汇报成果，开展检查督导。数字孪生项目采用月例会制度，项目承建单位每月汇报项目建设最新成果，同时接受长江委网信办不定期的项目检查。

（6）强化预算统筹，确保资金到位。综合统筹年度计划和财务预算编排，确保建设资金需求。　　（杨星玥）

玖　配套工程

北 京 市

【资金保障】 2022年财政资金安排项目经费79.98亿元，主要用于保障南水北调、永定河生态补水工作，保障市属水利工程和南水北调干线及配套工程日常维修养护和正常运转工作，保障卢沟桥、经济开发区金源经开等污水处理厂的污水处理正常运行，保障河长制、宣传、行政执法、信息化系统建设和运维、水利工程岁修、应急度汛工程等方面的资金需求。2022年基础建设资金支出9.1亿元，其中6.8亿元用于南水北调配套工程、0.2亿元用于南水北调配套工程河西支线工程、0.2亿元用于南水北调配套工程团城湖至第九水厂输水工程（二期）。 （周英豪）

【建设管理】

1. 南水北调大兴支线工程 大兴支线工程2017年3月开工建，2021年年底主干线主体完工，具备通水条件。2021年年底新机场水厂连接线开工建设，截至2022年12月底，总体形象进度完成50%。

2. 南水北调河西支线工程 2022年4月，河西支线工程中堤至园博段输水管道完成水压试验。截至2022年12月底，输水管线全线贯通，中堤泵站、园博泵站已完工，中门泵站完成形象进度的50%。

3. 团城湖至第九水厂输水工程

（二期） 2021年9月，团城湖至第九水厂输水工程（二期）输水管线实现一衬隧洞贯通，2022年12月，输水管线全线贯通。2022年12月30日完成通水验收。 （周英豪）

【运行管理】

1. 水资源调度 按照水利部《关于印发南水北调中线一期工程2021—2022年度水量调度计划的通知》（水南调函〔2021〕149号），北京市2021—2022调度年度分配水量按正常供水计划10.5亿 m^3 安排，实际南水累计入京10.62亿 m^3，多调水0.12亿 m^3，超额完成年度调水计划。2022自然年调入水量11.07亿 m^3，其中水厂用水8.17亿 m^3，占总来水量的74%。全年调水过程中，南水北调干线管理处配合惠南庄泵站进行机组切换、加压升频、降频及应急机组操作20次，接收与下达调度指令508条，闸阀门精准操作782次。南水北调环线管理处2022年共向5座水厂输水38818.46万 m^3，完成4次生态补水任务，共计补水1278.84万 m^3。大宁调蓄水库2022年接收南水北调来水1646.20万 m^3，接收永定河小清河分洪闸补水521.33万 m^3，向大宁调压池供水3.24万 m^3，向河西支线管道打压输水6.02万 m^3，向永定河生态补水933.40万 m^3，向永定河滞洪水库补水2370.56万 m^3。团城湖调节池工程利用南水北调水持续向昆玉河分水，2022年累计分水534.47万 m^3。

2. 水质管理　2022 年定期开展日常水质检测、取样工作，对团城湖明渠末端闸 14 项水质参数进行 24 小时不间断监测，水质维持在 Ⅱ 类水标准，无突发水质应急事件发生。团城湖明渠末端闸水质自动监测站设备运行状态稳定，全年共生成水质监测数据 7600 余组，累计生成有效数据 92491 条。开展自动化监测项目，形成月报、阶段性报告和单项水生态指标跟踪监测专报，积极应对刚毛藻异常情况，加密检测频次，做好应急处置准备。开展水质综合毒性生物预警监测系统建设工作，连续实时监测水质综合毒性，明确异常报警处置及数据上报流程，对系统运行情况进行抽查检查。

3. 巡视巡察　南水北调干线管理处执行闸站值班值守四班三运转工作模式，对全线 14 处闸站 24 小时不间断值守，每天对闸站电气及水机设备进行检查 4 次、地上设施巡查 1 次、地下设施 3 天巡查 1 次，2022 年累计日常巡查 2400 余次，里程约 12 万 km。南水北调环线管理处 2022 年对所辖东干渠工程、南干渠工程、通州支线工程、大兴支线工程、亦庄调节池工程累计巡查人次 10757 人次，巡查里程 170929km。南水北调大宁管理处 2022 年开展巡查 394 次，其中日常巡查 392 次，汛期专项巡查 2 次。

4. 维护检修　南水北调干线管理处对沿线 14 处闸站及附属设备设施定期进行月、季检查维护，重点部位进行汛前、汛后专项检查维护。2022 年共计完成日常维护 623 次，专项维护 283 次，闸站维修次数 669 次，积水抽排 202 次；利用各类永久内、外观监测仪器完成内观仪器监测数据自动化采集 120 余万点次，断丝范围较大管道保护断面地下水位监测及西四环暗涵水位监测数据自动化采集约 3.9 万点次，外观沉降变形观测 2711 点次，基点校测 58 点次。南水北调环线管理处全年对设备维修 59 次、设施维修 44 次、自动化设备维修 48 次、专项维修 24 项，对各类设备设施维护共计 3 万余次。为消除工程渗水点安全风险，更好发挥工程效益，9—12 月组织开展南水北调配套工程东干渠工程输水隧洞（十厂分水口—通州分水口）停水检修，全长 10.24km，内容主要包括伸缩缝防渗修复、洞身混凝土裂缝和缺陷修复处理。南水北调大宁水库管理处每月对泵站、节制闸、橡胶坝等水工建筑和机电设备，以及库区内基础设施维护保养 1 次，维护面积共计 6275m²。南水北调团城湖管理处全年开展日常维护 13276 次，维修 1122 次，编制《维护指导书》，由七大部分组成，涵盖 107 种设备及设施，并延伸性编制《定期检测指导书》。

5. 运行标准化建设　深入推进工程运行管理标准化建设，整理针对工程特点的标准、规范等并汇集成册，查漏补缺，动态更新。建立科学高效的运行管理制度体系。针对北京市新冠疫情严峻复杂的情况，各工程管理单位落实责任到人，统筹做好新冠疫情防控和运行调度、安全生产、工程巡查、水质监测、值班值守、后勤保障等各项工作，合理调配人员，加强对第三方运维人员监管力度，保证应急值守人员在岗率，确保各项工作正常运转。

（周英豪）

【文明施工监督】

1. 施工现场监管　做好水利部质量考核、督查"飞检"和质量监督履职巡查等迎检工作。对检查发现的问题，逐条分析查找产生原因，有针对性制定整改措施；对相关责任单位、责任人实施责任追究。组织开展对14个区水务局质量考核工作，将质量考核与质量监督日常检查相结合，把日常检查的综合评价，纳入质量考核评分。2022年共监督市级工程18项，组织开展质量监督检查188次，印发《质量监督检查结果通知书》15份，提出整改建议175条，报送监督月报12期，全力保障工程建设质量。

2. 工地扬尘管控　会同北京市住房和城乡建设委员会等6部门，联合印发《北京市建设工程扬尘治理综合监管实施方案（试行）》（京建发〔2022〕55号），结合水利工程特点，细化具体措施，将检查结果进行量化分析，纳入年度工程质量考核，形成闭环监管机制。通过"三个一"（每周一巡查，每月一调度，每季一总结），严格落实工地扬尘管控措施，

积极应对空气重污染和重大活动期间的空气质量保障工作。

（周英豪）

【安全生产及防汛】　完善安全生产工作相关制度，以安全生产专项整治三年行动实施方案为抓手，开展安全自查、值班安全夜查、月度例行检查、节假日、重大活动时期、专项行动时期等关键节点专项检查，落实常态化安全检查机制。南水北调干线管理处2022年共开展专项检查23次，发现安全隐患44项，均按要求整改完成，未发生影响通水运行的安全事故。南水北调环线管理处编制重点部位安全检查隐患排查清单，累计修订完善安全类制度、预案共计74项；强化应急管理，构建应急管理体系和应急组织责任体系，成立突发事件应急领导小组，下设办公室及4个应急工作组，组建4支专业应急抢险队伍；组织开展节前安全检查4次、月度综合安全检查11次、消防专项检查4次、内保专项检查4次、项目施工专项检查6次，聘请北京市应急管理科学技术研究院专家检查1次，共发现安全隐患105项，已全部完成整改。南水北调大宁管理处完成150块安全标识标牌设计安装和10余项制度方案修订，形成五大类15方面203项制度体系；全年开展安全检查23次，落实"安全监管＋信息化"系统巡查1500余次，开展应急演练6次，消除问题隐患27处，实现安全生产"零事故"目标。南水北调团城湖管

理处组织开展安全生产和公共安全风险评估，查找安全生产风险 1517 个，公共安全风险 231 项，均已落实管控措施，全年开展安全生产隐患治理专项行动 5 次、节前和重点时期安全检查 10 次，结合安全生产月、消防安全宣传月等活动集中开展隐患排查治理，确保运行安全。

1. 反恐工作　切实落实安全保卫、反恐主体责任，按照反恐标准、规范要求，不断强化人防、物防、技防建设，充分发挥安防设备功能，提高工程安防、反恐水平。党的二十大会议期间，协调北京市公安局内保局部署 51 名武警分别值守大宁调压池、团城湖调节池和亦庄调节池。

2. 安全鉴定　按期排查工程运行状况，对照工程运行记录，及时组织对已到安全鉴定期限的水利工程开展安全鉴定，其中南水北调亦庄调节池（一期）4 座水闸安全管理分项评级均为"良好"，工程质量及专项安全性评价分级均为"A 类"，安全综合评价均为"一类闸"。

3. 安全度汛　根据水利部工作要求，组织对北京市域内与南水北调中线（北京段）工程存在交叉关系的 20 条河道的设计防洪标准、现状行洪能力进行逐一复核。对南水北调中线（北京段）工程建设期穿河部分开展防洪评价，考虑到河道冲刷影响，对交叉部位河底实施防护措施，基本满足河道行洪要求和南水北调工程运行安全。对于交叉河道上下游存在的阻水林木等问题，协调属地政府及时清除，确保汛期行洪通畅。按照年度防汛总体部署，指导各工程管理单位修订防汛预案，充实抢险队伍和防汛物资储备，强化隐患排查，开展防汛预案演练，圆满完成各项防汛任务，实现安全度汛。

（周英豪）

【科技创新】　南水北调干线管理处组织开展干线 PCCP 断丝监测国产化技术试验，确定技术路线，对已安装的 AFO 系统安全进行评估，为实现国产化替代奠定基础。南水北调环线管理处组织编制《水务创新管理办法》，建立技术委员会总体统筹、科技科具体落实、相关部门协同配合的创新工作体系；"南水北调输水管线无人化值守闸站示范与研究"项目获北京水利学会科技一等奖，"大埋深输水隧洞附近地下水及地下空洞无损探测技术研究""基于移动开放平台的水利工程运行管理标准化工作流程研究与应用"项目获二等奖，"水利安全生产标准化一级达标单位创建"项目获三等奖。南水北调团城湖管理处以前柳林泵站为试点开展数字孪生应用，用"以机代人"实现"减员增效"，该项目成果被《中国水利》杂志纳入 2022 年度总结篇章，作为 2022 年全国水利工作会材料在全国宣传和推广。"北京市南水北调团城湖科普基地建设与运行""复杂网络场景下水利工控系统信息安全防护技术体系构建"两个项目分别获得北京水利学会科技一等奖和二等奖。

（周英豪）

【工程验收】 2022 年配合南水北调集团完成南水北调中线（北京段）工程竣工决算工作，为工程竣工验收做好准备。

（周英豪）

【执法普法】 2022 年 5 月 13 日至 7 月 31 日组织开展"南水蓝盾"专项执法行动。期间累计巡查里程 4942km，开展各类执法检查 287 次，出动执法人员 845 人次、车辆 265 车次，开展区域覆盖检查 204 次，现场清劝制止违法行为 140 起，立案查处南水北调工程保护范围内及水源保护区各类违法行为 83 起，行政处罚 0.78 万元，严厉打击各类涉水违法犯罪行为，有效维护南水北调工程安全和供水安全。开展普法宣传，印制南水北调工程保护宣传材料 2000 余份，累计开展固定宣传 21 次、流动宣传 352 次，发放宣传材料 228 份，宣传教育人员 269 人次，北京电视台、工人日报社专题采访宣传 2 次。

（周英豪）

【南水北调后续规划】 组织南水北调专班技术工作组，完成南水北调东线进京工程必要性研究；积极争取南水北调中线新增调水量，开展不同调水方案的可行性与经济性比较，为北京市领导决策提供依据。按照推进南水北调后续工程高质量发展方案确定的南水北调中线、东线战略定位，组织制定北京市南水北调后续工程规划建设方案，推进市内南水北调中线后续扩能工程建设。

（周英豪）

天 津 市

【建设管理】 自 2006 年 6 月起，天津市结合城市路网建设，在南水北调中线沿线各省（直辖市）中率先启动配套工程建设，实现了配套工程建设质量、安全、进度协调发展。2014 年中线一期工程通水前，与中线一期工程通水直接相关的 6 项骨干输配水工程全部建成并投入运行，天津市南水北调配套工程与干线工程同期建成、同步发挥效益。通水后，又陆续建成并投入运行 10 项工程，逐步扩大了天津市南水北调工程的输水范围。

引江通水后，天津市以完善城乡供水体系为重点，全力推进引江配套工程建设，建成并投入运行北塘水库完善工程、王庆坨水库工程等 2 座水库工程，作为南水北调天津干线和天津市配套工程的"在线"调节水库，有效调蓄库容 6100 万 m^3，联合运用可满足中心城区和滨海新区的供水要求。受引滦上游潘家口、大黑汀水库库区水质恶化影响，2017 年天津市建成并投入使用引江向尔王庄水库供水联通工程，将引江水向北输送至尔王庄水库，通过尔王庄枢纽覆盖除蓟州区以外的引滦供水区，实现引江或引滦供水工程发生突发事件被迫停水情况下，互为应急切换水源的双水源互通。之后又陆续建成宁汉供水工程、武清供水工程等配套工程，逐步扩大了天津市南水北调工程的输水范围，截至2022年年底，天津市南水北调配套工程建设已接近尾声，已有16项工程建成并投入使用，累计完成配套工程建设投资125.4亿元，单元工程质量合格率达到100%，优良率保持在93%以上，安全生产始终处于受控状态，逐步形成引江、引滦输水工程为骨架，于桥、尔王庄、北大港、王庆坨、北塘五座水库互联互通、互为补充、统筹运用的供水新格局，城市供水"依赖性、单一性、脆弱性"的矛盾得到有效化解。

（天津市水务局）

【运行管理】　始终以"确保安全供水"为核心，自觉践行"南水北调工程事关人民福祉"的政治担当，主动进位、积极作为，强化运行管理监督指导，不断深化南水北调配套工程分类管理、分层管理和细节管理。强化春节、汛期、冰期、党的二十大等重大节日、重大活动和重点时段的监管力度，确保南水北调工程运行安全平稳，调水水质稳定达标，为党的二十大营造稳定的社会环境。加大工程运行管理力度，以曹庄泵站、西河泵站等一批配套工程作为南水北调配套工程运行管理标准化试点，持续推动完善工程运行标准化管理。制定泵站、水闸、水库等设施设备运行管理工作标准，组织推行标准化管理常态化，为安全供水提供有力保障。配套工程各运行管理单位通过完善运行管理标准化建设，夯实设备管理基础工作，减少设备维修费用和停机时间，降低设备故障率，设备完好率达98%以上，2022年加强配套工程特别是管线工程的巡视巡查，全年出动车辆超过5417车次、9233人次、359船次，车辆行驶里程超过12.74万km，打捞漂浮物超过8.1万kg，南水北调输水末端清除淤积物20余万m^3，安全输水保证率达100%。

2021—2022年度（2021年11月至2022年10月），南水北调一期中线工程年初批复向天津调水指标10.97亿m^3，实际向天津调水12.24亿m^3，其中用于城市供水9.8亿m^3、用于生态环境补水2.44亿m^3。南水北调中线一期工程天津干线将引江水输送至天津后，分五路向天津供水：①经曹庄泵站和引江南干线向津滨水厂、北塘水库、塘沽各水厂、开发区水厂供水2.11亿m^3；②经引江西干线、西河泵站向芥园水厂、凌庄水厂、新开河水厂供水4.83亿m^3；③经永清渠泵站向北部尔王庄区域及北运河生态供水2.78亿m^3；④经王庆坨水库向武清京津科技谷水厂供水0.28亿m^3；⑤经子牙河北分流井退水闸向海河生态补水2.26亿m^3。

（天津市水务局　天津水务集团）

【质量管理】 天津市水务局主持编制《水利工程质量检测管理规范》，填补了京津冀三地水利工程质量检测领域技术标准空白。印发《天津市水利工程质量检测管理办法》，开展水务工程建设领域质量安全检查百日行动，开展质量安全专项行动，全面消除工程质量和安全隐患，2022年工程质量合格率达100%，重点水利工程单元优良率在90%以上，在水利部质量考核中连续六年获得A级。

（天津市水务局）

【安全生产及防汛】 坚持"党政同责、一岗双责、失职追责"。组织天津市水务集团全面落实企业主体责任，明确各级职责，层层压实责任，南水北调各管理单位与本单位各职能部门签订了安全生产责任书，将安全生产责任细化分解，横向到边，纵向到底，做到层层落实责任，层层传导压力，将责任落实到岗、到人。组织全面排查整治各类安全隐患，强化配套工程管理单位责任担当意识，优化调度流程，通过自行组织研发的南水北调配套工程巡视巡查系统，利用手机GPS定位系统，进一步规范巡查路线和巡查频次。以输水管线、泵站、闸门、变电站等工程设施安全运行为重点，加强巡视巡检，定期开展南水北调配套工程安全生产大检查，细化安全生产责任，规范安全管理档案，有针对性地组织安全教育培训，确保运行安全、人员安全。促进南水北调

配套工程各项运行安全工作有效落实。主动适应防汛应急体制改革，厘清并落实责任，从应急组织体系、应急救援队伍建设、应急物资装备、应急预案、应急演练、教育培训、应急处置等七大方面全面加强配套工程应急能力与南水北调中线工程应急抢险协调联动机制建设，配合南水北调工程管理单位定期组织开展工程度汛应急演练，组织开展交叉河道行洪影响工程安全问题的排查整治，将南水北调工程防汛应急工作纳入防汛应急体系，严格落实政府防汛行政首长负责制，协调南水北调工程汛期防洪所需应急抢险物资、抢险力量的调配，提升防汛快速响应能力。结合整体供水体系，逐步加强工程抢险、安全度汛和突发事件处置能力，配套工程各工程管理单位组建了超130人的应急抢险队伍，同时加强与中国南水北调集团中线有限公司天津分公司的应急协调联动，狠抓监测预警、防汛调度、抢险技术支撑三项职能落实，确保南水北调工程汛期供水安全。

（天津市水务局）

河 北 省

【建设管理】

1. 配套工程验收 制定了《河北省南水北调配套工程验收工作推进方案》，成立了领导小组和督导工作组；

实行督办通报工作制度。24个遗留尾工项目已完成15个，合同验收已全部完成，专项验收130个已完成90个。

2. 安全保护基础工作　组织各市开展南水北调配套工程"三区三线"划定工作，为南水北调配套工程安全保护提供基础支撑。编制完成了邢清干渠试点项目划定方案，整编完成其他配套工程管理和保护范围划定方案初步成果。石津干渠明渠段饮用水水源保护区划定完成技术方案审查论证。

3. 管理设施完善改造　对159座流量计井开展了防渗堵漏专项整治，对43座阀井进行了综合整治，保障工程设施的安全可靠运行。开展沧州南皮管理所、邯郸郭河管理所等5处绿化试点建设，提升管理场所整体形象。　　　　　　　　（胡景波）

【运行管理】

1. 工程运行维养　修订了运行管理和运行维护项目指导意见，进一步提高实施方案编制质量，优化采购审批流程，提高项目审批效率。制定运行维护稽察管理办法、运行管理责任追究规定，修订维护队伍考核实施办法，加强配套工程运行管理的监督检查、评测考核。建立供配电和变频柜设备专业维护队伍，对供配电设备设施进行专业化维护。推动水泵机组和闸门启闭机、清污设备等金结机电设备的专业维养，弥补供水公司技术力

量短板。及时修订防汛预案，完善加强防汛度汛各项措施，保证安全度汛。在2个泵站开展安全生产7S标准化管理试点建设，推行安全生产可视化管理，1个泵站和1个闸站试点工程运行管理标准化试点，积累工程管理规范化、标准化管理经验。与国网河北综合能源服务有限公司合作，开展泵站供配电智能运维服务试点，探索运用物联网技术实现供配电室远程集中化智能管理、故障预警和电能质量评价等。利用数字孪生技术，试点开展保定容城泵站水泵运行物联网智能化运维研究与应用，提高工程调控的智慧化水平。

2. 自动化系统建设　推进配套工程自动化系统建设遗留问题处理，解决了159个现地站存在的影响现场设备安装调试的各项制约因素。完成123个现地站现场核实清点，1818km支线光缆中继测试任务，配合推进总干光缆穿越北易水倒虹吸施工方案调整和石家庄市第一、第三设计单元通信组网方案变更，接收已采购未安装设备252台（套）。以廊涿干渠为试点，开展自动化系统专业运维试点，为后期自动化系统全面移交后的运维管理积累经验。参考中线自动化运维模式，编制自动化系统运维方案，为自动化系统安全运行打好基础。

3. 调度工作标准化建设　研究编制6项供水调度管理制度，完善配套工程供水调度管理制度，提升调度管理规范化标准化水平。严格水质控

制,藻类暴发期间增加了检测断面和检测频次,2022年共开展水质监测738断面·次,组织各管理处打捞藻类1682t,有效保障了供水水质。继续开展流量计检定工作,检定配套工程末端流量计135台,编制完成了2022—2023年度249台流量计检定实施方案。完成5个新增口门审核,新增供水目标19个,配合11个省筹项目完成了调试用水水量调度。

4. 安全生产工作 对原有的44个安全生产管理制度进行修订完善,扩充为55个。落实全员安全生产责任制,6个部门、10个管理处、3个子公司第一责任人签订了年度安全生产目标责任书,各单位与职工逐级签订安全生产责任书,层层压实责任。扎实开展安全供水专项整治行动,做到任务到岗、责任到人、督查到点。严格审查穿跨邻接项目方案设计,加强项目实施过程监督管理。创办安全生产警示教育期刊,组织安全生产法知识竞答、穿跨邻接配套工程项目管理和监督检查办法宣传贯彻、电力安全操作专题学习、春季消防安全知识学习和安全生产法解读等活动,学习安全生产知识、筑牢安全发展理念。深入推进安全生产标准化建设,安全生产标准化等级达到一级标准。

5. 安全供水专项整治 制定了《河北省南水北调配套工程安全供水专项整治行动实施方案》,指导河北供水公司开展安全生产教育培训、安全供水隐患排查整治;开展运行管理

规范化、标准化达标工作;健全安全风险分级管控与事故隐患排查治理双重预防机制;制定安全生产事故责任追究办法,完善岗位持证上岗和考核办法。排查出的安全风险问题,已全部完成整改销号。

(王腾)

河　南　省

【前期工作】

1. 政府管理 2022年,河南省水利厅南水北调处紧紧围绕全省水利工作会议和全省南水北调工作会议安排部署,以扩大供水范围、提高南水北调效益为目标,坚持水利改革发展总基调,健全管理体系、强化运行监管,在运行管理、配套工程验收、水费征缴、新增供水项目建设等方面,较好地完成了各项工作目标任务。在运行管理方面,①健全运管制度,规范运行管理;②加强人员培训,提升运管水平;③强化运行监管,确保配套工程运行安全。在配套工程验收方面,①制订验收计划,指导配套工程验收;②坚持验收标准,严把验收质量关。在水费征缴方面,通过采取通报、约谈、暂停审批新增供水项目、减少供水量等一系列措施,水费征收到位率逐年提高。在新增供水项目建设方面,以"城乡供水一体化"为目标,协调加快新增配套供水工程建设。在供水效益方面,2021—2022调

水年度，南水北调中线工程累计向河南省供水 31.33 亿 m^3，完成年度供水目标任务，累计生态补水 6.97 亿 m^3。

（李泽平）

2. 运行管理

（1）健全运管制度，规范运行管理。印发了《河南省水利厅关于印发加强南水北调配套工程运行管理工作意见的通知》（豫水调〔2022〕12号）、《河南省水利厅办公室关于印发配套工程设计单元工程完工验收计划的通知》（豫水调〔2022〕6号），进一步加强南水北调配套工程运行管理和设计单元完工验收工作。

（2）加强人员培训，提升运行管理水平。12月5—8日，举办了2022年南水北调工程运行管理培训班，共有56人参加培训。通过课程学习与研讨交流，参训人员的业务水平得到了进一步提升。

（3）强化运行监管，确保配套工程运行安全。委托第三方对配套工程运行管理进行巡（复）查，全年巡（复）查40次，新发现问题589个，并及时印发《巡（复）查报告》40份。同时，坚持问题导向，跟踪问题整改，规范运行管理，及时消除隐患。

（4）加强新冠疫情防控，确保工程正常供水。贯彻落实河南省水利厅党组新冠疫情防控各项要求，统筹做好疫情防控和复工复产工作，落实"六稳六保"要求，加强安全生产监督检查，确保了生产安全、供水安全。

3. 制度建设 2022年，河南省水利厅印发了《河南省水利厅关于印发加强南水北调配套工程运行管理工作意见的通知》（豫水调〔2022〕12号）、《河南省水利厅办公室关于印发配套工程设计单元工程完工验收计划的通知》（豫水调〔2022〕6号），进一步加强南水北调配套工程运行管理和设计单元完工验收工作。

4. 配套工程验收

（1）制定并印发省水利厅《河南省水利厅办公室关于印发配套工程设计单元工程完工验收计划的通知》（豫水调〔2022〕6号）、《河南省水利厅关于加强省南水北调配套工程设计单元工程完工验收信息管理的通知》，加强配套工程验收工作。

（2）及时解决问题，促进配套工程验收。加强配套工程验收工作的监管，发现问题及时研究解决。针对部分输水线路通水验收等问题，依据验收导则基本规定，妥善解决相关问题，促进配套工程验收。

截至2022年年底，全省累计完成单项工程通水验收60条，占总数63条的95.2%；累计完成泵站启动验收22座，占总数23座的95.6%；累计完成设计单元工程档案预验收16个，占总数17个的94.1%，濮阳设计单元工程通过档案专项验收；累计完成征迁验收县级自验73个，占总数79个的92.4%，南阳、漯河、濮阳的征迁安置市级验收已完成；全省配套工程水保环保验收已完成；累计完成 13 个设计单元工程的财政评审，占总数 17 个的 76.5%。推进设计单元完工验收的项目法人验收、技术性验收等工作。 （雷应国）

5. 新增供水目标 协调推进新增供水工程建设，督促河南省南水北调中心加快安阳西部、孟州、沁阳等新增供水工程与《河南省南水北调配套工程连接专题报告》和《安全影响评价报告》的审批工作。截至 2022 年年底，内乡、平顶山城区、新乡平原新区、原阳县以及驻马店四县、安阳西部供水工程建成通水。郑开同城东部供水工程等加紧建设；商丘、巩义等地新增配套供水工程开展前期工作。

6. 水费收缴 为切实加强南水北调水费缴纳工作，确保南水北调工程运行安全，及时足额向国家上缴水费和按时归还银行贷款，2022 年 8 月 19 日，河南省水利厅召开党组会议研究关于催缴南水北调水费的有关事项。会后及时向有关市、县政府印发《关于催缴南水北调水费的函》（豫水调函〔2022〕6 号），分类提出对欠缴水费的缴纳要求及时间节点，并对欠缴水费制定了 6 项综合约束措施：①对已建成还未通水的南水北调供水工程不予通水；②暂停审批南水北调新增供水工程；③压减已建成南水北调工程供水量，直至停止供水；④调减现行南水北调水量指标；⑤加大南水北调水费缴纳情况在四水同治考核中分值比重；⑥与"红旗渠精神杯"竞赛活动评选挂钩。

南水北调 2021—2022 年度供水结束后，河南省水利厅于 2022 年 11 月 30 日，向各市、县印发了《关于缴纳 2021—2022 年度南水北调水费的紧急函》（豫水调函〔2022〕8 号），对缴纳 2021—2022 年度南水北调水费提出要求。2022 年累计收缴南水北调水费 14.61 亿元。 （赵艳霞）

7. 通水效益 通水 8 年来，河南省南水北调工程持续安全平稳运行，工程经济、社会、生态效益显著。截至 2022 年年底，供水目标覆盖 11 个省辖市市区、49 个县（市）城区和 101 个乡镇，受益人口达 2800 万人。另外，在保障正常供水外，河南省通过南水北调总干渠退水闸和配套工程管线持续向南阳、漯河、周口、平顶山、许昌、郑州、焦作、新乡、鹤壁、濮阳、安阳等 11 个省辖市和邓州市的 26 条河流和 8 个湖库实施生态补水。工程生态效益同步发挥，有效保证了居民用水，改善了生态环境，缓解了受水区水资源短缺的困局，为河南省锚定"两个确保"、实施"十大战略"、促进全省经济社会高质量提供了有力的水资源支撑，发挥了重大作用。

2021—2022 调水年度，南水北调中线工程累计向河南省供水 31.33 亿 m^3，完成年度供水目标任务。其中，农业用水（南阳引丹灌区）6.19 亿 m^3，城镇用水 17.18 亿 m^3，生态

补水 6.97 亿 m³，通过退水闸向下游河湖供水 0.99 亿 m³。（李泽平）

【运行管理】　河南省南水北调建管局改为河南省南水北调运行保障中心（以下简称"河南省南水北调中心"），为河南省水文水资源中心分支机构，是河南省配套工程运行管理单位，具体负责全省配套工程水量统一调度日常管理工作，承担省配套工程的运行管理工作，承办南水北调水费收缴、使用等业务工作。截至 2022 年 12 月 31 日，河南省南水北调配套工程运行平稳、安全，全省共有 39 个口门及 26 个退水闸开闸分水。

1. 职责职能划分　2022 年 11 月 24 日，河南省水利厅印发《关于加强南水北调配套工程运行管理工作的意见》（豫水调〔2022〕5 号），明确各级水行政主管部门是配套工程水量调度、运行管理工作的行业主管部门，各级人民政府确定的南水北调运行保障机构是本行政区域内的配套工程管理单位；河南省南水北调中心是全省配套工程运行管理单位，受水区省辖市、县（市、区）南水北调运行保障机构是该行政区域配套工程运行管理单位。

河南省水利厅负责南水北调配套工程水量统一调度、运行管理工作，并对南水北调配套工程供用水和设施保护工作进行监督、指导。受水区省辖市、县（市、区）水行政主管部门负责该行政区域内配套工程水量调度、运行管理工作，监督指导本级南水北调管理单位运行管理工作。河南省南水北调中心具体负责全省配套工程水量统一调度日常管理工作，承担全省配套工程的运行管理工作，承办南水北调水费收缴、使用等业务工作。受水区省辖市、县（市、区）南水北调运行保障机构在河南省南水北调中心的指导下，分级负责该行政区配套工程水量调度工作，受河南省南水北调中心委托使用河南省运行维护经费负责省配套工程的运行管理工作，负责市、县配套工程的运行管理、供用水及设施保护管理工作，落实安全生产责任制，履行属地配套工程管理范围和保护范围的管理职责。

2. 制度建设　国务院第 647 号令颁布《南水北调工程供用水管理条例》，河南省政府第 176 号令颁布《河南省南水北调配套工程供用水和设施保护管理办法》，为河南省南水北调工作提供了法律保障。河南省先后制定印发《河南省南水北调受水区供水配套工程泵站管理规程》《河南省南水北调受水区供水配套工程重力流输水线路管理规程》等 61 项运行管理制度，架起"四梁八柱"制度框架体系；各省辖市、省直管县（市）南水北调配套工程管理机构结合工作实际进一步细化完善规章制度，并针对具体工程项目制定运行管理作业指导书，明确工程管理内容、程序、方法、步骤。河南省南水北调配套工程运行管理已建立起较为完善的制度体系。2022年，河南省南水北调建管局以豫调建建〔2022〕3号文印发实施《河南省南水北调配套工程病害分类分级技术指南》，用以指导精准识别、描述配套工程病害、了解病害产生原因、准确判断工程病害严重程度和危害性，及时采取处理措施，建立病害管理数据库。

3. 计划管理 2021年10月25日，水利部印发《南水北调中线一期工程2021—2022年度水量调度计划》（水南调函〔2021〕149号）；2021年12月8日，河南省水利厅、住房城乡建设厅联合印发《关于印发南水北调中线一期工程2021—2022年度水量调度计划的函》（豫水调函〔2021〕18号），明确河南省2021—2022年度计划用水量为23.60亿 m^3（含南阳引丹灌区6亿 m^3）。河南省南水北调中心（原河南省南水北调建管局）严格按照批准的水量调度计划开展工作，督促各省辖市、省直管县（市）南水北调中心（办公室、建管局）规范编报月水量调度方案，研审汇总后，制订全省月用水计划，报省水利厅并函告南水北调中线干线管理机构作为每月水量调度依据。截至2022年10月31日，河南省2021—2022年度正常供水24.36亿 m^3，为年度计划23.60亿 m^3 的103.2％，完成年度水量调度计划。

根据河南省水利厅工作安排，河南省南水北调中心提前谋划，科学调度，2021年11月1日至2022年7月

15日，通过南水北调中线工程总干渠15座退水闸和府城口门向工程沿线5个省辖市和邓州市生态补水6.97亿 m^3。其中，南阳市2.71亿 m^3、郑州市1.32亿 m^3、平顶山市0.46亿 m^3、许昌市0.13亿 m^3、焦作市0.02亿 m^3 和邓州市2.33亿 m^3。

4. 水量调度 河南省南水北调配套工程设2级3层调度管理机构，即省级管理机构、市级管理机构和现地管理机构。省级管理机构负责全省配套工程的水量调度工作；在省级管理机构的统一领导下，市级管理机构具体负责该区域内的供水调度管理工作；在市级管理机构的统一领导下，现地管理机构执行上级调度指令，具体实施所管理的配套工程供水调度操作，确保工程安全平稳运行。

为保障配套工程安全、运行安全，河南省南水北调中心每月初向省水利厅南水北调处上报上一月水量调度计划执行情况，结合地市用水实际，分析存在问题，及时督促整改；每月上旬编发全省配套工程运行管理月报，通报工程运行管理情况；每月底及时向受水区各市、县下达下月水量调度计划，计划执行过程严格管理，月供水量较计划变化超出10％或供水流量变化超出20％的，应通过调度函申请调整。2022年，累计编报全省南水北调工程月用水计划12份、计划执行情况12份，编发配套工程运行管理月报12份，编发调度函198份。

5. 水量计量 克服配套工程流量

信息采集尚未实现自动化、部分供水线路存在计量争议等困难，河南省南水北调建管局组织各省辖市、省直管县（市）南水北调中心（办公室、建管局）每月按时与干线工程现地管理单位、用水单位进行水量签认，留存水量计量资料，及时汇总统计水量计量情况，提交河南省南水北调中心作为河南省计量水费核算依据。2021—2022年度，河南省正常供水与南水北调中线干线管理机构结算水量为18.17亿 m³、与受水区各市、县结算计量水量为18.16亿 m³（不含引丹灌区6亿 m³），生态补水双方结算水量为3.49亿 m³（不含计划外生态补水3.47亿 m³）。

6. 运行操作　配套工程运行操作主要有泵站运行、重力流线路调流调压阀管理房运行、工程巡视检查三类。2022年，由各省辖市、省直管县（市）南水北调中心（办公室、建管局）负责管理，运行操作人员聘用方式主要有劳务派遣、购买社会服务或外聘等；除郑州市的19号李垌泵站、24号前蒋寨泵站和24－1号蒋头泵站分别由新郑市、荥阳市及上街区南水北调机构负责自行管理外，泵站采用购买社会服务的方式委托代运行；重力流线路调流调压阀管理房和工程巡视检查主要采用劳务派遣的方式招聘人员自行管理。

7. 维修养护　配套工程维修养护主要包括日常维修养护、专项维修养护和应急抢险。2017年7月以来，通过公开招标选择专业维护队伍，探索形成省督导检查、市、县组织并监管、维护单位具体负责的配套工程维护模式，注重日常维修养护工作，养重于修，并随时维修，保障工程完好。2022年，配套工程维修养护单位有三类：①输水线路维修养护，以郑州为界分两个标段，郑州以南为第1标段由河南省水利第二工程局承担，郑州以北（含）为第2标段由河南省水利第一工程局承担；②自动化系统第1标段基础设施维护项目由中国电信集团系统集成有限责任公司河南分公司承担，第2标段应用系统维护项目由河南华北水电监理有限公司承担；③泵站维修养护由各有关市招标选择的泵站运行单位承担。2022年，配套工程输水线路维修养护累计完成阀井维护36981座次、阀件维护91900件、机电设备维护22054台（套）、专项维养项目35次，设备与建（构）筑物功能性部位完好率在90%以上，保证工程运行安全；按照既定的突发事件处置要求及应急预案，4月及时处理中牟供水管道4处漏水事故，5月及时处置白庙水厂输水管道被第三方施工单位破坏事故。

8. 基础信息巡检智能病害防治管理系统　为推进配套工程智慧管理，在原设计自动化系统基础上，2016年4月以来，河南省组织研发配套工程基础信息管理系统、巡检智能管理系统和病害防治管理系统，并为巡检智能管理系统配置的342台移动巡检仪配备 342 张物联网卡，2020 年 7 月 30 日开始试运行。2022 年，上述 3 个系统运行平稳，基本实现配套工程基础信息数据的数字化、信息化管理，动态掌握配套工程设施、设备的运行状态，快速查询、统计、分析和监管工程病害信息，进一步规范运行管理工作，提升了工程管理信息化水平。

9. 标准化信息化管理 2022 年组织开展病害分类分级技术研究，编制印发《河南省南水北调配套工程病害分类分级技术指南》，建立病害分类分级示例数据库，集成配套工程病害防治管理系统，用以指导运行管理单位全面准确掌握并及时处理病害，大幅提升配套工程运行管理标准化水平。联合郑州大学，以安全运行和节能为出发点，对河南省南水北调配套工程现有 25 座泵站的设备管理、人员管理、机组经济运行、站容站貌提升、自动化运行等进行深入调研，推进泵站精细化管理，以达到安全、高效、经济、稳定运行的目的。

10. 供水效益 截至 2022 年 12 月 31 日，河南省南水北调工程累计有 39 个口门及 26 个退水闸开闸分水，向引丹灌区、95 座水厂供水，6 个水库充库以及南阳、漯河、周口、平顶山、许昌、郑州、焦作、新乡、鹤壁、濮阳和安阳等 11 个省辖市和邓州市生态补水，累计供水 181.34 亿 m^3，占中线工程供水总量 516.21 亿 m^3 的 35.1%，供水目标涵盖南阳、漯河、周口、平顶山、许昌、郑州、

焦作、新乡、鹤壁、濮阳、安阳等 11 个省辖市市区、44 个县城区和 101 个乡镇，全省受益人口达 2600 万人，农业有效灌溉面积为 120 万亩。

在保障配套工程正常供水的情况下，根据水利部部署，按照河南省水利厅工作安排，结合各地实际需求，与南水北调中线干线管理机构沟通协商，2021 年 11 月 1 日至 2022 年 7 月 15 日，通过南水北调中线工程总干渠 15 座退水闸和府城口门向工程沿线 5 个省辖市和邓州市生态补水 6.97 亿 m^3，缓解河南省旱情，复苏河湖生态环境。 （宋君）

【资金使用管理】

1. 水费收缴及配套工程运行管理费运算 编制下达 2022 年度运行管理费收支预算。本着"量入为出、适度从紧，突出重点、保障优先"的原则，严格按照配套工程运行管理预算定额标准，结合往年预算执行情况，编制河南省本级及全省 11 个省辖市、2 个直管县（市）2022 年度运行管理费收支预算。为按时足额上缴水费，保证配套工程正常运行，按时偿还银行贷款本息，水费收缴工作采取了多种措施：定期向市、县南水北调机构发催缴函，成立由主要领导带队赴市、县督导水费收缴工作的小组进行督导。多次召开专题会议研究加快水费收缴的措施和建议，建议按照水费缴纳情况压减供水量，调减供水指标。进一步完善供水协议，明确处罚

措施，加大水费征缴力度。通水以来前 8 个供水年度，全省应征收水费 123.63 亿元，截至 2022 年年底，共收到各市、直管县（市）上缴水费 82.40 亿元，完成比例为 66.7%。前 8 个供水年度应交中线公司水费 69.47 亿元，截至 2022 年年底，已交中线公司水费 54.64 亿元，完成比例为 78.7%，仍欠缴中线公司 2021—2022 供水年度基本水费 5.13 亿元。

2. 配套工程资金管理及财政评审、决算编制　受财政评审、尾工建设、完工财务决算编制进度等因素制约，资金支付缓慢，为加快配套工程资金支付进度，多次向各有关省辖市、直管县（市）南水北调办（中心、建管局）发函，督促各建管单位对已完工尚未办理支付的工程项目进行梳理，2022 年度共支付配套工程建设资金 2.07 亿元。截至 2022 年年底，已批复完成全省配套工程设计单元中的调度中心、安阳、濮阳、鹤壁、焦作、新乡、平顶山、漯河、周口、南阳、郑州、许昌、博爱县、清丰县配套工程及仓储维护中心等 15 个设计单元的财政评审，开展自动化项目财政评审工作。将完工财务决算作为竣工财务决算编制的基础，对已完成财政结算评审、基本具备编制条件的调度中心、漯河、濮阳、安阳、焦作、博爱县、清丰县及仓储中心等 8 个设计单元的决算编制（其中漯河市、濮阳市与其他设计单元存在交叉工程），按照《河南省南水北调受水区供水配套工程竣工完工财务决算编制办法》及工作安排，结合各设计单元建设项目结算财政评审情况和新冠疫情防控要求统筹安排，适时与河南省水利厅南水北调处开展联合督导。截至 2022 年年底，调度中心、濮阳及文物保护设计单元已编制完成完工财务决算初稿，委托具有资质的第三方进行审核，审核后将待摊投资部分分摊至各设计单元开展竣工决算编制。（王冲）

江　苏　省

【前期工作】　江苏省南水北调配套工程主要任务是围绕消化干线供水能力、提高水资源配置水平、发挥东线南水北调工程整体效益的目标，完善江苏供水配套工程体系，提高输配水系统的节水、管水和水质保护能力，实现对南水北调供水区的科学调度和科学管理，更好满足经济和社会发展对水资源的保障需求。2015 年 12 月，江苏省南水北调一期配套工程实施方案已全部编制完成。　　（薛刘宇）

【资金筹措和使用管理】　江苏南水北调一期配套工程规划中先期实施的 4 项治污工程，建设资金主要由省级财政投资和地方配套组成，其中省级投资约 67%，地方配套约 33%。郑集河输水扩大工程批复概算总投资 8.3 亿元，其中省级财政资金采取定补形式投资 5.36 亿元，其余建设资金由工程所在地徐州市及所属县（区）地方财政自行筹措、配套到位。

（薛刘宇）

【建设管理】 江苏南水北调一期配套工程规划主要包括 4 项治污工程、郑集河输水扩大工程。

1. 治污工程 4 项治污工程累计完成投资 15.05 亿元，丰县沛县、睢宁县尾水导流工程分别于 2020 年、2021 年通过竣工验收，2022 年宿迁市尾水导流工程通过竣工验收，并悉数移交管理运行单位。至此，4 项治污工程中仅剩新沂市尾水导流工程待验。

2. 郑集河输水扩大工程 工程于 2020 年年底建设完成，累计完成投资 8.32 亿元。 （薛刘宇）

【运行管理】 江苏南水北调一期配套工程涉及运行管理工作，主要体现在已完成建设的治污工程上。

1. 管理机构明确 丰沛尾水导流工程中县、区交界的闸站由徐州市截污导流工程运行养护处运行管理，其余工程由丰县、沛县水利部门成立管理所管理；睢宁尾水导流工程由睢宁县尾水导流工程管理服务中心负责运行管理；新沂市尾水导流工程由新沂市尾水导流管理所负责运行管理；宿迁市尾水导流工程由宿迁市区河道管理中心负责运行管理。

2. 保障调水水质 4 项尾水导流工程共同参与年度向省外调水和北延应急供水运行，为江苏境内输水干线的水质保障起到重要作用。

3. 编制应急预案 调研南水北调干线重点断面水质情况，学习借鉴太湖湖泛、蓝藻暴发等应急预案，编制完成江苏南水北调工程突发水质事件应急处置预案。 （宋佳祺）

【质量管理】 2022 年，宿迁市尾水导流工程通过竣工验收。经质量监督机构宿迁市水利工程质量检测中心核定，工程 8 个单位工程质量均合格，其中 7 个优良，优良率为 87.5%，核定工程施工质量为优良等级。

（宋佳祺）

【文明施工监督】 2022 年，江苏省南水北调配套工程质量和安全总体受控良好，未发生一起等级以上质量、安全事故。 （宋佳祺）

【征地拆迁】 2022 年，江苏南水北调一期配套工程无征地拆迁。通过竣工验收的宿迁市尾水导流工程，实际完成永久征地 14.13 亩，临时占地 2369.54 亩，拆除各类房屋 28713m²，赔偿各类树木 196181 棵，影响企事业单位 14 家，共形成征地移民档案 79 卷，工程永久征地已按要求办理用地手续，临时用地复垦费兑付完毕。工程征地移民安置项目完成投资，其中宿迁市宿豫区 3278.44 万元、宿城区 398.76 万元、市经开区 407.54 万元、苏宿工业园区 24 万元、建设处完成专项投资 626.32 万元、其他投资 416.94 万元，累计完成投资 5152 万元。 （王其强）

山　东　省

【建设管理】　按照计划开展了南水北调配套工程监督检查工作，针对检查发现的问题，印发文件督促责任单位举一反三，限期完成问题整改落实工作。各单位按期完成了问题整改落实工作，并将整改结果报山东省水利厅备案。

1. 济南市配套工程　按照山东省批复的《南水北调东线一期工程山东省续建配套工程规划济南市调整规划》，济南市南水北调续建配套工程由市区单元、章丘单元两部分组成，估算总投资 9.47 亿元，年调引江水量 4970 万 m³（东平湖水）。市区单元包括玉清湖引水、玉清湖水库供水管线改造、贾庄分水闸至卧虎山水库输水、卧虎山水库供水线路改造（以下简称"五库连通工程"）、东湖水库输水工程 5 个单项工程，估算总投资 9.32 亿元，年调引江水量 4660 万 m³；章丘单元估算总投资 0.15 亿元，年调引江水量 310 万 m³。

2. 青岛市配套工程

（1）棘洪滩水库。棘洪滩水库引水复线工程自棘洪滩水库南泄水洞取水，经提升后送至黄岛区净水厂进行净化处理。

主要建设内容包括取水泵站工程、输水管线工程和净水厂工程等 3 部分。建设规模为新取水泵站设计总规模 22.4 万 m³/d（最高日）；输水管线工程包括棘洪滩水库至净水厂输水管线及解家水库至净水厂输水管线。棘洪滩水库至净水厂输水管线工程全长约 37km，解家水库至净水厂输水管线工程长 3.1km；净水厂工程位于黄岛区红石崖街道办事处，一期工程规模 10 万 m³/d，于 2015 年投产运行，二期扩建规模为 12 万 m³/d，预计于 2022 年投产运行。

工程自 2015—2022 年累计供水 196717.54 万 m³，其中 2022 年供水 31410 万 m³，有效保证市南区、市北区、李沧区、崂山区、城阳区、黄岛区及胶州市的经济持续稳定发展，加强基础建设，增加城市供水能力。

（2）平度市配套工程。南水北调东线一期工程平度市配套工程位于山东省青岛市平度市，主要任务是为青岛新河生态化工科技产业基地供水。

工程位置及等别。南水北调东线一期工程平度市配套工程位于双山河以南、友谊河以东、李家铺村西 600m，占地面积为 1169996m²。水库围坝为均质坝，围坝轴线长度 3874m，总库容 995.3 万 m³，其中调节库容 945.8 万 m³，死库容 49.5 万 m³。水库日供水量 5.3 万 m³。年引水量 2000 万 m³。工程规模为小（1）型，工程等别为 IV 等，主要建筑物级别为 4 级，次要建筑物级别为 5 级。

工程引水水源为南水北调东线长江水，取水口位于胶东调水输水渠双友分水口，由引水管线经提水泵站入调蓄水库，设计引水流量为1.29m³/s，加大引水流量为1.67m³/s，线路总长0.717km。自取水泵站向北，穿越双山河后，沿现有生产路向北敷设，穿越淄阳河后，沿淄阳河右岸向西北铺设至海汇路东，再向北偏东方向敷设至青岛新河生态化工科技产业基地净水厂，线路总长度12km。主要建筑物包括：围坝、输水洞、泄水洞、入库泵站、取水泵站、引输水管线等。工程于2015年7月16日开工建设，至2017年6月26日完工，2017年7月18日通过竣工验收。

3. 淄博市配套工程 根据《南水北调东线一期工程山东省续建配套工程规划》，淄博市续建配套工程依托已运行的淄博市引黄供水工程而建设，主要建设内容由引水工程、调蓄工程与输水工程等3部分组成。2012年6月20日，山东省发展改革委以鲁发改重点〔2012〕687号文批复淄博市南水北调配套工程初步设计概算；2012年7月3日，山东省水利厅以鲁水发规字〔2012〕86号文批复初步设计。淄博市为1个供水单元，引水规模为5000万m³/a，引水时间为93天，最大引水流量为10m³/s，最小引水流量为2.6m³/s。实际完成工程总投资52547.27万元。

4. 枣庄市配套工程

(1) 枣庄市区供水单元。

1) 工程概况。南水北调东线枣庄市区供水单元工程是南水北调进入

山东境内的首个续建配套工程。2011年7月，山东省政府以鲁政字〔2011〕175号文批复该工程的规划；2012年12月，枣庄市发展改革委以枣发改行审〔2012〕46号文批复该工程的可行性研究报告；2013年4月，枣庄市水利和渔业局以枣水发规字〔2013〕8号文批复该工程的初步设计报告，批复总投资5.58亿元。该工程利用潘庄引渠自南四湖下级湖取水，设计取水量为4000万m³/a（承诺调引江水2000万m³/a），向薛城和枣庄市中分别供水2000万m³/a。工程建设主要内容：新建何庄泵站、黑峪泵站；维修改造潘庄一级站和潘庄二级站；新建何庄水库、扩建黑峪水库；铺设输水管道总长53km。

2) 工程建设管理。海象支现管网是利用邹坞支线管网，在张范村管网处开口新建铺设输水管网全长约2.828km，投资140万元。2022年3月枣庄北控智信水务有限公司与枣庄市海象纸业有限公司签订供水协议，9月完成供水管网施工。

(2) 滕州供水单元。滕州供水单元是山东省41个供水单元之一，工程分6期实施，2014年4月开工，至2020年5月完成全部建设内容。项目主要建设内容包括：①引水工程，全长3.8km；②调蓄工程，征地2594亩地（172.933万m²），总库容900.2万m³；③泵站工程，建设4座泵站，分别为甘桥泵站、温堂泵站、邢庄泵站、刁庄泵站，总装机容量为

3095kW；④输水工程，供水管道设计双管敷设，线路全长 133.513km，其中干管长 55.793km、支管长 51.876km，斗管长 25.844km。

2022 年滕州市水务发展公司实现营业总收入约 6641 万元。其中，南水北调累计售水量约 2541.28 万 m³，售水收入约 5686 万元；统筹水费收入约为 943 万元；生态补水累计 281.56 万 m³。基本完成了年初制定的目标经营任务。

5. 东营市配套工程

（1）工程建设管理。2022 年 11 月，东营市南水北调干渠群众沟分水闸工程通过完工验收，共完成投资 292 万元。通过该工程建设，可实现东营市引江、引黄水指标置换，一定程度上提升了黄三角农高区的供水保证水平，缓解了东营市部分区域黄河水用水指标短缺问题，有效促进当地经济发展。2022 年 12 月，东营市南水北调新广蒲河泄水闸工程通过竣工验收，充分发挥南水北调渠系桥梁输水功能，把黄河水从东营市五干渠向四干渠调引，实现"北水南调"，有效缓解了四干渠下游东营区及黄三角农高区部分区域用水困难问题。

（2）工程运行建设管理。2022 年，按照山东省水利厅调引长江水安排，东营市续建配套工程向广饶县、农高区共调引长江水 3715 万 m³。

6. 烟台市配套工程　2022 年度烟台市南水北调配套工程有招远市、栖霞市（向开发区洪钧顶净水厂供水）和福山区门楼水库进行调水运行。烟台市 2021—2022 年度调水历时 81 天，全市累计调引客水 4079 万 m³。其中，招远市 955 万 m³，栖霞市 417 万 m³（向开发区洪钧顶净水厂供水），福山区门楼水库 2707 万 m³。

7. 潍坊市配套工程

（1）昌邑市续建配套工程。

工程分两个标段实施。其中，泵站工程、泵站附属及上游工程、输水管道工程于 2014 年 10 月 5 日开工，2014 年 12 月 25 日竣工；渠道衬砌工程、沿渠建筑物工程、沿渠道路工程于 2015 年 7 月 20 日开工，2015 年 12 月 13 日竣工。主要工程量为：砌筑浆砌石 34100m、混凝土护底 11596.66m³、安装压顶石 6940m、石柱铁锁栏杆 6940m、新建 C30 混凝土路面 16350m、东大营桥 1 座、维修生产桥 2 座、泵站 1 座、铺设 DN800 玻璃钢管道 3.55km、DN600 玻璃钢管道 14.05km。

工程投入使用后，一定程度上解决了昌邑市水资源短缺的困境，充分利用衬砌渠道为昌邑市河西灌区输送灌溉用水。2022 年通过工程调引客水 541.5 万 m³，另经工程衬砌渠道输送 1800 万 m³ 淡水资源用于柳疃、龙池两镇农田灌溉及城市生态补水。

（2）南水北调东线一期潍坊滨海开发区续建配套工程。工程是山东省人民政府批复确定的南水北调配套项目，是山东省南水北调胶东输水干线的重要组成部分。该工程主要包括：

①白浪河调蓄工程（白浪河海港路桥至白浪河港营路桥），建设内容为改建3座穿堤涵闸，开挖河槽12.2km，左堤综合治理长度12.025km；②西分干输水治理工程，建设内容为干渠清淤护砌5.5km，新建西分干南一横节制闸四座。工程总投资约4.9亿元。

（3）南水北调东线一期工程潍坊滨海经济技术开发区续建配套工程（二期）。南水北调东线一期工程潍坊滨海经济技术开发区续建配套工程（二期）（以下简称“第二平原水库”）位于潍坊滨海经济技术开发区荣乌高速以北，星海大街以南，峡山灌渠西分干以东，潍河入白浪河河口以西。设计总投资4.98亿，占地214.8hm^2，设计库容1842万m^3，水库下挖3m，筑坝10m，设计最大蓄水深度11.9m，引水渠、入库泵站及入库涵闸设计流量为8m^3/s，工程主要内容包括水库围坝工程、水库防渗工程、入库泵站及入库涵闸工程、出库涵闸工程、南一横改道工程及水库管理设施等。工程2015年4月正式开工建设，2016年6月工程批复建设内容全部完成。

8. 济宁市南水北调续建配套工程　济宁市南水北调续建配套工程是发挥南水北调东线一期工程调水效益的重要工程措施。工程由济宁高新区供水单元、邹城供水单元、兖州和曲阜供水单元等3个供水单元组成。工程设计年供水量为4500万m^3，工程主要由泵站、供水主管道和供水支管道组成，通过一级泵站从南水北调东线干线南四湖取水后，沿湖东堤、泗河埋设供水主管道分别向邹城市供水2000万m^3、济宁高新区供水800万m^3，再经二级泵站向兖州区供水600万m^{3}和曲阜市供水1100万m^3。济宁市续建配套工程由引水工程和输水工程构成。引水工程包括清淤工程及一级泵站工程；输水工程包括泗河二级泵站、输水主管道及支管道工程组成。

9. 威海市南水北调一期续建配套工程　威海市南水北调一期续建配套工程包括威海市区1个供水单元工程，主要分为两部分工程内容：①米山水库增容工程；②米山泵站至苘山水厂输水工程。

（1）米山水库增容工程。主要是将米山水库兴利水位提高1.00m，实现水库增容3700万m^3。增容后水库总库容为29841万m^3、兴利库容为14390万m^3、兴利水位30.00m。设计方案为：不征用土地，由水库库底取土，将水库提高1.0m，兴利水位所淹没的土地填高至征地高程30.50m。主要建设内容：新增淹没土地加高工程、田间排水工程、建筑物工程、河道治理工程、库岸护砌工程、专业设施复建工程等，工程投资4.2亿元。工程于2013年9月开工，2015年4月20日完成投入使用验收，2017年12月8日完成竣工验收，并与米山水库管理局签订了移交证书，米山水库增容工程正式移交米山水库管理局进行工程管理和运行。

（2）米山泵站至崮山水厂输水工程。工程设计方案为：在已建供水泵站所预留的水泵机组位置，再安装2台水泵机组；在已建成的输水管线一侧，平行建设一条15km输水管线，设计输水能力为10万t/d，工程投资1.58亿元。工程于2015年1月开工，2016年3月8日完成合同工程完工验收，2017年12月8日完成竣工验收，并交付运行管理单位。自2015年12月22日起外调水进入威海市，已累计调引长江水、黄河水共3.92亿m³，在2014—2019年连续6年干旱时期，外调水发挥了至关重要的作用，2019年市区供水几乎全部依靠外调水，保障持续干旱情况下市区供水安全。

10. 德州市南水北调续建配套工程　德州市南水北调续建配套工程是南水北调东线一期工程鲁北段工程的重要组成部分，是充分发挥南水北调工程效益的工程建设项目。配套工程与德州市饮水安全工程和德州水网建设的结合实施对于缓解德州市水资源总量不足、改善水环境、加快工农业发展、改善民生、保障安全用水具有十分重要的意义。

根据德州市南水北调配套工程总规划，德州市南水北调续建配套工程涉及8个县（区），计划年调江水量20000万m³，分为夏津县供水单元、旧城河供水单元（平原、陵城、宁津、乐陵、庆云）、德州市区供水单元、武城县供水单元四个供水单元。

德州市南水北调续建配套工程引水线路总长243.79km，共需新挖（扩挖）渠道1.44km（大部分利用现状），新建水库6座，泵站13座，埋设供水管道172.48km。

德州市自2015年5月正式调引长江水，武城县城乡居民生活用水已全部使用长江水，德州市区供水单元工程已连续9年向华鲁恒升等企业输送长江水，夏津县白马湖水库已连续4年蓄引长江水，2023年旧城河单元通过史塘倒虹吸首次实现了长江水的调引。南水北调工程建成后，德州市成功实现了长江水、黄河水"双水源"保障，并通过供水管网相互联通，实现了长江水、黄河水的互联互通，对保障全市用水安全、提高供水保障率具有里程碑式意义。

11. 聊城市配套工程

（1）望岳湖水库。望岳湖水库位于聊城江北水城旅游度假区境内，引水及调蓄工程位于度假区徒骇河以南、聊阳路以东、位山二干渠以西、李海务街道东曹村以北的三角形区域，望岳湖布置大体呈矩形。涉及湖西街道、李海务街道两个镇街的10个村，占地面积4886.10亩，湖区位于南环路赵王河桥南北区域，纵跨南环路，南环路北湖区较小，大部分湖区位于南环路以南。望岳湖水库为中型平原水库，最大蓄水库容2062.30万m³，对应最大蓄水位33.92m，死库容为333.20万m³，对应死水位28.00m。水库每年充库水量5741.40

万 m³，其中南水北调长江水计划充库水量 1614.0 万 m³，黄河水计划充库水量 3127.40 万 m³，雨洪水计划充库水量 1000.00 万 m³，以上来水均采用自流入库方式。水库年供水量 5183.00 万 m³，供水规模 14.20 万 m³/d。望岳湖工程等别均为Ⅲ等，工程规模为中型。其主要水工建筑物级别为 3 级，次要建筑物为 4 级，临时建筑物为 5 级。供水保证率为 95%。

（2）临清市续建配套工程。2016 年 3 月 15 日开工建设，2017 年 10 月完成单位工程验收，2017 年 12 月 28 日完成蓄水验收，2018 年 2 月 28 日完成合同完工验收，2018 年 12 月 19 日完成泵站机组试运行验收，2019 年 12 月 17 日完成消防验收，2019 年 12 月 20 日完成征地移民验收，2019 年 12 月 22 日完成水保验收，2019 年 12 月 24 日完成工程档案验收，2019 年 12 月 29 日完成环保验收，2020 年 8 月 21 日通过了聊城市南水北调工程建设管理局组织的竣工验收。

2022 年累计蓄水 2391.48 万 m³，累计对外供水 2100.73 万 m³，截至 12 月 31 日库区剩余水量约为 2115.87 万 m³。

（3）南水北调冠县续建配套工程。为解缓冠县水资源紧张状况，提升饮水水质，冠县县委、县政府实施了南水北调冠县续建配套工程。该工程主要包括引水工程（加压泵站、引水管道）、冉海水库两大部分。引水工程包括加压泵站和引水管道两部

分，加压泵站在南水北调干线冠县分水闸后，设计流量为 1.6m³/s；引水管道从加压泵站开始，到冉海水库，全长 42.5km。冉海水库位于县城正北 6.5km 处，库容 717 万 m³，调节库容 566 万 m³、死库容 151 万 m³，年供水量 1394 万 m³，水库占地面积 2152 亩，水面面积 1500 亩。

2014 年 11 月 8 日开工，2016 年 10 月蓄水验收。

（4）莘县续建配套工程。2022 年 1 月 1 日至 12 月 31 日，莘县续建配套工程共引调水量 2061.8 万 m³，给水厂净供水量 1712 万 m³。

（5）阳谷县续建配套工程。南水北调东线一期工程阳谷县续建配套项目（陈集水库），共包括七级提水加压泵站、入库输水管线、引黄入库泵站、库区、出库泵站及管理设施等 6 个部分组成。工程于 2015 年开工建设，2016 年主体基本完成，2016 年年底通过蓄水验收，2017 年 4 月开始蓄水。水库设计总库容 1031 万 m³，年长江水充库量 2278 万 m³，黄河水充库量 972 万 m³，年供水量 2920 万 m³。设计日供水量 8 万 m³，其中工业供水 4 万 m³、生活供水 4 万 m³。2019 年供水试运行，2020 年 9 月通过竣工验收。

2022 年，南水北调阳谷县续建配套工程按照调水计划引蓄长江水 500 万 m³，工业供水 110 万 m³，生活供水 371 万 m³。

（6）东阿县续建配套工程。东阿

县大秦水库 2016 年 4 月正式开工建设。历经 8 个月的时间，于 2016 年 12 月完成水库主体工程建设，2017 年 5 月完成向园区供水管道建设，2017 年 8 月完成向开发区水厂供水管道建设，至此水库工程全部建设完成。2016 年 12 月通过省级蓄水验收，2017 年 4 月开始向库区蓄水，2017 年 5 月开始向鲁西化工园区供水，2019 年 12 月底，水库通过竣工验收。

2022 年水库蓄水 1797 万 m^3，供水 1446 万 m^3，截至 2022 年年底，大秦水库累计蓄水 7811 万 m^3，累计供水 7055 万 m^3。

（7）茌平区（原茌平县）续建配套工程。工程于 2015 年 12 月 9 日正式开工建设，2018 年 10 月 18 日完工。工程单位、合同工程、阶段验收、专项验收已完成。2020 年 10 月 29 日进行了工程竣工验收。

2022 年度调水 200.09 万 m^3，截至 12 月 31 日水库剩余水量约为 730 万 m^3。

（8）高唐县续建配套工程。2015 年 12 月开工建设，2016 年 12 月完成蓄水验收，2021 年 5 月完成水土保持验收。

截至 2022 年 12 月 31 日累计蓄水 1694 万 m^3，累计对外供水 306 万 m^3，库区剩余水量约为 680 万 m^3。

12. 滨州市南水北调配套工程
滨州市南水北调配套工程分为博兴县和邹平市两个供水单元，初步设计概算总投资 31.87 亿元，永久占地 15290 亩，年调蓄长江水量 15050 万

m^3。配套工程于 2014 年年底开始启动，2016 年完成主体工程并通过了省级通（蓄）水验收，2017 年 9 月全面建成并于当年开始引蓄长江水。配套工程建成后，滨州市围绕"向高效能管理要效益"，积极探索建立管理运行机制，深入推进用水结构调整生态补偿试点工作，优化长江水、黄河水、地下水等水资源配置，促进配套工程效益充分发挥。

（1）博兴县单元工程。博兴县续建配套工程是南水北调东线一期山东省续建配套工程的重要组成部分，初步设计概算总投资 15.69 亿元，新建博兴水库（库容 3503 万 m^3）和锦秋水库（库容 692 万 m^3），永久占地 555hm^2，调蓄水量 5200 万 m^3。主要供水目标是通过现有 3 座水厂（博兴县源通水业有限公司水厂、华韵水业有限公司第一水厂、华韵水业有限公司第二水厂）向博兴县的湖滨镇、曹王镇、店子镇、兴福镇、吕艺镇等 5 个乡镇和博昌、锦秋、城东等 3 个街道办事处提供居民生活用水、工业用水和生态用水。

2022 年共执行了 2 次南水北调水调水任务，共计完成调水量 1165.43 万 m^3，向供水区内供水 1252 万 m^3，主要为居民生活用水。

（2）邹平市单元工程。邹平市南水北调续建配套工程主要是新建一座中型水库，即辛集洼水库，利用现有魏桥水库、韩店水库，对所引江水及黄河水进行调蓄。根据《南水北调东

线一期工程山东省续建配套工程规划滨州市调整规划》，邹平市分配江水量为9850万 m³，其中现有的韩店水库2143万 m³、魏桥水库2214万 m³、辛集洼水库5494万 m³。工程于2015年9月9日顺利开工，2016年年底全面建成，完成投资16.17亿元。2017年5月，项目正式通水。

辛集洼水库位于孙镇东部，辛集村南，杏花河以北，距城区15km，总占地463hm²，铺设供水管道25km，规模为中型。水库建设内容包括围坝填筑、坝坡衬砌、库底防渗、引水渠道、附属建筑物等。引水暗渠长6.061km，引水流量14m³/s。水库采用泵站提水充库、出库的运行方式，最大引水流量为14m³/s，最大引水量120.96万 m³/d。出库泵站设计供水流量为1.56m³/s，设计日供水13.48万 m³，目前实际日供水约1.8万 m³。水库围坝轴线长7.6km，平均坝高10m，蓄水深8m，库容3078万 m³，设计最高水位19.11m，死水位11.30m，调节库容2714万 m³，死库容364万 m³。

13. 巨野县南水北调工程 巨野县南水北调工程从南水北调东线干线分水，以南四湖上级湖洙水河口为引水口，经洙水河航道至巨野港口，总长度45.9km。于巨野港口西端新建引水泵站一座，设计流量为3.95m³/s。输水管道自取水泵站至郓巨河西侧老洙水河橡胶坝，总长4.48km，然后利用老洙水河明渠向西过麒麟湖闸至麒麟湖，总长7.5km，再经过庞庄、吴堂等两座节制闸及4.6km明渠至宝源湖水库进行调蓄。

2015年5月1日，巨野县南水北调工程正式开工建设，分为两个施工标段，第一标段为4.48km输水管道，第二标段包括取水泵站工程，吴堂、庞庄、麒麟湖等3座节制闸，2km明渠开挖及2.6km河道清淤工程。工程于2016年3月全部建设完成，2018年4月1日通过竣工验收，具备了调取南水北调长江水的条件。

【安全生产及防汛】 （1）安全生产。开展"安全生产月""安康杯"活动，解决安全隐患80余个，深化安全文化建设和安全教育，安全生产零事故。顺利通过水利安全标准化（一级）2022年度续审工作，不断巩固建设成果，参加了水利部组织的水利安全生产标准化建设成果展评活动。举办10余次安全教育培训，开展了防汛、消防及反恐应急演练2次，其余桌面应急演练9次，切实提高了职工的应急处置能力，做到突发情况迅速响应、处置。落实可视化操作，工作现场张贴开停机操作流程图及警示标识牌，警示说明上载有职业种类、后果、防治措施，确保职工操作更加安全规范。加强安全文化建设，更新安全生产标语、安全宣传栏，创办安全主题板报。

（2）防汛工作。因人员调整，根据安全生产相关要求，调整防汛领导小组组员，领导小组职责不变，保障汛期安全生产，汛前部署，认真研究修订了《2022年度汛方案及防汛预案》，积极组织防汛培训和演练，并组织开展防汛隐患排查与整治，严格坚持防汛24小时值班制度，建立健全防汛度汛档案，制度化管理明确主体责任，及时补充防汛仓库物资；进入主汛期后，根据上级下发的各项通知文件，利用现有的监控设备及新闻广播进行监测预警，加强值班值守，做到突发降雨迅速响应，加大对各泵站、供水管线、高压线路的巡查力度，切实保障人员安全和运行安全。汛期过后，整理归纳防汛档案，编制汛后总结，吸取经验教训，切实做到汛前部署、汛中预警、汛后总结的闭环管理。

【科技创新】　坚持创新引领发展，不断激发良好创新氛围，提高核心竞争力。

（1）科技创新成果。成立科技创新小组，制定了创新课题计划。结合近年来泵站云系统应用及实际运行经验，于2022年向济南市城乡水务局申报"多站点协同自动化集成技术研究与应用"科研项目，将现有技术经验转化为软件著作权及论文等知识产权。申请2项实用新型专利，在日常运行管理中发现问题，通过先进的思路、技术及工艺解决问题，提升运行管理水平。在创新驱动发展的同时，帮扶党支部对共建对象泥淤泉东村新建太阳能智能取水装备，方便村民、游客观水、用水，从而构建了资源共享、优势互补、共同提高的开放式创新工作新格局，提升整体效能，助推高质量发展。

（2）泵站自动化升级改造。2022年自动化系统运行稳定并应用于全年引调水工作，远程动作控制、机组状态监测功能稳定，全年泵站及沿线更换、加装监控7处、修复8处，保障视频实时监控、存储功能完好，结合泵站实际运行状态制作泵站模拟系统，连通7站安装语音对讲系统。

拾　党建工作

水利部相关司局

【学习贯彻党的二十大精神】 深刻认识党的二十大重大意义，把思想和行动统一到党的二十大精神上来。

（1）加强工作组织领导。把学习宣传和贯彻落实党的二十大精神作为首要政治任务，第一时间组织传达会议精神、作出工作部署、明确工作安排。结合南水北调实际，组织研究制定工作方案并抓好实施。坚持每周例会、每月联席会机制，安排部署落实。

（2）狠抓组织实施。坚持"政治标准"和"质量标准"，原原本本学，组织领取发放并学习报告原文和辅导读本等、收听收看大会直播，确保全员听原声、学原文、悟原理；组织参加司局级干部读书班，撰写心得体会；组织参加学习党的二十大精神专题网络答题；组织分10个专题深入学习，做到全员参与交流分享。发挥模范带头作用，结合学习党的二十大精神和业务工作，主要负责同志为部党校秋季学员班、全体党员干部讲专题党课等。通过全覆盖、多轮次、多主题、多形式深入学习，确保了党的二十大精神入脑入心、落到实处。

（连嘉欣　袁凯凯）

【政治建设】 （1）把坚定捍卫"两个确立"转化为坚决做到"两个维护"的思想、政治和行动自觉，进一步提高政治判断力、政治领悟力、政治执行力。强化政治意识，提高政治站位。深入学习习近平总书记关于治水和南水北调工程重要讲话指示批示精神，从政治高度把握和推进南水北调工作，切实把"两个维护"落实到南水北调工作中，以扎实的工作成效体现政治站位和政治担当。

（2）深入贯彻落实"5·14"重要讲话精神和推进后续工程高质量发展工作思路。持续深入学习领会"5·14"重要讲话精神，全面完成部党组相关部署和后续工程高质量发展工作思路明确的年度任务。组织学习贯彻习近平经济思想。组织参与部党组组织的专题辅导讲座；通过"三会一课"组织专题研学习近平经济思想；组织汇编习近平经济思想学习材料并全员发放学习。组织落实"学查改"专项工作部署。结合南水北调实际抓好"学查改"任务落实，以实际行动助力稳住经济大盘；组织开展课题研究，相关课题成果被水利部党建工作办公室评为三等奖。

（3）持续推进中央巡视反馈问题整改落实。在巩固2021年度整改成效基础上，深入推进2项协助部党组整改任务落实，至2022年年底已销号1项，剩余1项长期整改事项已按进度取得重要进展。组织做好部党组巡视发现原南水北调中线建管局及东线总公司有关问题整改，两单位划转至南水北调集团后，及时办理移交程序，由南水北调集团负责指导督促整改。

（连嘉欣　袁凯凯）

【干部队伍建设】　聚焦建设一支"政治过硬、适应新时代要求、具备领导现代化建设能力"的干部队伍，全面加强干部队伍建设。组织做好党支部委员会调整增补工作，选举产生新的党支部书记。

（1）狠抓思想建设。强化思想理论武装，结合巩固拓展党史学习教育成果、政治机关意识教育、巡视整改、国家安全、保密、安全生产、杜绝餐饮浪费等，不断加强理论学习和思想建设，深化主题实践活动，推进培根铸魂。

（2）严抓"三会一课"。教育引导党员干部深刻认识"三会一课"重要性，提高参与积极性和主动性；在践行成熟做法基础上，利用信息化工具，创新形式开展活动；发挥模范带头作用，动员全员参与，提高支部建设水平。

（3）深化联学联建和"主题党日"。参加水利纪检监察业务大讲堂，为水利系统纪检监察干部作《建设千里水脉　守护国家水安全》主题授课；组织赴中国人民抗日战争纪念馆、联合人事司党支部赴南水北调中线惠南庄泵站开展主题党日活动、参观"辉煌十年"成就展等，加强交流、增进协作，巩固党史学习教育和中央巡视反馈问题整改成果。

（4）推进规范建设。进一步规范党支部日常建设管理，加强学习管理，规范党费管理，严格党员管理，转出党组织关系7人、转入2人，规

范化水平不断提升。

（5）持续优化作风。坚决反对形式主义和官僚主义，进一步改进文风会风，严把公文质量关，不断巩固提升形式主义、官僚主义专项整治成果。
　　　　　　　　　　（连嘉欣　袁凯凯）

【党风廉政建设】　加强警示教育和廉政建设，坚持一把抓、抓到底、出成效。

（1）抓"带头"，主要负责同志和南水北调司领导班子成员通过带头提醒、带头讲廉政党课、带头交流廉政体会，发挥了以上带下、率先垂范的良好作用。

（2）抓"常态"，通过月度党建业务联席、周工作例会与支委会联席等机制，在"五一"、端午节、中秋节和国庆节等节点，经常性开展廉政提醒、案例通报、警示教育等工作，以案说法、以案议廉，形成抓党风廉政建设与抓党支部标准化规范化建设、抓业务工作同频共振的工作常态。

（3）抓"严管"，坚持严的主基调，组织全员观看《零容忍》警示教育专题电视片并召开专题组织生活会；组织开展经常性地谈心谈话，通过个别谈心、集体谈话等形式，常吹廉洁风、常敲廉政钟，持续扬正气、树清风，在严管中彰显厚爱。
　　　　　　　　　　（连嘉欣　袁凯凯）

【党建业务融合】　持续强化党建引领，以党建促业务、以业务强党建，深化党建业务融合。坚持"党建业务

联席"机制，将党建与业务一体部署、推进、落实，持续推进党建和业务齐抓共管。以党建高质量引领业务高质量。把抓好党支部高质量发展作为工作引领，在工作目标、思路、举措等方面坚持高目标定位、高质量标准，并推广到业务实践中，推动提高业务工作质量。2022年以来，在高标准完成年度目标基础上，自加压力超进度、超目标完成各项工作：克服新冠疫情影响，提前完成中线防洪加固汛前项目，确保了安全度汛；超目标完成年度东线北延工程应急供水任务，实现调水 1.89 亿 m^3，助力京杭大运河实现百年来首次全线水流贯通；超计划完成中线一期工程年度供水目标，2021—2022 年度调水 92.12 亿 m^3，再创新高，相应口门分水量连续 3 年超过规划多年平均供水规模；采取超常规措施推进引江补汉工程开工；东、中线一期工程 155 个设计单元工程按计划全部通过完工验收，全线已转入竣工验收准备阶段等。持续开展高密度宣传，报送政务信息 21 期，《人民日报》、中央电视台等主流媒体多次聚焦南水北调工作，其中中央电视台报道 150 余次，南水北调工程"国之大事""国之重器"形象更加深入人心。全面通水 8 年来，工程累计调水超过 590 亿 m^3，直接受益人口超 1.5 亿人，运行安全平稳，水质稳定达标，综合效益显著。以业务高质量促进党建高质量。南水北调工程的高质量发展有力支撑和推动了党支

部党的建设工作，通过高站位的政治建设、高强度的学习安排、规范化的日常管理、沉浸式的融入参与，南水北调司党支部建设取得了新成效，2022 年成功创建成为中央和国家机关"四强"党支部。　（连嘉欣　袁凯凯）

【精神文明建设和群团工作】　围绕建设健康向上的机关文化和工作氛围，推进谈心成为常态，司领导带头，经常与干部职工谈心谈话，释疑答惑，帮助成长。坚持关爱成为责任，发挥分工会作用，落实工作政策，关心慰问困难和挂职锻炼干部职工。支持青年担当主角，组织青年理论学习小组多次开展专题学习，提升能力；组织青年干部在南水北调工程高质量发展重要工作中挑重担、冲在前。助力巾帼绽放风采，关心妇女干部成长，鼓励支持妇女干部在工程运行管理、完工验收、竣工决算审计等重要工作中履职尽责、发挥作用。

（连嘉欣　袁凯凯）

有关省（直辖市）南水北调工程建设管理机构

北 京 市

【政治建设】　（1）组织水务干部职工学习贯彻习近平新时代中国特色社会主义思想，特别是关于治水和对北京系列重要讲话精神。严格落实"第一议题"制度，持续跟进学习党中央

和北京市委、市政府最新部署要求。邀请水利部总工程师就习近平总书记治水重要论述解读和保障首都水安全作专题辅导。结合习近平总书记给修建密云水库的乡亲们回信两周年，各级党组织再学习、再讨论、再调研、再落实习近平总书记治水重要论述，把学习成果转化为解决问题、推进工作的具体实践。北京市水务局党组理论学习中心组 2022 年开展集体学习 30 次，其中专题研讨 7 次。

（2）学习宣传贯彻党的二十大及北京市第十三次党代会精神。北京市水务局各级党组织和党员干部及时收听收看党的二十大开幕会直播，及时传达学习大会精神，局党组及时研究制定学习贯彻党的二十大精神方案，局领导带头进行宣讲，迅速掀起学习党的二十大精神的高潮。各级党组织通过学报告、讲党课、调研等方式深入学习贯彻北京市第十三次党代会精神。局党组制订党代会报告水务重点任务细化分解方案，重大改革、重点工程扎实开展，各项任务有序推进。

（3）做好意识形态工作。开展意识形态专项评估，形成专项评估报告，并向北京市水务局系统各级党组织通报，对照存在问题开展整改。邀请北京市委党校教授开展意识形态专题讲座，提高对落实意识形态责任制和严格管理意识形态阵地重要性的认识。制定出台《北京市水务局职工思想政治教育工作办法》，深入推进思想政治工作，切实把干部职工的思想

凝聚到推进首都水务高质量发展的目标任务中来。2022 年累计处置舆情信息 892 条，有效处置供水、排水、水质等方面舆情反映的问题，及时解决民生困难、化解民生矛盾。（周英豪）

【组织机构及机构改革】

1. 事业单位改革　整合河道、水库、南水北调输水等水利工程运行养护职责，设立运行养护单位，统一承担市属水利工程及管理保护范围内的运行维护任务和水资源调度、防洪调度具体实施工作，提升日常运维规范化水平。推进水利规划设计研究院改革，通过改革，建立健全政企分开、事企分开、产权清晰、权责明确、管理科学的规划事业单位和勘察设计企业。

2. 优化岗位设置　印发《中共北京市水务局党组关于局属科研类单位内设机构设置及人员编制有关工作的通知》（京水务党〔2022〕33 号），调整下放部分内设机构编制权限，增强科研类单位创新活力，扩大科研类单位在科研领域的自主权。修订北京市水务局事业单位五级、六级专业技术岗位任职条件，鼓励专业人员研究解决实际问题、做好技术创新。结合岗位设置方案修订岗位聘用管理办法，加强领导干部"双肩挑"审批管理和各单位岗位聘用工作方案审核工作，有序开展机构改革后岗位聘任工作。28 家单位完成科级干部选拔工作，聘任正科 41 人、副科 95 人；23 家单位开展了专业技术岗位聘任工作，496

人晋升等级，其中三级 3 人、四级 13 人、五级 7 人、六级 25 人、七级 39 人。　　　　　　　（周英豪）

【干部队伍建设】

1. 干部选拔晋升　组织对北京市水务局属处级单位领导班子和领导干部队伍建设情况进行研究分析，结合全局重大任务安排，细化实施步骤，形成年度工作计划。制订科级干部轮岗交流需求摸底方案，整理优秀年轻干部和正处级年轻领导干部情况，总结近年来落实领导班子建设规划纲要措施落实情况，按标准要求及时上报北京市委组织部。完成 1 名二级巡视员晋升、17 名处级领导干部提拔任用、35 名同志交流任职、2 名同志调任公务员、18 名同志退休、24 名同志转正、1 名同志核职等工作，组织北京市水务局机关 52 人次职级晋升，组织科级干部轮岗交流，选派 1 名同志援疆、1 名同志赴湖北十堰挂职，安排 3 名同志到局机关和局属单位挂职。

2. 干部教育培训　编制 2022 年北京市水务局教育培训工作计划。组织全局 230 余名处级以上领导干部，采取专题辅导、集体学习、研讨交流等方式，开展学习贯彻十九届六中全会精神专题研讨培训；组织全局 2021 年度新入职人员培训。实施优秀水务青年科技进修计划，选拔第三批 8 名青年骨干，开展为期 1 年的青年人才科技进修培养。组织 21 人次参加各类脱产培训 19 期。

3. 干部监督考核　组织处级领导干部报告年度个人有关事项，报告率达 100%。完成 38 名干部的个人有关事项重点抽查核实工作。严格处级干部因私出国（境）管理，新增备案 17 人，更新备案 26 人，撤销备案 24 人。从严管理处级干部兼职，批准 15 人社会团体兼职，落实退（离）休干部兼职（任职）规定。做好机关处室、局属单位领导班子及处级领导干部的年度考核工作，确定 2021 年度处级领导班子优秀 11 人，处级干部优秀 43 人。

4. 人才引进　与清华大学、中国农业大学、河海大学等京内外高校建立工作联系，举办校园线上线下招聘宣讲会，分设水利、供排水等 8 类招聘专业考试。首次采取线上方式组织 1531 名应聘人员考试，2022 年招聘 104 人，其中应届毕业生 69 人、"优培计划" 2 人、硕士 24 人、博士 9 人。接收安置军转干部 1 人，办理人员调动 45 人。依托北京水利水电学校，合作建立北京工业大学水务专业实践基地。　　　　（周英豪）

【纪检监察工作】　定期开展信访举报形势分析研判，有针对性地处置情况、化解矛盾；在元旦、春节、清明、"五一"、端午节等 5 个节假日，围绕节日"四风"问题、新冠防控、值班值守等情况，深入开展"四不两直"监督检查，发现问题及时提醒整改。开展审计监督，完成 4 个北京市水务局局属单位预算执行审计、3 个基本建设项目审计和 25 个北京市水务局局属单位联审互查。北京市水务局党组与驻局纪检监察组双向互动、同向发力，形成常警示、强约束、长震慑的工作态势。2022 年运用"四种形态"处理干部职工 25 人次，其中第一种形态 14 人次、第二种形态 7 人次、第三种形态 2 人次、第四种形态 2 人次。　　　　　　　（周英豪）

【党风廉政建设】

1. 健全责任体系　制定 2022 年北京市水务局党组落实全面从严治党主体责任清单，细化局、处、所三级领导班子及班子成员主体责任清单体系。深化基层党组织书记月度工作点评，局领导报告落实"一岗双责"情况，全年召开点评会 7 次，实现 35 个局属单位书记月度点评全覆盖，挂账督办问题 89 个。成立 12 个考核组，扎实做好年度全面从严治党（党建）考核，实现党组织书记述职评议考核全覆盖，逐一反馈考核结果，并与绩效考核、评先评优挂钩。

2. 反馈问题整改　中央生态环境保护督察反馈问题，完成 8 项整改任务，剩余 2 项初步完成。局领导经济责任和自然资源资产审计整改反馈 42 个问题，完成 41 个，1 个在推进。北京市委书记在市直部门党组（党委）书记点评会指出 9 个问题，6 个完成整改，3 个完成阶段任务。北京市水务局 2021 年全面从严治党（党建）

工作考核结果暨政治生态分析研判问题清单反馈 13 个问题，全部完成整改。　　　　　　　　　　（周英豪）

【作风建设】　围绕北京市委巡视、北京市水务局党组巡察反馈问题，召开党组会 2 次、专题会 2 次，巡视巡察问题清零；围绕落实主体责任不力、领导干部不担当不作为、形式主义、官僚主义以及党员违纪违法等问题，召开警示教育大会 2 次，下发案件通报 4 份；围绕节日"四风"问题、新冠疫情防控、值班值守等重点，开展"四不两直"检查；围绕聚焦重大决策部署落实情况，联合驻局纪检监察组，开展"三要"（疫情要防住、经济要稳住、发展要安全）专项监督，覆盖 35 家局属单位，重点检查重大项目推进、生产生活安全部署落实情况。北京市水务局领导带头开展年度水务深化改革重点调研，明确调研方向和课题，组织有关处室和单位多次研究调度、现场了解情况、提出解决思路和方案，领导班子成员深入基层开展调研 260 余次，完成 11 项重大课题。　　　　　（周英豪）

【精神文明建设】　制定《2022 年北京市水务系统精神文明建设工作安排》。探索建立健全青年理论学习小组，积极参与"我学我讲新思想"水利青年理论宣讲活动。组织干部职工参与"强国复兴有我""青春百年路·永远跟党走""巾帼心向党　喜迎二十大"等系列宣传教育活动。北京市水务系统各单位围绕庆祝中国共产主义青年团成立100周年、庆祝中国人民解放军建军95周年、庆祝香港回归25周年、纪念全民族抗战爆发85周年以及习近平总书记"3·14"讲话八周年、"世界水日"、"中国水周"、全国城市节水周等重要节点，广泛开展形式多样的宣传教育活动。升级改造密云水库、官厅水库、十三陵水库纪念碑公园以及南水北调团城湖明渠纪念广场等4处爱国主义教育基地展览展陈设施和内容，发挥和利用好爱国主义教育基地普及市情水情、传播水文化、科普水务知识、展示水务成就等重要作用。组织开展水务系统先进典型宣讲活动，广泛宣传全国"人民满意的公务员"获得者孙杨和"全国五一劳动奖章"获得者张书函等的先进事迹。2022年，共评选表彰98名优秀党员、48名优秀党务工作者和45个先进基层党组织，向40名"光荣在党50年"老党员颁发纪念章。

（周英豪）

天 津 市

【政治建设】　坚持学懂弄通做实习近平新时代中国特色社会主义思想，把学习贯彻习近平总书记重要讲话和重要指示批示精神作为局党组会第一议题、理论学习中心组第一主题、党员干部轮训第一主课，在学思用贯通、知信行统一上持续下功夫。系统谋划、全面推动学习宣传贯彻落实党的二十大精神，局、处两级理论学习中心组开展集体学习274次、专题读书班2期、辅导讲座5次，带动基层党支部开展集中学习2700余次、党日活动1207次，进一步筑牢对党、对习近平总书记绝对忠诚的思想根基。深入开展"迎盛会、铸忠诚、强担当、创业绩"主题学习宣传教育实践活动工作，高质量召开专题组织生活会和四个专题学习研讨，天津市水务局共查摆问题24708个、制定整改措施24930条，政治判断力、政治领悟力、政治执行力进一步提升。精心做好主题宣传，组织"海河净网"、"点赞最美女性"、劳模走基层等喜迎党的二十大群众性活动，营造了强大宣传声势。严格落实意识形态工作责任制，局、处两级党组织签订意识形态工作责任书；建立意识形态（网络意识形态）工作安全风险隐患排查制度并开展3次排查，对3家局属单位党组织进行意识形态专项检查，各级党组织和领导干部抓意识形态工作的责任感进一步增强。加强网络意识形态，做好涉水领域网络舆情监测研判和快速响应，围绕党的二十大胜利召开等重大时间节点，充分利用"学习强国"天津平台、《天津日报》、"津水微言"微信公众号等阵地主动发声，全局意识形态形势稳定向好。

（天津市水务局）

【干部队伍建设】　严格选人用人，修订《关于贯彻落实〈2019—2023年全国党政领导班子建设规划纲要〉的实施意见》等 2 项制度，形成领导干部政治素质正反向测评等 6 项长效机制；突出政治标准，坚持事业为上，提拔和进一步使用 17 名优秀年轻干部，交流轮岗 23 名处级干部，处级干部年龄、专业结构进一步优化。大力培养年轻干部，建立 100 余人优秀年轻干部库，选派 4 名干部到东西部协作等重要岗位摔打磨炼。坚持严管厚爱并重，做好常态化监管，建立市管干部禁业范围、公务员辞去公职后从业行为限制"两个清单"，开展受处分党员干部回访教育 13 人次，传递组织关心关爱。加强人事管理，做好公务员绩效考核试点中期评估成果运用，实现个人绩效与组织绩效有效联动；修订局属事业单位科级管理岗位选拔聘用办法，推行专业技术人员聘期制，激发干事创业积极性。持续完善大统战格局，积极做好群团和老干部工作。　　（天津市水务局）

【纪检监察工作】　坚持一体推进"三不腐"重点任务落实，开展水务重点领域腐败问题专项整治，排查廉政风险点 921 个，健全防控措施 1318 项，进一步扎紧制度的笼子。加强廉洁文化建设，制定落实清廉天津建设 24 项重点任务，召开加强新时代廉洁文化建设工作会议暨党员干部警示教育大会、纪检干部警示教育大会暨业务培训会、"一把手"监督工作座谈会，开展廉洁文化宣传教育月"七个

一"和主题警示教育月系列活动，发送 1264 封致干部家属一封信，举办廉洁文化作品展，"曝光台"曝光局内查处典型案例 4 期，"以案为鉴"发布典型案例 29 期，进一步增强了党员干部廉洁自律意识。落实严的基调，主动接受驻局纪检监察组监督，全力支持配合协助驻局纪检监察组发挥专责监督，处置问题线索 81 件，驻局纪检监察组和各级纪检组织运用监督执纪"四种形态"处理 80 人次，其中第一种形态 60 人次。持续推动纪律监督与审计监督、巡察监督等贯通融合、协同联动，全面完成主要领导干部经济责任审计、自然资源责任审计和 2021 年预算执行审计整改工作，深入开展两轮巡察，制定完善加强巡察整改和成果运用等 12 项巡察工作制度，不断叠加监督治理效能。

　　（天津市水务局）

【党风廉政建设】　推进党内政治生活、政治生态、政治文化一体建设，持续整治"圈子文化""码头文化""好人主义"，落实加强政治生态建设 25 项重点任务，开展政治生态情况分析研判，形成研判、整改、提升的良性循环。认真落实民主集中制、"三重一大"、请示报告和个人有关事项报告制度，高质量召开局、处两级领导班子党史学习教育暨巡视整改专题民主生活会，对局属 16 个单位进行督促指导，党内政治生活的政治性、时代性、原则性、战斗性不断增强。

加强党章党规党纪学习教育，推动党史学习教育常态化长效化17项重点工作，积极培育和践行社会主义核心价值观，持续做好全域创建文明城市工作，不断涵养厚植风清气正的政治生态。
（天津市水务局）

【作风建设】 严格落实中央八项规定精神，持续纠"四风"、树新风，严格执行局"正负面清单"，聚焦"十紧盯 十严禁"，开展重要节日联查互查、协同监督，2022年共出动检查人员486人次，查访248个点位。深入开展讲担当促作为抓落实、持续深入治理形式主义官僚主义不担当不作为专项行动，以开展政府购买服务领域不担当不作为问题专项整治等为重点，发现并整改问题63项，处理不担当不作为干部32人次。持续巩固精文减会成效，严控"督检考"总量和频次，88.9%的全局性会议采用视频方式召开。以机关作风建设"四个一"行动为突破口，深入开展"我为群众办实事"活动，通过"四个走遍""联点访户""双千"等活动，推动解决群众诉求322项，收到感谢信94封、锦旗117面，基层群众对水务的获得感、幸福感、安全感更加充实、更有保障、更可持续。
（天津市水务局）

河 北 省

【政治建设】 持续加强党的领导，组织召开党委会议研究"三重一大"事项。修订河北供水公司《党委决策议事规则》《理论学习中心组学习制度》等6项党建制度。深入推进党员队伍建设和基层党组织标准化规范化建设，组织开展党支部换届、子公司成立正式党支部等工作。严格落实学习制度，组织党委理论学习中心组学习3次，扎实推进党史学习教育的常态化、长效化，深入学习领会党的二十大精神。与河北银行石家庄支行党委开展党建共创共建合作，实现优势互补、互相促进、共建提升。开展"抢抓历史机遇、展现使命担当，筑牢万里水网、喜迎二十大召开"主题征文和"防疫一线党旗红""关爱山川河流守护国之重器"等党建活动，在公司上下营造积极向上、奋发有为的良好氛围。
（崔硕）

【党风廉政建设】 研究制定《纪委2022年工作计划》，召开党建和党风廉政建设工作会议，分析梳理存在的薄弱环节，确定纪检工作任务目标。开展深化作风纪律整治和深化正风肃纪专项活动，畅通举报渠道、建立整改台账、制定整改措施、推进整改落实。加强廉政风险点全过程监督，参加文件审查、招投标、项目验收监督等35次。加强执纪监督检查，开展运行管理值班检查10次，防汛检查3次，新冠疫情防控专项检查6次。加强警示提醒，注重源头治理，印发《党员干部"禁令"手册》《工程项目管理人员廉洁从业规定》《工程项目管理人员廉洁从业"十不准"》等规定，印发《党风廉政建设学习期刊》7期、观看警示教育片4次、节假日廉政提醒3次、廉政谈话65人次，组织全体党员和基层负责人开展党风廉政建设知识答题，推动廉政警示教育常态化开展。　　　　　（崔硕）

【精神文明建设】 群团建设不断加强，工会会员福利有效保障，文体活动形式不断丰富，民主管理进一步加强，资金管理更加规范，河北供水有限责任公司工会"职工之家"和10个分会"职工小家"两年内全部被评为省直表现突出单位，妇委会组织开展了亲子读书、书香三八、女职工体检等主题活动，群团组织各项职能作用发挥日益显著。2022年年内共获得省直以上奖励6项，河北省水利厅厅系统奖励5项。　　　（崔硕）

河　南　省

【政治建设】 2022年，在河南省水利厅党组和省水文水资源中心党委的坚强领导下，原河南省南水北调建管局的5个建管处党支部和河南省南水北调中心党总支深入贯彻落实上级各项决策部署，切实履行管党治党政治责任，为河南省南水北调事业高质量发展提供了坚强保障。

1.坚持政治统领，更加自觉践行"两个维护"

（1）强化思想引领。坚持落实"第一议题"制度，把推进学习型党组织建设作为第一要务，引导党员认真学习党的二十大、省委十一届四次全会和习近平总书记系列重要讲话精神，为实现南水北调事业高质量发展提供了思想保障。5个建管处党支部和中心党总支主持召开党史学习教育、学习习近平总书记视察安阳重要讲话精神、弘扬红旗渠精神等专题民主生活会和组织生活会。结合南水北调实际，发放各类学习资料80余册，支部（中心组）理论学习和研讨16次。

（2）加强政治建设。把政治标准和政治要求贯穿党的各项建设始终，强化党组织政治功能、党员政治意识，广泛开展党章党规党纪教育、"主题党日"、"党员政治生日"等活动，组织举办"弘扬新时代水利精神 争做新时代水利先锋"宣讲，主持开展"七一"重温入党誓词活动等，持续开展"我为群众办实事"，引导党员干部不断树牢"四个意识"、坚定"四个自信"、捍卫"两个确立"，做到"两个维护"。

2.严密组织实施，深入推进能力作风建设年活动

（1）迅速贯彻落实。第一时间召开动员会，学习领会河南省委书记楼阳生在全省开展"能力作风建设年"活动动员部署会议上的讲话精神，传达贯彻河南省水利厅"能力作风建设年"活动动员部署会议要求，对开展"能力作风建设年"活动进行全面安排。5个建管处党支部和中心党总支

全年召开多次"能力作风建设年"专题会议，围绕活动的重点任务、目标要求，推动各项工作落细落实。

（2）深入查找问题，全面彻底整改。成立专门机构，印发实施方案，通过广泛听取意见，认真检视反思、深入谈心谈话，共查找到能力作风方面短板弱项30余项，各支部建立问题台账，逐一制定整改措施，明确责任人和整改时限。通过精准施策、靶向治疗，解决了河南省南水北调配套工程安全管理工作中的问题，强化了运行管理中的薄弱环节，改进了一批干部作风的突出问题，做到了"攻坚克难、落地见效"，推动全处同志实现了能力大提升、作风大转变。

3. 聚焦作风建设，深入推进全面从严治党

（1）扛稳主体责任。中心党总支书记带头履行全面从严治党主体责任，牵头制定"全面从严治党责任目标台账"，细化任务，量化指标，进一步明确责任。主持召开党风廉政建设专题会议4次，听取党风廉政建设工作专题汇报5次，总结工作，细化任务。每季度跟踪检查责任落实情况，确保全面从严治党压力传递到每位干部、每名党员，形成了一级抓一级、一级带一级、层层抓落实的工作格局。党总支领导班子成员认真履行"一岗双责"，定期听取分管部门党风廉政建设工作汇报，经常性与职工谈心谈话和廉政提醒，经常性参加各类党建活动。

（2）强化警示教育。中心党总支和5个建管处党支部组织党员观看《红色通缉》《永远在路上》等专题警示教育片；组织参观内乡县衙、河南省廉政文化教育中心；邀请河南省纪委监委政策研究室专家授课等，采取多种形式进行廉政教育。以"省水利厅移民安置处原副处长严重违纪违法"等身边典型案例开展以案促改5次，组织召开郑州"7·20"特大暴雨灾害追责问责案件以案促改专题组织生活会6次，组织党员干部揽镜自照，深度查摆，认真整改，持续营造良好政治生态。

4. 压实主体责任，突出抓好新时代意识形态工作

（1）严格落实意识形态工作责任制。牢牢掌握工作领导权和主动权，全面加强意识形态教育和引导。2022年，5个建管处领导班子成员和中心党总支委员共与职工谈心谈话150余人次，随时掌握大家在机构改革、双向选岗过程中的思想动态，辨析突出问题，分清主流支流，针对性引导重大事件、重要情况、重要社情民意中的苗头性和倾向性问题，引导大家树立正确的国家观、民族观、历史观、文化观。

（2）加强对网络阵地的管控。办好用好"河南省南水北调"网站，发挥网站平台信息内容管理第一责任人作用，严格落实信息采集、审核、发布、更新制度，保证发布信息的安全、准确、及时和有效，防范化解各

种风险隐患，营造清朗网络空间。加强微信工作群的管理，不允许群成员发布和讨论与工作无关的话题，严禁发布与国家法律法规、制度、政策相抵触的言论，禁止谈论敏感话题。建立规范的信息发布机制。

（3）加强意识形态工作日常管理。通过开展爱国主义、诚实守信、良好家风等主题宣传实践活动，推进社会主义核心价值观教育。聚焦党的二十大等重大时间节点，落实意识形态风险隐患排查、定期研判和预警提示机制，推动意识形态工作融入日常、抓在平常，守好意识形态阵地，切实维护政治安全稳定。

5. 聚焦组织建设，努力锻造高素质党员队伍　推进"四强支部"建设，设立党群活动室，打造"党建文化墙"，组织党员前往豫西抗日根据地纪念馆等红色教育基地接受教育，到南水北调干部学院开展职业道德培训。以"互联网＋党建"模式，规范微信学习群，打造"移动课堂"。2022年1月，各建管处党支部共有8名党员投入到核酸检测秩序维护、卡口值守等志愿服务中。5月，13名党员主动到居住地所属社区报到，加入居住地社区临时党支部，就地转为社区志愿者，配合社区工作人员科学有序开展新冠疫情防控志愿服务。他们的工作态度和无私奉献精神受到了社区工作人员和广大群众的一致好评，展示了南水北调人的良好社会形象。

（刘晓英）

【精神文明建设】　2022年，河南省南水北调建管局郑州建管处深入贯彻落实习近平总书记"5·14"讲话精神，围绕中心服务大局，持续完善精神文明建设工作机制，深入开展群众性创建活动，形成了常态化的创建工作格局，提升了全处干部职工的文明素质，为保障南水北调"三个安全"，助推河南省经济社会高质量发展贡献了应有力量。

1. 强化领导、齐抓共管，在完善机制中保障文明创建

（1）思想上重视。始终把精神文明建设工作列入重要议事日程，做到与党务、业务工作同部署、同检查、同考核、同奖惩。支部书记定期听取情况汇报，亲自研究解决创建工作中遇到的困难和问题。

（2）健全组织机构。2022年成立支部书记任组长的精神文明建设工作领导小组，配备了1名专职人员和2名兼职人员，成立3个工作组，明确具体工作职责，加强创建工作的组织推动。

（3）落实工作责任。2022年年初制订创建工作方案，明确工作任务、目标、要求、责任人和完成时限，实行台账制管理；建立月初提醒、月末通报制度。通过推进会、现场检查指导等措施推动工作落实。在全处形成领导带头，各组各司其职，人人参与创建、关心创建的工作格局。

2. 政治引领，多面发力，在夯实根基中提升文明创建

（1）强抓学习型机关建设。2022

年年初制订理论学习计划，严格落实周学习制度，确保人员、时间、地点、内容"四落实"。以开展党史学习教育为契机，以开展"7·20"特大暴雨灾害追责问责案件以案促改工作为主要抓手，通过个人自学、集体研讨、知识答题和观影等丰富多彩的形式，不断加强干部职工理想信念教育、党风廉政教育。组织赴豫西抗日根据地纪念馆、白居易家风家训馆参观学习。开设"文化大讲堂"，邀请专家讲授国际形势、政策法规、文化传统知识等。

（2）扎实推进职业道德建设。按照《公民道德建设实施纲要》，制订干部职工培训计划，通过组织观看"感动中国"、举办《安全生产法》知识答题活动、身边好人宣传学习、水利精神宣贯会、"水利基础设施项目投融资理论与实务"专题培训和评先评优等活动，培育干部职工爱岗敬业、诚实守信、办事公道、热情服务、奉献社会的高尚职业道德情操。2022年2人分别获河南省水利厅2021年"文明职工""优秀志愿服务工作者"称号；4名干部职工、2个家庭分别获河南省南水北调建管局2021年"文明职工""优秀志愿服务工作者""文明家庭"称号；同时对获奖的先进个人进行了表彰宣传，把学习宣传过程变成促进干部职工道德养成的过程，进一步加强干部职工社会主义核心价值观教育。

（3）大力倡树文明新风。组织学

习习近平生态文明思想，深刻领悟习近平生态文明思想的科学性、真理性、时代性和实践性，引导干部职工自觉做习近平生态文明思想的坚定信仰者和忠实践行者。通过开展"文明观影"、"文明旅游"、"文明餐桌"、《河南省文明行为促进条例》和"静音广场舞"等文明健康生活方式宣传教育实践活动，持续促进干部职工文明礼仪养成。组织开展"诚信，让河南更加出彩"宣传教育活动，开展诚信践诺及自查行动，促使干部职工自觉践行《河南省文明诚信公约》，培养诚信理念、规则意识和契约精神。开展《中华人民共和国民法典》核心要义与法律风险防范专题教育讲座，增强干部职工尊法、学法、守法、用法意识。

3. 多措并举、示范带动，在落细落小中彰显文明创建

（1）持续开展学雷锋志愿服务活动。组织开展义务植树、清除白色垃圾、全城大清洁等以关爱自然为主题的志愿活动；组织开展文明交通、慰问社区基层工作人员、下沉社区助防控等以关爱他人为主题的志愿活动；组织开展义务献血、"援护抗疫"物资搬运、社区共建共治等以关爱社会为主题的志愿活动；同时开展志愿河南App网上注册、任务发布和志愿兑换服务，在职干部职工和在职党员注册率均达100%，活动参与率达100%。

（2）开展群众性文体活动。组织开展"我们的节日"主题活动，传承和弘

扬民族优秀传统文化。组织妇女节趣味运动会、读书交流和全民健步走等活动。组建乒乓球、羽毛球业余爱好者微信群，定期开展交流活动，相互促进，激发干部职工干事创业的热情。

（3）营造浓厚文化氛围。在党群活动室设计制作 6 面党史教育文化墙，营造了学史明理、学史增信、学史崇德、学史力行的浓厚氛围；在一楼大厅安装大屏幕电子显示屏，在职工花园打造社会主义核心价值观宣传雕塑，广泛开展习近平新时代中国特色社会主义思想宣传教育；在办公楼外设置 12 块固定宣传栏，用于创建工作和活动的宣传展示，定期更新；发布精神文明建设专栏简报、信息 30余条，营造浓厚创建氛围。

4. 立足职能、担当作为，在服务民生中深化文明创建

（1）巩固脱贫成果，助力乡村振兴。面对 2022 年新冠疫情，主动作为、勇于担当，服从防疫工作大局，向肖庄村捐赠口罩、消毒湿巾等防疫物资，深入疫情防控第一线，引导村民理性应对疫情，增强防范意识。开展山洪灾害和防溺亡宣传活动，组织志愿者进村入户发放宣传品，向村民讲解有关山洪灾害防御知识，增强了群众对山洪灾害防御的自救意识和互救能力。

（2）加强节水宣传，助力资源节约型社会建设。结合南水北调实际，开展"世界水日""中国水周"志愿宣传活动，大屏幕播放节水宣传片，

深入周边小区发放节水宣传单；组织部分干部职工到刘湾泵站开展水资源生态保护实践活动，现场讲解节水知识，宣传节水理念，引导全社会增强节约水资源、保护水生态的思想意识和行动自觉。

（3）落实安全责任，助力维护社区平安稳定。联合社区开展暑期防溺水安全教育，向社区周边居民讲解防溺水知识，在社区周边悬挂宣传标语，发放宣传单，增强市民安全意识，提高安全防范能力，避免溺水事故发生。开展全省南水北调配套工程安全隐患大排查大清理和站区环境卫生专项整治活动，营造和谐、优美、文明、整洁的工作生活环境，筑牢供水"生命线"，保障供水安全。不断加强运行管理规范化、标准化建设，积极运用大数据、物联网、云技术等新兴技术手段，提升工程管理现代化水平，保证了工程安全平稳运行，南水北调综合效益远超预期。（薛雅琳）

湖　北　省

【政治建设】（1）强化基层组织功能。加强党支部标准化规范化建设，落实"支部建在处（科）室、处（科）长担任书记"机制，选优配强机关基层党组织书记。湖北省水利厅直单位打造"五先"党建品牌、争创"六强"红旗支部蔚然成风。加强换届提醒督促，指导富水等 29 家基层党组织换届选举。严格落实政治审查

制度，发展党员 145 名。完成 4 批次党建问题整改。

（2）强化党员队伍建设。严肃党内政治生活，落实双重组织生活制度。湖北省水利厅党组书记、厅长廖志伟带头给全厅党员讲警示教育党课，开展"喜迎二十大　奋进新征程"等主题党日 12 次。落实定期轮训、任职培训制度，全厅举办各类培训达 1.2 万人次。3 名专职党务工作人员被交流提拔。

（3）强化实践活动牵引。扎实开展"一下三民"实践活动，湖北省水利厅收集任务清单 206 件，已全部完结销号。深入开展"共同缔造"活动，全厅 2935 名党员参加志愿服务 14833 次，投资近 20 万元支持中建社区"共同缔造"建设。千方百计为企业纾困解难，为 22 家企业解决问题 110 个，办结率达到 95.6%，反馈满意率达到 100%。开展农村安全饮水提标升级工程，79 个提标升级工程累计完成投资 53 亿元，改善农村供水受益人口 621 万人。湖北省水利厅被评定为 2020—2021 年度湖北省直机关"党建工作先进单位"。

（湖北省水利厅）

【党风廉政建设】 （1）全面打造清廉机关。以清廉机关建设为抓手，认真开展第 23 个党风廉政宣教月活动。湖北省水利厅在"扣好廉洁从政第一粒扣子"省直机关青年干部主题征文活动中荣获优秀组织奖。湖北省直第一次清廉机关建设交流推进会指定在湖北省水利厅召开，清廉建设工作法和工作典型案例双双入选大会交流。

（2）持续深化政治监督。湖北省水利厅党组开展对 3 家厅直单位党委政治巡察及意见反馈并督促做好问题整改，率先完成十一届湖北省委任期内党组政治巡察工作全覆盖目标。

（3）严格执行监督纪律。及时受理信访举报件 12 件，湖北省水利厅直系统 2022 年查处 9 名干部违规违纪行为，给予党纪政务处分 7 人、诫勉 2 人。强化以案示警、以案促改、以案促建、以案促治，推进标本兼治。

（湖北省水利厅）

【作风建设】 （1）严格落实中央八项规定。持续整治形式主义、官僚主义问题，加强对开会、发文、督查检查考核事项的统筹审核、备案、通报，全面清理取消 QQ、微信工作群，加强"水利蓝信＋"工作群备案管理。坚决纠治婚丧喜庆大操大办不正之风，依规依纪对操办喜庆事宜进行报备监督。

（2）加强作风建设监督检查。加强对贯彻落实习近平总书记"节水优先、空间均衡、系统治理、两手发力"治水思路的监督检查，加强对换届纪律风气的监督。严格执行公务接待、公车管理、办公用房、操办婚丧喜庆事宜等相关规定，严肃查处违规吃喝、餐饮浪费、违规收送礼品礼金、滥发补贴津或福利等行为。

（3）扎实推进巡视反馈整改。完成2022年湖北省委巡视"回头看"和省委营造"三个环境"专项巡视工作，全力抓好问题整改。湖北省委巡视"回头看"反馈意见150个问题全部整改完成，省委营造"三个环境"专项反馈按整改方案序时推进。完成湖北省纪委监委《纪检监察建议书》和驻湖北省水利厅纪检监察组有关监督意见的整改工作。（湖北省水利厅）

【精神文明建设】 湖北省水利厅通过举办培训班、召开推进会，推动水利系统精神文明建设开创新局面。打造精气神，推出水利人，"最美水利人"康玉辉、身边优秀共产党员杨小伟等先进事迹被《中国水利报》刊登。5家湖北省水利厅直属单位文明创建经验入选第二届水利系统基层单位文明创建案例，湖北省水利厅经验被湖北省文明委简报第16期登载。

（湖北省水利厅）

山 东 省

【政治建设】

1. 党的政治思想建设

（1）强化政治机关意识。坚持树牢政治机关意识，召开山东省水利系统全面从严治党暨党风廉政建设会议，制定并严格落实各级党组织和领导干部党建责任清单，出台推动党史学习教育常态化长效化的若干措施，严格落实加强干部队伍政治能力建设若干措施，组织开展强化政治机关意识教育系列活动，深入学习宣传贯彻党的二十大精神，引导党员干部树牢"四个意识"，坚定"四个自信"，坚决做到"两个维护"，坚定拥护"两个确立"。

（2）强化政治理论学习。深入学习习近平新时代中国特色社会主义思想，全面学习宣传贯彻党的二十大精神和山东省第十二次党代会精神，深化党史学习教育常态化长效化，研究制定学习安排，持续完善"第一议题"制度，引导各级党组织和党员干部职工第一时间学、全面系统学、对标对表学。坚持发挥山东省水利厅党组领学促学作用，组织13次厅党组中心组学习，对山东省水利厅直属单位中心组学习列席旁听全覆盖。深入开展党建工作调研，着力提升支部建设水平，调研报告《发挥垂直与属地双重管理优势加强山东水利驻济外党组织建设研究》获2022年度山东省机关党建优秀研究成果一等奖，山东省水利厅在全省机关党建课题交流会议上介绍经验，工作成果入选中央和国家机关工委《旗帜》杂志社创新案例选编。

（3）压实管党治党责任。制定年度责任清单，山东省水利厅领导带头落实责任，定期报告履行管党治党责任情况，自觉参加双重组织生活，带头讲党课、谈心谈话等，为各级领导干部作出表率。山东省水利厅党组书记党课入选山东省直属优秀案例选编。加强基层落实责任情况督导，定期召开党建工作推进交流会，推动责任落实。

（4）严格落实意识形态工作责任制。修订完善意识形态工作办法，成立工作领导小组。持续加强意识形态工作，建立完善责任落实工作机制，强化意识形态阵地管理，及时处置舆情风险，积极开展加强网络安全学习宣传活动，坚决守牢守好水利意识形态防线。　　　（柴均章　丁如科）

2. 党的组织建设

（1）深入开展模范机关建设。坚持深化模范机关建设，全面推进"六大行动"，开展"'走在前列　全面开创''三个走在前'我在行动"主题活动，评选表彰 16 个表现突出集体，深化省、市、县"三级联动"，推动系统模范机关建设水平整体提升，在全省模范机关建设工作现场推进会议上作典型发言。

（2）严肃党内政治生活。严格落实"三会一课"、谈心谈话、主题党日等组织生活制度。组织开展"我来讲党课""我和我支部"活动，评选推荐优秀党课 17 部、2 部优秀视频在省直机关展播。组织开展党的组织生活规范月、党内法规宣传月、庆"七一"系列活动强化政治机关意识教育等主题活动、组织全省水利系统党务干部技能比武，打造"鲁水先锋"党建品牌，取得显著成效。编印党建工作实用手册，梳理工作规程 15 项，下发文书模板 130 个。

（3）严格党员教育管理监督。制订党员教育培训计划，组织厅级、处级干部参加省委轮训 4 期，分层次举办党组织书记、党务干部、新发展党员和处级干部专题培训班。组织开展线上专题学习、知识竞赛等活动，为党员干部职工配发学习教育用书 2000余册。规范提升发展党员工作，新发展党员 21 名。为老党员发放"光荣在党 50 年"纪念章 16 人次，走访慰问生活困难党员、老党员、因公牺牲党员亲属等 186 人。

（4）强化党建联系工作制度。以"我为群众办实事"为抓手，组织厅有关处室单位到联建村实地解决帮扶问题，聚力解决群众急难愁盼所需，筹措资金 200 万元，为联建村实施坑塘治理、饮水安全提升、农田灌溉、建设文化长廊和援助新冠疫情防控物资；组织开展各种形式的"双报到"志愿服务活动，主动对接驻地社区，助力社区疫情防控，为社区捐赠 17.11 余万元疫情防控物资，组织参与志愿服务 1980 余人次、进社区开展活动 378 余次、走访慰问困难群众 144 余人次，为社区办实事和解决问题 98 件次。　　　（柴均章　丁如科）

【机构改革】　根据《中共山东省委山东省人民政府关于山东省省级机构改革的实施意见》（鲁发〔2018〕42 号）精神，将山东省南水北调工程建设管理局并入山东省水利厅，其承担的行政职能一并划入山东省水利厅。山东省水利厅加挂山东省南水北调工程建设管理局牌子。

山东省水利厅《关于印发山东省水利厅机关各处室主要职责的通知》（鲁水人字〔2019〕13号）明确厅有关处室关于南水北调工作的相关职责。南水北调工程管理处有在职人员12人。 （周韶峰 徐妍琳）

【党风廉政建设】 （1）推进作风建设。驰而不息纠"四风"树新风，制定整治形式主义官僚主义问题为基层减负21条硬性措施，开展加强干部队伍作风建设专项行动，倡树"严真细实快"工作作风。坚持把党的纪律挺在前面，明确加强新时代廉洁文化建设20条措施，梳理排查廉政风险点，开展常态化警示教育，对系统典型案例通报曝光，切实发挥震慑作用。

（2）强化政治监督。坚持"三不"一体推进，强化黄河流域生态保护和高质量发展重点领域和关键环节纪检监督，严肃查处腐败案件。强化各级纪委建设，出台领导干部插手干预重大事项记录、规范运用监督执纪"第一种形态"、容错纠错和澄清保护等系列制度，开展纪检干部培训，工作制度化、标准化、规范化程度不断提升。 （柴均章 丁如科）

【精神文明建设】 深化文明单位建设，常态化开展先进典型选树和学习宣传活动，征集山东省水利系统基层单位文明创建、水工程与水文化有机融合案例36个，1名青年职工被选树为"齐鲁最美青年"。大力弘扬社会主义核心价值观，积极开展"道德模范""最美水利人"等先进典型评选和"青年文明号""工人先锋号"创评，其中1人获省直机关工委"诚实守信"道德模范称号，在全厅营造学有榜样、干有标杆的良好氛围。组织开展线上党建成果展，营造积极向上、担当作为的浓厚氛围。开展"我们的节日"系列活动，弘扬中华民族优秀传统文化。开展"关爱山川河流 守护国之重器"志愿服务活动，切实维护水利工程安全、供水安全、水质安全，守护好国之重器。在全国水利精神文明建设会上作典型发言。

深入推进"五为"志愿服务，向驻地捐赠新冠疫情防控物资，组织1200余名党员志愿者加入疫情防控阻击战，以实际行动践行共产党员的初心使命，擦亮"鲁水先锋"党建品牌。 （柴均章 丁如科）

江 苏 省

【政治建设】 江苏省南水北调办公室党支部为江苏省水利厅机关党委直属党支部，截至2022年年底共有党员14人。

把新思想学习作为政治理论学习的主要内容牢牢抓住、久久为功，坚持把学习贯彻党的二十大精神转化为确保南水北调工程"三个安全"、充分发挥工程综合效益、推进后续工程高质量发展、加快构建"国家水网"的强大力量。坚持用习近平新时代中国特色社会主义思想武装头脑、指导实践，弘扬"忠诚 干净 担当 科学 求实 创新"的水利行业精神，注重对党员干部职工思想动态和调水舆情开展分析研判，增强党员干部做好保密工作的自觉性、主动性。

（宋佳祺）

【组织机构及机构改革】 江苏南水北调省级层面组织机构为江苏省南水北调办公室，挂靠江苏省水利厅；调水沿线地级市均设立相关机构，江苏水源公司履行南水北调东线江苏境内工程项目法人职责，并负责工程运行管理。

1. 江苏省南水北调办公室 2004年3月，江苏成立江苏省南水北调办公室，作为江苏省南水北调工程建设领导小组的日常办事机构，挂靠江苏省水利厅；2014年11月，江苏省南水北调办公室增挂江苏省南水北调工程管理局牌子。2019年机构改革后，江苏省南水北调办公室保留原有建制。截至2022年年底，江苏省南水北调办公室核定编制20人、实有编制13人。

2. 沿线地方职能部门 扬州市水利局增设南水北调处，徐州市整合重组成立南水北调工程管理中心，淮安市在水利工程建设管理服务中心增挂"南水北调工程建设服务中心"牌子，宿迁市成立南水北调工程建设管理中心。

3. 江苏水源公司 2004年，原国务院南水北调工程建设委员会和江苏省人民政府批准成立江苏水源公司，注册资本20亿元。建设期内，履行南水北调东线江苏境内工程项目法人职责；工程建设完成后，参与江苏南水北调新建工程运行管理。

（宋佳祺）

【干部队伍建设】 江苏省南水北调办公室核定编制20名，截至2022年年底，实有人数14名，其中处级以上9人、科级以上5人。

1. 支部组织建设 2022年7月按程序召开支部大会，完成新一届支部委员会换届选举，1名同志发展为预备党员。

2. 行政队伍建设 1名处级干部晋升二级巡视员，完成2名科级干部职级晋升，处级干部按时完成网络课堂学习。

（宋佳祺）

【党风廉政建设】 牢固树立管行业就要管党风廉政建设的理念，保持"两个永远在路上"的坚定。

1. 学习重要要求 坚持"第一议题"制度，先后开展理论学习和专题研讨6期，重点学习党的二十大报告和新修订的《中国共产党章程》以及《习近平关于党风廉政建设和反腐败斗争论述摘编》《中国共产党纪律检查委员会工作条例》等内容。

2. 落实监督责任 认真履行管党治党和党风廉政建设主体责任，切实把党风廉政建设同分管工作同部署、同检查、同落实、同考核；规范党建信息发布审核管理，切实加强党员干部政治言行管控。

3. 廉政警示教育　集中观看警示教育片，传达中央纪委、江苏省纪委通报的违反中央八项规定精神典型问题，重申作风建设具体要求和纪律条文，关注"四风"问题隐形变异事项，多次开展法纪、保密、安全生产等专题学习。　　　　（王其强）

【作风建设】　江苏省南水北调办公室严格遵守中央八项规定和省委十项规定精神，全员严格执行个人重大事项报告制度，出差严格按照标准执行。2022年，江苏省南水北调办公室无人受到纪律函询和信访投诉，年内妥善处理处置入江水道洪金段船民反映问题、金宝航道刘圩段1号码头隐患等群众关注事项。　（宋佳祺）

【精神文明建设】　江苏省南水北调办公室党员干部主动参与"慈善一日捐"活动，拿出一日工资用于捐助，为慈善事业贡献力量；8小时外，党员自发利用闲暇时间义务参加社会新冠疫情防控、老兵慰问、孤残儿童慰问等公益活动。　（宋佳祺）

项目法人单位与运行管理单位

中国南水北调集团有限公司

【政治建设与组织建设】　（1）举旗定向，全面加强思想政治工作。聚焦学懂弄通做实习近平新时代中国特色社会主义思想，2022年共组织党组理论中心组学习11次，增强捍卫"两个确立"、践行"两个维护"的政治自觉。修订完善党组理论中心组学习制度，对各部门各单位党组织开展旁听巡听16次，促推各级理论武装质效整体提高。制定实施党组思想政治工作责任清单，南水北调集团党组召开2次思想政治和意识形态工作专题会，压紧压实各级主体责任。

（2）实干为民，推进党史学习教育常态化长效化。将巩固拓展党史学习教育成果、推动党史学习教育常态化长效化列入党组思想政治工作责任清单、全面从严治党责任清单，引导各级牢记初心、不忘使命。抓好中线穿黄工程、陶岔渠首枢纽工程等爱国主义教育基地建设，强化以史为鉴、资政育人功能。接续推进调水补水、引江补汉、乡村振兴等11个"我为群众办实事"项目，增强各级"调水为民、治水兴邦"的使命担当。

（3）思想引领，深入学习贯彻党的二十大精神。南水北调集团党组制订学习宣传贯彻工作方案，明确32项重点任务。组织干部职工参观"奋进新时代"主题成就展。组织收听收看党的二十大开幕会并作交流研讨。召开南水北调集团干部职工大会，激励各级以党的二十大精神为引领，奋力开辟南水北调和国家水网事业高质量发展新局面。南水北调集团党组举办3期理论中心组学习研讨暨专题读书班，务求学深悟透、融会贯通。党的二十大代表、党组成员、各级党组织书记和青年宣讲团深入基层一线开展宣讲，推动党的二十大精神深入人心、见行见效。成立专项督导组，积极参加各级党组织专题学习、交流研讨、"三会一课"等，确保党的二十大精神在南水北调落地生根。

（4）强根铸魂，全面加强基层组织建设。深入学习贯彻习近平总书记关于国有企业党的建设重要论述，制定党建工作责任制实施办法、党建工作考核评价办法及直属党委工作规则，完善领导干部党建工作联系点机制。落实"两个一以贯之"，实施"党建＋"工程，制定企业党组织集体研究把关重大事项指导意见，推进党建工作与经营管理相融互促。坚持大抓基层鲜明导向，推动7个子公司成立党组织，推进基层党组织标准化规范化建设，6个基层党组织入选中央和国家机关"四强"党支部，基层党组织建设实践研究获水利部年度党建课题研究二等奖。举办基层党建工作培训班，有力有效促进党务干部本领提升。2022年新发展党员191名，严格落实"三会一课"、谈心谈话等制度，以多种形式开展组织生活会和民主评议党员工作。　　（郭莹）

【组织机构及机构改革】　结合南水北调集团发展实际，修订并正式印发施行南水北调集团总部"三定"，进一步构建优化协同高效的机构职能体系；推动成立南水北调集团外事领导小组等10个相关议事协调机构，进一步推进业务有序开展和规范运作。理顺工作机制，提升管理效能，配合完成东线公司和中线公司改制工作，及时调整批复其"三定"方案，保障东中线工程安全平稳运行；围绕服务加快推进后续工程规划建设，及时成立西线工程前期工作领导小组和引江补汉工程筹备组，指导江汉水网公司编制并批复其"三定"方案，助力首个后续工程开工建设；锚定"三个一流"目标，聚焦主责主业，积极推动生态环保、水网智科、文旅发展、中原区域总部、新渤海公司等二级单位组建，指导水网水务和新能源公司编制并批复其"三定"方案；组建新闻宣传中心，印发其"三定"方案并完成人员转隶。配合国资委、水利部制定印发南水北调集团划转国资委接收工作方案，为平稳有序做好划转接收工作打下基础。2022年12月31日，南水北调集团列入国资委履行出资人职责企业名单。截至2022年年底，南水北调集团已有9家全资子公司、2家直属机构、1家区域总部、1家控股子公司和1家参股子公司等14家下属单位，组织机构已成一定体系。

　　（周毅群）

【干部队伍建设】　成立人才工作领导小组，编制印发《集团公司"十四五"人才发展规划》，为南水北调集团人才发展提供基本遵循。积极推进干部队伍建设，选调47人参与南水北调集团总部和二级单位组建，同时不断加大选人用人市场化程度，组织开展370余人的公开招聘工作，有效充实人员力量。稳妥推进干部选拔任用工作，严格标准，规范程序，落实"凡提四必"，2022年共开展15批干部选拔任用工作，共选拔任用干部171人次，其中副职级以上干部提任28人、处级干部提拔25人。建立健全子公司法人治理结构，全年配备子公司董事会经理层成员55人次。坚持做好干部监督管理，印发《集团公司领导干部兼职管理办法》和《集团公司领导干部因私出国境管理办法》，开展靠企吃企、领导干部近亲属在系统内工作专项监督检查工作。制定《集团公司干部教育培训学时管理实施细则》和《集团公司干部教育培训质量评估管理实施细则》，印发年度培训计划，南水北调集团总部2022年共举办39个培训班，受训1869人次。经人社部批复，完成工程系列正高级职称评审委员会组建备案工作。组织中线公司申请设立博士后科研工作站并成功获批，成为南水北调集团设立的首个国家级人才培养平台。截至2022年年底，南水北调集团在职人数已达4700余人，一支素质优良、支撑有力的人才队伍已具一定规模。

（闫蓉　卢文灏）

【纪检监察工作】

1. 聚焦"两个维护"，强化政治监督

（1）把学习宣传贯彻党的二十大精神作为首要政治任务，带动各级纪检机构加强对企业党组织学习贯彻情况的监督，坚决防止走过场、搞形式。

（2）对"5·14"重要讲话精神贯彻落实情况开展"回头看"，及时发现问题、提醒纠正，保障后续工程首个项目"引江补汉工程"顺利开工，东、中线总体思路有效落实。

（3）认真贯彻总体国家安全观，以"四不两直""实战化"方式开展安全专项监督，对中线防洪加固和水毁项目开展监督，夯实高质量发展的安全基石。

（4）坚持前瞻性思考、预判性工作，推动精准落实新冠疫情防控政策，统筹疫情防控和企业经营发展。

2. 紧盯"关键少数"，压紧政治责任

（1）强化对"一把手"和领导班子的监督，与党组开展全面从严治党专题会商2次，常态化约谈党组管理干部62人次，对22名新任党组管理干部进行集体廉政谈话。

（2）2022年回复党风廉政意见183人次，依规依纪对有关干部使用提出否定或暂缓使用意见，坚决防止带病提拔、带病上岗。

（3）把青年工作作为战略性工程来抓，推动印发《关于加强新时代青年干部教育管理监督的意见》。2022年查处6名年轻干部违纪违法问题，向党组发出纪律检查建议书。

（4）开发年轻干部廉洁教育课程，为新入职员工和重点岗位人员授课 4 次，引导扣好廉洁从业的"第一粒扣子"。

3. 一体推进不敢腐、不能腐、不想腐

（1）以零容忍态度惩治腐败。各级纪检监察机构立案 11 件、处分 9 人，相关单位根据纪检机构意见处分非党员 1 人。对落实管党治党主体责任的有关单位严肃问责。

（2）把反腐败防线前移。开展招标采购专项监督，针对发现的问题制发监察建议，推动健全完善招采机制。督促加强对供应商的约束管理，对存在"围猎"行为的依法清退并纳入"黑名单"。

（3）做好以案示警、以案释纪。协助召开警示教育大会，通报查处的典型案例，以身边事教育身边人。制作廉洁漫画推文，举办廉洁文化成果展，做好节日廉洁提醒，推动作风建设化风成俗、形成习惯。

4. 创新体制机制，构建大监督格局

（1）不断健全完善纪检专责监督体系。认真落实派驻机构工作规则精神，强化对下级纪委工作的领导、指导。制定加强基层单位纪检监督的意见，推动解决控股或参股但实际控制的基层单位监督难题。

（2）加强公司内部监督主体贯通协同。建立党风廉政建设和反腐败工作协调小组"1＋7＋N"工作机制，2022 年召开 4 次会议，推动解决问题。制定纪检监察监督、巡视巡察监督与审计监督配合机制，推动"三项监督"贯通协同。

（3）做深做实"组地""组组"协作。与天津、河北、湖北等 3 省（直辖市）纪委监委建立协作机制，与中国电建纪委签署廉洁共建协议。聘请 3 名特约监督员。组织召开引江补汉廉洁共建联席会，强化廉洁风险联防联控。

5. 从严从实加强纪检监察干部队伍建设

（1）坚持上下"一盘棋"，狠抓政治建设，带动南水北调集团纪检监察干部深入学习习近平新时代中国特色社会主义思想，确保思想统一、步调一致，对党绝对忠诚。

（2）坚持内部挖潜，推行"人人上讲台"机制，举办纪委书记学习交流会，开展应知应会知识测试，以及通过以干代训、实战练兵等机制，分层分类对南水北调集团纪检监察干部做到全员培训。

（3）坚持把"三不腐"一体推进理念贯穿自身建设，修订议事决策规则，制定履职负面清单，制定党风廉政意见回复办法，加强内部监督制约。

（4）严把纪检监察干部准入关，对 1 名不适宜担任基层企业纪委书记的人选建议提出否定意见。　　（冯辉）

【党风廉政建设】　扛牢责任，纵深推进党风廉政建设和反腐败工作。南水北调集团党组召开 2 次全面从严治党会商会、2次全面从严治党专题会、党内法规执行和制度建设专题会议等，印发《全面从严治党2022年度重点任务清单》并动态调整，深化细化"四责协同"，压紧压实全面从严治党责任工作机制。组织开展"建功新时代，喜迎二十大"习近平总书记重要指示批示精神再学习再落实再提升主题活动，持续推动习近平总书记重要指示批示精神在集团落地生根。学习贯彻《纪检监察机关派驻机构工作规则》，深入开展靠企吃企问题专项整治"回头看"和警示教育，制定出台加强新时代青年干部教育管理监督意见、推进"水清人净"廉洁文化建设实施意见和直属纪委工作规则，持之以恒推动全面从严治党向纵深发展、向基层延伸。2022年8月26日，中央纪委常委、国家监委委员相关领导同志莅临南水北调集团调研，对集团全面从严治党工作给予充分肯定。

（郭莹）

【精神文明建设】 成立南水北调集团精神文明建设领导小组及办公室，统筹推进精神文明和企业文化建设，采取问卷调查、座谈交流、专题研讨等方式，群策群力、集思广益，初步凝练形成企业战略使命、目标愿景、核心价值理念等。制作纪录片南水北调集团创建纪实第1辑《筑巢》，生动反映南水北调集团初创期干部职工艰苦奋斗、团结向上的精神风貌。报送的"深度挖掘南水北调内涵，打造水情教育特色品牌"入选水利部第二届基层单位文明创建案例。锚定"三个一流"目标，对接南水北调集团"十四五"规划，编制企业文化建设专项规划（2023—2025），统筹推进文化铸魂、文化融合、文化赋能三项工程，夯实南水北调和国家水网事业高质量发展的文化根基。 （郭莹）

南水北调中线水源有限责任公司

【政治建设】 2022年，中线水源公司临时党委（以下简称"公司党委"）以习近平新时代中国特色社会主义思想为指导，认真学习宣传贯彻党的二十大精神，全面落实习近平总书记关于全面从严治党重要论述精神和新时代党的建设总要求，坚持以党的政治建设为统领，认真贯彻落实党中央和水利部、长江委党组各项决策部署，扛牢抓稳管党治党主体责任，坚定不移推动全面从严治党向纵深发展，为公司高质量发展提供了坚强保障。

1. 坚定政治站位 公司党委坚持把党的政治建设放在首位、作为统领，制定落实"第一议题"学习制度，把学习领会习近平总书记重要讲话和指示批示精神作为党委会"第一议题"，第一时间学习领会、研究部署、贯彻落实。以党委理论中心组学习、"第一议题"制度和支部主题党日为抓手，及时跟进学习习近平总书记重要讲话、重要指示批示精神和上级党组织重大决策部署。组织党员干部职工及时收听收看党的二十大开幕会盛况，及时传达大会精神，制定改进工作清单，将学习成效转化为厘清思路、推动发展的具体举措，2022年组织开展党委理论学习中心组集中学习14次，各基层党支部开展集中学习80余次，扎实推动党的二十大精神在公司落地生根。切实发挥把方向、管大局、保落实作用，健全党委前置研究讨论重大经营管理事项制度，把坚持和加强党的领导贯穿到公司治理全过程、各环节。持续推进党史学习教育常态化开展、长效化落实，认真开展"我为群众办实事"实践活动。制定公司巩固深化党史学习主题教育成果的具体措施，引导党员干部增强拥护"两个确立"、做到"两个维护"的思想自觉和行动自觉。

2. "党史学习"主题教育　召开党史学习教育专题民主生活会，制定29项整改任务，抓好整改落实。持续深化巡视巡察整改成果，按照职责范围切实履行整改责任，水利部党组巡视长江委涉及公司问题的3项任务及长江委党组巡察反馈问题50项具体措施全部完成，从严从实完成"巡察整改后评估"公司各项工作任务。全年组织召开党委会5次，研究公司发展、党的建设、干部任用、重大项目等有关议题30项。坚持党对意识形态工作的绝对领导，党委集中学习习近平总书记关于意识形态工作重要论述，将意识形态工作纳入公司党委会

专题研究，向上级党组织报送全年意识形态工作情况，并在公司范围内进行通报，不断完善意识形态工作体制机制。　　　　　　　　　（朱云昊）

【组织机构及机构改革】　2022年8月，依据《长江水利委员会关于南水北调中线水源有限责任公司增设技术发展部的批复》（长人事〔2022〕451号），公司调整内设部门，组建成立技术发展部。调整后公司内设办公室、计划部、财务部、党群工作部（人力资源部）、技术发展部、工程管理部、供水管理部、库区管理部8个部门。

截至2022年年底，中线水源公司实配部门领导17名。其中，部门正职7名，按正处级干部配备；部门副职8名，按副处级干部配备；公司设纪委副书记1名、副总工程师1名，均按正处级干部配备。　（朱云昊）

【干部队伍建设】　中线水源公司坚持以"对党忠诚、勇于创新、治企有方、兴企有为、清正廉洁"为标准，不断加强公司领导层及中层管理人员政治素养和业务素质能力建设，持续优化干部人才队伍结构，不断提升公司整体战斗力。开展编纂《长江委组织史》中线水源公司部分相关工作，全面系统反映公司党的组织建设和干部队伍建设的历史。加强领导干部廉政信息建设，做好廉政鉴定、廉政考试工作，完善廉政档案，把好选人用人政治关、廉洁关、形象关。配合上级开展1名副局级干部试用期满考核

工作、1名委管正处级干部推荐与考察工作；调整使用1名正处级干部，选拔任用6名科级干部，完成3名中层管理人员及2名副主任科员试用期满考核、2名二级科员晋升、6名新入职员工试用期满考核工作，选派1名干部赴云南省滇中引水工程建管局挂职锻炼。进一步完善督办工作机制，强化绩效考核结果运用，提升职工队伍精气神，激发干事创业的积极性。

（朱云昊）

【纪检监察工作】

1. 政治监督　以习近平新时代中国特色社会主义思想为指导，及时传达驻部纪检监察组、长江委纪检组对党风廉政、意识形态、信访、保密等相关工作要求。按时向长江委纪检组上报中线水源公司干部职工违纪违法情况、重大网络舆情和突发性、群体性事件报告、收到问题线索或反映情况等。强化监督执纪，坚持抓早抓小，贯通运用监督执纪"四种形态"，抓住"红脸出汗"这个关键，常"咬耳朵"、勤"扯袖子"，对党员干部身上存在的苗头性、倾向性问题，早发现、早提醒、早处理。

2. 贯彻落实中央八项规定精神　2022年，中线水源公司将中央八项规定精神贯彻落实到纪检工作的每一个细节，督促落实长江委基层治理专项行动，开展违规吃喝专项整治，第一时间制订工作方案，深入开展调研，公司纪委会同办公室、计划部、财务

部相关人员，分别前往5家委属企事业单位进行食堂管理专项调研，并形成调研报告，提出8条建议改进措施。要求相关职能部门认真执行长江委纪检组梳理汇编的《公务接待和商务接待制度重要条款》，认真落实驻水利部纪检监察组、长江委纪检组关于违规吃喝专项整治监督工作要求。

（朱云昊）

【党风廉政建设】

1. 明确重点　中线水源公司深入推进党风廉政建设，全面从严治党持续向好。召开2022年党建及党风廉政建设工作会，中线水源公司临时党委以中水源党〔2022〕12号文、中水源党〔2022〕16号文制定印发了《中线水源公司2022年党建和党风廉政建设工作要点》《中线水源公司临时党委落实全面从严治党主体责任2022年度任务清单》等，明确年度重点任务，确保各项任务落到实处、见到成效。召开党委会专题研究全面从严治党工作，与纪委开展沟通会商。党委会专题听取班子成员履行管党治党责任情况汇报，加强对公司全面从严治党各项工作的领导及督促任务落实。

2. 严格落实　公司按照"双督导"要求，坚持月度办公会和党建与业务工作同研究、同部署、同落实、同检查。严格落实双重组织生活制度，公司领导班子成员深入基层党建工作联系点，列席指导部门民主生活会、支部组织生活会。以中水源党

〔2022〕27号文制定印发《中线水源公司2022年党风廉政建设宣传教育月活动实施方案》，围绕"大力弘扬清廉守正、担当实干之风"活动主题，通过党委理论学习中心组学习、支部主题党日活动、青年理论学习小组等形式，深入学习宣传党内法规和国家法律。召开2022年度领导干部集体廉政谈话暨警示教育会，组织观看警示教育片，通报相关违纪违法案件情况，强化警示教育，进行精准施教。以支部为单位讲授廉政党课，组织干部职工参加"党纪法规知识"答题，引导知法守法、遵法崇法意识深入人心。结合实际，将廉洁文化建设融入公司园区政治和文化建设，因地制宜深挖水文化蕴含的廉洁资源，推动廉洁文化与"三个安全"、公司改革发展深度融合，发挥廉洁文化浸润人心的作用，带动引领党员干部改作风、树新风。

（朱云昊）

【作风建设】　中线水源公司党委始终高度重视作风建设，牢牢把握"坚持、巩固、深化、拓展"的工作要求，强化思想政治引领，通过党委理论学习中心组、专题讲座等形式，认真学习习近平总书记关于加强作风建设的重要讲话精神，结合公司实际，突出重点，狠抓执行。公司纪委充分发挥监督保障执行作用，持之以恒正风肃纪，不断强化对重要节点、关键环节的监督检查，持之以恒纠治"四风"，公司文风、会风不断精简，想

干事、能干事、干好事氛围不断激活，作风建设取得明显成效。

（朱云昊）

【精神文明建设】　中线水源公司以习近平新时代中国特色社会主义思想为指导，持续推进精神文明建设。成立精神文明建设工作领导小组，制定精神文明建设工作要点，完成文明单位创建申报工作，首次进入"长江委文明单位"行列；贯彻落实长江委党组关于长江水文化建设和文化塑委发展战略的决策部署，以"一书一歌一赋"打造公司水文化和企业文化经典精品；实施公司办公园区政治和文化环境建设工程，集政治文化、水文化、廉洁文化建设为一体，创建独具特色的中线水源公司企业文化；成立节水志愿者服务队，开展"世界水日""中国水周"节水护水主题宣传；承办"关爱山川河流·守护国之重器"志愿服务活动，坚持宣传贯彻长江委精神，为党的二十大胜利召开营造良好舆论氛围。主流媒体多次对公司经营管理及高质量发展情况进行报道，展现了良好的企业形象。

（朱云昊）

南水北调东线江苏水源有限责任公司

【政治建设】　把对党忠诚作为兴企之魂，不断提高"政治三力"。

（1）坚决捍卫"两个确立"。以实际行动迎接党的二十大胜利召开，迅速掀起学习宣传贯彻党的二十大精

神热潮，将学习宣传贯彻党的二十大精神同落实习近平总书记关于南水北调"三个事关""四条生命线"重要讲话指示精神相结合，出台跟进督办制度，2022年严格落实"第一议题"19次，实现选题、学习、研讨、部署、督办、落实闭环管理。发挥理论中心组学习主阵地作用，抓严意识形态管控，做实"两个专柜"，突出宣讲培训，推动学习聚力聚效，公司职工书屋获"省部属企业职工书屋示范点"。专题研究意识形态，制定舆情应对与应急处置等制度，信息发布"三级联审"。

（2）持续强化党的领导。全面贯彻"两个一以贯之"要求，落实党的领导融入公司治理各项措施，强化党的建设法定地位，完善党委前置研究和授权清单，实现了各治理主体权责法定，党的领导与公司治理深度融合，2022年年内246项重大决策事项全部落实到位。

（3）切实夯实基层基础。在收官"五聚焦五落实"三年行动基础上，印发深化提升方案，出台20条新措施。建立"年初定责、季度通报、半年督导、年底考核"管理体系和"党委抓面、部门抓线、基层抓点"联动机制，党建工作从"软指标"变成"硬约束"。持续擦亮党建品牌，推进"水源红＋"党建品牌工作创新，强化党建与业务融合，打造党建品牌矩阵，选树十大优秀品牌，做到"水源红遍生命线"，"水源红"党建品牌形成宣传效应。深化共驻共建，党建引领深化合作，实施"书记领航、党员攻坚"项目，实施"揭榜挂帅"，党建融合发展和引领作用成效显著。

（王山甫）

【组织机构及机构改革】 江苏水源公司是顺应南水北调东线江苏段工程建设于2005年3月成立的，是由国家和江苏共同出资成立的国有独资公司，隶属于江苏省国资委资产监管。公司注册资本20亿元，本级设办公室（董事会办公室、党委办公室）、调度运行部、建设管理部（安全生产办公室）、企业发展部、党委组织部（党委宣传部、人力资源部）、财务资产部、法务审计部以及纪委办公室等8个职能部门，下设扬州分公司、淮安分公司、宿迁分公司、徐州分公司以及科技信息分公司等5家分公司，江苏东源投资有限公司、江苏南水北调生态环境有限公司、南水北调江苏项目管理有限公司、江苏南水北调泵站技术有限公司、江苏南水北调都梁生态环境有限公司等5家二级子公司，以及3家三级控参股公司。公司党委成立于2013年3月，所属6个党总支、25个党支部（其中直属党支部11个），共有党员245人，党员人数占全部职工总数的44.65％。设有博士后科研工作站、研究生工作站、博士后创业和研究生、留学生实习基地，设立江苏南水北调干部学院（党校）、江苏南水北调泵站技能学院两个学院。先后获得"全国文明单位"
"全国五一劳动奖状""全国工人先锋
号""国家水土保持生态文明工程"
"江苏省文明单位"等奖项，获得国
家科学技术进步奖一等奖，省部科技
进步奖13项，其中一等奖4项，荣获
中国水利工程优质（大禹）奖12项。

（王山甫）

【干部队伍建设】　大力实施"人才
兴企"战略，努力建设政治过硬、业
务扎实、敢闯敢试敢担当的干部人才
队伍。

（1）不拘一格选拔干部。落实20
字好干部标准，开展管理人员竞争上
岗，树立"以德为先、职工公认、注
重实绩、竞争择优"的鲜明导向，在
公司形成风清气正的选人用人环境。
用好年轻干部"蓄水池"，新提拔到
中层及助理及以上岗位中，85后干部
占提拔总数的37.5%，公司40岁左
右中层干部占相应层级的32%。

（2）精准培养水源人才。出台
"人才新政16条"，建立人才发展基
金，举办培训26场1249人次，探索
中青班、青马班培训模式，打破灌输
局限，突出学用结合，2022年培养江
苏省"333人才"、产业教授、研究生
导师8人，新增高级以上职称、省卓
越博士后14人。着眼长远发展，深
化多岗位锻炼，选派15名年轻干部
轮岗交流，推荐11人到省国资委、
项目一线、驻村书记和地方挂职锻
炼，抽调16人参加政治巡察，让干

部在调水运营、涉水经营一线和重点
项目、重点工作中摔打磨炼，持续提
升能力素质。

（3）合力创新搭台聚势。强化核
心人才培养使用，做实博士后科研工
作站，引进2名专业博士进站培养。
创建产才融合示范单位，加强校企联
合培养，公司入选省级职业技能等级
鉴定机构，组织34名技能人员等级
鉴定，2个项目获省产改一等奖、十
大科技创新成果奖，1人获省"五一
劳动奖章"，6个班组、产业工人获省
属企业优秀班组、班组长，"三通道"
建设成效明显。科信分公司牵头组建
了全国水利行业第一家数字孪生创新
联盟，获评江苏省优秀研究生工作
站。

（王山甫）

【纪检监察工作】

1. 落实纪委监督责任

（1）压实管党治党责任。协助召
开年度全面从严治党工作会议，总结
2021年江苏水源公司纪检监察工作，
部署2022年党风廉政建设和反腐败
工作，印发两个责任清单和公司纪检
监察工作要点。

（2）持续强化政治监督。督促公
司党委坚持把政治建设摆在首位，以
迎接党的二十大和学习贯彻党的二十
大精神作为贯穿全年的政治任务，实
行第一议题、中心组学习20次，组
织开展政治生态评估，形成评估报
告；切实加强"一岗双责"履责纪
实，向省纪委报送公司党委、纪委履

责信息 224 条，分（子）公司向公司纪委报送履责信息 1000 余条。

（3）强化"一把手"监督。印发《关于加强对"一把手"和领导班子监督的实施办法》，明晰 12 项监督事项，提出上级监督和同级监督 18 种方式，组织开展"一把手"廉洁谈话 16 人次，督促"一把手"认真履职、充分发挥"领头雁"作用。

（4）协助开展政治巡察。研究制定《公司党委 2022 年巡察工作方案》，调整充实巡察人才库，举办 2 期巡察人才业务培训，组织完成对扬州分公司、生态公司等 2 家党总支开展政治巡察和对淮安分公司党总支开展巡察"回头看"，在"四个落实"方面共发现 26 项问题以及 10 个立行立改问题，提出 12 项工作建议，压实整改主体责任，指导并督促被巡察单位建立健全长效机制，较好地完成一届党委任期内巡察全覆盖任务；组织对 6 家党组织巡察反馈问题的整改落实情况进行"回头看"，配合江苏省纪委工贸组完成对公司党委巡察整改情况的专项督查，查找短板弱项，推动整改落实到位，充分发挥巡察利剑作用。

（5）增强党员干部廉洁和纪律意识。印发《公司党委关于加强廉洁文化建设的实施方案》，组织开展廉洁文化宣传教育月系列活动，持续赴基层一线分类讲好"水源红·廉洁教育云课堂"，按月编发《公司纪检监察信息简报》，持续擦亮"水源红·廉洁水源"文化品牌，增强不想腐的行动自觉。

2. 深化线索处置，加强执纪力度

提升不敢腐的震慑效能，严格落实监督执纪工作规则，灵活运用"四种形态"，突出抓早抓小，规范问题线索处置，坚持有案必查，以"零容忍"的态度追责问责。累计处置问题线索 4 件，其中谈话函询 2 件、直接了结 2 件，并将处理结果按程序及时上报江苏省纪委，提升不敢腐的震慑效能。

（贾俊）

【党风廉政建设】 （1）认真落实"两个责任"。全面加强"一岗双责"履责纪实，2022 年向江苏省纪委报送公司履责信息 349 条，各分公司、子公司向江苏水源公司报送履责信息 1224 条。

（2）发挥巡察利剑作用。完成 2 家党组织巡察和 1 家党组织"回头看"，推动 8 个方面 25 项问题持续整改。

（3）强化执纪问责。2022 年处置问题线索 11 件，其中谈话函询 6 件。

（4）深化廉洁教育。探索建立"水源红廉洁教育云课堂"，结合警示教育宣讲 11 次，取得较好效果。公司持续保持风清气正、干事创业的良好氛围。

（贾俊）

【作风建设】 （1）推进日常监督常态化。动态更新 55 名中层干部廉洁档案，严把选人用人和评先评优人选的廉洁关，出具党风廉政意见回函 45 份；聚焦"四风"问题、"一把手"

和领导班子、项目采购等重要领域进行日常监督，持续督查常态化新冠疫情防控措施落实及疫苗接种情况，对选人用人、员工招聘、"三重一大"等重点事项等开展 50 余次现场监督，督促问题整改落实到位；紧盯节日期间作风建设，对公车封存、值班值守等情况开展现场督查和电话核查，形成书面材料上报江苏省纪委，持续发力纠治"四风"。

（2）推动专项监督精准化。印发《2022 年纪委监督检查工作计划》，分解细化政治监督、日常监督和专项监督 19 项工作任务，深化上下联动、部门协同监督机制，进一步提升监督质效；与有关职能部门联合开展公务接待"吃公函"、安全生产、国企改革、工程管理、内控制度等专项监督检查，深入查找管理漏洞、制度空隙和责任缺位，推动完善制度体系，构建廉洁"防火墙"；根据江苏省纪委监委工贸组专项检查的要求，举办"规范工程项目和物资采购管理"水源大讲堂，职能部门围绕存在问题、合同管理、实务操作开展专题业务培训，并组织赴江苏交通控股有限公司开展采购管理专题调研，推动开展维修养护项目集中采购以及平台建设；配合江苏省纪委工贸组对扬州分公司和泵站公司开展工程项目招标和大宗物资廉洁采购风险专项检查"回头看"，进一步督促反馈问题整改，持续提升采购管理的集约化、规范化、信息化水平。

（3）发挥联动机制作用。加强与法务审计、财务管理、组织人事等职能部门沟通，完善监督工作联动实施办法，组织召开 2 次纪检监察、法务审计部门联动协调小组会议，就各自监督和审计发现的问题进行沟通交流，共同研讨监督重点，切实形成监督合力。 （贾俊）

【精神文明建设】 坚持举旗帜、聚民心、育新人、兴文化、展形象，在守正创新中提升水源形象。

（1）讲好水源故事。高质量建成江苏国资系统党员教育实境课堂，积极申报国家级、省级水情教育基地，成立"水源红"宣讲团，举办"企业开放日"活动，运用 H5 微视频等形式，增强宣传吸引力、感染力、影响力。聚焦党的二十大、工程开工 20 周年等，策划 20 多个主题宣传，新闻宣传"长流水、不断线"。《人民日报》《新华日报》整版刊稿，央视新闻、学习强国等媒体刊稿 100 余篇，内部媒体刊稿 1400 余篇，实现央视有画面、日报有专版、强国有声音、网络有流量。

（2）传播水源文化。拓展"源远流长"文化内涵和"东源流长、润泽四方"价值使命，在南水北调工程开工 20 周年画册、宣传画册和文创产品中导入，员工培训率、理念知晓率、标识使用率均达到 100%。组织"感动水源"颁奖典礼、传统佳节DIY 活动、员工室内游艺活动，落实健康问诊、体检义诊等暖心举措，员工"三感"持续增强。

（3）扛起水源担当。全面助力乡村振兴，全力支持边疆发展、民族团结和社会稳定，喜获"苏克交往交流交融示范单位"和"省五方挂钩帮促工作先进单位"。开展"慈善一日捐"和"无偿献血"活动，2022年对外捐赠140余万元。打造"我为群众办实事"品牌，20项实事全部完成，"节水护水"项目再获国家级奖，公司团委获"江苏省先进团组织"和"江苏省优秀青年学习社"称号。（王山甫）

南水北调东线山东干线有限责任公司

【政治建设】

1. 基层党组织结构及党员情况 南水北调东线山东干线有限责任公司（以下简称"山东干线公司"）党委下属党支部18个，党小组27个，党员256名。

2. 基层党建工作情况

（1）加强党委领导，落实主体责任。认真落实民主集中制和意识形态责任制，严格执行"三重一大"制度，2022年召开党委会28次，研究议题103项，印发山东干线公司党委《2022年党的建设工作要点》《关于推动党建与业务工作深度融合的若干措施》《思想政治工作责任清单》等，充分发挥党委把方向、管大局、促落实作用。认真贯彻党中央关于全面从严治党决策部署，制定落实方案、履行党建主体责任清单、重点任务清单，专题分析研究全面从严治党、党风廉政建设工作，与各党支部书记签订责任书，督促班子成员履行"一岗双责"。

（2）坚持政治引领，夯实思想根基。严格落实"第一议题"学习制度，将习近平总书记重要论述和重要指示批示精神纳入理论学习中心组和党支部学习计划，2022年组织党委班子集中学习15次，交流发言53人次。深入学习贯彻党的二十大精神，组织意识形态、党章、形势政策专家讲座，开展意识形态领域风险隐患全面排查，建立意识形态阵地台账，切实增强"四个意识"、坚定"四个自信"、做到"两个维护"。山东干线公司党建研究成果荣获2021年度山东省机关党建优秀研究成果三等奖，16篇党建工作典型做法被"学习强国"、"省直团工委"公众号宣传推广。

（3）强化基层功能，建强战斗堡垒。严格落实基层党组织按期换届，圆满召开干线公司党员大会，选举产生新一届党委和纪委班子，明确新五年发展目标及方向。加强党组织规范化建设，按照"组织健全、制度完善、运行规范、活动经常、档案齐备、作用突出"标准，月调度、季度考核，扎实开展党支部标准化梯级创建和评星定级，实现"先进党支部"100％全覆盖。建立健全"党建＋"工作机制，推行"主题党日＋"模式，将主题党日理论学习与传统节日、志愿服务等实践活动相结合，有效组织党组织书记抓基层党建述职评议考核工作会议、民主生活会和全面从严治党述职会议等常规活动，开展党务干部技能比武选拔赛，举办党支部书记及党务骨干培训班和新发展党员培训班等特色活动，成效显著，亮点纷呈。荣获"鲁水先锋杯"全省水利系统党务干部技能比武优秀组织奖及个人决赛三等奖。

（4）严格党员管理，发挥模范作用。严格党员发展，从入党程序、从源头上提升发展党员质量。2022年发展党员9名，另有发展对象20名；入党积极分子150人；入党申请人60人。选树"道德模范""最美水利人""发现榜样"，建成先进典型事迹展台，引导各部门、单位对标对表，争先进位。在创新创效、防汛排涝等急难险重任务面前，广大党员挺身向前，如在防汛关键时刻，济南、枣庄、聊城等管理局党支部成立"党员先锋队""青年突击队"，冲锋在前，彰显担当，积极配合当地政府泄洪排涝4615万 m^3，切实保障了工程沿线人民群众生命财产安全。

（5）狠抓整改落实，严肃作风纪律。2021年度述职评议问题整改和厅巡察整改任务已全部完成并长期坚持。定期召开党风廉政建设和反腐败工作会议，认真落实党风廉政建设党委主体责任、纪委监督责任"两个清单"，签订《党风廉政建设责任书》《廉洁从业承诺书》，一体推进不敢

腐、不能腐、不想腐机制，营造良好的政治生态。紧盯"三重一大"决策、工程维护、项目实施、物资采购等关键岗位、重点环节、重要人员，强化事前事中事后监督。大力倡树"严真细实快"工作作风，专项整治"四风"突出问题，切实改进文风、会风。着力强化党风廉政和职业道德建设，通过组织系好人生"第一粒扣子"廉政教育、观看警示专题片、赴省廉政教育馆、廉政教育培训等活动，推动各级党组织形成了讲党性、讲操守、重品行的良好氛围。（晁清）

【组织机构及机构改革】 山东干线公司设董事会、监事会和经理层，实行董事会领导下的经理层负责制。山东干线公司一级机构内设党群工作部（加挂党委办公室）、行政法务部、工程管理部、调度运行与信息化部、财务与审计部、资产管理与计划部、质量安全部（加挂安全生产办公室）、技术委员会办公室、纪委办公室等9个部门。二级机构设立济南、枣庄、济宁、泰安、德州、聊城、胶东等7个管理局和济南应急抢险分中心、水质监测预警中心、南四湖水资源监测中心、济宁应急抢险分中心和聊城应急抢险分中心等5个直属分中心。三级机构设立3个水库管理处、7个泵站管理处、9个渠道管理处、1个穿黄河工程管理处等共计20个管理处，按属地分别由7个管理局管辖。

（杨捷）

【干部队伍建设】 （1）在深入调研、充分征求意见建议的基础上，印发宣传贯彻《薪酬管理办法（修订）》，在工资总额范围内，对岗位工资档级进行优化调整，建立了以岗位绩效工资制为主体，以协议工资制为补充的多种分配形式并存的薪酬制度体系。同时，坚持标准化、规范化原则，做到薪酬体系全员覆盖，向关键岗位、一线岗位倾斜，激发了广大员工奋斗热情和与企业共发展的激情。

（2）加强人才队伍建设，岗位选拔任用坚持公开透明，程序公正、过程公开、结果公平、择优聘任；坚持德才兼备，既注重学历、职称、资格，更注重个人品德及工作经验和工作业绩；坚持人岗相适，个人申请与岗位需求相结合，严格选拔任用条件，人选必须满足岗位工作要求；坚持轮岗制度和工作连续的需要，坚持向现场一线、特殊岗位倾斜，提拔交流。完成副主管级 48 名人员的聘任工作，配合山东省水利厅人事处完成山东干线公司领导班子调配工作及 4 位总师级人员的选拔任用。向山东省水利厅推荐参与"加强农村基层党组织建设"工作组 2 人、"四进工作组" 1 人，并做好外派人员的服务保障工作，圆满完成了派驻工作任务。根据工作需要，协调各管理局向山东省水利厅有关处室推荐人员帮忙完成工作，进一步加强年轻干部的交流学习。

（3）科学严密组织完成月度、季度及年度考核，考核结果在公司内网进行通报，有效发挥了考核的指挥棒作用，提高了工作主动性和积极性。

（4）按计划有序推进各项培训工作。2022 年共完成各类培训 20 余期，内容涉及综合管理、安全生产、业务能力提升等多个方面，内训与外训结合实施。

（5）做好日常管理工作。完成了 2022 年度职称推荐工作，共有 19 人通过相关序列的职称评审，其中正高级工程师 8 人、高级工程师 5 人、高级经济师 2 人、工程师 4 人。完成 2022 年度工资总额预算编制工作；全面完成人事档案专项审核工作，获得山东省水利厅人事处的工作认可。认真做好公司员工基本养老关系转移、医疗保险关系转移、社保费补缴、工伤保险申报、异地医院住院备案、生育保险报销等服务工作；完成了残疾人就业保障金缴纳、党费缴纳基数核算、各类年报统计等工作。　　（杨捷）

【纪检监察工作】 2022 年，山东干线公司纪委认真落实中央纪委、山东省纪委全会精神和山东省水利厅纪检工作部署，聚焦主责主业，加强对重点领域、关键环节和关键岗位的监督，推动重点领域监督机制建立和制度建设，强化权力运行制约和监督，消除腐败滋生的土壤和条件。

（1）完善廉政风险防控体系。印发《关于开展廉政风险防控管理"回头看"工作的通知》，组织各部门单位查摆出部门单位风险点 210 个，个人风险点 607 个，逐一制定防控措施，落实责任到岗到人。

（2）强化党员干部日常监督管理。印发《关于做好公司干部廉政档案动态更新工作的通知》，根据各部门单位人员变动情况对廉政档案进行动态更新；做好 8 小时以外提醒监督，参与公司副主管、三总师（总经济师、总会计师、总工程师）及副总经理等干部选拔考察工作，并出具廉洁鉴定意见。

（3）严格落实项目合同与廉政合同双签制度，2022 年共签订廉政合同300 余份，并结合合同交底加强廉洁提醒，开展合同执行情况专项检查，实现了监督全覆盖。

（4）做好主汛期防汛工作监督检查。下发《关于加强主汛期防汛工作监督检查的通知》，联合公司行政法务部、安全质量部采取现场集中检查、电话抽查、视频监控、调阅资料等方式，监督相关责任单位和责任人员关键时刻盯岗在位，确保防汛工作要求落到实处。　　　　（邓妍）

【党风廉政建设】　2022 年，在山东干线公司党委的坚强领导下，公司纪委和各党支部深入贯彻落实习近平总书记关于党风廉政的系列论述，全面贯彻落实党的十九届历次全会精神和党的二十大精神，认真落实十九届中央纪委六次、七次全会决策部署，全面推进从严治党各项任务落实落地，努力营造正气充盈、政治清明的政治生态。2022 年年初组织召开了山东干线公司党风廉政建设工作会议，坚持把管党治党与重点工作同谋划、同部署、同检查、同考核，将党风廉政建设工作融入工程运行管理全过程。坚持因岗定责、因人而异、环环相扣，自上而下层层签订党风廉政责任书，形成横向到边、纵向到底的党风廉政责任网。印发《2022 年党风廉政建设工作要点》，明确全年工作思路和目标。定期召开会议，研究党风廉政建设形势任务，解决存在问题，形成齐抓共管的工作格局。

（1）于 2022 年年初制订了廉政警示教育计划，各支部每月开展 1 次廉政专题学习，每季度观看 1 部警示教育片，及时转发上级典型问题通报，监督促进教育计划落实落地。

（2）利用网站、微信公众号、报纸等载体，加强法律法规、党规党纪宣传教育，进一步营造崇德向善、崇廉拒腐的良好氛围。

（3）开展形式多样的廉政教育。结合"一线行"工作调研，到胶东局、聊城局、枣庄局、东昌府渠道管理处、机电公司等开展巡回廉政谈话。7 月 13 日，山东干线公司党委主要负责同志为全体党员题讲廉政党课；8 月 8 日，组织山东干线公司中层以上党员干部赴山东省廉政教育馆开展廉政警示教育；10 月 19 日，邀请省直机关纪委领导举办廉政专题教育讲座，并组织观看《失守的青春——年轻干部严重违纪违法案件警示录》。

（4）推动廉洁文化建设。山东干线公司以鲁调水企党字〔2022〕24号文印发了《关于加强新时代南水北调廉洁文化建设的若干措施》，面向全体员工征集廉政格言，印制了山东干线公司廉洁文化手册；为山东干线公司中层以上干部发放廉政提示卡21份。

（5）加强纪检队伍自身建设。召开党员大会选举产生新一届公司纪委班子，纪委委员由3人增至5人，进一步充实了力量。规范纪委学习制度和议事规则，不断加强自身建设。定期召开会议分析形势任务、研判问题线索，提高执纪监督水平。　（邓妍）

【作风建设】　抓紧抓实正风肃纪反腐，党风政风持续向好。

（1）加强对落实中央八项规定精神落实情况的监督检查贯彻。4—5月开展三类"四风"突出问题及酒杯中的奢靡之风专项整治，不断加固中央八项规定精神堤坝。

（2）加强元旦、春节、清明节、端午节廉政提醒监督，确保节日期间风清气正。联合职能部门加强对现场值班值守情况的全面检查，对节日值班进行重点抽查，确保制度执行到位。

（3）加大对违规违纪问题追责问责力度。2022年，山东干线公司共收到问题线索6件，公司纪委收到驻厅纪检组转办事项2件，信箱反映问题2件，专项清理整治中发现问题2件。

谈话函询3件，谈话函询转初步核实2件。警示谈话5人，诫勉2人。

（邓妍）

【精神文明建设】

1. 强化组织领导，汇聚整体合力

山东干线公司党委高度重视精神文明建设工作，与业务工作同部署同检查，支持群团组织独立开展工作，全面推进党建带群建，把精神文明建设工作纳入《全面从严治党责任清单》《2022年党的工作要点》《2022年度创建省级文明单位工作方案》和党建考核。明确工作任务、目标和措施。定期召开会议听取工作汇报，及时研究解决工作中的重大问题，把表达和维护广大干部群众需求和利益作为群团工作的出发点和落脚点，召开职工代表座谈会，征求职工对公司在体制机制、工资福利、制度建设、创新发展等方面的意见和建议，鼓励员工参政议政，为公司的发展献计献策。为开展精神文明建设工作提供了坚强保障和强大动力。

2. 坚持党建引领，积极开展核心价值观教育实践　始终坚持把党建引领贯穿精神文明建设工作全过程，在日常工作中注重发挥"党建促群团"作用。建立健全"党建＋"机制。推行"主题党日＋"模式，将主题党日理论学习与传统节日、政治生日、双报到、志愿服务等实践活动相结合，形成以党建带群建，以群建促党建的良好局面。制定《培育和践行社会主义核心价值观实施方案》，全面落实《新时代公民道德建设实施纲要》。开展红色观影、邀请专家授课、祭扫英烈、红色经典诵读会、"青春心向党 建功新时代"座谈交流会、"我和国旗合个影"、"学习先进模范典型事迹"、"青春献礼二十大 强国有我新征程"等活动，作为协作区秘书长单位组织山东省直机关文明单位第三十七协作区开展"弘扬沂蒙精神，牢记初心使命"交流学习活动，进一步加强了党员干部职工的理想信念、党性修养、道德品行、廉洁诚信教育。

3. 以诉求回应为抓手，架好关爱职工的沟通桥梁　按照山东省农林水工会突出"五个工程"〔完善小食堂、小浴室、小图书室（活动室）、小菜园和职工宿舍（带卫生间）建设〕、坚持"四有标准"（做到"职工小家"有经费保障、有相应设施器材、有管理制度、有站所文化）等标准，积极开展"建家、强家、暖家"活动，确保基层管理处职工生活设施齐全。积极开展"送精神送温暖""冬送温暖""夏送清凉"等活动，走访慰问露天作业、高温作业等艰苦岗位的一线干部职工，把党的温暖和党的声音送到基层职工心坎上。开展"慈心一日捐"，建立常态化救助机制，摸清困难职工底数，建立困难职工档案，做到有效帮扶，已救助困难职工50人次。持续做好职工福利保障工作。做好"两节"（中秋节、春节）、会员生日蛋糕券、职工婚丧嫁娶等工作，不

断提高工会组织的吸引力、凝聚力，增强全体职工会员的获得感、幸福感。

4. 发挥群团纽带作用，助力精神文明建设　以创建省级文明单位为契机，召开动员大会，倡导积极向上、文明健康的生活方式。在元旦、中秋节等传统节日开展"我们的节日""一封家书"活动，评选"最美家庭"，引导广大职工培育优良家风，树立崇德向上、见贤思齐的良好风尚。先后组织开展或参加了"妇女节花艺沙龙""健步走""工程风貌掠影""省第八届职工运动会""省直机关第五届游泳比赛""毽子操""省直机关青年干部喜迎党的二十大文艺汇演"等30余次群体性文体活动，进一步丰富了精神文明建设载体，职工队伍的向心力和凝聚力得到明显增强。荣获山东省水利系统"水润书香月"文艺作品创作征集活动优秀组织奖。代表水利系统参加省直机关98家单位的团委书记培训班并作典型交流发言。推荐于涛同志被省委宣传部、团省委评选为2022年"齐鲁最美青年"。认真履行社会责任。承办山东省水利系统"关爱山川河流·守护国之重器"志愿服务启动仪式。广泛开展守护山川河流、新冠疫情防控、助老扶幼济困、捐助"暖冬包裹"、"义务植树"、无偿献血、"双报到"志愿服务，捐建10所"希望小屋"等公益活动，在社会上树立了山东干线公司乐于奉献、真诚负责、积

极向上的良好形象。荣获全国节水护水志愿服务与水利公益宣传教育专项赛三等奖和山东省青年志愿服务项目大赛铜奖等荣誉。

5. 搭建创新学习平台，营造建功立业的干事氛围 以青年理论学习小组为平台，广泛开展"微党课""联学联建"、评选"青年学习标兵""青年先锋岗"等特色品牌活动。开展"砥砺奋进守初心 青春献礼二十大"系列活动，组织学习习近平总书记在庆祝中国共青团成立 100 周年大会上的重要讲话精神，组织 26 个青年理论学习小组结合各自工作岗位开展党的二十大精神专题学习、交流研讨。召开团员青年代表座谈会、年轻干部廉政警示教育暨青年理论学习小组专题学习会议，引导年轻干部强化理论武装、积极担当作为，全力打造山东南水北调"青马工程"。发挥创新工作室作用，开展岗位创新、技能竞赛等活动。山东干线公司在 2022 年山东省"技能兴鲁"职业技能大赛中，水工监测工前 10 名占了 8 名；长沟泵站管理处"党工和谐发展"获山东省农林水工会"党建带共建 工建促党建"优秀案例；"加强职工思想政治建设 促进企业健康和谐发展"获山东省农林水工会职工思想政治工作优秀案例；山东干线公司有两个创新工作室被山东省农林水工会命名为"农林水牧气象系统示范性劳模"和"工匠人才创新工作室"。 （晁清）

湖北省引江济汉工程管理局

【政治建设】 （1）全面从严管党治党，落实党建工作责任。制定"两清单三要点"。成立党建工作领导小组，调整人员分工，完善领导干部党建基层联系点制度，湖北省引江济汉工程管理局党委 2022 年召开会议 15 次，专题研究党建工作 4 次，党委适时召开会议，研究推动基层党组织管理、党费使用等工作；严肃党内政治生活，遵守"三重一大"议事规则，修订完善局党委议事规则，在涉及人、财、物等各项目建设管理问题上，做到集体讨论、民主集中、科学决策。班子成员严格落实"双重组织生活"制度，完成党的二十大精神、湖北省第十二次党代会精神培训等重点工作，共为党员讲党课 30 余次，与干部职工面对面谈心 68 人次。弘扬伟大建党精神，结合基层党建联系点制度，发扬党联系服务群众优良传统，积极开展党员干部下基层察民情解民忧暖民心实践活动，投入资金 15 万余元为基层职工群众和服务对象办实事 12 件，投入资金 10 万元为英山县乐家冲村乡村振兴购买路灯，巩固深化了"我为群众办实事"活动成果，得到了基层干部职工和群众的好评。

（2）加强思想政治建设，严肃党内政治生活。2022 年举办了 1 期党的二十大精神专题培训班，举行了 10 次中心组集体学习，认真传达学习党的二十大精神、湖北省第十二次党代会精神，持续深入学习习近平新时代中国特色社会主义思想和习近平总书记系列重要讲话精神。班子成员围绕每次学习主题，联系引江济汉工作实际，逐一发言，谈感想、谈体会、谈收获，为引江济汉调水事业发展奠定了思想基础，提供了理论支撑。狠抓"学习强国"等平台个人学习，获得"湖北省推广运用先进单位"荣誉称号，成为湖北省水利系统唯一获此殊荣的先进集体。组织到华工科技馆、恩施店子坪、荆江水文化馆等基地，开展科技参观、共同缔造学习和水情教育活动。利用"三会一课"、主题党日等平台，组织全体党员广泛开展"讲党史故事""党史微课堂"等学习交流活动，组织青年开展"我身边的榜样""青春心向党、建功新时代"等演讲活动，教育引导广大党员知党爱党、在党为党，激励干部职工担当作为、敬业奉献，为湖北水利事业发展贡献智慧和力量。抓好意识形态建设，扎实做好谈心谈话、宣传教育和思想动态分析工作，加强意识形态阵地管理。党委书记、局长带头深入基层各站所，与 37 名干部职工进行"一对一"谈心谈话，宣传政策、沟通思想、开展教育。及时解散和清退了各类 QQ 群、微信群 15 个。严格按规定举办党校老师授课活动。严格加强水利蓝信和内部 OA 办公系统管理，做到不乱传、不乱讲、不涉密、不泄密。

（3）抓组织制度建设，构筑坚强

战斗堡垒。圆满完成支部换届、支部调整优化工作，将局机关 4 个党支部调整为 6 个。严格党员教育管理，发展 5 名党员，完成 8 名预备党员转正、3 人次党组织关系转接，选送 1 名优秀党员干部代表湖北省水利厅参加援藏，当地以书面形式发来致谢信。举办党务暨纪检干部培训班，党务干部、党员发展对象政治素养和业务能力不断提升。推动党支部标准化、规范化建设，加大支部自查考核力度，下发留痕记录规范要求，编印党建纪检工作简报，形成了"一检查一考评一反馈"机制，同时，严格规范党费收缴、管理和使用。各支部党建工作均能做到学习有文、会议有影、活动有声、成果有效。结合庆祝建党 101 周年，评选表彰了一批先进干部。湖北省引江济汉工程管理局获得 2022—2023 年湖北省青年文明号、湖北省水利厅 2021 年度党建考核优秀单位等表彰。

（吴永浩　黄轶劼）

【组织机构及机构改革】　湖北省引江济汉工程管理局于 2010 年 3 月经湖北省机构编制委员会办公室批准成立，原名为湖北省南水北调引江济汉工程建设管理处。2014 年 5 月，引江济汉工程建成并转入运行管理，正式更名为湖北省引江济汉工程管理局。2018 年 12 月前隶属于原湖北省南水北调管理局，机构改革后整体划入湖北省水利厅，现为厅直正处级公益一类事业单位。根据湖北省机构编制委员会办公室相关文件精神，人员编制控制数为 205 名。根据原湖北省南水北调管理局批复，内设综合科、党群科、财务科、管理与计划科、信息化科、安全生产和经济发展科等 6 个科，下设荆州、沙洋和潜江等 3 个分局，人员控制数 138 名，干部职数 55 名。局领导职数 1 正 3 副 1 总工，各分局按副处级规格设置。截至 2022 年年底，实有在编在岗职工 82 人，退休 3 人。实有处级干部 8 名，科级干部 32 名。35 周岁及以下人员占比 72.6%，本科及以上学历占比 91.8%。此届党委、纪委均于 2021 年 3 月选举成立。党委委员共 7 名，其中书记 1 名、其他委员 6 名。纪委委员共 5 名，其中纪委书记 1 名、其他委员 4 名。党委下设 9 个党支部，截至 2022 年年底，共有中共党员 73 名。

2022 年，组织召开了改革工作推进会议，主动向干部职工宣讲改革政策和发展红利。党委班子深入现场各分局，与一线职工交心谈心，对机构改革政策进行宣传贯彻，面对面听取职工意见和建议，回应关切。到湖北交通投资集团有限公司、湖北省铁路建设投资集团有限责任公司、湖北文旅沩水集团有限公司等国有企业深入调研，对涉及单位发展、社会保险、福利待遇等政策，进行有针对性的了解，形成了专题调研报告和人员安置方案，为湖北省水利厅和上级领导决策以及引江济汉工程管理局机构改革

工作打下了扎实基础。机关党群科不定期向干部职工传达改革情况和改革进度，及时回应关心关切，引导职工客观理性对待，消除顾虑猜疑。通过一系列措施，在机构改革问题上，全局职工思想认识有了进一步提高，思想状态总体平稳。（吴永浩　黄轶劼）

【干部队伍建设】　2022 年组织开展了 3 批次专业技术人员竞聘上岗，聘用 39 名专业技术人员，申报审批 4 名"双肩挑"人员。选拔任用 1 名副处级干部、3 名正科级干部和 6 名副科级干部，2 名科级干部交流轮岗；开展 17 名专业技术人员职务评审申报，选优配齐组织机构的各岗位人才；选派 1 名副处级干部下派挂职锻炼，继续选送 1 名技术骨干援藏，上派 1 名干部在湖北省水利厅学习锻炼。严格做好聘期考核，积极做好法人年审、水利系统人事工资统计等，认真开展干部档案审查，顺利完成人事档案电子化工作。广泛征求意见建议，顺利完成在职人员单列核定绩效分配方案和退休人员统筹待遇发放方案，及时完成社会保险基数调整工作，开展了人事信息系统信息补录工作，办理 2 人退休待遇申领、5 人生育保险津贴发放等手续。　（吴永浩　黄轶劼）

【纪检监察工作】　湖北省引江济汉工程管理局纪委发挥好监督职能，加强对班子成员监督。党委会、中心组学习会，研究决定重大事项，局纪委都全程参与，以纪实手册为载体用好

"第一种形态"加强对领导干部的日常教育监管。督导处级干部认真填报个人重大事项、如实申报个人财产情况。同时，加强对政府采购、工程项目询价招标等重要环节全程监督。局纪委参与监督了固定资产清查工作、人事档案专审、干部提拔任用工作，加强对项目审批、计划安排、招标投标、施工组织、资金使用、物资采购等重要环节和关键岗位的监督管理。深化政治巡视成果运用，配合湖北省水利厅党组开展好巡视整改回头看工作，确保所有整改问题不反弹。将巡视整改和运行管理标准化建设相结合，先后将党建、财务、运行管理等方面制度进行修订完善，进一步推动完善制度、堵塞漏洞，建立长效机制。

（吴永浩　黄轶劼）

【党风廉政建设】　开展第 23 个"党风廉政宣传教育月"活动，2022 年年初召开了党建和党风廉政建设工作会议。组织开展了思想筑廉、榜样引廉、测试知廉、案例警廉、文化育廉、家庭倡廉的"六廉润心田"系列活动，教育干部职工筑牢拒腐防变的思想防线。班子成员开展干部职工廉政谈话 300 余人次，党委书记、纪委书记开展廉政党课专题辅导。2 名班子成员参加湖北省水利厅纪委的廉政教育培训，到湖北廉政教育基地参观，认真撰写心得体会。

（吴永浩　黄轶劼）

【作风建设】　以食堂整改为切入点，

深刻贯彻落实中央八项规定精神，局纪委紧盯"关键节点""关键部位""关键人员"，持之以恒纠"四风"、树新风。紧盯端午节、中秋节、国庆节、元旦等节假日，印发通知明确有关纪律要求，定期统计摸排各部门现有车辆信息，针对"公车私用""离岗脱岗"等开展明察暗访，现场查看值班记录、值班人员在岗情况、公车封存情况和新冠疫情值班值守等情况。2022 年组织开展了 2 次明察暗访。

（1）积极推进清廉机关建设。结合《湖北省引江济汉局深入推进清廉机关建设实施方案》要求，组织干部职工到荆江水文化馆现场学习，努力打造清廉文化阵地和水文化教育基地。结合工程实际，在沙洋分局拾桥河站所，打造了超过 200m 的"一路清风"清廉文化长廊。

（2）加强干部能力作风建设。每季度开展党建纪检工作检查，检查各支部党风廉政建设责任制落实情况、各支部党务干部履职情况，并对检查结果进行通报。每半年组织召开党建及党风廉政建设工作总结会，及时总结经验、查找不足，增强干部能力素养，促进各项工作的有效运行。修订印发绩效考核方案，实行季度考核，完善考勤制度。　（吴永浩　黄轶劼）

【精神文明建设】　紧扣"学习二十大　奋进新征程"主题，选派职工参加湖北省水利厅主题演讲、理论宣讲、征文比赛等各项活动，2人获得二等奖，1人获得三等奖。完成团总支及团支部选举换届，组织开展职工家属参观沿线工程、知识竞赛等庆祝建团100周年系列活动。开展道德讲堂、读书分享、篮球集训、插花、健身、职工义诊等特色活动，丰富职工文化生活。开展水利志愿服务活动，和社区（驻地村）联合开展党员下沉、清洁家园、走访慰问、关爱留守儿童等志愿服务活动。湖北省引江济汉工程管理局联合潜江市高石碑镇政府，在潜江为当地留守儿童举办第五届夏令营活动，打造水利行业特色品牌，拓宽为民服务渠道。班子成员多次到社区进行慰问，向徐东社区捐赠防疫物资2批次累计约1万元。2022年8月中旬至11月19日，武汉局机关每天确保2名干部脱产参加徐东社区新冠疫情防控值班值守。开展"关爱山川河流"、植树造林、增殖放流等活动，联合地方政府开展打击违法捕捞行动，提升河湖生态保护治理能力水平。　　　　（吴永浩　黄轶劼）

湖北省汉江兴隆水利枢纽管理局

【政治建设】　　兴隆局党委始终坚持以政治建设统揽全局党建工作，按照厅党组部署积极开展政治生态研判，把保证全党服从中央、维护党中央集中统一领导作为党的政治建设的首要任务。系统谋划、统筹推动习近平总书记考察湖北重要讲话、湖北省第十二次党代会、党的二十大精神学习宣传贯彻在全局深入开展，党委委员分别在各自联系点宣讲了党的二十大和湖北省第十二次党代会精神，积极参与了"学习二十大　建功先行区"线上学习竞答，在全局营造了浓厚的学习宣传贯彻氛围，引导干部职工不断增强维护核心、维护党中央权威的自觉性。全年组织党委理论学习中心组学习12次，指导支部开展集中学习12次，教育引导党员干部职工进一步提高政治站位，坚定政治立场。牢牢把握意识形态主动权，党委班子成员到联系点开展意识形态和思想动态调研座谈2次，党委书记开展意识形态形势政策分析1次，全局党员政治判断力、政治领悟力、政治执行力显著提升。（郑艳霞　王小冬　陈奇）

【组织机构及机构改革】　　2018年12月27日，兴隆局由原湖北省南水北调管理局划入湖北省水利厅管理。2019年2月23日，承担兴隆枢纽、部分闸站改造和局部航道整治工程项目法人职责。根据原湖北省南水北调管理局《关于省汉江兴隆水利枢纽管理局机构设置和人员配置方案的批复》，机关内设综合科、党群科、财务科、管理与计划科、信息化科、安全生产和经济发展科等6个科室，下设电站管理处（副处级）、泄水闸管理所、船闸管理所、后勤服务中心等4个直属单位。

（郑艳霞　王小冬　陈奇）

【干部队伍建设】 根据湖北省机构编制委员会办公室《关于兴隆水利枢纽和引江济汉工程运行管理机构的批复》，兴隆水利枢纽管理局人员控制数为117名，其中局机关26名。领导职数1正3副，分别按相当正处级、副处级选配；总工程师1名，按相当副处级选配；下设兴隆水电站管理处，正职按相当副处级选配。截至2022年12月底，共有工作人员85名。

兴隆水利枢纽管理局坚持选人用人正确导向，突出把好政治关、廉洁关，2022年配合湖北省水利厅选拔了1名副处级干部，在全局选拔任用了9名科级干部，着力建设一支信念坚定、为民服务、敢于担当、清正廉洁的高素质干部队伍。严格干部素质考核，2022年完成1名副处级、2名正科级、3名副科级干部的试用期满转正考核，完成22名专业技术人员岗位晋级、1名领导干部双肩挑审批和1名领导干部三级岗位推荐工作；注重干部能力提升，选派1名兴隆局党委委员参加湖北省委营造"三个环境"专项巡视组巡视，积极推荐2名职工上派湖北省水利厅机关学习深造；不断提升职工眼界和综合素养，2022年安排3名科级干部到党校脱产学习，处级干部在线学习完成率达100%。 （郑艳霞 王小冬 陈奇）

【纪检监察工作】 兴隆局党委严格贯彻落实中央八项规定精神，及时传达违反中央八项规定精神问题典型案例通报，局纪委紧盯重大节假日不定期开展监督检查，把严的主基调传导到每一名党员干部。紧盯重点领域、关键环节和重点人的监督，党委班子与分管部门"一把手"开展监督谈话10次，对新提拔任用的9名年轻科级干部开展任前廉政谈话，健全落实廉政风险防控机制。组织开展2022年度党务干部暨纪检干部集中培训，及时传达中央纪委、湖北省纪委通报典型案例，开展违纪违法案件剖析，推动完善制度规定，防范廉政风险，强化内部治理。

（郑艳霞 王小冬 陈奇）

【党风廉政建设】 严格落实2022年度清廉机关建设任务清单，认真组织开展第23个"党风廉政建设宣教月"活动，支部书记带头讲廉政党课9次，开设清廉文化宣传栏，开展"公车话廉"等活动，持续深化廉洁日常教育。积极运用民主生活会和组织生活会开展批评和自我批评，全年共查找出问题39项，党员干部自我净化、自我完善、自我革新、自我提高能力显著增强。（郑艳霞 王小冬 陈奇）

【作风建设】 持续开展形式主义、官僚主义专项整治，采取节前提醒、节中节后明察暗访等方式，遏制"四风"反弹回潮。再次清查办公用房，杜绝面积超标。深化党建引领基层治理，启动"下基层、察民情、解民忧、暖民心"实践活动，兴隆局党委成员认领的 5 件"为民办实事"全部得到解决。抽查党员下沉社区开展"双报到"工作纪律 1 次，64 名党员全部下沉社区开展志愿服务 356 人次，共计时长为 1382 小时。兴隆局党员干部作风显著增强，党风政风持续向好。　　（郑艳霞　王小冬　陈奇）

【精神文明建设】　广泛开展各类文体创建活动，积极组织干部职工参与"奋进新征　程建功新时代"演讲比赛、"我学我讲新思想"理论宣讲并取得优异成绩，组织开展"六一"关爱留守儿童慰问、"我是小小兴隆人"、"文明职工、文明单位、文明家庭"评选、传承优良家风道德讲堂、

"关爱山川河流"志愿服务等活动，增设兴隆水利风景区上坝主干道创文系列标识标牌，积极开展 2019—2021年度省直机关文明单位创建工作，引导干部职工自觉践行社会主义核心价值观，树学先进典型，汲取奋进力量。广泛征求意见提炼出"奋斗奉献、踔厉创新"的兴隆精神，传唱主题曲《兴隆情》，极大增强了干部职工对兴隆水利事业的归属感和自豪感。以"中国水周""世界水日"为契机，开展水法宣传，执行十年禁渔规定，助力生态保护和长江经济带发展。　　（郑艳霞　王小冬　陈奇）

拾壹　大事记

2022 年中国南水北调大事记

1 月

5 日，水利部南水北调司召开南水北调东线一期工程苏鲁省际调度运行管理系统验收工作会、北延应急供水工程邱屯枢纽隔坝拆除工作协调会。

7 日，南水北调东中线一期工程累计向北方调水 500 亿 m^3。

12—15 日，中国工程院副院长、南水北调后续工程专家咨询委员会主任何华武院士带队，赴南水北调东线工程山东段、江苏段现场调研。

17 日，南水北调集团党组书记、董事长蒋旭光主持召开引江补汉工程推进会。党组副书记、总经理张宗言，党组成员、副总经理孙志禹参加会议。

25 日，水利部部长李国英主持召开 2022 年第 3 次部务会议，审议《南水北调东、中线一期工程竣工验收组织建议方案》，水利部副部长田学斌、陆桂华，驻水利部纪检监察组组长王新哲出席，水利部总经济师程殿龙参加。

25 日，南水北调集团召开 2022 年工作会议。国务院副总理胡春华、国务委员王勇作出重要批示。水利部副部长刘伟平出席会议并讲话。党组书记、董事长蒋旭光作了题为《稳中求进深化改革抢抓机遇争创一流　全

面推进南水北调事业高质量发展》的讲话。党组副书记、总经理张宗言主持会议。

26 日，水利部部长李国英主持召开 2022 年第 4 次党组会议，审议河南省南水北调丹江口库区移民村特大暴雨灾害补助处理建议，水利部副部长田学斌、魏山忠，驻水利部纪检监察组组长王新哲，水利部副部长刘伟平出席。

26 日，南水北调工程专家委员会召开座谈会，总结 2021 年工作，安排下一步工作。水利部副部长刘伟平出席会议并讲话。

2 月

10 日，南水北调集团召开安全生产委员会暨应急管理领导小组 2022 年第一次会议。南水北调集团党组书记、董事长蒋旭光出席会议并讲话，南水北调集团党组副书记、总经理张宗言主持会议。

17 日，南水北调集团党组成员、副总经理孙志禹参加引江补汉工程项目法人筹备组工作座谈会。

25 日，南水北调集团党组书记、董事长蒋旭光，党组成员、副总经理孙志禹出席水利部南水北调司会同南水北调集团组织召开的数字孪生南水北调建设月度协调会，听取各单位工作进展，研究部署下一步工作。

28 日，南水北调集团党组书记、董事长蒋旭光主持召开引江补汉工程工作推进会。党组成员、副总经理孙

志禹、党组成员、总会计师余邦利、党组成员、副总经理李刚参加。

3月

1日，南水北调集团党组书记、董事长蒋旭光主持召开2022年防汛准备工作专题会议、东线一期北延应急供水工程专题会议。

3日，水利部副部长魏山忠研究推进南水北调后续工程高质量发展有关工作。

3日，南水北调集团中线有限公司、东线有限公司分别召开干部职工大会，宣布对原南水北调中线干线工程建设管理局、原南水北调东线总公司进行改制。南水北调集团党组书记、董事长蒋旭光出席会议并讲话，党组副书记、总经理张宗言主持会议，并宣布南水北调集团党组关于中线有限公司、东线有限公司领导班子的任职决定。

8日，南水北调集团召开2022年防汛与安全生产工作会议，水利部副部长刘伟平，南水北调集团党组书记、董事长蒋旭光出席会议并讲话。党组副书记、副总经理于合群，党组成员、副总经理孙志禹，党组成员、总会计师余邦利，党组成员、副总经理耿六成，党组成员、副总经理李刚参加。

10日，水利部副部长刘伟平听取南水北调工作情况汇报。

11日，水利部副部长陆桂华赴水利部调水局调研。

11日，水利部副部长刘伟平研究南水北调中线工程安全风险评估工作。

15日，水利部规计司会同南水北调司、调水局、南水北调集团召开东线一期工程北延工程加大调水和扩大供水量专题研究会。

17日，水利部副部长魏山忠、刘伟平研究南水北调东线一期北延工程供水有关工作，水利部总工程师仲志余参加。

18日，水利部副部长刘伟平出席南水北调中线工程安全风险评估评审会。

21日，南水北调集团党组书记、董事长蒋旭光，党组副书记、总经理张宗言，党组成员、副总经理孙志禹，党组成员、总会计师余邦利，党组成员、副总经理李刚出席南水北调集团推进数字孪生南水北调建设专题会议，研究推进数字孪生南水北调建设有关事项。

22日，南水北调集团党组书记、董事长蒋旭光出席在南水北调中线工程水源地丹江口库区举办的"守护一库碧水永续北送"主题活动。水利部副部长陆桂华和湖北省委常委、副省长张文兵出席并讲话。集团党组成员、副总经理李刚参加。

24日，水利部副部长魏山忠、刘伟平出席加大南水北调东线北延应急供水工作启动会，水利部总工程师仲志余参加。

24日，南水北调集团党组成员、

总会计师余邦利赴中线建管局调研指导工作，听取中线建管局竣工财务决算及专项行动进展情况汇报。

26 日，国务院政策研究室副主任向东一行赴中线陶岔渠首枢纽工程考察调研。

28 日，水利部部长李国英主持召开专题办公会议，研究南水北调东线一期工程北延应急供水工作，水利部副部长魏山忠、刘伟平出席，水利部总工程师仲志余参加。

28 日，根据水利部统一部署，东线北延、潘庄引黄和岳城水库联合调度运行，京杭大运河实现全线贯通。

29 日，南水北调集团党组成员、总会计师余邦利赴东线总公司调研专项行动落实及竣工财务决算等情况。

29—30 日，河北省水利厅联合河北省发展改革委、住房城乡建设厅工作组一行赴河北分局辖区开展穿越南水北调中线干线油气管线项目安全风险隐患排查整治专项检查。

4 月

1 日，南水北调集团党组书记、董事长蒋旭光，党组成员、副总经理耿六成、李刚视频调研检查北延应急供水工程加大供水运行情况。

1 日，南水北调集团召开安全生产专题会议，党组书记、董事长蒋旭光出席会议并讲话，党组副书记、总经理张宗言主持会议。

2 日，南水北调中线干线工程建设管理局正式更名为中国南水北调集团中线有限公司。

5—7 日，南水北调集团党组成员、副总经理耿六成赴湖北省林业局、自然资源厅、生态环境厅、水利厅、发展改革委等有关厅局，交流加快推进引江补汉工程前期要件办理工作。

7 日，水利部副部长魏山忠主持召开部长专题办公会议，研究京杭大运河 2022 年全线贯通补水方案、监测方案和东线北延加大调水价格问题。

8 日，水利部部长李国英主持召开 2022 年第 13 次党组会议，传达贯彻习近平总书记对南水北调东线一期工程北延应急供水工作有关情况报告上的重要批示精神，水利部副部长田学斌、周学文、魏山忠、刘伟平，驻水利部纪检监察组组长王新哲出席。

11 日，水利部副部长魏山忠主持召开部长专题办公会议，研究丹江口"守好一库碧水"专项整治行动有关事项及河湖监管信息化有关工作。

14 日，南水北调集团党组副书记、总经理张宗言率队赴中线公司调研，通过视频系统检查工程沿线防汛和安全生产有关情况。南水北调集团党组成员、副总经理孙志禹、耿六成以视频形式出席座谈会，党组成员、副总经理李刚参加调研并主持座谈。

15 日，水利部副部长魏山忠出席南水北调中线工程防洪安全保障工作视频会议。

18 日，南水北调集团召开 2022

年防汛与安全生产工作会议。水利部副部长刘伟平，南水北调集团党组书记、董事长蒋旭光出席会议并讲话。

20日，南水北调集团党组副书记、副总经理于合群，党组成员、副总经理耿六成与生态环境部环境影响评价与排放管理司沟通引江补汉工程环境影响评价要件办理工作。

28日，水利部南水北调司、信息中心与南水北调集团联合召开数字孪生南水北调建设方案专家咨询会，审核东线总公司《十四五数字孪生南水北调东线省际工程、北延工程建设方案》《数字孪生南水北调东线（北延工程）建设先行先试实施方案》。

29日，南水北调集团与水利部水规总院签署战略合作协议。水利部副部长魏山忠，集团党组书记、董事长蒋旭光出席签字仪式并讲话。

5 月

6日，南水北调集团党组副书记、副总经理于合群带队赴东线总公司视频检查南水北调东线山东段、省际和北延工程汛前工作准备情况。

9日，南水北调集团党组成员、总会计师余邦利带队视频检查南水北调东线江苏段工程汛前工作准备情况。

12日，水利部副部长刘伟平宣布南水北调司主要负责同志任免。

12日，南水北调集团党组召开推进南水北调后续工程高质量发展工作领导小组（扩大）会议。南水北调集

团党组书记、董事长蒋旭光主持会议并讲话，集团党组副书记、副总经理于合群，党组成员、副总经理孙志禹，党组成员、总会计师余邦利，党组成员、副总经理耿六成，党组成员、驻水利部纪检监察组组长张凯，党组成员、副总经理李刚出席会议。

13日，水利部召开深入推进南水北调后续工程高质量发展水利工作座谈会，水利部部长李国英出席会议并讲话，副部长魏山忠主持会议，水利部总经济师程殿龙参加。

16日，根据《南水北调东线一期工程北延应急供水工程加大调水后续水源利用工作方案》（办南调函〔2022〕426号）的工作要求，山东境内、江苏境内各梯级泵站陆续启动调水工作，东线一期工程13个梯级、14座泵站参与北延调水。

19日，南水北调集团党组成员、总会计师余邦利召开南水北调东线北延供水价格和生态、农业用水财政补贴专题研讨会。

20日，南水北调集团江汉水网公司取得《水利部关于报送引江补汉工程建设征地移民安置规划报告审核意见的函》（水规计〔2022〕212号），引江补汉工程移民安置规划要件办理完成。

20日，河南省委常委、常务副省长孙守刚一行赴中线河南段工程辖区调研防汛备汛工作。

23日，河南省副省长武国定一行赴中线郑州管理处贾峪河倒虹吸调研

防汛工作。

23 日，河北省副省长时清霜一行赴中线河北分公司辖区开展防汛检查及巡河调研。

24 日，南水北调集团以《中国南水北调集团有限公司关于审批引江补汉工程可行性研究报告的请示》（南水北调战略〔2022〕91 号）向国家发展改革委报送引江补汉工程可行性研究报告。

26 日，水利部部长李国英主持召开 2022 年第 13 次部务会议，深入学习贯彻推进南水北调后续工程高质量发展领导小组全体会议精神，水利部副部长陆桂华、驻水利部纪检监察组组长王新哲、水利部副部长刘伟平出席，水利部总工程师仲志余、水利部总规划师吴文庆、水利部总经济师程殿龙参加。

26 日，南水北调东线一期苏鲁省际工程调度运行管理系统工程通过完工验收技术性初步验收。

27 日，水利部部长李国英主持召开部长专题办公会议，研究南水北调西线工程前期论证工作，水利部总工程师仲志余、水利部总规划师吴文庆参加。

27 日，水利部副部长刘伟平出席南水北调工程验收工作领导小组会议，水利部总经济师程殿龙参加。

29 日，南水北调集团党组成员、驻水利部纪检监察组组长张凯以视频方式对开化水库工程、东线北延工程现场防汛备汛情况开展监督检查。

31 日，南水北调东线一期工程北延应急供水工程加大调水工作顺利结束，圆满完成调水工作目标，2022 年度累计向黄河以北调水 1.89 亿 m^3。

31 日，南水北调集团党组书记、董事长蒋旭光视频检查中线工程防洪加固和防汛准备工作。

6 月

2 日，水利部部长李国英主持召开 2022 年第 21 次党组会议，传达贯彻习近平总书记、李克强总理等中央领导同志对推进南水北调后续工程高质量发展下一步工作的重要批示、推进南水北调后续工程高质量发展领导小组全体会议纪要，水利部副部长田学斌、周学文，驻水利部纪检监察组组长王新哲出席，水利部副部长陆桂华列席。

8 日，水利部部长李国英在河湖管理司呈报的《关于南水北调中线交叉河道妨碍河道行洪问题排查整治工作的报告》上批示：这项工作做得好。同意下一步工作意见，确保落地见效。

9 日，南水北调集团江汉水网公司取得《关于引江补汉工程环境影响报告书的批复》（环审〔2022〕69 号），环境影响评价要件办理完成。

10 日，南水北调集团江汉水网公司取得《自然资源部办公厅关于南水北调中线引江补汉工程压覆重要矿产资源的函》（自然资办函〔2022〕1043 号），压覆矿要件办理完成。

13 日，水利部副部长魏山忠研究南水北调后续工程高质量发展有关事项，水利部总工程师仲志余、水利部总规划师吴文庆参加。

14 日，湖北省副省长宁咏到引江补汉工程安乐河出口段调研指导工作，南水北调集团党组成员、副总经理耿六成陪同调研。耿六成还与湖北省水利厅、十堰市政府、丹江口市政府相关负责人座谈交流。

16 日，南水北调集团印发《南水北调东中线一期设计单元工程竣工财务决算范本》和《南水北调东中线一期征地补偿和移民安置项目竣工财务决算范本》。

17 日，水利部副部长魏山忠研究南水北调集团公司注册发行债券类融资工具有关事项，听取南水北调集团财务相关工作情况汇报，水利部总经济师程殿龙参加。

20 日，水利部副部长魏山忠研究丹江口水库水源保护有关工作。

20 日，水利部副部长魏山忠研究南水北调中线总干渠刚毛藻异常应急处置工作。

20 日，南水北调集团党组书记、董事长蒋旭光，党组成员、副总经理孙志禹一行到引江补汉工程安乐河出口段现场检查开工准备情况。

20 日，河南省新乡市"四县一区"南水北调配套工程东线项目开工。

23 日，水利部部长李国英主持召开水利部党组推进南水北调后续工程高质量发展领导小组会议，水利部总工程师仲志余、水利部总规划师吴文庆、水利部总经济师程殿龙参加。

24 日，水利部、河北省政府、南水北调集团在南水北调中线工程河北段沙河（北）倒虹吸工程段联合开展防汛抢险综合应急演练，采取现场观摩和视频观摩形式进行，水利部总工程师仲志余，河北省副省长时清霜，集团党组书记、董事长蒋旭光，党组成员、副总经理耿六成出席观摩活动。

24 日，南水北调集团党组书记、董事长蒋旭光，党组成员、副总经理耿六成、李刚赴中线公司总调度大厅视频检查渠道刚毛藻应急处置工作。

26 日，水利部水规总院召开南水北调东线工程水资源统一调度模型专家咨询会，南水北调集团党组成员、副总经理耿六成参加。

28 日，南水北调东线一期苏鲁省际工程调度运行管理系统工程通过水利部设计单元工程完工验收。

29 日，水利部批复并印发《引江补汉工程输水总干线出口段（K189＋226～K194＋786）初步设计报告准予行政许可决定书》（水许可决〔2022〕30 号）。

29 日，河南省副省长武国定一行赴南水北调中线鲁山、方城管理处检查防洪加固及防汛备汛工作，并召开河南省南水北调工程防汛工作会议。

7 月

1 日，水利部副部长魏山忠专题

调度引江补汉工程开工动员大会准备工作。

5日，驻水利部纪检监察组组长王新哲赴水利部调水局调研。

5日，南水北调集团江汉水网公司取得国家林草局批复的《使用林地审核同意书》［林资许准（鄂）〔2022〕010号］，使用林地要件办理完成。

6日，北京市副市长谈绪祥赴惠南庄管理处督导检查中线河长制工作，并察看惠南庄泵站工程运行情况。

7日，南水北调后续工程中线引江补汉工程开工动员大会以视频连线方式在北京和湖北举行。中共中央政治局常委、国务院副总理、推进南水北调后续工程高质量发展领导小组组长韩正出席大会，并宣布工程开工。水利部部长李国英、水利部副部长魏山忠分别在北京主会场和湖北十堰分会场出席南水北调后续工程中线引江补汉工程开工动员大会，水利部总工程师仲志余、水利部总规划师吴文庆参加。

7日，水利部部长李国英主持召开2022年第25次党组会议，审议南水北调集团注册发行债券类融资工具事项，水利部副部长田学斌、周学文，驻水利部纪检监察组组长王新哲出席。

8日，水利部副部长魏山忠赴湖北武汉主持南水北调后续工程中线引江补汉工程初步设计专题调度，水利部总工程师仲志余参加。

12日，水利部部长李国英主持召开2022年第19次部务会议，传达贯彻国务院总理李克强关于南水北调后续工程中线引江补汉工程开工的重要批示，水利部副部长田学斌、陆桂华，驻水利部纪检监察组组长王新哲出席，水利部总工程师仲志余、水利部总规划师吴文庆、水利部总经济师程殿龙参加。

13日，河南省委常委、常务副省长孙守刚赴中线郑州管理处调研防汛工作。

14日，山西省政协党组成员、副主席王立伟赴中线陶岔渠首枢纽工程考察调研。

18—21日，南水北调集团党组成员、驻水利部纪检监察组组长张凯带队，赴南水北调开化（水务）有限公司实地调研。

20日，河南省委常委、常务副省长孙守刚赴中线刁河渡槽检查督导防汛工作，副省长何金平赴中线白河倒虹吸调研河长制联系点防汛工作。

21日，南水北调集团召开南水北调东线水资源统一调度模型可行性研究报告汇报会，党组成员、副总经理耿六成出席会议。

22日，全国政协经济委员会副主任马建堂赴中线陶岔渠首枢纽工程考察调研。

22日，中线工程累计调水超过500亿 m^3。

29—31日，南水北调集团党组书

记、董事长蒋旭光一行赴湖北调研引江补汉工程，督导推进工程建设。南水北调集团党组成员、副总经理孙志禹、耿六成陪同。

8月

2—4日，水利部南水北调司赴济南开展南水北调东线一期山东水量消纳调研，与黄委、山东省水利厅、山东干线公司座谈。

4—5日，南水北调后续工程中线引江补汉工程关键技术交流研讨会在武汉召开。南水北调集团党组成员、副总经理孙志禹出席。

4日，南水北调集团委托水利部水规总院对《南水北调东线一期工程北延应急供水工程信息化建设设计变更报告》进行技术评审，基本同意修改后的设计变更报告。集团同意南水北调东线一期工程北延应急供水工程信息化建设设计变更备案。

18日，南水北调集团党组书记、董事长蒋旭光主持召开推进后续工程高质量发展领导小组会议，南水北调集团党组副书记、总经理汪安南出席。

19日，水利部部长李国英主持召开2022年第32次党组会议，传达贯彻中央领导同志关于南水北调后续工程高质量发展等重要批示，水利部副部长田学斌、周学文、刘伟平，驻水利部纪检监察组组长王新哲出席，水利部副部长朱程清列席。

23—25日，水利部副部长刘伟平

赴河南郑州、焦作出席南水北调中线一期穿黄工程和焦作1段设计单元工程完工验收，水利部总工程师仲志余参加。

25日，南水北调集团党组副书记、总经理汪安南主持召开《南水北调工程总体规划（2022年修编）》主要意见建议专题会，副总经理孙志禹、总会计师余邦利出席会议。

30日，南水北调集团江汉水网公司取得自然资源部先行用地批复文件，文号为自然资办函〔2022〕1973号，引江补汉工程出口段建设用地要件办理完成。

9月

2日，水利部副部长刘伟平会见十堰市委书记胡亚波一行。

19日，水利部副部长朱程清听取加强南水北调东、中线工程受水区全面节水的指导意见有关情况汇报，水利部总经济师程殿龙参加。

20日，《全国博士后管委会办公室关于2022年第一批次博士后科研工作站新设站备案情况的函》（博管办〔2022〕117号）批准南水北调集团中线公司设立博士后科研工作站。

21日，水利部副部长刘伟平研究《南水北调中线干线与石油天然气长输管道交汇工程保护管理办法》。

22日，河南省水利厅到南阳市唐河县、宛城区和卧龙区等地调研移民工作，实地查看了移民产业项目运行管理、效益发挥等情况，深入了解南水北调丹江口库区移民安置、后期扶持及高质量发展、美好移民村建设等工作开展情况。

22—23日，南水北调集团党组副书记、总经理汪安南赴南水北调东线工程江苏段开展"防风险、保安全、迎二十大"安全加固检查。

22日，南水北调集团党组成员、总会计师余邦利检查指导中线公司"三个专项行动"工作及防洪加固和安全专项资金使用情况。

22日，南水北调集团东线公司作为牵头单位，成功申报"十四五"国家重点研发计划项目"南水北调东线工程多水源均衡配置与输水智能调控技术"。

9—10日，南水北调集团纪检监察组开展安全专项监督，以"四不两直""实战化"方式，对中线工程安全工作开展实地检查。

10月

8日，南水北调集团党组书记、董事长蒋旭光，党组副书记、总经理汪安南督导检查中线工程安全加固工作。

11日，南水北调集团党组副书记、总经理汪安南主持召开东线二期工程可行性研究工作专题会议。

11日，南水北调集团党组成员、副总经理孙志禹主持召开数字孪生南水北调先行先试工程建设推进会。

13日，水利部部长李国英在南水北调集团呈报的《关于夺取今年防汛保供水胜利的情况报告》上批示：此项工作抓的紧、细、实，富有成效。

13日，南水北调集团党组书记、董事长蒋旭光主持召开研究引江补汉工程初步设计和工程建设有关事宜的会议。

17日，水利部副部长刘伟平听取南水北调司近期重点工作情况汇报。

21日，水利部副部长刘伟平研究引江补汉输水沿线补水工程可行性研究工作，水利部总工程师仲志余参加。

11月

2日，南水北调集团党组副书记、总经理汪安南主持召开《南水北调工程总体规划》修编工作推进会。

3—4日，水利部副部长刘伟平赴湖北郧阳调研定点帮扶工作。

3—4日，南水北调集团党组副书记、总经理汪安南调研督导引江补汉工程出口段工程，并召开现场办公会。

4日，水利部副部长刘伟平赴湖北丹江口调研南水北调后续工程中线引江补汉工程。湖北省副省长杨云，南水北调集团党组副书记、总经理汪安南参加调研。

4日，南水北调集团党组书记、董事长蒋旭光带队视频检查东线工程调水工作准备情况并在东线公司召开南水北调东线一期工程全线调水暨北延工程年度调水推进会，南水北调集团党组成员、副总经理耿六成主持会议，南水北调集团副总经理李刚出席，水利部南水北调司、东线公司、江苏水源公司、山东干线公司领导班子主要成员参加。

4日，南水北调集团党组副书记、总经理汪安南主持召开引江补汉工程初步设计及2023年工程建设有关事宜专题研究会。

4日，南水北调集团党组成员、副总经理孙志禹主持召开数字孪生南水北调先行先试工程建设推进会。

7—8日，南水北调集团党组书记、董事长蒋旭光检查东线工程济南段运行管理和"三个安全"工作。

9日，南水北调集团党组成员、总会计师余邦利主持召开东线工程综合效益专题会。

11日，水利部副部长朱程清参加南水北调工程总体规划修编工作推进会议。

13日，南水北调东线一期工程正式启动2022—2023年度调水工作。根据水利部水量调度计划安排，南水北调东线一期工程计划向山东调水12.63亿 m^3，净供水量9.25亿 m^3。

22—25日，南水北调集团党组成员、副总经理孙志禹主持召开《南水北调工程总体规划》修编意见建议讨论会，听取了战略投资部汇报及各部门（单位）意见建议。

12 月

2日，南水北调工程专家委员会召开《南水北调东线一期工程水量消纳方案总报告》技术咨询会。

5日，南水北调中线工程安全风险评估综合报告通过水利部组织的技术审查。

9日，南水北调东线一期工程北延应急供水工程启动2022—2023年度向河北、天津调水工作。根据水利部水量调度计划安排，穿黄断面计划调水量2.72亿 m^3，入冀第三店断面计划调水量2.16亿 m^3，首次在冬季启动调水，并经历完整冰期输水检验。

9日，审计署投资司司长许亚到南水北调中线渠首分公司召开竣工决算试点审计座谈会，组织开展试点审计工作。

23日，南水北调集团党组书记、董事长蒋旭光主持召开党组会议，研究审议通过了《南水北调总体规划》（2022年修编）意见建议。

29日，根据由水利部办公厅印发的《水利部办公厅关于印发数字孪生流域建设先行先试中期评估意见的通知》，数字孪生南水北调获评"优秀"。

30日，南水北调集团党组书记、董事长蒋旭光主持召开党组会议，研究审议引江补汉工程初步设计成果及报出有关事宜。

30日，南水北调集团向水利部报送引江补汉工程初步设计报告。

30日，南水北调东中线第一批新能源示范项目（中线惠南庄泵站、卫辉管理处、辉县管理处，东线邳州泵站等建筑屋顶分布式光伏项目）建成并网。

31 日，引江补汉工程出口段施工完成年度任务，出口段主洞达到进洞施工条件，桐木沟交通洞进洞 50m，完成投资 15.28 亿元，超额完成 2022年投资计划。

31 日，南水北调后续工程中线引江补汉工程入选国务院国资委 2022年度央企十大超级工程。

（南水北调司　南水北调集团）

拾贰　索引

索　引

说　明

1. 本索引采用内容分析法编制，年鉴中有实质检索意义的内容均予以标引，以便检索使用。
2. 本索引基本上按汉语拼音音序排列。具体排列方法为：以数字开头的，排在最前面；汉字款目按首字的汉语拼音字母（同音字按声调）顺序排列，同音同调按第二个字的字母音序排列，依此类推。
3. 本索引款目后的数字表示内容所在正文页的页码，数字后的字母 a、b 分别表示该页左栏的上、下部分，字母 c、d 分别表示该页右栏的上、下部分。

H

J